黄河水利委员会治黄著作出版资金资助出版图书
海洋公益性行业科研专项研究成果

黄河口及邻近海域生态系统管理关键技术研究及应用

张朝晖　徐丛亮　刘艳芬　洪旭光　等 著

黄河水利出版社
·郑州·

内 容 提 要

本书明确了黄河口及邻近海域生态系统的现状、主要特征和主要压力，系统总结了生态系统快速诊断评估方法、生态系统监管技术、生态系统压力调控模式与技术等在海洋生态系统管理中的应用前景。研发了生态系统快速诊断与评估技术、海洋环境无线数据传输系统等一系列服务于海洋管理的软硬件产品和服务，已在东营市海洋综合管理工作中进行了试应用，发挥着重要的作用。完成了调水调沙对海洋底栖生物群落和产卵场的影响模式评价及模拟，利用黄河近几年持续增加春季入海流量的契机，运用成果形成的一系列关键技术和产品，进行陆海同步连续性的水环境、生物、渔业资源变化监测，进行黄河调水调沙海洋生态修复效果评估，推动基于陆海兼顾统筹的黄河调水调沙运行模式，为今后开展河口、海洋的生态系统的综合管理，为我国河口区的“陆海统筹、陆海联动”管理模式提供技术和决策支撑。

本书可供海洋学、水文学、生态学、环境学、资源保护与恢复等领域的科技工作者、大专院校相关专业的师生、决策与管理人员参考。

图书在版编目(CIP)数据

黄河口及邻近海域生态系统管理关键技术研究及应用/张朝晖等著. —郑州:黄河水利出版社,2017.11

ISBN 978-7-5509-1889-4

Ⅰ.①黄…　Ⅱ.①张…　Ⅲ.①黄河-河口-生态系-系统管理-研究②近海-海域-生态系-系统管理-研究-中国　Ⅳ.①X321.22②X145

中国版本图书馆 CIP 数据核字(2017)282203 号

组稿编辑:李洪良　电话:0371-66026352　E-mail:hongliang0013@163.com

出 版 社:黄河水利出版社

地址:河南省郑州市顺河路黄委会综合楼 14 层　　邮政编码:450003

发行单位:黄河水利出版社

发行部电话:0371-66026940、66020550、66028024、66022620(传真)

E-mail:hhslcbs@126.com

承印单位:河南瑞之光印刷股份有限公司

开本:787 mm×1 092 mm　1/16

印张:27.25

字数:630 千字　　印数:1—1 000

版次:2017 年 11 月第 1 版　　印次:2017 年 11 月第 1 次印刷

定价:180.00 元

序

黄河是我们的母亲河,它从青藏高原的巴颜喀拉山脉一路向东,流经9省(区)5 000多km进入渤海。奔流不息的黄河形成了广阔流域与肥沃土地,孕育了中华文明,每年带入海洋的大量营养物质与淡水形成了海洋生命基石。在全社会开展生态文明建设背景下,黄河所形成的流域—河口—近岸海域作为中华文明的摇篮,更应作为生命共同体统筹管理,融入“五位一体”的生态文明建设总体布局中,积极探索“河海联动、陆海统筹”的生态文明建设模式。为此,2011年国家海洋局立项了海洋公益性行业科研专项项目“黄河口及邻近海域生态系统管理关键技术研究及应用(201105005)”。项目通过构建基于生态系统管理的方法、技术、监管手段和调控措施,提升“河海联动、陆海统筹”能力,实现对黄河口及邻近海域的综合性、整体性、多样性及适应性管理。

长期以来,我们缺少基于生态系统的海洋综合管理。一方面,黄河的水资源调控多偏重对陆地水利因素的需求,对河口与海洋因素关注较少,更缺少对海洋生态与河流之间的关联研究,不能有效地解决黄河水资源配置中的海洋生态问题;另一方面,海洋生态管理多关注自然生态,而忽略了适应性管理的业务需求,缺乏从生态系统层面上进行海洋综合管理的业务解决方案。基于此,本项目重点解决了目前河口区海洋管理过程中的两个综合性缺乏问题:一是没有充分考虑河流与海洋的生态关联,缺乏大尺度流域生命共同体的纵向综合;二是缺乏海洋管理的业务链集成,即管理目标、评估、监管、调控措施和管理决策间的横向综合。

没有合理的技术路线、方法论的突破和新方法的集成,就不会真正建立起基于生态系统的海洋综合管理。本书技术路线深度凝练统一,集成了生物理论方法、生态学新方法、人文社会科学方法开展联合调查和科技攻关,以“现场调查→评估技术→监管技术→调控技术→集成应用”的海洋管理业务链条展开,各研究任务围绕生态系统管理过程中亟待解决的关键技术与难点,通过生态系统的业务流程有机联结起来,从而形成海洋生态系统管理的评估、监管和调控技术,并最终通过决策应用于海洋管理,转化为具体的管理行动,直达任务目标的实现。

今天我很高兴看到了相关研究成果的正式出版。本书作者从黄河与海洋的相互联系入手,从现状分析、管理目标、评价技术、监管技术、调控技术、管理决策和管理行动等多方面开展研究,提供了完整的基于生态系统的海洋综合管理业务解决方案,为地方海洋行政主管部门提供了极好的案例。从书稿中不难发现,作者从“河海联动、陆海统筹”的角度,形成了一批适用于海洋生态系统管理的软硬件产品和服务,发现了黄河入海水量与海洋生态环境和资源间的密切响应关系,揭示了黄河口莱州湾的低盐水生物栖息环境形成机制与黄河口莱州湾产卵孵育场边界区划,提出了基于海洋生态系统的黄河水资源调控方案,确立了平常年份保持海洋生态春季需淡水量红线指标及丰水年份优化调水调沙频次、时机和目标的河海统筹行动指南。该成果首次从历史及现代成因上构建了黄河与海洋生态健康的关联，揭示了再造黄河口莱州湾鱼米之乡的调控恢复技术与愿景，对科学认知和保护海洋生态功能、丰富我国基于生态系统的海洋综合管理具有突出的实践价值，是积极探索基于生态系统的海洋综合管理的重要研究成果。

本书立意、结构、表述均可，在实践和技术上有不少的创新，文风更是充满激情，科学与理想交融，展现出青年一代水利和海洋科技工作者多学科融会贯通之倾心力作。更可贵的是，项目组多方积极向政府、社会宣讲项目成果，形成两期《海洋专报》，引导相关部门加大对黄河口近海生态的重视和成果应用。正值十九大胜利闭幕之际，本书的成果非常契合十九大报告中提出“坚持陆海统筹，加快建设海洋强国”的新时代目标，对于实施陆海统筹的海洋生态环境的保护和管理提供了生动案例和实践，为“河海联动、陆海统筹”的管理模式提供了重要借鉴。

中国工程院院士

2017 年 11 月 10 日于大连

前　言

黄河口及邻近海域是渤海的重要生态功能区,也是生态环境保护的主战场。特殊的地理位置和大量的淡水注入,使得黄河口及近岸海域不仅拥有众多珍稀物种和丰富的渔业资源,也是许多海洋生物与鸟类的重要栖息地,鱼、虾、蟹等主要海洋经济物种的产卵、育幼和索饵场所,在黄海大海洋生态系统中占有重要位置,具有重要的生态学和渔业生产实践意义。此外,这里还分布着1个国家级自然保护区和5个国家级海洋特别保护区,在生物多样性保护与生态功能恢复方面具有重要的现实意义与价值。

黄河三角洲地区是我国的第二大油田——胜利油田主产区和新兴城市东营市所在地,同时国家"黄蓝"战略(黄河三角洲高效生态经济区与山东半岛蓝色经济区)在此交会。在面临着前所未有的历史机遇的同时,黄河口及邻近海域的生态环境也面临着"海洋资源开发与保护的矛盾突出、海洋生态系统的管理体系尚未建立、黄河口周边生态系统脆弱"等巨大的压力和挑战。因此,亟须加强黄河口及邻近海域生态系统管理的技术方法研究和综合监管能力建设,为黄河三角洲高效生态经济区建设和打造山东半岛蓝色经济区提供有力的海洋生态环境支撑和保障。

因此,黄河河口海岸科学研究所承担了海洋公益性行业科研专项经费项目"黄河口及邻近海域生态系统管理关键技术研究及应用"(项目编号:201105005;项目负责人:谷源泽;项目联系人:徐丛亮)研究。本书是在总项目成果基础上由项目核心组张朝晖、徐丛亮、刘艳芬、洪旭光4名成员编辑撰写完成的。此外,本书的研究内容还吸纳了本书主要作者近年来完成的"973"以及农业部、水利部、国家海洋局公益专项等十余项国家课题成果和诸多发表文献。

本书编写人员及编写分工如下:前言由张朝晖、徐丛亮撰写,第1章由王进河、张朝晖、刘艳芬撰写,第2章由谷源泽、徐丛亮、张朝晖撰写,第3章由刘艳芬、王悠、曹振杰、赵林林、董冠仑、左明、高坚、薄慧、李宁撰写,第4章由洪旭光、罗先香、张继民、付明珠、刘艳芬、刘霜、孙凯静、郭菲、王伟撰写,第5章由洪旭光、刘艳芬、李明、夏涛、周斌、田志刚、纪殿胜、蒋万钊撰写,第6章由徐丛亮、谷硕、毕乃双、刘艳芬、赵厚均、曾晓起、周斌、倪乐海、付作民、赵林林、崔颖、刘喆撰写,第7章由洪旭光、李明、刘艳芬、田志刚、谷硕、陈俊卿、高振斌撰写,第8章由刘艳芬、徐丛亮、周斌、刘沛、李明、罗先香、高坚、刘夙睿撰写,第9章由徐丛亮、张朝晖、洪旭光、刘艳芬、罗先香、毕乃双、赵林林、张继民撰写,后记由徐丛亮撰写。张朝晖、徐丛亮、刘艳芬、洪旭光负责全书统稿工作,谷源泽审定。本书研究过程中还得到了黄河水利委员会水文局、黄河水利委员会山东水文水资源局、黄河口水文水资源勘测局等诸多委托协助合作单位领导的大力支持和中国海洋大学刘汝海、肖慧、王厚杰、杨作升、孙晓霞、季有俊、高天翔、游奎、肖永双、李昂、宋娜、张辉,国家海洋局第一海洋研究所王守强、曲方圆、王炜,山东省淡水渔业研究院段登选、张金路、高云芳、闫家仁,山东省渔业技术推广站邓丕岳、徐涛、刘朋,国家海洋局北海环境监测中心冷宇、姜旭、杨琨、刘星、李保磊、唐伟、刘娜娜，东营市海洋环境监测预报中心郭成秀、苑春亭、刘艳春、曲玉环、燕会东、刘志国、李维祥、董金祥、燕莲英、王晓东、苏文辉、隋海洋、高爱欣、潘广道、李蕾、高渭、宋凯、吴鑫、杜辉、李银忠、王召进、满栋、赵磊、刘强、董洁、毕玉印、隋凯港，黄河河口海岸科学研究所高国勇、何传光、郝喜旺、张利、李丽丽、李永军、蒋公社、张楠楠、王凯、陈小伟、李小娟、吴文娟、高洁、赵宁，黄河水利委员会水文局王兵、陈继涛，小浪底水文站刘和远，黄河水利委员会山东水文水资源局周建伟、武广军、田慧、万鹏、李福军、宋世强，利津水文站宋振苏，青岛国汇海洋科技有限公司苏蔚潇、刘长林、王勇、张琳、杨成龙、程蕾、丛娇日、牟彩姬、赵成刚、王家明、田成明、苏卜凡、王凤金、王恩海、毛阳丽等技术人员的大力奉献；还得到了中国海洋大学张磊、房宽、董文隆、田静、张娟、贾红丽、单宇、纪晶、邵凯、菅潇扬、张聿柏、刘腾飞、于帅、肖合辉、臧宇、刘春辰、何冬、顾炎斌、秦岩、崔玉茜、王志杨、徐胜勇、肖家光、范勇勇、段海钦、孙中强、薛碧莹，河海大学童林龙、范骏，中国石油大学袭祥海等硕博研究生的全程技术工作支持；得到了国家海洋局项目监理专家李永祺教授倾心指导，得到了温泉教授、王宗灵教授、高彦铭教授、王龙教授、万建华教授、郑金海教授、张秀梅教授等诸多项目咨询专家、评审专家的无私咨询；项目书稿完成更是寄予着国家海洋局、山东省海洋与渔业厅诸多领导的数年心血付出。感谢所有参与、关心此项工作的同仁们！

由于时间关系以及笔者对本前沿领域研究认识水平有限，本书中可能存在一些不足之处，敬请各界人士批评指正。同时，期待相关研究领域的人们加入我们的行列中，共同探讨黄河口及邻近海域生态系统研究相关课题。

作 者

2017 年 7 月

目　录

第 1 章　海洋生态系统管理的基本概念、科学问题与发展方向

生态系统管理起源于传统的林业资源管理和利用过程，形成于 20 世纪 90 年代，90 年代后期引入我国，理论探讨和实践的领域主要为陆地生态系统，在海洋领域仅涉及海岸带综合管理和大海洋生态系统，但尚未在海洋政策中确立以生态系统为基础的海洋管理模式。在“十二五”期间开展的“黄河口及邻近海域生态系统管理关键技术研究及应用”项目工作中，项目组对黄河口及邻近海域的生态系统现状进行了较为深入的调查与研究，首次提出了“基于生态系统的海洋适应性管理模式”的概念，并在东营市海洋综合管理工作中进行了试应用与初步探讨，是本项目研究的重点工作。

由于生态系统管理学是生态学、环境学和资源科学的复合领域的一个新型交叉学科，我国学者对其研究起步较晚，且在海洋领域的理论和实践尚处于探索阶段，为此在现有研究基础上，本章首先对海洋生态系统管理涉及的一些基本概念、科学问题和发展方向做一简单的阐述。

1.1　生态系统的概念及发展史

1.1.1　生态系统管理的概念

迄今为止，生态系统管理尚无一个被公认的学科定义和理论框架。对生态系统管理的定义，不同群体或个人根据不同的出发点有不同的看法，目前较有影响的定义有：

Agee & Johnson (1988)：生态系统管理涉及调控生态系统内部结构和功能、输入和输出并获得社会所希望的条件。

Overbay (1992)：精心巧妙地利用生态学、经济学、社会学和管理学原理来管理生态系统，以达到长期生产、保存或者维持生态系统的完整性、所期望的状态、价值、产品、服务。

Society of American Foresters (1992)：生态系统管理强调生态系统诸方面的状态，主要目标是维持土壤生产力、遗传特性、生物多样性、景观格局和生态过程。

Goldstein (1992)：生态系统管理强调生态系统的自然流(如能流、物流等)、结构和循环，在这一过程中要摒弃传统的保护单一元素(如某一种群或某一类生态系统)的方法。

美国农业部林务局(1994)：生态系统管理是一种基于生态系统知识的管理和评价方法，这种方法将生态系统结构、功能和过程，社会和经济目标的可持续性融合在一起。

美国内政部土地管理局(1993)：生态系统管理要求考虑总体环境过程，利用生态学、社会学和管理学原理来管理生态系统的生产、恢复或维持生态系统整体性和长期的功益和价值。它将人类、社会需求、经济需求整合到生态系统中。

Forest Ecosystem Management Team, USA (1993):生态系统管理与单一生物种的规律相反,是通过关联生态系统中所有生命体来管理生态系统的一种策略或计划。

Wood (1994):综合利用生态学、经济学和社会学原理管理生物学和物理学系统,以保证生态系统的可持续性、自然界多样性和景观的生产力。

Grumbine (1994):保护当地(顶级)生态系统长期的整体性。这种管理以顶级生态系统为主,要维持生态系统结构、功能的长期稳定性。

美国环保局(1995):生态系统管理是指恢复和维持生态系统的健康、可持续性和生物多样性,同时支撑可持续的经济和社会。

一言而概之,大多数拥护者主张:生态系统管理是保护环境、维持健康的生态系统、维持生物多样性和确保可持续发展的一种方法。但这种定义未免过于模糊和不够清楚。为此,Lackey (1998)指出:①生态系统管理的理念是社会价值观和优先级在持续进化过程中的一个阶段性产物,它既不是开始,也不是结束;②生态系统管理是基于一定的地理区域,这个区域的边界要清楚明确;③生态系统管理实现所期望的社会效益时应确保生态系统维持在一个合适的状态,而且所期望的社会效益是由社会公众而不是科学家们定义的;④生态系统管理应充分利用生态系统应对各种压力的能力,包括自然的压力和人为的压力,但同时所有的生态系统应对各种压力和维持理想状态的能力却是有限的;⑤生物多样性作为生态系统的一个特征,更多来说它是一种生态约束条件,只有当它成为社会公众的偏好时才能称之为一种社会福利,因此生态系统管理的结果不一定要强调生物多样性;⑥生态系统管理中所谓的"可持续性"应明确时间框架、收益和成本问题,以及收益的相对优先级和成本的相对优先级问题;⑦基于科学的科学信息和预测对有效的生态系统管理是重要的,但它也只是能对公众或者个人的决策过程产生影响的其中一个因素。他对生态系统管理的定义如下:在一定的地理区域内和特定的时间范围内,综合利用生态的和社会的信息、社会公众的选择权和生态系统的约束条件来实现所期望的社会效益。

1.1.2 生态系统管理概念的产生与发展

生态系统管理作为生态学、环境学和资源科学的复合领域以及自然科学、人文科学和技术科学的新兴交叉学科,成为当代科学发展的新热点。回顾生态系统管理思想的发展史,它大致经历了以下3个阶段。

1.1.2.1 思想萌芽阶段(20世纪30~60年代)

根据Grumbine(1994)的报道,20世纪三四十年代,一些空想生态学家就预见性地提出了现代生态学中的许多问题。其中,影响力最大的是Aldo Leopold (1949),他在保护科学和哲学中的贡献是众所周知的。其次是美国生态学会的植物与动物委员会,它在1932年提出:一个综合的自然保护区系统必须保护生态系统以及特别关注的物种、应代表了广泛的生态系统类型、能正确处理生态波动性(例如:自然干扰),建议自然保护区设计采用"核心保护区+缓冲带"的方法,该委员会还认为机构间的合作对成功很重要,生态学家有必要采取一切手段教育公众关于自然保护区价值方面的知识。这些观点实际上已经触及了"管理可以改进自然状况"的观点。1935年,George Wright 和 Ben Thompson 在他们所著的《美国国家公园动物志》中指出:由于边界和大小的限制,这些公园并不是完全功能性的生态系统。George Wright 游说政府官员增大公园的规模,重新划定边界以能够反映大型哺乳动物的生物需求,但是他的早逝中断了这一努力。1950 年,美国生态学会的植物与动物委员会再次提出完善 Shelford 自然保护区名录的战略计划。这些早期尝试虽未能在实践中得到应有的成功,但在生态和景观水平已经很好地融入了地面资源管理的思想。

1.1.2.2　早期研究阶段(20 世纪七八十年代)

1970 年,政策分析师 Lynton Caldwell (1970)主张将生态系统作为公共土地政策的依据,在此之前,法律、经济和人口因素一直被美国及世界上很多国家作为土地公共政策的依据,不同部门分析的土地规划成了当时这些国家制定土地公共政策的主要来源,Lynton Caldwell 的这一个主张无疑将打破传统的政治矩阵格局。

1980 ~ 1989 年有大量关于生态系统和管理方面的研究论文出现,生态学开始强调长期定位、大尺度和网络研究,生态系统管理与保护生态学、生态系统健康、生态整体性与恢复生态学相互促进和发展,美国政府(尤其是农业部)及国会积极倡导对生态系统进行科学管理。在此期间,Agee & Johnson (1988)出版了生态系统管理的第一本专著,他们认为生态系统管理应包括生态学上定义的边界、明确强调管理目标、管理者间的合作、监测管理结果、国家政策层次上的领导和人们参与等 6 个方面。1990 年以来,关于生态系统管理的专著陆续问世。这些专著支持大多数的资源经营活动,而且强调用环境科学知识满足社会经济目标。自此,生态学界开始注意生态系统管理,并将生态管理与可持续发展相联系。美国开始进行森林生态系统管理研究与评估,生态系统管理的基本框架形成(Lackey R. T. , 1998)。

1.1.2.3　发展阶段(20 世纪 90 年代后)

自从 Agee & Johnson (1988)的专著出版以来,生态系统和自然资源管理的概念越来越受到科学界和社会公众的关注,20 世纪 90 年代后,科学家们从各自研究对象、目的和专业角度做出了对生态系统管理的定义,但直至目前还没有一个统一的或被一致公认的定义,其中比较有影响的定义本章已在前面的阐述中进行了简要概括。

作为一种新的管理理念和管理方式,生态系统管理从最初的林业资源管理应用,已逐渐在农业、水资源和海洋等管理中得到了较为广泛的应用。从国外生态系统管理的主要内容和研究重点来看,其解决的基本问题还是资源开发利用与生态环境协调发展,目前西方发达国家在自然资源的管理中特别注意对生态环境的保护,把资源作为重要的环境要素,实施了诸如土地管理中的生态系统管理、矿产资源开发利用中的"绿色矿业"、水资源管理中的"生态用水"等,这些都为实现国土资源的可持续利用提供了重要的思路(刘树臣,2009)。由于生态系统管理研究具有强烈的多学科特点,生态系统管理是一种综合性比较强的思想或方法,国际上越来越重视将生态学、经济学、社会学和管理学原理综合应用到对生态系统的管理之中,同时亦注重不同部门机构的协调和合作,特别是负责林业、农业、畜牧业、水利、环保、国防、科技、财政、规划以及立法和司法机构的协调和合作(刘树臣,2009)。近年来,国内外在区域或流域尺度上的综合生态系统管理研究和实践上均取得了长足的进步,研究的空间尺度不再仅仅停留在森林、草地、河流、海洋、湿地、沙漠和农田、城市等单一的自然、人工生态系统尺度。如美国在旧金山湾等地实施的生态系统计划,针对区域或流域尺度上的水质和水供给、矿产资源或能源利用或开采的环境效应、土地利用或土地盖层的蚀变效应等资源环境问题开展研究,在区域或流域尺度上实现了多学科结合的生态系统管理综合研究(刘树臣,2009)。

1.2 海洋生态系统管理的目标与内涵

1.2.1 海洋生态系统管理的目标

基于生态系统的管理是考虑包括人类在内的整个生态系统的综合管理途径,其目标是通过维持生态系统的健康、生产力和活力来保持生态系统提供人类需要的产品和服务的能力。与目前侧重考虑单一物种、部门、活动和问题的管理模式不同,基于生态系统的管理通过跨部门的综合管理的途径来达到保育生态系统服务的目的,并将所有可能影响生态系统的人类活动都包括在内。同时它特别关注人类活动对生态系统的影响,进而对生态系统服务的累积性影响。

基于生态系统的海洋管理的目标应该体现出明确、综合、因地制宜和可持续的特点。明确是指海洋管理的目标不能过于笼统,除了实现可持续发展这种宽泛的长远目标之外,还需要制定能相互衔接的、具体的阶段性发展目标。综合是指管理目标不能局限在传统的,例如渔业资源收获、海洋矿产资源收获、旅游和海洋生物资源保护等单一目标,而必须关注多方面利益的综合目标。因地制宜是指应该针对每个管理单元,制定适应各自特点的管理目标。可持续指的是应该有广阔和长远的视野,确保阶段性目标与可持续发展的终极目标相衔接(丘君等,2008)。

1.2.2 海洋生态系统管理的内涵

海洋为实施基于生态系统的管理提供了比陆地更多的机会,EBM(Ecosystem-based Management)在海洋管理中,特别是在海洋渔业管理中,得到了更多重视(Maltby et al.,1999)。相对而言,海洋界对 EBM 含义理解及 EBM 应用有更多的经验。目前,海洋界对 EBM 内涵的认识不完全一致,迄今为止,EBM 尚无一个被公认的学科定义,比较有代表性的有:

北太平洋渔业管理委员会:为维持生态系统的可持续性而规范人类行为的策略(Witherell et al., 2000)。这种理解赋予了 EBM 非常广泛的内涵。

北太平洋海洋科学组织:EBM 是管理人类活动的战略性方法,这种方法整合了生态、经济、社会、制度和技术等各方面因素,通过协同的管理工作,寻求生态系统健康和维持人类社会的可持续发展(Jamieson, 2005)。

2002 年欧盟保护海洋环境战略会议:在基于对生态系统及其动态最可靠的科学知识的基础上,对人类活动的一体化综合管理。通过识别和管理影响海洋生态系统健康的人类活动,实现维持生态系统完整性,并可持续利用生态系统产品和服务功能(DEUP, 2005)。2005 年,美国《21 世纪海洋蓝图》中对 EBM 的定义也大致如此(USCOP, 2004)。

尽管这些定义并不完全相同,但核心是基本一致的,即通过综合管理人类活动,实现生态系统持续健康和可持续利用。EBM 内涵中包含了三个方面的基本要素：①EBM 是综合管理，管理行动中综合考虑了生态的、经济的、社会的和体制的等各方面因素；②管理对象是对生态系统造成影响的人类活动，而不是生态系统本身，这也是 EBM 与传统生态系统管理模式最大的不同之处；③管理的目标是维持生态系统健康和可持续利用。

1.3　与其他海洋管理比较

1.3.1　传统海洋管理

在 20 世纪 80 年代以前，由于人类对海洋与海岸带利用的集约性程度不高，海洋与海岸带资源利用冲突和海洋环境问题还不是很明显，此时海洋与海岸带管理的概念和实践都只涉及一个狭窄的地带，这个地带包括浅滩、近岸和近海，在这一阶段的海洋与海岸带管理是以资源利用管理为主，即实施海洋与海岸带管理的目标是资源利用效益最大化。这一阶段所关心的资源范围也是狭义的，主要包括港口、航运、渔业和娱乐等资源（Biliana and Robert，1998）。从管理模式看，无论是发展中国家还是发达国家，其机构设置和政策制定都显示出部门管理的特征（UNDP，1999）。

1.3.2　海岸带综合管理

海岸带综合管理（Integrated Coastal Management，简称 ICM）形成于 20 世纪 70 年代初期，旨在用综合的方法对海岸带的资源、生态和环境实施管理，力求最大限度地获得综合利益。海岸带综合管理强调应该制定海岸带的综合发展规划，亦即制定管理目标；强调相关知识的综合、相关部门的合作，提倡相关利益者的广泛参与等（鹿守本等，2001；陈国强等，2003）。世界各地在 ICM 方面也已经取得了许多进展，但是 ICM 的边界通常是政治化的，并着重强调海岸带区域的陆地一侧。

到了 20 世纪 80 年代，特别是 20 世纪 90 年代，随着海洋与海岸带资源利用冲突、环境退化等问题越来越严重，传统的以部门管理为主的海洋与海岸带管理模式已经完全不能解决海洋与海岸带地区面临的问题。综合管理逐渐成为海洋与海岸带管理的主流模式。海岸带综合管理是通过制定政策和管理战略，以解决海岸带资源利用冲突，控制人类活动对海岸带环境影响的一个持续的、动态的过程。海岸带综合管理模式提出了部门间的综合、不同层次（如国家的、省的及地方的）机构上的综合、空间上的综合（海陆综合）、科学与管理的综合以及国际间的综合。海洋与海岸带利益相关者、海洋与海岸带管理者、科学界以及海洋与海岸带环境在海洋与海岸带综合管理决策中是相互依赖和相互影响的。

1.3.3　海洋生态系统管理的优势与挑战

尽管海岸带综合管理考虑了很多方面的综合，但是从实践看，海岸带综合管理大都在一个具体的行政区域范围内实施，这一管理模式无法解决跨行政区域的资源环境问题。2002 年，美国海洋政策委员会和民间私立的 Pew 海洋委员会在综合各种国家海洋管理政策方案的基础上，提出了以生态系统为基础，改善区域海洋管理的政策理念，标志着海岸带综合管理进入了区域海洋管理阶段，其主要特点是以生态系统为基础的、区域综合管理。另外，海岸带综合管理强调建立综合管理的体制和运行机制，而基于生态系统的海洋管理则强调以海洋生态系统的整体恢复作为调控和管理的目标，综合考虑生态、经济和社会等因素，在完整的生态系统上综合管理所有人类活动，能够更有效地解决目前海洋环境和海洋资源所面临的诸多问题，该管理模式代表了现代海洋管理的发展方向。

但是，在海洋生态系统管理的实施过程中，还会遇到新的问题和困难。首先，由于海洋生态系统较陆地生态系统更为复杂和不确定，人类对海洋生态系统中一些组成成分间的相互作用和影响机制尚不明确，导致人类对海洋生态系统管理的具体实施进展缓慢。其次，海洋生态系统管理的实施不可避免地面临司法管辖权的问题。因为海洋生态系统是以生态系统的完整性为基础进行界定的，经常涉及不同的沿海国家和地区，海洋生态管理方案实施的每一环节都涉及所有海洋利益相关者，因此海洋生态系统管理模式的实施还应考虑相关国家和地区的社会经济和政治因素。另外，海洋生态系统管理模式的实施需要大量经费支持。

1.4　海洋生态系统管理的主要作用和影响

1.4.1　作用与影响

目前，很多国家都认识到海洋生态系统管理的科学性，并付诸实施。在亚洲、非洲、拉美和欧洲已建立 16 个大型海洋生态系统项目，涉及 126 个国家。这些项目受到全球环境基金（GEF）、世界银行、联合国工业发展组织（UNIDO）、世界自然及自然资源保护联盟（IUCN）、联合国环境规划署、联合国开发计划署、联合国粮农组织等机构在资金和技术上的支持。其目的是实现全球海洋环境和资源的长期可持续发展。

加拿大、澳大利亚、美国和欧盟还通过建立国家和地区法律和政策实施海洋生态系统管理。加拿大是世界上第一个具有综合性海洋管理立法的国家，加拿大的海洋法基于可持续发展原则，倡导对海洋环境和海洋资源的综合管理（于 1996 年 12 月通过并于 1997 年 1 月生效）。1998 年 12 月，澳大利亚发布了“澳大利亚海洋政策”，承诺采取以海洋生态系统为基础的海洋管理模式。该政策要求海洋管理以区域性海洋规划为依托，协调各部门的海洋政策，制定综合管理战略，促进海洋产业在各利益关系主体意向一致的环境中发展。

欧盟颁布了一系列基本政策和指令，确保海洋生态系统管理的实施，包括栖息地指令（1992）、鸟类指令（ 2009 ）、水框架指令（2000）、战略环境评估导则（2001）、共同渔业政策以及海洋战略框架指令（2008）。

美国是一个高度重视生态系统管理的典型国家，从 20 世纪 90 年代开始，美国便开始采用生态系统方法进行自然资源管理。尽管目前美国政府没有颁布专门的法律文件以支持对海洋环境和海洋资源进行生态系统管理，但是现行立法和海洋政策为实施海洋生态系统管理提供了支持。例如，《马格努森 - 史蒂文斯渔业养护和管理法》提倡区域性渔业管理,《国家海岸检测法》为沿海生态系统的环境质量监控提供程序方案,识别环境退化因素并对政府干预退化方案的有效性进行评估。《国家海洋保护区法》授权根据海洋地区的生态重要性设立海洋保护区。《2000 年珊瑚礁保护法》为珊瑚礁的保护维持和再生恢复提供有效机制。美国海洋政策委员会于 2004 年 9 月提交给总统和国会的国家海洋政策报告《21 世纪海洋蓝图》以及随后公布的《美国海洋行动计划》都高度重视生态系统管理。以美国国家海洋和大气管理局（NOAA）为代表的主要海洋管理机构牵头实施了一系列基于生态系统的海洋管理项目,该部门于 2003 年 3 月颁布了 2003 ~ 2008 年战略计划,确定的第一个任务是:用以生态系统为基础的管理方式,保护、恢复和管理好海洋和海洋资源。基于生态系统的方法被确定为 21 世纪美国海洋管理的基本方法。

20 世纪 90 年代后期,以生态系统为基础进行自然资源管理的思想引入我国后,学者们展开了一系列理论探讨,主要内容为陆地生态系统管理的理论与实践。1994 年,在国际组织的资助下,我国开始了 ICM 实践,通过和东亚海域环境管理组织等机构合作,在厦门市建立了海岸带综合管理示范区。1997 年,又与联合国开发计划署合作,在广西的防城港市、广东的阳江市、海南的文昌市进行海岸带综合管理试验。2004 年,由全球环境基金资助、中韩两国携手的“减轻黄海大海洋生态环境项目”(黄海大海洋生态系项目)正式启动,该项目旨在通过实施生态系统管理,实现黄海大海洋生态系及其流域的环境可持续发展的管理和利用,减少由发展带来的对人口密度大、城市化和工业化程度高的半封闭大陆架海的影响。生态系统管理的理念和方法在我国海洋领域真正意义上的实践仅涉及海岸带综合管理和大海洋生态系统,但截至目前尚未在我国的海洋政策中确立以生态系统为基础的海洋管理模式。

1.4.2　未来发展趋势

海洋生态系统管理是一种新型的海洋管理模式,它不同于传统的单一部门管理,以海洋生态系统的整体恢复作为调控和管理的目标,综合考虑影响海洋生态系统的一切因素,能够更有效地解决目前海洋生态系统面临的诸多问题。该管理模式代表了现代海洋管理的发展方向,其理念在一系列重要的国际性和地区性法规以及国家法律中得以体现。在其实施的过程中,面临着一系列科学、技术、经济、政治、法律等方面的问题,有一些问题目前并没有清晰明确的答案。但是,这些问题并没有阻止人们对这种新型海洋管理模式的探讨和实践。各国政府和相关机构已经进行了各种有益的探索并取得了初步的成效。例如,针对海洋生态系统认知不足的对策是加强科学研究、为发展中国家提供技术支持、交流知识和信息。鉴于海洋生态系统的复杂性和有限的可预测性,在生态系统管理模式的具体实施过程中,建议采用适应性管理手段,考虑到认知中的不确定性因素,并根据逐渐获取的新知识、新信息加以修订和完善。解决司法管辖权问题的途径是加强国际合作,建立国际联合管理区域,实现共同管理。随着生态系统管理的发展,利益相关者逐渐意识到生态系统管理程序的合法性以及对相关法规的严格执行的重要性。

在海洋生态系统管理的实施过程中,还会遇到新的问题和困难。但是,这都不会阻止海洋生态系统管理的发展。因为,只有所有利益相关者共同努力,这些问题和困难才能最终解决。

参 考 文 献

[1] Christensen N L, Bartuska A M, Brown J H, et al. The report of the ecological society of America committee on the scientific basis for ecosystem management[J]. Ecological Application, 1996, 6(3): 665-691.

[2] 叶属峰,温泉,周秋麟.海洋生态系统管理——以生态系统为基础的海洋管理新模式探讨[J].海洋开发与管理,2006(1):77-80.

[3] Agee J K, Johnson D R. Ecosystem Management for Parks and Wilderness[M]. Seattle: University of Washington Press, 1988: 6-12.

[4] Overbay J C. Ecosystem Management[C]//. In: Taking an Ecological Approach to Management. United States Department of Agriculture Forest Service Publication, 1992: 3-15.

[5] SAF Task Forceed. Sustaining long-term forest health and productivity[R]. Bethesda (Maryland): Society of American Foresters, 1992.

[6] Goldstein B. The struggle over ecosystem management at Yellowstone[J]. BioScience, 1992, 42(3): 183-187.

[7] Under D G. The USDA forest service perspective on ecosystem management[R]//. In: Symposium on Ecosystem Management and North-eastern Area Association of State Foresters Meeting. Burlington, Virginia. Washington D C: United States Government Printing Office, 1994: 22-26.

[8] USDOI BLM. Final supplemental environmental impact statement for management of habitat for late-successional and old-growth related species within range of the northern spotted Owl[R]. Washington D C: U.S. Forest Service and Bureau of Land Management, 1993: 19-21.

[9] Forest Ecosystem Management Assessment Team. Forest ecosystem management: an ecological, economic, and social assessment[R]. Report of the Forest Ecosystem Management Assessment Team, Multi-agency report, 1993.

[10] Wood C A. Ecosystem Management: achieving the new land ethic[J]. Renew Nat Resour J, 1994, 12: 6-12.

[11] Grumbine R E. What is ecosystem management[J]. ConserBiol, 1994, 8(1): 27-38.

[12] Environmental Protection Agency. Integrated ecosystem[R], 1994.

[13] EPA. Protection research program: a conceptual plan[R]. Working Draft. EPA office of Research and Development, 1994: 89.

[14] Lackey R T, Seven pillars of ecosystem management[J]. Landscape and Urban Planning, 1998, 40: 21-30.

[15] Caldwell L K. The ecosystem as a criterion for public land policy[J]. Nat. resour. J. bloomington Ind, 1970: 203-221.

[16] 刘树臣,喻锋. 国际生态系统管理研究发展趋势[J].资源管理,2009(2):10-17.

[17] 丘君,赵景柱,邓红兵,等. 基于生态系统的海洋管理:原则、实践和建议[J].海洋环境科学,2008,27(1):74-78.

[18] Maltby E, Hoidgate M, Acreman M, et al. Ecosystem management: questions for science and society[M]. Virginia Water: Royal Hooloway Institute for Environmental Research, 1999.

[19] Witherell D, Pautzke C, Fluharty D. An ecosystem-based approach for Alaska ground fish fisheries[J].

Journal of Marine Science, 2000, 57: 771-777.

[20] Jamieson G. The new PICES working group on ecosystem-based management[EB/OL]. http://www.pices.int/publications/pices_press/Volume 13/Jan_2005/pp_28_29_EBM. Pdf, 2005-11-17.

[21] Danish EU Presidency. Presidency conclusions of the meeting "Towards a strategy to protect and conserve the marine environment"[EB/OL]. http://www.eu2002. Dk/news/news_read. Asp? ilnformation lD = 25706, 2005-12-22.

[22] U. S. Commission on Ocean Policy. An ocean blueprint for the 21 century: final report of the U. S. Commission on Ocean Policy[R]. Available at http://www.oceancommission.gov/documents/full_color_rpt/000_ocean_full_report. pdf,2004.

[23] Biliana Cicin-Sain,Robert W. Knecht. Integrated Coastal and Ocean Management: Concepts and Practices[M]. Washington D C: Island Press, 1998.

[24] United Nations Development Program (UNDP). Benguela Current Large Marine Ecosystem Programme, Tmnsboundary Diagnostic Analysis [R]. Windhoek, Namibia: UNDP, 1999.

[25] 鹿守本. 海洋管理通论[M]. 北京:海洋出版社,1997.

[26] 陈国强,王颖. 海岸带综合管理的若干问题[J]. 海洋通报,2003,22(3):39-44.

第2章　黄河口及邻近海域生态系统管理框架

黄河口及邻近海域拥有独特的自然特征,是渤海的重要生态功能区,也是生态环境保护的主战场。黄河三角洲地区不仅是我国的第二大油田——胜利油田的所在地和主产区,也一直是国家和山东省重点发展的区域。

黄河三角洲地区在面临着前所未有的历史机遇的同时,黄河口及邻近海域的生态环境也面临着巨大的压力和挑战。特别是近年来,黄河口及邻近海域的生态环境问题未得到有效解决的前提下,黄河口及邻近海域的生态环境问题主要表现在:黄河口周边生态系统脆弱;黄河三角洲沿岸海域的海洋生态环境尚未改善,仍然面临着巨大压力;海洋资源开发与保护的矛盾突出;基于海洋生态系统的管理体系尚未建立,监管技术与手段有待进一步完善。因此,对黄河口及邻近海域生态系统开展有效管理,不仅是黄河三角洲高效生态经济区开发和建设的要求,也是打造山东半岛蓝色经济区的要求。

本章围绕全面提高海洋生态系统的供给服务、调节服务、文化服务和支持服务等四大服务功能,面向海洋管理的两个重要业务应用需求:一是急需保障黄河三角洲高效生态经济区建设的海洋生态系统管理关键技术体系;二是促进跨部门的综合管理与协调,共同探索"海陆统筹、以海定陆"的管理模式。开展黄河口及邻近海域的生态系统管理关键技术研究与应用,可以从技术方法上为黄河口及邻近海域的生态环境管理提供技术支撑和保障,对于促进区域的海洋综合管理具有重要意义。

黄河口及邻近海域生态系统管理关键技术研究以"现场调查→评估技术→监管技术→调控技术→集成应用"的海洋管理业务链条展开。通过本项目的研究,主要解决目前的海洋管理过程中的两个综合性缺乏问题:一是没有充分考虑黄河对海洋的影响,管理区域没有覆盖整个生态系统,即横向的综合;二是管理过程中的评估、监管和调控的方法、技术、方案、对策等较为缺乏的问题,即纵向的综合。

通过黄河口生态系统管理技术研究,达到了以下目标:①从海洋管理的角度,明确黄河来水来沙对海洋生态系统的影响,并由此提出黄河调水调沙的优化方案;②完善和充实海洋生态系统管理的评估方法、监管技术和调控方案,满足适应性管理的业务需求;③基于黄河口及邻近海域的现状、问题和压力,为东营市海洋管理部门提供基于生态系统管理的解决方案。为此,围绕上述3个目标设置了5个研究模块:黄河口及邻近海域生态系统现状及主要压力研究、生态系统诊断与评估技术研究、基于生态系统的监管技术研究、生态系统压力调控模式与技术研究、成果集成与应用。

各研究子模块围绕生态系统管理过程中亟待解决的关键技术与难点,通过生态系统的业务流程有机地结合起来,从而形成海洋生态系统管理的评估、监管和调控技术,并最终通过决策应用于海洋管理,转化为具体的管理行动。各子模块之间的关系如图2-1所示。

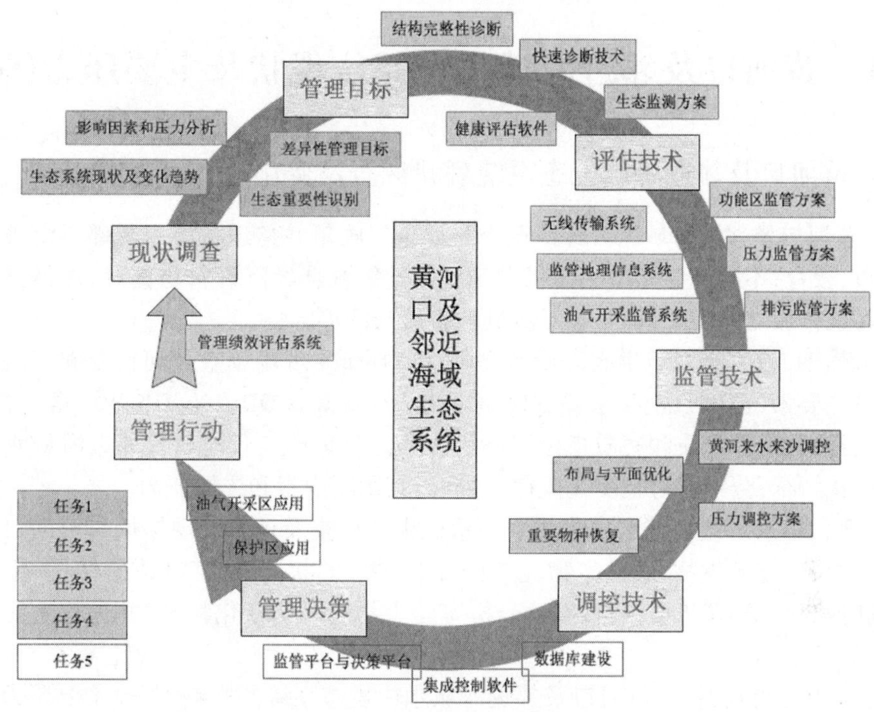

图2-1　各子模块之间的关系

首先，通过对历史资料的收集，以及对黄河口及邻近海域的生态环境调查、黄河来水来沙调查和周边产业调查等，掌握黄河口及邻近海域生态系统的生态特征、主要影响因素和压力，明确黄河来水来沙对底栖生物群落和产卵场的影响，并由此根据生态重要性制定差异化生态系统管理目标。

其次，通过建立结构完整性指标体系和基于底栖生物指数的生态系统评估方法，开发基于业务应用的生态系统健康评估软件，以实现快速生态系统状态分析诊断；同时通过建立生态系统管理绩效评估指标体系，开发管理评估软件，以动态掌握管理效果，实现适应性管理。筛选、改造并集成现有的无线数据传输技术与设备，使之适应海洋环境应用，以满足海上监管的要求；同时基于地理信息系统平台，开发并构建不同海洋生态系统的监管技术方案，为实现海上生态系统监管提供技术支撑。通过对黄河调水调沙优化研究、人类生产活动压力调控研究、排污口和增养殖区优化研究、重要物种的保护与恢复研究等，构建起较为完整的生态系统管理所需的调控技术手段。

最后，将所有研究成果进行集成，建立起海洋生态系统的监管平台与决策平台，并在黄河口及邻近海域进行应用示范，形成较为完整的管理业务流程和方案，以便逐步实现全海域的管理应用。

2.1 黄河口及邻近海域生态系统现状及主要压力研究

2.1.1 黄河口及邻近海域生态系统现状调查及变化趋势研究

(1)黄河口及邻近海域社会经济调查与评价。收集并整理黄河口及邻近海域周边区县的人口、教育,不同产业类型的面积、产值、比重等社会经济资料与信息,评估社会经济要素与污染排放之间的关系,明确对海域的直接与间接影响。

(2)黄河口及邻近海域生态环境状况调查及评价。现场调查黄河口及邻近海域水质及底质环境要素(温度、盐度、水深、pH、透明度、溶解氧、COD、TN、TP、叶绿素含量、重金属含量、石油含量等水质和底质指标)现状,收集并整理历年黄河口及邻近海域水质和底质要素变化特征,分析其时空变化规律,并探讨其影响因素和主要压力。

(3)黄河口及邻近海域水生生物生态系统现状调查及评价。现场调查黄河口及邻近海域水生生物(浮游生物、底栖生物、主要游泳生物)的状况,确定其群落结构、生物质量状况;同时收集并整理历史资料,对比分析海洋生物的时空变化特征,并进行生物群落划分。

(4)结合历史资料,对黄河口及邻近海域水生生态系统的影响因子、主要压力和变化趋势进行分析。收集黄河来水来沙的历史资料、生态系统状况历史资料,进行周边社会经济要素调查和周边产业布局调查,通过因果链分析(Causal Chain Analysis)的方法,分析并明确黄河口及邻近海域生态系统的变化趋势、影响因素和主要压力。

2.1.2 研究黄河调水调沙对河口区生态系统的影响

(1)综合实地调查和相关文献资料,分析黄河调水调沙后对河口区水沙运移过程的影响和基本规律,研究环境水文条件(水温、流量、流速、含沙量)、入海淡水量、营养盐和污染物(有害元素、持久性有毒有机污染物、石油烃类等)迁移和转化的变化特征,阐明生态系统中的主要环境胁迫因素的分布特征及来源。

(2)结合室内受控试验,研究主要环境胁迫因素的循环、代谢规律,分析其对浮游生物、底栖生物和游泳动物等不同生态功能类群的生物量、种类组成、分布特征和种群消长动态变化的影响;采用多元回归法确定各环境因子对生物功能类群分布的重要程度,并利用 Spearman Rank 相关性分析确定环境变化与环境生物之间的关系,识别影响河口区生态系统的关键环境驱动因素。

(3)对底栖生物群落的影响。在关键环境因素识别的基础上,在河口区设定生态调查站点,选择未受干扰的一个区域(对照区)以及受干扰比较严重的 1 ~2 个区域为对比,重点研究底栖环境的变化(主要包括沉积物类型、底质表层(0 ~5 cm)有机质含量、底质表层粒度、氧化还原电位的变化等);结合室内受控试验,分析环境差异对底栖生物物种组成、优势类群、关键种以及生物量和生物栖息密度的分布特征和种群动态,确定底栖生物群落的优势物种及相关生物种群的变化;分析群落中大/小底栖生物优势类群、丰富度、生物量的比例,建立大型底栖动物丰富度与生物量变化的 ABC 曲线,探讨基于其的底栖环境变化指示方法,研究环境扰动—底栖生物群落变化之间的相关性。

(4)对生物产卵场的影响。以河口区典型产卵场为代表,研究产卵场中生态因子的变化,分析关键环境因素的变化对亲体性成熟时间、产卵率、受精卵发育时间以及成活率的影响,阐明产卵亲体对环境干扰的响应过程及作用机制。

2.1.3　黄河口及邻近海域的生态重要性识别

(1)文献资料收集与整理分析。通过公共航次的调查以及补充调查,掌握目前黄河口及邻近海域的生态系统现状及关键生态过程,分析整理有关文献、数据及资料,掌握黄河口及邻近海域的变化趋势。

(2)构建生态重要性评价指标体系。从生态系统服务功能和生态敏感性两个方面构建生态重要性评价指标体系,并通过层次分析法对各指标权重进行计算,同时建立生态重要性等级划分标准,形成较为完善的生态重要性评价方法。

(3)对黄河口及邻近海域的生态重要性进行等级划分。根据历史资料和本次调查研究数据,开展对黄河口及邻近海域的生态重要性计算,并根据计算结果对海域进行生态重要性划分。

(4)制作生态重要性等级分布图。利用地理信息系统技术,制作该区域不同生态重要性空间分布图,将该结果作为进行海洋生态系统监管的依据。

2.1.4　不同生态管理分区的目标设计

(1)周边社会经济及产业布局调查。对黄河口及周边地区开展社会经济调查,在海岸带及海域开展产业布局调查,分析各类型产业的产业特征及分布特点,明确各主要产业对海洋生态系统的影响及压力。

(2)社会经济发展和海洋经济发展目标分析。收集未来 5 ~ 10 年黄河口及邻近海域以及周边地区的社会经济发展规划等资料,分析未来 5 ~ 10 年本地区的海洋经济发展目标和预期,明确海洋生态系统可能面临的影响和压力变化趋势,为管理目标的设计提供依据。

(3)管理分区的设定及选划。依据对黄河口及邻近海域生态重要性的分级和识别结果,结合目前通过海洋功能区和产业布局制定管理分区的划分标准和方法,并对研究区域进行管理分区进行选划。

(4)管理目标的设计。根据生态系统现状制定需要优先进行管理和关注的指标,并根据未来压力的变化趋势,设计每个管理分区的具体管理目标,以达到对黄河口及邻近海域的生态系统管理和知识性管理要求。

2.2　生态系统诊断与评估技术研究

2.2.1　生态系统完整性研究与生态监测方案设计

(1)资料收集、整理与分析。收集与分析黄河口及邻近海域水文、化学、生物等方面的资料;典型环境污染物(无机氮、无机磷、COD 等)、浮游植物、浮游动物、大型底栖生物等时空分布历史资料;黄河口径流量、入海物质总量监测资料等,对历史研究资料进行综合分析与提炼。收集与分析生态系统结构完整性评价方法、指示物种研究等有关文献资料,对相关方法进行分析与整合,为建立本项目的评估技术提供依据。

(2)现场补充调查。在对已有资料进行充分分析、归纳提炼的基础上,依托本单位2002~2009年黄河口生态监测工作,选出调查研究区域站位不足、各种指标变异明显的区域进行加密监测,获取物理、化学、生物等关键要素的点、线、面的特征资料。

(3)评估指标体系与模式构建。考虑到生态系统结构完整性评估实质是根据实际调查和监测数据,应用具有操作性强、计算科学合理的评估模式来获得量化的评估结果,因此构建生态系统结构完整性评估模式为其核心内容。参考有关生态系统结构完整性评价指标与模型的有关资料,在明确黄河来水来沙对河口生态系统影响的基础上,结合黄河口海域特点,拟从结构、功能、组成等方面构建黄河口及邻近海域生态系统结构完整性评价指标体系。

(4)指示物种筛选及生态监测方案设计。根据国内外相关文献和黄河口海域监测资料,依据生物指示种在环境中的丰富度、频率、种群消长动态等特征,进行研究海域生态系统结构完整性诊断的生物指示种筛选,并依据结果编制和设计相应的生态监测方案。

2.2.2 基于底栖生物指数的黄河口及邻近海域生态系统评估

(1)资料收集、整理与分析。收集和整理黄河口及邻近海域历史资料和多源实测数据、各种观测和监测资料,主要包括沉积物及底栖生物资料,初步评价并筛选出表征调水调沙前后沉积环境变化的特征要素和底栖动物变化的特征物种。

(2)外业现场补充调查。针对关键科学问题突出、调查研究不足,进行必要的补充调查,获取满足本项目需要的沉积环境和底栖生物资料。主要针对沉积环境特征监测指标和大型底栖动物的种类、生物密度、生物量、群落特征等进行调查。

(3)构建基于底栖生物指数的健康评估方法和技术。根据历史资料和现场补充调查资料分析黄河口及邻近海域底栖生物群落和数量的时空变化与环境扰动(沉积环境的变化)之间的响应关系,构建出基于底栖生物指数的健康评估方法和技术。

(4)软件开发。基于上述研究成果,利用结构化查询语言(SQL)建立黄河口及邻近海域底栖生物群落数据库,采用Java开发智能化的海洋底栖生物指数健康评估的软件,用于黄河口及邻近海域生态系统管理的监测与评估应用。

2.2.3 生态系统管理绩效评估系统研究

(1)选择建立合适的指标体系。收集黄河口及邻近海域的有关管理信息,包括相关立法或发布的文件。通过整理这些信息,确定河口及邻近海域生态系统管理的总体目标和具体目标,并确定各个具体目标的优先级。对所确定的各个具体目标匹配相应的指标并确定各个指标的优先级。

(2)制订评估计划。对所选指标进行测量,确定测量评估指标所需的资源,选择与评估结果相关的主要目标受众,根据受众对评估结果的需求程度、使用方式及采取的行动类型,确定各受众的优先级。组建评估小组,确定各模块的负责人,制订评估时间表和工作计划，设置阶段性目标。

(3)实施评估工作。根据评估工作计划，针对各个指标开展信息收集，建立指标信息管理系统，根据指标类型，对收集的信息编码并进行核对和复查，保证数据的准确性和可交流性。对信息进行可信度分析，确定和说明误差的来源，将定量分析的结果与其他来源的结果进行对比，归纳形成评估报告。

(4)交流评估结果并调整管理策略。通过单向和(或)双向交流的方式，与目标受众共享评估结果，通过不断缩小具体目标和对应指标的差距，帮助管理者利用评估结果调整管理策略，改进生态环境管理工作。

2.3　基于生态系统的监管技术研究

2.3.1　黄河口及邻近海域的生态系统监管地理信息系统

黄河口及邻近海域的生态系统监管地理信息系统见图 2-2。

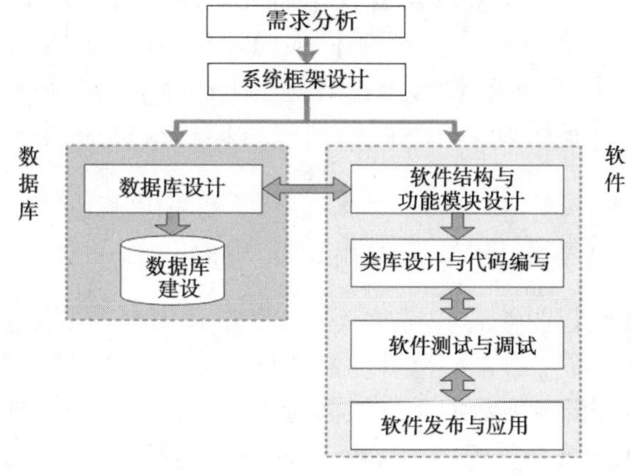

图 2-2　生态系统监管地理信息系统

(1)需求分析。分析生态系统监管地理信息系统在实际业务中所具备的功能；开展多系统实际使用用户的多种方式调查，咨询收集其对该系统的功能需求、操作方式、数据展现与表达方式等信息。分析系统需求信息并进行分组、分类，为系统的框架设计提供基础。

(2)系统框架设计。采用数据层、业务逻辑层和用户层三层模式构建系统框架系统，采用 B/S(浏览器/服务器)和 C/S(客户端/服务器)两种客户端方式进行信息的共享与发布，同时支持移动终端等客户端。

(3)数据库设计与建设。分析该系统所需信息，依据其特点和数据类型对数据进行分类、分组，主要包括社会经济、生态环境、基础地理和多源遥感数据等；建立该数据库的元数据标准，提取每种数据元数据信息，提高数据利用效率；建立数据完整性、有效性规则，保证数据质量，更好地服务于生态系统监管。

(4)软件设计与开发。①软件结构与功能模块设计。根据系统需求分析所得到的信息，进行软件结构和功能模块设计，主要包括以下几个模块：空间数据和属性数据查询、数据可视化展示、统计分析、空间分析、GPS模块和专题图制作等功能。②类库设计与代码编写。本系统基于.NET 3.5技术,使用其集成语言C#采用面向对象技术对各模块进行类库设计,并进行代码编写以实现其功能。③软件测试与调试。采取本组开发成员、用户和专业软件公司三类人员对软件进行测试,以发现软件存在的问题和不足之处,并对软件进行修改,直到软件运行稳定。

2.3.2　黄河口及邻近海域的生态系统监管方案研究

(1)黄河口及邻近海域的海洋功能区调查及监管技术研究。调查海域内的各不同类型功能区,如油气开采区、港口航运区、滨海旅游区、渔业增养殖区等,分析各功能区的生态环境特点、生态系统监管的要点和各功能区监管技术需求,设计出针对不同功能区类型的生态系统监管方案。

(2)黄河口及邻近海域的点源污染排放调查及监管技术研究。调查海域内的点源污染排放区域,如入海河流、城镇排污口、企业排污口等,分析这些污染排放区域的生态环境特点、生态系统监管的要点和监管技术需求,设计出针对点源污染排放的污染监管方案。

(3)不同海洋开发活动的调查及监管技术研究。调查海域内的不同生产活动,如油气开采、渔业生产、海洋工程建设等,分析不同人为活动会产生的生态环境影响、实施生态系统监管的要点和监管技术需求,设计出针对海上生产活动的生态系统监管方案。

(4)监管方案的试行及修编。对不同的监管方案进行试应用运行,并根据试行状况对监管方案进行修订。

2.3.3　生态系统监管数据的无线传输系统研究

(1)海洋生态系统监管业务需求调查分析。针对黄河口及邻近海域的水文条件特征和海洋环境特点,分析海洋生态系统监管的数据传输业务要求及管理需求,结合海上无线数据传输的难点,全面分析各项数据采集仪器对无线传输设备的软硬件要求。

(2)实施方案设计。综合分析各种无线传输与覆盖技术,对目前现有可用技术进行初步遴选;在适用技术的基础上筛选相关的硬件设备,确定无线传输设备海上适应性改造的实施方案。设计方案应兼容市场上所有802.11a/b/g客户端,同时满足各种终端(嵌入式终端、移动终端等)的数据传输需要,实现高带宽、全覆盖、立体化的无线传输网络。

(3)设备改造及系统测试。研制海洋环境中的智能天线,每个智能天线组可以360°立体覆盖或者定向扇面覆盖及传输,满足全方位的立体监控的需要;海洋环境下的适应性改造,全部硬件应符合IP67标准;针对专网的适应性改造,用户逻辑隔离、硬件可以进行集中管理维护、多VLAN划分,支持各种标准的加密方式等;搭建无线基站和远程接收端,并分别进行模拟测试和现场环境测试。

(4)系统进一步完善。根据模拟及现场环境的测试结果,对原有设计方案进行进一步完善,最终形成一个完整的海上无线传输系统,可以提供透明、高容量的无线链路,满足海洋生态系统监管的业务需求。

2.3.4　海上油气开采对底栖生态系统的影响以及监管技术研究

(1)海上油气开采全过程跟踪调查研究。在选定的油气开采区(点)开展钻探前生态环境要素和生物要素调查，同时在钻探开始后每 2 周重复调查 1 次，重点跟踪目标区域内的底栖生物和浮游生物数量变化。

(2)油气开采过程中主要污染物观测及扩散模拟。以钻探中心点为中心，沿半径方向设置不同距离的取样观测点，根据不同观测点的石油含量、新增沉积物厚度、底栖生物数量变化等建立泥浆、含油水扩散模型，明确油气钻探各个环节产生的泥浆、溢油等污染物的数量、强度和影响范围。

(3)底栖生物对钻探泥浆等的反应研究。在实验室内建立模拟环境，研究黄河口及邻近海域的主要底栖生物类群对油气开采过程泥浆淹埋作用的反应，观测其主动迁移过程及死亡率变化，明确海上油气钻探各个环节产生的污染物对底栖生态系统的影响。

(4)研究海上油气开采的全过程监管技术。设计适用于油气开采作业区的生态环境监测指标，设计有效的水上、水下观测方案，研究海上油气开采过程的监管方案。

2.4　生态系统压力调控模式与技术研究

2.4.1　黄河调水调沙的工程优化模式研究

(1)现场调查与观测。主要包括以下几项现场调查与观测内容：

①黄河口水下地形测验。海域面积约 400 km^2，布设 81 条测线、6 条底质取样测线、3 处验潮站，比例尺为 1∶25 000，测验时间为 2011 年 9 月黄河调水调沙前、后各施测 1 次，2 个补充航次可以完成，以期构筑较完整的 10 年调水调沙入海泥沙量计算体系。

②异轻流、异重流探测。调查内容是中间与结束时机在口门顺主流方向布设 3 个调查断面(布设方向有利于航行安全)，每隔 2 km 布设测验垂线，应用 ADCP、OBS－5 浊度仪等多种仪器进行 HHA110 船等 3 船进行同步生态环境影响因子含沙量、温度、盐度调查和取样，工作时间约 4 d，1 个补充航次可完成。

③生态系统的环境要素观测。参加公共航次调查，进行河口影响底栖生物群落和主要生物产卵场的各关键环境因子(水、沙、温、盐、地形地貌等)的现场观测和取样；在黄河调水调沙期间和前、后时段在河口及利津站进行关键环境因子补充观测和取样，以获取各关键环境因子的实测资料。以实测资料为依据，结合 2002 年以来河口入海水体遥感卫片解译，从中分解影响孵育生物因子的冲淡水漂移范围、盐度的调水调沙工程影响模式，分析调水调沙流量、时机、增减含沙量等工程手段措施的影响。

(2)三维数学模型和数值模拟建立。采用先进的数学模型，以实测资料和大量历史实测资料为依据，建立黄河口水、沙、温、盐等关键环境因子在调水调沙工程影响下时空变化的三维数学模型，并用实测资料进行验证。

(3)运用小浪底水库历次调水调沙方式与数据成果进行数学模拟测试。以黄委黄河联合调水调沙运行方案为基础，根据底栖生物群落和主要生物产卵场对关键环境因子时空分布的需求，并与黄委沟通，设定可能的不同调水调沙运行方案，通过各关键环境因子在调水调沙工程影响下时空变化的三维数学模型，对不同方案下关键环境因子在河口的时空变化进行模拟。

(4)运用小浪底水库历次调水调沙方式对黄河口调水调沙进行物理模拟测试。对小浪底水库、下游河道、河口水沙因子、淤积断面、水下地形等资料进行收集与分析，对黄河下游水库河道物理模型(1∶600)室内模型调水调沙试验数据进行考察研究。

(5)解析黄河调水调沙的相关工程优化模式的有效效果与作用。根据底栖生物群落和主要生物产卵场对关键环境因子时空分布的需求，对不同调水调沙方案下对黄河口底栖生物群落和主要生物产卵场的影响进行评价，得出优选方案，并据此提出黄河水沙调控的建议。

2.4.2　人为活动压力的调控技术研究

(1)人为活动对海洋生态系统的影响。在收集文献资料的基础上，分析海上油气开采、渔业活动、海岸工程建设等人为活动的特点，研究对黄河口及邻近海域特定保护对象的影响，明确不同人类活动对海洋生态系统的压力和影响。

(2)人为活动对生态系统压力作用路径分析。制作每种人为活动对黄河口及邻近海域生态系统的作用路径图，明确对保护对象的作用强度和持续时间，以便针对不同的人为活动压力进行过程调控。

(3)压力调控技术研究。根据不同人为活动对海洋生态系统的压力特点，研究减轻人为活动对生态系统影响程度的方法和技术，研究避免海上人为活动影响的管理方案，形成对不同人类活动(如油气开采、渔业活动、海岸工程等)的调控技术。

2.4.3　排污口及渔业增养殖区布局优化技术研究

(1)陆源污染物排放与社会经济发展的关系。调查分析东营地区入海污染物主要种类和入海通量，重点以污水排放为主，监测污水中COD、总氮、总磷、重金属、石油类等污染物的含量，识别东营区排海污水的主要污染物及其特征，并获取积累相关的历史资料。根据东营地区社会经济发展的长远规划和历史资料，调查研究沿岸陆源污染物排放的现状和特点，分析预测东营地区污染物入海通量的变化趋势。

(2)陆源污染物入海后输运变动规律。结合东营沿岸入海污染物的特点，选取适宜的海洋生态系统动力学模型，加以调试改进，应用于东营海域。首先研究分析入海污染物中保守物质的输运扩散稀释过程和特点，重点关注保守物质的输运去向和影响范围。进一步改进调试海洋生态系统动力学模型，研究分析入海污染物种非保守物质的降解与输运变化过程，阐明非保守物质的最终去向及影响因素。在上述研究的基础上，分析探讨东营陆源污染物入海后输运变化过程和规律趋势，综合评估东营海域水体交换能力和环境容量。

(3)陆源物质入海对近岸海域生态系统的影响。基于第(2)项研究的基础上，明晰东营地区陆源污染物中重金属、农业残留物、超限COD等有毒、有害物质入海后的输运规律和影响范围，分析其入海后可对海洋生态系统的负面影响程度，以及对于渔业产品质量和食用安全的影响。监测跟踪东营海域水体中氮、磷、硅营养盐的变动情况，关注东营海域富营养化的变化趋势与赤潮发生的关联。同时，关注东营陆源物质入海为海洋生态系统带入的营养盐物质通量，着重分析陆源营养盐输入对海洋生态系统生产力促进作用的效果。在前述研究的基础上，结合东营沿岸入海污染物的地域特征，综合比较研究陆源物质入海对近岸海域生态系统的正面和负面影响。

(4)黄河口海域排污口和渔业增养殖布局优化。在前述研究的基础上,重点研究分析不同排污口设置和入海通量对附近海域产生负面影响和正面影响的海域位置和面积。结合海洋功能区划,评估东营海域渔业增养殖布局现状的合理性,联立陆源物质输入变动规律,提出东营陆源排污口和渔业增养殖布局的优化方案和管理措施的建议。

2.4.4　重要物种的保护与恢复技术研究

重要物种的保护与恢复技术研究技术路线见图 2-3。

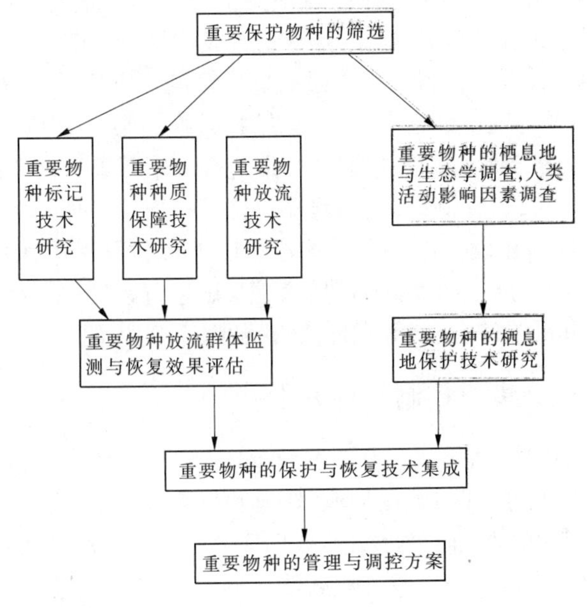

图 2-3　技术路线

(1)重要物种的资源现状与影响因素的调查研究。开展重要物种(半滑舌鳎、中国对虾、文蛤等)的栖息地、生活史及生态学调查,开展相关的渔业生产、养殖生产现状、外来生物分布及其生态学、栖息地污染现状调查,以掌握上述因素对重要物种的影响机制。

(2)重要物种的资源恢复技术研究。筛选不同放流种类的适宜标志－回捕技术,开展重要物种(半滑舌鳎、中国对虾、文蛤等)标志放流和追踪回捕,结合放流增殖生态效应调查,研究放流后苗种的分布、食性、生长等特性,统计成活率和回捕率。研究放流苗种的最适放流规格、放流时机和放流方式,优化不同重要物种的放流与资源恢复技术。

(3)重要物种的种质保障技术研究。以原种为亲本,研究各放流种类的种质资源和遗传多样性、放流苗种的生物学性状和遗传特性。研究放流苗种种质快速检测分子生物学技术。研究子代的群体杂合度,通过分子标记筛选、群体遗传结构分析,确定遗传瓶颈大小。研究放流群体与野生群体的遗传异质性。通过上述研究确定最小繁殖群体。研究并确定放流增殖遗传风险评估技术指标。

(4)重要物种的保护与恢复技术及管理调控方案的优化。开展重要物种的就地保护技术的研究,整合与优化重要物种的资源恢复技术和种质保障技术,并制订相应的保护管理与调控的方案。

2.5 成果集成与应用

2.5.1 生态系统监管数据库建设

(1)研究成果的收集和整理。对已有研究成果进行收集,包括黄河口及邻近海域的生态环境监测数据、各类评估模型、各类管理调控方案和技术、有关专家及知识信息等。

(2)对监视监测、评估模式、管理决策等应用的整体需求信息进行分析整理及评审。对整体需求进行必要的综合、归纳、抽象,形成局部及全局概念模型,并用 $E—R$ 图表示。

(3)数据库逻辑设计及物理设计。通过概念模型的评审后,设计模式与子模式,并编写应用程序设计指南及物理设计指南,将概念结构转换为某个 DBMS(数据库管理系统)所支持的数据模型;为逻辑数据模型选取一个最适合应用环境的物理结构,形成包括物理数据库结构、存储记录格式、存储记录位置分配及访问方法等的物理数据库结构说明书。

(4)数据库的开发与建设。选用合适的数据库平台和数据库开发工具,建立数据库结构,编制与调试应用程序,装入实际的初始数据,试运行程序;最终完成监测数据库、评估模式库、管理方案和决策库、空间数据库、备份数据库等的建设。

2.5.2 生态系统监管集成控制软件开发

(1)异构数据源的同构化处理。将业务数据库(如监测数据库、评估模式库、管理方案和决策库等)的数据通过 ETL(数据抽取、转换和加载)技术整合工具,以增量方式将业务数据源抽取转换至 SRC(标准资源中心)数据层,完成异构数据源的同构化处理。

(2)多维数据的集成与整合。通过数据整合技术,把大量数据按主题、维度方式加以整理和归纳形成多维数据库,为多维数据源提供分析数据;多维数据库将为终端用户提供一种可对数据进行灵活访问的信息结构,利用多维数据库可以对数据进行切片、切块,动态地观察汇总数据与细节数据的关系。

(3)搭建数据管理及存储结构。通过元数据管理技术,将包含业务元数据和技术元数据,通过业务元数据,即需求指标和维度的定义,以及指标和维度间的对应关系确认技术元数据的物理结构和存储。

(4)构建分析展现层与集成控制软件。在分析及报表展现层,用户可以通过 Analyzer 工具分析、查看业务数据,也可通过 Report Service 提供的报表查询固定业务报表数据;最终在大容量数据的筛选计算与快速分析技术以及多源数据的集成与整合技术的基础上,形成完整的监管集成控制软件。

2.5.3 海洋生态系统监管平台与决策平台构建

海洋生态系统监管平台与决策平台构建技术路线见图 2-4。

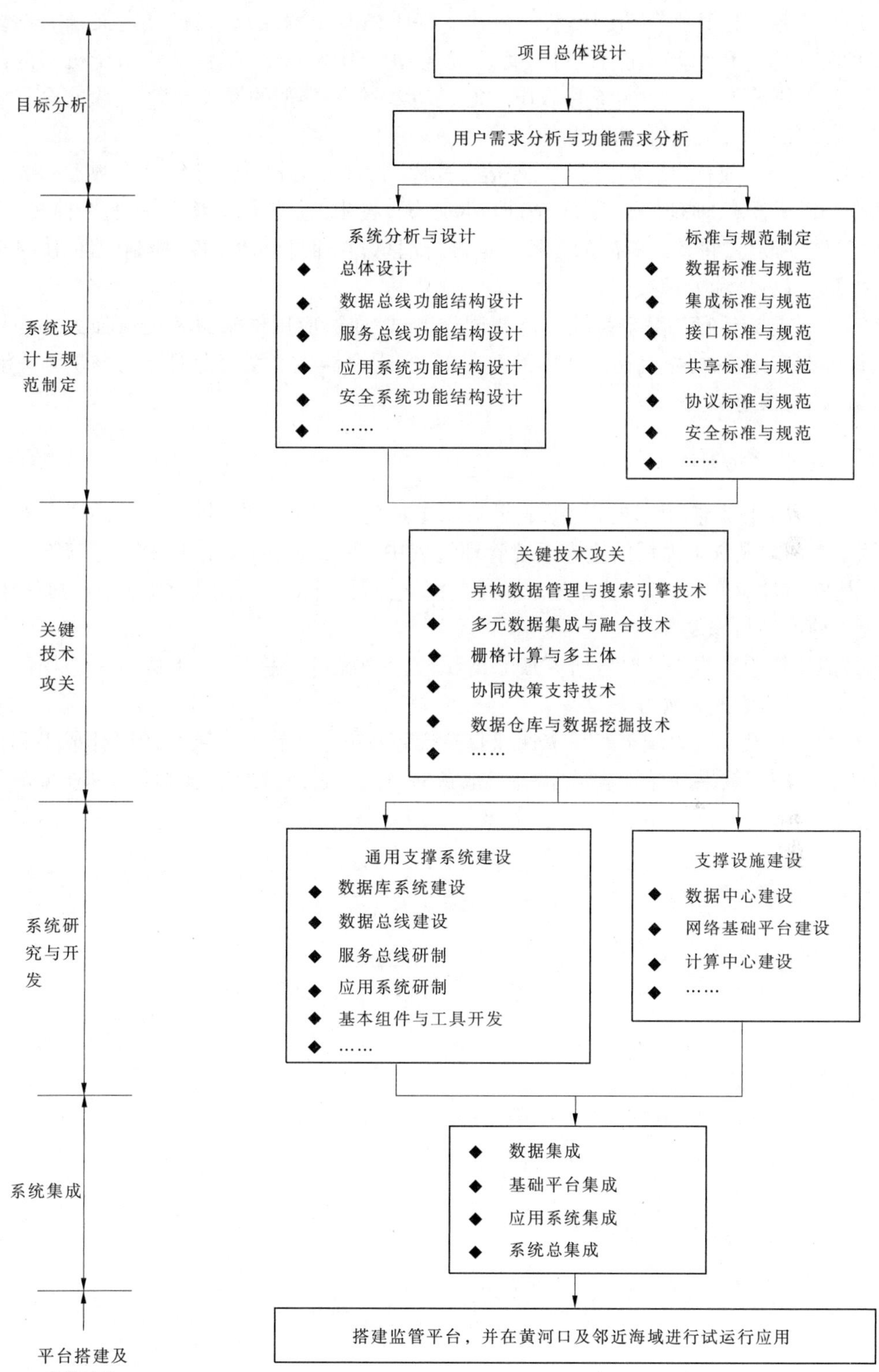
目标分析
系统设计与规范制定
关键技术攻关
系统研究与开发
系统集成
平台搭建及系统试验
项目总体设计
用户需求分析与功能需求分析
系统分析与设计
总体设计
数据总线功能结构设计
服务总线功能结构设计
应用系统功能结构设计
安全系统功能结构设计
……
标准与规范制定
数据标准与规范
集成标准与规范
接口标准与规范
共享标准与规范
协议标准与规范
安全标准与规范
……
关键技术攻关
异构数据管理与搜索引擎技术
多元数据集成与融合技术
栅格计算与多主体
协同决策支持技术
数据仓库与数据挖掘技术
……
通用支撑系统建设
数据库系统建设
数据总线建设
服务总线研制
应用系统研制
基本组件与工具开发
……
支撑设施建设
数据中心建设
网络基础平台建设
计算中心建设
……
数据集成
基础平台集成
应用系统集成
系统总集成
搭建监管平台，并在黄河口及邻近海域进行试运行应用

图 2-4　技术路线

(1)生态系统监管平台功能模块的搭建。基于已有技术成果,并扩展定义相关系统模块,实现各类应用的动态注册及统一管理;提供用户中心,统一提供用户组织机构的建设与管理;以资源为中心,设计统一权限中心,以实现各种类型的授权方案;提供完全自定义的信息发布系统,实现信息管理、知识管理等多重任务。

(2)多系统集成。以监测数据库、评估模式库、管理方案和决策库等已有数据库为基础,结合“3S”(遥感、地理信息系统、全球定位系统)技术,并集成环境监测、监视监控、无线传输等硬件设备,将管理所需的多种数据进行汇总,并通过评估软件、控制软件、决策模拟软件等进行分析和处理。

(3)调试与试运行。对整系统进行调试与测试,通过应用框架服务提供强大的底层支持,保证在多用户并发、高访问压力的情况下,实现海洋生态系统监管平台与决策平台的正常运转与快速响应。

2.5.4　成果试应用

(1)选择成果试应用区域。根据成果应用单位的建议和要求,将本项目的研究成果试应用于黄河口及邻近海域的生态系统管理过程中,主要应用于黄河口及邻近海域生态系统结构完整性诊断与评估、基于生态系统的海洋监管、针对不同生态系统压力的调控以及重要物种保护与修复等。

(2)成果试应用报告。对各研究成果的试应用情况进行总结,并形成成果应用的反馈意见和进一步修改完善方案。

(3)黄河口及邻近海域生态系统管理业务流程及方案。针对本项目的研究成果和试应用反馈,对应用效果进行科学评价,并形成黄河口及邻近海域的生态系统管理业务流程及应用方案。

第 3 章　黄河口及邻近海域生态系统现状及主要特征

黄河口及邻近海域生态系统是渤海湾和莱州湾海洋生态系统的一个重要子系统，发挥着海洋生态系固有的生态功能，同时也发挥着黄河口特有的生态功能。150 年来，黄河入海径流丰富的营养源驱动着黄河口及邻近海域生物群落的生产，提供了巨大的渔业生产力，这里是黄、渤海渔业生物重要的产卵场、孵幼场、索饵场和洄游通道。已监测到的海洋生物有 600 多种。其中，渔业资源种类有 130 余种，其中重要的经济鱼类和无脊椎动物 50 余种，分布于滩涂的贝类资源近 40 种，其中经济价值较高的贝类有 10 余种。

但近 30 年来，随着社会经济的发展和对海洋资源需求的增强，过度捕捞、环境污染等非理性的人类活动，以及黄河冲淡水入海量的不断减少等，促使该地区的渔业生产力显著下降和海洋生物多样性明显降低（朱鑫华等，2001；孙鹏飞等，2014）。

3.1　黄河口及邻近海域生态系统现状

3.1.1　黄河口河道段水域水环境现状调查与分析

3.1.1.1　材料与方法

1. 调查时间和调查站位设置

分别于 2011 年 5 月、8 月、11 月和 2012 年 2 月，在黄河口河道段对水环境状况进行了 4 个航次的调查。其中，河道段水域调查站位设置见图 3-1，自黄河新滩浮桥（汉二浮桥）起每隔 3 km 布设 1 个调查站位，最下游站位设于黄河口拦门沙外侧海域，其中最上游站位 H01 位于新滩浮桥处，最下游站位 H06（8 月为 H07）位于黄河口拦门沙外侧海域（8 月由于黄河淡水流入量的增大，增设位于海水范围的 H07 站位）。

2. 监测指标

使用 5 L 有机玻璃采水器采取水体表层约 0.5 m 深度的水样，现场测定水体温度（WT）、盐度（S）、pH、溶解氧（DO）、电导率和氧化还原电位等。水体营养盐、悬浮物（SS）、叶绿素 a（Chl－a）、硅酸盐（SiO_4^{2-}）、铜（Cu）、镉（Cd）、锌（Zn）、铅（Pb）和石油类等指标现场固定，按照《地表水环境质量标准》（GB 3838—2002）和《海洋监测规范 第 4 部分：海水分析》（GB 17378.4—2007）相关要求进行测定。共计测定水质指标 16 项。

3. 评价方法与标准

测定方法：淡水水域和海水水域分别参照《中国环境保护标准汇编—水质分析方法》、《湖泊富营养化调查规范》、非离子氨查表法和中华人民共和国《海水水质标准》（GB 3097—1997）；评价方法：淡水水域和海水水域分别参照《地表水环境质量标准》（GB 3838—2002）Ⅲ类标准和中华人民共和国《海水水质标准》（GB 3097—1997）；内梅

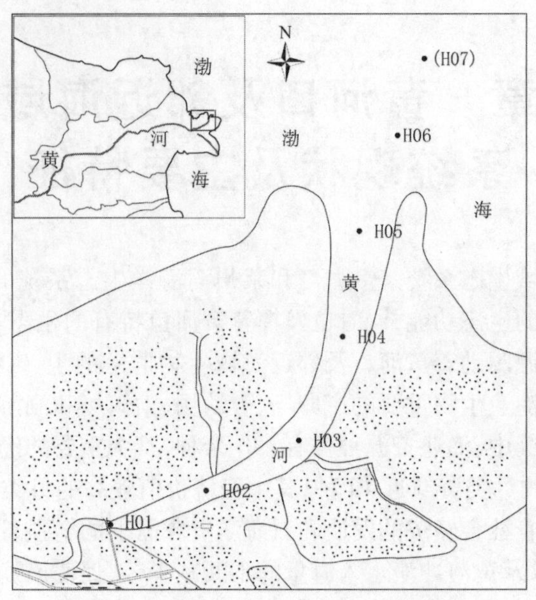

图 3-1 黄河口河道段水域调查站位设置

罗指数法和《湖泊(水库)富营养化评价方法及分级技术规定》中的综合营养状态指数法中的等级划分分别见表 3-1 和表 3-2。

表 3-1 内梅罗指数污染等级划分

水质等级	Ⅰ 清洁	Ⅱ 轻度污染	Ⅲ 污染	Ⅳ 重污染	Ⅴ 恶性污染
I	$I \leqslant 1$	$1 < I \leqslant 2$	$2 < I \leqslant 3$	$3 < I \leqslant 5$	$I > 5$

表 3-2 淡水湖泊(水库)营养状态分级

综合营养指数	TLI(Σ) <30	30≤TLI(Σ) ≤50	TLI(Σ) >50	50≤ TLI(Σ) ≤60	60<TLI(Σ) ≤70	TLI(Σ) >70
营养等级	贫营养	中营养	富营养	轻度富营养	中度富营养	重度富营养

4. 数据处理

所得数据采用 SPSS 16.0 软件进行统计分析,以 $P<0.05$ 作为差异显著性标准。

3.1.1.2 结果与分析

1. 监测结果

黄河口河道水域水体基本情况见表 3-3。研究区站位 H01 ~ H05 为淡水水域(S 全年为 0.44);8 月 H07 及其他月份 H06 为海水水域(S 为 26.05)。

由表 3-3 可知,各站位 pH 较为接近,其中淡水水域均值为 8.38,海水水域均值稍低,为 8.21,均呈弱碱性水体(见图 3-2)。

表 3-3　调查水体各指标平均值及内梅罗指数评价结果

站位	月份	pH	DO	COD	TP	氨氮	TN	Zn	石油类	Chl－a	I	等级
H01	5	8.34	7.71	1.92	0.14	0.03	0.52	31.00	16	3.54	1.19	Ⅱ
	8	8.58	6.97	5.12	0.55	0.31	3.55	11.00	21	7.93	3.15	Ⅳ
	11	8.39	10.09	1.60	0.75	0.20	2.15	9.00	17	4.58	1.58	Ⅱ
	2	8.20	17.59	2.84	0.08	0.13	2.97	12.75	65	3.12	2.14	Ⅲ
H02	5	8.46	7.81	4.83	0.14	0.03	0.49	27.00	19	3.23	0.98	Ⅰ
	8	8.58	7.11	1.56	0.50	0.67	3.39	13.00	19	8.22	2.98	Ⅲ
	11	8.36	9.37	2.40	0.78	0.19	1.88	11.00	20	4.87	1.49	Ⅱ
	2	7.97	14.43	3.04	0.14	0.15	2.39	0	40	2.83	1.84	Ⅱ
H03	5	8.54	8.07	1.64	0.11	0.03	0.48	19.00	23	3.76	1.02	Ⅱ
	8	8.58	7.20	4.93	0.45	0.39	3.33	9.00	17	7.54	3.03	Ⅳ
	11	8.36	9.14	1.68	0.79	0.17	1.25	13.00	15	4.59	1.06	Ⅱ
	2	8.00	14.83	2.84	0.09	0.14	1.95	18.00	28	2.94	1.72	Ⅱ
H04	5	8.24	8.06	1.60	0.14	0.04	0.51	36.00	31	3.84	1.00	Ⅰ
	8	8.61	7.28	5.12	0.52	0.38	3.58	10.00	20	7.69	3.15	Ⅳ
	11	8.38	9.17	2.32	0.73	0.19	1.72	11.00	22	4.84	1.45	Ⅱ
	2	8.35	15.50	2.94	0.11	0.14	2.24	0	89	3.07	1.78	Ⅱ
H05	5	8.45	8.16	1.20	0.10	0.04	0.48	44.00	20	3.91	0.78	Ⅰ
	8	8.60	7.27	5.52	0.53	0.56	3.05	14.00	27	7.48	3.38	Ⅳ
	11	8.38	9.31	3.52	0.80	0.22	1.67	12.00	19	4.69	2.15	Ⅲ
	2	8.31	15.23	3.00	0.06	0.14	1.91	0	26	2.85	1.81	Ⅱ
H06/H07	5	8.32	7.72	1.44	0.02	0.02	0.28	35	25	2.03	0.91	Ⅰ
	8	8.23	5.33	1.63	0.01	0.47	0.32	12	19	2.68	3.36	Ⅳ
	11	8.36	7.42	0.96	0.14	0.40	0.70	10	23	2.31	1.01	Ⅱ
	2	7.93	14.78	2.68	0.04	0.06	2.20	0	31	1.84	0.64	Ⅰ
均值	5	8.39	7.93	1.56	0.11	0.03	0.47	31.96	22	8.38	0.56	Ⅰ
	8	8.54	6.90	4.61	0.44	0.40	2.94	1.49	21	6.74	2.19	Ⅲ
	11	8.37	9.13	2.11	0.68	0.22	1.59	11.03	19	4.31	2.47	Ⅲ
	2	8.13	15.41	2.90	0.09	0.12	2.28	3.09	47	2.78	1.63	Ⅱ

续表 3-3

站位	月份	pH	DO	COD	TP	氨氮	TN	Zn	石油类	Chl－a	I	等级
月超标率(%)	5	0	0	0	83.33	0	0	0	0	0		—
	8	0	0	0	83.33	0	100	0	0	0		—
	11	0	0	0	100	0	83.33	0	0	0		—
	2	0	0	0	83.3	0	100	0	0	0		—
年超标率(%)		0	0	0	87.5	0	66.67	0	0	0		—
各指标 *I* 值		0.69	0.17	0.49	1.75	1.98	0.2	0.58	0.015	0.751	2.91	Ⅱ

注：DO、COD、TP、氨氮和 TN 单位为 mg/L，Zn、石油类和 Chl－a 单位为 μg/L，总磷和叶绿素 a 参照控制湖泊水库富营养化特定项目的标准值，叶绿素 a 及 UIA 因 GB 3838—2002 未做详细规定，故参照 GHZB1—1999 标准。

黄河口河道水域 DO 含量较高(见图 3-3)，淡水水域总体符合Ⅰ类水质标准(其中 3/4 站次为Ⅰ类，其余为Ⅱ类)，季节变化为 2 月 >11 月 >5 月 >8 月，除 5 月与 8 月外其他月份间差异显著($P<0.05$)；海水水域符合Ⅰ类水质标准(其中 8 月 H06 和 H07 为Ⅱ类，其余 3 位次为Ⅰ类)，季节变化为 2 月 >5 月 >11 月 >8 月。

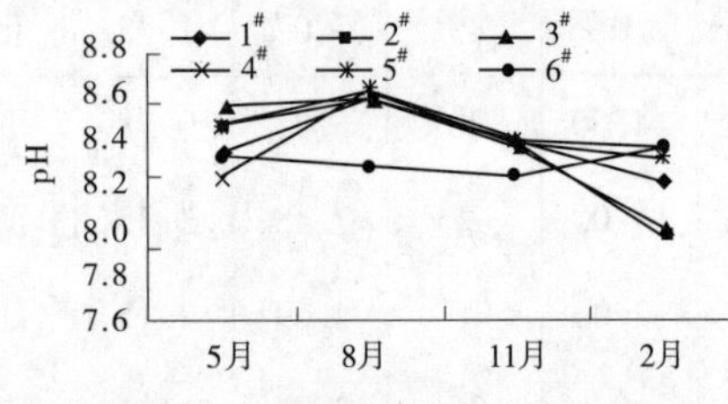

图 3-2　黄河口河道水域水体 pH

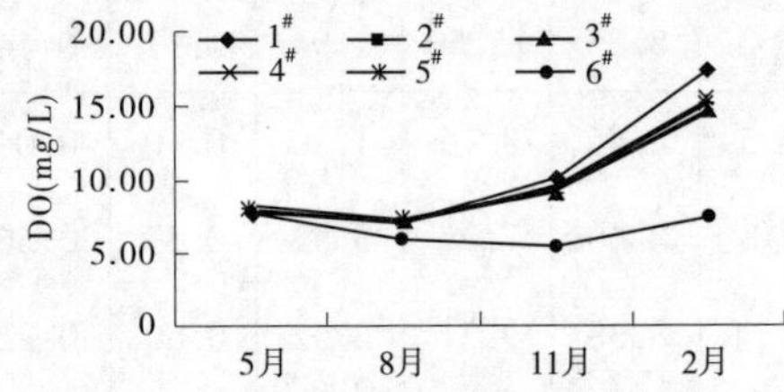

图 3-3　黄河口河道水域水体 DO 含量

河道淡水水域中，TN 年平均含量为 1.98 mg/L，属Ⅴ类水质标准(见图 3-4)，其中，H01、H02 和 H04 年均值为劣Ⅴ类，H03 和 H05 为Ⅴ类；季节均值为 8 月 >2 月 >11 月 >5 月($P<0.05$)，8 月和 2 月为劣Ⅴ类，11 月为Ⅴ类，5 月为Ⅱ类。

TP 年平均含量为 0.38 mg/L，属Ⅴ类水质标准(见图 3-5)，其中，各站位均为Ⅴ类；季节均值为 11 月 >8 月 >5 月 >2 月($P<0.05$)，11 月和 8 月为劣Ⅴ类，5 月为Ⅲ类，2 月为Ⅱ类。

NH_4^+—N 年平均含量为 0.21 mg/L，介于Ⅰ类和Ⅱ类水质之间(见图 3-6)，各站位均为Ⅱ类；季节均值为 8 月 >11 月 >2 月 >5 月($P<0.05$)，8 月和 11 月为Ⅱ类，2 月和 5 月为Ⅰ类。

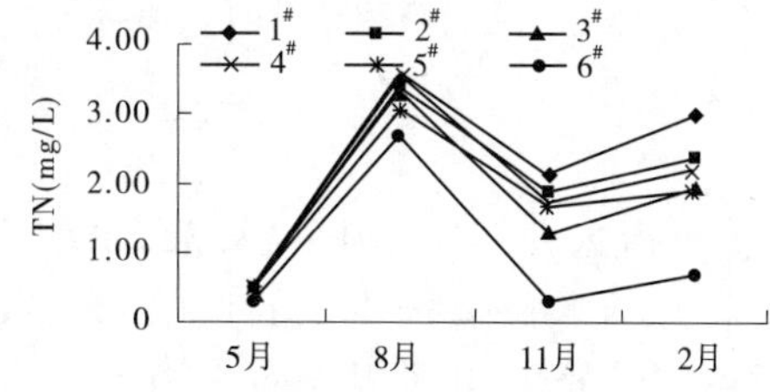

图3-4 黄河口河道水域水体TN含量

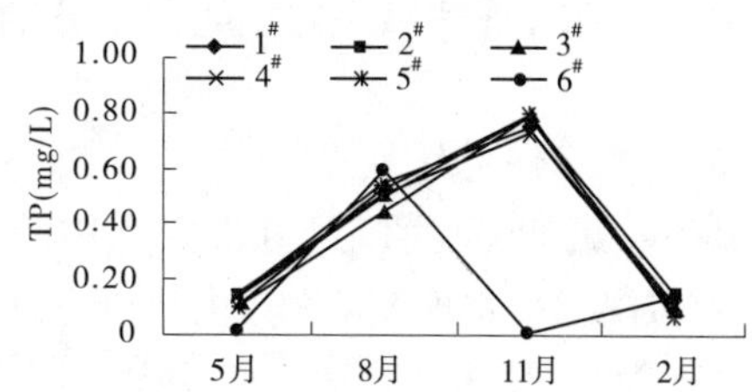

图3-5 黄河口河道水域水体TP含量

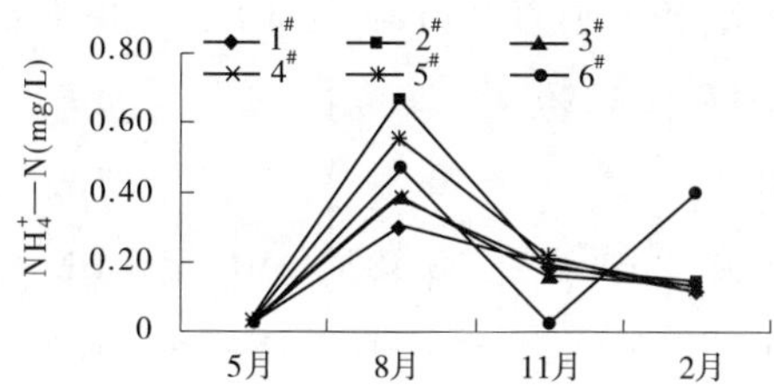

图3-6 黄河口河道水域水体NH_4^+—N含量

COD_{Mn}年平均含量为2.98 mg/L,属Ⅱ类水质标准,各站位均为Ⅱ类;季节均值为8月>2月>11月>5月($P<0.05$),8月为Ⅲ类,2月和11月为Ⅱ类,5月为Ⅰ类(见图3-7)。

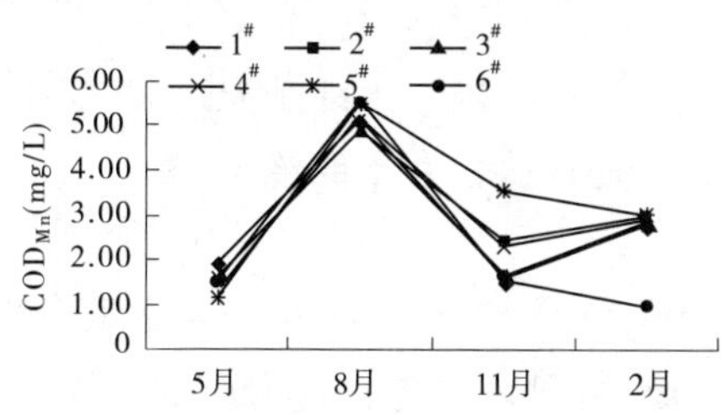

图3-7 黄河口河道水域水体COD_{Mn}含量

水体中Cd未检出;Cu、Pb和Zn多数未检出,且全部属于Ⅰ类水质标准。石油类平均含量为28 μg/L,不同站位不同季节均未超出Ⅲ类水质标准。

河口海水水域中,溶解氧高值出现在2月(14.78 mg/L),低值在8月(5.33 mg/L),年平均含量为8.81 mg/L,属于Ⅰ类水质;TN与TP均值分别为0.88 mg/L和0.05 mg/L,NH_4^+—N、NO_3—N与NO_2—N均值分别为0.13 mg/L、0.02 mg/L和0.54 mg/L。

水体中Cu、Pb和Cd未检出;Zn平均含量为14.25 μg/L,除5月为Ⅱ类外,其余均为Ⅰ类水质。石油类平均含量为25 μg/L,除4#点的2月属于Ⅱ类以外,其余都为Ⅰ类。

2. 水质评价结果

1) 内梅罗指数评价结果

内梅罗指数评价结果(见表3-3)表明,黄河河口水域受到污染,但不明显,周年污染等级为Ⅱ类,5月为Ⅰ类,8月及11月为Ⅲ类,2月为Ⅱ类,平均污染指数11月>8月>2月>5月。河口水体污染的项目主要是氮,氨氮的周年污染指数为1.98;其次为TP,周年污染指数为 1.75,TP 和 TN 的年超标率分别为 87.5% 和 66.67%,其他监测项目基本无超标。

2)富营养化评价结果

由表 3-4 可知,黄河口河道水域水体综合营养状态指数介于 48.91 ~ 78.32,平均为 67.97。依据湖泊(水库)富营养化评价方法及分级标准,全年除有极少量的点(H06 点 5 月)为中度营养外,其余的站点都为中度营养化和重度富营养化,水质情况令人担忧。

表 3-4　调查水体营养状态分级

样点	TLI(Σ)					营养级				
	5 月	8 月	11 月	2 月	周年	5 月	8 月	11 月	2 月	周年
H01	67.97	78.32	50.17	50.96	61.76	ME	HE	LE	ME	ME
H02	67.71	77.99	71.47	65.21	70.59	ME	HE	HE	ME	HE
H03	69.42	75.19	72.95	63.18	70.18	ME	HE	HE	ME	HE
H04	68.94	77.76	70.62	63.13	70.11	ME	HE	HE	ME	HE
H05	69.47	77.57	71.09	65.01	70.78	ME	HE	HE	ME	HE
H06	48.91	72.67	71.70	64.33	64.40	M	HE	HE	ME	ME
周年	65.40	76.58	68.00	61.91	67.97	ME	HE	ME	ME	ME

注:表中 M、LE、ME 和 HE 分别代表中度营养化、轻度富营养化、中度富营养化和重度富营养化。

但是,水体综合营养状态指数法多用于内陆湖库水域,对于黄河水体这一泥沙含量很高的特殊水体,综合营养指数法是否适合有待商榷。

3.1.1.3　结论与讨论

(1)TN 年平均含量为 1.98 mg/L,NH_4^+—N 年平均含量为 0.21 mg/L,TP 年平均含量为 0.38 mg/L,由单项指标可知,黄河口水域水质介于Ⅲ ~ Ⅴ类水质标准,水环境质量状况一般。

(2)对水体中 Cu、Pb、Cd、Zn 和石油烃含量的检测表明,该水域重金属和石油类大多未检出,大多符合Ⅰ类和Ⅱ类水质标准,水质良好。

(3)依据内梅罗指数评价结果,黄河口河道水域水体内梅罗指数为 2.91、Ⅱ类,水环境状况良好。

(4)水体综合营养状态指数介于 48.91 ~ 78.32,平均为 67.97,表明黄河口河道水域营养盐有一定程度富集,但水体综合营养状态指数法在黄河这一泥沙含量较高水域的适宜度尚待进一步验证。

3.1.2　黄河口河道段浮游生物现状调查与分析

3.1.2.1　材料与方法

1.调查时间和调查站位设置

黄河口河道段浮游生物现状调查时间和调查站位设置同河道段水环境现状调查一致。

2. 采样方法

1)浮游植物采样及计数方法

定性样品用25号浮游生物网采集,在水深1 m处以0.5 m/s的速度呈"∞"形拖拉5 min,带回实验室在10×40倍光学显微镜下观察分类。

定量样品用1 000 mL有机玻璃采水器在水深1 m处采集水样1 000 mL,现场加入15 mL鲁哥试剂并摇匀。带回实验室后将6个平行样混匀,从中取1 000 mL静置沉淀48 h,而后浓缩供镜检。浮游植物的观察计数用浮游植物计数框在10×40倍光学显微镜下进行。计数时充分摇匀浓缩液,然后立即取0.1 mL放入0.1 mL计数框中,观察100个视野,每个样品计数2片取其平均值,若2片计数结果个数相差15%以上,则进行第3片计数,取其中个数相近的2片的平均值,然后换算成每升水样中藻类的细胞个数,即为细胞密度。

2)浮游动物采样及计数方法

在水深1 m处采集水样5 L,用25号浮游生物网过滤浓缩,加4%福尔马林固定,量取体积,带回实验室保存。计数原生动物时先将浓缩水样摇匀,迅速吸取0.1 mL注入计数框内,在显微镜下进行全片计数,计数2片,2片的数值与其均值之差不得超过±15%,否则进行第3片计数,然后将所得的数值换算成丰富度;枝角类、桡足类、轮虫用浮游动物计数框在10×10倍光学显微镜下进行。计数时充分摇匀浓缩液,然后立即取1 mL放入1 mL计数框中,观察全片,每个样品计数5片,然后换算成每升水样中浮游动物的丰富度。

3.1.2.2　结果分析

1. 浮游生物种类组成

1)浮游植物的种类组成

本次调查黄河口河道水域共有浮游植物73种(见表3-5),其中绿藻门最多,为28种,占总数的38.4%;其次为硅藻门,为20种,占总数的27.4%;再次为蓝藻门9种,裸藻门6种,甲藻门4种,金藻门、隐藻门、黄藻门各2种。按采样时间分析,8月浮游植物的种类最为丰富,为48种,5月稍少于8月,为44种,再次为2月,为12种,11月黄河口浮游植物的种类最少,为8种。

2)浮游动物的种类组成

黄河口河道水域共有浮游动物4类46种(见表3-6),其中轮虫25种,占总数的54.3%;原生动物9种,占总数的19.6%;枝角类5种;桡足类7种。按采样时间分析,8月浮游动物的种类最为丰富,共采集到44种,几乎囊括了全部种类,远高于2月与5月的14种,11月浮游动物的种类依然最少,为13种。

2. 浮游生物群落结构特征分析

1)浮游植物群落结构特征分析

黄河口河道水域,不同季节浮游植物密度的变动较大,变化范围为0~709.5万个/L,均值为8月(371.6万个/L),8月>5月(281万个/L)>2月(69.9万个/L)>11月(7.7万个/L)。不同采样点的变化趋势并不一致,存在一定的差异,H01、H02、H03采样点与H04、H05、H06采样点在5月与8月为完全相反的变化趋势(见图3-8)。

表 3-5　黄河口河道水域浮游植物名录

类别	物种
绿藻门	卵形衣藻
	德巴衣藻
	球衣藻
	小球藻
	单生卵囊藻
	湖生卵囊藻
	二形栅藻
	龙骨栅藻
	四尾栅藻
	尖细栅藻
	斜生栅藻
	椭圆小球藻
	蛋白核小球藻
	十字藻
	四足十字藻
	空星藻
	集星藻
	集球藻
	狭形纤维藻
	湖生小椿藻
	四刺顶棘藻
	中华螺翼藻
	月牙藻
	胶带藻
	胶网藻
	韦氏藻
	疏刺多芒藻
	镰形纤维藻奇异变种
裸藻门	颤动扁裸藻
	绿色裸藻
	梭形裸藻
	纺锤鳞孔藻
	尾裸藻
	囊裸藻
黄藻门	黄丝藻
	膝口藻
硅藻门	圆筛藻
	透明双肋藻
	弓形藻
	针杆藻 -1
	针杆藻
	针杆藻 -3
	美丽星杆藻
	小环藻
	放射舟行藻
	拟菱形弓形藻
	卵圆双壁藻
	辐节藻
	尖针杆藻
	钝脆杆藻
	肋缝藻
	桥弯藻
	胸膈藻
	舟行藻
	羽纹藻
	硬弓形藻
蓝藻门	中华双尖藻
	小席藻
	优美平列藻
	色球藻
	尖头藻
	点状平裂藻
	美丽颤藻
	鱼腥藻
	席藻
隐藻门	尖尾蓝隐藻
	啮蚀隐藻
甲藻门	沃尔多甲藻
	光甲藻
	带多甲藻
	腰带光甲藻
金藻门	拟气球藻
	谷生棕鞭藻

表 3-6　黄河口河道水域浮游动物名录

类别	物种	类别	物种
轮虫	壶状臂尾轮虫	原生动物	单环栉毛虫
	裂足臂尾轮虫		双环栉毛虫
	舞跃无柄轮虫		运动类铃虫
	长三肢轮虫		侠盗虫
	螺形龟甲轮虫		月形刺胞虫
	萼花臂尾轮虫		似铃壳虫
	前节晶囊轮虫		铃壳虫
	角突臂尾轮虫		钟形虫
	皱褶臂尾轮虫		法帽虫
	梳妆疣毛轮虫	枝角类	
	蹄形腔轮虫		长肢秀体溞
	曲腿龟甲轮虫		简弧象鼻溞
	蒲达臂尾轮虫		象鼻溞
	异尾轮虫		多刺裸腹溞
	镰状臂尾轮虫		长额象鼻溞
	针簇多肢轮虫		
	泡轮虫	桡足类	
	布赖斯镜轮虫		汤匙华哲水蚤
	裂痕龟纹轮虫		中华哲水蚤
	尾突臂尾轮虫		锯缘真剑水蚤
	矩形龟甲轮虫		剑水蚤
	大肚须足轮虫		哲水蚤
	前翼轮虫		猛水蚤
	橘色轮虫		指状许水蚤
	缘板龟甲轮虫		

黄河口河道水域浮游植物生物量的变化范围为 0 ~ 6.851 mg/L，最高值出现在 8 月的 H05 采样点，2 月的 H01 采样点与 11 月的 H04 采样点均未检出浮游植物。黄河口水域浮游植物生物量均值为 8 月（4.135 mg/L）> 5 月（2.631 mg/L）> 2 月（0.287 mg/L）> 11 月（0.172 mg/L）。黄河口河道浮游植物生物量在不同采样点间差异不显著（见图 3-9）。

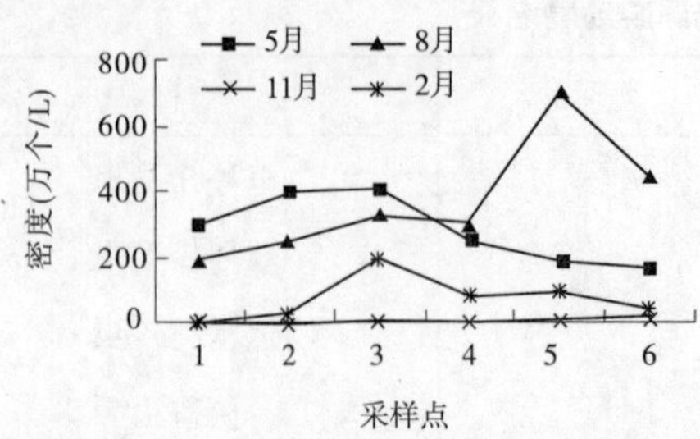

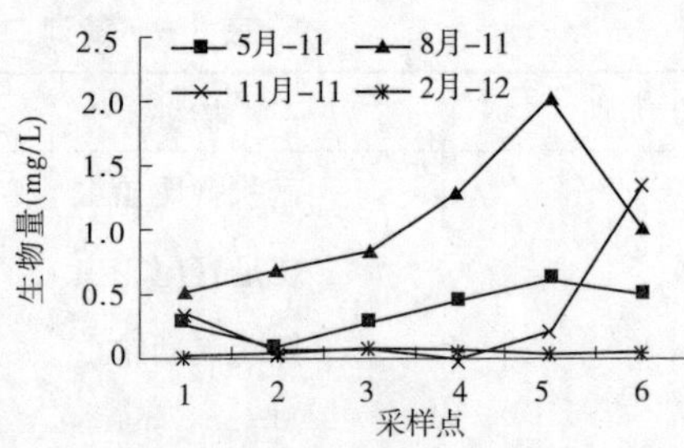

图3-8 黄河口河道水域浮游植物密度季节变化 **图3-9 黄河口河道水域浮游植物生物量季节变化**

2)浮游动物群落结构特征分析

黄河口河道水域,不同季节浮游动物密度的变动较大,变化范围为3.29~1 630.96个/L。均值为8月(1 444.18个/L)>5月(384.48个/L)>2月(33.11个/L)>11月(22.27个/L)。不同采样点的变化趋势并不一致,存在一定的差异(见图3-10)。

黄河口河道水域浮游动物生物量的变化范围为0.003 7~2.017 8 mg/L,与浮游植物生物量相同,最高值均出现在8月的H05采样点,最低值均出现在11月的H04采样点。黄河口水域浮游动物生物量均值为8月(0.61 mg/L)>5月(0.73 mg/L)>11月(0.35 mg/L)>2月(0.01 mg/L)。黄河口河道水域浮游动物生物量在不同采样点间差异不显著(见图3-11)。

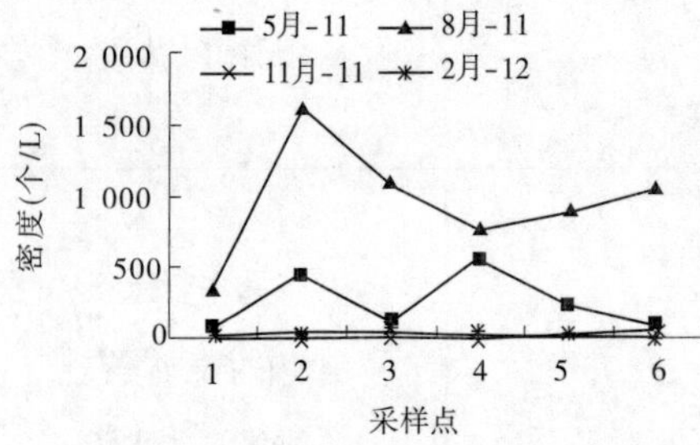

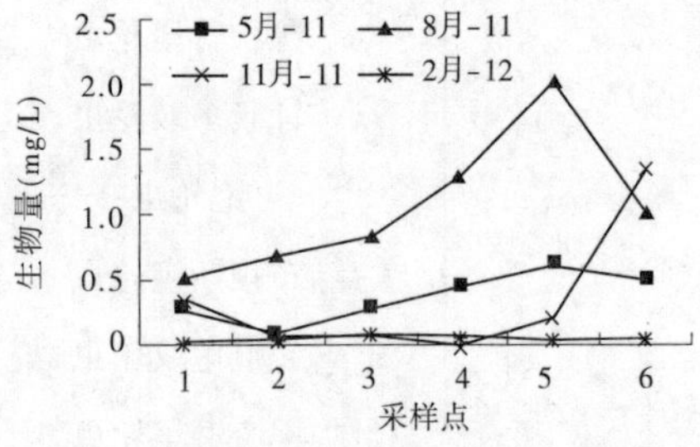

图3-10 黄河口河道水域浮游动物密度季节变化 **图3-11 黄河口河道水域浮游动物生物量季节变化**

3.浮游生物多样性分析

1)黄河口河道水域浮游植物Shannon-Wiener指数及环境质量评价

黄河口河道水域浮游植物生物多样性指数最高的月份为8月,其Shannon-Wiener指数的数值均大于2,表征8月黄河口河道水域以浮游植物Shannon-Wiener指数进行评价为轻度污染状态;其次为5月,其Shannon-Wiener指数的数值多数点位大于2,只有H01和H06介于1~2,5月黄河口水域以浮游植物Shannon-Wiener指数评价为轻度—中度污染状态;再次为2月,其Shannon-Wiener指数的数值在多数点位大于1,只有H01、H03例外,分别为0和0.56,因此以浮游植物Shannon-Wiener指数评价为重度—中度污染状态;浮游植物Shannon-Wiener指数最低的季节为11月,除H05 Shannon-Wiener指数为1.10,其余均小于1,以浮游植物Shannon-Wiener指数评价为重度—中度污染状态，见表 3-7。

表 3-7　黄河口河道水域浮游植物 Shannon - Wiener 指数及环境质量评价

采样点	5 月		8 月		11 月		2 月	
H01	1.81	中度污染	2.56	轻度污染	0.64	重度污染	0	重度污染
H02	2.40	轻度污染	2.53	轻度污染	0	重度污染	1.55	中度污染
H03	2.56	轻度污染	2.41	轻度污染	0.69	重度污染	0.56	重度污染
H04	2.41	轻度污染	2.31	轻度污染	0	重度污染	1.11	中度污染
H05	2.43	轻度污染	2.38	轻度污染	1.10	中度污染	1.64	中度污染
H06	1.33	中度污染	2.54	轻度污染	0.64	重度污染	1.84	中度污染

2）黄河口河道水域浮游动物 Shannon - Wiener 指数及环境质量评价

黄河口河道水域浮游动物生物多样性指数最高的月份为 8 月，其 Shannon - Wiener 指数的数值均大于 2，与浮游植物 Shannon - Wiener 指数的评价结论一致，均为轻度污染状态；其次为 11 月，其 Shannon - Wiener 指数的数值多数点位大于 1，只有 H04 Shannon - Wiener 指数为 0.69，因此 11 月黄河口河道水域以浮游动物 Shannon - Wiener 指数评价为中度—重度污染状态；再次为 2 月，其 Shannon - Wiener 指数的数值在多数点位大于 1，只有 H01、H06 例外，分别为 0.84 和 0，因此以浮游动物 Shannon - Wiener 指数评价为中度—重度污染状态；浮游动物 Shannon - Wiener 指数最低的季节为 5 月，只有半数采样点 Shannon - Wiener 指数大于 1，其余均小于 1，以浮游动物 Shannon - Wiener 指数评价为中度—重度污染状态，见表 3-8。

表 3-8　黄河口河道水域浮游动物 Shannon - Wiener 指数及环境质量评价

采样点	5 月		8 月		11 月		2 月	
H01	1.21	中度污染	2.10	轻度污染	1.13	中度污染	0.84	重度污染
H02	1.39	中度污染	2.26	轻度污染	1.28	中度污染	1.19	中度污染
H03	1.08	中度污染	2.32	轻度污染	1.04	中度污染	1.44	中度污染
H04	0.79	重度污染	2.32	轻度污染	0.69	重度污染	1.23	中度污染
H05	0.63	重度污染	2.40	轻度污染	1.26	中度污染	1.04	中度污染
H06	0.81	重度污染	2.06	轻度污染	1.05	中度污染	0	重度污染

4. 浮游生物优势种及优势指数分析

1）浮游植物优势种及优势指数分析

以 $Y \geq 0.05$ 为优势种计，2011 年 5 月浮游植物以小球藻、小环藻、针杆藻为主要的优势种群，其在多数点位均形成优势。但 2011 年 5 月 H06 采样点与其余不同，只有尖尾蓝隐藻形成优势，这与该采样点处于入海口处的海水区盐度大于 15‰有关。

以 $Y \geq 0.05$，优势种出现率 ≥83.33% 计，2011 年 8 月浮游植物的优势种有小球藻、席藻、小环藻、针杆藻共4种，其中小环藻的优势指数最高，Y值均大于0.1。

以$Y \geqslant 0.05$为优势种计，2011年11月黄河口浮游植物的优势种较少，优势种的出现率≥0.5的种类只有小球藻和席藻，其中席藻的优势指数较高，均大于0.1；2012年2月，除H01没有检出浮游植物外，其余5个采样点小球藻的优势指数均高于0.1，优势种中席藻与色球藻的出现率均为0.5，席藻的优势指数较高，均大于0.1，见表3-9。

表3-9　黄河口河道水域浮游植物的优势种及优势指数分析

时间	H01	H02	H03	H04	H05	H06
5月	小环藻$^{0.263}$ 针杆藻$^{0.058}$	小球藻$^{0.164}$ 小箍藻$^{0.066}$ 小环藻$^{0.123}$ 色球藻$^{0.054}$	小球藻$^{0.140}$ 湖生卵囊藻$^{0.054}$ 针杆藻$^{0.121}$	椭圆小球藻$^{0.070}$ 湖生卵囊藻$^{0.054}$ 小环藻$^{0.175}$ 针杆藻$^{0.132}$	椭圆小球藻$^{0.061}$ 小环藻$^{0.076}$ 针杆藻$^{0.177}$	尖尾蓝 隐藻$^{0.108}$
8月	小球藻$^{0.109}$ 席藻$^{0.187}$ 针杆藻$^{0.094}$	小环藻$^{0.141}$ 针杆藻$^{0.107}$ 舟行藻$^{0.107}$	小球藻$^{0.057}$ 席藻$^{0.141}$ 小环藻$^{0.143}$ 针杆藻$^{0.151}$ 黄丝藻$^{0.104}$	小球藻$^{0.056}$ 席藻$^{0.192}$ 小环藻$^{0.184}$ 针杆藻$^{0.113}$ 黄丝藻$^{0.113}$	小球藻$^{0.112}$ 席藻$^{0.098}$ 小环藻$^{0.163}$ 舟行藻$^{0.158}$	小球藻$^{0.110}$ 席藻$^{0.097}$ 小环藻$^{0.120}$ 针杆藻$^{0.071}$ 舟行藻$^{0.133}$
11月	小球藻$^{0.167}$ 沃尔多甲藻$^{0.111}$	小球藻$^{0.50}$ 色球藻$^{0.071}$	席藻$^{0.250}$	—	小球藻$^{0.167}$ 席藻$^{0.167}$ 小环藻$^{0.056}$	席藻$^{0.333}$ 尾裸藻$^{0.056}$
2月	—	小球藻$^{0.238}$ 席藻$^{0.190}$ 囊裸藻$^{0.071}$	小球藻$^{0.721}$	小球藻$^{0.533}$ 席藻$^{0.107}$ 啮蚀隐藻$^{0.053}$	色球藻$^{0.167}$ 小球藻$^{0.208}$ 席藻$^{0.139}$	色球藻$^{0.091}$ 小球藻$^{0.152}$ 小环藻$^{0.091}$ 啮蚀隐藻$^{0.061}$

注：以$Y \geqslant 0.05$为优势种计，列于表中。

2）浮游动物优势种及优势指数分析

以$Y \geqslant 0.05$为优势种计，5月萼花臂尾轮虫作为优势种的出现率最高，为100%，其优势指数最低值为0.333，最高值达到了0.858；其次为螺形龟甲轮虫，其作为优势种的出现率为83.33%。8月作为优势种的曲腿龟甲轮虫出现率为100%，且优势指数均大于0.1，最高值为0.447；萼花臂尾轮虫作为优势种的出现率为83.33%，其优势指数也较高，均大于0.1。2011年11月浮游动物（原生动物除外）优势种较少，萼花臂尾轮虫和指状许水蚤作为优势种的出现率均为66.67%，优势指数的差异也较大。2012年2月浮游动物的优势种群较为单一，H01～H05的优势种均为萼花臂尾轮虫，其优势指数为0.458～0.625；而H06点的优势种为前节晶囊轮虫，优势指数为0.5，见表3-10。

3.1.2.3　结论与讨论

（1）黄河口河道水域共有浮游植物73种，浮游植物的密度为0～709.5万个/L，平均为 182.6 万个/L；生物量为 0 ~6.851 mg/L，平均为 1.806 mg/L。黄河口河道水域共有浮游动物 46 种，浮游动物的密度为 3.29 ~1 630.96 个/L，平均为 471.01 个/L；生物量为 0.003 7 ~2.017 8 mg/L，平均为 0.43 mg/L。

表 3-10　黄河口河道水域浮游动物的优势种及优势指数分析

时间	H01	H02	H03	H04	H05	H06
5 月	萼花臂尾轮虫$^{0.646}$ 螺形龟甲轮虫$^{0.156}$	萼花臂尾轮虫$^{0.333}$ 缘板龟甲轮虫$^{0.074}$ 螺形龟甲轮虫$^{0.278}$ 前节晶囊轮虫$^{0.056}$	萼花臂尾轮虫$^{0.701}$ 螺形龟甲轮虫$^{0.108}$	萼花臂尾轮虫$^{0.789}$ 螺形龟甲轮虫$^{0.102}$	萼花臂尾轮虫$^{0.858}$ 螺形龟甲轮虫$^{0.053}$	萼花臂尾轮虫$^{0.813}$
8 月	萼花臂尾轮虫$^{0.299}$ 角突臂尾轮虫$^{0.126}$ 曲腿龟甲轮虫$^{0.207}$ 简弧象鼻溞$^{0.069}$	萼花臂尾轮虫$^{0.316}$ 角突臂尾轮虫$^{0.140}$ 螺形龟甲轮虫$^{0.132}$ 曲腿龟甲轮虫$^{0.447}$	萼花臂尾轮虫$^{0.279}$ 曲腿龟甲轮虫$^{0.247}$ 简弧象鼻溞$^{0.065}$	曲腿龟甲轮虫$^{0.189}$ 简弧象鼻溞$^{0.054}$	萼花臂尾轮虫$^{0.199}$ 螺形龟甲轮虫$^{0.124}$ 曲腿龟甲轮虫$^{0.168}$	萼花臂尾轮虫$^{0.212}$ 螺形龟甲轮虫$^{0.110}$ 曲腿龟甲轮虫$^{0.301}$
11 月	萼花臂尾轮虫$^{0.060}$ 指状许水蚤$^{0.429}$	萼花臂尾轮虫$^{0.357}$ 指状许水蚤$^{0.095}$	萼花臂尾轮虫$^{0.208}$ 汤匙华哲水蚤$^{0.167}$	针簇多肢轮虫$^{0.083}$	萼花臂尾轮虫$^{0.303}$ 指状许水蚤$^{0.242}$	指状许水蚤$^{0.468}$
2 月	萼花臂尾轮虫$^{0.625}$	萼花臂尾轮虫$^{0.509}$	萼花臂尾轮虫$^{0.463}$	萼花臂尾轮虫$^{0.458}$	萼花臂尾轮虫$^{0.573}$	前节晶囊轮虫$^{0.5}$

注：以 $Y \geq 0.05$ 为优势种计，列于表中。

（2）以浮游植物 Shannon - Wiener 指数进行评价，黄河口河道段 2011 年 5 月为轻度—中度污染状态，8 月为轻度污染状态，11 月为重度—中度污染状态，2012 年 2 月为重度—中度污染状态。以浮游动物 Shannon - Wiener 指数进行评价，黄河口河道段 2011 年 5 月为重度—中度污染状态，8 月为轻度污染状态，11 月为中度—重度污染状态，2012 年 2 月为重度—中度污染状态，除 5 月外，8 月、11 月和 2 月的评价结果同浮游植物相似。

（3）黄河口河道浮游植物以小球藻为第一优势种，浮游动物以萼花臂尾轮虫为第一优势种。

3.1.3　黄河口及邻近海域水环境现状调查与评价

3.1.3.1　材料与方法

1. 站位设置

研究的区域为黄河口及其邻近约 1 000 km^2 的半环形水域（东经 119°02.054′～119°31.065′，北纬 37°20.032′～38°02.032′），共设置了 25 个监测站（见图 3-12）。

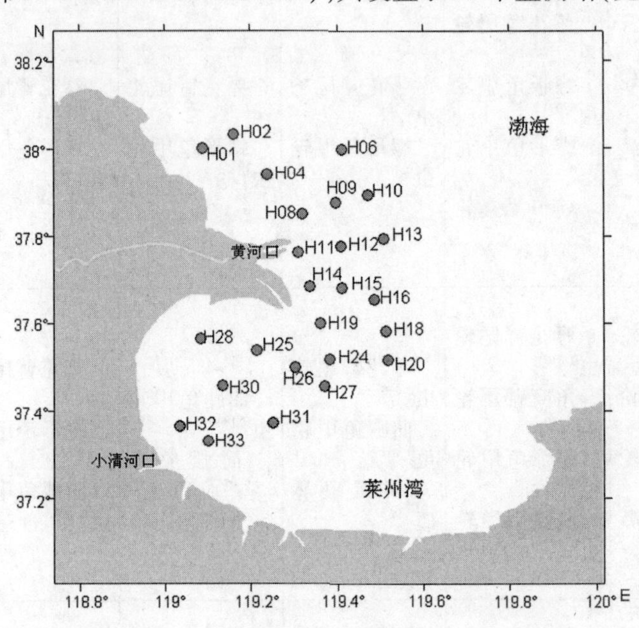

图 3-12　黄河口及邻近海域调查站位图

研究水域水环境质量与黄河的径流量密切相关。5 月是黄河枯水期，8 月是黄河丰水期，2 月和 11 月为黄河平水期，因而调查中分别于 2011 年 5 月、8 月、11 月和 2012 年 2 月进行了 4 个航次的调查采样。

2. 样品采集与监测

采集上、中、下 3 层混合水样；样品采集后，立即用 0.45 μm 醋酸纤维滤膜（预先用 1% HCl 浸洗，并以超纯水洗至中性）过滤，然后加入相应固定剂保存。

监测指标：主要选择对水生生物的生长繁育影响较大的生态环境和污染因子。主要监测指标有水文指标（水深）、S、WT、pH、SS、DO、COD 和营养盐含量等理化指标以及重金属（Cu、Pb、Zn、Cd、As、Hg）和石油类等污染物指标。

测试方法：水深、水温 WT、pH、盐度 S、溶解氧 DO 等用水质快速测定仪现场测定；COD 用碱性高锰酸钾法测定；TN 用过硫酸钾氧化法测定；TP 用过硫酸钾氧化法测定；硝酸盐氮用锌镉还原比色法测定；亚硝酸盐氮用萘乙二胺分光光度法测定；氨氮用次溴酸钠氧化法测定；磷酸盐用抗坏血酸还原的磷钼兰法测定；石油类用 OIL460 型红外分光测油仪测定；重金属铜等分别依据《海洋调查规范》用二乙氨基二硫代甲酸钠分光光度法等方法测定。

叶绿素 a 用分光光度法，定量采集 1 L 水样，现场抽滤，将滤膜放置于黑暗冷冻条件下保存，5 d 内测试；浮游生物的采集、计数等均按照《海洋调查规范》进行。

3. 评价标准

根据海水水质标准第一类标准值，采用单因子污染指数评价法进行评价：

$$P_i = C_i / S_i$$

式中：P_i 为污染物 i 的污染指数；C_i 为污染物 i 的实测值；S_i 为污染物 i 的标准值。

4. 数据统计与分析

数据统计与分析采用 SPSS 16.0 软件进行单因素方差、多重比较统计分析。

3.1.3.2　结果与分析

2011 年 5 月、8 月、11 月和 2012 年 2 月黄河口及邻近海域水质见表 3-11。

表 3-11　黄河口及邻近海域水体理化指标

监测指标	2 月	5 月	8 月	11 月	平均
水深	11.00 ±0.92a	10.41 ±0.91a	10.42 ±0.86a	11.12 ±0.87a	10.74 ±0.44
水温 WT	1.90 ±0.46a	18.50 ±0.36c	26.5 ±0.16d	14.25 ±0.14b	15.30 ±0.91
pH	8.25 ±0.01c	8.20 ±0.01b	8.10 ±0.01a	8.30 ±0.01d	8.22 ±0.01
盐度 S	27.32 ±0.22a	30.46 ±0.11c	28.34 ±0.32b	27.46 ±0.41a	28.40 ±0.19
悬浮物 SS	1 582.53 ±290.73b	5.14 ±0.96a	9.18 ±2.17a	65.01 ±22.56a	415.46 ±98.72
COD	1.28 ±0.07a	1.21 ±0.05a	1.26 ±0.06a	1.15 ±0.06a	1.22 ±0.03
DO	12.59 ±0.18d	10.08 ±0.22b	9.18 ±0.23a	10.73 ±0.25c	10.64 ±0.17
石油类	0.039 5 ±0.003 9a	0.054 0 ±0.002 9b	0.039 1 ±0.004a	0.038 6 ±0.003 2a	0.042 8 ±0.001 9
Cu	0.004 8	0.013 0	0.011 3	0.018 2	0.012 0
Pb	0.003 8 ±0.000 6a	0.006 6 ±0.000 7b	0.003 9 ±0.000 6a	0.007 7 ±0.000 7b	0.005 5 ±0.000 4
Zn	0.006 3 ±0.001 6a	0.014 0 ±0.002 1b	0.014 7 ±0.001 8b	0.024 5 ±0.002 5c	0.014 9 ±0.001 2
Cd	0.000 4 ±0.000 1a	0.000 7 ±0.000 1b	0.000 6 ±0.000 1ab	0.000 8 ±0.000 1c	0.000 7
As	0.000 2 ±0.000 0a	0.003 1 ±0.000 3b	0.002 6 ±0.000 2b	0.002 8 ±0.000 2b	0.002 2 ±0.000 2
Hg	0.000 2 ±0.000 0a	0.000 3 ±0.000 0b	0.000 2 ±0.000 0a	0.000 2 ±0.000 0a	0.000 2
氨氮	0.034 0 ±0.003 8a	0.036 1 ±0.003 5a	0.052 4 ±0.002 4b	0.041 7 ±0.003 8a	0.041 1 ±0.001 8
硝酸盐氮	0.389 7 ±0.027 4c	0.003 6 ±0.000 4a	0.215 8 ±0.027 6b	0.342 9 ±0.042 3c	0.238 0 ±0.020 6
亚硝酸盐氮	0.003 9 ±0.000 5a	0.090 1 ±0.008 9c	0.028 0 ±0.006 1ab	0.050 1 ±0.015 8b	0.043 0 ±0.005 7
硅酸盐	0.525 7 ±0.038 5	0.070 2 ±0.011 5	0.151 7 ±0.027 2	0.187 3 ±0.048 8	0.233 7 ±0.024 3
磷酸盐	0.085 2 ±0.014 3	0.002 7 ±0.001 1	0.029 2 ±0.000 7	—	0.039 0 ±0.006 2
TN	0.976 2 ±0.058 2	—	2.167 3 ±0.104 5	0.933 5 ±0.103 5	1.359 0 ±0.084 4
TP	0.127 0 ±0.012 8	—	0.091 6 ±0.000 2	0.067 6 ±0.011 5	0.095 4 ±0.006 3
叶绿素 a	0.001 7 ±0.000 5a	0.001 5 ±0.000 2a	0.003 5 ±0.000 8a	0.002 9 ±0.001 1a	0.002 4 ±0.000 4

该水域水深 2.2 ~ 18.8 m；S 为 31.25 ~ 19.47，符合典型河口缓冲海域特点；pH 为 7.96 ~ 8.44，属于中性至弱碱性水体；海面溶解氧含量充足，溶解氧含量为 7.51 ~ 14.88 mg/L。

1. 黄河口及邻近海域水体理化特征

1）pH

图 3-13 为黄河口及邻近海域水体 pH 情况。图 3-13 和表 3-11 表明，黄河口海域水体 pH 11 月 >2 月 >5 月 >8 月，差异显著（$P < 0.05$），并且图 3-13 显示研究区域内在 8 月的丰水期小环境差异较多，表明在海水大环境内受到黄河来水冲刷的影响较为显著。

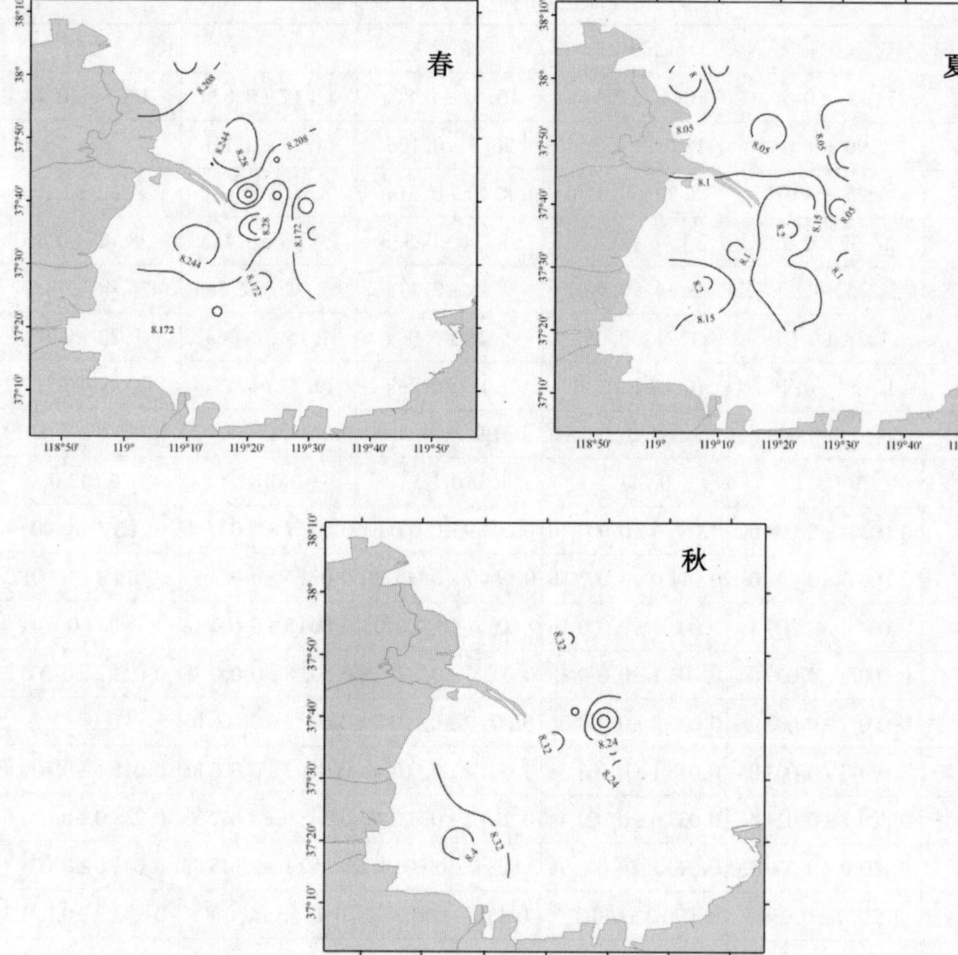

图 3-13　黄河口及邻近海域水体 pH

2）盐度 S

图 3-14 为黄河口及邻近海域水体盐度情况。图 3-14 和表 3-11 表明，黄河口及邻近海域水体 S 为 5 月 >8 月 >11 月 >2 月，除 11 月和 2 月外相互间差异均显著（$P<0.05$），枯水期较少淡水的汇入对盐度的影响较为显著；而图 3-14 表明研究区域内 8 月丰水期充足的淡水汇入，造成显著而稳定的盐度梯度，枯水期的 5 月则主要影响河口区域小范围的环境差异。

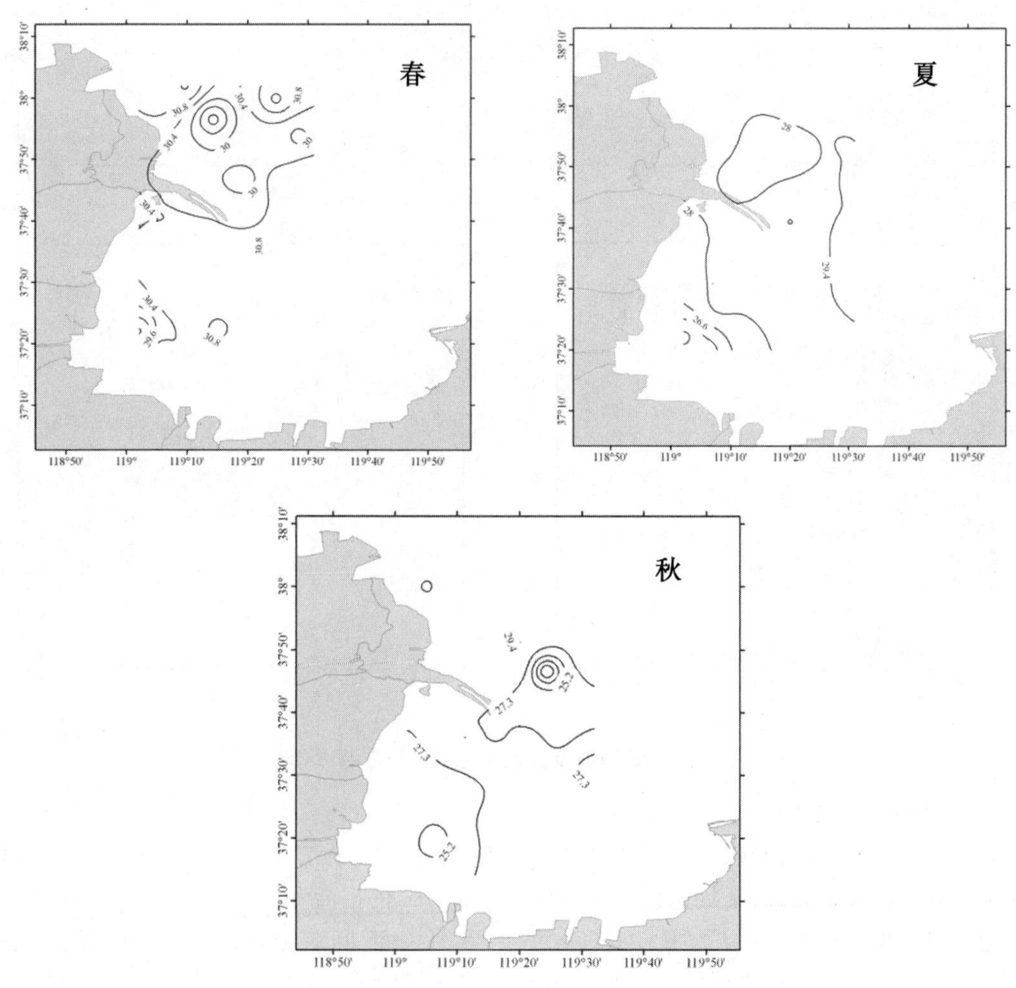

图 3-14　黄河口及邻近海域水体盐度 S 值

3）悬浮物 SS

图 3-15 为黄河口及邻近海域水体悬浮物 SS 情况。图 3-15 和表 3-11 表明，黄河口及邻近海域水体悬浮物含量 SS 为 2 月 >11 月 >8 月 >5 月，其中 2 月显著高于其他月份（$P<0.05$）。

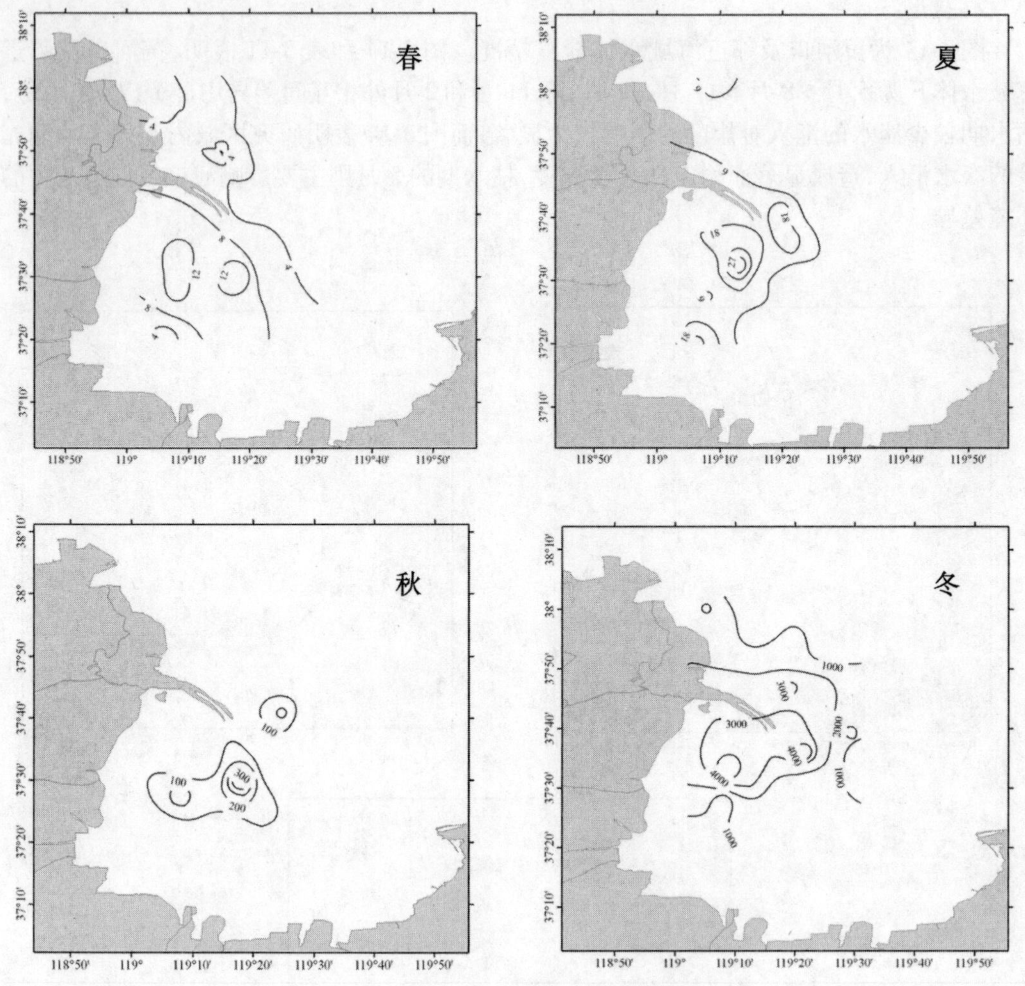

图 3-15　黄河口及邻近海域水体悬浮物 SS 值

4) 溶解氧含量 DO

图 3-16 为黄河口及邻近海域水体 DO 情况。图 3-16 和表 3-11 表明,黄河口及邻近海域水体 DO 含量较高,平均达(10.64 ± 0.17) mg/L,依据海水水质标准属于Ⅰ类水质。同时,不同季节水体 DO 为 2 月 >11 月 >5 月 >8 月,相互间差异均显著($P<0.05$);此外图 3-16 还表明,黄河口水域受到淡水冲击较强的河口地区,水体 DO 含量较远海稍低,但均属Ⅰ类水质。

5) 化学耗氧量 COD

图 3-17 为黄河口及邻近海域水体 COD 情况。图 3-17 和表 3-11 表明,黄河口及邻近海域水体 COD 含量均值为(1.22 ±0.03) mg/L,依据《海水水质标准》属于Ⅰ类水质。同时,不同季节水体 COD 2 月 >8 月 >5 月 >11 月,但相互间均无显著差异($P>0.05$),且均为Ⅰ类水质。此外,图 3-17显示研究区域内水体 COD 含量与河口淡水冲入形成相应漩涡状梯度分布。

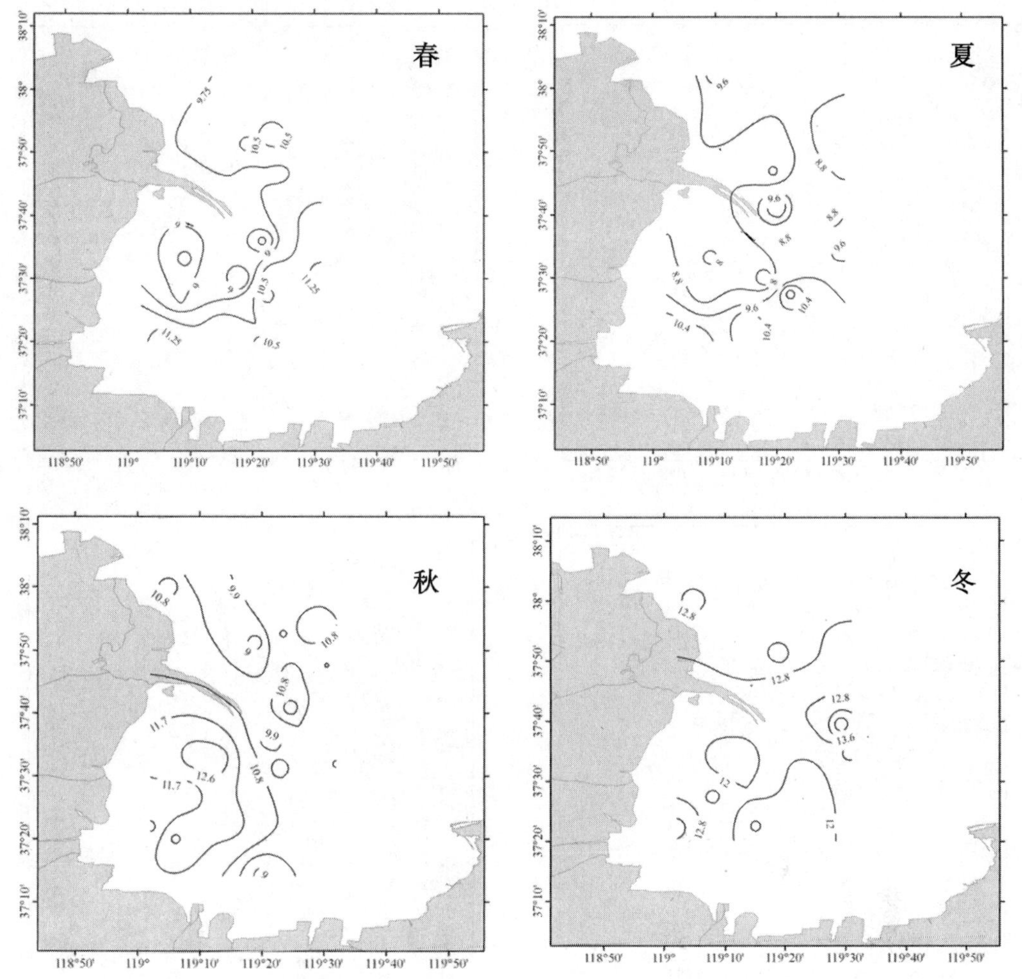

图 3-16　黄河口及邻近海域水体 DO 值

2. 黄河口及邻近海域营养盐含量及分布特征

1) 氨氮

图 3-18 为黄河口及邻近海域水体氨氮含量情况。图 3-18 和表 3-11 表明,黄河口及邻近海域水体氨氮含量为 8 月 >11 月 >5 月 >2 月,仅 8 月显著高于其他季节($P<0.05$)。

2) 硝酸盐氮

图 3-19 为黄河口及邻近海域水体硝酸盐氮含量情况。由图 3-19 和表 3-11 表明,黄河口及邻近海域水体硝酸盐氮含量为 2 月 >11 月 >8 月 >5 月,与季节变化趋势基本相反,且除 2 月和 11 月外均存在显著差异($P<0.05$)。

3) 亚硝酸盐氮

图 3-20 为黄河口及邻近海域水体亚硝酸盐氮含量情况。图 3-20 和表 3-11 表明,黄

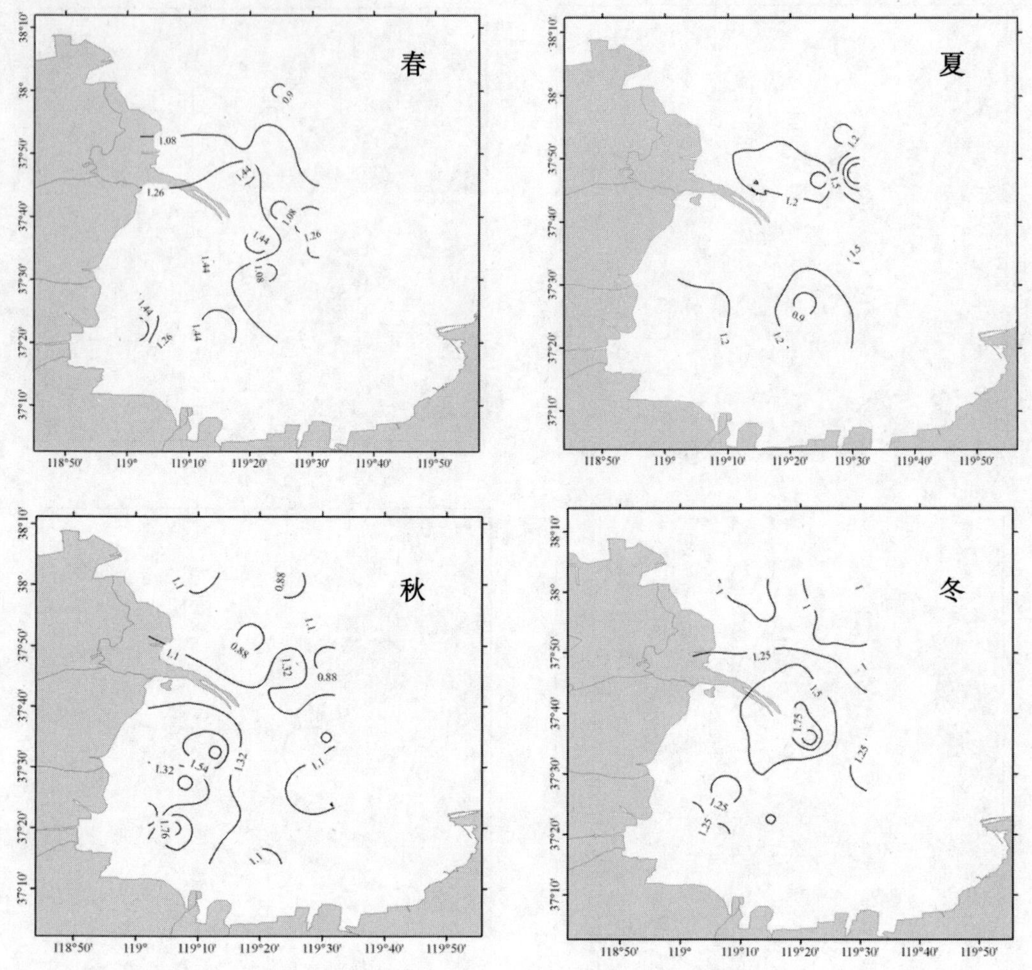

图 3-17　黄河口及邻近海域水体 COD 值

河口及邻近海域水体亚硝酸盐氮含量为 5 月 >11 月 >8 月 >2 月,且除 8 月和 11 月外均存在显著差异($P<0.05$)。

4) 无机氮 DIN

DIN 为 NH_4^+—N、NO_2—N 和 NO_3—N 三态氮之和,研究区黄河口及邻近海域 DIN 仅为总氮(TN) 的 24%,且 4 次调查分布差异较大。其中,DIN 均值为(0.32 ±0.03) mg/L,依据《海水水质标准》属于Ⅲ类水质标准;不同季节 DIN 含量大小顺序为 11 月 >2 月 >8 月 >5 月,且相互间差异显著($P<0.05$),11 月和 2 月为Ⅳ类水质标准,8 月为Ⅱ类水质标准,5 月为Ⅰ类水质标准。同时,DIN 分布趋势基本为河口半环形区域浓度较高,距河口越远浓度越低,仅最南部区域个别点呈现较高的 DIN 含量,这种分布态势可能与黄河径流排入大量的含氮物质有关。

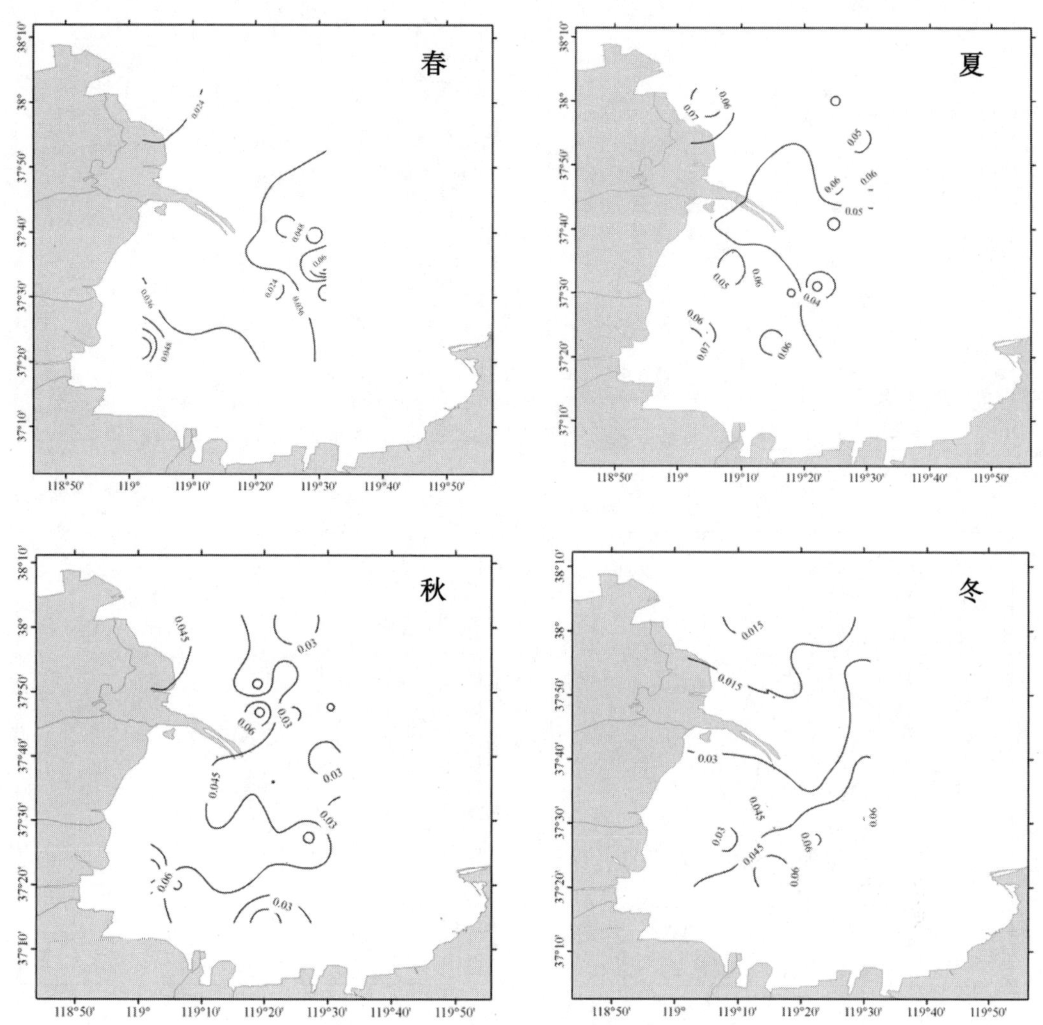

图 3-18　黄河口及邻近海域水体氨氮含量

5)总氮 TN

黄河口及邻近海域水体总氮含量见图 3-21,由图 3-21 和表 3-11 可知,黄河口及邻近海域水体 TN 含量为(1.3590 ± 0.0844) mg/L,不同季节大小顺序为 8 月 >2 月 >11 月,且 8 月显著高于其他月份($P<0.05$);图 3-21 还表明,TN 分布趋势与 DIN 基本一致,均为河口半环形区域浓度较高,距河口越远浓度越低,仅局部区域形成小范围梯度漩涡,这种分布态势可能与黄河径流排入大量的含氮物质有关。

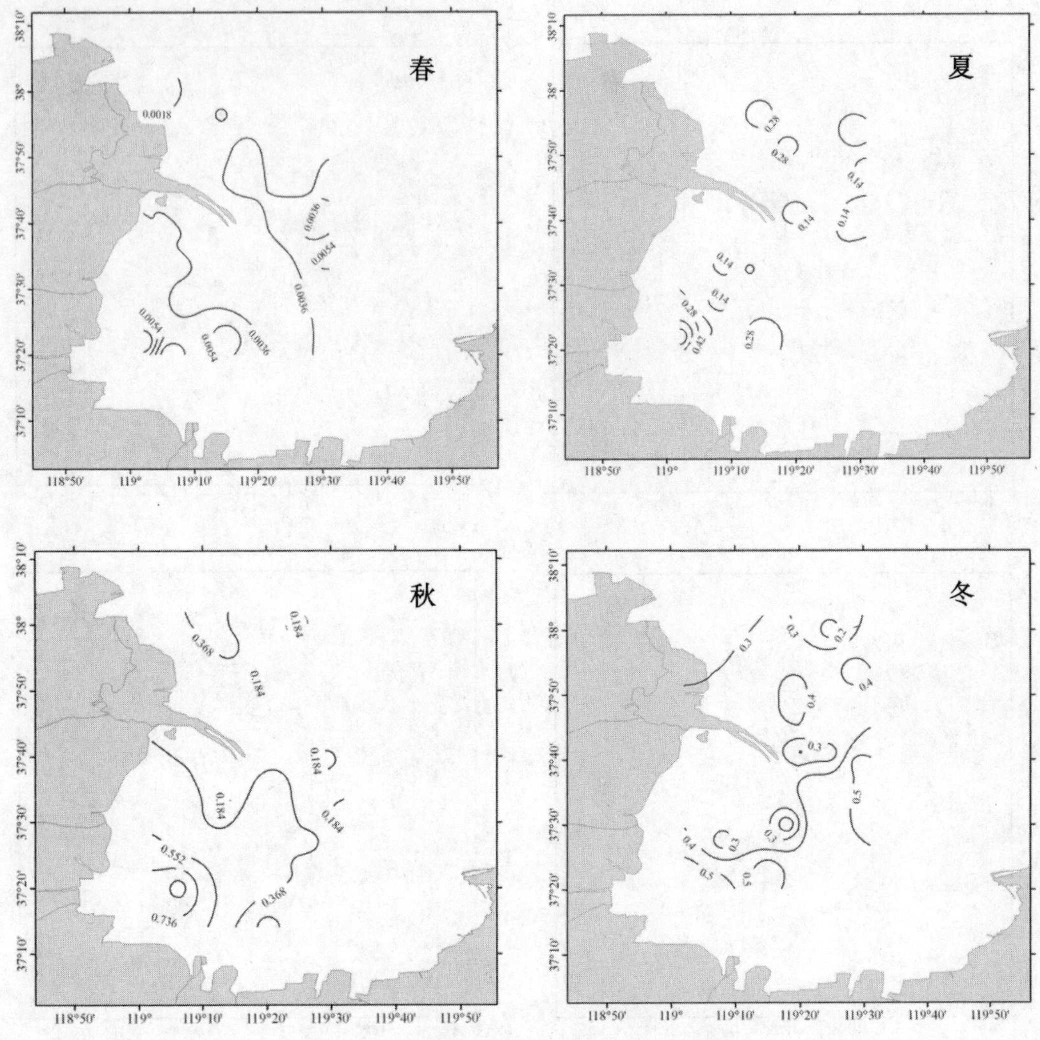

图 3-19　黄河口及邻近海域水体硝酸盐氮含量

6）磷酸盐

图 3-22 为黄河口及邻近海域水体磷酸盐含量情况。图 3-22 和表 3-11 表明，黄河口及邻近海域水体磷酸盐含量为（0.039 0 ± 0.006 2）mg/L；其季节差异为 2 月 >8 月 >5 月，且 2 月显著高于其他月份（$P<0.05$）；研究区水体磷酸盐含量空间分布特征（见图 3-22）还显示，春季从河口至远海逐渐降低、夏季基本一致，而冬季则与之相反。

7）总磷 TP

图 3-23 为黄河口及邻近海域水体总磷 TP 含量情况。图 3-23 和表 3-11 表明，黄河口及邻近海域水体总磷 TP 含量为（0.095 4 ± 0.006 3）mg/L；其季节差异为 2 月 >8 月 >11 月，相互间差异显著（$P<0.05$）；研究区水体 TP 含量空间分布特征（见图 3-23）还显示，夏季研究区内虽形成漩涡状梯度，但并无显著差异，秋季于河口南部形成较高梯度的漩涡，北部 TP 含量较低，冬季则与秋季基本一致且趋势更向河口偏移，因而可能与黄河淡水的

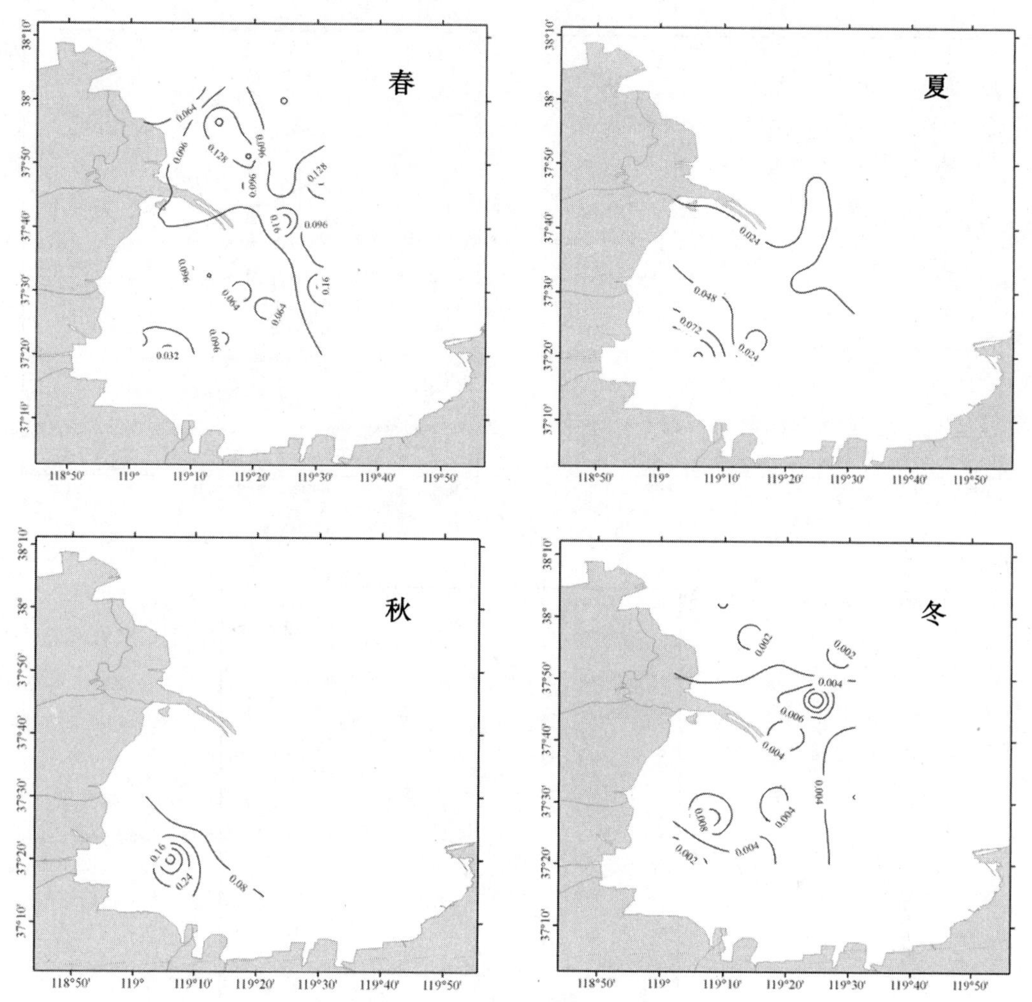

图3-20　黄河口及邻近海域水体亚硝酸盐氮含量

冲入有关。

8）硅酸盐

图3-24为黄河口及邻近海域水体硅酸盐情况。图3-24和表3-11表明，黄河口及邻近海域水体硅酸盐含量为(0.233 7 ± 0.024 3) mg/L；季节差异为2月 > 11月 > 8月 > 5月，除11月和8月外相互间差异均显著($P < 0.05$)；研究区水体硅酸盐含量空间分布特征（见图3-24）还显示，水体硅酸盐含量分布趋势基本为河口半环形区域浓度较高，距河口越远浓度越低，仅局部区域形成小范围梯度漩涡，这种分布态势可能与黄河径流排入大量的营养物质有关。

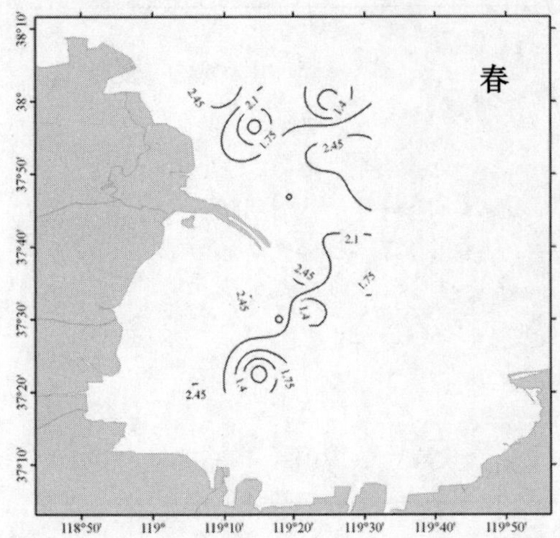

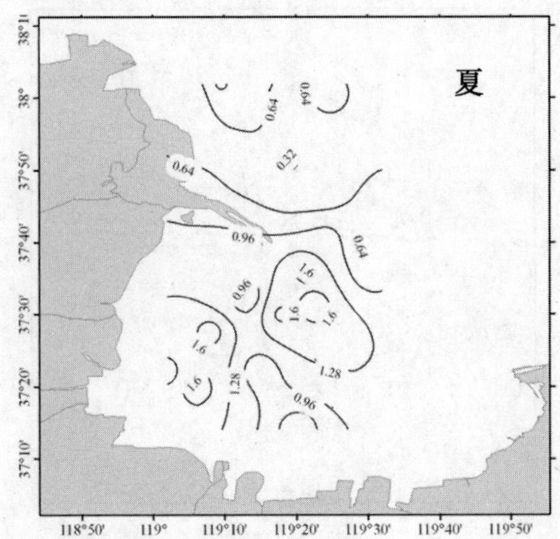

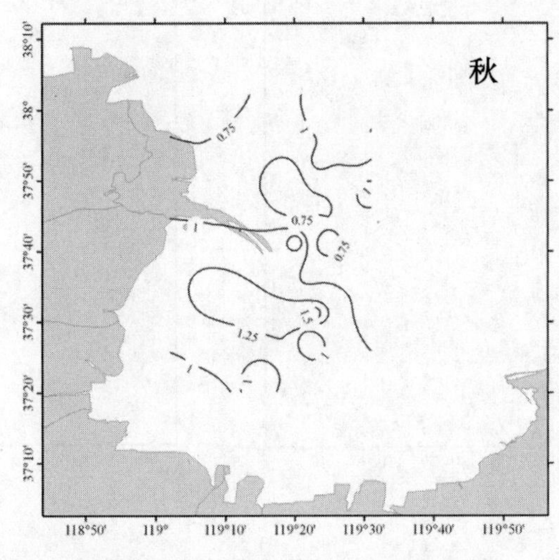

图 3-21　黄河口及邻近海域水体总氮含量

3. 石油类含量及分布特征

图 3-25 为黄河口及邻近海域水体石油类含量情况。图 3-25 和表 3-11 表明，黄河口及邻近海域水体石油类含量为(0.042 8 ±0.001 9) mg/L，依据《海水水质标准》为Ⅰ类水质；其季节差异为 5 月 >2 月 >8 月 >11 月，5 月石油类含量显著高于其他月份($P < 0.05$)，且 5 月为Ⅱ类水质，其他月份均为Ⅰ类水质；研究区水体石油类含量空间分布特征(见图 3-25)还显示，水体石油类含量梯度分布趋势与河口走向基本一致，且自河口南侧向北侧逐步降低。

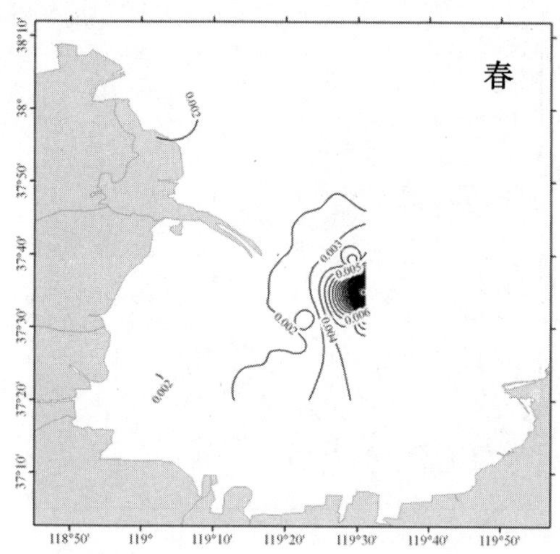

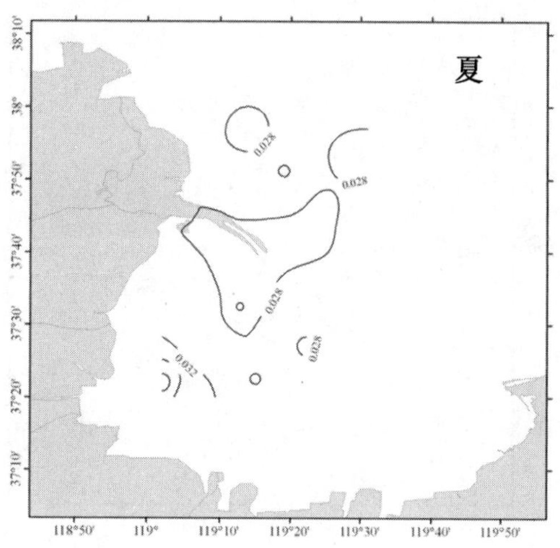

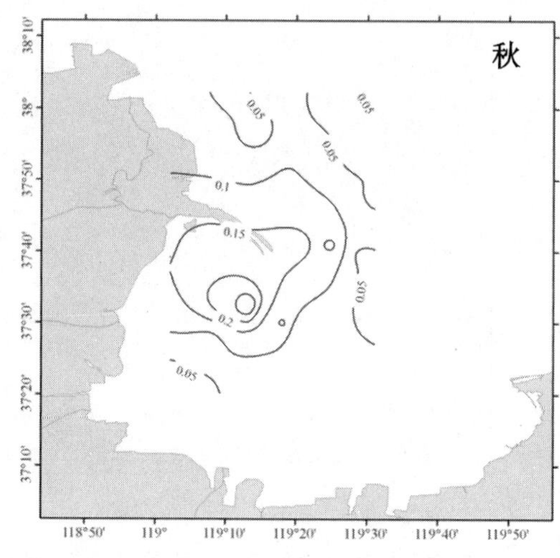

图 3-22　黄河口及邻近海域水体磷酸盐含量

4. 重金属

1) Cu

图 3-26 为黄河口及邻近海域水体重金属 Cu 含量情况。图 3-26 和表 3-11 表明，黄河口及邻近海域水体重金属 Cu 含量为 0.012 0 mg/L，依据《海水水质标准》为Ⅲ、Ⅳ类水质；其季节差异为 11 月 >5 月 >8 月 >2 月，差异显著($P<0.05$)，仅 2 月为Ⅰ类水质，其他月份均为Ⅲ、Ⅳ类水质；研究区水体重金属 Cu 含量空间分布特征(见图 3-26)还显示，水体重金属 Cu 含量除夏季近岸稍低于远海外，其他季节均呈漩涡镶嵌分布。

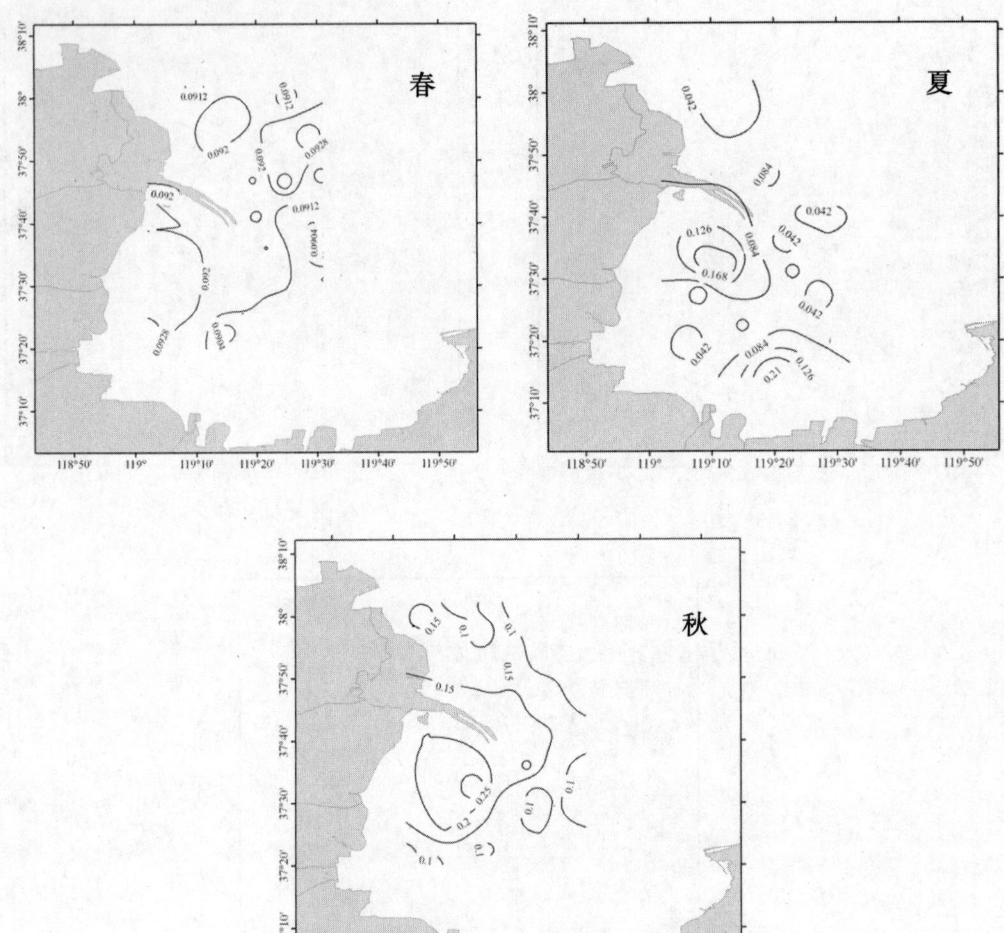

图 3-23　黄河口及邻近海域水体总磷 TP 含量

2) Pb

图 3-27 为黄河口及邻近海域水体重金属 Pb 含量情况。图 3-27 和表 3-11 表明,黄河口及邻近海域水体重金属 Pb 含量为(0.005 5 ± 0.000 4) mg/L,依据《海水水质标准》为Ⅲ类水质;其季节差异为 11 月 >5 月 >8 月 >2 月,11 月和 5 月显著高于 8 月和 2 月($P < 0.05$),且依据海洋水质标准前两者为Ⅲ类水质和后两者为Ⅱ类水质;研究区水体重金属 Pb 含量空间分布特征(见图 3-27)还显示,夏、秋、冬季河口水体重金属 Pb 含量稍高于远海地区,且存在小型漩涡状分布,而春季亦于近岸含量稍高。

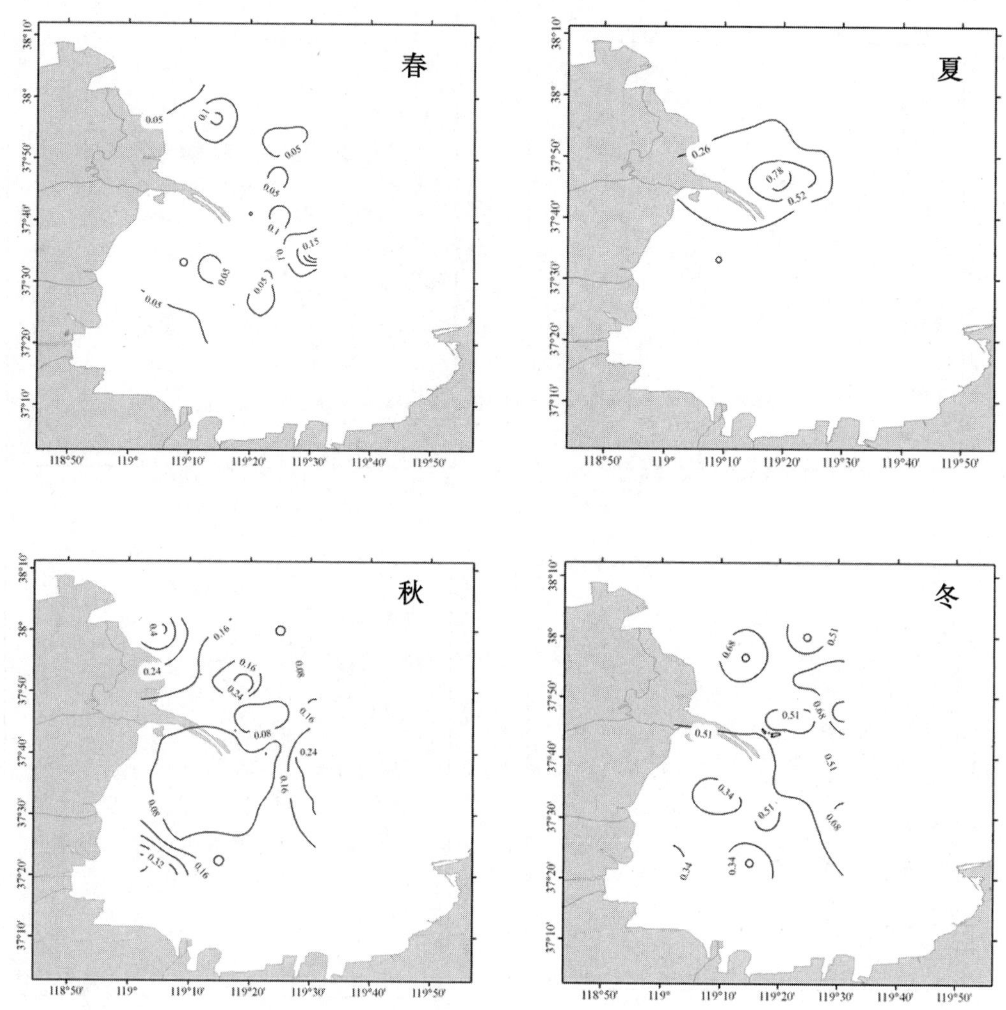

图3-24　黄河口及邻近海域水体硅酸盐含量

3)Zn

图3-28为黄河口及邻近海域水体重金属Zn含量情况。图3-28和表3-11表明,黄河口及邻近海域水体重金属Zn含量为(0.014 9±0.001 2) mg/L,依据《海水水质标准》为Ⅰ类水质;其季节差异为11月>8月>5月>2月,除8月和5月外相互间差异均显著($P<0.05$),且11月为Ⅱ类水质,其他月份均为Ⅰ类水质;研究区水体重金属Zn含量空间分布特征(见图3-28)还显示,春季和夏季水体重金属Zn含量河口低于远海,秋季和冬季则与之相反。

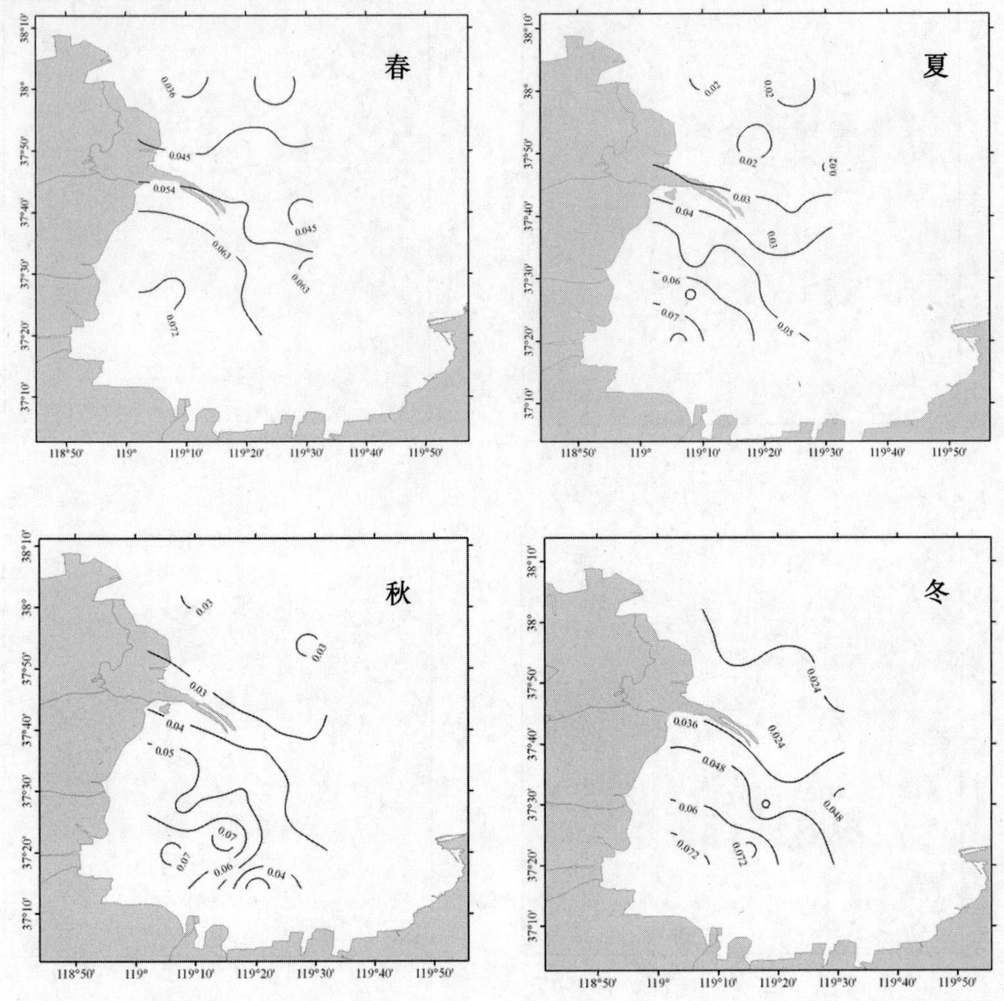

图 3-25　黄河口及邻近海域水体石油类含量

4) Cd

图 3-29 为黄河口及邻近海域水体重金属 Cd 含量情况。图 3-29 和表 3-11 表明，黄河口及邻近海域水体重金属 Cd 含量为 0.000 7 mg/L，依据《海水水质标准》为Ⅰ类水质；其季节差异为 11 月 >5 月 >8 月 >2 月，除 5 月和 8 月外相互间差异显著（$P<0.05$），但总体均为Ⅰ类水质；研究区水体重金属 Cd 含量空间分布特征（见图 3-29）还显示，水体重金属 Cd 含量春季近岸低于远海且南岸高于北岸，夏季近岸高于远海，秋季则呈较多漩涡状梯度分布且河口稍低，冬季亦近岸低于远海。

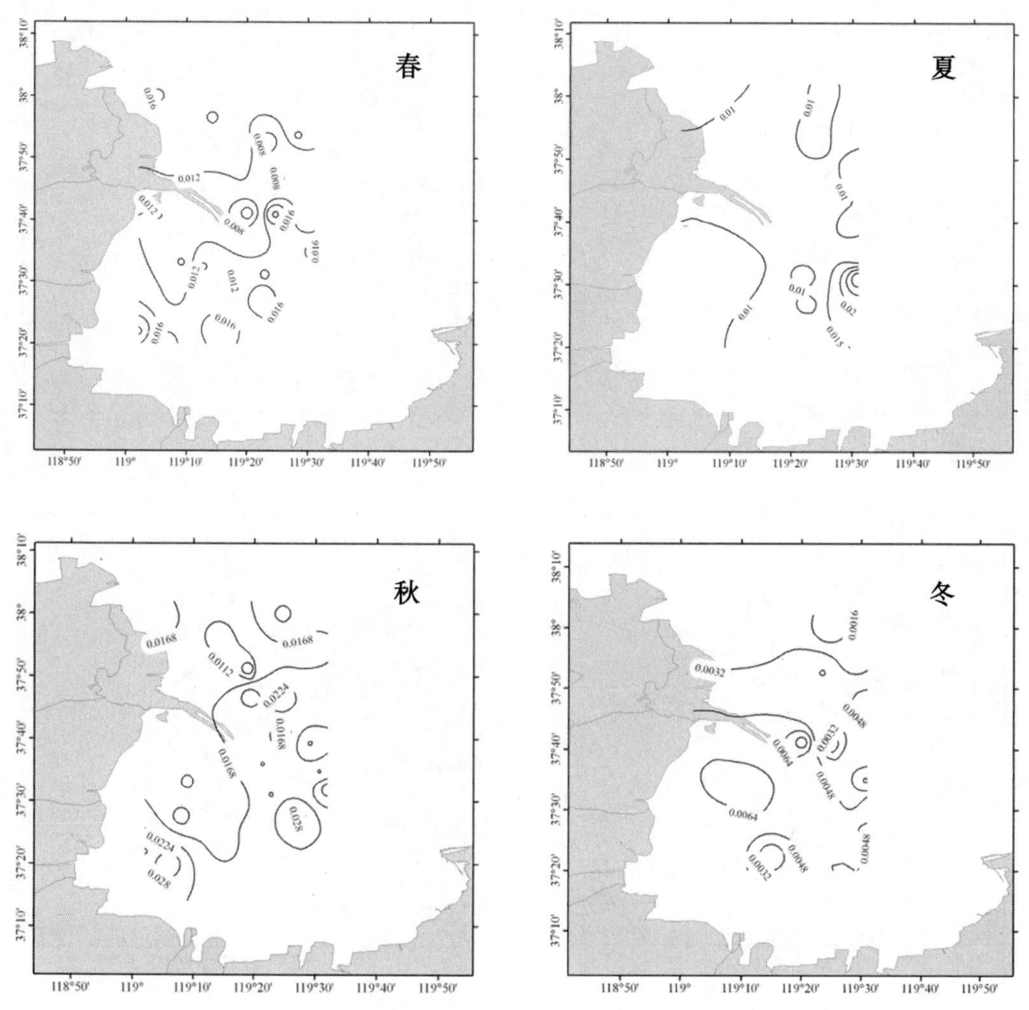

图 3-26　黄河口及邻近海域水体重金属 Cu 含量

5) As

图 3-30 为黄河口及邻近海域水体重金属 As 含量情况。图 3-30 和表 3-11 表明，黄河口及邻近海域水体重金属 As 含量为(0.002 2 ± 0.000 2) mg/L，依据《海水水质标准》为Ⅰ类水质；其季节差异为 5 月 >11 月 >8 月 >2 月，2 月显著低于其他月份($P<0.05$)，但各月份均为Ⅰ类水质；研究区水体重金属 As 含量空间分布特征(见图 3-30)还显示，水体重金属 As 含量春季河口低于两侧，其他季节呈现漩涡梯度分布，但无显著分布趋势。

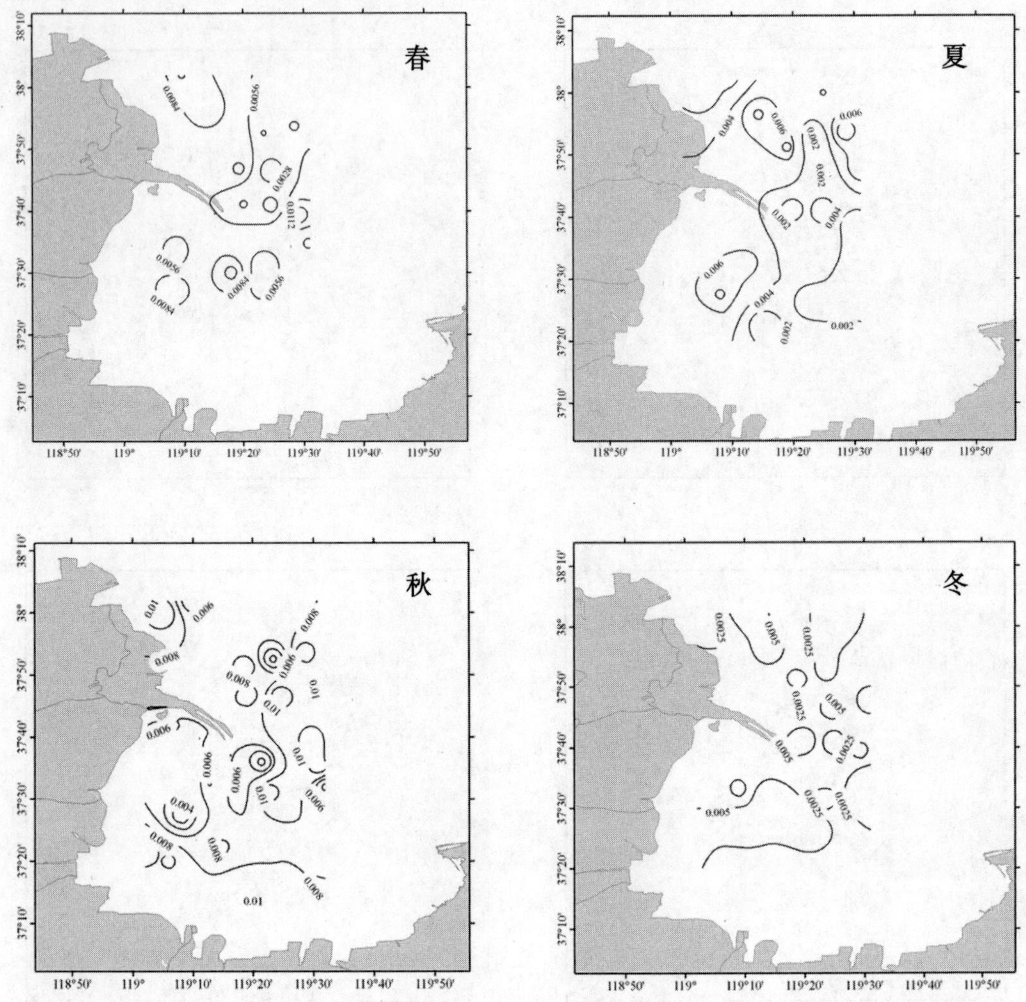

图 3-27　黄河口及邻近海域水体重金属 Pb 含量

6) Hg

图 3-31 为黄河口及邻近海域水体重金属 Hg 含量情况。图 3-31 和表 3-11 表明，黄河口及邻近海域水体重金属 Hg 含量为 0. 000 2 mg/L，依据《海水水质标准》为Ⅳ类水质；5 月显著高于其他月份($P<0.05$)，且各月均为Ⅳ类水质；研究区水体重金属 Hg 含量空间分布特征(见图 3-31)还显示，水体 Hg 含量春季河口两侧近岸含量相对较高，夏季河口南侧存在相对较高含量区域，秋季呈现漩涡状镶嵌分布趋势，冬季则远侧高于河口。

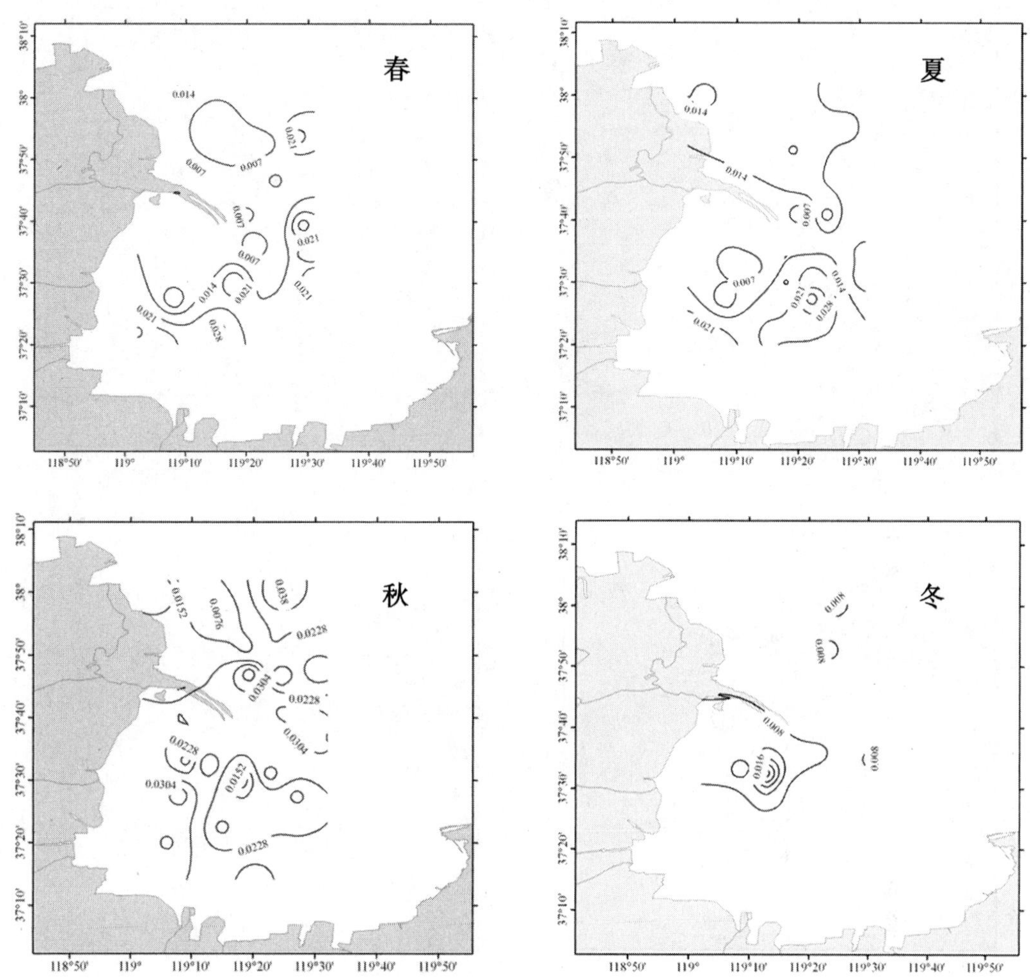

图 3-28　黄河口及邻近海域水体 Zn 含量

5. 叶绿素 a

河口水域由于物理、化学和生物学过程的相互影响，叶绿素 a 质量浓度的分布与变化显得较为复杂。图 3-32 和表 3-11 表明，黄河口及邻近海域水体叶绿素 a 含量为(0.002 4 ± 0.000 4) mg/L；同时，其季节差异为 8 月 >11 月 >2 月 >5 月，但相互间无显著差异(P > 0.05)；此外，研究区水体叶绿素 a 含量空间分布特征(见图 3-32)还显示，水体叶绿素 a 含量梯度分布趋势为河口区稍低于两侧及远海区域。在河口区，虽然氮、磷质量浓度不是浮游植物生长的限制因子，但水体含沙量大，水体混浊，光合作用差，盐度偏低，潮流大，不利于浮游植物生长繁殖，相应地，叶绿素 a 质量浓度也低。而河口外侧属下泄冲淡水和外海水的交界区，含沙量降低，盐度适中，同时具备浮游植物生长所需的营养盐类，所以该区域内叶绿素 a 质量浓度趋于增加。

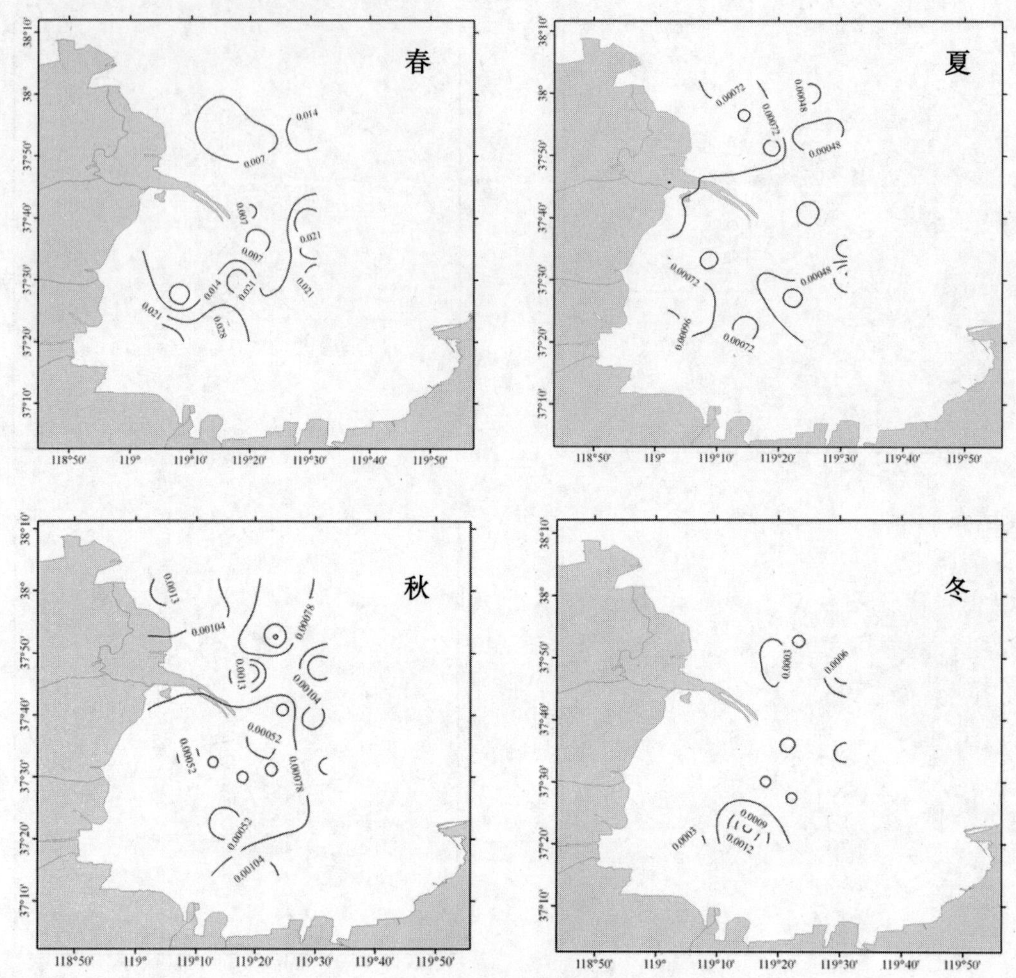

图 3-29　黄河口及邻近海域水体 Cd 含量

3.1.3.3　水环境质量评价

由表 3-11 可知，黄河口及邻近海域水体 DO、COD 以及重金属 Cd 和 As 均为《海水水质标准》中规定的Ⅰ类水质标准，而该研究区域主要受到无机氮及重金属 Cu、Pb、Zn、Hg 和石油类污染物的影响，并且呈现明显的季节差异。

同时，由主要超标水质超标率及污染指数（见表 3-12）可以看出，黄河口及邻近海域水体以重金属 Pb 污染最为严重，其超标率达 450.31%，其中 11 月超标率最高，达 671.13%；其次为 Hg，超标率为 383.44%，最高为春季，超标率达 475.55%，最低为夏季，亦达到 346.14%；再次为重金属 Cu，超标率为 137.84%，最高为冬季，超标率为 264.49%，仅冬季未超标；再次为营养物质无机氮，超标率为 69.82%，主要为冬春超标严重（超标率分别为 117.35% 和 113.83%），秋季亦存在一定程度超标（48.11%），夏季无超标现象；再次为重金属 Zn 和石油类，亦存在一定程度污染，超标率分别为 5.58% 和

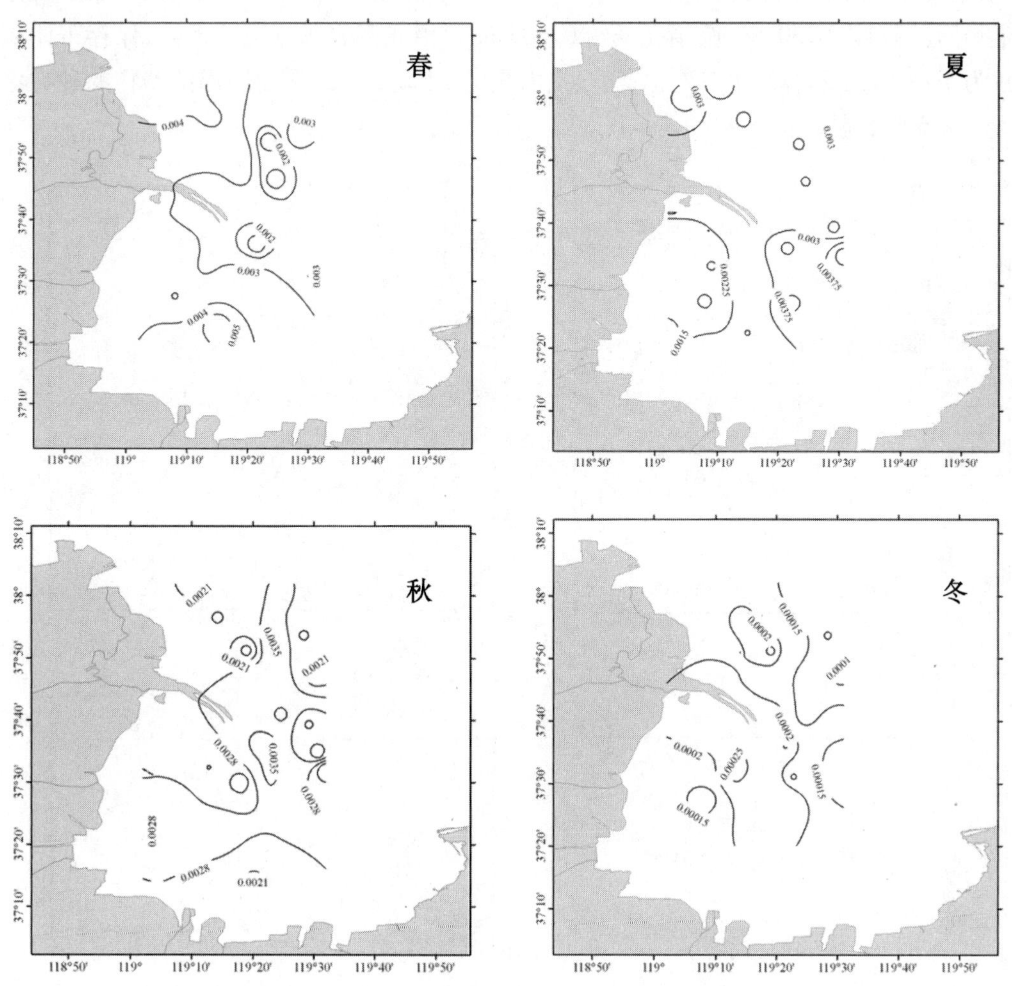

图 3-30　黄河口及邻近海域水体 As 含量

1.98%，Zn 于秋季和石油类于春季存在一个季度的超标。

3.1.4　黄河口及邻近海域浮游生物现状调查与分析

3.1.4.1　材料与方法

1. 调查时间和调查站位设置

黄河口及邻近海域浮游生物现状调查时间和调查站位设置同黄河口及邻近海域水环境现状调查一致。

2. 样品采集与分析

浮游植物和浮游动物样品的采集、处理和分析方法均参照《海洋监测规范》(GB 17378.7—2007)。浮游植物样品采用浅水Ⅲ型浮游生物网自底至表垂直拖网取得，用

5% 福尔马林的海水进行固定保存，然后在室内分析鉴定。浮游动物样品采用浅水 I 型浮游生物网（网口内径 50 cm，筛绢孔径约 0.505 mm）由底到表垂直拖网采得，保存于体积分数为 5% 的福尔马林海水溶液中，实验室内鉴定、计数。浮游植物和浮游动物的种类鉴定参考分类学文献。

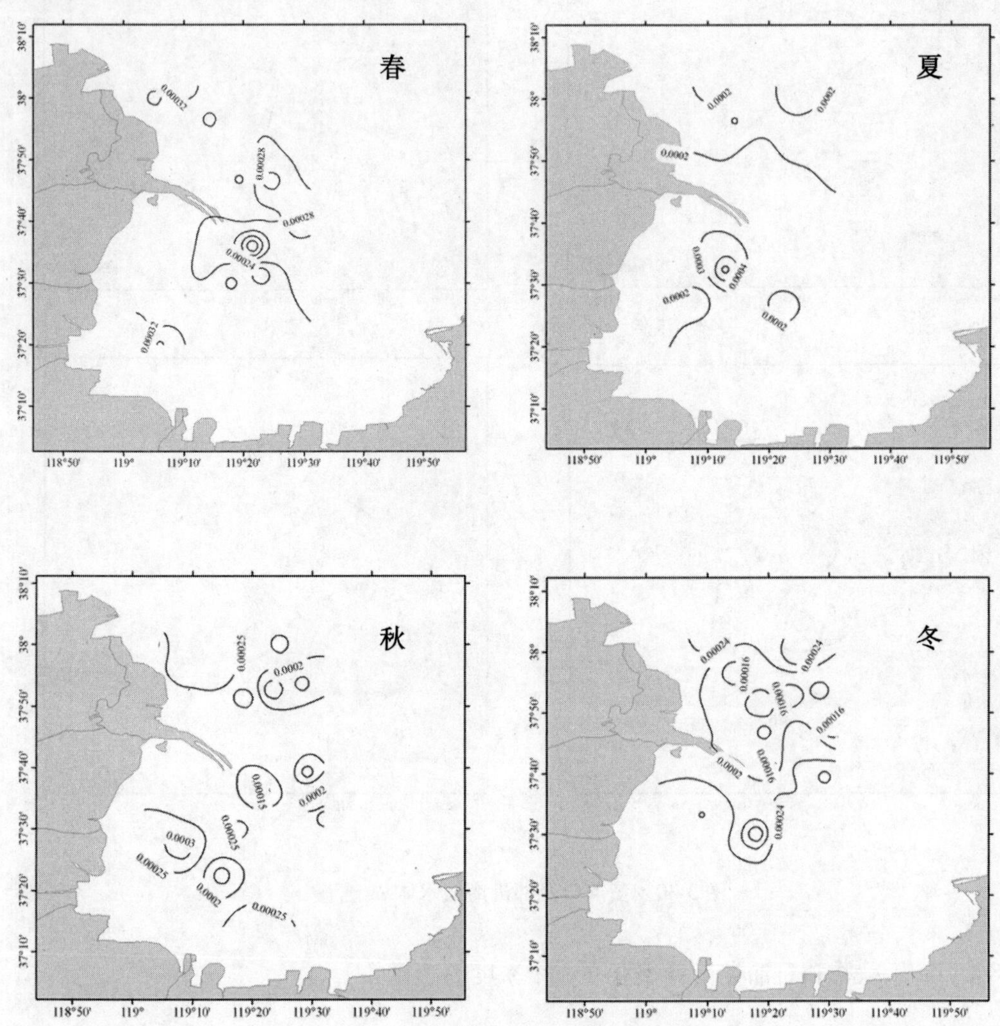

图 3-31　黄河口及邻近海域水体 Hg 含量

3. 数据统计与分析

1）优势度

优势种优势度的计算公式如下：

$$Y = (n_i/N) \times f_i$$

式中：Y 为优势度指数；N 为某站样品中浮游生物总个数，个；n_i 为样品中第 i 种的个数，个；f_i 为第 i 种在全部采样站位的出现率。

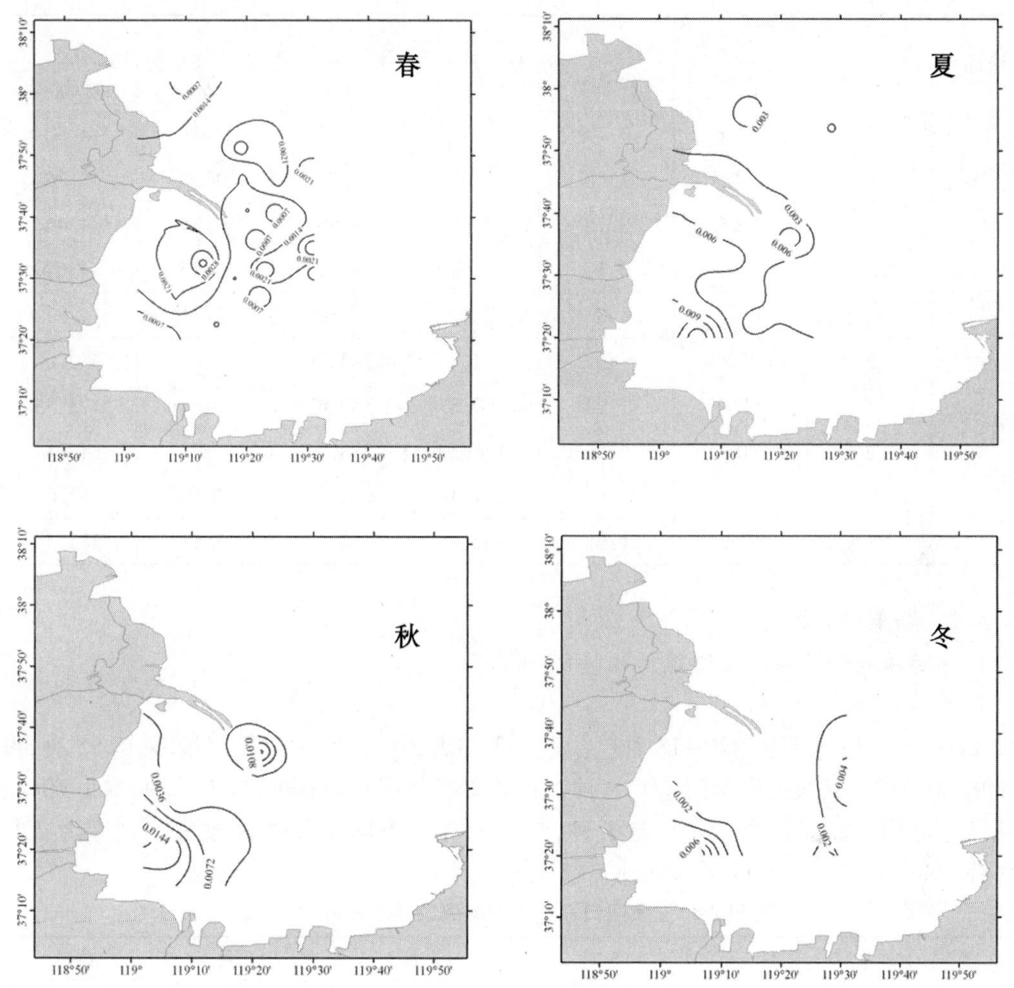

图 3-32　黄河口及邻近海域水体叶绿素 a 含量

2）生物多样性

生物多样性指数采用 Shannon - Wiener 多样性指数，其计算公式为

$$H' = -\sum_{i=1}^{s}(n_i/N)\ln(n_i/N)$$

式中：H'为种类 Shannon - Wiener 多样性指数；s 为物种数；N 为某站样品中浮游生物总个数，个；n_i 为样品中第 i 种的个数。

表 3-12　黄河口及邻近海域主要水质项目超标率和污染指数 P_i

指标	时间	项目					
		DIN	石油类	Cu	Pb	Zn	Hg
P_i	2	2.176	0.79	0.95	3.84	0.31	4.50
	5	2.14	1.08	2.61	6.57	0.70	5.76
	8	0.65	0.78	2.26	3.89	0.74	4.46
	11	1.48	0.77	3.64	7.71	1.22	4.62
	平均	1.61	0.86	2.40	5.50	0.74	4.83
超标率(%)	2	117.35	0	0	283.76	0	350.06
	5	113.83	7.92	160.57	557.43	0	475.55
	8	0	0	126.29	288.91	0	346.14
	11	48.11	0	264.49	671.13	22.33	362.01
	平均	69.82	1.98	137.84	450.31	5.58	383.44

3.1.4.2　结果与分析

1. 浮游植物种类组成及群落结构特征

1)种类组成

调查中,共检出浮游植物118种(见表3-13和表3-14),其中硅藻门最多,为95种,占全部的80.51%;其次为甲藻门,为18种,占15.25%;再次为金藻门,为2种,占1.69%;最后为蓝藻门、隐藻门和绿藻门,各1种,占0.85%。不同季节物种数大小顺序为2月(89种)>8月(72种)>11月(70种)>5月(51种)。

表 3-13　黄河口及邻近海域浮游植物物种数

类别	2月	5月	8月	11月	总计
硅藻门	82	39	59	52	95
甲藻门	5	7	9	17	18
金藻门	1	2	2	1	2
蓝藻门	0	1	1	0	1
隐藻门	1	1	1	0	1
绿藻门	0	1	0	0	1
总计	89	51	72	70	118

王金辉对长江口水域的调查中共检出浮游植物134属393种,其中硅藻最多252种。黄河口海域浮游植物118种,80.51%为硅藻类,与长江口海域相似。同时,黄河口海域浮游植物种数又远低于长江口,且主要种群也存在较大差异,可能与黄河高纬低温及其特有的高泥沙含量有关。而黄河口浮游植物的种类较少,亦验证了洪松和陈静生关于我国河流中水生生物种类最低值出现在黄河的观点。

表3-14　黄河口及邻近海域浮游植物名录

类别	物种	类别	物种	类别	物种	类别	物种
硅藻门	爱氏辐环藻	硅藻门	棘冠藻	硅藻门	深环沟角毛藻	硅藻门	中华半管藻
	薄壁几内亚藻		加拉星平藻		双孢角毛藻		中华齿状藻
	扁面角毛藻		尖刺伪菱形藻		双菱藻		中肋骨条藻
	冰河拟星杆藻		尖锥菱形藻		双眉藻		舟形藻
	并基角毛藻		具边线形圆筛藻		斯氏几内亚藻		嘴状胸隔藻
	波罗的海布纹藻		具槽帕拉藻		泰晤士旋鞘藻	甲藻门	夜光藻
	波状斑条藻		具翼漂流藻		条纹小环藻		新月孪甲藻
	波状辐裥藻		距端假管藻		透明辐杆藻		小翼甲藻
	波状石丝藻		卡氏角毛藻		网状盒形藻		线纹角藻
	布氏双尾藻		克尼角毛藻		威利圆筛藻		五角原多甲藻
	脆杆藻		劳氏角毛藻		细弱海链藻		微小原甲藻
	大洋角管藻		棱曲舟藻		细长列海链藻		梭角藻
	丹麦角毛藻		离心列海链藻		新月柱鞘藻		斯氏扁甲藻
	丹麦细柱藻		菱形海线藻		星脐圆筛藻		实角原多甲藻
	端尖曲舟藻		菱形藻		旋链角毛藻		三角角藻
	短孢角毛藻		卵形双眉藻		易变双眉藻		墨西哥原甲藻
	盾卵形藻		洛氏菱形藻		易变双眉藻眼状变种		裸甲藻
	蜂腰双壁藻		密连角毛藻		翼根管藻印度变型		里昂原多甲藻
	佛氏海线藻		冕孢角毛藻		优美辐杆藻		渐尖鳍藻
	辐射列圆筛藻		膜状缪氏藻		优美旭氏藻矮小变型		灰甲原多甲藻
	覆瓦根管藻		拟螺形菱形藻		羽纹藻		粗刺角藻
	刚毛根管藻		扭链角毛藻		圆海链藻		叉状角藻
	高齿状藻		诺氏海链藻		圆筛藻		扁平原多甲藻
	格氏圆筛藻		派格棍形藻		圆柱角毛藻		
	鼓胀海链藻		琴式菱形藻		窄隙角毛藻		
	海链藻		琼氏圆筛藻		长菱形藻	金藻门	小等刺硅鞭藻
	海洋脆杆藻		曲舟藻		长菱形藻中国变种		隐藻
	海洋角毛藻		柔弱几内亚藻		掌状冠盖藻	蓝藻门	念珠藻
	海洋曲舟藻		柔弱角毛藻		针杆藻	隐藻门	隐藻
	虹彩圆筛藻		柔弱伪菱形藻		正盒形藻	绿藻门	盘星藻

2) 细胞数量及优势种类

本次调查中,黄河口及邻近海域各站浮游植物细胞个数的变化范围为 3.40×10^4 ~ 1.09×10^8 ind/m^3,平均为 5.29×10^6 ind/m^3。

如图 3-33 所示,春季,黄河口及邻近海域各站浮游植物细胞个数的分布是不均匀的,变化范围为 2.19×10^5 ~ 6.91×10^6 ind/m^3,平均为 1.92×10^6 ind/m^3,调查海域北部的浮游植物数量较多,南部靠近黄河口的区域浮游植物细胞个数较少;夏季,黄河口及邻近海域各站浮游植物细胞个数的变化范围为 3.41×10^4 ~ 1.09×10^8 ind/m^3,平均为 1.01×10^7 ind/m^3,其水平分布基本呈现出自东北至西南逐渐升高的趋势;秋季, 黄河口及邻近海域各站浮游植物细胞个数的分布不均匀,变化范围为 5.37×10^5 ~ 1.57×10^7 ind/m^3,平均为 2.89×10^6 ind/m^3,调查海域北部浮游植物数量少,西南部浮游植物数量最多;冬季,黄河

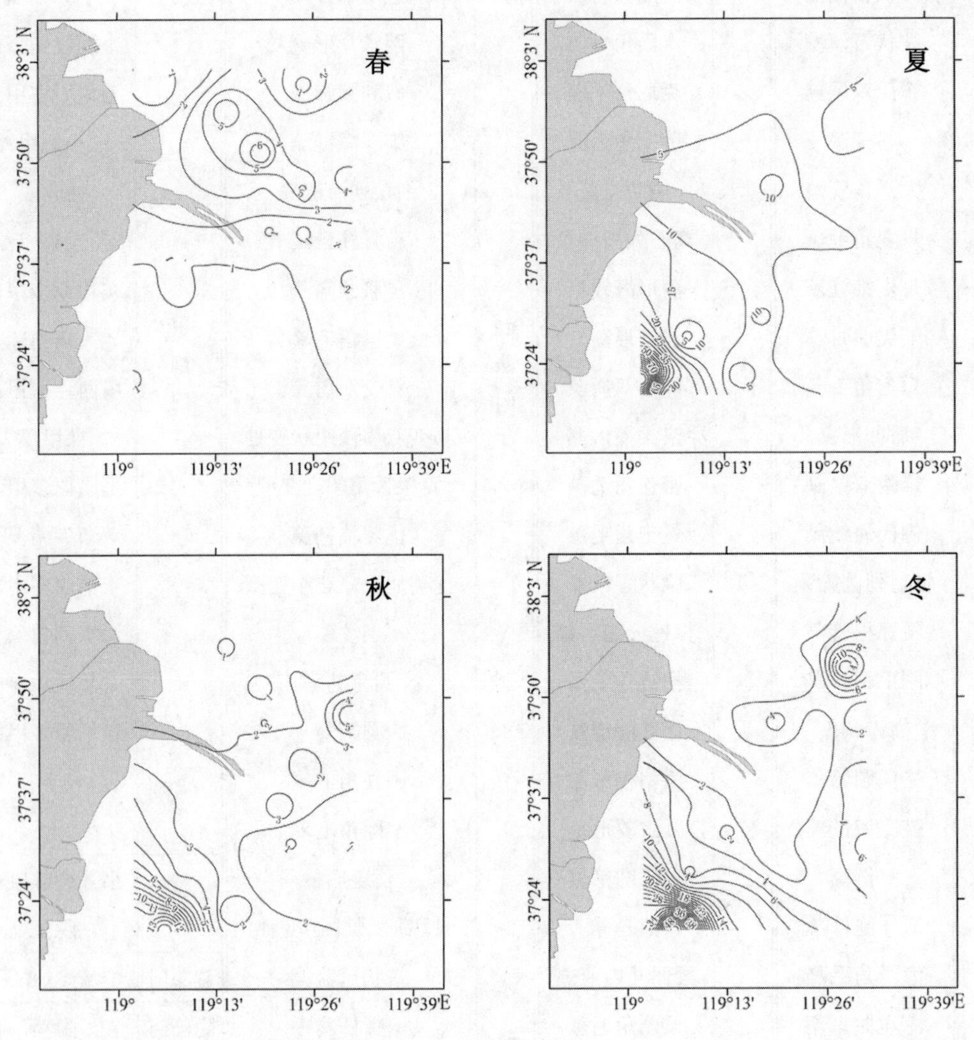

图 3-33　黄河口及邻近海域四季浮游植物细胞个数分布图　(单位: $\times10^6$ ind/m^3)

口及邻近海域各站浮游植物细胞个数的变化范围为 $3.40\times10^4\sim5.70\times10^7$ ind/m³，平均为 6.23×10^6 ind/m³，南部靠近黄河口的区域浮游植物细胞个数较少，调查海域西南部的浮游植物数量最多。

春季，黄河口及邻近海域浮游植物的第一优势种为斯氏几内亚藻（*Guinardia striata*），各站的平均个数为 5.78×10^5 ind/m³，占总细胞个数的 61.94%，出现频率为 92%，在空间上，呈现出南部分布少、北部分布多的特点；其次为细弱圆筛藻（*Coscinodiscus subtilis*），各站的平均个数为 1.21×10^5 ind/m³，占总细胞个数的 12.93%，出现频率为 88%，其空间分布呈现北部少、南部多的特点；第三优势种为翼根管藻印度变型（*Rhizosolenia alata* f. *indica*），各站的平均个数为 1.01×10^5 ind/m³，占总细胞个数的 10.83%，出现频率为 78%，在空间上，北部该种的数量较多，南部数量较少。上述优势种的空间分布情况如图 3-34 所示。

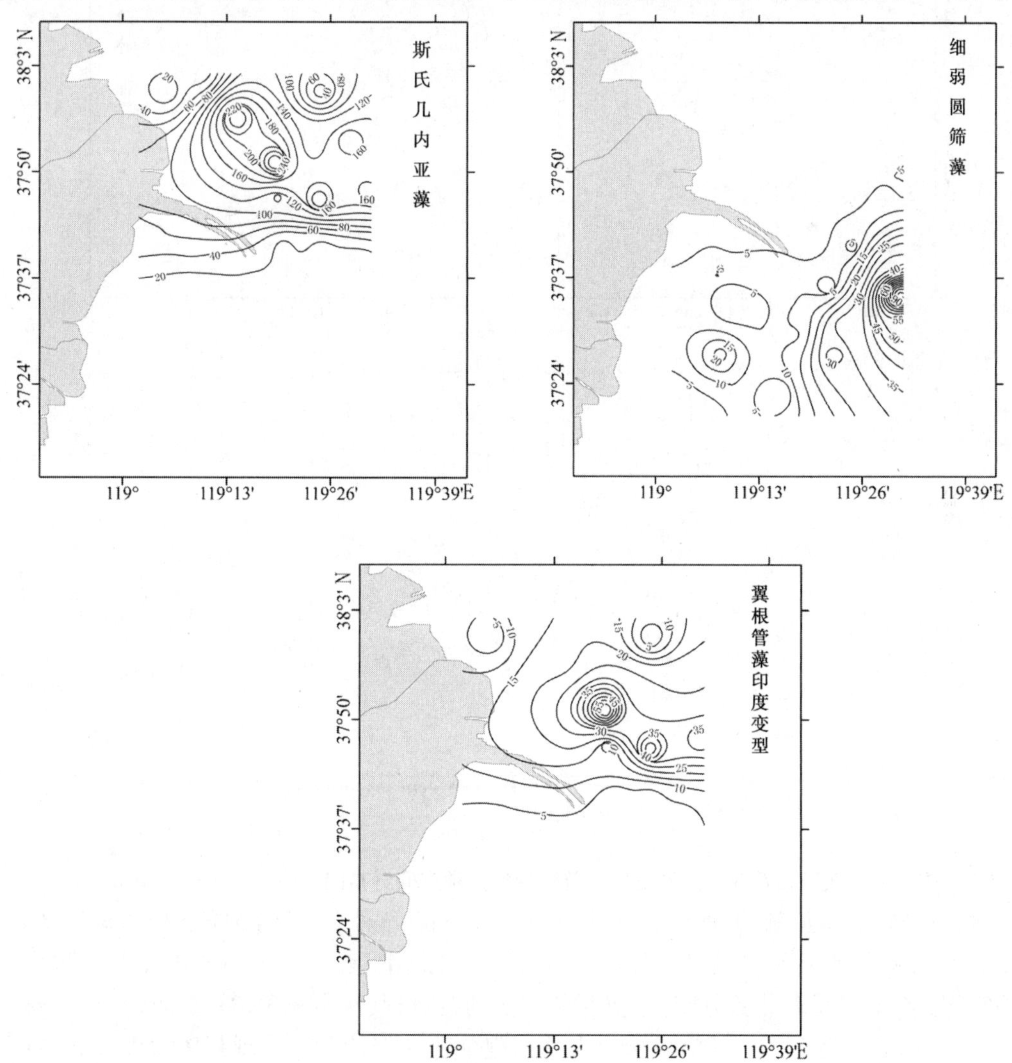

图 3-34　黄河口及邻近海域春季浮游植物优势种空间分布图　（单位：$\times10^4$ ind/m³）

夏季，黄河口及邻近海域浮游植物的第一优势种为细弱圆筛藻（*Coscinodiscus subtilis*），各站的平均个数为 2.39×10^{6} ind/m^{3}，占总细胞个数的 46.51%，出现频率为 92%，其空间分布不均匀，东北部数量最多；其次为中肋骨条藻（*Skeletonema costatum*），各站的平均个数为 9.60×10^{5} ind/m^{3}，占总细胞个数的 18.65%，出现频率为 2%，主要分布在调查海域西南部；第三优势种为佛氏海线藻（*Thalassionema frauenfeldii*），各站的平均个数为 2.12×10^{5} ind/m^{3}，占总细胞个数的 4.11%，出现频率为 92%，其空间分布不均匀，东部数量最多，西南部数量较少。上述优势种的空间分布情况如图 3-35 所示。

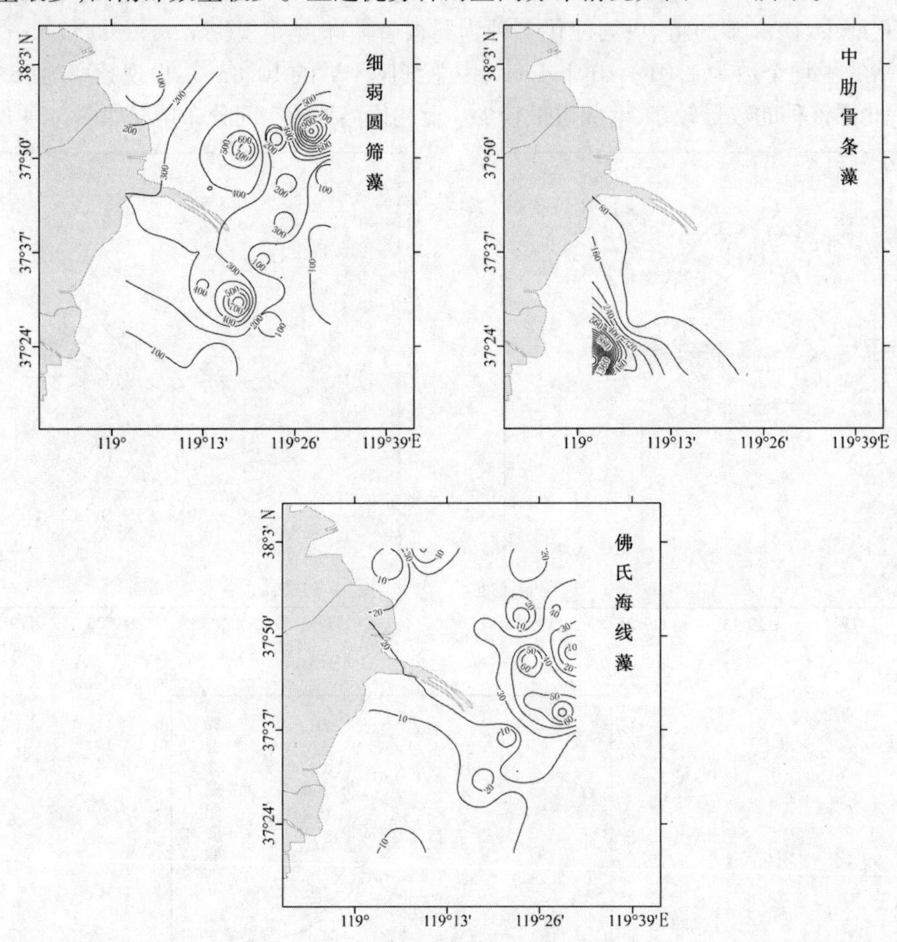

图 3-35　黄河口及邻近海域夏季浮游植物优势种空间分布图　（单位：$\times10^{4}$ ind/m^{3}）

秋季，黄河口及邻近海域浮游植物的第一优势种为细弱圆筛藻（*Coscinodiscus subtilis*），各站的平均个数为 5.64×10^{5} ind/m^{3}，占总细胞个数的 26.13%，出现频率为 100%，在空间中，呈现北部分布少、南部分布多的特点；其次为三角角藻（*Ceratium tripos*），各站的平均个数为 4.70×10^{5} ind/m^{3}，占总细胞个数的 21.77%，出现频率为 92%，其空间分布呈现西南少、东北多的特点；第三优势种为大洋角管藻（*Cerataulina pelagica*），各站的平均个数为 3.81×10^{5} ind/m^{3}，占总细胞个数的 17.66%，出现频率为 2%，主要分布于调查海域西南部。上述优势种的空间分布情况如图3-36所示。

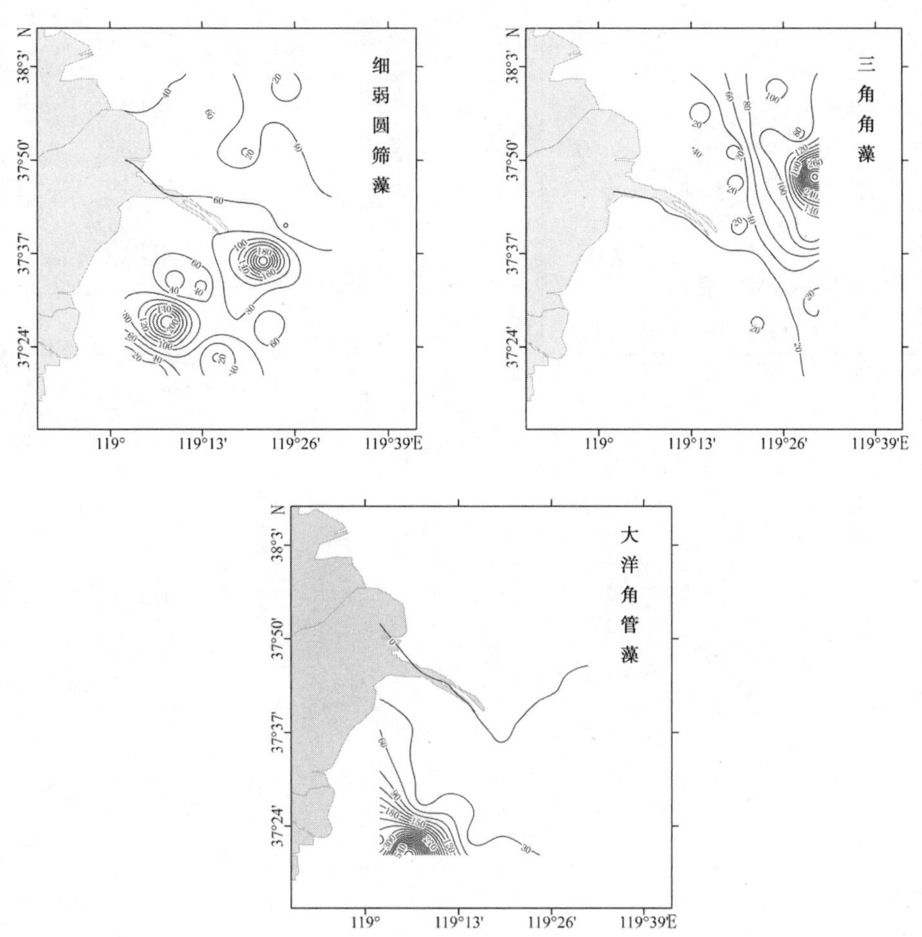

图3-36　黄河口及邻近海域秋季浮游植物优势种空间分布图　（单位：$\times10^4$ind/m^3）

冬季，黄河口及邻近海域浮游植物的第一优势种为中肋骨条藻（*Skeletonema costatum*），各站的平均个数为2.44×10^6 ind/m^3，占总细胞个数的59.15%，出现频率为96%，其空间分布不均匀，黄河口附近水域该种数量最多；其次为加拉星平藻（*Asteroplanus karianus*），各站的平均个数为5.44×10^5 ind/m^3，占总细胞个数的13.19%，出现频率为80%，其空间分布不均匀；第三优势种为鼓胀海链藻（*Thalassiosira gravida*），各站的平均个数为2.79×10^5 ind/m^3，占总细胞个数的6.76%，出现频率为64%，其空间分布基本呈现西部少、东部多的特点。上述优势种的空间分布情况如图3-37所示。

3）生物多样性

表3-15表明了黄河口及邻近海域浮游植物群落生物多样性情况。由表3-15可知，研究区16%的站位（16个）浮游植物Shannon－Wiener指数高于2，62%介于1～2，22%的站位小于1，表明研究区浮游植物群落生物多样性不高，生态系统相对较为脆弱。

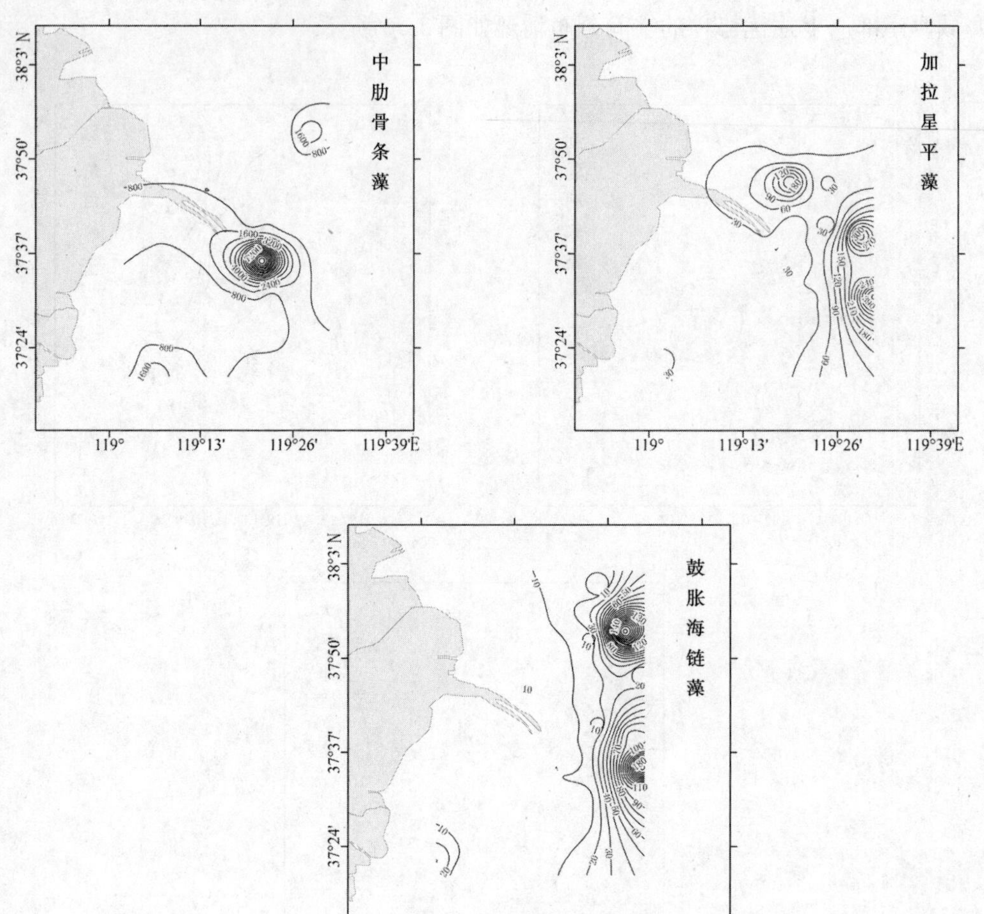

图 3-37 黄河口及邻近海域冬季浮游植物优势种空间分布图 （单位：$\times 10^4$ ind/m^3）

表 3-15 黄河口及邻近海域浮游植物 Shannon - Wiener 指数

站位	2月	5月	8月	11月
H01	2.00	1.50	2.09	1.73
H02	2.07	1.14	1.90	2.00
H04	1.32	0.38	1.01	1.33
H06	1.54	0.53	1.55	1.24
H08	2.20	0.55	1.04	1.91
H09	2.08	0.63	2.33	1.71
H10	0.88	0.49	2.35	1.54
H11	2.04	0.82	2.31	1.84
H12	2.29	0.75	1.48	1.60

续表 3-15

站位	2 月	5 月	8 月	11 月
H13	2.01	0.73	1.92	1.27
H14	2.02	0.74	0.74	1.80
H15	2.43	0.73	0.73	1.59
H16	1.57	1.17	1.17	1.63
H18	1.89	0.56	0.56	1.78
H19	0.21	1.30	1.30	0.77
H20	1.62	1.05	1.05	1.53
H24	1.33	1.12	1.08	1.23
H25	2.28	1.78	1.78	1.53
H26	2.02	1.37	1.37	1.22
H27	1.23	1.37	1.37	1.78
H28	1.85	1.62	1.62	1.44
H30	1.47	1.62	1.62	0.72
H31	0.75	1.56	1.56	1.42
H32	1.36	1.73	1.73	0.14
H33	0.25	1.69	1.69	0.35
平均	1.56	1.35	1.97	2.01

4）群落结构特点

浮游植物样品的多样性指数、均匀度、丰富度、优势度等生态参数分析，是反映调查海域浮游植物群落结构特点的一些重要参考指标，它们同时也可反映出调查海域生态环境状况的优劣。若海区浮游植物样品的多样性指数高、均匀度大、丰富度高、优势度低，表明调查海域环境质量好。

本次调查黄河口及邻近海域各站位的种类丰富度指数 d 的变化范围为 0.26～1.29，平均为 0.77；多样性指数 H'的变化范围为 0.20～3.64，平均为 2.01；均匀度指数 J'的变化范围为 0.05～0.91，平均为 0.50；优势度指数 D 的变化范围为 0.11～0.96，平均为 0.43。

春季，黄河口及邻近海域各站位的种类丰富度指数 d 的变化范围为 0.26～0.81，平均为 0.51；多样性指数 H'的变化范围为 0.55～2.57，平均为 1.55；均匀度指数 J'的变化范围为 0.18～0.75，平均为 0.46；优势度指数 D 的变化范围为 0.24～0.83，平均为 0.51。

夏季，黄河口及邻近海域各站位的种类丰富度指数 d 的变化范围为 0.68～1.24，平均为 0.98；多样性指数 H'的变化范围为 0.91～3.64，平均为 2.09；均匀度指数 J'的变化范围为 0.23～0.76，平均为 0.47；优势度指数 D 的变化范围为 0.11～0.77，平均为 0.45。

秋季，黄河口及邻近海域各站位的种类丰富度指数 d 的变化范围为 0.45 ~ 0.96，平均为 0.69；多样性指数 H' 的变化范围为 0.20 ~ 2.89，平均为 2.03；均匀度指数 J' 的变化范围为 0.05 ~ 0.72，平均为 0.52；优势度指数 D 的变化范围为 0.17 ~ 0.96，平均为 0.38。

冬季，黄河口及邻近海域各站位的种类丰富度指数 d 的变化范围为 0.54 ~ 1.48，平均为 1.03；多样性指数 H' 的变化范围为 0.31 ~ 3.51，平均为 2.35；均匀度指数 J' 的变化范围为 0.07 ~ 0.91，平均为 0.54；优势度指数 D 的变化范围为 0.12 ~ 0.94，平均为 0.35。

2. 浮游动物种类组成及群落结构特征

1）种类组成

调查中，共检出浮游动物 88 种（见表 3-16 和表 3-17），其中桡足类最多，为 34 种，占 38.64%；其次是浮游幼体，为 22 种，占 25.00%；再次为腔肠动物，为 12 种，占 13.64%；然后为糠虾类，为 4 种，占 4.55%，其后是翼足类、双壳类、十足类、被囊类和涟虫类，各 2 种，各占 2.27%；最后为原生动物、毛颚类、浮游类、端足类、介形类和枝角类，各 1 种，各占 1.14%；不同季节物种数大小顺序为 8 月（45 种）>11 月（43 种）>5 月（38 种）>2 月（35 种），变化趋势基本与温度变化趋势一致。

表 3-16　黄河口及邻近海域浮游动物物种数

类别	2 月	5 月	8 月	11 月	总计
原生动物	1	1	1	1	1
腔肠动物	1	8	6	4	12
桡足类	20	14	18	16	33
糠虾类	2	2	0	3	4
翼足类	0	1	1	0	2
毛颚类	1	1	1	1	1
双壳类	0	2	0	0	2
浮游类	0	1	0	0	1
十足类	0	0	1	2	2
被囊类	1	0	0	2	2
端足类	1	0	0	1	1
介形类	1	0	0	1	1
涟虫类	2	0	0	1	2
枝角类	0	0	1	0	1
浮游幼体	5	8	16	11	22
总计	35	38	45	43	88

2）细胞数量及优势种类

本次调查中，黄河口及邻近海域各站浮游动物细胞个数的变化范围为 32×10^5 ~ 1.91×10^5 ind/m^3。

表3-17　黄河口及邻近海域浮游动物名录

类别	物种	类别	物种	类别	物种
原生动物	夜光虫	桡足类	缘齿厚壳水蚤	被囊类	异体住囊虫
腔肠动物	八斑芮氏水母		长刺长腹剑水蚤		缪勒海樽克氏亚钟
	杯水母属		真刺唇角水蚤	端足类	底栖端足类
	灯塔水母		中华哲水蚤	介形类	介形类
	耳状囊水母		锥形宽水蚤	涟虫类	针尾涟虫
	和平水母属		背针胸刺水蚤		三叶针尾涟虫
	拟杯水母		边缘大眼剑水蚤	枝角类	肥胖三角溞
	球型侧腕水母		叉胸刺水蚤	浮游幼体	长尾类幼体
	嵊山杯水母		唇角水蚤属		阿利玛幼体
	薮枝水母属		刺尾角水蚤		磁蟹溞状幼体
	五角管水母		刺尾歪水蚤		短尾类大眼幼体
	锡兰和平水母		纺锤水蚤属		短尾类溞状幼体
	小介穗水母		腹针胸刺水蚤		多毛类幼体
桡足类	精致真刺水蚤		海洋伪镖水蚤		纺锤水蚤幼体
	克氏纺锤水蚤		捷氏歪水蚤		海星幼体
	隆剑水蚤属		近缘大眼剑水蚤		糠虾幼体
	猛水蚤目		日本新糠虾		六肢幼体
	拟长腹剑水蚤	糠虾类	长额刺糠虾		蔓足类无节幼体
	拟哲水蚤属		粗糙刺糠虾		桡足类幼体
	钳形歪水蚤		黄海刺糠虾		舌贝幼虫（腕足类）
	强额拟哲水蚤		翼足类		双壳幼虫（苔藓动物）
	强真哲水蚤	翼足类	猛水蚤目		无节幼体（桡足类）
	瘦长胸刺水蚤		强壮箭虫		莹虾幼体
	双刺唇角水蚤	毛颚类	双壳类幼体		幼螺
	太平洋纺锤水蚤	双壳类	幼蟹		鱼卵
	太平洋真宽水蚤		浮游生物卵		仔鱼
	汤氏长足水蚤	浮游类	中国毛虾		长腕幼虫（海胆纲）
	细巧华哲水蚤	十足类	细螯虾		长腕幼虫（蛇尾纲）
	小拟哲水蚤				长尾类幼体
	羽长腹剑水蚤				

如图 3-38 所示，春季，黄河口及邻近海域各站浮游动物细胞个数的变化范围为 $2.87 \times 10^2 \sim 1.91 \times 10^5$ ind/m^3，平均为 4.32×10^4 ind/m^3，调查海域黄河口附近海域的浮游动物个数较多；夏季，黄河口及邻近海域各站浮游动物细胞个数的变化范围为 $77.5 \times 10^5 \sim 1.07 \times 10^5$ ind/m^3，平均为 6.68×10^3 ind/m^3，调查海域南部浮游动物个数较多，北部浮游动物个数较少；秋季，黄河口及邻近海域各站浮游动物细胞个数分布不均匀，变化范围为 $2.29 \times 10^2 \sim 3.01 \times 10^4$ ind/m^3，平均为 3.41×10^3 ind/m^3，调查海域西部浮游动物个数最多；冬季，黄河口及邻近海域各站浮游动物细胞个数的变化范围为 $32 \times 10^3 \sim 2.07 \times 10^3$ ind/m^3，平均为 3.16×10^3 ind/m^3，调查海域的西北部和东南部浮游动物细胞个数较多，调查海域中部的浮游动物数量较少。

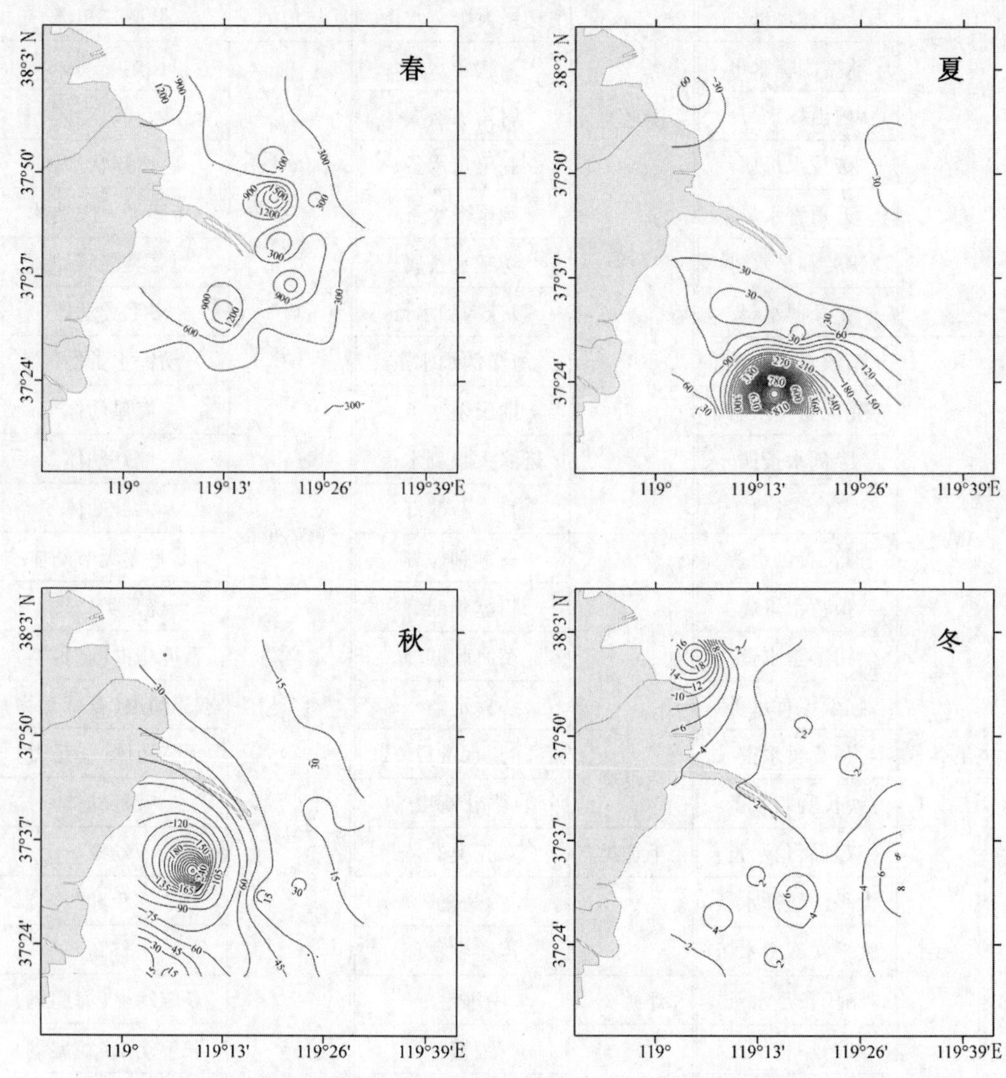

图 3-38　黄河口及邻近海域四季浮游动物细胞个数分布图　（单位：$\times 10^2$ ind/m^3）

春季，黄河口及邻近海域浮游动物的第一优势种为夜光虫（*Noctiluca miliaris*），各站的平均个数为 3.97×10^4 ind/m^3，占总细胞个数的 99.10%，出现频率为 96%，其空间分布不均匀，东北部和南部数量较少；其次为强壮箭虫（*Sagitta crassa*），各站的平均个数为 1.89×10^2 ind/m^3，占总细胞个数的 0.47%，出现频率为 100%，在空间上，呈现出北部分布多、中部和南部分布少的特点；第三优势种为中华哲水蚤（*Calanus sinicus*），各站的平均个数为 56.44 ind/m^3，占总细胞个数的 0.14%，出现频率为 88%，其空间分布呈现中部多、北部和南部少的特点。上述优势种的空间分布情况如图 3-39 所示。

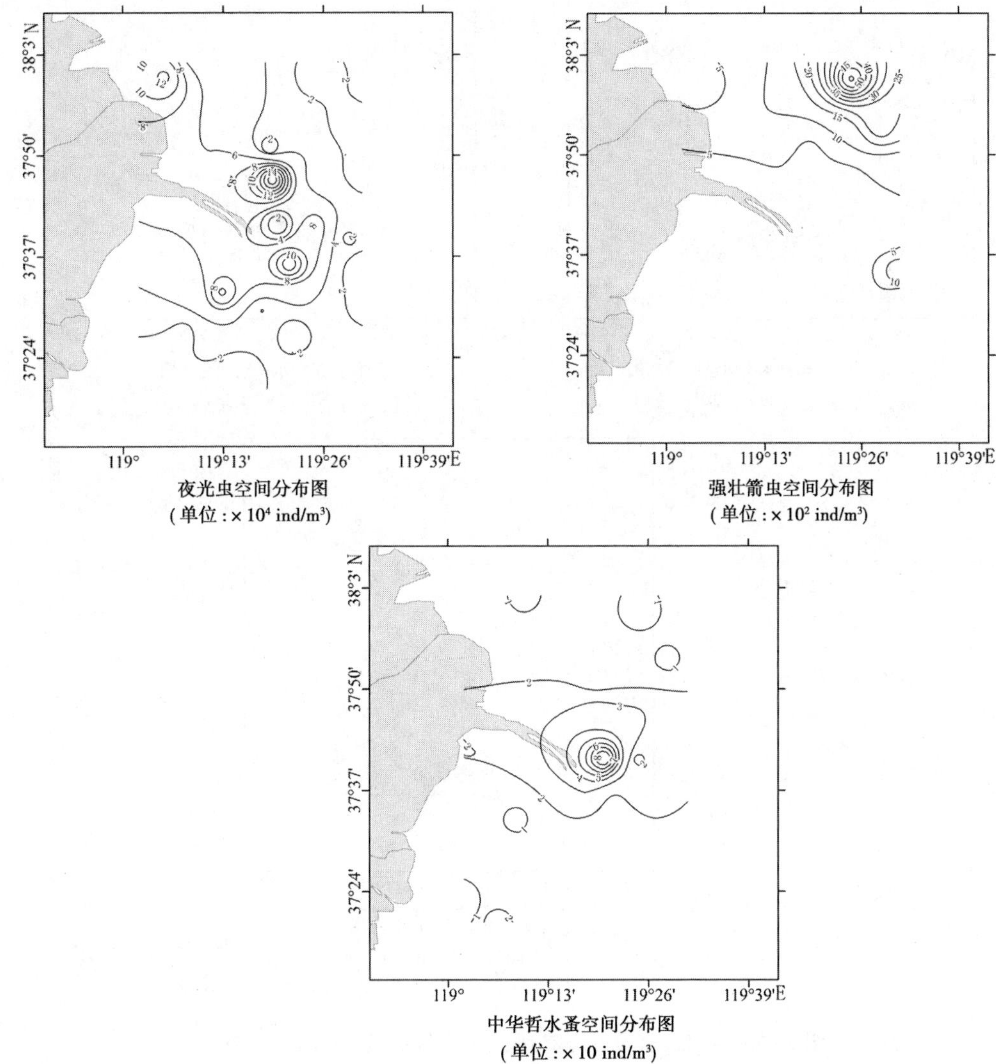

图 3-39　黄河口及邻近海域春季浮游动物优势种空间分布图

夏季，黄河口及邻近海域浮游动物的第一优势种为拟哲水蚤属（*Paracalanus* sp.），各站的平均个数为 2.58×10^3 ind/m^3，占总细胞个数的 24.72%，出现频率为 28%，主要分布在调查海域南部；其次为拟长腹剑水蚤（*Oithona similis*），各站的平均个数为 2.22×10^3

ind/m^3，占总细胞个数的 21.21%，出现频率为 96%，主要分布于调查海域南部；第三优势种为强额拟哲水蚤（*Paracalanus crassirostris*），各站的平均个数为 1.46 × 10^3 ind/m^3，占总细胞个数的 13.98%，出现频率为 64%，主要分布于调查海域南部。上述优势种的空间分布情况如图 3-40 所示。

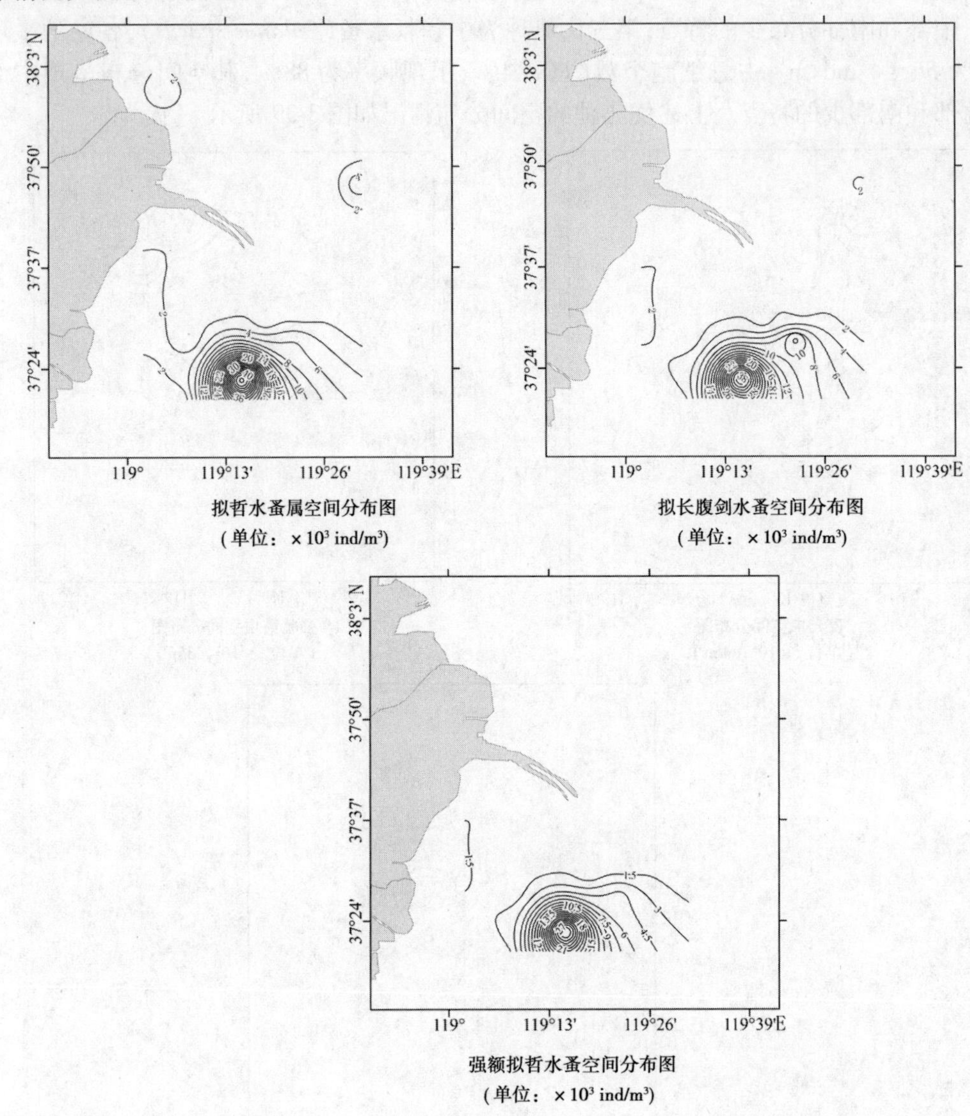

图 3-40　黄河口及邻近海域夏季浮游动物优势种空间分布图

秋季，黄河口及邻近海域浮游动物的第一优势种为夜光虫（*Noctiluca miliaris*），各站的平均个数为 3.99 × 10^3 ind/m^3，占总细胞个数的 90.35%，出现频率为 100%，其空间分布不均匀，调查海域西南部分布较多；其次为强壮箭虫（*Sagitta crassa*），各站的平均个数为 3.07 × 10^2 ind/m^3，占总细胞个数的 6.97%，出现频率为 96%，调查海域东部分布较多；第三优势种为背针胸刺水蚤（*Centropages dorsispinatus*），各站的平均个数为 27.24 ind/m^3，占总细胞个数的0.62%，出现频率为72%，其空间分布不均匀，调查海域东北部、西南部分布较少。上述优势种的空间分布情况如图3-41所示。

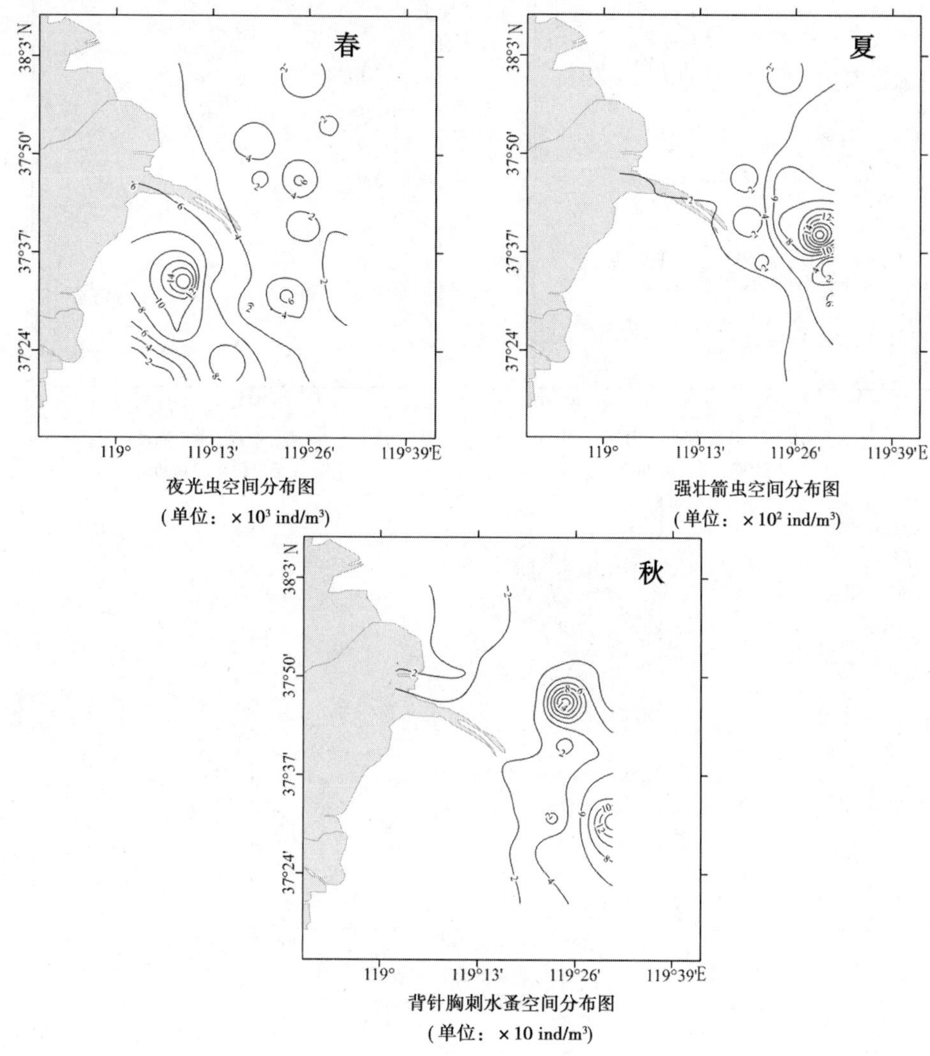

图3-41　黄河口及邻近海域秋季浮游动物优势种空间分布图

冬季，黄河口及邻近海域浮游动物的第一优势种为纺锤水蚤属(*Acartia* sp.)，各站的平均个数为3.94×10^2 ind/m^3，占总细胞个数的63.56%，出现频率为100%，其空间分布不均匀，调查海域东南部分布较多；其次为强壮箭虫(*Sagitta crassa*)，各站的平均个数为49.52 ind/m^3，占总细胞个数的8.00%，出现频率为96%，其空间分布不均匀，调查海域西南部分布较少；第三优势种为拟长腹剑水蚤(*Oithona similis*)，各站的平均个数为42.04 ind/m^3，占总细胞个数的6.79%，出现频率为44%，在空间上呈现出东南部分布少、西北部分布多的特点。上述优势种的空间分布情况如图3-42所示。

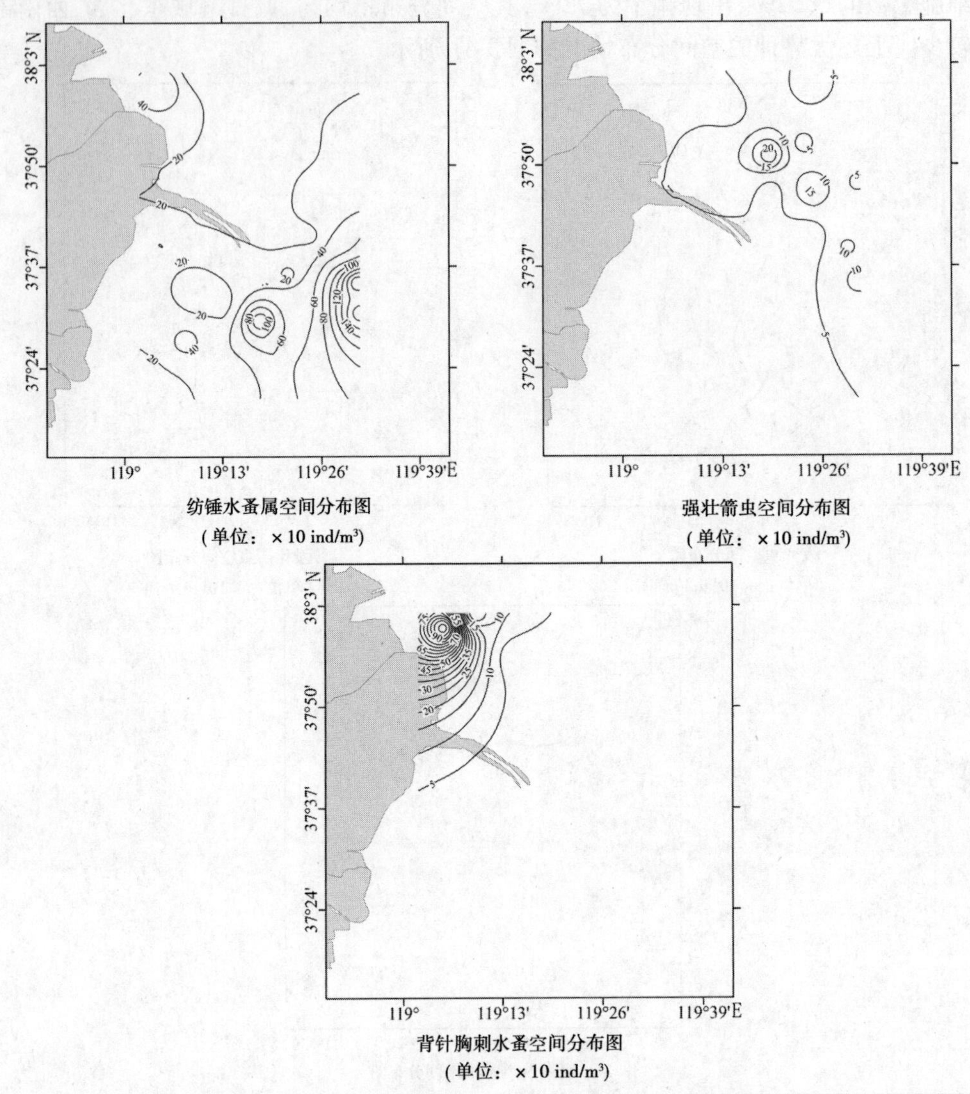

图3-42　黄河口及邻近海域冬季浮游动物优势种空间分布图

3）生物多样性

表3-18表明了黄河口及邻近海域浮游动物群落生物多样性情况。由表3-18可知，研究区5.05%的站位（5个）浮游动物 Shannon－Wiener 指数高于3，18.18%介于2～3，27.27%介于1～2，49.49%的站位小于1，表明研究区浮游植物群落生物多样性偏低，生态系统较为脆弱。

4）群落结构的特点

浮游动物样品的多样性指数、均匀度、丰富度、优势度等生态参数分析，是反映调查海域浮游动物群落结构特点的一些重要参考指标，它们同时可反映出调查海域生态环境状况的优劣。若海区浮游动物样品的多样性指数高、均匀度大、丰富度高、优势度低，则表明调查海域环境质量好。

表 3-18　黄河口及邻近海域浮游动物 Shannon – Wiener 指数

站位	春季	夏季	秋季	冬季
H01	0.04	3.30	0.44	2.55
H02	0.06	2.52	0.68	2.41
H04	0.09	2.06	0.63	1.74
H06	0.75	2.23	0.70	1.41
H08	0.26	2.88	0.30	1.49
H09	0.11	3.23	0.77	1.76
H10	0.38	1.25	1.09	1.18
H11	0.05	2.85	0.31	1.78
H12	0.14	2.36	1.14	1.46
H13	0.69	3.06	0.85	1.60
H14	1.30	2.31	0.16	1.41
H15	0.03	2.39	1.45	0.84
H16	0.17	1.43	1.51	1.23
H18	2.20	1.44	1.45	0.49
H19	0.02	2.16	0.59	0.89
H20	0.18	1.53	1.60	0.45
H24	0.07	1.67	0.11	0.87
H25	0.03	2.89	0.04	3.27
H26	0.09	2.26	0.57	1.15
H27	0.29	2.76	0.40	0.93
H28	0.02	3.15	0.01	0.65
H30	0.15	2.06	0.07	1.81
H31	0.26	2.43	0.09	0.97
H32	1.16	1.00	2.64	0.14
H33	0.21	1.63	0.91	—
平均	0.35	2.27	0.74	1.35

本次调查中，黄河口及邻近海域各站位的种类丰富度指数 d 的变化范围为 0.18 ~ 2.55，平均为 1.04；多样性指数 H' 的变化范围为 0.01 ~ 3.30，平均为 1.18；均匀度指数 J' 的变化范围为 0.01 ~ 0.88，平均为 0.33；优势度指数 D 的变化范围为 0.13 ~ 1.00，平均为 0.64。

春季，黄河口及邻近海域各站位的种类丰富度指数 d 的变化范围为 0.37 ~ 1.34，平均为 0.83；多样性指数 H' 的变化范围为 0.02 ~ 2.20，平均为 0.35；均匀度指数 J' 的变化范围为 0.01 ~ 0.58，平均为 0.10；优势度指数 D 的变化范围为 0.29 ~ 1.00，平均为 0.90。

夏季，黄河口及邻近海域各站位的种类丰富度指数 d 的变化范围为 0.72 ~ 2.28，平均为1.33;多样性指数H'的变化范围为1.00~3.30,平均为2.27;均匀度指数J'的变化范围为0.26~0.88,平均为0.58;优势度指数D的变化范围为0.13~0.75,平均为0.32。

秋季,黄河口及邻近海域各站位的种类丰富度指数d的变化范围为0.24~1.98,平均为1.04;多样性指数H'的变化范围为0.01~2.64,平均为0.74;均匀度指数J'的变化范围为0.01~0.83,平均为0.20;优势度指数D的变化范围为0.20~1.00,平均为0.76。

冬季,黄河口及邻近海域各站位的种类丰富度指数d的变化范围在0.18~2.55,平均为0.96;多样性指数H'的变化范围为0.14~3.27,平均为1.34;均匀度指数J'的变化范围为0.14~0.78,平均为0.44;优势度指数D的变化范围为0.17~0.96,平均为0.57。

3.1.4.3 结论与讨论

(1)黄河口及邻近海域共检出浮游植物118种,其中硅藻门最多,为95种,占全部的80.51%;相对国内其他河口,特别是远低于长江口水域的浮游植物134属393种,且主要种群也存在较大差异,可能与黄河高纬低温及其特有的高泥沙含量有关,亦验证了我国河流中水生生物种类最低值出现在黄河的观点;同时,浮游植物群落Shannon－Wiener指数偏低,均值仅1.40,表明研究区浮游植物群落生物多样性不高,生态系统相对较为脆弱。

(2)黄河口及邻近海域共检出浮游动物88种,其中多数由桡足类(最多34种,占38.64%)和浮游幼体(22种)等组成。同时,浮游动物群落Shannon－Wiener指数偏低,均值仅1.18,表明研究区浮游植物群落生物多样性偏低,生态系统较为脆弱。

3.1.5 黄河口及邻近海域底栖生物现状调查与分析

3.1.5.1 材料与方法

1.调查时间和调查站位设置

黄河口及邻近海域底栖生物现状调查时间和调查站位设置同黄河口及邻近海域水环境现状调查一致。

2.调查方法

具体调查方法根据《我国近海海洋综合调查与评价——海洋生物生态调查技术规程》进行。每站位平均拖网2次;采泥器为0.05 m^2。群落优势种的确定采用Pinkas的相对重要性指数(IRI)。

3.1.5.2 结果与分析

1.种类组成及空间分布

调查结果表明,4次调查共鉴定出大型底栖生物205种。其中,多毛类85种,软体动物48种,甲壳动物60种,三者构成底栖生物的主要类群,共占总种数的94.17%,其他动物(腔肠动物、纽形动物、扁形动物、腕足动物、棘皮动物、鱼类)12种。四季都出现的生物种类有30种(占总种数的14.56%),其中多毛类最多,为13种。

黄河口四季大型底栖生物种类数秋季(111种)>春季(102种)>夏季(94种)>冬季(79种),表现出明显的季节变化;每个季度的种类数均是多毛类>甲壳类>软体动物;软体动物和甲壳类种类数在春季、夏季和秋季变化不明显,但冬季明显低于其他3个季节,多毛类秋季最多,夏季最少,春冬季节变化不明显(见图3-43)。

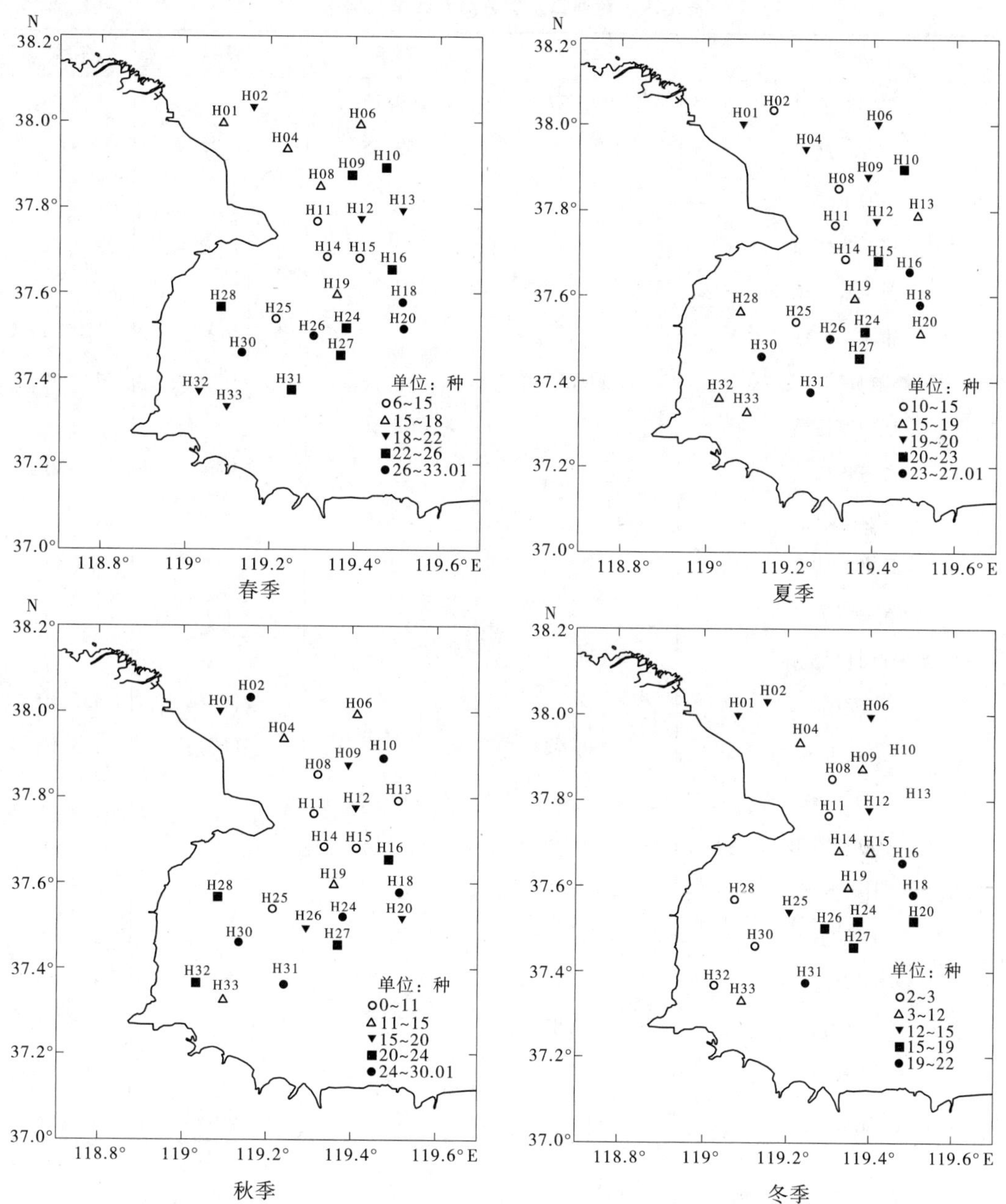

图3-43　黄河口及邻近海域大型底栖生物种类分布及时空分布

根据相对重要性指数的大小，取IRI值前十的种类为优势种，各季度优势种见表3-19。黄河口及邻近海域的种群相对重要性具有明显的季节差异。春季小亮樱蛤为第一优势种，夏季江户明樱蛤为第一优势种，秋季的第一优势种为深钩毛虫，冬季的第一优势种为寡节甘吻沙蚕。细长涟虫和中蚓虫为四季都有的优势种。

表 3-19　黄河口及邻近海域四季优势种

种名	春季	夏季	秋季	冬季
矮小稚齿虫	991.27	299.16		
薄荚蛏	1 080.57	252.35		
扁玉螺		247.66		
彩虹明樱蛤			174.66	
多丝独毛虫		167.17		
菲律宾蛤仔			99.10	150.77
寡节甘吻沙蚕	304.17		542.37	465.40
江户明樱蛤		702.86		
奇异稚齿虫			156.43	71.30
强刺鳞虫		327.09	503.90	
日本邻钩虾				84.39
乳突半突虫			89.13	
三叶针尾涟虫	194.54			
蛇尾			530.80	435.10
深钩毛虫	330.94		700.13	195.10
吻沙蚕		440.38		
西方似蛰虫	559.36			
细长涟虫	1 023.55	276.71	344.59	313.76
小亮樱蛤	1 400.12			
小拟海牛		652.87		413.85
长叶索沙蚕	298.87			
织纹螺				80.63
中蚓虫	755.97	407.48	360.71	130.82

2. 群落结构及其生态特征

以春季(5 月)和夏季(8 月)的数据为例,根据 Bray - Curtis 相似性系数聚类分析和多维尺度排序(MDS)分析对调查海域的大型底栖生物进行群落划分。

5 月调查海域可划分为 3 个群落,群落围绕黄河口呈明显的带状分布。群落Ⅰ,矮小稚齿虫 - 纤细长涟虫 - 长叶索沙蚕群落。该群落位于调查海域北部,水深 14 ~ 16 m。种类数 39 种,平均丰富度为 1 753 ind/m^2,平均生物量为 4.78 g/m^2。主要优势种以多毛类和甲壳类居多,其中矮小稚齿虫、纤细长涟虫和长叶索沙蚕丰富度占绝对优势,均在 200 ind/m^2以上。群落Ⅱ,小亮樱蛤 - 西方似蛰虫 - 寡节甘吻沙蚕群落。该群落位于黄河口附近，水深3～11 m。种类数40种，平均丰富度和生物量分别为867 ind/m²和3.47 g/m²，在3个群落里均是最低。主要代表种小亮樱蛤，5个站位有分布，对相似性贡献最大。群落Ⅲ，不倒翁虫－矮小稚齿虫－深钩毛虫群落。该群落位于群落Ⅱ外侧，水深9～15 m。种类数76种，平均丰富度和生物量分别为3 223 ind/m²和5.92 g/m²，在3个群落里均是最大的（见图3-44）。

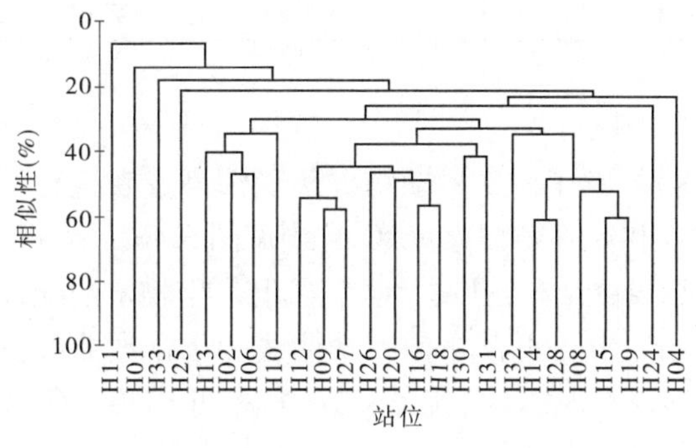

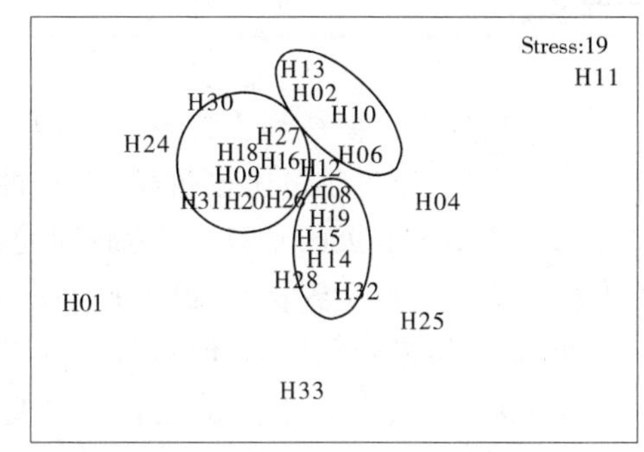

图3-44　大型底栖生物站位聚类分析和多维排序尺度分析（5月）

8月调查海域可划分为3个群落，围绕黄河口呈明显的带状分布。群落Ⅰ，江户明樱蛤－薄荚蛏－西格织纹螺群落。该群落位于调查海域南部，水深5～13 m。种类数42种，平均丰富度为1 525 ind/m²，平均生物量为9.89 g/m²。群落Ⅱ，小拟海牛－江户明樱蛤－强刺鳞虫群落。该群落位于黄河口附近，水深4～8 m。种类数29种，平均丰富度为1 293 ind/m²，平均生物量为2.58 g/m²。群落Ⅲ，扁玉螺－多丝独毛虫－小拟海牛群落。该群落在群落Ⅱ的外围，水深9～17 m。种类数57种，平均丰富度为1 267 ind/m²，平均生物量为2.54 g/m²。3个群落中，群落Ⅰ平均生物量和平均丰富度最高，群落Ⅱ和群落Ⅲ平均丰富度和平均生物量相近，均明显低于群落Ⅰ（见图3-45）。

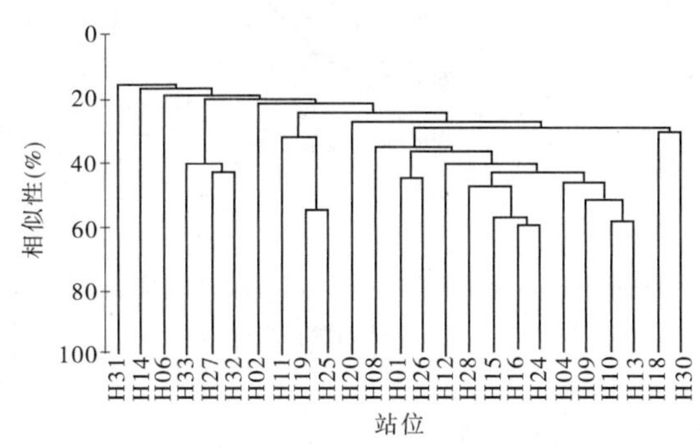

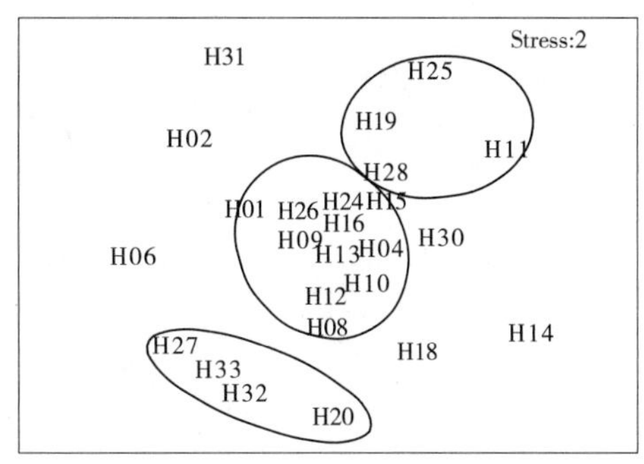

图3-45　大型底栖生物站位聚类分析和多维排序尺度分析（8月）

调查海区的大型底栖生物各群落的物种多样性指数 H'、均匀度指数 J'、丰富度指数 d 见表3-20。两次调查距离黄河口最近的群落Ⅱ的多样性指数、均匀度指数和丰富度指数均在3个群落中最低。8月3个群落的多样性指数和丰富度指数均低于5月。按照蔡立哲（2002）对 H' 的评价标准，夏季群落Ⅱ处于轻度污染状况，其他群落污染较轻或者未受污染。

表 3-20　大型底栖生物群落生物多样性

群落	5月			8月		
	H'	J'	d	H'	J'	d
群落Ⅰ	3.36	0.79	2.54	3.23	0.79	2.23
群落Ⅱ	3.02	0.75	2.31	2.80	0.77	1.78
群落Ⅲ	3.51	0.75	3.11	3.44	0.85	2.64

3. 春秋两季大型底栖生物丰富度/生物量比较曲线

通过丰富度/生物量比较曲线（ABC 曲线）能够了解底栖动物群落受污染或者扰动情况（Warwick R M,1986,1991）。本研究的 5 月和 8 月各群落 ABC 曲线见图 3-46。5 月群落Ⅰ和群落Ⅱ均未受到扰动，群落Ⅲ生物量曲线位于丰富度曲线之上，但是生物量曲线起点较低，说明虽未受到扰动，但群落结构不稳定。8 月群落Ⅰ生物量曲线和丰富度曲线虽未重叠或交叉，但非常接近，说明群落已受轻微扰动或处于扰动初期；群落Ⅱ出现中等程度的扰动；群落Ⅲ健康状况良好。5 月和 8 月 ABC 曲线结果与 H'结果基本符合。

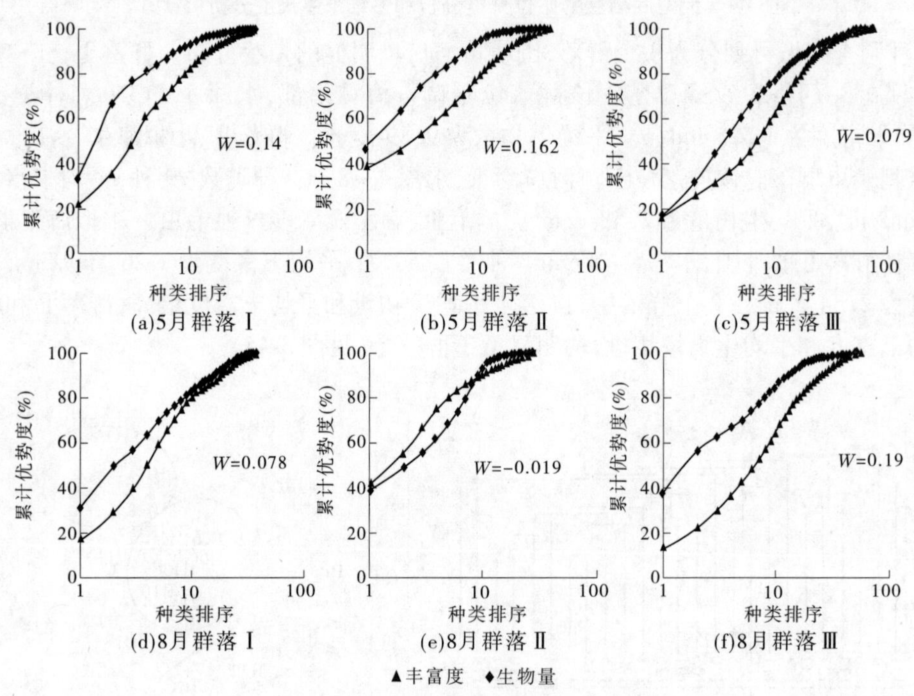

图 3-46　大型底栖生物 ABC 曲线

4. 黄河口及邻近海域大型底栖生物多样性与环境因子的关系

应用 SPSS16.0 软件对调查海域大型底栖生物的种类数、丰富度、生物量、丰富度指数、均匀度指数和多样性指数与环境因子进行 Person 相关性分析，结果见表 3-21。5 月大型底栖生物多样性指数与水深呈显著正相关；丰富度与石油类呈显著负相关；种类数与石油类呈显著正相关；其他指数与环境因子的相关性均未达到显著水平。8 月丰富度指数与水深呈正相关；多样性指数与水深呈极显著正相关（$P<0.01$）；丰富度与化学耗氧量和

硝酸盐氮呈显著正相关;生物量与水深呈显著负相关。

表3-21　大型底栖生物多样性指数与环境因子的相关性

时间	环境因子	种类数	丰富度指数	均匀度指数 J′	多样性指数 H′	丰富度	生物量
5月	水深	0.269	0.248	0.308	0.474*	0.168	-0.013
	水温	0.376	0.243	-0.309	-0.038	0.322	0.227
	盐度	-0.164	-0.065	0.059	-0.051	-0.132	-0.189
	悬浮物(mg/L)	0.046	-0.028	-0.206	-0.130	0.284	-0.378
	化学耗氧量	0.361	0.307	-0.110	0.146	0.123	0.190
	溶解氧	0.303	0.336	-0.013	0.143	0.046	0.180
	石油类(μg/L)	0.570*	0.416	-0.179	0.172	-0.544*	0.168
	亚硝酸盐氮(μg/L)	0.348	0.283	-0.035	0.182	0.153	0.164
	硝酸盐氮	0.313	0.265	0.075	0.250	0.082	0.071
	氨氮	0.087	-0.085	-0.258	-0.139	0.213	0.126
	磷酸盐	0.187	-0.016	-0.414	-0.249	0.484	-0.332
8月	水深	0.4	0.434*	0.4	0.560**	0	-0.426*
	水温	0.355	0.261	-0.134	0.175	0.525	0.296
	盐度	-0.104	-0.034	0.168	0.045	-0.309	-0.224
	悬浮物(mg/L)	0.363	0.356	-0.043	0.285	0.180	0.004
	化学耗氧量	0.513	0.429	-0.049	0.341	0.577*	0.470
	溶解氧	0.204	0.191	0.143	0.231	0.166	0.194
	石油类(μg/L)	0.125	0.055	0.034	0.124	0.215	-0.150
	亚硝酸盐氮(μg/L)	0.209	0.210	-0.027	0.130	0.133	-0.145
	硝酸盐氮	0.511	0.402	0.138	0.460	0.614*	0.431
	氨氮	-0.003	-0.075	-0.045	-0.044	0.230	-0.126
	磷酸盐	0.031	-0.034	0.365	0.275	0.211	0.285

注：* $P<0.05$，** $P<0.01$。

3.2　黄河口及邻近海域生态系统变化趋势

3.2.1　水质生态环境变化趋势

黄河入海口的生态环境系统是典型的近岸型海洋环境生态系统，气候温和。黄河及其他河流挟带大量营养盐和有机物质入海，使得河口及其附近海域含盐度低，含氧量高，有机质多。同时,近期对黄河口及邻近海域水环境质量的监测结果亦表明,目前该区域受汇入淡水质量影响,主要呈现水体营养盐含量较高以及部分重金属含量超标问题。

3.2.1.1　水质生态环境因子的年际比较

表 3-22 表明了黄河口及邻近海域水体 DIP 和 DIN 含量的年际变化情况。由表 3-22 可知,2011 年 8 月至 2012 年 2 月黄河口及邻近海域 DIP 含量季度波动较大,8 月 >2 月 > 5 月,且 8 月为最低 5 月的 10.82 倍,该季节差异与 1984 ~ 1985 年、2005 年和 2009 年相似,而与 2008 年情况相反;同时,5 月 DIP 与往年相比,2011 年显著高于 1985 年,而低于其他年份;8 月 DIP 则显著高于其他年份。水体 DIP 含量的年内波动差异,可能与 DIP 受黄河入海径流的影响较大有关,同时亦受到浮游植物大量繁殖的物质消耗以及有机质的缓慢分解等 DIP 的循环与利用密切相关。此外,年际浓度变化(见图 3-47)表明,黄河口及邻近海域水体 DIP 含量呈波动上升趋势。

表 3-22　黄河口及邻近海域水体 DIP、DIN 含量的年际变化情况

时间(年-月)	DIP	DIN
1984-08	14.57	—
1985-05	0.48	—
1985-08	0.16	—
2003-08	4.03	—
2005-05	9.66	621.4
2005-08	20.67	569.1
2008-05	7.68	337
2008-08	3.69	220
2009-05	6.83	312
2009-08	15.23	345
2011-05	2.7	129.8
2011-08	29.2	296.2
2011-11	—	434.7
2012-02	8.52	427.6

同时,表 3-22 还表明,当前黄河口及邻近海域 DIN 含量季度波动亦较大,11 月 > 2 月 >8 月 >5 月,且 11 月为最低 5 月的 3.35 倍,该季节差异与 2005 年和 2008 年相反,而与 2009 年相似,且该差异呈现逐渐扭转的趋势。同时,黄河口及邻近海域水体 DIN 含量年际变化(见图 3-48)表明,黄河口及邻近海域水体 DIN 含量近期呈现相对稳定状态。

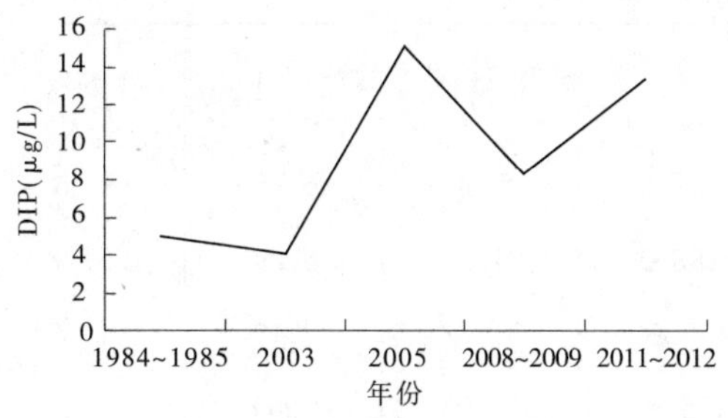

图3-47　黄河口及邻近海域水体DIP年际变化

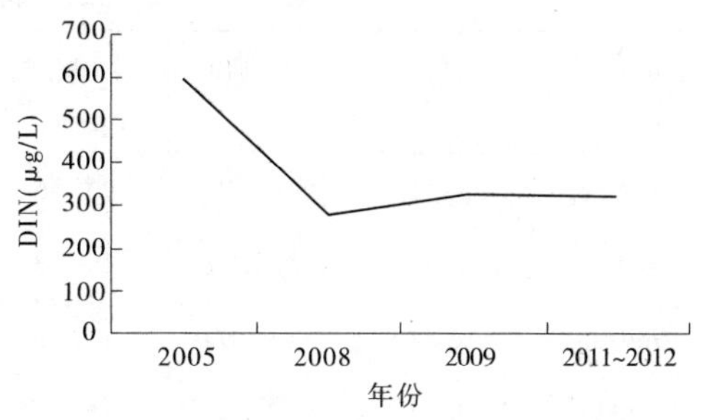

图3-48　黄河口及邻近海域水体DIN年际变化

3.2.1.2　水质生态环境变化综合评价

选取盐度、硅酸盐、磷酸盐、无机氮、氮磷比、硅氮比和硅磷比7项指标作为评价因子，运用加权平均法对黄河口生态环境做综合评价。并以海水水质标准、营养盐结构标准和营养盐限制阈值作为生态环境综合评价的标准，在标准之内的为适宜范围，超出标准或低于标准的均为非适宜范围（见表3-23）。

表3-23　水质生态综合评价标准

项目	盐度	硅酸盐(μg/L)	磷酸盐(μg/L)	无机氮(μg/L)	氮磷比	硅氮比	硅磷比
适宜	≤29	≥56	18~25	80~200	10~22	1	10~22
非适宜	>29	<56	<18或>25	<80或>200	<10或>22	<1或>1	<10或>22

为了消除不同变量的量纲的影响，首先需要对变量进行标准化，设数据中样本共有n个，指标共有p个，分别设为$x_i, x_2, x_3, \cdots, x_{ij}$，令$x_{ij}(i=1,2,\cdots,n; j=1,2,\cdots,p)$为第$i$样本的第$j$个指标的值。当评价指标为盐度和硅酸盐时，公式为

$$f(x)=\begin{cases}0 & (x \geqslant s)\\ \dfrac{s-x_i}{|s-x_i|_{\max}} & (x<s)\end{cases}$$

其中，s为盐度和硅酸盐浓度标准值。

当评价指标为硝酸盐等5项指标时，公式为

$$f(x_i)=\begin{cases}0 & x_i \in [s_1, s_2]\\ \dfrac{x_i-s_2}{\mathrm{Max}(|x_i-s_2|, |x_i-s_1|)} & (x_i>s_2)\\ \dfrac{s_1-x_i}{\mathrm{Max}(|x_i-s_2|, |x_i-s_1|)} & (x_i<s_1)\end{cases}$$

其中，s_1和s_2分别表示评价标准的两个边界值。由原始值（见表3-24）计算得到标准化后的样本序列（见表3-25）。

表 3-24　黄河口及邻近海域水质原始样本序列

时间（年-月）	盐度	硅酸盐（μg/L）	磷酸盐（μg/L）	无机氮（μg/L）	氮磷比	硅氮比	硅磷比
1959-08	28.31	554.68	17.36	45.50	5.80	6.10	35.38
1959-11	24.60	2 218.72	19.53	188.3	21.35	5.89	125.78
1984-08	20.82	1 792.00	19.53	413.00	36.83	2.17	101.59
1984-11	23.84	600.32	18.91	435.96	51.05	0.69	35.15
2003-05	32.90	231.84	3.10	96.04	68.60	1.21	82.80
2003-08	30.78	395.92	4.96	146.58	65.44	1.35	88.38
2004-05	29.31	313.04	2.79	549.08	435.80	0.29	124.22
2004-08	26.84	834.68	7.44	519.82	154.70	0.80	124.21
2011-05	30.46	702	2.7	129.8	106.42	2.71	287.82
2011-08	28.34	1 517	29.2	296.2	22.46	2.55	57.52
2011-11	27.46	1 873	—	434.7	—	2.14	—
2012-02	27.32	5 257	85.2	427.6	11.12	6.14	68.32

表 3-25　黄河口及邻近海域水质标准样本序列

时间（年-月）	盐度	硅酸盐（μg/L）	磷酸盐（μg/L）	无机氮（μg/L）	氮磷比	硅氮比	硅磷比
1959-08	0	0	0.011	0.099	0.010	0.992	0.05
1959-11	0	0	0	0	0	0.951	0.39
1984-08	0	0	0	0.61	0.060	0.228	0.30
1984-11	0	0	0	0.68	0.075	0.060	0.05
2003-05	1	0	0.248	0	0.12	0.041	0.23
2003-08	0.46	0	0.217	0	0.11	0.068	0.25
2004-05	0.079	0	0.253	1	1	0.138	0.38
2004-08	0	0	0.175	0.92	0.32	0.039	0.38
2011-05	0.37	0	0.254	0	0.204	0.333	1
2011-08	0	0	0.070	0.276	0.001	0.302	0.13
2011-11	0	0	—	0.672	—	0.222	—
2012-02	0	0	1	0.652	0	1	0.17

随后,采用了 1 ~9 的比率标度法来通过专家打分构建矩阵获得各指标权重,即 $W=(0.46, 0.09, 0.09, 0.09, 0.09, 0.09, 0.09)^T$。由此,计算的黄河口及邻近海域生态环境质量综合评价得分见图 3-49。

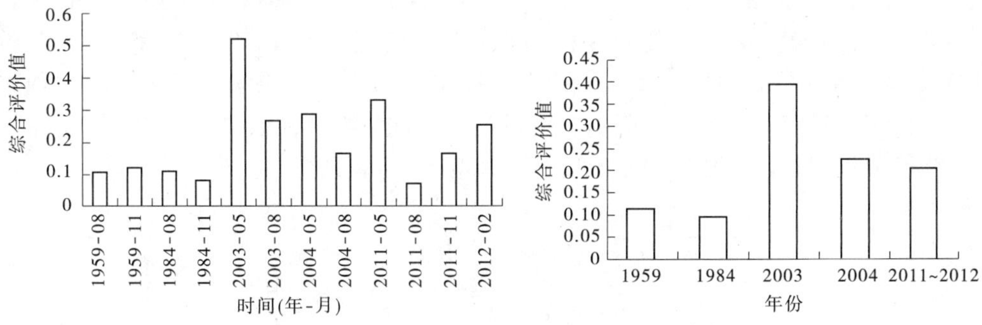

图 3-49　黄河口及邻近海域生态环境历史变化

从图 3-49 可以看出,2011 ~2012 年 4 个航次的生态环境综合评价结果与 2003 年和 2004 年 4 个航次的生态环境综合评价结果相似,而显著高于之前的 4 个航次,说明生态环境质量较早期 20 世纪调查生态环境质量显著下降,而与 2003 年和 2004 年生态环境质量差异不显著。同时,年际均值的分析也显示,当前研究区生态环境质量与 2004 年基本一致,且有稍微下降,显著差于 1959 年和 1984 年,但又优于 2003 年度。由此可见,目前研究区生态环境虽然仍差于较早时期,但于 2003 年后有所好转,不过好转的趋势较为缓慢。

3.2.2　水生生物资源变化趋势

3.2.2.1　叶绿素 a 浓度变化

表 3-26 为长期以来黄河口及邻近海域水体叶绿素 a 含量的变化情况。由表 3-26 可知,黄河口及邻近海域水体叶绿素 a 含量呈现先下降后上升然后下降的趋势,最低值出现在 2001 年 9 月,仅为 0.73 mg/m^3,最高值出现在 2003 年 8 月,为 12.86 mg/m^3。目前,黄河口及邻近海域水体叶绿素 a 含量介于 1.5 ~ 3.5 mg/m^3,与 20 世纪 80 年代相当。该变化趋势与水体综合评价的变化趋势基本一致。

表 3-26　黄河口及邻近海域叶绿素 a 浓度变化情况　(单位:mg/m^3)

时间(年-月)	浓度	时间(年-月)	浓度	时间(年-月)	浓度
1984-08	4.7	2001-06	3.1	2004-08	3.51
1989-06	1.13	2001-09	0.73	2011-05	1.5
1989-08	1.68	2003-05	4.45	2011-08	3.5
2000-08	1	2003-08	12.86	2011-11	2.9
2001-01	1.1	2004-05	1.62	2012-02	1.7

3.2.2.2　浮游植物变化趋势

浮游植物作为海洋食物链的初级生产者,吸收海水中的营养物质,并通过光合作用合成有机质,是海洋中将无机元素转化成有机能量的主要载体。图 3-50 为黄河口及邻近海域浮游植物种类数量变化情况。由图 3-50 可知,浮游植物种类数量呈现显著的季节变化。不同年份调查均表明,浮游植物种类数量最少出现在 5 月,1960 年、1982 年和 1998 年物种数最多出现在 10 月,1992 年最多在 8 月,而目前调查结果为 2012 年 2 月物种数最多。同时,年际间变化呈现先下降后上升的趋势,2003 年物种数最少,2004 年后逐渐上升,且当前调查(2011 ~2012 年度)较 2003 ~2004 年显著升高。

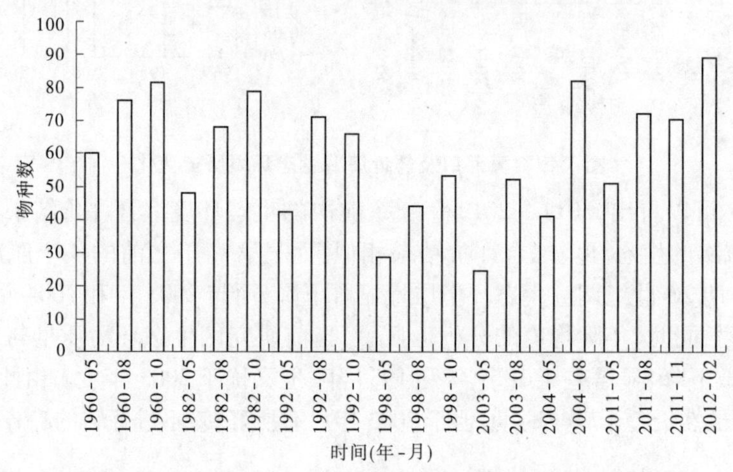

图 3-50　黄河口及邻近海域浮游植物物种数变化

图 3-51 为黄河口及邻近海域浮游植物丰富度变化情况。由图 3-51 可知,1982 年 5 月和 8 月分别为 1 102.25 $\times 10^4$ ind/m^3 和 2 319.60 $\times 10^4$ ind/m^3,显著高于其他年份同期水平;而 1998 年 8 月是所有调查航次中浮游植物数量最少的;而年际间变化呈现逐步下降的趋势,可能是由于 20 世纪 90 年代后黄河径流量大幅度下降,对河口的水环境造成剧烈影响,许多浮游植物群落不适应环境的变化而数量显著下降。

图 3-52 表明,黄河口及邻近海域浮游植物多样性指数呈先下降后趋于平缓并稍有上升的趋势。1960 年浮游植物多样性指数均较高,浮游植物群落状况较好;至 1982 年大幅度下降;随后 1992 年稍有上升,至 1998 年仍然为下降趋势,其后 2003 年和 2004 年以及 2011 ~2012 年水平与 1998 年相差不大,但呈平缓并稍有上升趋势。

3.2.2.3　浮游动物变化趋势

图 3-53 为黄河口及邻近海域浮游动物种类数量变化情况。由图 3-53 可知,年际间浮游动物种类数变化呈现上升、下降然后又上升的波动趋势,1996 年较 1980 ~1981 年物种数显著升高后逐渐降低,至 2003 年物种数最少,2004 年后逐渐上升,至当前调查(2011 ~2012 年)显著升高至 88 种。

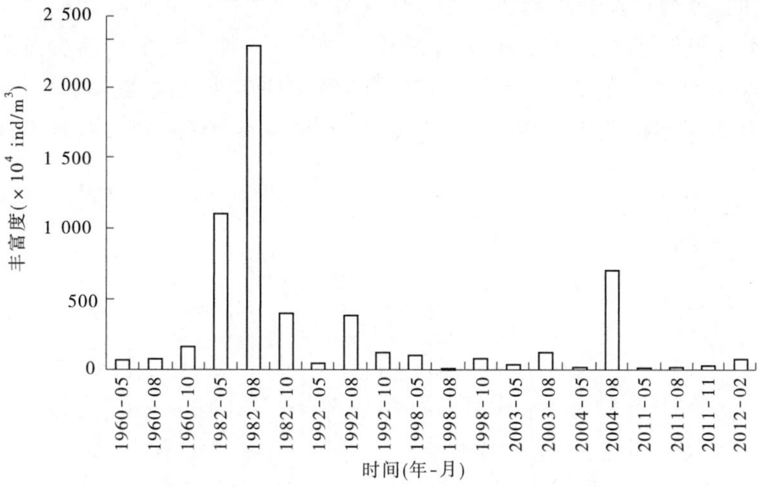

图 3-51　黄河口及邻近海域浮游植物丰富度变化

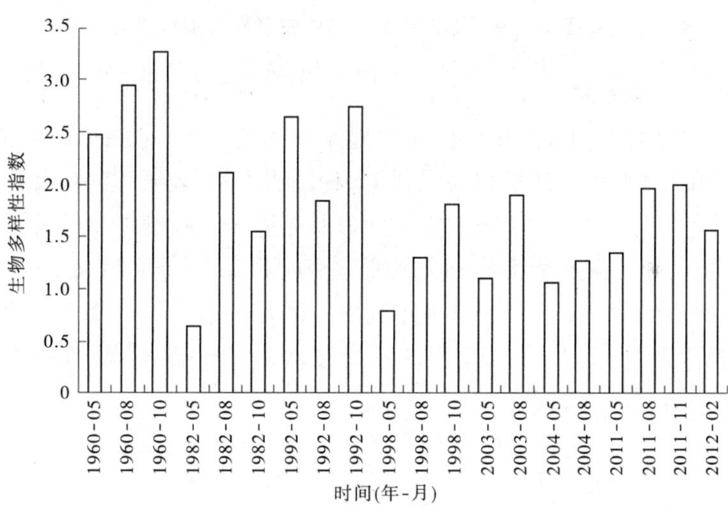

图 3-52　黄河口及邻近海域浮游植物生物多样性指数变化情况

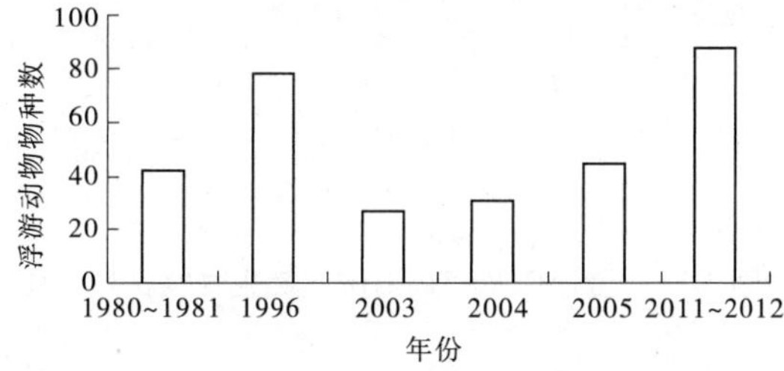

图 3-53　黄河口及邻近海域浮游动物物种数变化

图 3-54 表明,黄河口及邻近海域浮游动物生物多样性指数呈现波动趋势。由图 3-54 可知,1996 年 5 月和 8 月高于 3 月和 11 月,2011 ~ 2012 年则为 5 月和 11 月显著高于 8 月和 2 月;同时,2003 年 8 月与 2004 年 5 月和 8 月浮游动物多样性指数明显低于 1996 年同期,而 2011 ~ 2012 年亦稍低于 1996 年,但较 2003 ~ 2004 年稍有上升,而月份间波动差异较大。

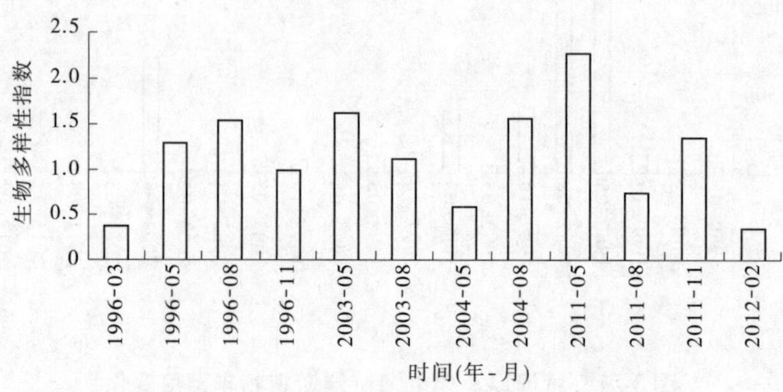

图 3-54　黄河口及邻近海域浮游动物生物多样性指数变化情况

3.2.2.4　底栖动物变化趋势

根据孙道元 1982 年 6 月至 1983 年 11 月对莱州湾的调查,每站平均采到 22 种底栖生物,而 2003 年和 2004 年每站平均仅采到 12 种底栖生物,表明黄河口及邻近海域底栖生物资源退化显著。同时,图 3-55 表明了黄河口及邻近海域底栖生物的种类数量变化情况。由图 3-55 可知,年际间底栖生物种类数变化呈现下降、上升而后又下降的波动趋势,1985 年 5 月的物种数最高,显著高于其他年度的不同月份;其后,至 2003 年降低显著,虽然 2004 年后有所上升,但 2011 ~ 2012 年的调查与 2003 年相差不大,表明长期以来底栖生物物种数降低显著并趋于稳定状态。

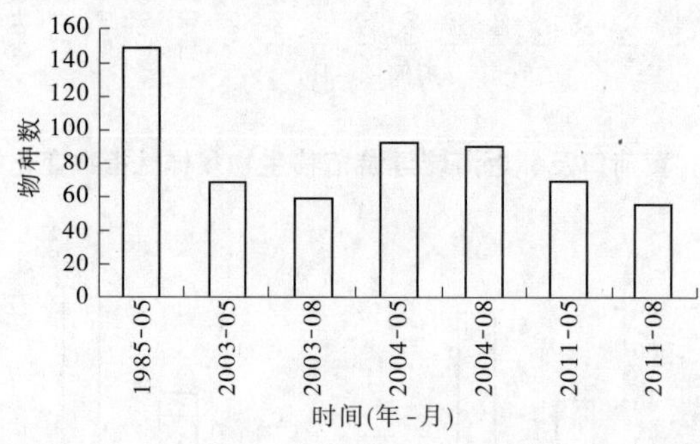

图 3-55　黄河口及邻近海域底栖生物物种数变化

黄河口及邻近海域底栖生物的栖息密度 1982 年、1984 年和 1985 年调查中分别为 822 ind/m^2、1 138 ind/m^2 和 1 011 ind/m^2,2003 年和 2004 年栖息密度分别下降为 495

ind/m^2和518 ind/m^2,至2011年则下降到259 ind/m^2,下降趋势十分明显,见图3-56。根据底栖动物栖息密度组成变化可以看出,1984年底栖动物密度组成主要是软体动物和棘皮动物,2003年和2004年调查中,软体动物占据绝对优势,成为底栖生物的优势种群,而在2011年中,5月以软体动物为主,8月则以多毛类和软体动物为主,个体趋于小型化,且棘皮动物在调查范围内很少出现。棘皮动物属于对环境变化比较敏感的底栖生物群体,环境的变化可能是莱州湾内棘皮动物数量锐减的主要原因。从以上分析可以得出,黄河口及邻近海域底栖生物群落在过去的30多年里发生明显变化,其栖息密度明显下降。

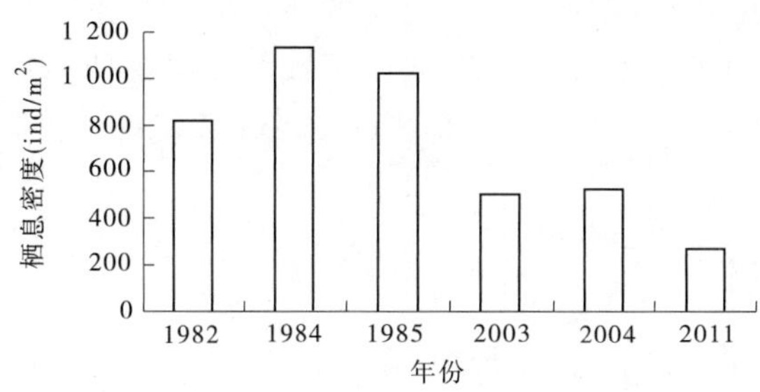

图3-56 黄河口及邻近海域底栖生物栖息密度变化

3.2.2.5 鱼类资源变化趋势

黄河口及邻近海域是黄、渤海重要的渔业产区,也是重要的繁殖保护场所。这是由于黄河冲淡水与莱州湾沿岸陆水径流给海域注入高营养盐的同时,也调节着海区的盐度。黄河三角洲及莱州湾中部的粉砂淤泥和泥沙底质在浅海风浪的作用下使得N、P泛起,也源源不断地提供初级生产营养,产生毛虾、糠虾的次级生产,它既是人们的渔获,又是其他经济鱼类的主要饵料,吸引着各种鱼虾的产卵群体到此繁育,进而滞留索饵。依据孙鹏飞等2011年5月至2012年4月对黄河口及莱州湾海域9个航次的渔业脱网调查资料,黄河口及莱州湾海域共捕获鱼类62种,隶属于11目34科53属,主要由暖水种和暖温种组成,其中鲈形目种类最多(37种),其次是鲉形目(7种)和鲽形目(6种)。春季优势种包括矛尾鰕虎鱼、鲱鱼、短吻红舌鳎、矛尾复鰕虎鱼和方氏云鳚,其渔获量占总渔获量的70.8%;夏季包括矛尾鰕虎鱼、斑鰶、鲱鱼和短吻红舌鳎,占总渔获量的68.1%;秋季包括矛尾鰕虎鱼、赤鼻棱鳀、鳀、青鳞小沙丁鱼、斑鰶、小黄鱼和矛尾复鰕虎鱼,占总渔获量的87.1%。平均单位时间渔获量存在显著季节变化,秋季最高,其次是夏季,春季最低。

虽然1988年以来底拖网退出渤海渔业生产,但渔业资源衰退趋势未见改变,渔获量大幅下滑。当前调查中,共捕获鱼类62种,仅为1982~1985年鱼类种类数的54.4%,1992~1993年捕获鱼类数的84.9%,可见鱼类种类下降显著,但目前有减缓趋势。同时,鱼资源密度减少趋势亦十分明显。当前渔获量分别为秋季(22.63 kg/h)>夏季(16.75 kg/h)>春季(1.29 kg/h),显著低于1982年5月鱼资源密度的200~300 kg/h,仅与下降后1992年同期的10~50 kg/h相当,渔业资源明显减少的有黄姑鱼、银鲳、牙鲆、对虾、蓝点马鲛、鹰爪虾等。而据金显仕等调查结果,1998~1999年黄河口及邻近海域主要鱼类的生物量下降至历史最低水平,平均渔获量分别仅为1959年、1982~1983年和1992~

1993 年的 3.3%、7.3% 和 11.0%；季节生物量仅为 1992 ~ 1993 年同期的 3.5% ~ 22.3%。此外，渔业资源群落结构也随时间发生了较大的变化，多样性自 1959 ~ 1982 年增加，然后呈下降趋势。中国对虾等重要的经济鱼类已经形成不了资源。此外，刀鲚(Coilia ectenes)、中华绒毛蟹等溯河性经济鱼类，日本鳗鲡(Anguilla japonica)、达氏鲟(Acipenser bryanus)等洄游性种类已基本绝迹。

黄河口及邻近海域渔业资源下降的原因众多，其中过度捕捞为其重要影响因素，此外如黄河径流量下降导致的海域盐度上升、高营养盐含量淡水汇入导致的营养结构失衡以及水质生态环境逐渐恶化等，亦造成了渔业资源的显著下降和生物多样性的降低。并且根据当前比较研究结果，虽然当前黄河口及邻近海域鱼类生物种类数与资源量无显著的进一步下降趋势，基本趋于稳定，但与较长历史时期的比较仍处于较低的资源与生物多样性状态。

3.2.3 结论与讨论

(1)对黄河口及邻近海域水质生态环境综合评价的结果表明，目前该区域主要受汇入淡水质量的影响，主要呈现水体营养盐含量较高以及部分重金属含量超标问题。同时，年际比较发现，当前黄河口及邻近海域生态环境质量较 20 世纪调查的生态环境质量有显著下降。

(2)黄河口及邻近海域水体叶绿素 a 含量呈现先下降后上升然后下降的趋势，最低值出现在 2001 年 9 月，仅为 0.73 mg/m^3，最高值出现在 2003 年 8 月，为 12.86 mg/m^3。目前黄河口及邻近海域水体叶绿素 a 含量介于 1.5 ~ 3.5 mg/m^3，与 20 世纪 80 年代相当。该变化趋势与水体综合评价的变化趋势基本一致。

(3)黄河口及邻近海域浮游植物 1960 年状况较好，而后 1982 年大幅度下降，但 2003 年和 2004 年乃至 2011 ~ 2012 年与 1998 年处于相当水平，整体呈平缓并稍有上升趋势；浮游动物多样性指数呈现波动趋势，物种数虽有所恢复，但生物量较 20 世纪 80 年代下降一个数量级；底栖动物种类数、密度和生物量均较 20 世纪 80 年代明显下降。近 30 年来，黄河口及邻近海域渔业生产力显著下降，于 1998 年后逐渐成稳定并稍有改善趋势。

3.3 黄河口及邻近海域生态系统存在的主要问题

基于黄河三角洲地区经济社会发展过程中自然灾害和人类活动(其中以人类活动为主要研究内容)造成的研究区生态系统的变化，通过收集资料，参考“驱动力—状态—响应力 (Pressures-States-Responses, PSR)”模型，从危害强度(Intensity)、危害范围(Extensity)和危害频次(Frequency)三个方面对各项生态安全压力进行分析评估，赋予评价值，使用数学模型：生态安全压力值 P = 危害强度 I × 危害范围 E × 危害频次 F，对黄河口及邻近海域生态系统各项生态安全压力值(大小)进行计算，最终确定研究区面临的主要生态安全压力(见表 3-27)。

表 3-27　黄河口及邻近海域生态系统压力内涵清单

序号	海域生态安全压力	危害强度	危害范围	危害频次
1	旱灾	干旱，淡水供应不足，生活和生产用水短缺	河口湿地及河口近岸海域	基本无黄河断流
2	海岸侵蚀	年蚀退率达 1 ~ 2 m，改变济南生态类型和景观	黄河入海口远端	持续
3	海雾	主要对航运和渔业产生较强影响	港口海域	较少
4	海平面上升	陆地淹没，海水入侵，地下水污染以及陆地下陷等	整个沿海地区	全球平均海平面 2050 年上升约 20 cm
5	黄河口输入	大量上游污染物随河流带入河口海域	整个黄河口海域	持续
6	点源污染	城市工业和生活污水排放口	排污口分布区	低频率
7	非点源污染	污水和垃圾在海洋不经处理排放	整个黄河口海域	比较持续
8	赤潮	对海水养殖、渔业、旅游以及人体健康产生危害	整个黄河口海域	暂时较少
9	海岸工程建设和围垦造地	加剧港域淤积，海域生物群落改变	部分黄河口海域	近期开展较多
10	石油开采	损害野生生物生存，污染海洋环境，对海洋生态系统产生巨大破坏	海岸带及钻井平台周边海域	持续
11	石油污染泄漏事件	损害野生生物生存，污染海洋环境，对海洋生态系统产生巨大破坏	主要航道、港区	偶尔
12	渔业资源过度捕捞	渔业结构及其生物量和丰富度发生较大变化，有价值的渔业种类和资源锐减	整个黄河口海域	逐步减少、退化
13	海水增养殖过度	导致原有海洋生态系统退化，海域水质和底质恶化，生物产量下降	海水养殖区	逐渐累积，尚无显著危害
14	海洋生物疾病	危害海洋生物健康，一旦爆发将破坏原有生物结构组成	海水增养殖区和纳污海域	潜伏存在，尚无显著爆发
15	生物入侵	侵占原有生态系统生物栖息地，改变原有生态结构	少部分区域	潜伏存在，积累爆发

3.3.1 黄河口及邻近海域生态系统主要压力

根据黄河口及邻近海域生态系统压力内涵赋值表(见表3-28),建立生态系统压力数学模型:

$$S = IEF$$

式中:S 为生态系统压力值;I 为危害强度;E 为危害范围;F 为危害频次。

利用对各项生态系统压力的危害强度、危害范围、危害频次获得的评价值代入数学模型,计算各项生态系统压力值大小,计算结果见表3-28。

表3-28 黄河口及邻近海域生态系统压力赋值、模型计算和排序结果

序号	海域生态安全压力	I	E	F	S	排序
1	旱灾	3	5	2	30	12
2	海岸侵蚀	4	5	10	200	1
3	海雾	1	10	1	10	15
4	海平面上升	1	10	10	100	6
5	黄河口输入	3	8	8	192	2
6	点源污染	4	7	6	168	3
7	非点源污染	2	3	9	54	10
8	赤潮	2	10	1	20	14
9	海岸工程建设和围垦造地	4	6	3	72	9
10	石油开采	5	10	2	100	6
11	石油污染泄漏事件	8	5	3	120	5
12	渔业资源过度捕捞	6	4	7	168	3
13	海水增养殖过度	3	3	3	27	13
14	海洋生物疾病	3	5	3	45	11
15	生物入侵	4	3	7	84	8

经过定量分析对生态系统压力值进行运算,按照生态系统压力值的大小排序,即可找到黄河口及邻近海域生态系统的主要压力:排在第1位的是海岸侵蚀,第2位为黄河口输入,第3位为点源污染和渔业资源过度捕捞,其对研究区生态系统的压力值达到总数的50%以上,第5~9位分别为石油污染泄露事件、石油开采、海平面上升、生物入侵以及海岸工程建设和围垦造地。其余6项生态系统压力在压力值总和所占的比例均小于5%,其中海雾最末。

3.3.2 黄河口及邻近海域生态系统压力状况分析

生态系统压力主要是针对目前黄河口及邻近海域生态系统面临的来自系统之外的对

生态环境产生不利影响的作用。依据黄河口及邻近海域生态系统压力评价，总的来说，黄河口及邻近海域生态系统面临的安全压力主要来自人类活动，考虑到生态系统压力比较靠前的海岸侵蚀及海平面上升更多受大环境制约，且其影响更偏重于陆海交汇区域，因而本章不过多介绍，而黄河口及邻近海域生态系统压力状况主要体现在以下几个方面：

（1）捕捞强度过大，严重影响生态系统稳定。渔业生产是渤海的重要海洋产业，主要包括海洋捕捞和海水养殖生产。黄河口及邻近海域属海湾型内海，沿岸有黄河、小清河等众多河流入海，带有大量有机质，因而水质肥沃、饵料丰富，成为经济鱼、虾、贝类的主要产卵场、索饵场和育肥场。海洋捕捞除直接影响海洋鱼类、甲壳类种群的丰富度及其成熟率、个体大小结构、性别比例和基因组成外，渔业捕捞通过兼捕、生境退化（尤其是底拖网对底栖动物生境的破坏）以及生物学相互作用间接地影响着海洋生物多样性和生态系统。正常的捕捞生产是从海洋中获取物质，对海洋生态系统直接产生影响，但对海洋环境一般不会产生污染问题。渔船和渔业生产的码头，以及捕捞生产所用的生产工具和设施，如管理不善，也会对局部海域造成污染。

（2）污染控制乏力，损害生态系统功能。陆地污染源（简称陆源）是指从陆地向海域排放污染物，造成或者可能造成海洋环境污染损害的场所、设施等。陆源排放的污染物主要是 COD、无机氮、无机磷、石油类、重金属、农药以及合成的持久性有机污染物。黄河口陆源污染物中 COD 排放量主要来自于工业和城镇生活污水，总磷、总氮和化肥及农业的种植业和畜禽养殖业的面源污染。污染的日益加剧使部分海域失去了其原有的功能，如海水养殖、海水浴场、海洋生物繁衍场、自我净化等。黄河口及邻近海域实施监测的排污口超标排放情况见表 3-29。

表 3-29　黄河口及邻近海域实施监测的排污口超标排放情况一览

排污口（河）个数	达标排放排污口	超标排放排污口	超标率
24	7	17	71%

注：表中数据引自 2009 年《渤海海洋环境质量公报》。

（3）石油产业的逐步扩大，潜在风险逐渐暴露。2002 ~ 2005 年渤海油田各种类型污染物的排放量见表 3-30。2005 年渤海海上油田排放的污染物总量约是 2002 年排放总量的 3.1 倍，表明随着渤海海上石油勘探开发强度的增大，所排放的污染物总量也急剧增加。

表 3-30　2002 ~ 2005 年渤海油田各种类型污染物的排放量

污染物	2002 年	2003 年	2004 年	2005 年
生产污水（万 m^3）	376.7	401.7	428.6	883.3
生活污水（万 m^3）	0.0	10.4	7.9	10.2
钻屑（m^3）	1 575	6 718	6 847	26 360
泥浆（m^3）	12 241	22 511	22 779	16 405
污染物总量（万 m^3）	14 192.7	29 641.1	30 062.5	43 658.5

海上石油勘探开发排放的主要污染物是生产污水、生活污水、泥浆、钻屑等。在油气生产过程中，产生环境油污染的原因有：打井过程中含油超标的废泥浆；采油过程中所产生的含油污水；在修井、试井等井下作业时排出的含油废液；管理不善造成的原油跑、冒、滴、漏；石油作业过程中，由于地下压力的变化或其他原因出现的井喷等事故；人为破坏造成原油的大量泄漏等。黄河口及邻近海域已经进入大规模的石油勘探开发期，已成为我国溢油事故的多发区。

由此可见，海上油气开发包括地质勘探期、项目建设期、投产运行期和油田衰亡期及服役期满等几个阶段。每个阶段都可能对周围海洋环境产生影响。海上油气开发对海洋环境产生的影响主要包括海洋沉积物环境污染、大气环境污染、声环境污染和水体污染等。

同时，近年来海上交通事故频发，船舶溢油对渤海的生态环境构成严重威胁。伴随石油运量迅猛增加，船舶发生事故性溢油的风险进一步加大。

(4)生物入侵的生态风险。生物入侵造成的危害在黄河口及邻近海域及周边区域已经凸现，主要有潮滩的互花米草和泥螺。由于互花米草具有很强的萌芽生根能力和种子传播能力，生长极快，严重威胁原有潮滩植被的生物安全。而泥螺由于繁殖迅速，与其他养殖贝类争夺附着基和饵料及生存空间，已成为污损生物的优势种，并对海水养殖造成不利影响。

(5)向海要地带来的生境萎缩。生态系统是由生物及其生境来维持的，黄河三角洲地区因城市发展而实施的一系列围(填)海活动，其直接后果是导致一部分生境的消失。2009 年，渤海地区开发活动持续增温，渤海填海面积经审批总计为 94.77 km^2。其中，山东省 6.83 km^2、辽宁省 28.20 km^2、河北省 30.74 km^2、天津省 29.00 km^2。有关我国沿海实际围(填)海的确切数字，迄今仍不确定。比如，据国家海域使用动态监视监测管理系统的最新监测成果，至 1990 年全国实际围(填)海面积约 8 241 km^2，到 2008 年全国实际围(填)海面积达到 13 380 km^2，平均每年新增填海面积 285 km^2(付元彬，2010)。根据我国沿海省市的经济、社会发展规划，到 2020 年前填海造地的高潮仍将持续，填海需求估计在5 780 km^2 以上，见表 3-31。

表 3-31　2002 ~ 2008 年黄河口及邻近区域确权用海面积统计　(单位：hm^2)

用海类型	面积
渔业用海	265 560
交通运输用海	5 030
工矿用海	5 250
旅游娱乐用海	720
海底工程用海	860
排污倾倒用海	290
围海造地用海	4 380
特殊用海	3 500
其他用海	110
合计	285 800

3.3.3　黄河口及邻近海域生态系统压力调控机制探讨

黄河口及邻近海域生态系统的安全问题,其根本原因在于人类社会经济活动的驱动力。针对生态系统面临的重重压力,应从海洋管理体制、法律法规、运作机制与公众参与等方面加强对相关区域生态系统的维护,提高科学化管理水平和生态安全维护能力。首先,完善相关政府部门负责协调的管理体制,提高各个涉海部门之间的协调能力;其次,在国家法律体系下完善地方性海洋法律法规的建设,并对海上执法能力进一步整合和加强;再次,运作机制仍需完善,虽然当前在生态保护区建设、海洋环境综合整治与海洋生态修复和陆源污染物防治方面取得较好的成效,但如非点源污染的防治和流域综合管理以及与周边地区的协调等跨区域生态环境保护和管理方面还有待进一步提高;最后,公众生境保护意识才是最终的生态系统保护行为,是海洋生态安全的最重要保障力,但与管理中所需的公众参与不同,公众教育和海洋管理中的公众参与还有很多工作要做。

参考文献

[1] 朱鑫华,缪锋,刘栋,等. 黄河口及邻近海域鱼类群落结构时空格局与优势种特征研究[J]. 海洋科学集刊,2001(43):141-151.

[2] 孙鹏飞,单秀娟,吴强,等. 莱州湾及黄河口水域鱼类群落结构的季节变化[J]. 生态学报,2014,34(2):367-376.

[3] 孙道元,刘银成. 渤海底栖动物种类组成和数量分布[J]. 黄渤海海洋,1999(1):42-50.

第4章 评估诊断技术

黄河口及邻近海域是渤海的重要生态功能区,这里分布着1个国家级自然保护区和5个国家级海洋特别保护区,在生物多样性保护与生态功能恢复方面具有重要的现实意义与价值。但黄河三角洲沿岸海域的海洋生态环境面临着巨大压力,而基于海洋生态系统的管理体系尚未建立,监管技术与手段有待进一步完善。因此,开展黄河口及邻近海域生态系统诊断与评估技术研究对于该区域海洋生态保护和实施海洋管理具有十分重要的理论和应用价值。

为了研究这些问题,在明确黄河来水来沙对河口生态系统影响的基础上,研究生态系统结构完整性诊断方法与技术和基于底栖生物指数的健康评估技术,筛选指示物种,形成快速诊断技术,提出生态监测方案,并开发基于生态环境监测的智能化评估软件,用于涉海项目环境评估、近海生态环境修复与保护,有利于政府对海洋环境管理,提高管理效率。

4.1 生态系统完整性研究与生态监测方案设计

4.1.1 基于指示物种法的生态系统完整性评价研究

4.1.1.1 研究方法

根据国内外相关文献和黄河口海域监测资料,依据生物指示种在环境中的丰富度、频率、种群消长动态等特征,进行研究海域生态系统结构完整性诊断的生物指示种筛选。

1. 生物指示种的筛选

生物指示种主要通过文献调研和现场补充调查的方式,首先分析黄河口海域的现有调查资料,通过样品的可得性、经济适用性、方法的可行性评估,分析底栖生物物种的丰富度、出现频率、生物种类比例等的相关性,采用相关性分析方法构建生物个体水平上的生态系统结构完整性评价体系,筛选对环境质量变化敏感以及对生态系统结构完整性产生影响的指示物种。

2. 生物指示种种群筛选

通过文献调研和现场补充调查的方式,首先分析黄河口海域的现有调查资料,通过样品的可得性、经济适用性、方法的可行性评估,分析底栖生物的丰富度、生物量及比例变化、时空分布等。通过指示生物与环境效应关系,采用相关性分析方法构建种群水平上的生态系统结构完整性评价体系,筛选对环境质量变化敏感以及对生态系统结构完整性产生影响的种群。

3. 生物功能群筛选

通过文献调研和现场补充调查的方式,首先分析黄河口海域的现有调查资料,通过样品的可得性、经济适用性、方法的可行性评估,依据相关研究文献进行功能群划分;按照功能群划分方法，分析黄河口海洋生物功能群时空分布现状。采用数理统计方法，确定不同生物功能群与环境因子之间的关系。筛选对环境质量变化敏感以及对生态系统结构完整性产生影响的功能群。

4.1.1.2　数据来源

数据来源于 2004 ~ 2010 年黄河口生态监测任务，调查区域范围为 37°20′00″ ~ 38°02′00″N、119°03′24″ ~ 119°31′00″E，共设 33 个浅海调查站位，见表 4-1、图 4-1。调查时间为 2004 ~ 2010 年春季和夏季，其中 2008 ~ 2012 年在 H03、H05、H07、H09、H17、H21、H22、H23、H29 站位未采集数据。现状数据来源于 2011 年和 2012 年本项目的补充调查任务。

表 4-1　调查站位表

序号	经度	纬度	调查项目
H01	119°05′17″	38°00′06″	水质、生物
H02	119°09′36″	38°02′00″	水质、生物、沉积物、鱼卵仔鱼
H03	119°09′22″	37°55′27″	水质、生物
H04	119°14′17″	37°56′30″	水质、生物、沉积物、鱼卵仔鱼
H05	119°19′05″	37°57′44″	水质、生物
H06	119°24′40″	37°59′53″	水质、生物
H07	119°14′28″	37°50′01″	水质、生物
H08	119°19′01″	37°51′10″	水质、生物、沉积物、鱼卵仔鱼
H09	119°23′24″	37°52′36″	水质、生物
H10	119°28′19″	37°53′39″	水质、生物、沉积物、鱼卵仔鱼
H11	119°18′32″	37°45′51″	水质、生物、沉积物、鱼卵仔鱼
H12	119°24′29″	37°46′34″	水质、生物、沉积物、鱼卵仔鱼
H13	119°30′28″	37°47′40″	水质、生物
H14	119°20′06″	37°41′07″	水质、生物、沉积物、鱼卵仔鱼
H15	119°24′40″	37°40′55″	水质、生物、沉积物、鱼卵仔鱼
H16	119°29′10″	37°39′20″	水质、生物、沉积物、鱼卵仔鱼
H17	119°26′03″	37°37′44″	水质、生物
H18	119°30′43″	37°34′50″	水质、生物
H19	119°21′30″	37°36′00″	水质、生物、沉积物、鱼卵仔鱼
H20	119°31′00″	37°31′00″	水质、生物、沉积物、鱼卵仔鱼
H21	119°21′16″	37°34′00″	水质、生物
H22	119°30′04″	37°29′07″	水质、生物
H23	119°12′22″	37°35′29″	水质、生物
H24	119°22′49″	37°31′06″	水质、生物、沉积物、鱼卵仔鱼
H25	119°12′50″	37°32′25″	水质、生物、沉积物、鱼卵仔鱼
H26	119°18′00″	37°30′00″	水质、生物、沉积物、鱼卵仔鱼

续表 4-1

序号	经度	纬度	调查项目
H27	119°22′05″	37°27′23″	水质、生物
H28	119°05′00″	37°34′00″	水质、生物、沉积物、鱼卵仔鱼
H29	119°07′05″	37°30′22″	水质、生物
H30	119°08′00″	37°27′30″	水质、生物、沉积物、鱼卵仔鱼
H31	119°15′00″	37°22′30″	水质、生物、沉积物、鱼卵仔鱼
H32	119°02′00″	37°22′00″	水质、生物
H33	119°06′00″	37°20′00″	水质、生物、沉积物、鱼卵仔鱼

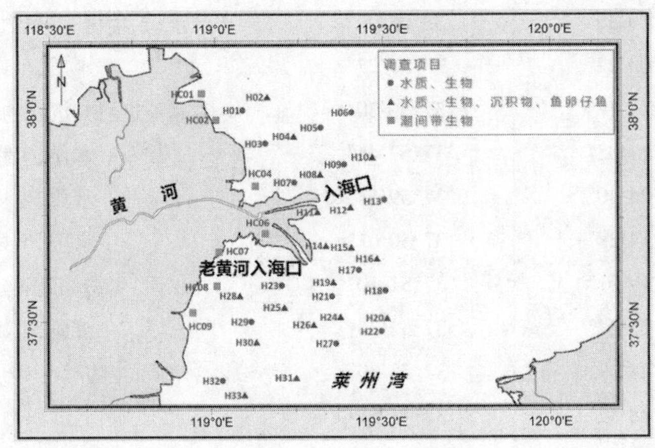

图 4-1 调查站位设置示意图

4.1.1.3 研究结果

1. 指示物种

(1) 由于浮游植物季优势种类变化较大，仅与营养盐等环境因子关系密切，难以反映其他环境因子的变化，因此从浮游植物优势种类的角度难以反映黄河口及邻近海域生态系统完整性状况。

(2) 浮游动物强壮箭虫在黄河口海域春、夏季广泛存在，且历年来多为优势种类，可初步考虑将强壮箭虫的数量作为黄河口及邻近海域生态系统完整性的指示物种。

(3) 大型底栖生物优势种类纵沟纽虫和寡节甘吻沙蚕均为黄河口海域的常见种，历次调查均有较高的栖息密度，季节变化不明显，可初步考虑作为黄河口及邻近海域生态系统完整的指示物种。

2. 生物功能群

结果表明，大型桡足类功能群、小型桡足类功能群和毛颚类功能群可作为黄河口生态系统完整性评价的指示物种。

(1) 大型桡足类功能群与浮游植物密度具有较好的相关性，而浮游植物密度与营养盐

(硅酸盐、活性磷酸盐)水平具有较好的相关性,可作为反映环境质量状况的代表性因子。

(2)小型桡足类功能群与浮游植物密度具有较好的相关性,而浮游植物密度与营养盐(硅酸盐、活性磷酸盐)水平具有较好的相关性,可作为反映环境质量状况的代表性因子。

(3)毛颚类功能群与浮游植物密度的相关性较好,而浮游植物密度与营养盐(硅酸盐、活性磷酸盐)水平具有较好的相关性,可初步考虑将其作为反映环境质量状况的代表性因子。

(4)夜光虫与营养盐(硅酸盐、活性磷酸盐)水平相关性较差,但考虑到夜光虫密度较高时易发生赤潮,可作为反映环境质量状况的代表性因子。

4.1.2 基于结构 - 功能指标法的生态系统完整性评价研究

4.1.2.1 评价指标筛选原则

正确选择评价指标是科学揭示黄河口生态系统完整性的前提,本研究中评价指标的选择按照以下基本原则:

(1)完整性原则:指标体系应尽可能全面地反映生态系统完整性的状况;

(2)简明性原则:指标概念明确,易测易得;

(3)重要性原则:指标应是反映生态的重要指标;

(4)独立性原则:某些指标间存在显著相关性,反映的信息重复,应择优保留;

(5)可评价性原则:指标均应为量化指标,并可用于地区之间的比较评价;

(6)稳定性原则:便于评估成果资料在较长一段时间内具有应用价值。

4.1.2.2 评价指标体系构建

本研究中根据黄河口环境现状,遵循科学性、可表征性、可度量性以及可操作性的原则,筛选了评价指标体系中的关键因子。以生态系统完整性指数为目标层,以环境因子、生境因子、生物因子为系统层,建立黄河口生态系统完整性评价指标体系,见表 4-2。

表 4-2 黄河口生态系统完整性评价指标体系

目标层	系统层	指标	指标代表性意义
生态系统完整性指数	环境因子	盐度	海水盐度对海洋生物生长发育及生理活动有着多方面的影响,是河口海域生态的最重要的基础环境因子
		氮磷比	反映浮游植物吸收营养盐状况的重要参考要素
		溶解氧	反映生物生长状况和污染状态的重要指标
	生境因子	海岸线变化速率	反映河口受人类活动影响的重要压力
		湿地面积变化速率	反映河口受人类活动影响的重要压力
	生物因子	浮游植物多样性指数	河口生态评价的最直接的基础指标
		浮游动物多样性指数	河口生态评价的最直接的基础指标
		底栖生物多样性指数	河口生态评价的最直接的基础指标

4.1.2.3 评价模型构建

在采用层次分析法的基础上加权求和，即通过层次分析法确定参评要素的权值。某个因素的评价分值等于各因子指标分值加权之和，即

$$E_i = \sum_{j=1}^{n} X_j W_j$$

式中：E_i 为 i 因素的评分值；X_j 为 i 评价因素中 j 因子的作用值；W_j 为 j 因子的权重值。

生态系统完整性指数的计算式为

$$C = \sum_{i=1}^{n} E_j W_i$$

式中：C 为生态系统完整性指数；W_i 为 i 因素的权重值。

首先，计算出各个因素的分值，然后计算出总分值，并以此进行状态分级，确定现状。

4.1.2.4 数据标准化处理

由于指标体系中的各项评价指标的类型复杂，各系数之间的量纲不统一，各指标之间缺乏可比性。在利用上述指标时，必须对参评因子进行标准化处理。为了简便、明确、易于计算，首先对它们的实际数值进行等级划分，分为 3 级，然后根据它们对指数的大小及相关关系对每个等级给定标准化分值，标准化分值设定在 0 ~ 1。标准化分值计算采用拉格朗日插值法、等距节点插值 - 牛顿前插法等。标准化取值范围见表 4-3。

表 4-3 黄河口及邻近海域生态系统完整性评价指标标准化取值范围

指标体系	标准化取值范围		
	0.8 ~ 1.0	0.4 ~ 0.8	0 ~ 0.4
盐度	22 ~ 28	28 ~ 31	31 ~ 34
氮磷比	15 ~ 40	40 ~ 65	65 ~ 300
溶解氧	6 ~ 9	4 ~ 6	2 ~ 4
海岸线变化速率(%)	1 ~ 10	10 ~ 20	20 ~ 50
湿地面积变化速率(%)	-10 ~ -1 50 ~ 200	-50 ~ -10 10 ~ 50	-200 ~ -50 1 ~ 10
浮游植物多样性指数	3 ~ 4	2 ~ 3	0 ~ 2
浮游动物多样性指数	3 ~ 4	2 ~ 3	0 ~ 2
底栖生物多样性指数	3 ~ 4	2 ~ 3	0 ~ 2

4.1.2.5 评价指标权重的确定

评价指标权重的确定采用专家咨询的方式并结合外业调查人员的现场经验综合确定。评价指标权重的确定见表 4-4。

4.1.2.6 评估等级划分

按照综合指数从高到低排序，反映其从优到劣的变化，共分为 3 个等级：$C \geq 0.8$，为好状态；$0.4 \leq C < 0.8$，为一般状态；$0 \leq C < 0.4$，为差状态。根据评价结果所对应的等级确定生态完整性状况。

表4-4 黄河口及邻近海域生态系统完整性评价指标权重

目标层	系统层	指标权重	指标	指标权重
生态系统完整性指标	环境因子	0.3	盐度	0.4
			氮磷比	0.3
			溶解氧	0.3
	生境因子	0.3	海岸线变化速率	0.4
			湿地面积变化速率	0.6
	生物因子	0.4	浮游植物多样性指数	0.2
			浮游动物多样性指数	0.2
			底栖生物多样性指数	0.6

4.1.2.7 评价结果

以2012年春季补充调查监测数据为基础,开展黄河口及邻近海域生态系统完整性评价,各指标取值见表4-5。结果表明,黄河口及邻近海域生态系统完整性指数 $C=0.57$,结果等级处于一般的状况,主要是由自然岸线的大幅度减少、氮磷比失衡严重及生物多样性较低所致。

表4-5 黄河口及邻近海域生态系统完整性评价取值

指标	2012年现状值	标准化值
盐度	27.938	0.97
氮磷比	95	0.31
溶解氧	8.41	0.91
海岸线变化速率(%)	43	0.11
湿地面积变化速率(%)	161	0.92
浮游植物多样性指数	1.56	0.33
浮游动物多样性指数	2.21	0.41
底栖生物多样性指数	2.36	0.42

4.1.3 生态监测方案设计

4.1.3.1 监测目标

掌握黄河口及邻近海域生态系统完整性状况,为海洋生态系统管理提供基础依据。

4.1.3.2 监测项目及分析方法

监测项目及分析方法见表4-6。

表 4-6 监测项目及分析方法

项目	指标	监测/分析方法
生物因子	浮游植物	浅水Ⅲ型浮游生物网，个体计数法
	浮游动物	浅水Ⅱ型浮游生物网，个体计数法
	底栖生物	曙光型采泥器法，个体计数法
	鱼卵仔鱼	拖网法，个体计数法
环境因子	盐度	盐度计法
	溶解氧	碘量法
	亚硝酸盐	萘乙二胺分光光度法
	硝酸盐	锌－镉还原法
	氨	次溴酸盐氧化法
	活性磷酸盐	磷钼蓝分光光度法
生境因子	海岸线变化速率	卫星遥感
	湿地面积变化速率	

4.1.3.3 监测站位布设

遵循沿用历史站位的原则，拟在海上布设 22 个监测站位，见表 4-7 和图 4-2。

表 4-7 监测站位

站号	经度	纬度
H01	38°00′06″	119°05′17″
H02	38°02′00″	119°09′36″
H04	37°56′30″	119°14′17″
H06	37°59′53″	119°24′40″
H08	37°51′10″	119°19′01″
H10	37°53′39″	119°28′19″
H11	37°45′51″	119°18′32″
H12	37°46′34″	119°24′29″
H13	37°47′40″	119°30′28″
H14	37°41′07″	119°20′06″
H15	37°40′55″	119°24′40″
H16	37°39′20″	119°29′10″
H18	37°34′50″	119°30′43″
H19	37°36′00″	119°21′30″

续表 4-7

站号	经度	纬度
H20	37°31′00″	119°31′00″
H24	37°31′06″	119°22′49″
H25	37°32′25″	119°12′50″
H27	37°27′23″	119°22′05″
H28	37°34′00″	119°05′00″
H30	37°27′30″	119°08′00″
H31	37°22′30″	119°15′00″
H32	37°22′00″	119°02′00″

图 4-2　黄河口生态系统完整性监测站位分布图

4.1.3.4　质量控制

执行《海洋监测规范》(GB 17378—2007)和《滨海湿地生态监测技术规程》(HY/T 080—2005)。

1. 监测工作的准备阶段

(1)三氮、活性磷酸盐等营养盐项目出海之前进行试剂空白检查。

(2)pH 计、分光光度计等仪器设备须进行仪器设备运行检查。

(3)采水器须清洗干净,并进行功能检查。

(4)现场检测所用的仪器设备必须为计量检定合格的仪器。

2. 现场监测阶段

(1)采样时必须采集监测站位10%现场平行样,其中水质DO、油类做100%的原始平行样。

(2)三氮、活性磷酸盐做不少于5%的内控样。

(3)盐度、pH在每批次测定前,仪器都须定标。

注:以上质控均应及时记录、归档。

4.1.3.5 监测时间与频率

沿用历史资料监测时间与频率,拟每年开展2个航次监测,分别在5月和8月各进行一次。

4.2 基于底栖生物指数的黄河口及邻近海域生态系统健康评估

4.2.1 底栖生物指数法的研究概况

"海洋生态系统健康"是海洋生态系统的综合特征,用以描述海洋的状态或状况。利用底栖生物作为海洋生态环境监测的生物指标和生态系统健康度量的生物指数已经得到了广泛的认可。根据底栖生物群落和数量的时空变化与环境扰动之间有可预测的响应关系,目前已经建立起了多种底栖生物指数,主要包括一些比较传统的生物指数,如指示生物、物种丰富度、多样性指数、优势度等;还有一些最新发展起来的综合生物指数,如海洋生物指数BI、海洋生物指数(A Marine Biotic Index,简称AMBI)、融入了因子分析的M-AMBI指数以及底栖质量指数(BQI)等。

一般认为在未污染的清洁海域生物种类多样,个体数量分布均匀;海域受到污染后,敏感种类消失,耐污种大量繁殖,种类单一,个体数量较大,多样性下降。基于此原理建立的多样性指数主要有Margalef种类丰富度指数(d)、Simpson指数(D)、Pielou均匀度指数(J')和Shannon-Wiener指数(H')等。Shannon-Wiener种类多样性指数H'能很好地反映底栖生物群落的变化,在国内外被广泛地用于监测海洋底栖生物群落的变化,也常用来监测淡水、海水底栖生物群落结构的变化,被认为是个较好的评价环境质量优劣的工具。但在未受干扰的生态系统和受到人为干扰的生态系统其多样性指数有可能一样,因此采用多样性指数难以区分自然和人为干扰,具有不准确性。

人们广泛接受的底栖生物指数大多针对底栖动物的群落结构、丰富度、生物量、物种多样性以及污染物耐受程度等方面进行研究,用于近岸、河口水域的底栖生物指数多分为单变量指数和多变量指数,本研究关注目前人们应用较多的有多样性指数和多变量综合性指数(AZTI's Marine Biotic Index,AMBI)。

AMBI指数建立在生态模型BI的5个生态群落丰富度比例(EG)基础上,利用软基底质大型底栖生物建立起来的生物指数,它通过划分底栖生物的生态等级判定环境受扰动情况。AMBI指数最早用于评价欧洲河口以及近海生态环境质量状况,分析软基底质底栖生物群落对自然和人为活动导致的水和沉积物质量变化的响应。目前,已在欧洲河口及沿海水域底栖环境评价中得到广泛应用。

建立在大型底栖生物群落基础上的生物指数法已经成为评价和监测海洋污染对生态环境影响的重要工具之一。但海洋生态系统的复杂性,系统本身固有的高度可变性,以及多种环境因素和外部压力的影响,使得海洋生态系统健康和环境质量评估的客观性在很大程度上依赖于生物指数的选择。因此,在使用生物指数进行海洋生态系统健康评价和生态环境质量评估时,必须对可供选择的指数的性能进行评估,同时对各种指数的敏感性和稳定性进行系统的验证,最终对特定区域评价时选择最优指数。

4.2.2　底栖生物指数健康评估方法的建立

AMBI 由西班牙渔业与食品技术研究所(AZTI-TECNALIA)的 Borja 等提出,该指数目前是欧盟水资源管理政策(WFD)中用于河口、近海区域进行环境质量评价推荐使用的方法,评价结果相对稳定,对底栖生物群落健康状况评价的敏感性较强。

Salen - Picard 提出了与不同环境胁迫对应的四个递增等级:

(1)起始状态(环境未受污染,生物群落丰富,可见稀有种,物种多样性高);

(2)轻微失衡状态(稀有种衰退,耐受种增加,物种多样性降低);

(3)显著失衡(群落以污染指示种为主,物种多样性非常低);

(4)底质无生命。

与这 4 个生态等级相对应,Glémarec 和 Hily(1981、1984)指出,根据对递增的压力等级的敏感性(如有机质的富集),软基底质大型底栖生物可以分为 5 个生态组:EG Ⅰ为对扰动敏感的物种,EG Ⅱ为对扰动惰性的物种,EG Ⅲ为对扰动有耐受力的物种,EG Ⅳ为亚机会种,EG Ⅴ为机会种。AMBI 指数可以用下式给出,每个样品可以获得一个连续的 AMBI 值:

$$\text{AMBI} = [(0 \times \%\ \text{EG I}) + (1.5 \times \%\ \text{EG II}) + (3 \times \%\ \text{EG III}) + (4.5 \times \%\ \text{EG IV}) + (6 \times \%\ \text{EG V})]/100$$

AMBI 指数与先前提出的其他指数的最主要的不同点是使用简单的公式计算出了连续的生物系数(0 ~ 6 的值),当无底栖动物时,AMBI 赋值为 7。该种方法很适合统计分析。使用 AMBI 指数的优点是利用简单的方法对公众证实环境受到的影响以及修复状况,公众可以没有研究大型底栖群落的专业知识。AMBI 指数的一个缺点是根据底栖动物对污染的响应将其分到 5 个生态组的时候会出现错误,所以推广这个指数的运用最大的难度就是把在欧洲以外出现的新物种分配到 5 个生态组中。

对多样性指数 H'和 AMBI 指数对比分析发现,当物种数小于或等于 3 种时,AMBI 指数可能过高地评价了 EcoQ 等级;物种数较高,丰富度占较大优势的物种单一,多样性指数 H'可能过低地评价了 EcoQ 等级;底栖动物生态群落等级较差的物种比例较高,且出现了污染指示种时,多样性指数 H'可能过高地评价了 EcoQ 等级。本研究结合了国内最常用的多样性指数 H',H'和 AMBI 指数分级和对应的底栖生物群落健康和生态环境质量状况见表 4-8。

表 4-8　H'、AMBI 指数评价的环境质量及生态状况（EcoQ）等级

H'	AMBI	优势生物群落组	底栖群落健康/受扰动情况	环境质量/生态状况
$H' \geq 3$	$0 < AMBI \leq 1.2$	EG Ⅰ、EG Ⅱ	常态的/无扰动	清洁/高等
$2 \leq H' < 3$	$1.2 < AMBI \leq 3.3$	EG Ⅲ	失衡的/轻度扰动	轻度污染/良好
$1 \leq H' < 2$	$3.3 < AMBI \leq 4.3$	EG Ⅳ	向污染过渡的/中度扰动	中度污染/中等
$H' < 1$	$4.3 < AMBI \leq 5.5$	EG Ⅳ、EG Ⅴ	向重度污染过渡的/重度扰动	重度污染/不健康
	$5.5 < AMBI \leq 7.0$	EG Ⅴ/无生命	重度污染的/极端扰动	重度污染/极不健康

注：H'等级来自中国国家环境保护标准 HJ 442—2008，AMBI 等级来自文献（Borja，2000；Muxika，2005）。

AMBI 指数的优点是计算比较简单，首先对每个站位采样的生物进行丰富度比例 EG 分类，EG Ⅰ ~ EG Ⅴ分别表示对环境扰动敏感程度不同的底栖生物物种。Borja 等已经给出了北海、地中海、北美、南美及亚洲区域的 6 500 多种底栖生物和对应的物种 EG 等级列表。研究区大部分底栖动物在 EG 等级列表中都有，对列表中没有 EG 等级分类的物种，如果在列表中有该物种更高级别的分类，就试着把物种的分类降低到属或科的水平，或者把它分配到近似的物种等级。如果上述两种方法都不可能，该物种就被忽略。基于黄河口及邻近海域大型底栖动物的历史数据，我们对收集到的 296 种大型底栖动物进行了生态组分类。在本次研究中的 5 个航次中，共出现 7 种生物未分类（它们不属于 AMBI 物种 EG 等级分类中的任何一种），占总物种数的 4%，低于 20%，因此它们的变化对 AMBI 的计算没有太大影响。表 4-9 为 2009 ~ 2011 年黄河口及邻近海域大型底栖动物 EG 等级分类表。

4.2.3　基于底栖生物指数的黄河口及邻近海域健康评估

黄河口及邻近海域大型底栖动物 Shannon - Wiener 多样性指数 H'范围为 0 ~ 4.23，覆盖了生态状况（EcoQ）从低等到高等的整个范围（见图 4-3），36.45% 的站位多样性指数 $H' \geq 3$，32.71% 的站位 $2 \leq H' < 3$，19.63% 的站位 $1 \leq H' < 2$，11.21% 的站位 $H' < 1$。$H' < 1$ 的站位主要是位于河口附近的 H03、H07、H11、H12 和 H28 站位，$H' \geq 3$ 的站位主要是位于远离河口的 H01、H02、H9、H10、H20 和 H22 等站位。2010 年 8 月大型底栖动物多样性指数 H'明显高于 2009 年 5 月和 8 月的，2011 年 5 月和 8 月大型底栖动物多样性指数 H'也高于 2009 年 5 月和 8 月的，$H' \geq 3$ 的站位比例明显增加（见图 4-3），说明黄河口及邻近海域大型底栖动物多样性呈现增加的趋势。

表 4-9　2009 ~ 2011 年黄河口及邻近海域大型底栖动物 EG 等级分类

Species	EG	Species	EG	Species	EG	Species	EG	Species	EG
Abrina lunella	Ⅱ	*Callianassa sp.*	Ⅲ	GNATHIIDEA	Ⅱ	NEMERTEA	Ⅲ	*Protankyra bidentata*	Ⅱ
Acetes chinensis	Ⅰ	*Capitella capitata*	Ⅴ	*Goniada japonica*	Ⅱ	*Neomysis awatschensis*	Ⅱ	*Pseudopolydora paucibranchiata*	Ⅳ
Actaeopyramis eximia	Ⅰ	*Caprella sp.*	Ⅱ	*Grandidierella japonica*	Ⅲ	*Neomysis orientalis*	Ⅱ	PYRAMIDELLIDAE	Ⅰ
ACTINIARIA	Ⅱ	*Carcinoplax vestita*	N. A	*Grapsus sp.*	Ⅱ	*Nephtys caeca*	Ⅱ	*Raetellops pulchella*	Ⅲ
ACTINIIDAE	Ⅱ	*Chaetozone setosa*	Ⅳ	*Gyptis sp.*	Ⅱ	*Nephtys californiensis*	Ⅱ	*Raphidopus ciliatus*	Ⅰ
Aglaophamus sinensis	Ⅱ	*Cirolana japonenica*	Ⅱ	*Harpiniopsis vadiculus*	Ⅰ	*Nephtys oligobranchia*	Ⅱ	*Ringicula doliaris*	Ⅰ
Alpheus japonicus	Ⅱ	*Cirolana japonensis*	Ⅱ	*Heteromastus filiformis*	Ⅳ	*Nephtys sp.*	Ⅱ	*Ringicula sp.*	Ⅰ
Alvenius ojianus	Ⅰ	*Cirriformia tentaculata*	Ⅳ	*Hexapus granuliferus*	N. A	*Neverita didyma*	Ⅰ	*Scoloplos sp.*	Ⅰ
Amaeana occidentalis	Ⅲ	*Clementia vatheleti*	Ⅰ	*Hiatella orientalis*	Ⅰ	*Neverita reiniana*	Ⅰ	*Sigambra sp.*	Ⅳ
Ampelisca brevicornis	Ⅰ	*Corophium major*	Ⅲ	*Idunella curvidactyla*	Ⅱ	*Nitidotellina minuta*	Ⅲ	*Siliqua pulchella*	Ⅱ
Ampelisca cyclops	Ⅰ	*Corophium sinense*	Ⅲ	*Inermonephtys inermis*	Ⅱ	*Notomastus latericeus*	Ⅲ	*Sinoediceros homopalmulus*	Ⅱ
Ampelisca miharaensis	Ⅰ	*Cultellus attenuatus*	Ⅰ	*Iphinoe tenera*	Ⅰ	*Nucula faba*	Ⅰ	*Solenidae larva*	Ⅰ
Ampelisca misakiensis	Ⅰ	*Cycladicama tsuchii*	Ⅲ	*Laonice cirrata*	Ⅲ	*Nucula paulula*	Ⅰ	SPIONIDAE	Ⅲ
Ampharete acutifrons	Ⅱ	*Decorifera matusimana*	Ⅱ	*Leanira japonica*	Ⅱ	*Nucula sp.*	Ⅰ	*Sternaspis scutata*	Ⅲ
Amphibalanus amphitrite	Ⅰ	*Diastylis tricincta*	Ⅰ	*Lepidonotus sp.*	Ⅱ	*Nucula tenuis*	Ⅰ	*Sthenolepis japonica*	Ⅰ
Amphioplus japonicus	Ⅱ	*Diogenes edwardsii*	Ⅱ	*Leptochela gracilis*	Ⅲ	*Ogyrides orientalis*	Ⅰ	*Terebellides stroemii*	Ⅱ
Amphiura sp.	Ⅱ	*Dosinia japonica*	Ⅰ	*Leptomya minuta*	Ⅱ	*Onoba elegantula*	Ⅰ	*Terebra koreana*	Ⅱ
Amphiura vadicola	Ⅱ	*Drilonereis filum*	Ⅱ	*Liljeborgia sp.*	Ⅰ	*Ophiactis affinis*	Ⅱ	*Tharyx multifilis*	Ⅳ
Anaitides papillosa	Ⅱ	*Eocylichna braunsi*	Ⅱ	*Lineus sp.*	Ⅲ	*Ophiodromus angustifrons*	Ⅱ	*Tharyx sp.*	Ⅳ

续表 4-9

Species	EG	Species	EG	Species	EG	Species	EG	Species	EG
Anapta gracilis	Ⅱ	*Episiphon kaochowwanense*	N. A	*Linopherus ambigua*	Ⅳ	*Ophiophragmus japonicus*	Ⅱ	*Theora fragilis*	Ⅳ
Ancistrosyllis hanaokai	Ⅲ	*Eriocheir sinensis*	Ⅱ	*Loimia medusa*	Ⅲ	*Orchomene breviceps*	Ⅱ	*Trigonothracia jinxingae*	Ⅰ
Angulus compressissimus	Ⅰ	*Eriopisella sechellensis*	Ⅰ	*Lumbrineris cruzensis*	Ⅱ	*Paranthura japonica*	Ⅲ	*Trigonothracia pusilla*	Ⅰ
Angulus vestalioides	Ⅰ	*Eucrate crenata*	Ⅱ	*Lumbrineris heteropoda*	Ⅱ	*Paraprionospio pinnata*	Ⅳ	*Tritodynamia horvathi*	Ⅱ
ANTHURIDEA	Ⅰ	*Euclymene lombricoides*	Ⅰ	*Lumbrineris sp.*	Ⅱ	*Paralacydonia paradoxa*	Ⅱ	*Tritodynamia intermedia*	N. A
Aonides sp.	Ⅲ	*Eudorella pacifica*	Ⅱ	*Lumbrineris tetraura*	Ⅱ	*Pherusa bengalensis*	Ⅰ	*Tritodynamia rathbunae*	Ⅱ
Arca boncardi	Ⅰ	*Eulima bifascialis*	Ⅰ	*Mactra veneriformis*	Ⅰ	*Philine argentata*	Ⅱ	TURBELLARIA	Ⅱ
Aricidea fragilis	Ⅰ	*Eulima maria*	Ⅰ	*Magelona japonica*	Ⅰ	*Philine kinglipini*	Ⅱ	*Tylonereis bogoyawlenskyi*	Ⅲ
Aspeudes nipponicus	Ⅲ	*Eunoe oerstedi*	Ⅱ	*Mediomastus sp.*	Ⅲ	*Philyra pisum*	Ⅱ	*Typhlocarcinops canaliculata*	Ⅱ
Athanas japonicus	Ⅰ	*Felaniella usta*	N. A	*Moerella jedoensis*	Ⅰ	*Photis longicaudata*	Ⅰ	*Typholcarcinops sp.*	Ⅱ
Barnea davidi	N. A	*Gammaropsis sp.*	Ⅰ	*Mysta sp.*	Ⅱ	*Poecilochaetus serpens*	Ⅰ	*Upogebia major*	Ⅰ
Borniopsis tsurumaru	Ⅱ	*Genetyllis sp.*	Ⅱ	*Nassarius festivus*	Ⅱ	*Potamocorbula laevis*	Ⅴ	*Upogebia wuhsienweni*	Ⅰ
Brada sp.	Ⅰ	*Glycera chirori*	Ⅱ	*Nassarius variciferus*	Ⅱ	*Pontocrates altamarinus*	Ⅱ	*Urothoe sp.*	Ⅰ
Byblis japonicus	Ⅰ	*Glycera sp.*	Ⅱ	*Neanthes japonica*	Ⅲ	*Praxillella gracilis*	Ⅲ	*Virgularia sp.*	Ⅰ
Cabria pilargiformis	Ⅲ	*Glycera subaenea*	Ⅱ	*Neanthes succinea*	Ⅲ	*Praxillella sp.*	Ⅲ		
Callianassa japonica	Ⅲ	*Glycinde gurjanovae*	Ⅱ	*Nectoneanthes oxypoda*	Ⅲ	*Prionospio sp.*	Ⅳ		

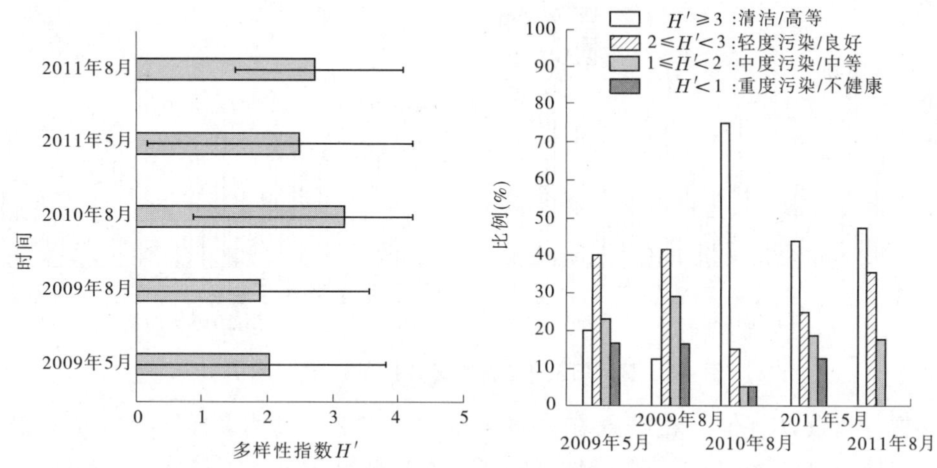

图 4-3 黄河口及邻近海域多样性指数 H' 评价等级比例

盐度小于25的黄河口附近区域采集到的大型底栖动物较少，主要是由其特殊的水动力条件和底质类型引起的，多样性指数 H' 的平均值为0.17，丰富度指数 d 的范围为0～0.38，均匀度指数 J' 的范围为0～1.00。在多样性指数 H' 为0的站位，丰富度指数和均匀度指数也为0。多样性指数 H' 评价在2011年5月大型底栖动物多样性指数 H' 有最大值。总体上，8.33%的站位多样性指数 $H'\geqslant 1$，EcoQ为中等；8.33%的站位 $0<H'<1$，所在站位受到严重扰动；而83.33%的站位 $H'=0$，所在站位受到极端扰动。黄河河口附近各航次多样性指数 H' 评价等级比例见图4-4。

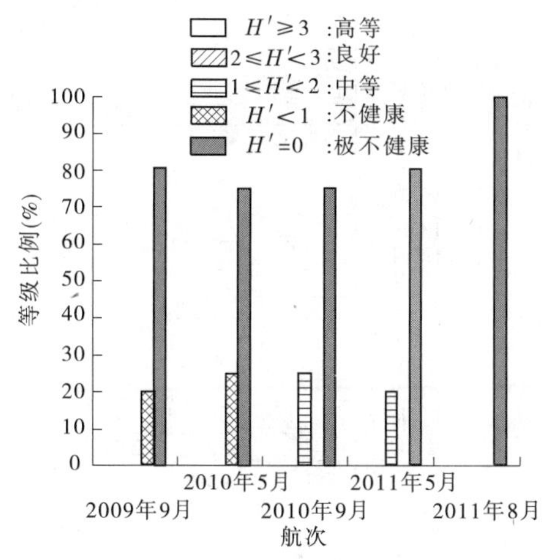

图 4-4 黄河口附近各航次多样性指数 H' 评价等级比例

2011年5月、8月黄河口及邻近海域 Shannon－Wiener 指数(H')的范围为0.16～4.23，平均值为2.61，指数 d 的范围为0.3～3.00，平均值为1.29，Evenness index 指数(J')的范围为0.05～1.00，平均值为0.87(见图4-5)。多样性指数的低值出现在5月的样品中，主要是由样品中物种数很低或样品中丰富度占较大优势的物种单一造成的。

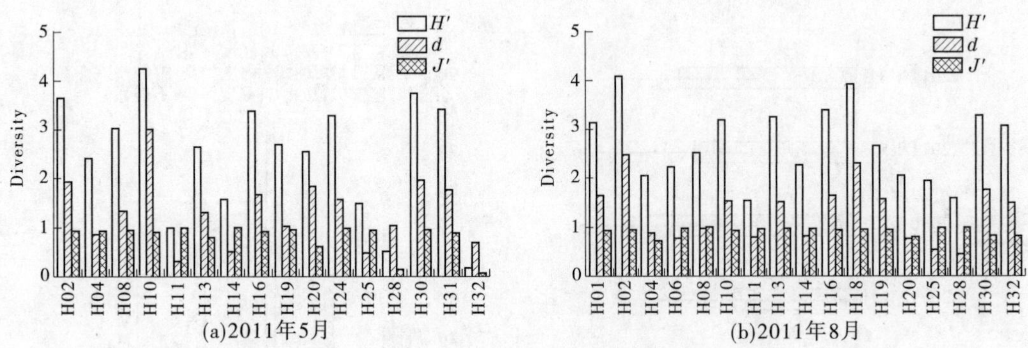

图 4-5　黄河口及邻近海域多样性指数 H'、d 和 J'

多样性指数 H'评价结果显示，在 2011 年 5 月大型底栖动物多样性指数 H'有最大值 4.23。总体上，45.45% 的站位多样性指数 $H' \geqslant 3$，沉积环境处于清洁状态，EcoQ 为高等；30.3% 的站位 $2 \leqslant H' < 3$，所在站位受到轻度污染或轻微扰动；18.18% 的站位 $1 \leqslant H' < 2$，所在站位受到中度污染或扰动；6.06% 的站位 $0 < H' < 1$，所在站位受到重度污染或严重扰动。

通过分析 2009 年 5 月、8 月，2010 年 8 月和 2011 年 5 月、8 月的数据，黄河口及邻近海域大型底栖动物生态群落等级以 EGⅠ和 EGⅡ所代表的物种为主（见图 4-6），所占比

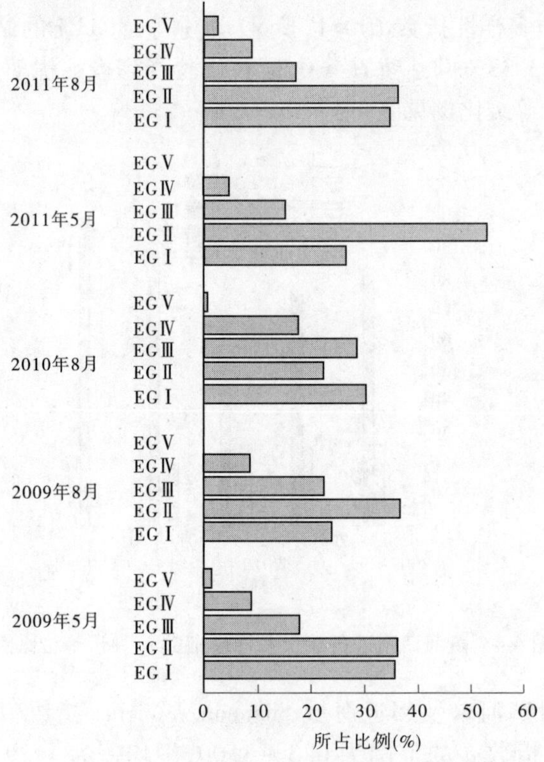

图 4-6　各生态群落等级物种所占比例

例的平均值为30.37%和36.95%,各航次间的差异也不显著,5个航次共出现了57种EGⅠ和67种EGⅡ代表物种。EGⅢ所代表的主要是一些对环境扰动有一定耐受力的物种,共出现了30种,占总物种数的20.36%;5个航次中EGⅣ代表的亚机会种所占的比例为4.53%~17.74%,平均值为9.69%,共出现了11种EGⅣ代表物种;EGⅤ代表的机会种所占的比例平均值不足1%,5个航次仅出现了小头虫和光滑河蓝蛤这两种EGⅤ代表物种。

通过各站位大型底栖动物生态等级计算的AMBI值范围为0.05~4.50(见图4-7),其中24.30%的站位AMBI≤1.2,底栖群落以EGⅠ和EGⅡ代表的对环境扰动敏感和惰性的物种为主,大型底栖动物未受到扰动,底栖群落处于常态的健康状态,反映出生态质量等级为高等;71.96%的站位AMBI值为1.2~3.3,底栖群落以EGⅢ代表的对环境扰动有一定耐受力的物种为主,大型底栖动物受到轻度扰动,底栖群落处于轻微失衡状态,反映出生态质量等级为优良;有0.93%的站位AMBI值在3.3~4.3,底栖群落以EGⅣ代表的亚机会种为主,大型底栖动物受到中度扰动,底栖群落向污染种过渡,反映出生态质量等级为中等;有0.93%的站位AMBI值在4.3~5.5,底栖群落以EGⅣ和EGⅤ代表的亚机会种和机会种为主,大型底栖动物受到重度扰动,底栖群落向重度污染种过渡,反映出生态质量等级为不健康;有2个站位的AMBI值为7.0(占1.87%),无大型底栖动物,反映出生态质量等级为极不健康。

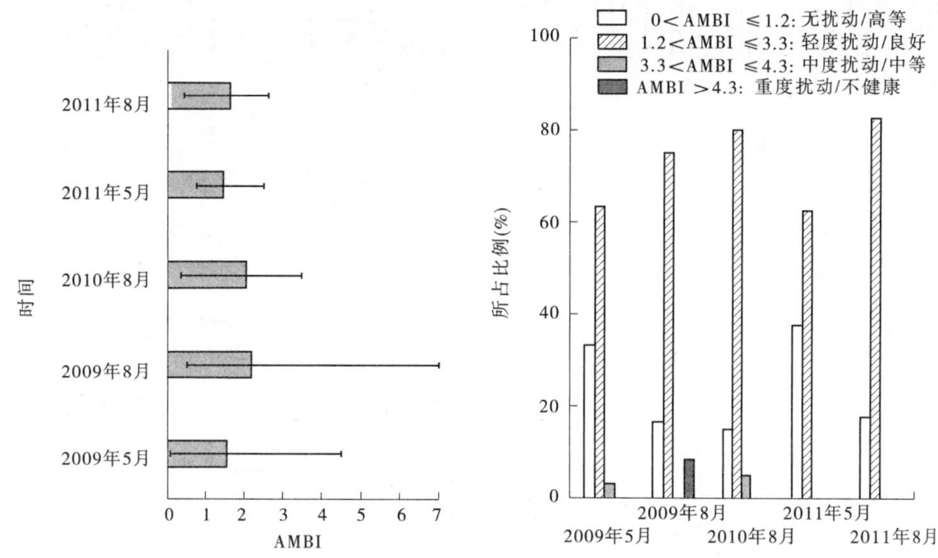

图4-7　AMBI指数及生态状况(EcoQ)等级所占比例

底栖生物综合指数AMBI值的评价结果反映出黄河口及邻近海域95%以上的站位生态质量等级处于高等及优良等级,大型底栖动物处于无扰动或轻度扰动状态,底栖群落处于健康和轻微失衡状态,AMBI的高值出现在黄河口附近的H11和H12站位及小清河口附近的H32站位,说明在河口附近大型底栖动物受扰动较大。

其中,2011 年 2 个航次共鉴定出大型底栖动物 91 种,包括多毛类、软体类、甲壳类、棘皮动物、纽形动物、扁形动物和腔肠动物,共 7 个生态类型,以多毛类占明显优势(40.66%)。EG Ⅰ 27 种、EG Ⅱ 39 种、EG Ⅲ14 种、EG Ⅳ6 种、EG Ⅴ1 种,通过计算,5 月和 8 月的 AMBI 值如图 4-8 所示,黄河口及邻近海域所有的站位底栖生境质量均处于高等及良好等级。其中,33% 的样品 AMBI≤1.2,底栖群落以 EG Ⅰ代表的对环境扰动敏感的物种为主,底栖群落处于常态的健康状态,底栖生境未受扰动,生境质量为高等;67% 的样品 AMBI 值为 1.2 ~ 3.3,当 AMBI 值为 1.2 ~ 2.5 时,底栖群落以 EG Ⅱ代表的对环境扰动惰性的物种为主,当 AMBI 值大于 2.5 时,底栖群落中 EG Ⅳ代表的亚机会种的比例超过了 EG Ⅱ代表的惰性物种的比例,但总体上底栖群落处于轻微失衡状态,底栖生境受到轻度扰动,生境质量为良好。随着 AMBI 值的增加,不同生态组比例的变化趋势见图 4-9,EG Ⅰ与其呈极显著的负相关性,物种所占比例随 AMBI 值的增加而显著下降;EG Ⅲ和 EG Ⅳ与其呈显著正相关关系,物种所占比例呈明显增加趋势;EG Ⅱ和 EG Ⅴ与其相关性不明显。

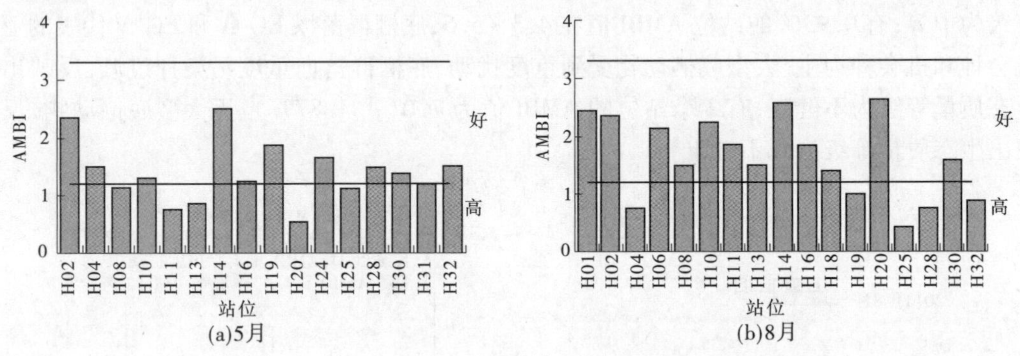

图 4-8　2011 年 5 月和 8 月黄河口及其邻近海域的 AMBI 值

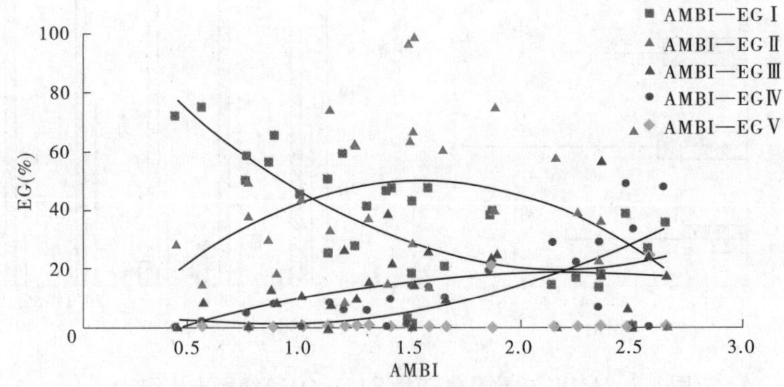

图 4-9　2011 年 5 月和 8 月样品的 AMBI 与不同生态组比例的相关性

AMBI 的评价结果显示,2011 年 5 月和 8 月黄河口及邻近海域所有的站位底栖生境质量均处于高等及良好等级,底栖生境未受扰动或轻微扰动,基本处于无影响状态。

对 AMBI 的评价结果分析发现,一是样品中物种数较低,当样品中物种数为 1 ~ 3 种时, AMBI 指数评价结果的可靠性较低,因为 AMBI 指数评价的生态质量等级完全依赖底栖生物生态群落等级的高低和各等级的相对丰富度,例如2011年5月的H11站位,在样品中仅检测到东方长眼虾和寡节甘吻沙蚕这两种底栖生物,它们的生态等级分别为EG Ⅰ和EG Ⅱ,AMBI评价为高等。此外,物种数为1~3种的样品还包括2011年5月的H14、H25站位以及8月的H11、H28站位,物种数相对偏低(4~6种)的样品主要出现在8月的H06、H08、H14、H20和H25站位,这些样品AMBI评价为高等或良好。过低的物种数本身就反映出环境已经受到了不同程度的扰动或污染,在这种情况下AMBI指数过高地评价了底栖生境质量等级。

表4-10列出了两种指数评价结果等级相差较大的三种情况。

表4-10 H′、AMBI指数评价EcoQ相差较大的情况比较

代表站位	物种及生态等级	H′评价结果	AMBI评价结果	差异分析
H03(2009年5月)	囊叶齿吻沙蚕(Ⅱ)	极不健康	良好	物种数小于3,AMBI指数评价EcoQ等级过高
H11(2009年5月)	奇异稚齿虫(Ⅳ)	极不健康	不健康	
H11(2011年5月)	寡节甘吻沙蚕(Ⅱ)、东方长眼虾(Ⅰ)	中等	高等	
H17(2009年5月)	蛇杂毛虫(Ⅰ)、强鳞虫(Ⅰ)、细长涟虫(Ⅰ)、三叶针尾涟虫(Ⅰ)、拟特须虫(Ⅱ)、异足索沙蚕(Ⅱ)、双唇索沙蚕(Ⅱ)、寡节甘吻沙蚕(Ⅱ)、狭细蛇潜虫(Ⅱ)、锐足全刺沙蚕(Ⅲ)、不倒翁虫(Ⅲ)、纵沟纽虫(Ⅲ)、轮双眼钩虾(Ⅰ)、紫壳阿文蛤(Ⅰ)	不健康	高等	物种丰富、丰富度占较大优势的物种单一,多样性指数H′偏低,评价EcoQ等级过低
H32(2010年8月)	独指虫(Ⅰ)、蛇杂毛虫(Ⅰ)、长吻沙蚕(Ⅱ)、狭细蛇潜虫(Ⅱ)、纽虫(Ⅲ)、不倒翁虫(Ⅲ)、西方似蛰虫(Ⅲ)、软疣沙蚕(Ⅲ)、稚齿虫(Ⅲ)、钩毛虫(Ⅳ)、多丝独毛虫(Ⅳ)、独毛虫(Ⅳ)、白毛钩裂虫(无分组)、小头虫(Ⅴ)、银白壳蛞蝓(Ⅱ)、脆壳理蛤(Ⅳ)、三崎双眼钩虾(Ⅰ)、短角双眼钩虾(Ⅰ)、方蟹科一种(幼体)(Ⅱ)、仿盲蟹(Ⅱ)	高等	中等	物种丰富、各物种丰富度均匀,但生态等级较差的物种比例较高,多样性指数H′评价EcoQ等级过高

情况一:物种数小于或等于3种,以2009年5月的H03、H11及2011年5月的H11站位为代表,多样性指数H′很低,EcoQ为不健康,AMBI指数评价的EcoQ等级依赖底栖动物生态群落等级的高低,因此AMBI指数可能过高地评价了EcoQ等级。

情况二:物种数较高,丰富度占较大优势的物种单一,以2009年5月的H17站位为代表,物种数为14种,但紫壳阿文蛤的丰富度值达到很高,使得多样性指数H′偏低,EcoQ为不健康,但大型底栖动物生态群落等级以EG Ⅰ和EG Ⅱ物种为主,AMBI指数评价的EcoQ为高等,多样性指数H′可能过低地评价了EcoQ等级。

情况三:底栖动物生态群落等级较差的物种比例较高,以 2010 年 8 月的 H32 站位为代表,物种数达到 20 种,各物种丰富度均匀,没有出现丰富度占较大优势的单一物种,多样性指数达到 3.87,EcoQ 为高等,但生态群落等级 EG Ⅲ、EG Ⅳ和 EG Ⅴ物种占 50% 以上,且出现了污染指示种小头虫,AMBI 指数评价的 EcoQ 为中等,多样性指数 *H′*可能过高地评价了 EcoQ 等级。

因此,建议将多样性指数 *H′*与 AMBI 两种指数相结合,共同用于底栖生境健康状况的评价中。通过分析多样性指数 *H′*、AMBI 指数评价结果可知,在黄河口及邻近海域,当物种数小于或等于 3 时,AMBI 指数的评价结果的可靠性会较差,使用多样性指数 *H′*评价 EcoQ 等级较适合;而当物种数较多时,由物种生态等级比例构成的 AMBI 指数能更客观地反映底栖生物生境状况。按此原则评价的方法用 H′ - AMBI 表示,结果见图 4-10。使用 H′ - AMBI 方法评价,5 个航次 107 个站位中 19.63% 的站位 EcoQ 为高等,57.94% 的站位 EcoQ 为良好,15.89% 的站位 EcoQ 为中等,6.54% 的站位 EcoQ 为不健康;H′ - AMBI与多样性指数 *H′*评价结果相比,EcoQ 为高等、中等和不健康的站位分别减少了 18 个、4 个和 5 个,EcoQ 为良好的站位增加了 27 个,这就调整了因丰富度占较大优势的物种单一,多样性指数 *H′*评价 EcoQ 等级过低、生态等级较差的物种比例较高、多样性指数 *H′*评价 EcoQ 等级过高的现象;H′ - AMBI 与 AMBI 指数评价结果相比,EcoQ 为高等和良好的站位减少了 5 个和 15 个,EcoQ 为中等和不健康的站位增加了 16 个和 4 个,这就调整了因物种数小于或等于 3 时 AMBI 指数评价 EcoQ 等级过高的现象。EcoQ 等级为中等和不健康的站位主要位于河口附近的 H03、H04、H07、H11、H12、H28 和 H32 站位,EcoQ 等级为高等和良好的站位主要位于远离河口的站位。

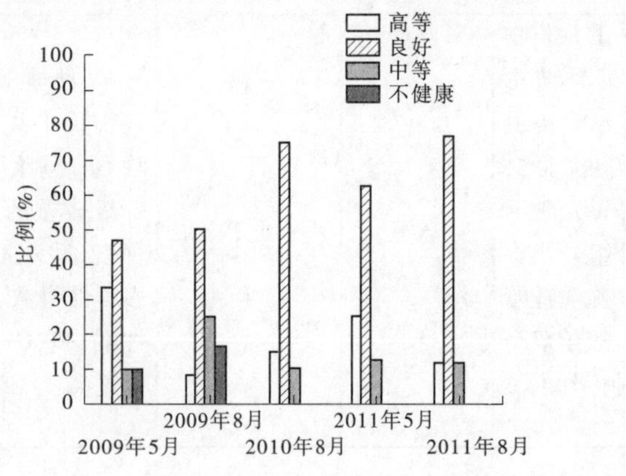

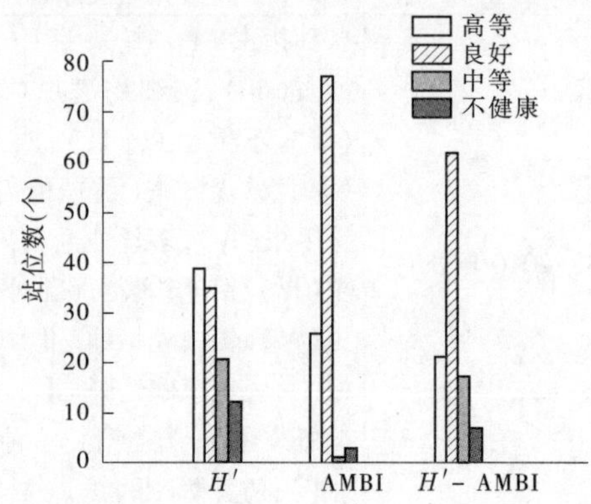

图 4-10　H′ - AMBI 评价结果

4.2.4　H′ - AMBI 生物指数方法与其他方法的对比

4.2.4.1　综合指数方法简介

北海区河口区域环境质量综合评价方法是根据北海区不同河口的生态系统特征、环境压力与环境问题等共性因素和个性因素,在筛选普适性指标体系和确定评价标准的基础上构建的。环境质量综合评价指标体系及各级指标权重如表 4-11 所示。

表 4-11　环境质量综合评价指标体系及各级指标权重

目标	一级指标因子集	二级指标因子集	三级指标因子集
黄河口及邻近海域生态环境质量	水环境因子集(A1)(0.40)	常规指标(B1)(0.25)	溶解氧(C1)(0.80)、悬浮物(C2)(0.20)
		营养状况(B2)(0.25)	无机氮(C3)(0.33)、磷酸盐(C4)(0.67)
		污染状况(B3)(0.50)	化学耗氧量(C5)(0.63)、石油类(C6)(0.26)、非离子氨(C7)(0.11)
	沉积环境因子集(A2)(0.20)	环境特征(B4)(0.33)	硫化物(C8)(0.67)、有机碳(C9)(0.33)
		污染状况(B5)(0.67)	汞(C10)(0.31)、镉(C11)(0.20)、砷(C12)(0.09)、石油类(C13)(0.09)、铅(C14)(0.04)、铜(C15)(0.04)、铬(C16)(0.03)、PAHs(C18)(0.20)
	生物学因子集(A3)(0.40)	生产力(B6)(0.50)	叶绿素 a 浓度(C19)(1.00)
		群落特征(B7)(0.50)	浮游植物多样性指数(C20)(0.50)、大型底栖动物多样性指数(C21)(0.50)

注:该指标体系和权重引自《北海区河口环境质量监测与评价技术操作手册》。

生态环境质量综合指数的计算方法:

$$P = \sum_{i=1}^{n} QI_i \times W_i$$

式中:P 为生态环境质量综合评价指数;QI_i 为第 i 种一级指标的评价指数(包括水环境、沉积环境和生物学指数);W_i 为第 i 种一级评价指标的权重。

根据生态环境质量综合评价指数的结果,对质量状况分级判别,见表 4-12。

表 4-12　生态环境质量综合评价指数等级判别

序号	评价指数	环境状况	评价等级
1	$0.8 < P \leqslant 1.0$	环境状况优秀;生产力适宜,群落多样性丰富;水和沉积环境条件清洁,未出现受到影响的环境因素	优
2	$0.6 < P \leqslant 0.8$	环境状况较好;生产力较适宜,群落多样性较丰富;水和沉积环境条件较清洁,有受影响的环境因素出现	良
3	$0.4 < P \leqslant 0.6$	环境状况一般;生产力和群落多样性一般;水和沉积环境条件一般,单种环境因素较多出现受影响的现象,个别指标出现被污染状态	中
4	$0.2 < P \leqslant 0.4$	环境状况较差;生产力和群落多样性较差;水和沉积环境条件较差,单种环境因素较多出现受影响和被污染状态	差
5	$0 < P \leqslant 0.2$	环境状况恶劣;生产力和群落多样性差;水和沉积环境条件恶劣,单种环境因素较多出现污染现象	劣

注:该指标体系和权重引自《北海区河口环境质量监测与评价技术操作手册》。

4.2.4.2　综合指数法的生态质量状况评价结果

根据水环境、沉积环境和生物学因子评价结果，2013 年 10 月黄河口及邻近海域生态环境质量综合指数评价结果状况如图 4-11 所示。有 4 个站位的状态指数值大于 0.8，环境状况等级为优，生产力适宜，群落多样性丰富；水环境和沉积环境条件清洁，未出现受到影响的环境因素。其余 7 个站位的状态指数值为 0.6 ~ 0.8，环境状况等级为良，生产力较适宜，群落多样性较丰富；水环境和沉积环境条件较清洁，生态环境受到轻微扰动。

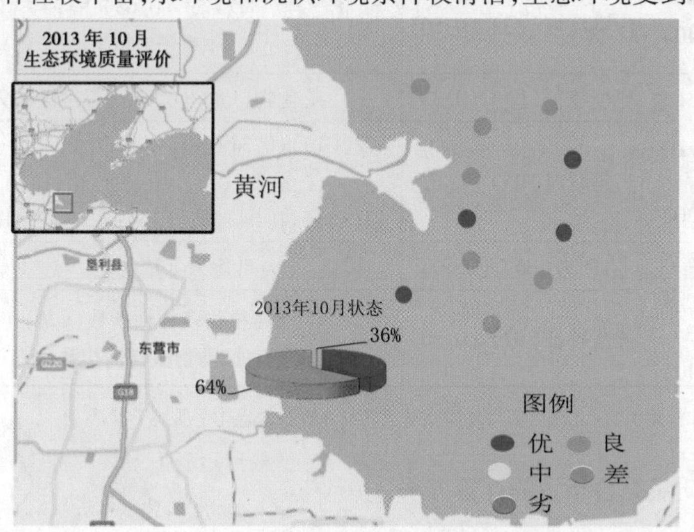

图 4-11　基于综合指数的黄河口及邻近海域生态环境质量评价

4.2.4.3　H′ - AMBI 方法与综合指数法评价结果的对比

生物指数法和综合指数法在黄河口及邻近海域生态质量评价的结果对比发现，两种方法的评价结果基本一致。综合指数法的评价结果得到的研究区生态质量略优于生物指数法得到的结果。两种方法评价结果中均有 36% 的站位生态环境质量评价等级为优，综合指数评价结果得到的其余 64% 站位生态环境质量评价等级为良，而生物指数评价的剩余站位中有 46% 为良，有 2 个站位（18%）的评价等级为中等。评价结果处于中等的站位为 H04 和 H10 站位。这 2 个站位的物种数小于 3，过低的物种数本身就说明所在站位环境受到了一定的污染或扰动。因为海域受到污染或扰动后，敏感种类消失，耐污种繁殖，种类单一，多样性下降。而且，利用生物指数进行评价更经济、简便。

4.2.5　底栖生物健康评估软件——H′ - AMBI

4.2.5.1　软件基本原理

本软件主要针对河口及近海区域的大型底栖动物，计算、分析各采样站位的 Shannon - Wiener多样性指数 H′和 AMBI（AZTI's Marine Biotic Index）综合指数，给出评价研究区底栖生境健康状况的 H′ - AMBI 指数等级。因大型底栖生物长期处于底栖环境之中，能很好地反映海洋环境经长期累积后受到的干扰，能够稳定指示环境状况。底栖动物的分布和数量对于环境条件的保护特别敏感，因此常被作为环境监测的指示动物。通过分析大型底栖动物，对底栖环境健康状况进行评价更合理、更准确。

4.2.5.2　数据的导入

(1)“存储路径”,可选择软件处理结果的存储位置。

(2)“样本文件导入”,选择需要处理的样本数据。

创建样本 Excel 时,前两行分别为站位名称和平行样名称(采样站位有无平行样均可),第一列为底栖物种拉丁文名列表(注:若平行样,单元格 A1、A2 须为空;若无平行样,单元格 A1 为空)。图 4-12 为 H′ - AMBI 软件首界面,图 4-13 为 H′ - AMBI 软件样本数据 Excel 的输入格式。

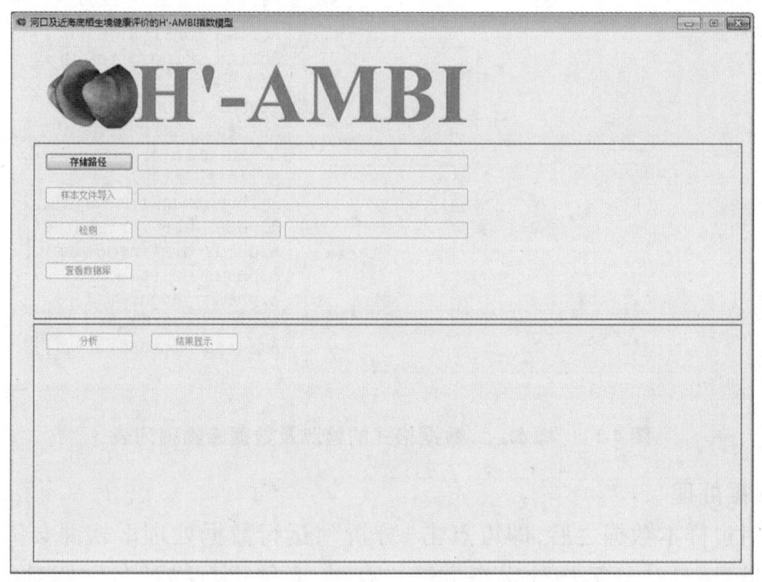

图 4-12　H′ - AMBI 软件首界面

(2011年5月近海)黄河口大型底栖动物数据汇总2012-11-27.xls [兼容模式] - Excel

	A	B	C	D	E	F	G	H	I	J	K	L	M	N
1		H02	H04	H08	H10	H11	H13	H14	H16	H19	H20	H24	H25	H28
2	Actiniaria				5									
3	Amaeana o	25	5	5						5				5
4	Ampelisca brevicornis				5		5		10		5			
5	Ampelisca i	5		5							15			
6	Ampharete sp.				10									
7	Amphioplus japonicus			5	5		5		5					
8	Amphiporu	20	5		5		5		5		5			
9	Anaitides p	5			5									10
10	Ancistrosyllis hanaokai									5				
11	Angulus compressissimus													
12	Angulus vestalioides													
13	Aonides oxycephala				5		5							
14	Arca boncardi													
15	Aricidea fra	5			5									
16	Aspeudes nipponicus								5					
17	Cycladicama tsuchii													
18	Decorifer matusimana								15					
19	Diogenes edwardsii													
20	Dosinia japonica													5
21	Eocylichna cylindrella				5						5			
22	Episiphon kaochowwanense										5	5		
23	Eudorella pacifica										5			
24	Eulima maria													5
25	Felaniella usta													
26	Genetyllis s	5					5							
27	Glycera subaenea				5									

图 4-13　H′ - AMBI 软件样本数据 Excel 的输入格式

(3)“检测”,对所导入的数据格式进行核对,检验是否符合软件要求的导入数据格式要求,用户可依据检测出的物种数和站位数及平行样数量判定数据格式是否合格。若检测出的数据与导入样本数据 Excel 中的实际数目不符或出现错误,可修正后重新进行样本文件导入。点击“查看数据库”后,可出现软件中物种分类所依据的数据库中物种的拉丁文名及其生态类群列表,见图 4-14。

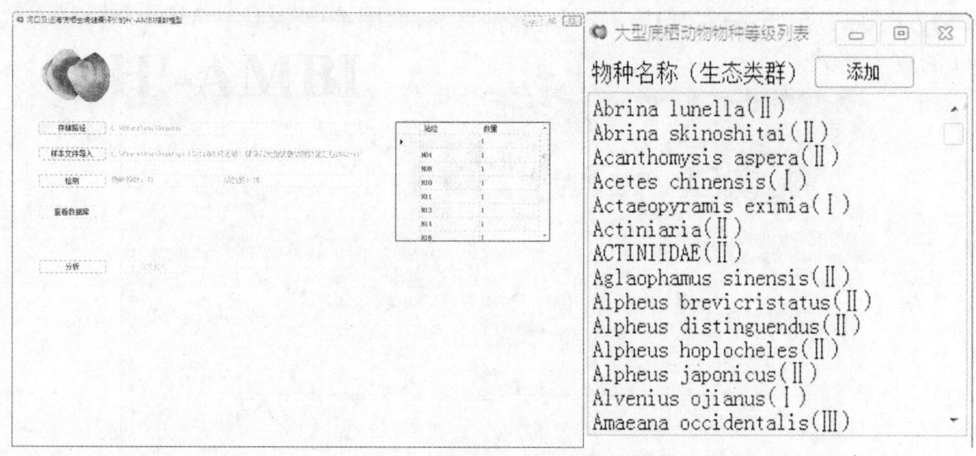

图 4-14　样本. xls 数据格式的检测及数据库物种列表

4.2.5.3　数据处理

检验校对过样本数据之后,即可点击“分析”,运行数据处理。软件会依据数据库中包含的物种信息,自动分级物种生态类群。有时,必须进行物种名称核对(见图 4-15)。当出现“ * * 没有找到”字句时,说明该物种不存在于数据库物种列表中,可能的原因有:①该物种没有在数据库中不存在;②样本物种名拉丁文拼写与数据库中的不一致;③物种名称错误;等等。

对于“没有找到”物种的处理,有四种选择方式(见图 4-15):

(1)选择“忽略”,则忽略此物种,认为其与 AMBI 的计算无关,即该物种不再参与分析。

(2)选择“无分组”,认为物种不记为任一生态类群,即该物种参与分析,但不分组。

(3)选择“更改”,将物种名称更改为数据库列表中的某一种继续进行计算,适用情况有两种:①样本物种名称拼写有误;②数据库中有该物种更高级别的分类,就把物种的分类降低到属或科的水平,或者把它更改为近似物种的等级(注:对没有找到的样本物种,系统会自动选中软件物种名称列表中拼写相近的物种)。

(4)取消查询。终止运行,对样本物种校正过后可重新导入。

4.2.5.4　结果分析

当对“未找到物种”所做的处理操作完毕后,点击“结果显示”即可将运行结果显示。

若有以下情况出现,软件会跳出对结果有效性的警示语对话框,提示评价结果可能不够可靠:

(1)某站位“无分组”的物种个数占此站位总个数的比例大于 20%。

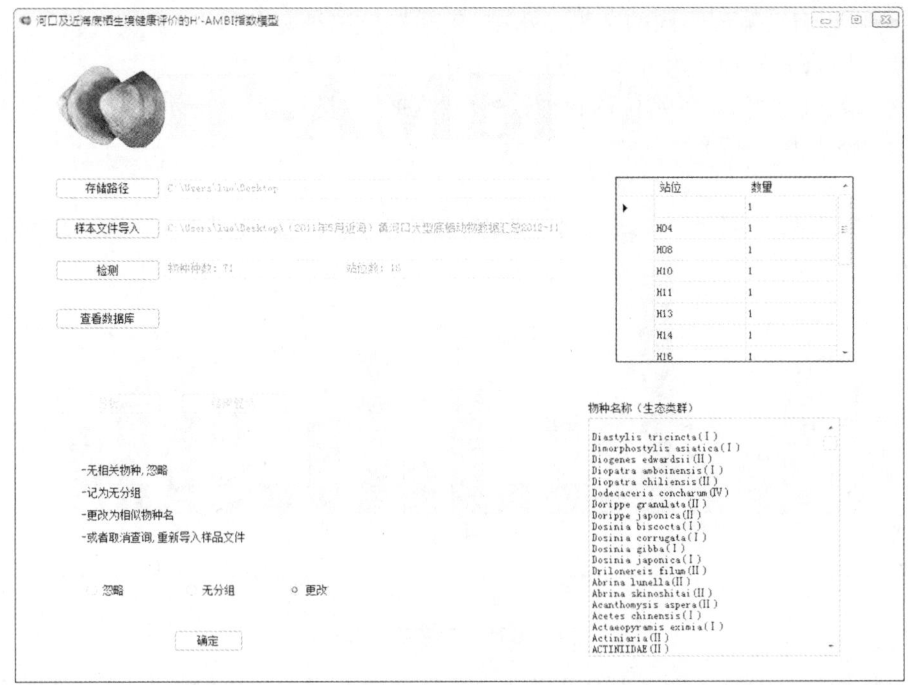

图 4-15　依据软件数据库信息进行的数据处理过程

(2)某站位的物种数少于 3。

(3)某站位各物种的总个数少于 6。

软件第二主界面显示的结果包括各站位大型底栖动物的不同生态等级物种所占的百分比、计算得出的多样性指数 H' 及 AMBI 值，并结合两种指数判定研究区的底栖生境健康评价等级。给出站位最终的 H′ - AMBI 指数的评价等级原则为：若站位物种数≤3，显示多样性指数 H'评价的等级；若站位物种数 >3，显示 AMBI 评价的等级，如图 4-16 所示。

河口及近海底栖生境健康评价的H'-AMBI指数模型

站位	I%	II%	III%	IV%	V%	无分组%	H'	AMBI	评价等级
	26.67	33.33	33.33	6.67	0	0	3.61	1.8	良
H04	16.67	50	33.33	0	0	0	2.4	1.75	良
H08	55.56	22.22	11.11	11.11	0	0	3.03	1.17	优
H10	40	36	16	4	0	4	4.2	1.2	优
H11	50	50	0	0	0	0	1	0.75	中
H13	30	40	30	0	0	0	2.67	1.5	良
H14	0	66.67	0	33.33	0	0	1.59	2.5	中
H16	23.08	53.85	23.08	0	0	0	3.42	1.5	良
H19	0	57.14	42.86	0	0	0	2.69	2.14	良
H20	29.41	35.29	17.65	5.88	0	11.76	2.57	1.32	良
H24	10	60	10	10	0	10	3.24	1.65	良
H25	33.33	66.67	0	0	0	0	1.5	1	中
H28	33.33	41.67	16.67	8.33	0	0	0.54	1.5	良
H30	40	13.33	40	0	0	6.67	3.74	1.4	良

物种数分布图　多样性指数H评价图　物种等级分布直方图　AMBI评价图　H-AMBI指数评价图

图 4-16　采样站位 H′ - AMBI 指数评价结果

软件可以自动输出不同的结果显示图，包括站位物种数分布图、多样性指数 H′评价图、AMBI 评价图、物种等级分布直方图以及 H′ - AMBI 指数评价图。

"物种数"图给出了各站位的物种数并以物种数 3 进行标记，显示物种数大于 3 和小于 3 的状况（见图 4-17）。

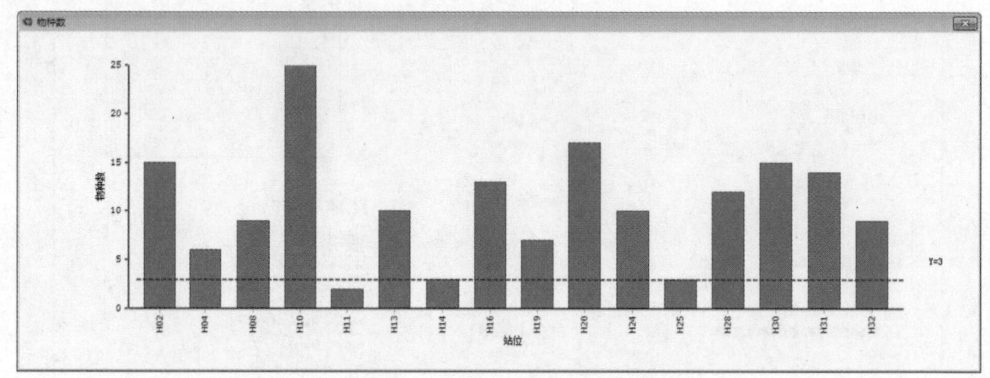

图 4-17　采样站位物种数分布图

"多样性指数 H′评价图"为对采样站位进行多样性指数评价的柱状图及评价等级划分图（见图 4-18），结果显示直观、简洁。

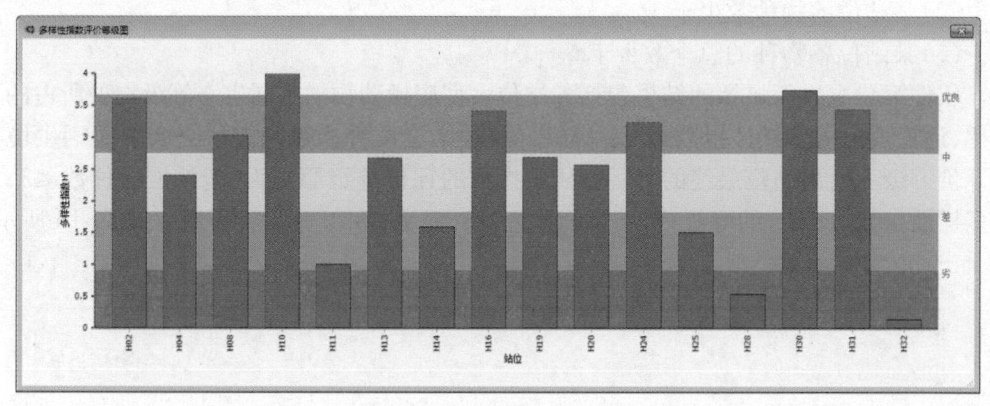

图 4-18　采样站位多样性指数 H′评价结果

"物种等级分布直方图"下给出了各个站位大型底栖动物不同生态类群等级所占的比例直方图（见图 4-19），可对某单一站位的物种等级组成比例以及不同站位进行比较。

"AMBI 评价图"为应用 AMBI 指数对研究站位进行底栖生境健康状况评定的等级图（见图 4-20）。它直观地反映出区域的底栖环境的基本状况，可用于研究站位遭受影响（如污水厂）或区域概况的演变进程。

本软件可给出河口及近海区域底栖环境健康状况等级，其评价等级的确定原则为：若站位物种数≤3，显示多样性指数 H'评价的等级；若站位物种数 > 3，显示 AMBI 评价的等级。对结合两种指数得到的评价等级为优、良、中、差、劣的站位，分别赋值为 5、4、3、2、1，

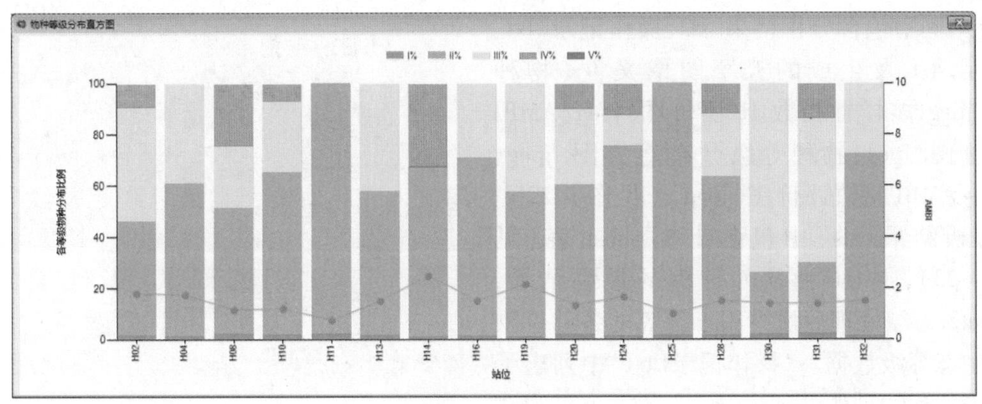

图 4-19 物种等级分布直方图

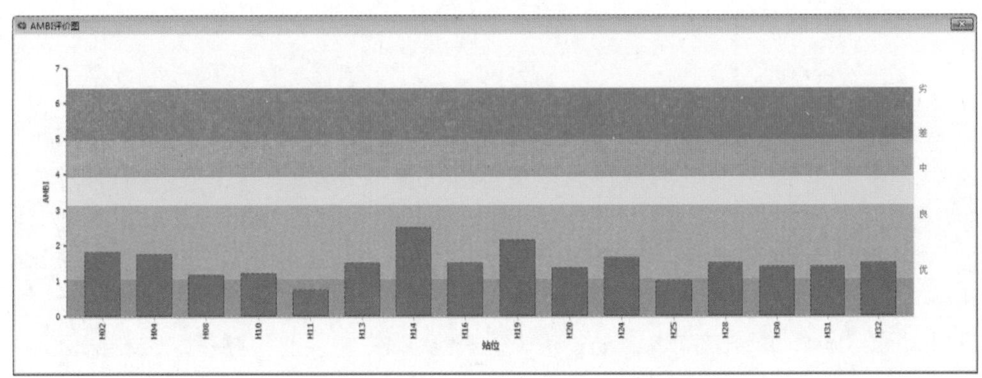

图 4-20 采样站位 AMBI 评价结果

得到 H′ - AMBI 指数评价图(见图 4-21)为各个站位的最终评价等级,反映研究区域底栖生境的健康状况。

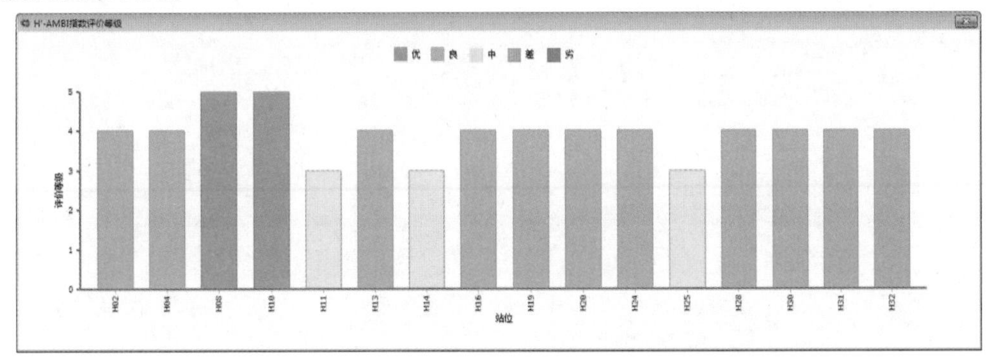

图 4-21 H′ - AMBI 指数评价等级

4.2.5.5 结果输出

软件首界面下的"存储路径"可对软件处理结果的保存位置进行自主选择,生成"样本文件名_Result"文件夹。选定输出文件夹位置后,可自动将软件运行结果保存到文件夹中,其中包含分析结果. xls、操作记录. txt、提示. txt 及生成的五个图像文件(物种数. jpeg、多样性指数 H′评价图. jpeg、AMBI 评价图. jpeg、物种等级分布直方图. jpeg、H′ - AMBI 指数评价图. jpeg)(见图 4-22)。“分析结果. xls”中包含 2 个 sheet 表(见图 4-23),sheet1 为软件计算的最终结果,sheet2 为经处理后最终用于计算的各站位物种生态等级数据。“操作记录. txt”中列出了对未找到物种的处理记录。“提示. txt”为对结果有效性的警示语。

AMBI评价图.jpeg
H′- AMBI指数评价图.jpeg
操作记录.txt
多样性指数H′评价图.jpeg
分析结果.xls
提示.txt
物种等级分布直方图.jpeg
物种数.jpeg

图 4-22　软件输出文件

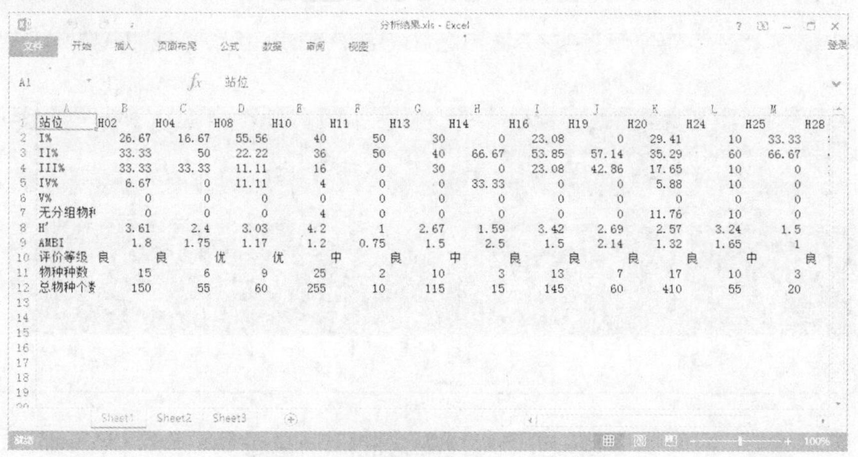

站位	H02	H04	H08	H10	H11	H13	H14	H16	H19	H20	H24	H25	H28
I%	26.67	16.67	55.56	40	50	30	0	23.08	0	29.41	10	33.33	
II%	33.33	50	22.22	36	50	40	66.67	53.85	57.14	35.29	60	66.67	
III%	33.33	33.33	11.11	16	0	30	0	23.08	42.86	17.65	10	0	
IV%	6.67	0	11.11	4	0	0	33.33	0	0	5.88	10	0	
V%	0	0	0	0	0	0	0	0	0	0	0	0	
无分组物种	0	0	0	4	0	0	0	0	0	11.76	10	0	
H′	3.61	2.4	3.03	4.2	1	2.67	1.59	3.42	2.69	2.57	3.24	1.5	
AMBI	1.8	1.75	1.17	1.2	0.75	1.5	2.5	1.5	2.14	1.32	1.65	1	
评价等级	良	良	优	优	中	良	中	良	良	良	良	中	良
物种种数	15	6	9	25	2	10	3	13	7	17	10	3	
总物种个数	150	55	60	255	10	115	15	145	60	410	55	20	

(a)sheet 1

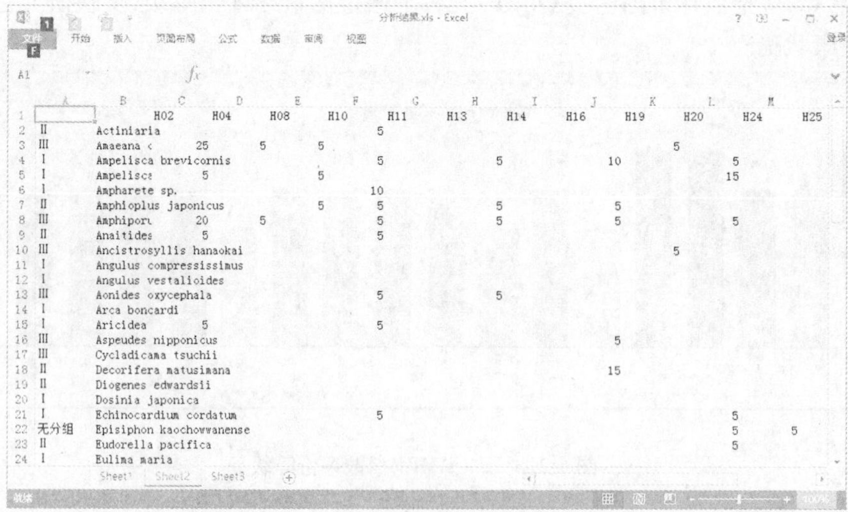

		H02	H04	H08	H10	H11	H13	H14	H16	H19	H20	H24	H25
Ⅱ	Actiniaria				5								
Ⅲ	Amaeana c	25	5	5						5			
Ⅰ	Ampelisca brevicornis				5		5		10		5		
Ⅰ	Ampelisca	5		5							15		
Ⅰ	Ampharete sp.				10								
Ⅱ	Amphioplus japonicus			5	5		5		5				
Ⅲ	Amphiporu	20	5		5		5		5		5		
Ⅱ	Anaitides	5			5								
Ⅲ	Ancistrosyllis hanaokai									5			
Ⅰ	Angulus compressissimus												
Ⅰ	Angulus vestalioides												
Ⅲ	Aonides oxycephala				5		5						
Ⅰ	Arca boncardi												
Ⅰ	Aricidea	5			5								
Ⅲ	Aspeudes nipponicus								5				
Ⅲ	Cycladicama tsuchii												
Ⅱ	Decorifera matusimana								15				
Ⅱ	Diogenes edwardsii												
Ⅰ	Dosinia japonica												
Ⅰ	Echinocardium cordatum				5						5		
无分组	Episiphon kaochowwanense										5	5	
Ⅱ	Eudorella pacifica										5		
Ⅰ	Eulima maria												

(b)sheet 2

图 4-23　软件可输出的分析结果数据

4.3 黄河口及邻近海域生态重要性识别研究

本研究在综合国际相关研究概念的基础上,在国内首次开展了海洋生态重要性区识别研究,确定了海洋生态重要区相关的工作定义(包括海洋生态重要区、海洋生态重要区识别、海洋生态重要区管理),建立了海洋生态重要区的选划指标,并对黄河口及邻近海域的生态重要性进行了等级划分。

4.3.1 海洋生态重要区相关的工作定义

4.3.1.1 **海洋生态重要区**(Marine Important Ecological Areas, **简称** MIEAs)

海洋生态重要区也称为海洋生态/生物重要性区域(Marine Ecologically and/or Biologically Significant Areas, 简称 MEBSAs),是指在一定的海洋空间范围内,某些区域的重要物种分布、生产力水平、栖息地环境等方面相对于其他区域具有更高的生态价值,对于维持海洋生物多样性、群落结构和生态系统功能具有更为重要作用的区域。该定义是对一定区域的海洋生态内在价值和自然属性的客观描述,而不是以人类开发利用价值、获取产品与服务重要程度的描述。

4.3.1.2 **海洋生态重要区识别**(Identification)

海洋生态重要区识别也称为海洋生态重要区选划(Selection),是指通过一定方法与步骤判断哪些区域属于生态重要区的过程。通常在海域生态调查的基础上,通过建立一套客观、科学并具有可操作性的识别准则、步骤和指标体系,利用 GIS 手段对特定研究区域的所有可获得生物生态信息进行整合分析,判断其空间分布特征,从而按一定重要性等级进行区域空间识别和等级划分的全部过程。

4.3.1.3 **海洋生态重要区管理**(Management)

海洋生态重要区管理是指以海洋生态重要区识别结果为依据,根据重要性等级和风险程度制订海洋空间利用规划,规范人类行为和开发活动,以便实施更高程度的生态风险规避,从而促进海洋生态系统保护和海洋资源可持续利用的过程。

4.3.2 生态重要区的选划方法

4.3.2.1 **指标体系构建**

1. 相关指标体系研究状况

生态指标体系的构建是海洋生态重要区的核心研究内容,是选划海洋生态重要区的依据。文献中已经有很多用于指示和评价生态状况的指标,简单的如生物量、物种数、Shannon - Wiener 生物多样性指数等,另外还有一些综合指数,如水体污染指数、营养指数、生物质量指数、生物健康指数、生态系统完整性指数等。

针对海洋生态重要区的研究,目前还没有被统一认可的指标体系和选划标准。研究较为成熟的有加拿大渔业与海洋署(DFO)提出的 EBSAs 选划标准、CBD 提出的 EBSAs

的选取准则以及 Derous 等建立的有关海洋生物价值评估所采用的标准。这些选划标准和指标体系，在很大程度上具有相似性，但由于不同机构针对的研究区域、空间尺度以及所关注的生态问题的不同，也存着一定差异。

Gregr et al(2012)对几种评价标准进行了比较(见表 4-13)，包括由 CBD 提出的用于识别敏感性区域的标准、美国 FAO 提出的标准，以及由加拿大渔业与海洋署(DFO)建立的 EBSAs 识别标准。比较结果显示，由 DFO 提出的 EBSAs 识别标准最为简练，几乎包含了目前提出的其他的标准。除了海洋生态重要区，有些机构也提出了一些相似的致力于保护海洋生态系统的概念，例如 FAO 提出的海洋生态系统敏感性区域(Vulnerable Marine Ecosystem，简称 VME)、世界海事组织(IMO)提出的特别敏感海洋区域(Particularly Sensitive Sea Areas)等，CBD 也对这些区域的选划标准进行了比较(见表 4-14)。

表 4-13　DFO、CBD、FAO 对 EBSAs 选划标准的比较(Gregr et al，2012，Marine Policy)

DFO EBSAs[a]	CBD EBSAs/GOBI	FAO VMEs
Rarity Aggregation	Uniqueness or Rarity Special importance for life history stages of species	Uniqueness of Rarity Life history attributes of species
Fitness Consequences	Importance for threatened, endangered of declining species and/of habitats Vulnerability, fragility, sensitivity, or slow recovery Biological Productivity	Functional significance of habitat Fragility
Naturalness	Naturalness	
Biodiversity	Biological diversity	Structural Complexity
Species Richness Structural Complexity Proportional Importance		

注：DFO EBSAs[a] criteria are shown with recommended revisions. See text for details.

2008 年，CBD 提出关于 EBSAs 选取的 7 条准则，即罕见性、物种重要生活史阶段、受威胁的/濒危的或者正在减少的物种/栖息地的重要性、易损性/脆弱性/敏感性/慢恢复性(Vulnerability/ Fragility/ Sensitivity/Slow Recovery)、生物生产力、生物多样性及自然性(Speer & Laughlin，2010)。

表 4-14 不同组织机构对海洋生态重要性区域选划标准的比较(Dunn et al. , 2011, IUCN workshop report)

Organization	CBD	FAO	IMO	UNESCO
Criteria for identification of:	Ecologically or Biologically Significant Areas	Vulnerable Marine Ecosystems	Particularly Sensitive Sea Areas	World Heritage Sites
Uniqueness of rarity	Uniqueness or rarity-Area contains either: (i) unique ("the only one of its kind"). rare ("occurs only in few locations") or endemic species, populations or communities: and/or (ii) unique, rare or distinct, habitats or ecosystems: and/or (iii) unique or unusual geomorphological or oceanographic features	Uniqueness or rarity-An area or ecosystem that is unique or that contains rare species whose loss could not be compensated for by similar areas or ecosystems. These include: habitats that contain endemic species; habitats of rare, threatened or endangered species that occur only in discrete areas; or nurseries or discrete feeding, breeding, or spawning areas	Uniqueness or rarity-An area or ecosystem is unique if it is "the only one of its kind". Habitats of rare, threatened, or endangered species that occur only in one area are an example. An area or ecosystem is rare if it only occurs in a few locations or has been seriously depleted across its range. (...) Nurseries or certain feeding, breeding, or spawning areas may also be rare or unique	Contain superlative natural phenomena or areas of exceptional natural beauty and aesthetic importance
Special importance for life-history stages of species	Special importance for life-history stages of species-Areas that are required for a population to survive and thrive. (…) Areas containing: (i) breeding grounds, spawning areas, nursery areas, juvenile habitat or other areas important for Life-history stages of species: or (ii) habitats of migratory species (feeding, wintering or resting areas, breeding, moulting, migratory routes)	Functional significance of the habitat-Discrete areas or habitats that are necessary for the survival, function, spawning/reproduction or recovery of fish stocks, particular Life-history stages (e. g. , nursery grounds or rearing areas), or of rare, threatened or endangered marine species	Spawning or breeding grounds-An area that may be a critical spawning or breeding ground or nursery area for marine species which may spend the rest of their life-cycle elsewhere, or is recognized as migratory routes for fish, reptiles, birds, mammals, or invertebrates	Be distancing examples representing significant on-going ecological and biological processes in the evolution and development of terrestrial, freshwater, coastal and marine ecosystems and communities of plants and animals

续表 4-14

Organization	CBD	FAO	IMO	UNESCO
Importance to threatened or endangered species	Importance for threatened, endangered or declining species and/or habitats-Area containing habitat for the survival and recovery of endangered, threatened, declining species or area with significant assemblages of such species	Functional significance of the habitat-Discrete areas or habitats that are necessary (or the survival, function, spawning/reproduction or recovery of fish stocks, particular life-history stages (e. g., nursery grounds or rearing areas), or of rare, threatened or endangered marine species	Critical habitat-A sea area that may be essential for the survival, function, or recovery of fish stocks or rare or endangered marine species, or for the support of large marine ecosystems	Contain the most important and significant natural habitats for in situ conservation of biological diversity, including those containing threatened species of outstanding universal value
Vulnerability, fragility, sensitivity, or slow recovery	Vulnerability, Fragility, Sensitivity, or Slow recovery-Areas that contain a relatively high proportion of sensitive habitats, biotopes or species that are functionally fragile (highly susceptible to degradation or depletion by human activity or by natural events) or with slow recovery	Fragility-An ecosystem that is highly susceptible to degradation by anthropogenic activities. Life-history traits of component species that make recovery difficult-Ecosystems that are characterized by populations or assemblages of species with one or more of the following characteristics: slow growth rates: late age of maturity, low or unpredictable recruitment: or long-lived	Fragility-An area that is highly susceptible to degradation by natural events or by the activities of people (...)	

续表 4-14

Organization	CBD	FAO	IMO	UNESCO
Criteria for identification of:	Ecologically or Biologically Significant Areas	Vulnerable Marine Ecosystems	Particularly Sensitive Sea Areas	World Heritage Sites
Productivity	Biological productivity-Area containing species, populations or communities with comparatively higher natural biological productivity		Productivity-An area that has a particularly high rate of natural biological production. Such productivity is the net result of biological and physical processes which result in an increase in biomass in areas such as oceanic fronts, upwelling areas and some gyres	Be outstanding examples representing significant on-going ecological and biological processes in the evolution and development of terrestrial, freshwater, coastal and marine ecosystems and communities of plants and animals
Biodiversity	Biological diversity-Area contains comparatively higher diversity of ecosystems, habitats, communities, or species, or has higher genetic diversity		Diversity-An area that may have an exceptional variety of species or genetic diversity or includes highly varied ecosystems, habitats, and communities	Contain the most important and significant natural habitats for in situ conservation of biological diversity, including those containing threatened species of outstanding universal

续表 4-14

Organization	CBD	FAO	IMO	UNESCO
Naturalness	Naturalness-Area with a comparatively higher degree of naturalness as a result of the lack of or low level of human-induced disturbance or degradation		Naturalness-An area that has experienced a relative lack of human-induced disturbance or degradation	Contain superlative natural phenomena or areas of exceptional natural beauty and aesthetic importance
Structure		Structural complexity-An ecosystem that is characterized by complex physical structures created by significant concentrations of biotic and abiotic features. In these ecosystems, ecological processes are usually highly dependent on these structured systems. Further, such ecosystems often have high diversity which is dependent on the structuring organisms	Dependency-An area where ecological processes are highly dependent on bioticaly structured systems (e g., coral reefs, kelp forests, mangrove forests, seagrass beds). Such ecosystems often have high diversity, which is dependent on the structuring organisms. Dependency also embraces the migratory routes of fish, reptiles, birds, mammals, and invertebrates	
Historical geomorphological importance				Be outstanding examples representing major stages of earth's history, including the record of life, significant on-going geological processes in the development of landforms, or significant geomorphic or physiographic features

加拿大 DFO 提出的 EBSAs 评估标准可分为 5 个，即独特性、生物聚集性、健康影响（Uniqueness, Aggregation, and Fitness Consequences）以及自然性和恢复力（Naturalness and Resilience），其中前 3 个是主要的基础评估因子，后 2 个是附加评估标准，是选定优先 EBSAs 的考虑因子（DFO，2004，2011），具体为：

（1）独特性（DFO 称其为 Uniqueness，欧洲国家多称为 Rarity，例如 Derous et al，2007，意义是大致相同的）：

评价一个区域的某些特征的独特性、稀有性、重要性的程度，以及是否具有不可替代的作用。这些特征包括物种组成、群落特征、生态功能、生境、地质地貌或水动力条件等。

（2）生物聚集性（Aggregation）：评价一个区域对生物物种聚集程度的标准。主要包括 3 个方面：

①高：一个物种的绝大多数个体在一年的某些时期聚集在该区域；

低：一个物种广泛分布，即使在某个区域丰富度较高，该区域对整个种群的贡献率也不高。

②高：一个物种的多数个体的某些重要生活史功能发生于该区域；

低：一个物种的个体可能会聚集于某区域进行某项生活史功能，但是它们进行该生活史功能的区域随时间而变化。

③高：某些生态结构或生态过程在该区域具有很高的“密度”；

低：生态过程在很多其他替代区域都可以发生。

（3）健康影响（Fitness Consequences）：评价一个区域发生的物种的生活史行为对种群的健康的贡献率的标准。

高：生物在该区域进行的生活史活动对种群的健康状况具有重要贡献；

低：生物在该区域进行的生活史活动对种群的健康状况的贡献较小。

（4）恢复力（Resilience）：评价一个区域的生境或物种组成敏感、易受扰动以及是否易于恢复程度的标准。这个标准主要用于评价生态结构方面的特征。

高：区域的生境结构或物种组成高度敏感、易受扰动且难以恢复；

低：区域的生境结构或物种组成抗干扰能力强，易于恢复到扰动前的状态。

（5）自然性（Naturalness）。

高：区域生境基本未受人类活动干扰，处于原始状态，生物物种以本地种为特征；

低：区域受到人类活动的强烈干扰，外来物种或养殖物种丰富度高。

2. 黄河口及邻近海域 EBSA 指标构建

海洋生态重要性指标体系是一套综合的指标体系，能够将研究海区的物理海洋学特征、水质状况及生物生态要素整合在一起，反映研究海区的生态系统的结构和功能。

本研究参考国际上已有的 EBSA 选划标准的研究，根据黄河口及其邻近海域的海洋环境与生态状况，初步建立了海洋生态重要性区域的评价标准及指标体系，见表 4-15。对于黄河口区域，所选用的具体指标为表中画横线字体标出的部分。

表 4-15 海洋生态重要性区域的评价标准与指标

生态重要性评价标准	海洋生态重要区的评价指标
一级指标 First-order criteria	Indicators
生物生产力 (Biological productivity)	• 叶绿素浓度/浮游植物细胞丰富度高值区 • 浮游动物丰富度/生物量高值区 • 底栖生物丰富度/生物量高值区 • 生产力净输出高值区 • 有机物高沉降区 • 某种生物种群的高值区(例如经济鱼类)
生物多样性 Biodiversity	• 高物种丰富度 • 物种多样性指数高值区 • 高生境异质性(一小片区域内生境多样性程度高)
繁殖区 (Reproductive areas)	• 鱼卵、仔稚鱼密度高值区 • 产卵场、育幼场
生活史重要区域(不包括繁殖) (Non-reproductive bottleneck areas)	• 种群的越冬场 • 种群的洄游路径(某些物种在一年的特定时间,聚集于该区域或者洄游物种的洄游路径)
濒危物种的生境 (Habitat for endangered/threatened species)	• 濒危物种分布区域
独特生境 (Rare/unique habitats and habitat for rare species)	• 具有独特的地质、海洋学特征的区域
二级指标(Second-order criteria)	
自然性 (Naturalness)	• 受人类活动干扰较小的区域(例如,采矿、石油开采、航运、渔业捕捞等) • 由于该区域的物理特征,人类难以到达的区域 • 水体或者沉积物污染物浓度很低的区域
脆弱性/敏感性 (Fragility/Sensitivity)	• 该区域的特征使其与研究区域内其他地区相比,对人类活动特别敏感,例如: • 生境或物种在受到扰动后,恢复很慢 • 该区域的物理学过程使其易于累积污染物(水交换比较差的地方) • 海洋灾害高发区(例如海冰、风暴潮、赤潮)
重要性程度(黄河口/渤海/中国近海) (Significance)	• 某区域的过程或者特征,在更大的空间尺度上具有重要性

4.3.2.2　GIS 数据及图层处理

为了将研究区域的生态重要性在空间上进行展示,每个指标必须带有相应的地理信息。本项目利用 ArcGIS 软件,将每个要素的空间分布在研究区域进行插值,并作为一个独立图层,之后将每个要素多年平均的数据图层进行标准化处理,然后将标准化的各要素图层进行等权重空间叠加运算,以得到整合的生态重要性分布图。具体计算步骤如下:

(1)将海洋生态重要性区域的划分标准分为两级:一级标准和二级标准,其中一级标准分为6组评价标准,分别为生物生产力、生物多样性、繁殖区、生活史重要区域、濒危物种生境、独特生境,这几组标准基本反映了生态系统的主要结构和功能,每组标准又分解为不同的指标;二级标准是在一级标准的基础上,增加其生态重要性程度的评价。

(2)对一级标准中的各个指标(濒危物种生境除外),根据其数值的相对大小进行等级划分(注:与目前大多数评价不同,不是用绝对的数值进行评价,因为生态重要性与研究区域和空间尺度是相关的,对一个研究区域中的生态重要性区域,是指相对于区域中其他地区,该区域具有更高的生态重要性),初步确定划分为5级,由低到高依次赋值为1~5分(这一步相当于数据的标准化,为图层叠加计算服务)。

(3)将各个指标的调查数据在空间上进行插值,将每个网格的指标数值换算为对应的等级分值,然后将每一个标准中各个指标的平面等级分布图进行叠加,每一个网格的得分为各个指标得分的加和,由此得到各个标准的重要性分布图(得分高的重要性程度高)。

(4)将一级标准中各个评价标准的重要性分布图进一步叠加,得到一级评价标准的生态重要性分布图,这时根据二级评价标准对结果进行调整(二级标准不再划分等级),如果某个网格符合二级标准中的某一项,就再增加1分,例如:某区域受人类活动影响小,水质和沉积物达Ⅰ类标准,保持了原始的生态状况,就可以加1分;某区域水交换比较差,同等污染物排放情况下,其受影响更重,即更脆弱,应该加强管理,可以加1分;某区域易受海冰、风暴潮、赤潮等海洋灾害的影响,应加强监测以规避灾害风险,可以加1分;某区域中发生的生态过程或者其生态结构在更大空间尺度上具有生态重要性,例如渤海甚至中国近海,可以加1分;等等。最后的评价结果得分越高,生态重要性程度越高。

(5)有些指标,如果缺乏数据,可以去掉,只是叠加层次少了,并不影响方法。

IEAs 方法阶段步骤框架图见图4-24,具体 IEA 选划工作流程见图4-25。

4.3.2.3　结果

海洋生态重要性区域的研究结果,以重要性等级的空间分布图的形式表达,并辅助以必要的文字说明和讨论,对生态重要性区域的选划依据进行详细说明。具体见本章4.3.3应用研究。

4.3.3　应用研究

4.3.3.1　研究区域及概述

黄河是我国北方最大的河流,是渤海淡水、营养盐、泥沙和污染物输入的主要来源。大量营养物质的入海,使黄河口及其邻近海域成为渤海营养最为丰富的区域之一,同时作

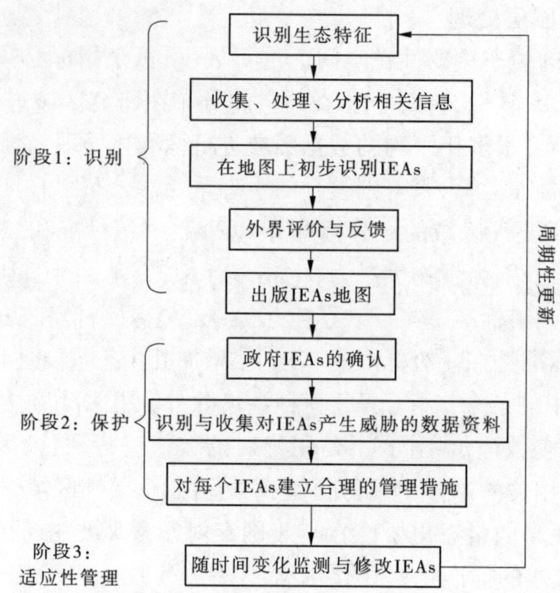

图 4-24　IEAs 方法阶段步骤框架图　（仿 Ayers et al, 2010）

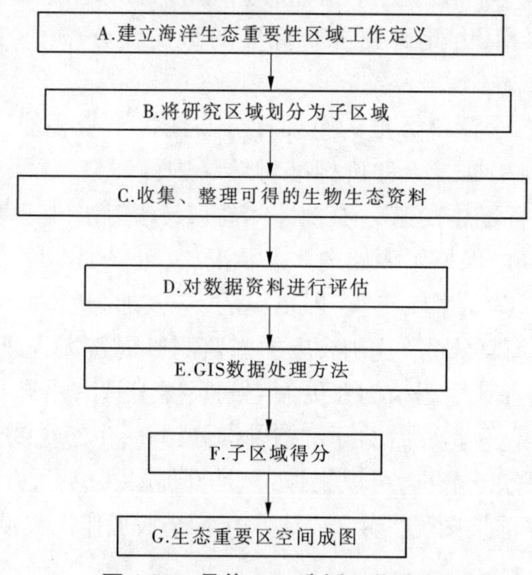

图 4-25　具体 IEA 选划工作流程

为咸淡水的交汇处,是众多鱼类产卵繁殖、索饵及生长育肥的良好场所,是渤海重要的经济渔场之一。黄河是世界上输沙量最大的河流,其入海泥沙量的变化对维持黄河三角洲的发展或蚀退具有决定作用。然而过去几十年中,人类活动的干扰特别是上游建坝等行为对黄河入海水沙造成了强烈影响,2000 年之前曾出现水沙锐减、黄河断流、下游河床淤积、海岸线蚀退、产卵场萎缩等严重问题。2002 年之后,黄河小浪底工程开始进行每年一度的调水调沙,即利用工程设施和调度手段,通过水流的冲击,将水库里的泥沙和河床上的淤沙适时送入大海,从而减少库区和河床的淤积,增大主槽的行洪能力。然而短期(20

d 左右)的水沙强冲击负荷,也势必对河口的生态系统造成不可预测的影响。本章主要对调水调沙运行之后几年的黄河口及其邻近海域的生态状况开展研究,识别重要生态功能区。

本研究区域为东经 119°00′ ~ 119°30′、北纬 37°20′ ~ 38°10′,见图 4-26。

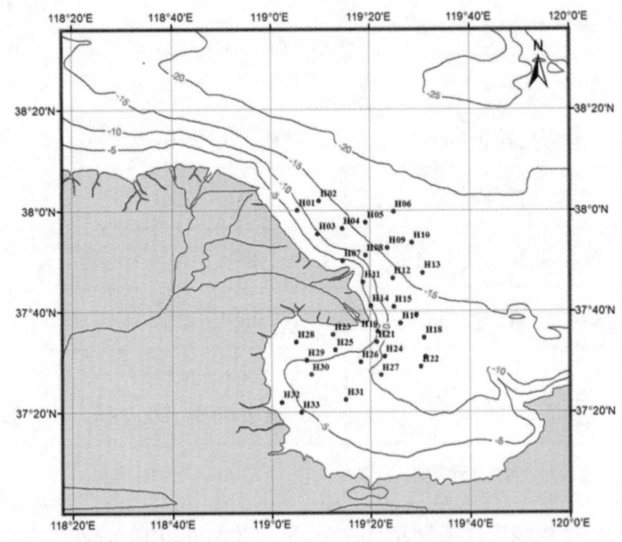

图 4-26　黄河口及邻近海域调查站位分布图(2004 ~ 2010 年)

4.3.3.2　数据来源

本研究所用数据主要来自于黄河口生态监控区 2004 ~ 2010 年的生态监测数据,以及本公益项目 2011 年 8 月的现场调查数据。

4.3.3.3　研究方法及数据处理

本研究采用报告第三部分的指标体系和数据及图层处理方法,以黄河口及邻近海域 2004 ~ 2011 年 8 月的生态监测资料为例,对该区域的生态重要性区域进行识别与等级划分。所使用的具体数据与说明见表 4-16。

表 4-16　黄河口生态重要性区域选划数据说明

项目	生态要素	时间	说明
浮游植物	Chl - a(mg/L, 表征初级生产力)	2004 ~ 2011 年表层水体,除 2010 年	2010 年叶绿素数据缺失
	浮游植物细胞丰富度($\times 10^4$ cell/m^3)	2004 ~ 2010 年,除 2006 年	2006 年浮游植物细胞丰富度及分布与其他年份有显著差异,故多年平均计算时去掉
	浮游植物物种数	2004 ~ 2010 年	
	浮游植物多样性指数 H'	2004 ~ 2010 年	

续表 4-16

项目	生态要素	时间	说明
浮游动物	浮游动物个体密度（ind/m^3）	2005 ~ 2010 年	2004 年浮游动物个体密度及分布与其他年份有显著差异，故多年平均计算时去掉
	浮游动物生物量（mg/m^3）	2004 ~ 2010 年，除 2007 年	2007 年数据缺失
	浮游动物物种数	2004 ~ 2010 年	
	浮游动物多样性指数 H'	2004 ~ 2010 年	
大型底栖生物	底栖生物个体密度（ind/m^3）	2004 ~ 2010 年	
	底栖生物生物量（mg/m^2）	2004 ~ 2010 年，除 2005 年、2006 年	2005 年、2006 年数据缺失
	底栖生物物种数	2004 ~ 2010 年	
	底栖生物多样性指数 H'	2004 ~ 2010 年	
水质参数	表层水体 DIN 浓度（mg/L）	2004 ~ 2011 年	

4.3.3.4　结果与讨论

1. 海水水质状况

黄河是我国北方最大的入海河流，每年向渤海注入大量的淡水、泥沙和营养盐，对渤海尤其是莱州湾的生态环境具有重大影响。《中国海洋环境状况公报》（原《中国海洋环境质量公报》）的监测结果表明，黄河口近岸水域营养盐污染严重，其中主要的污染物为无机氮，2004 ~ 2011 年 8 月所有监测站点的 DIN 浓度均超过 Ⅰ 类海水水质标准（《海水水质标准》（GB 3097—1997），部分站位甚至劣于Ⅳ类海水水质。因此，本研究将表层水体的无机氮浓度（DIN = $NO_3 + NO_2 + NH_4$，主要是 NO_3）作为水质状况的指标。

尽管 2004 ~ 2011 年 8 月黄河的入海径流量具有很大的年际变化（见图 4-27），但通过黄河口及邻近海域表层水体盐度与 DIN 分布的对比，可以看出二者的分布具有很好的负相关关系（见图 4-28），说明黄河径流输送是该海域 DIN 的主要来源，研究区域西南部的小清河也对该海域的 DIN 分布具有重要影响，尤其是 2004 年、2005 年、2008 年和 2011 年 8 月。

将 2004 ~ 2011 年 8 月 DIN 的分布进行空间叠加，并进行相应赋值，得到黄河口及邻近海域水质等级划分，见图 4-29。由该图可以看出，黄河入海口附近水质污染最为严重，以此为中心向南部及东部扩散，研究海域西南部水质也较差，主要是受到小清河入海径流的影响，黄河口北部区域水质较好，具有较高等级的生态重要性。

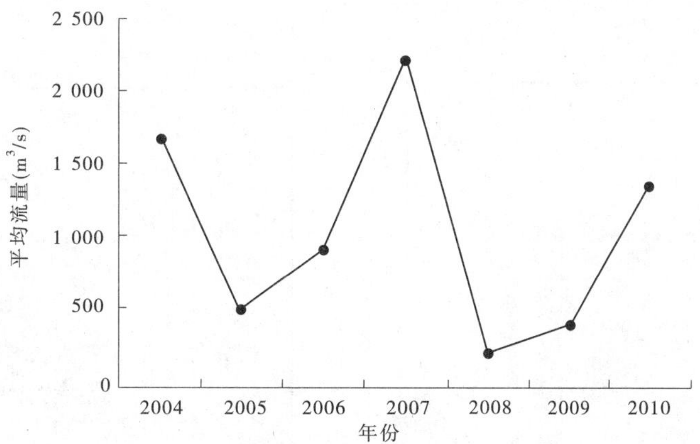

图 4-27　8 月调查期间利津站平均径流量　(数据来源:黄河河口海岸科学研究所内部资料)

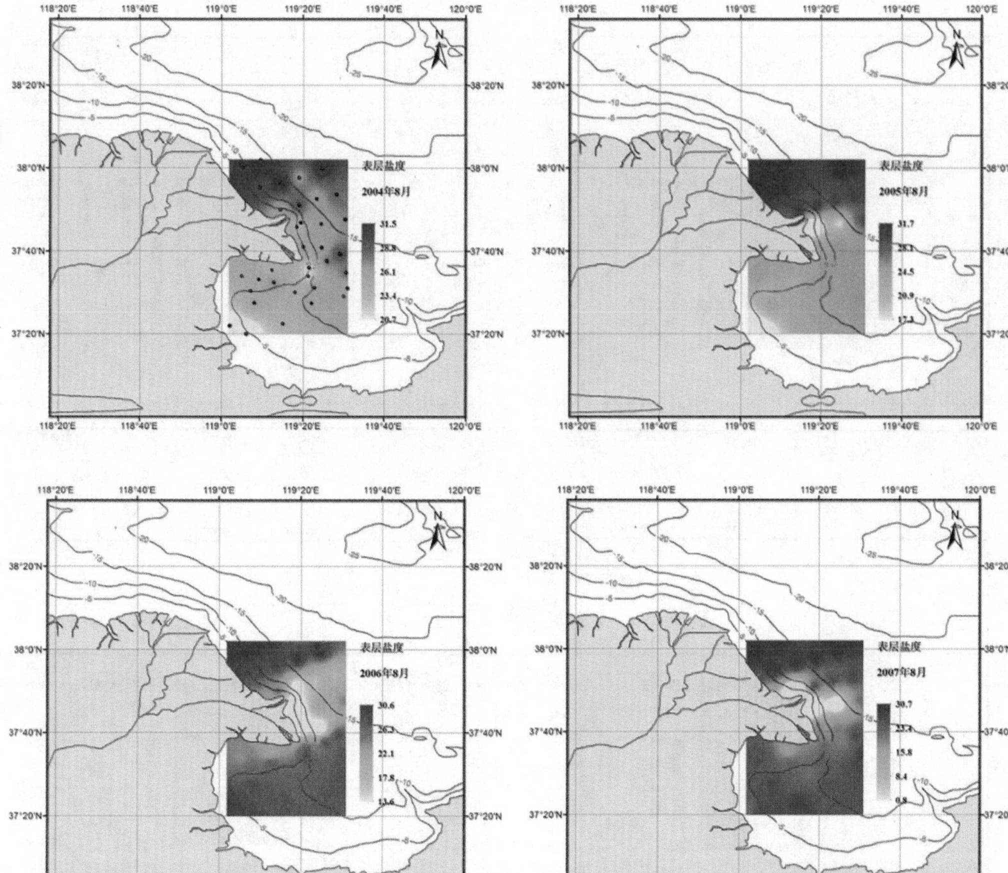

图 4-28　黄河口及邻近海域表层盐度与 DIN 平面分布图(2004 ~ 2011 年 8 月)

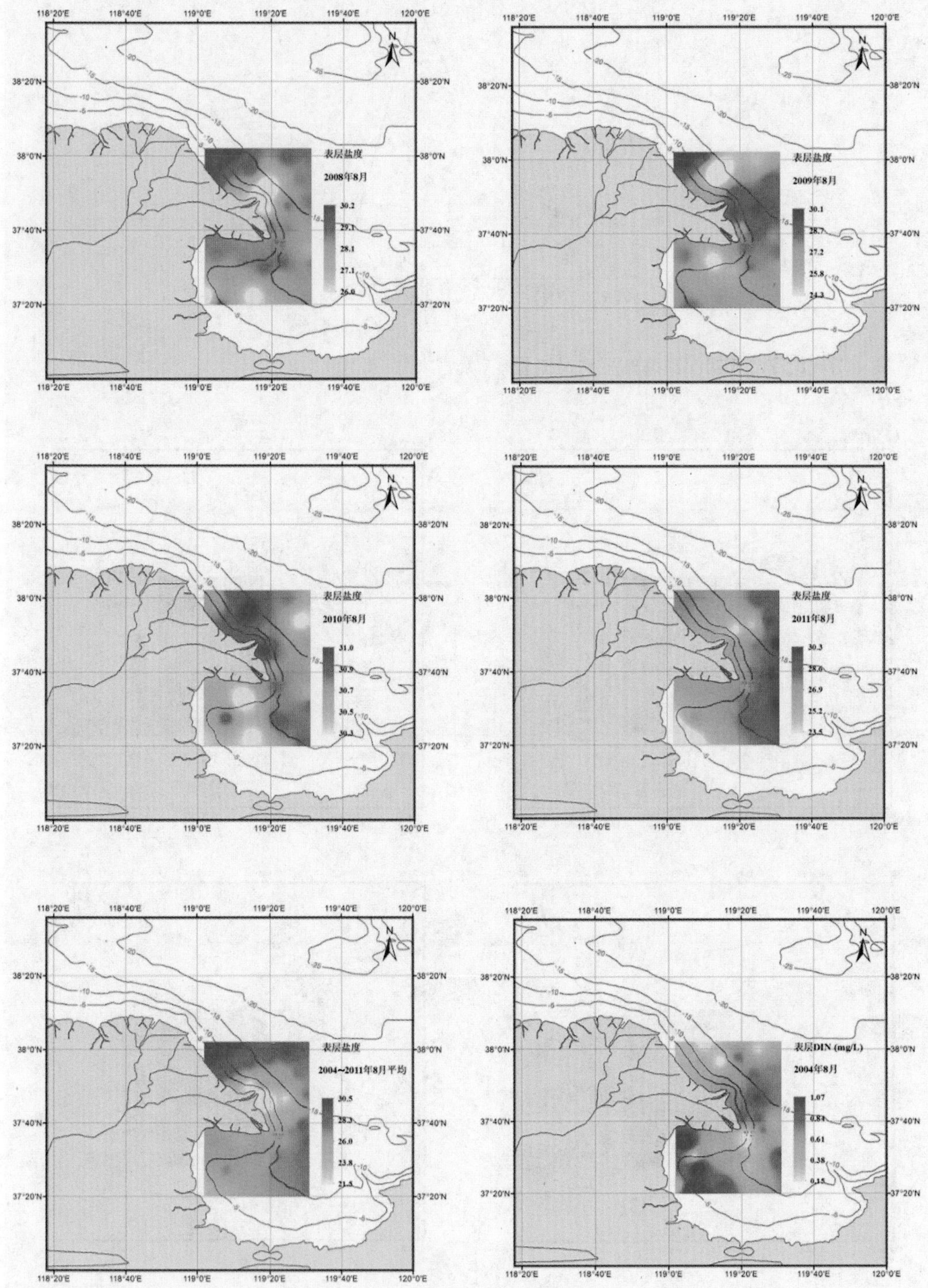
表层盐度
2008年8月
30.2
29.1
28.1
27.1
26.0
表层盐度
2009年8月
30.1
28.7
27.2
25.8
24.3
表层盐度
2010年8月
31.0
30.9
30.7
30.5
30.3
表层盐度
2011年8月
30.3
28.6
26.9
25.2
23.5
表层盐度
2004~2011年8月平均
30.5
28.3
26.0
23.8
21.5
表层DIN (mg/L)
2004年8月
1.07
0.84
0.61
0.38
0.15
118°20'E
118°40'E
119°0'E
119°20'E
119°40'E
120°0'E
38°20'N
38°0'N
37°40'N
37°20'N
N

续图 4-28

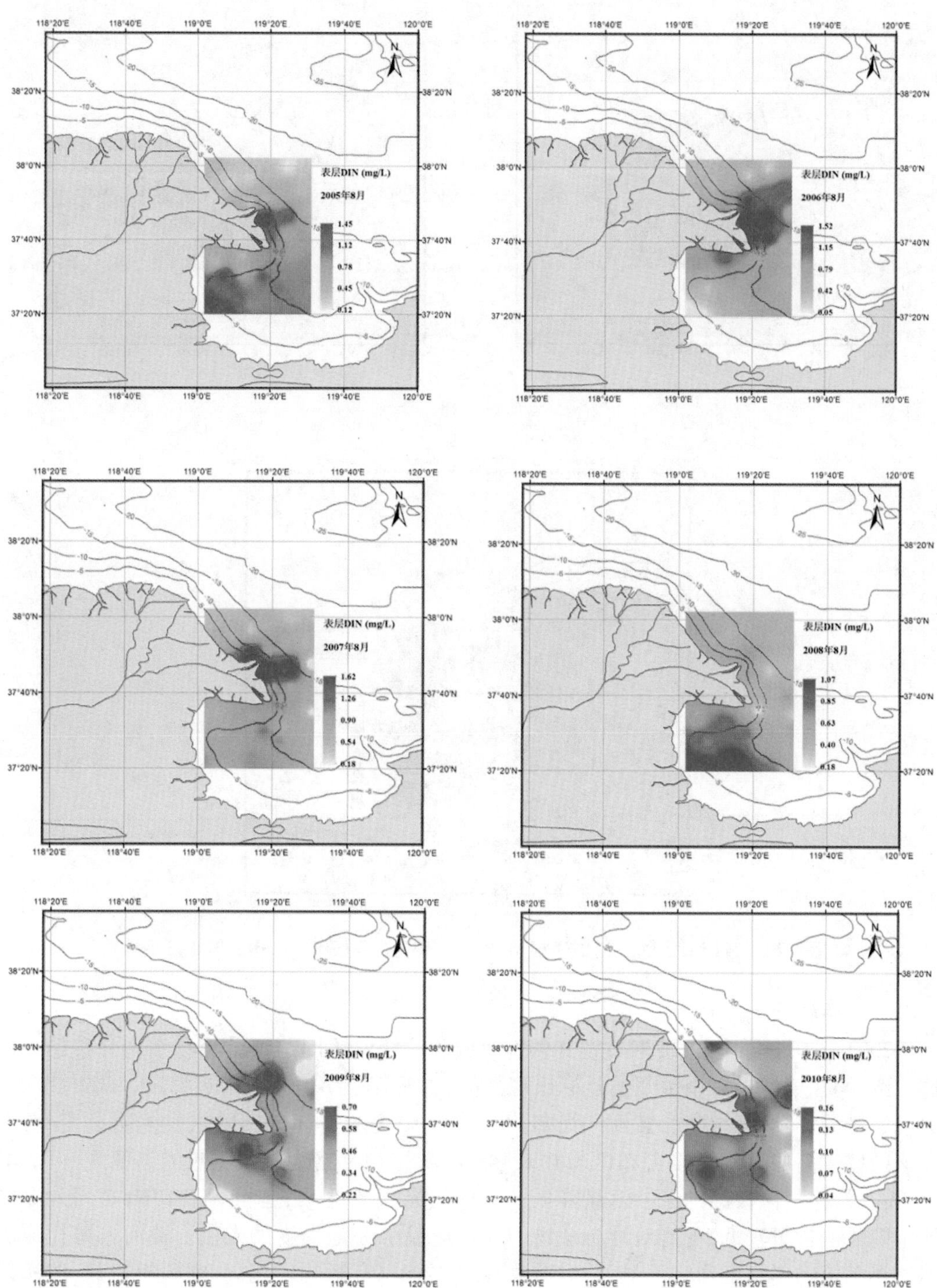
表层DIN (mg/L)
2005年8月
表层DIN (mg/L)
2006年8月
表层DIN (mg/L)
2007年8月
表层DIN (mg/L)
2008年8月
表层DIN (mg/L)
2009年8月
表层DIN (mg/L)
2010年8月

续图 4-28

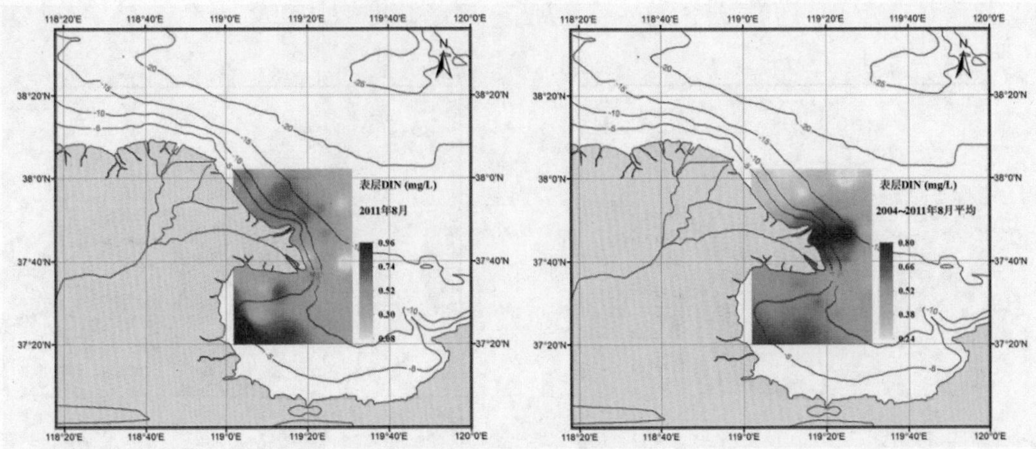

续图 4-28

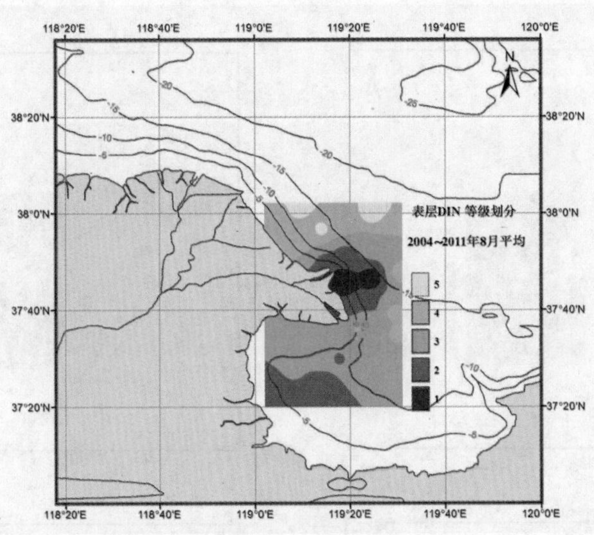

图 4-29　黄河口及邻近海域表层水体 DIN 等级划分(2004 ~ 2011 年 8 月平均)

2. 浮游植物

2004 ~ 2011 年 8 月,黄河口及其邻近海域的叶绿素浓度与浮游植物细胞分布趋势大体一致,均在黄河口以南莱州湾近岸出现高值区,尤其是小清河口附近海域。调查期间黄河径流量的年际变化很大,黄河入海口附近 DIN 浓度的空间分布随之发生明显变化,但在该区域较高的 DIN 浓度分布区却并未形成浮游植物丰富度或生物量的高值区,可能的原因:一是河口区较高的泥沙含量降低了水体的光照条件;二是相对于 DIN,黄河入海径流中磷酸盐含量较低,可能对浮游植物的生长造成了一定程度的限制。黄河入海径流虽然对浮游植物丰富度影响不显著,但对物种组成有一定影响。例如 2007 年 8 月,黄海径流量是 2004 ~ 2011 年中最大的一年,调查期间河口区的盐度不足 1,该年度河口区出现多个淡水或半咸水绿藻和蓝藻种类,例如双尖菱板藻、镰形纤维藻、螺旋藻、板星藻、顶刺藻等,但均没有形成优势种。

在多数调查年份，浮游植物物种数与多样性指数 H' 的分布趋势相一致（2006 年、2008 年、2009 年差异较明显），但是与浮游植物丰富度或生物量的分布差异很大，有些年份甚至呈负相关的关系。多数情况下，物种数和多样性指数在黄河入海径流影响之外的外海区域数值较高。

综合浮游植物的 4 个指标，进行不同年度的空间叠加，并进行相应赋值，得到黄河口及其邻近海域不同浮游植物指标的等级划分图以及浮游植物生态重要性等级划分，见图 4-30 ~ 图 4-36。其中，叶绿素（表征浮游植物生物量或初级生产力）和浮游植物丰富度在黄河口以南莱州湾近岸重要性程度较高，而物种数和多样性指数在外海区域重要性程度较高，整个浮游植物群落要素在黄河口以南莱州湾近岸区域重要性等级较高，其中生物量和细胞丰富度对重要性程度的贡献较大。

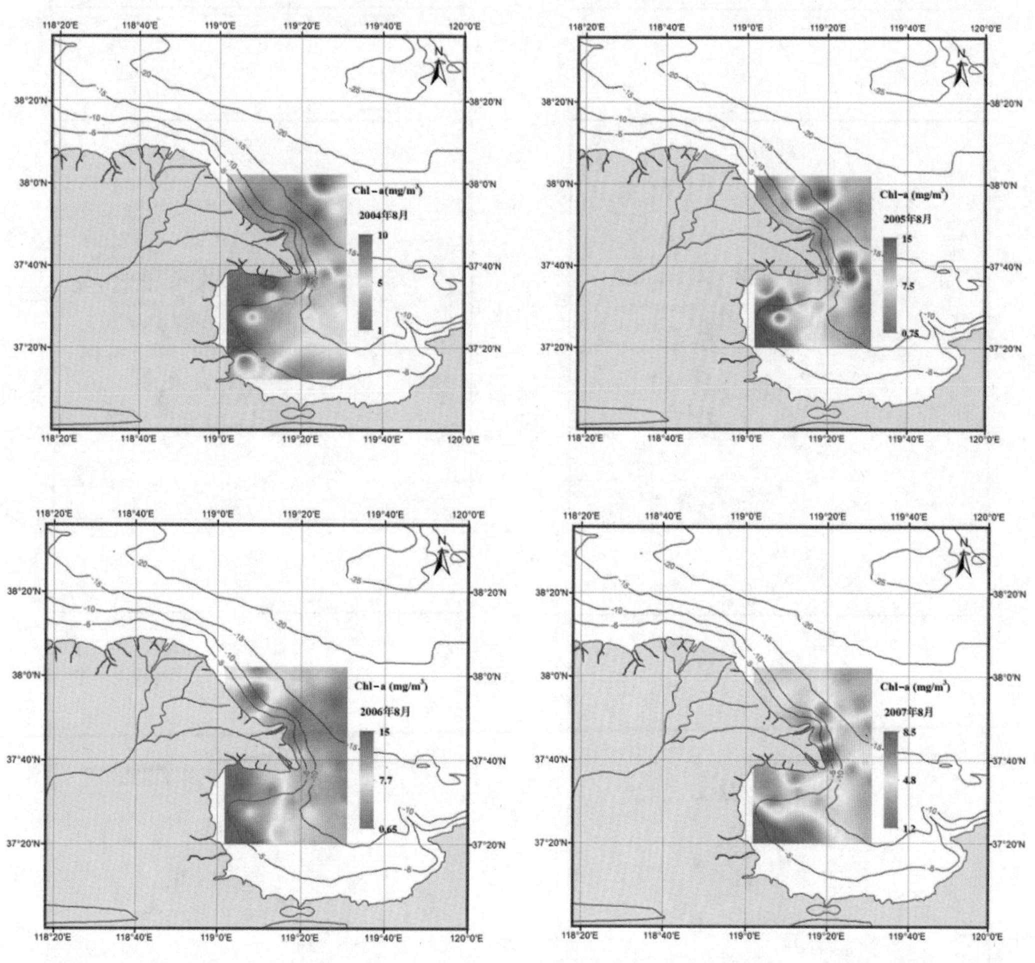

图 4-30　黄河口及邻近海域叶绿素与网采浮游植物丰富度分布图（2004 ~ 2011 年 8 月）

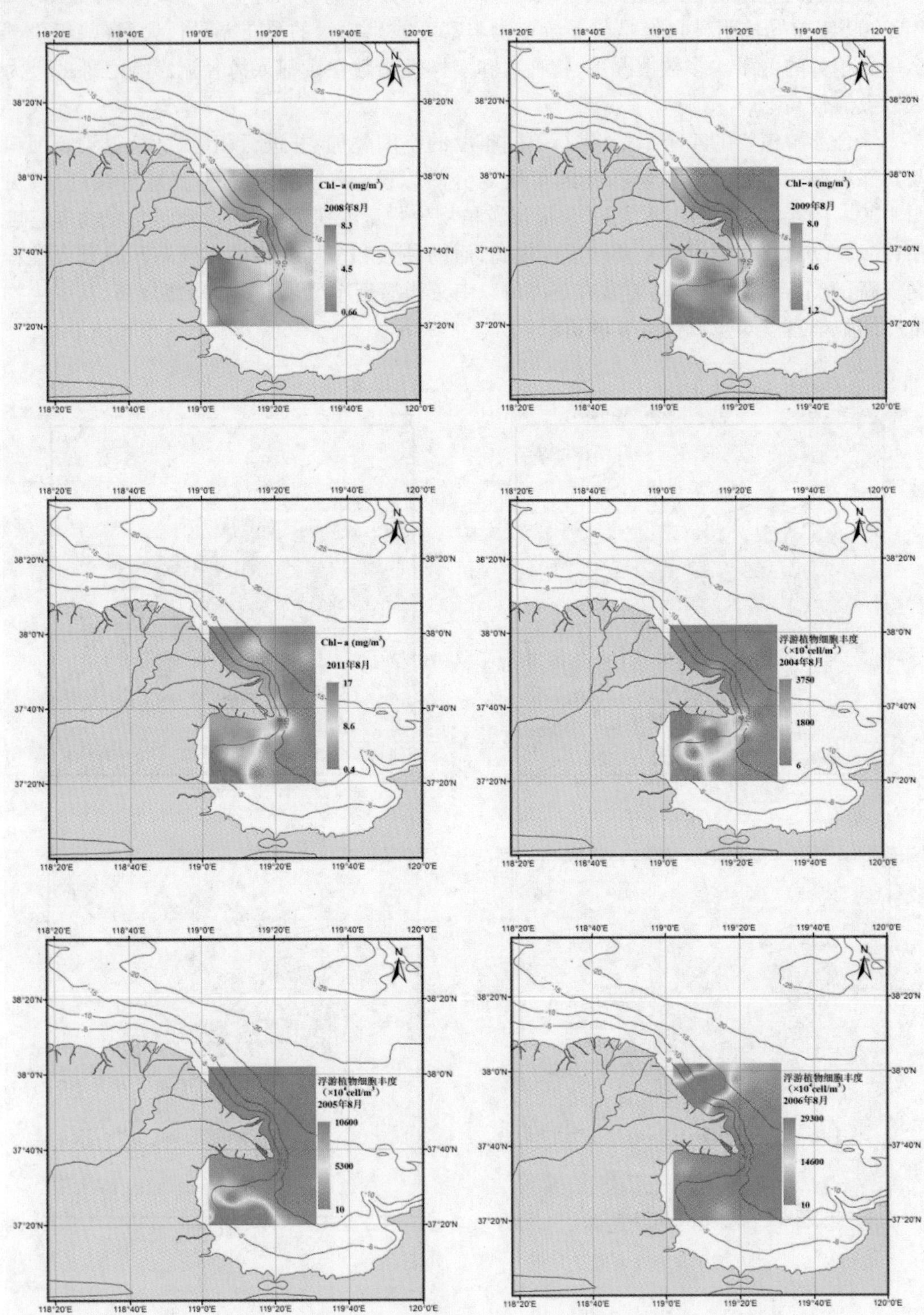
Chl-a (mg/m³)
2008年8月
8.3
4.5
0.66
Chl-a (mg/m³)
2009年8月
8.0
4.6
1.2
Chl-a (mg/m³)
2011年8月
17
8.6
0.4
浮游植物细胞丰度
(×10⁴cell/m³)
2004年8月
3750
1800
6
浮游植物细胞丰度
(×10⁴cell/m³)
2005年8月
10600
5300
10
浮游植物细胞丰度
(×10⁴cell/m³)
2006年8月
29300
14600
10
118°20'E
118°40'E
119°0'E
119°20'E
119°40'E
120°0'E
38°20'N
38°0'N
37°40'N
37°20'N

续图 4-30

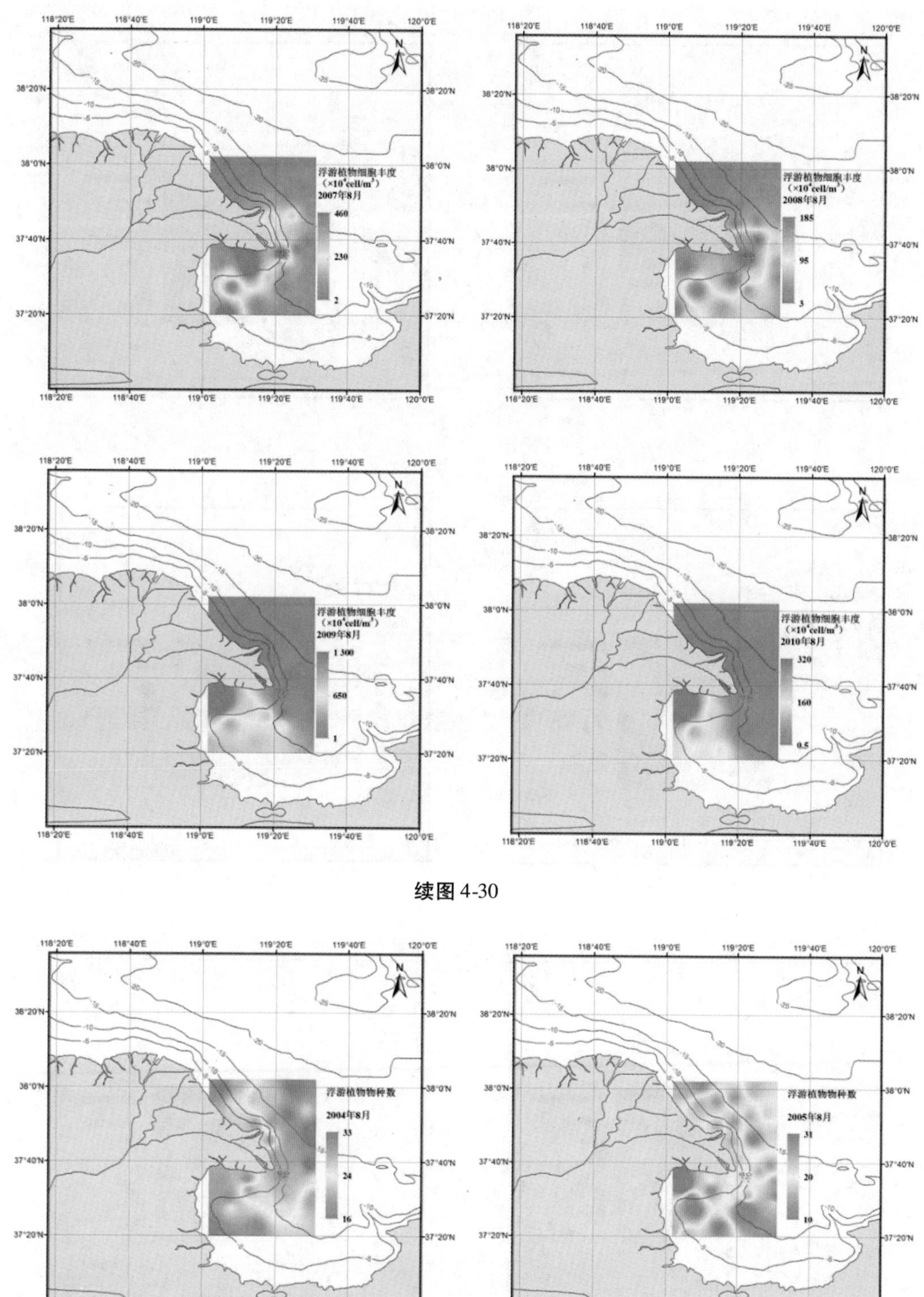

续图 4-30

图 4-31　黄河口及其邻近海域浮游植物物种数与多样性指数 H' 分布图(2004 ~ 2011 年 8 月)

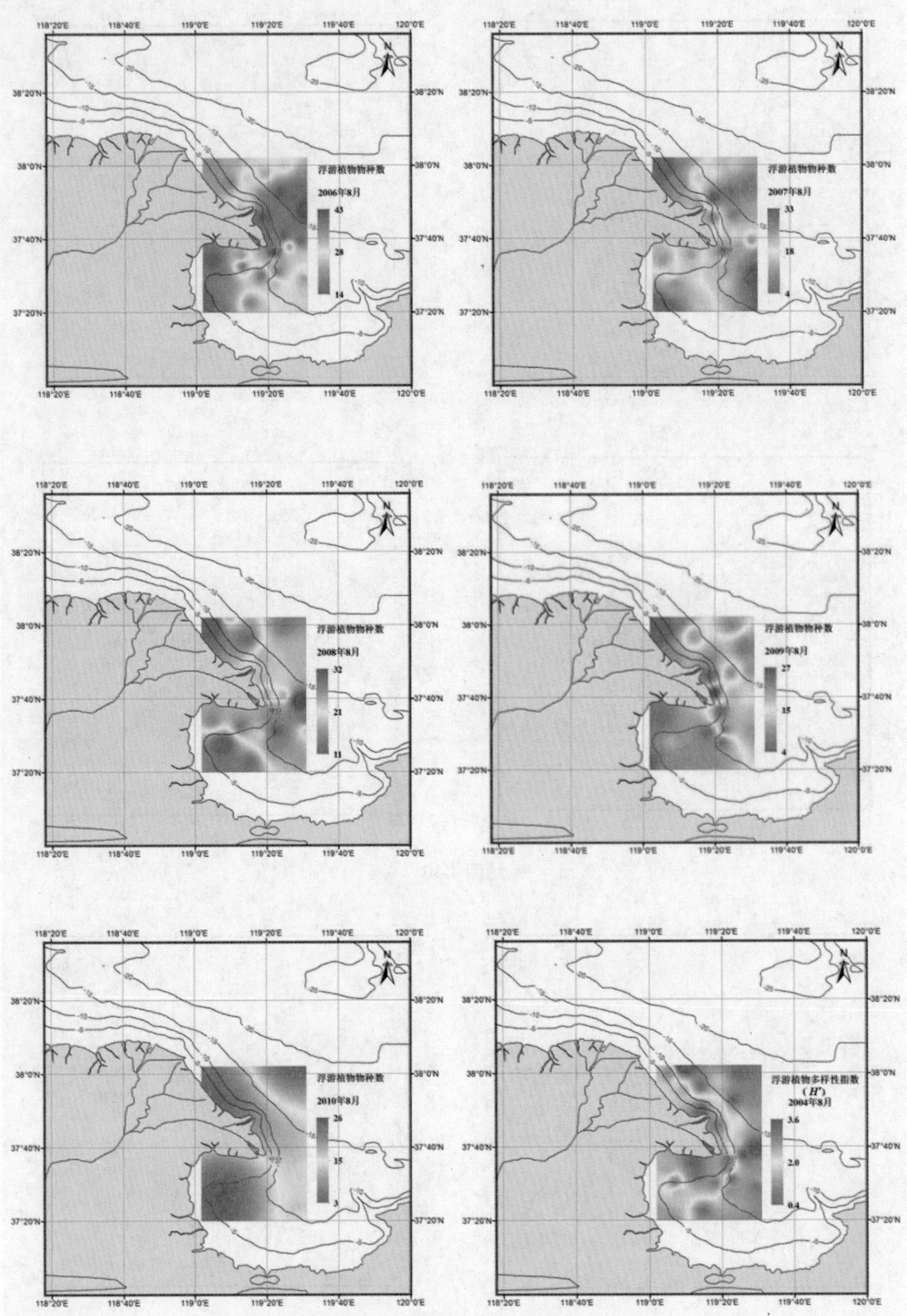
浮游植物物种数
2006年8月
43
28
14
浮游植物物种数
2007年8月
33
18
4
浮游植物物种数
2008年8月
32
21
11
浮游植物物种数
2009年8月
27
15
4
浮游植物物种数
2010年8月
26
15
3
浮游植物多样性指数
（H'）
2004年8月
3.6
2.0
0.4
118°20'E
118°40'E
119°0'E
119°20'E
119°40'E
120°0'E
38°20'N
38°0'N
37°40'N
37°20'N

续图 4-31

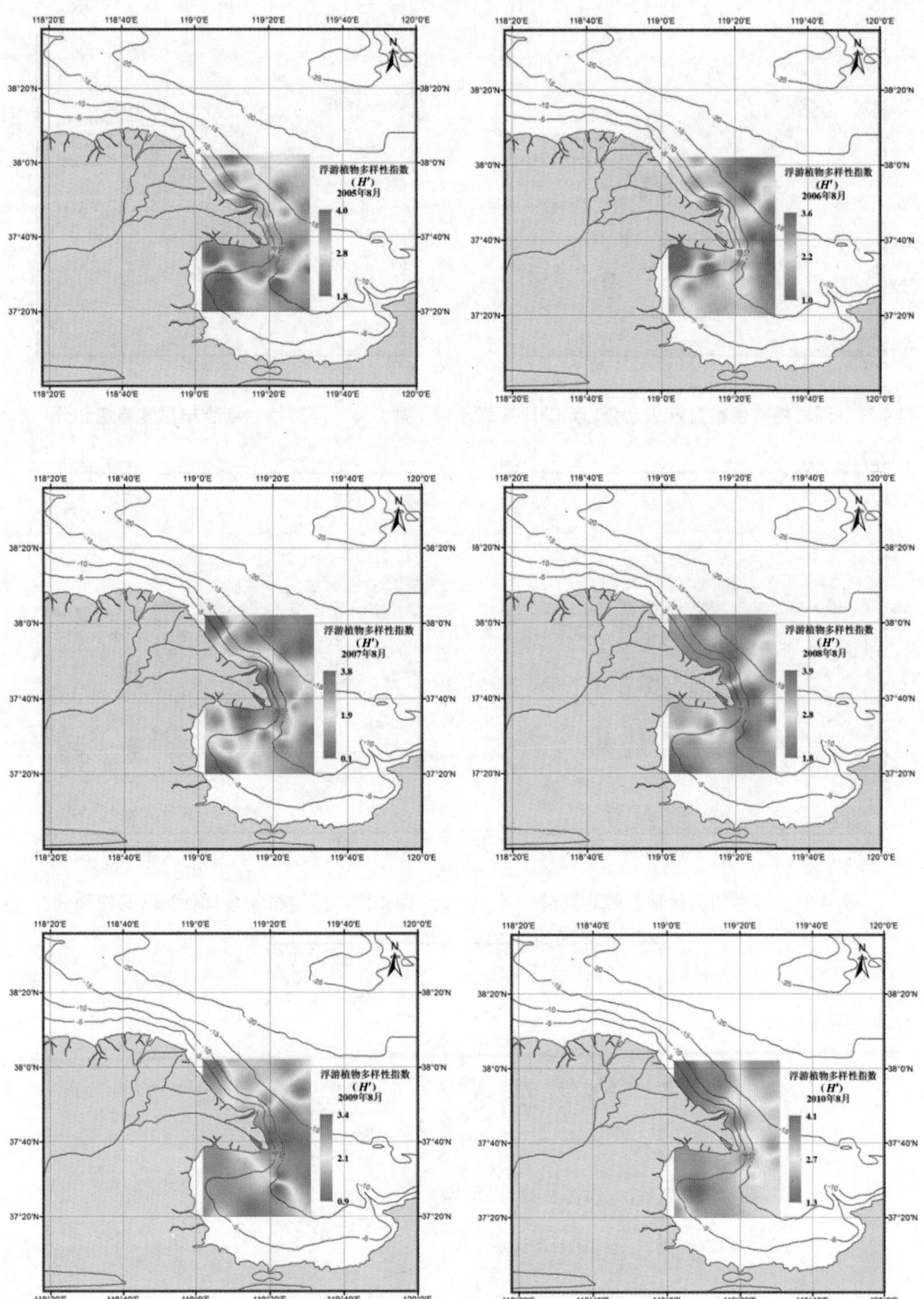
浮游植物多样性指数
（H′）
2005年8月
4.0
2.8
1.8
浮游植物多样性指数
（H′）
2006年8月
3.6
2.2
1.0
浮游植物多样性指数
（H′）
2007年8月
3.8
1.9
0.1
浮游植物多样性指数
（H′）
2008年8月
3.9
2.8
1.8
浮游植物多样性指数
（H′）
2009年8月
3.4
2.1
0.9
浮游植物多样性指数
（H′）
2010年8月
4.1
2.7
1.3
118°20′E
118°40′E
119°0′E
119°20′E
119°40′E
120°0′E
38°20′N
38°0′N
37°40′N
37°20′N

续图 4-31

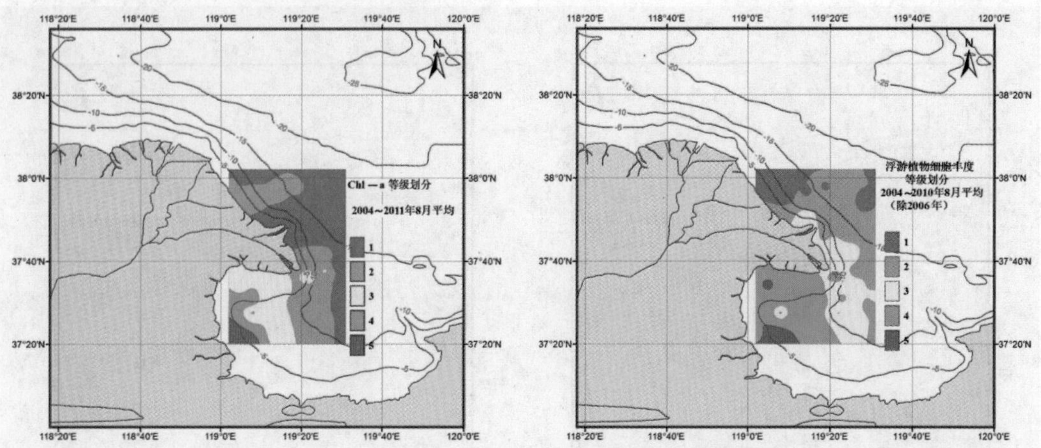

图 4-32　浮游植物生物量等级划分(以 Chl－a 表示)　　图 4-33　浮游植物细胞丰富度等级划分

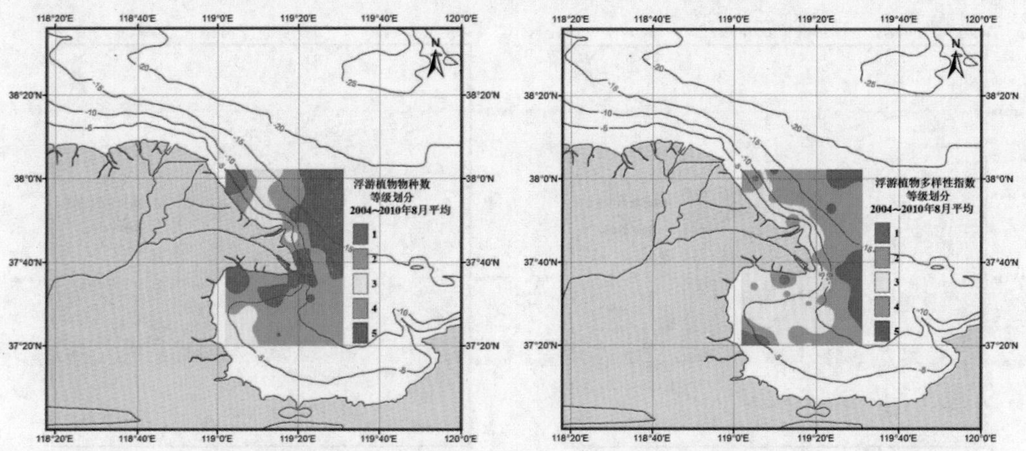

图 4-34　浮游植物物种数等级划分　　图 4-35　浮游植物多样性指数等级划分

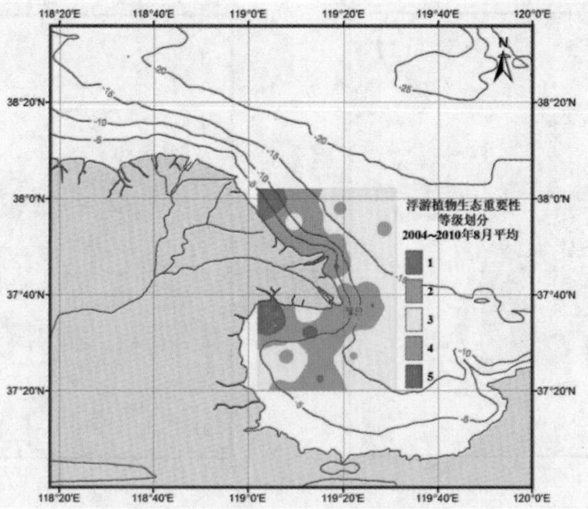

图 4-36　浮游植物生态重要性等级划分

3. 浮游动物

浮游动物在研究海域的年际变动较大,其中 2004 年浮游动物个体密度远高于其他年份,最高的 3 个站位(H31、H32、H33)位于小清河口附近,优势种是长腹剑水蚤属、小拟哲水蚤,双壳类幼虫和桡足类幼虫密度也较高。由于该年浮游动物个体密度与分布与其他年份有显著差异,故多年平均计算时去掉。2005 年、2006 年浮游动物个体密度和生物量的分布特征较相似,高值区均位于旧黄河口以南的近岸小范围内,自 2007 年开始,个体密度和生物量的高值区转移至黄河入海口附近及其以北海域。不同年份的优势种有所差异,主要有太平洋纺锤水蚤、强壮箭虫、螺赢蜚、双刺唇角水蚤、磁蟹溞状幼虫等。总体来说,浮游动物个体密度与生物量的高值区与浮游植物的分布趋势不一致。

浮游动物物种数和多样性指数 H' 在多数年份的高值区出现在调查海域北边或东北部区域。

综合浮游动物的 4 个指标,进行不同年度的空间叠加,并进行相应赋值,得到黄河口及其邻近海域不同浮游动物指标的等级划分图以及浮游动物生态重要性等级划分图,见图 4-37 ~ 图 4-43。其中,浮游动物个体密度和浮游动物生物量在黄河入海口附近和黄河口以南莱州湾近岸重要性程度较高,而物种数和多样性指数在东北部外海区域重要性程度较高,整个浮游动物群落要素在黄河口东北部海域重要性等级较高,与浮游植物不同的是,浮游动物物种数和多样性程度对生态重要性的贡献较大。

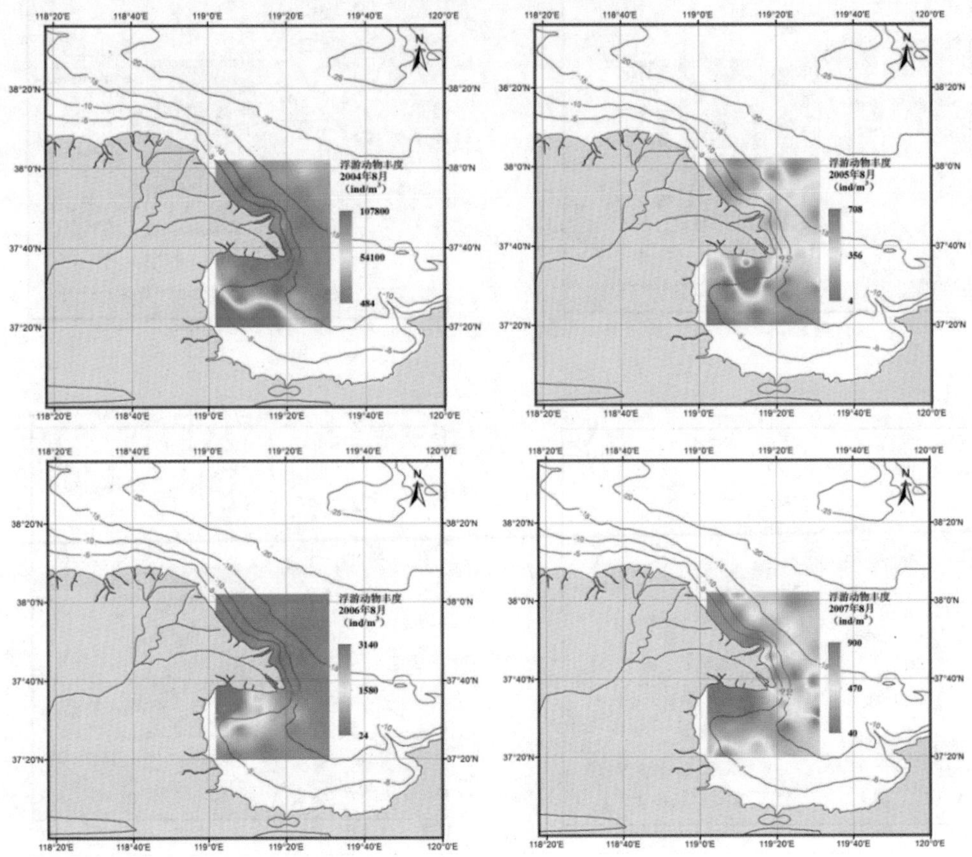

图 4-37　黄河口及邻近海域浮游动物个体密度与生物量分布图(2004 ~ 2011 年 8 月)

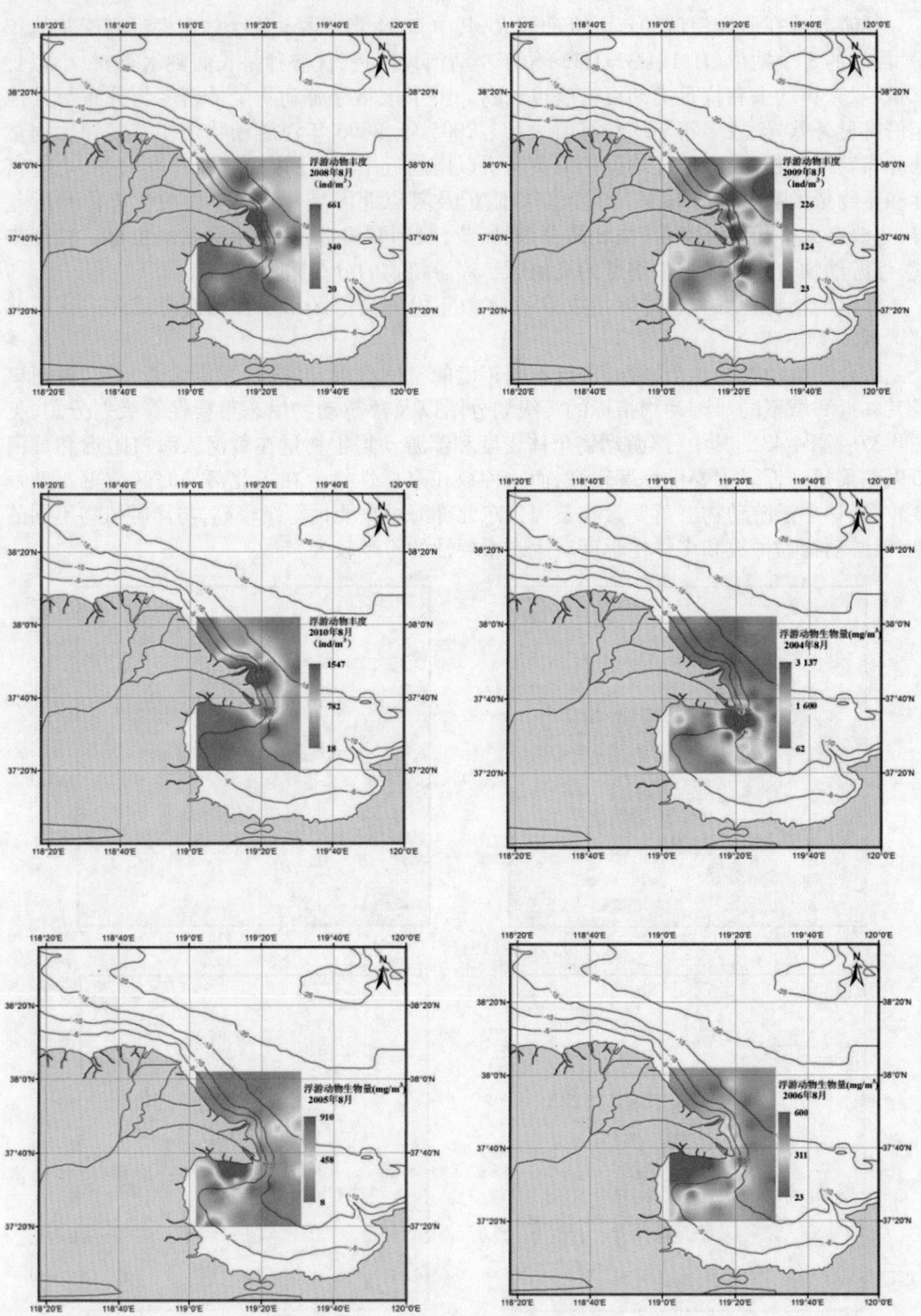
浮游动物丰度
2008年8月
(ind/m³)
661
340
20
浮游动物丰度
2009年8月
(ind/m³)
226
124
23
浮游动物丰度
2010年8月
(ind/m³)
1547
782
18
浮游动物生物量(mg/m³)
2004年8月
3 137
1 600
62
浮游动物生物量(mg/m³)
2005年8月
910
458
8
浮游动物生物量(mg/m³)
2006年8月
600
311
23

续图 4-37

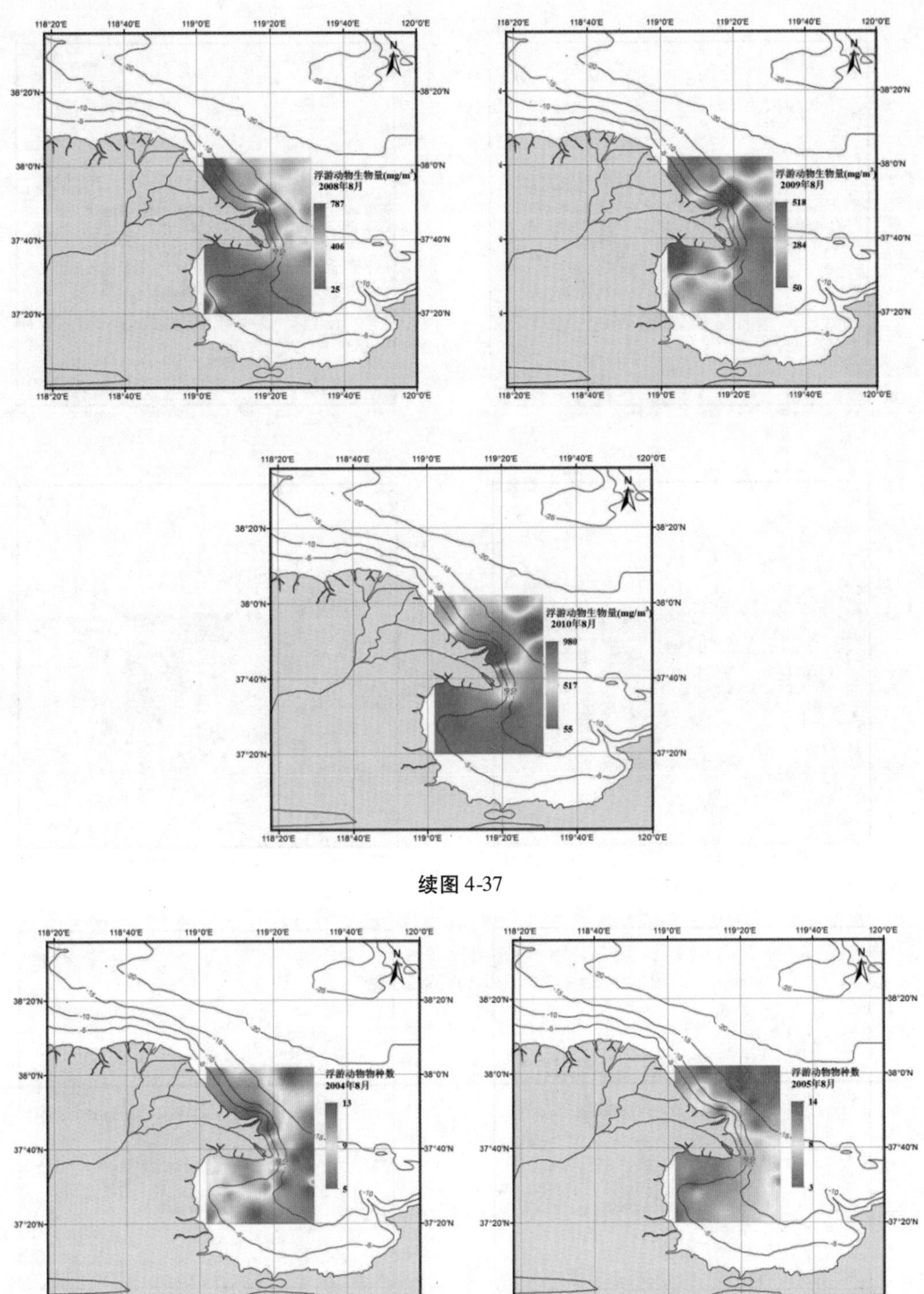

续图 4-37

图 4-38　黄河口及邻近海域浮游动物物种数与多样性指数分布图(2004 ~ 2011 年 8 月)

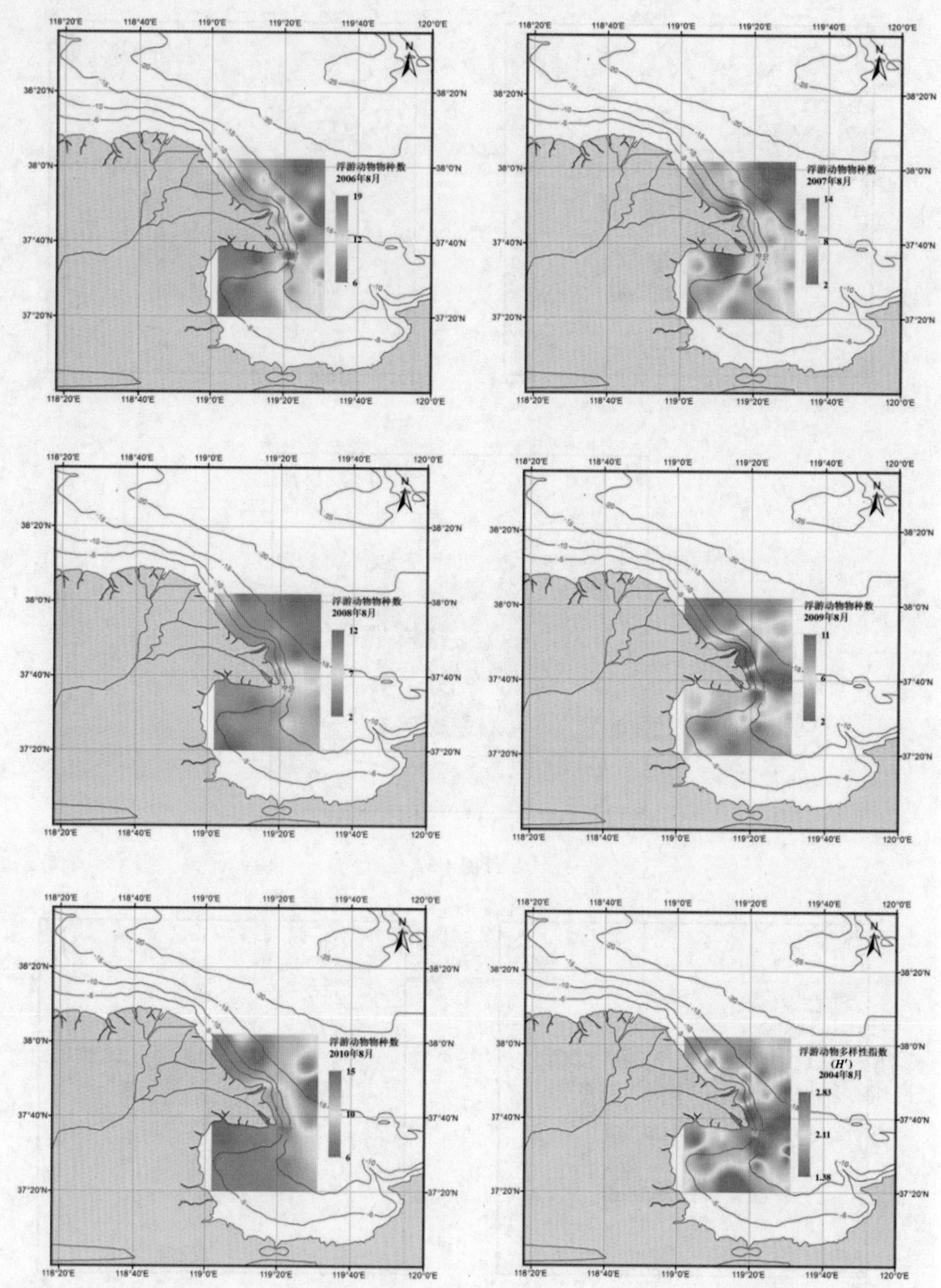
浮游动物物种数
2006年8月
19
12
6
浮游动物物种数
2007年8月
14
8
2
浮游动物物种数
2008年8月
12
7
2
浮游动物物种数
2009年8月
11
6
2
浮游动物物种数
2010年8月
15
10
6
浮游动物多样性指数
(H′)
2004年8月
2.83
2.11
1.38
118°20′E
118°40′E
119°0′E
119°20′E
119°40′E
120°0′E
38°20′N
38°0′N
37°40′N
37°20′N

续图 4-38

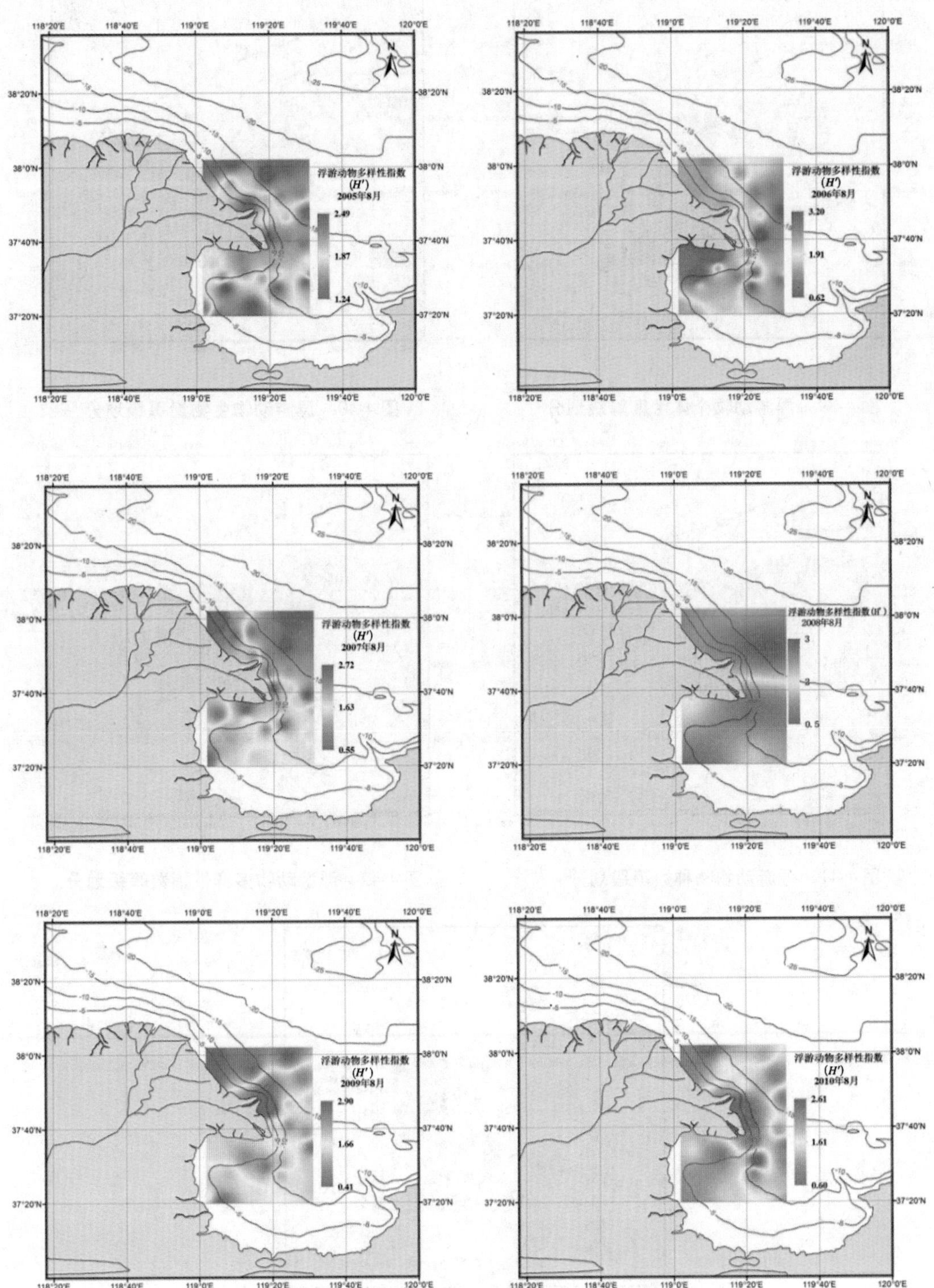
浮游动物多样性指数
(H′)
2005年8月
2.49
1.87
1.24
浮游动物多样性指数
(H′)
2006年8月
3.20
1.91
0.62
浮游动物多样性指数
(H′)
2007年8月
2.72
1.63
0.55
2008年8月
3
0.5
浮游动物多样性指数
(H′)
2009年8月
2.90
1.66
0.41
浮游动物多样性指数
(H′)
2010年8月
2.61
1.61
0.60

续图 4-38

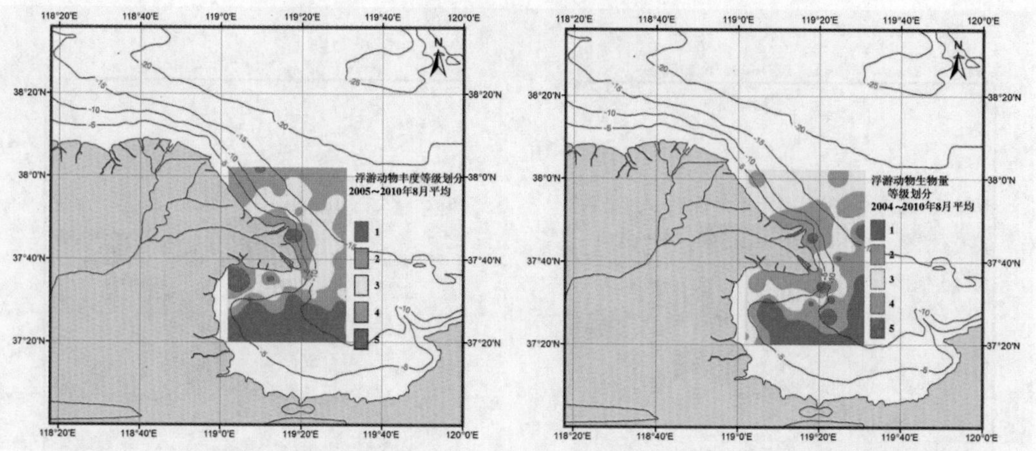

图 4-39　浮游动物个体密度等级划分

图 4-40　浮游动物生物量等级划分

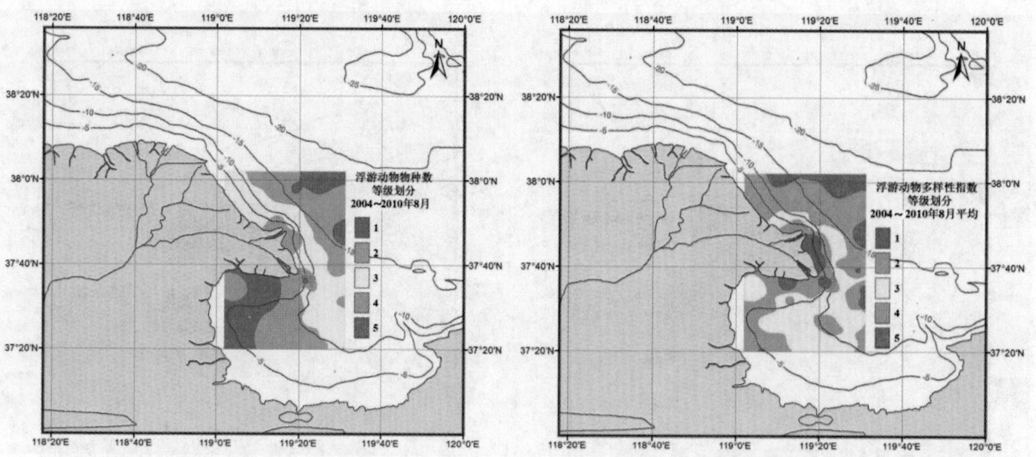

图 4-41　浮游动物物种数等级划分

图 4-42　浮游动物多样性指数等级划分

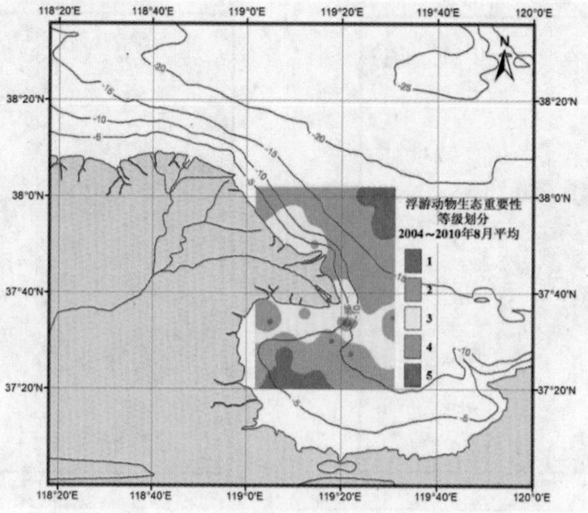

图 4-43　浮游动物生态重要性等级划分

4. 大型底栖生物

与浮游生物相比,底栖生物的分布相对较稳定,个体密度和生物量的分布特征不同年份之间有所变动,在黄河入海口及其邻近区域存在明显低值区。优势种有蝶羸蜚、文雅罕愚螺、光滑河蓝蛤、多丝独毛虫、棘刺锚参、不倒翁虫、脆壳理蛤等。底栖物种中以多毛类为主,存在不少耐污性较强的物种,例如蝶羸蜚、多丝独毛虫、沙蚕类等。底栖生物物种数和多样性指数 H'的分布也存在一个明显特征,即高值区位于外海区域,在黄河入海口附近区域存在明显低值区,说明黄河入海泥沙对底栖生物群落的各个参数均产生明显影响。

综合大型底栖生物的 4 个指标,进行不同年度的空间叠加,并进行相应赋值,得到黄河口及其邻近海域不同底栖生物指标的等级划分图以及底栖生物生态重要性等级划分,见图 4-44 ~ 图 4-50。其中,底栖生物个体密度、物种数和多样性指数 H'在研究海域北部重要性程度较高,而生物量在南部海域重要性程度较高,底栖生物群落各个指标的共同分布趋势为在黄河入海口及其邻近海域存在低值区。因此,整个底栖生物群落要素在黄河口及其周边区域重要性程度较低,各个要素均对该区域有贡献。

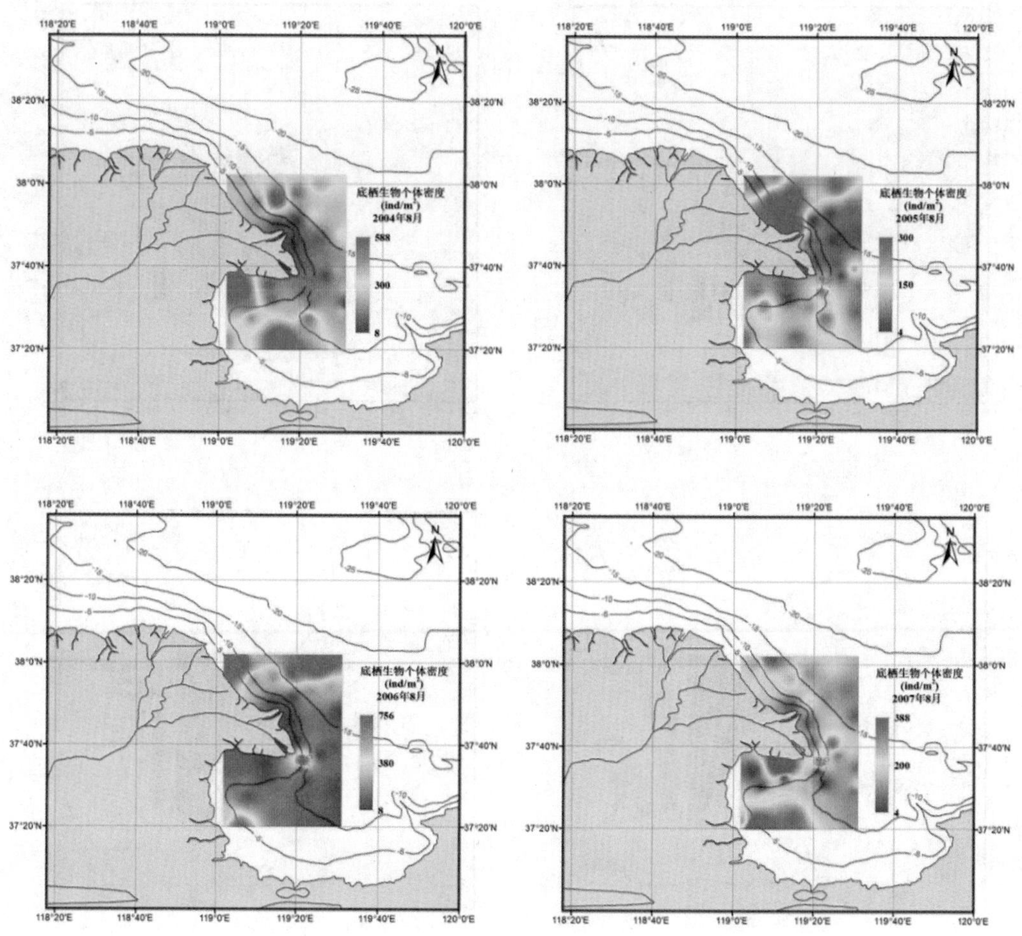

图 4-44　黄河口及邻近海域大型底栖生物个体密度与生物量分布图(2004 ~ 2011 年 8 月)

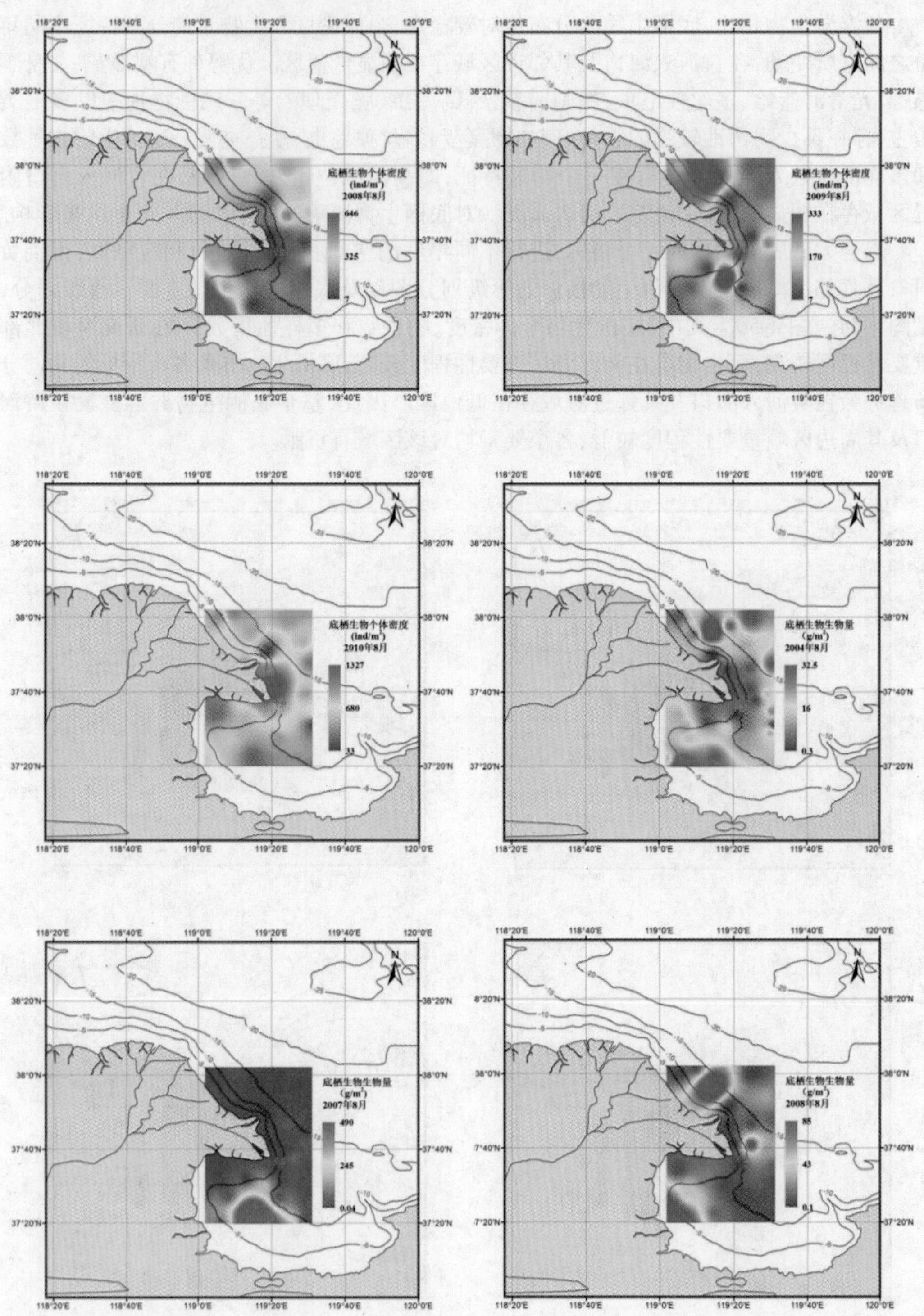
底栖生物个体密度
(ind/m²)
2008年8月
646
325
7
底栖生物个体密度
(ind/m²)
2009年8月
333
170
7
底栖生物个体密度
(ind/m²)
2010年8月
1327
680
33
底栖生物生物量
(g/m²)
2004年8月
32.5
16
0.3
底栖生物生物量
(g/m²)
2007年8月
490
245
0.04
底栖生物生物量
(g/m²)
2008年8月
85
43
0.1
118°20'E
118°40'E
119°0'E
119°20'E
119°40'E
120°0'E
38°20'N
38°0'N
37°40'N
37°20'N

续图 4-44

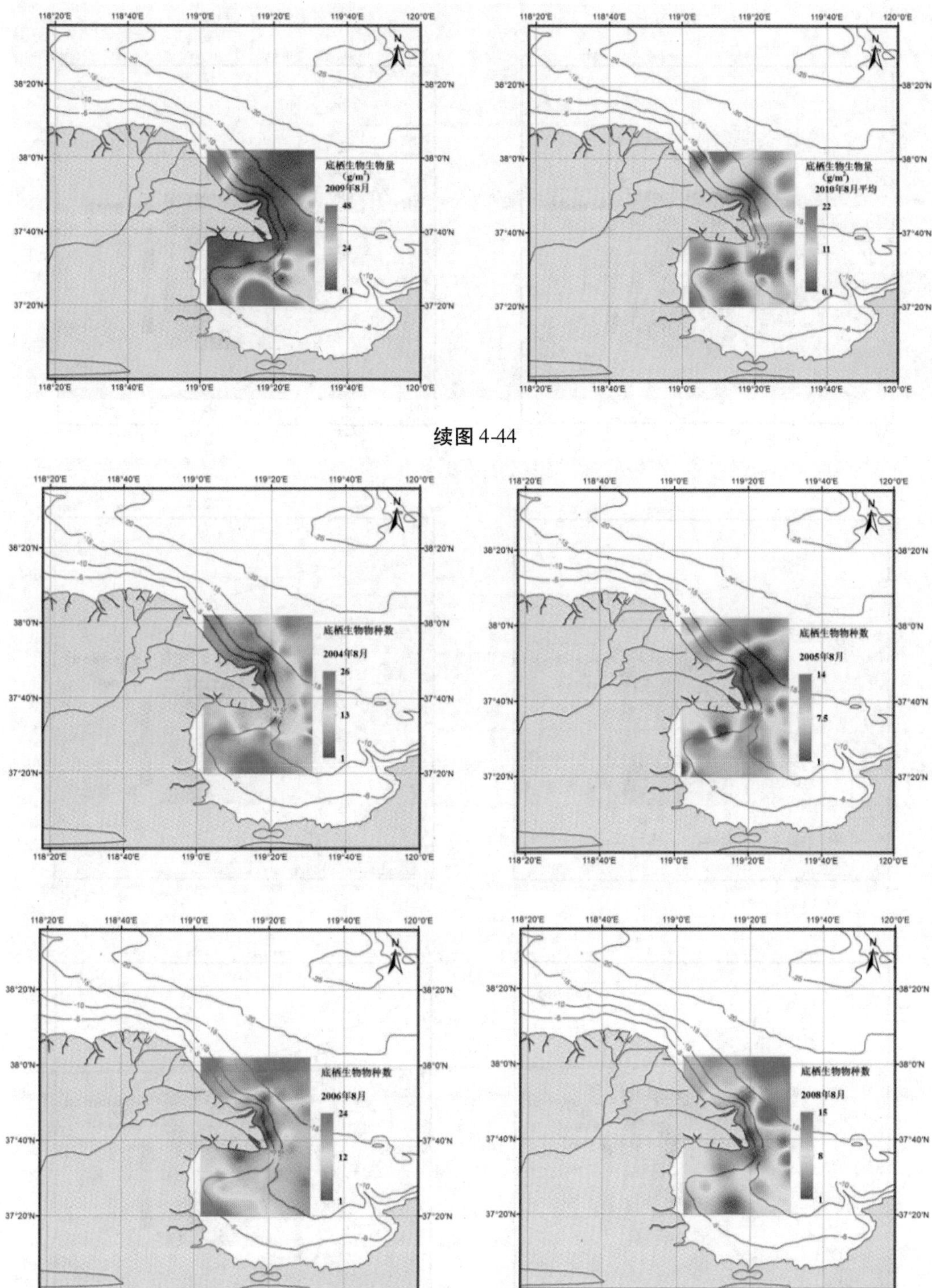

续图 4-44

图 4-45　黄河口及邻近海域大型底栖生物物种数与多样性指数分布图(2004～2011 年 8 月)

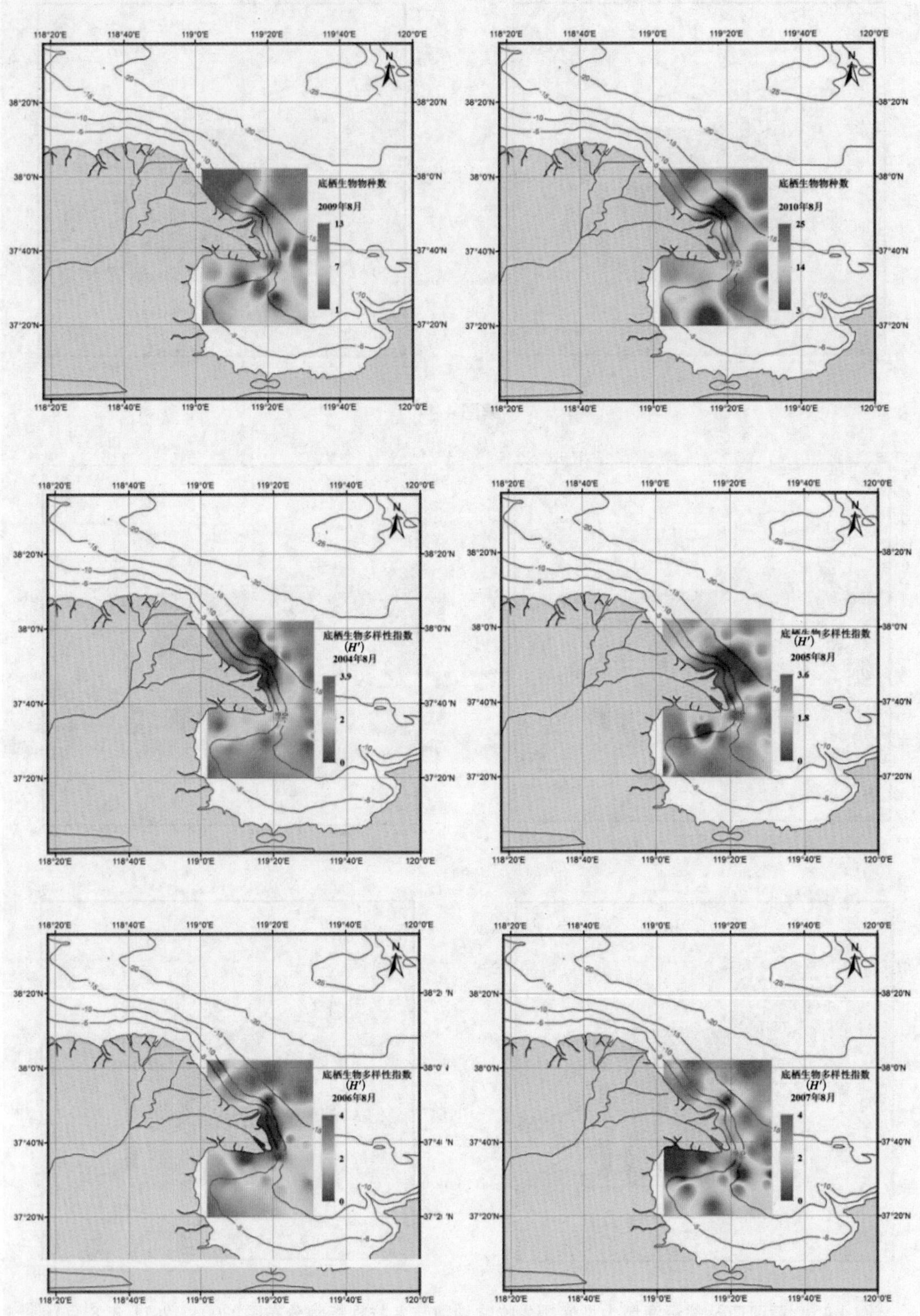
底栖生物物种数
2009年8月
2010年8月
底栖生物多样性指数 (H′)
2004年8月
2005年8月
2006年8月
2007年8月

续图 4-45

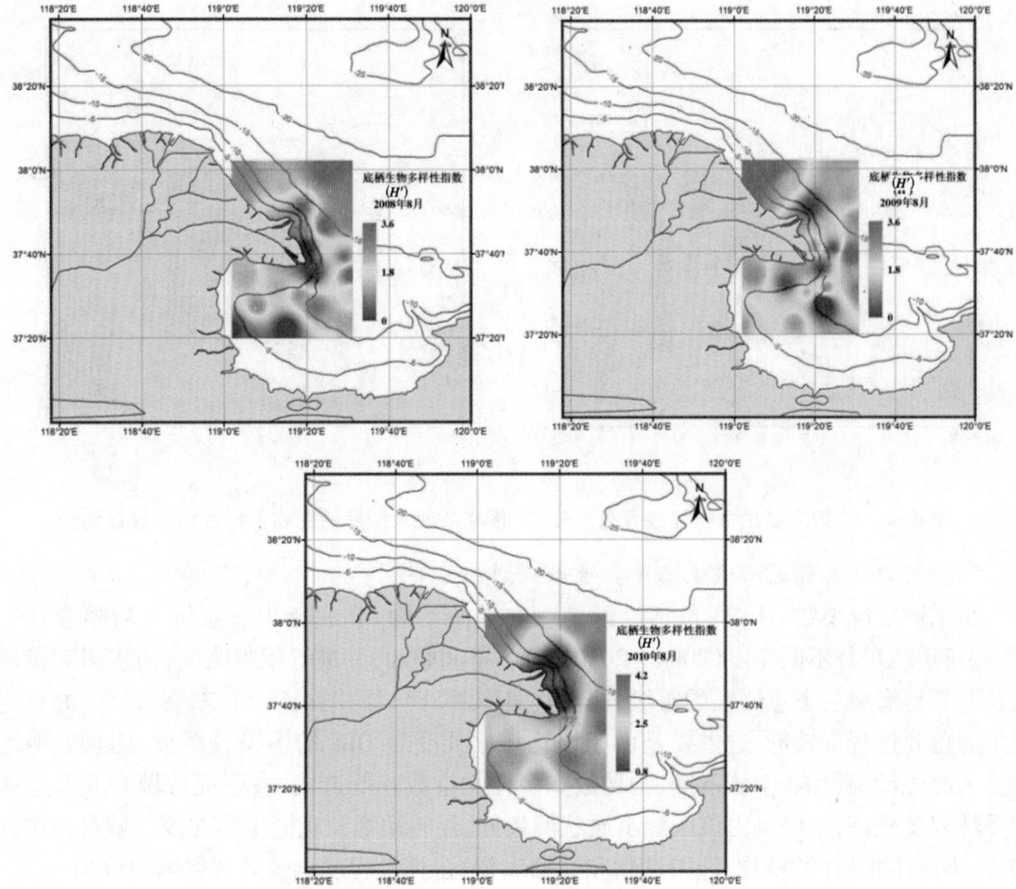

续图 4-45

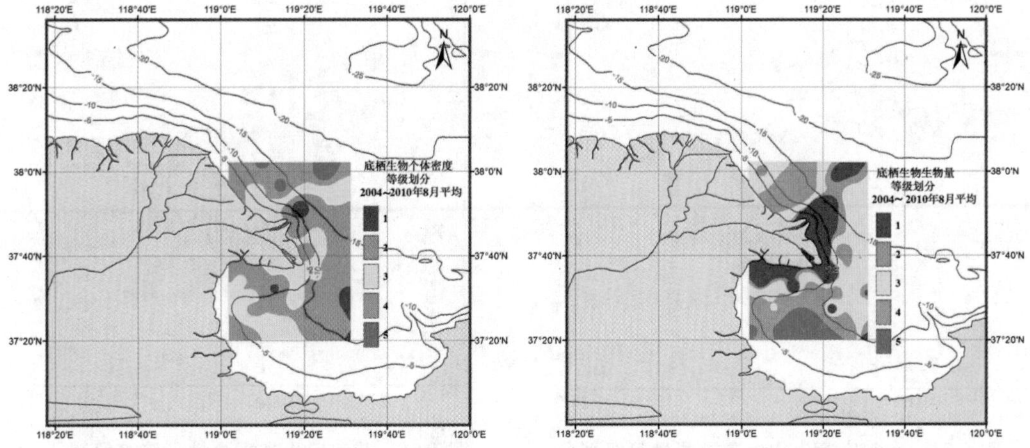

图 4-46　大型底栖生物个体密度等级划分　　　图 4-47　大型底栖生物生物量等级划分

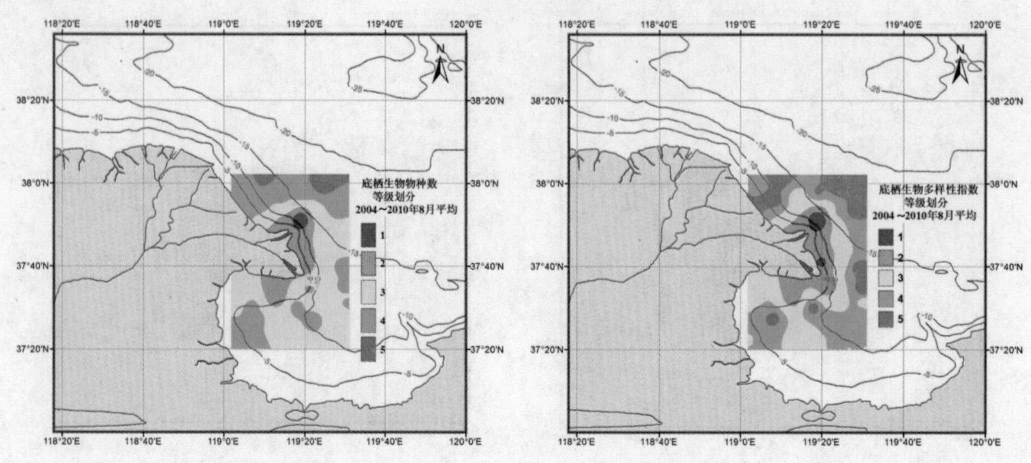

图 4-48　大型底栖生物物种数等级划分　　图 4-49　大型底栖生物多样性指数等级划分

5. 黄河口及其邻近海域生态重要性等级划分

将水质状况参数、浮游(包括浮游植物和浮游动物)和底栖生态系统参数整合在一起，等权重地进行不同年度(2004～2010 年)的空间叠加，并进行相应赋值，初步得到黄河口及其邻近海域生态重要性的等级划分图(见图 4-51)。由图 4-51 可知，在黄河入海口附近生态重要性程度较低，这主要是由于该区域水质受到 DIN 的污染较严重，而且底栖生物受入海泥沙等影响，个体密度、物种数和多样性指数较低造成的；研究海域东北部生态重要性程度较高，主要是由该区域水质状况较好，浮游动物和底栖生物在该区域个体密度较高，不同生物(浮游植物、浮游动物和底栖生物)多样性程度也较高的原因造成的。

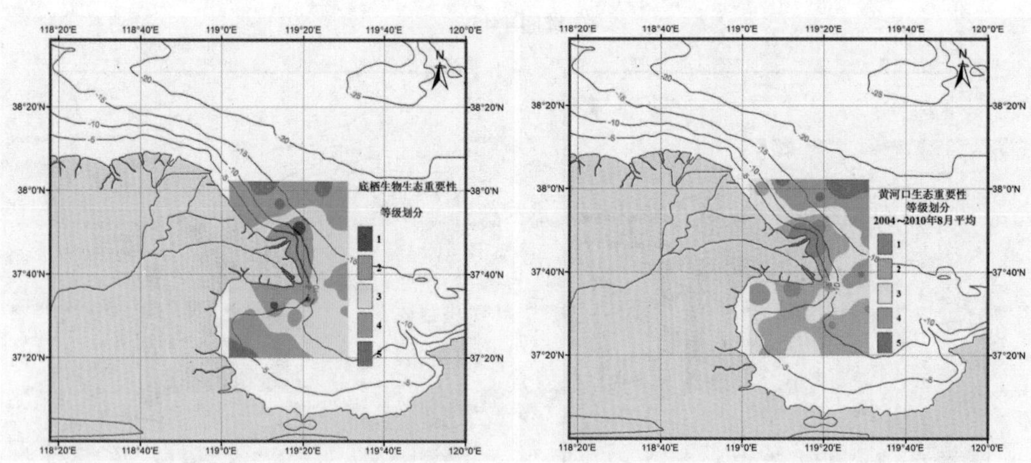

图 4-50　大型底栖生物生态重要性等级划分　　图 4-51　黄河口生态重要性区域等级划分

参考文献

[1] Allen L G, Horn M H. Abundance, diversity and seasonality of fishes in Colorado Lagoon, Alamitos Bay, California[J]. Estuarine and Coastal Marine Science, 1975, 3(3): 371-380.

[2] Auster P J, Gjerde K, Heupel E, et al. Definition and detection of vulnerable marine ecosystems on the high seas: problems with the "move-on" rule[J]. ICES Journal of Marine Science, 2011,68(2): 254-264.

[3] Ayers J, Blacow A, Enticknap B, et al. Important Ecological Areas in the ocean: A Comprehensive Ecosystem Protection Approach to the Spatial Management of Marine Resource [N]. Oceana Discussion Paper,2010.

[4] Belgacem W, Langar H, Pergent G, et al. Associated mollusc communities of a Posidonia oceanica meadow in Cap Zebib (of North East Tunisia)[J]. Aquatic Botany, 2013, 104: 170-175.

[5] Borja A, Bricker S B, Dauer D M, et al. Overview of integrative tools and methods in assessing ecological integrity in estuarine and coastal systems worldwide[J]. Marine Pollution Bulletin, 2008, 56(9): 1519-1537.

[6] Borja A, Dauer D M. Assessing the environmental quality status in estuarine and coastal systems: Comparing methodologies and indices[J]. Ecological Indicators, 2008, 8(4): 331-337.

[7] Borja A, Franco J, Pérez V. A Marine Biotic Index to Establish the Ecological Quality of Soft-Bottom Benthos Within European Estuarine and Coastal Environments [J]. Marine Pollution Bulletin, 2000, 40(12): 1100-1114.

[8] Borja A, Muxika I, Franco J. The application of a Marine Biotic Index to different impact sources affecting soft-bottom benthic communities along European coasts[J]. Marine Pollution Bulletin, 2003, 46(7): 835-845.

[9] Borja A, Muxika I. Guidelines for the use of AMBI (AZTI's Marine Biotic Index) in the assessment of the benthic ecological quality[J]. Marine Pollution Bulletin, 2005, 50(7): 787-789.

[10] Borja Á, Rodríguez J G, Black K, et al. Assessing the suitability of a range of benthic indices in the evaluation of environmental impact of fin and shellfish aquaculture located in sites across Europe[J]. Aquaculture, 2009, 293(3-4): 231-240.

[11] Borja A, Tunberg B G. Assessing benthic health in stressed subtropical estuaries, eastern Florida, USA using AMBI and M-AMBI[J]. Ecological Indicators, 2011, 11(2): 295-303.

[12] Cardoso I, Cancela Da Fonseca L, Cabral H N. Ecological quality assessment of small estuaries from the Portuguese coast based on benthic macroinvertebrate assemblages indices[J]. Marine Pollution Bulletin, 2012, 64(6):1136-1142.

[13] Carvalho S, Barata M, Pereira F, et al. Distribution patterns of macrobenthic species in relation to organic enrichment within aquaculture earthen ponds[J]. Marine Pollution Bulletin, 2006, 52(12): 1573-1584.

[14] CBD (2008) The Conference of the Parties to the Convention on Biological Diversity 9 Decision IX/20, Marine and Coastal Biodiversity. http:// www. cbd. int/ decision/ cop/? id = 11663.

[15] Clarke C L, Jamieson G S. Identification of ecologically and biologically significant areas in the Pacific

North Coast integrated management area: Phase II- final report[R]. Canadian Technical Report of Fisheries and Aquatic Sciences 2686, 2006.

[16] Cobb D, Fast H, Papst M H, et al. 2008. Beaufort Sea Large Ocean Management Area: Ecosystem overview and assessment report. Can[J]. Tech. Rep. Fish. Aquat. Sci. 2780: ii-ix +188 p.

[17] Dauer D M. Biological criteria, environmental health and estuarine macrobenthic community structure [J]. Marine Pollution Bulletin, 1993, 26(5): 249-257.

[18] Dauvin J C, Alizier S, Rolet C, et al. Response of different benthic indices to diverse human pressures[J]. Ecological Indicators, 2012, 12(1): 143-153.

[19] Dauvin J, Bellan G, Bellan-Santini D. Benthic indicators: From subjectivity to objectivity-Where is the line? [J]. Marine Pollution Bulletin, 2010, 60(7): 947-953.

[20] Dauvin J, Ruellet T, Desroy N, et al. The ecological quality status of the Bay of Seine and the Seine estuary: Use of biotic indices[J]. Marine Pollution Bulletin, 2007, 55(1-6): 241-257.

[21] De-la-Ossa-Carretero J A, Simboura N, Del-Pilar-Ruso Y, et al. A methodology for applying Taxonomic Sufficiency and benthic biotic indices in two Mediterranean areas[J]. Ecological Indicators, 2012, 23: 232-241.

[22] Derous S, Agardy T, Hillewaert H, et al. A concept for biological valuation in the marine environment[J]. Oceanologia, 2007, 49(1): 99-128.

[23] Derous S, Austen M, Claus S, et al. Building on the concept of marine biological valuation with respect to translating it to a practical protocol: viewpoints derived from a joint ENCORA-MARBEF initiative[J]. Oceanologia, 2007, 49(4): 579-586.

[24] DFO. Review of criteria for selecting ecologically significant areas of the Scotian Shelf and Slope, 2004.

[25] DFO. Identification of ecologically and biological significant areas. DFO Can. Sci. Advis. Sec. Ecosystem Status Rep, 2004.

[26] DFO. Ecologically and biologically significant areas-lessons learned[Z]. DFO. 2011.

[27] Diaz R J, Solan M, Valente R M. A review of approaches for classifying benthic habitats and evaluating habitat quality[J]. Journal of Environmental Management, 2004, 73(3): 165-181.

[28] Dunn D C (ed.), Ardron J, Ban N, et al. Ecologically or Biologically Significant Areas in the Pelagic Realm: Examples & Guildelines -Workshop Report. Gland, Switzerland: IUCN, 2011: 44.

[29] FAO. Marine protected areas as a tool for fisheries management. Rome: Food and Agricultural Organization of the United Nations, 2010.

[30] FAO. Report of the FAO workshop on vulnerable ecosystems and destructive fishing in deep-sea fisheries. FAO fisheries report. Rome: Food and Agricultural Organization of the United Nations, 2007: 19.

[31] Grall J, Glémarec M. Using biotic indices to estimate macrobenthic community perturbations in the Bay of Brest[J]. Estuarine, Coastal and Shelf Science, 1997, 44: 43-53.

[32] Gregr E J, Ahrens A L, Perry R I. Reconciling classifications of ecologically and biologically significant areas in the world's oceans[J]. Marine Policy, 2012, 36: 716-726.

[33] Guo L, Li Z. Effects of nitrogen and phosphorus from fish cage-culture on the communities of a shallow lake in middle Yangtze River basin of China[J]. Aquaculture, 2003, 226(1-4): 201-212.

[34] Halpern B S, Walbridge S, Selkoe K A, et al. A global map of human impact on marine ecosystem[J]. Science, 2008, 319: 948-952.

[35] Hartwig L. Mapping traditional knowledge related to the identification of ecologically and biologically significant areas in the Beaufort Sea. Can. Manuscript Rep. Fish. Aquat. Sci. 2895: iii +25p.

[36] Hiscock K, Elliott M, Laffoley D, Rogers S. Data use and information creation: challenges for marine scientists and for managers, Mar. Pollut. Bull., 2003,46 (5):534-541.

[37] Kaiser M J, Ramsay K, Richardson C A, et al. Chronic fishing disturbance has changed shelf sea benthic community structure[J]. Joournal of animal ecology, 2000, 69: 494-503.

[38] Labrune C, Amouroux J M, Sarda R, et al. Characterization of the ecological quality of the coastal Gulf of Lions (NW Mediterranean). A comparative approach based on three biotic indices[J]. Marine Pollution Bulletin, 2006, 52(1): 34-47.

[39] Labrune C, Romero-Ramirez A, Amouroux J M, et al. Comparison of ecological quality indices based on benthic macrofauna and sediment profile images: A case study along an organic enrichment gradient off the Rhône River[J]. Ecological Indicators, 2012, 12(1): 133-142.

[40] Liu S M, Li L W, Zhang G L, et al. Impacts of human activities on nutrient transports in the Huanghe (Yellow River) estuary[J]. Journal of Hydrology, 2012: 103-110.

[41] Marín-Guirao L, Cesar A, Marín A, et al. Establishing the ecological quality status of soft-bottom mining-impacted coastal water bodies in the scope of the Water Framework Directive[J]. Marine Pollution Bulletin, 2005, 50(4):374-387.

[42] Müller M, Varama M, Heinonen J, et al. Influence of insects on the diversity of fungi in decaying spruce wood in managed and natural forests[J]. Forest Ecology and Management, 2002, 166(1-3):165-181.

[43] Muniz P, Venturini N, Hutton M, et al. Ecosystem health of Montevideo coastal zone: A multi approach using some different benthic indicators to improve a ten-year-ago assessment[J]. Journal of Sea Research, 2011, 65(1): 38-50.

[44] Murphy J F, Nagorskaya L L, Smith J T. Abundance and diversity of aquatic macroinvertebrate communities in lakes exposed to Chernobyl-derived ionising radiation[J]. Journal of Environmental Radioactivity, 2011, 102(7): 688-694.

[45] Muxika I, Borja Á, Bonne W. The suitability of the marine biotic index (AMBI) to new impact sources along European coasts[J]. Ecological Indicators, 2005, 5(1): 19-31.

[46] Muxika I, Somerfield P J, Borja Á, et al. Assessing proposed modifications to the AZTI marine biotic index (AMBI), using biomass and production[J]. Ecological Indicators, 2012, 12(1):96-104.

[47] Pan X, Tang J, Chen Y, et al. Polychlorinated naphthalenes (PCNs) in riverine and marine sediments of the Laizhou Bay area, North China[J]. Environmental Pollution, 2011, 159(12): 3515-3521.

[48] Pinto R, Patrício J, Baeta A, et al. Review and evaluation of estuarine biotic indices to assess benthic condition[J]. Ecological Indicators, 2009, 9(1): 1-25.

[49] Poznańska M, Kobak J, Wolnomiejski N, et al. Shallow-water benthic macroinvertebrate community of the limnic part of a lowland Polish dam reservoir[J]. Limnologica-Ecology and Management of Inland Waters, 2009, 39(2): 163-176.

[50] Queirós A M, Hiddink J G, Kaiser M J, et al. Effects of chronic bottom trawling disturbance on benthic biomass, production and size spectra in different habitats[J]. Journal of Experimental Marine Biology and Ecology, 2006, 335(1): 91-103.

[51] Reiss H, Kröncke I. Seasonal variability of benthic indices: An approach to test the applicability of different indices for ecosystem quality assessment[J]. Marine Pollution Bulletin, 2005, 50(12): 1490-1499.

[52] Roberts C M, Andelman S, Branch G, et al. Ecological criteria for evaluating candidate sites for marine reserves[J]. Ecological Application, 2003a,13(1):199-214.

[53] Roberts C M, Branch G, Bustamante R H, et al. Application of ecological criteria in selecting marine reserves and developing reserve networks, Ecological Application, 2003b,13(1):215-228.

[54] Rosenberg R, Blomqvist M, C Nilsson H, et al. Marine quality assessment by use of benthic species-abundance distributions: a proposed new protocol within the European Union Water Framework Directive[J]. Marine Pollution Bulletin, 2004, 49(9-10):728-739.

[55] Savenkoff C, Bourassa M, Baril D, et al. Identification of ecologically and biologically significant areas for the estuary and Gulf of St. Lawrence. DFO Can. Sci. Advis. Sec. Res. Doc. 2007/015.

[56] Shannon C E. The mathematical theory of communication. 1963. M. D. computing : computers in medical practice, 1997,14.

[57] Sharma R C, Rawat J S. Monitoring of aquatic macroinvertebrates as bioindicator for assessing the health of wetlands: A case study in the Central Himalayas, India[J]. Ecological Indicators, 2009, 9(1): 118-128.

[58] Shi C X, Zhou Y Y, Fan X L, et al. A study on the annual run off change and its relationship with water and soil conservation practices and climate change in the middle Yellow River basin. CATENA, 2013: 31-41.

[59] Simboura N, Panayotidis P, Papathanassiou E. A synthesis of the biological quality elements for the implementation of the European Water Framework Directive in the Mediterranean ecoregion: The case of Saronikos Gulf[J]. Ecological Indicators, 2005, 5(3):253-266.

[60] Simboura N, Papathanassiou E, Sakellariou D. The use of a biotic index (Bentix) in assessing long-term effects of dumping coarse metalliferous waste on soft bottom benthic communities[J]. Ecological Indicators, 2007, 7(1): 164-180.

[61] Simboura N, Reizopoulou S. A comparative approach of assessing ecological status in two coastal areas of Eastern Mediterranean[J]. Ecological Indicators, 2007, 7(2): 455-468.

[62] Simboura N, Zenetos A. Benthic indicators to use in ecological quality classification of Mediterranean soft bottom marine ecosystems, including a new biotic index[J]. Mediterranean Marine Science, 2002, 3(2): 77-111.

[63] Smith R H. Ecological diversity: E. C. Pielou. John Wiley and Sons, New York, 1975, 165.

[64] Subida M D, Drake P, Jordana E, et al. Response of different biotic indices to gradients of organic enrichment in Mediterranean coastal waters: Implications of non-monotonic responses of diversity measures[J]. Ecological Indicators, 2012, 19:106-117.

[65] Teixeira H, Weisberg S B, Borja A, et al. Calibration and validation of the AZTI's Marine Biotic Index (AMBI) for Southern California marine bays[J]. Ecological Indicators, 2012, 12(1):84-95.

[66] Valen ça A P M C, Santos P J P. Macrobenthic community for assessment of estuarine health in tropical areas (Northeast, Brazil): Review of macrofauna classification in ecological groups and application of AZTI Marine Biotic Index[J]. Marine Pollution Bulletin, 2012, 64(9): 1809-1820.

[67] Vincx M, Kuijken E, Lancker V V. A biological valuation map for the Belgian part of the North Sea (BWZEE). 2007.

[68] Wang H J, Yang Z S, Liu J P. Interannual and seasonal variation of the Huanghe (Yellow River) water discharge over the past 50 years: Connections to impacts from ENSO events and dams[J]. Global and Planetary Chance, 2006, 50(3-4):212-225.

[69] Wang H J. Recent changes of sediment flux to the western Pacific Ocean from major rivers in East and Southeast Asia[J]. Earth-Science Reviews, 2011, 108(1-2): 80-100.

[70] Weisberg S B, Ranasinghe J A, Dauer D M, et al. An estuarine benthic index of biotic integrity (B-IBI) for Chesapeake Bay[J]. Estuaries, 1997, 20(1):149-158.

[71] Wetzel M A, von der Ohe P C, Manz W, et al. The ecological quality status of the Elbe estuary. A comparative approach on different benthic biotic indices applied to a highly modified estuary[J]. Ecological Indicators, 2012, 19: 118-129.

[72] Wu D, Legg D. Responses of benthic insect communities to effluent from the abandoned Ferris-Haggarty copper mine in southeast Wyoming, USA[J]. Journal of Environmental Sciences, 2011, 23(11): 1894-1903.

[73] Xia B, Zhang L. Carbon distribution and fluxes of 16 rivers discharging into the Bohai Sea in summer[J]. Acta Oceanologica Sinica, 2011, 30(3):43-54.

[74] Xu J X. The water fluxes of the Yellow River to the sea in the past 50 years, in response to climate change and human activities[J]. Environmental Management, 2005, 35(5): 620-631.

[75] Yan F, Yuhong W, Yihao L, et al. Feature of Phytoplankton Community and Canonical Correlation Analysis with Environmental Factors in Xiaoqing River Estuary in Autumn[J]. Procedia Engineering, 2012, 37: 19-24.

[76] Yu H, Li X, Li B, et al. The biodiversity of macrobenthos from Jiaozhou Bay[J]. Acta Ecologica Sinica, 2006, 26(2): 416-422.

[77] Zenetos A, Hatzianestis J, Lantzouni M, et al. The Eurobulker oil spill: mid-term changes of some ecosystem indicators[J]. Marine Pollution Bulletin, 2004, 48(1-2):122-131.

[78] Zettler M L, Schiedek D, Bobertz B. Benthic biodiversity indices versus salinity gradient in the southern Baltic Sea[J]. Marine Pollution Bulletin, 2007, 55(1-6):258-270.

[79] Zhong G, Tang J, Zhao Z, et al. Organochlorine pesticides in sediments of Laizhou Bay and its adjacent rivers, North China[J]. Marine Pollution Bulletin, 2011, 62(11): 2543-2547.

[80] 白雪娥，庄志猛. 渤海浮游动物生物量及其主要种类数量变动的研究[J]. 海洋水产研究，1991(12): 71-91.

[81] 毕洪生，孙松，高尚武，等. 渤海浮游动物群落生态特点Ⅱ.种类组成与群落结构[J].生态学报，2000,20(5): 715-721.

[82] 毕乃双，杨作升，王厚杰，等. 黄河调水调沙期间黄河入海水沙的扩散与通量[J]. 海洋地质与第四纪地质，2010, 30(2): 27-34.

[83] 蔡立哲，马丽，高阳，等. 海洋底栖动物多样性指数污染程度评价标准的分析[J]. 厦门大学学报(自然科学版)，2002,41(5): 641-646.

[84] 蔡立哲. 河口港湾沉积环境质量的底栖生物评价新方法研究[D]. 厦门：厦门大学，2003.

[85] 蔡文倩，刘录三，孟伟，等. AMBI方法评价环渤海潮间带底栖生态质量的适用性[J]. 环境科学学报，2012, 32(4): 992-1000.

[86] 蔡昱明，宁修仁，刘子琳，等.莱州湾浮游植物粒径分级叶绿素a和初级生产力及新生产力[J]. 海洋科学集刊，2002(44): 1-10.

[87] 陈凯，肖能文，王备新，等. 黄河三角洲石油生产对东营湿地底栖动物群落结构和水质生物评价的影响[J]. 生态学报，2012, 32(6):1970-1978.

[88] 池仕运，竺维佳，施练东，等. 应用底栖动物完整性指数评价水源地水库溪流健康状态[J]. 水生态学杂志，2012, 33(2):16-25.

[89] 崔毅，马绍赛，等.莱州湾污染及其对渔业资源的影响[J]. 海洋水产研究，2003,24(1): 35-41.

[90] 戴国梁. 长江口及其邻近水域底栖动物生态特点[J]. 水产学报，1991,15(2): 104-116.

[91] 单志欣，郑振虎，等. 渤海污染对水产资源变动的影响[J]. 渔业环境保护，1998(1)：11-14.

[92] 刁焕祥，沈志良，刘兴俊，等. 渤海无机氮的分布[J]. 海洋科学集刊，1985(25)：53-63.

[93] 董贯仓，李秀启，刘峰，等. 黄河三角洲潮间带底栖动物群落结构分析及环境质量评价[J]. 海洋环境科学，2012，31(3)：370-374.

[94] 郝彦菊，王宗灵，等. 莱州湾营养盐与浮游植物多样性调查与评价研究[J]. 海洋科学进展，2005，23(2)：197-204.

[95] 胡敦欣，韩舞鹰，章申. 长江、珠江口及邻近海域陆海相互作用[M]. 北京：海洋出版社，2001.

[96] 胡颢琰，黄备，等. 渤、黄海近岸海域底栖生物生态研究[J]. 东海海洋，2000，18(4)：39-46.

[97] 胡宁静，石学法，刘季花，等. 莱州湾表层沉积物中重金属分布特征和环境影响[J]. 海洋科学进展，2011(1)：63-72.

[98] 贾文泽，田家怡，潘怀剑. 黄河三角洲生物多样性保护与可持续利用的研究[J]. 环境科学研究，2002，15(4)：35-53.

[99] 金显仕，邓景耀. 莱州湾春季渔业资源及生物多样性的年间变化[J]. 海洋水产研究，1999，20(1)：6-12.

[100] 乐肯堂，刘兴泉，史久新. 黄河口的变迁对邻近海区潮波运动影响的数值研究[J]. 海洋科学集刊，1995(36)：33-46.

[101] 乐肯堂. 黄河口的变迁对黄河冲淡水分布的影响[J]. 海洋科学集刊，1995(36)：81-92.

[102] 李凡，张秀荣. 黄河断流和入海流量锐减所引起的海洋环境变化[J]. 海洋科学集刊，2001(43)：60-67.

[103] 李凡，张秀荣. 黄河入海水、沙通量变化对黄河口及邻近海域环境资源可持续利用的影响Ⅲ[J]. 海洋科学集刊，2001(43)：68-82.

[104] 李荣冠，江锦祥，吴启泉，等. 闽江口及其邻近水域大型底栖生物生态研究[J]. 海洋学报，1997，19(5)：116-123.

[105] 林金兰，陈彬，黄浩，等，海洋生物多样性保护优先区域的确定[J]. 生物多样性，2013，21(1)：38-46.

[106] 刘瑞玉. 中国海洋生物名录[M]. 北京：科学出版社，2008.

[107] 罗先香，田静，等. 黄河口潮间带表层沉积物重金属和营养元素的分布特征[J]. 生态环境学报，2011，20(5).

[108] 马绍赛，辛福言，崔毅，等. 黄河和小清河主要污染物入海量的估算[J]. 海洋水产研究，2004，25(5)：47-51.

[109] 孟凡，丘建文，吴宝铃. 黄海大海洋生态系的浮游动物[J]. 黄渤海海洋，1993，11(3)：30-37.

[110] 渠晓东，刘志刚，张远. 标准化方法筛选参照点构建大型底栖动物生物完整性指数[J]. 生态学报，2012，32(15)：4661-4672.

[111] 沈志良，陆家平，刘兴俊. 黄河口及其附近海域的无机氮和磷酸盐[J]，海洋科学集刊，1989(30)：51-79.

[112] 孙道元，唐质灿. 黄河口及其邻近水域底栖动物生态特点[J]. 海洋科学集刊. 1989(30)：261-275.

[113] 唐启升. 渤海生态环境和生物资源分布图集[M]. 青岛：青岛出版社，1996.

[114] 田家怡，慕金波，等. 山东小清河流域水污染问题及水质管理研究[M]. 东营：石油大学出版社，1996.

[115] 田家怡，王民. 黄河断流对三角洲附近海域生态环境影响的研究[J]. 海洋环境科学，1997，16(3)：59-65.

[116] 王俊. 莱州湾浮游植物种群动态研究[J]. 海洋水产研究,2000,21(3): 33-38.

[117] 王立红. 黄河断流对下游生态环境的影响研究[J]. 山东师大学报, 2000,15(4): 418-421.

[118] 吴晓燕, 刘汝海, 秦洁,等. 黄河口沉积物重金属含量变化特征研究[J]. 海洋湖沼通报, 2007(S1): 69-74.

[119] 席家治. 黄河水资源[M]. 郑州:黄河水利出版社, 1996.

[120] 徐梦佳, 朱晓霞, 赵彦伟,等. 基于底栖动物完整性指数(B-IBI)的白洋淀湿地健康评价[J]. 农业环境科学学报, 2012, 31(9):1808-1814.

[121] 杨柳, 李泳慧, 王俊才,等. 基于 B-IBI 指数的温榆河生态健康评价[J]. 生态学报, 2012, 32(11): 3313-3322.

[122] 袁伟, 张志南, 于子山. 胶州湾西部海域大型底栖动物多样性的研究[J]. 生物多样性, 2007, 15(1): 53-60.

[123] 张方方, 张萌, 刘足根,等. 基于底栖生物完整性指数的赣江流域河流健康评价[J]. 水生生物学报, 2011, 35(6): 963-971.

[124] 张志南, 刘晓收, Guy Boucher,等. 底栖生物生产力现场测试系统(BCSPM)的建立及其初步实验结果[J]. 中国海洋大学学报, 2005,35(2): 277-282.

[125] 张志南, 图立红, 于子山. 黄河口及其邻近海域大型底栖动物初步研究[J]. 青岛海洋大学学报, 1990,20(1): 37-45.

[126] 郑莉. 黄河河口湿地大型底栖动物群落结构和多样性研究[D]. 泰安: 山东农业大学, 2007.

[127] 中国科学院海洋研究所. 统一浅海浮游生物调查方法的建议[J]. 海洋与湖沼, 1959,2(2): 67-71.

[128] 朱鑫华,. 缪锋, 刘栋,等. 黄河口及邻近海域鱼类群落时空格局与优势种特征研究[J]. 海洋科学集刊,2001(43): 141-151.

第 5 章　基于生态系统的监管技术研究

黄河三角洲地区不仅拥有我们的母亲河——黄河，也是我国的第二大油田——胜利油田的所在地和主产区，还一直是国家和山东省的重点发展与重要战略部署区域。国家一直关注黄河三角洲地区的发展和生态环境建设，黄河三角洲地区的开发已进一步上升为国家发展战略，黄河三角洲地区又将迎来快速发展的重要机遇。

但随着黄河三角洲近岸海洋工程数量的急剧增加，沿海产业基地占用大量的滩涂和湿地；随着湿地开发利用程度的增加和沿岸工业污染的加重，湿地污染也在加剧；在大量湿地丧失的同时，潮流场、地形地貌、沉积物冲蚀淤积等方面的变化将对海洋生态环境产生影响，部分海域生态系统的健康程度将进一步降低。此外，资源的开发利用强度仍然较高（主要是过度捕捞），造成资源日益衰退。

与此同时，基于海洋生态系统的管理体系尚未建立，监管技术与手段有待进一步完善。由于历史遗留问题和体制原因等，长期以来对黄河口及邻近海域一直是多部门的条块式管理，没能综合考虑生态系统的整体性特点，缺乏基于生态系统的管理体系。同时，由于技术限制，对该区域的生态监管也未能做到全覆盖、多手段和高效性等，管理决策与管理行动滞后，难以及时地解决生态环境问题。

因此，开展基于生态系统的监管技术研究，不仅可以对黄河口及邻近海域生态系统开展有效管理，而且可以为黄河三角洲高效生态经济区开发和建设提供技术支持和环境保障。

本章针对黄河口及邻近海域的管理要求与生态系统特点，围绕黄河口及邻近海域生态环境监管所需要的基础技术与方案，在掌握海上油气开采过程对黄河口底栖生态系统影响的基础上，通过确定不同海洋功能区、不同海洋开发活动、点源污染排放的监管方案，搭建海洋生态环境监管数据的无线传输系统和地理信息系统，为实施黄河口及邻近海域的生态系统监管提供基础技术保障与支撑平台。

5.1　黄河口及邻近海域的生态系统监管地理信息系统

5.1.1　信息系统框架设计

本系统主要利用地理信息系统技术集成多源多尺度地理空间信息，如黄河口地形地貌、遥感影像、基础生态环境调查和监视监测等，实现数据的规范和高效管理、分析和可视化展现，为黄河口及邻近海域生态系统管理提供技术支撑和辅助决策。

本系统采用三层架构设计，即用户层、应用服务层和数据层。用户层通俗讲就是展现给用户的界面，即用户在使用一个系统的时候其所见所得。应用服务层针对具体问题操作，也可以说是对数据层的操作，对数据业务逻辑处理。数据层主要是存储和管理各种地理空间数据和相关的数据（见图 5-1）。

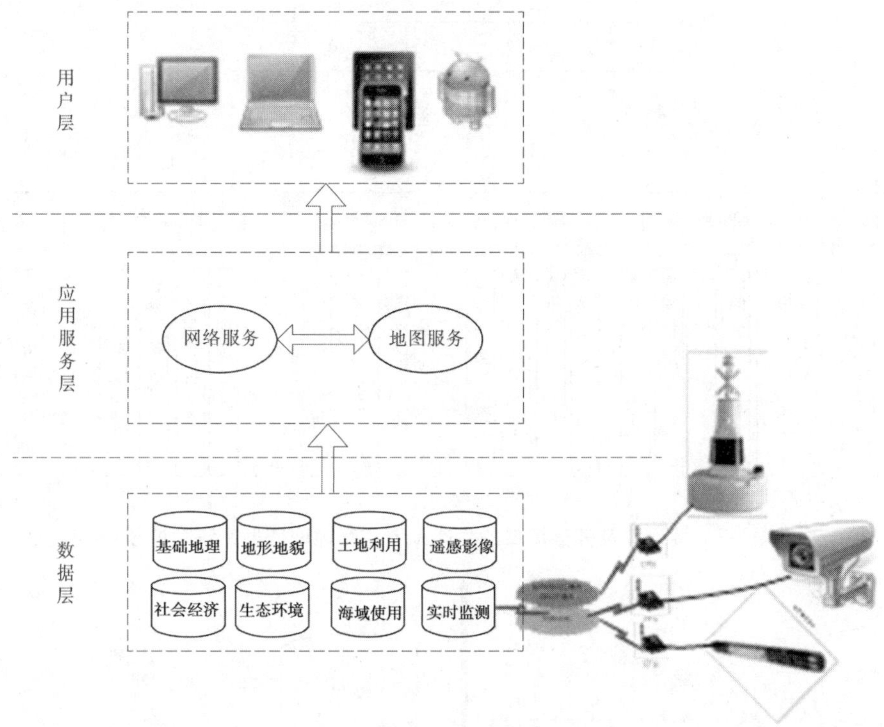

图5-1　黄河口及邻近海域的生态系统监管地理信息系统框架设计

该系统包括了地图浏览、专题图编制、数据管理、统计分析、生态评价和实时监测6个模块(见图5-2)。地图浏览模块主要包括地图缩放、漫游、属性查询等功能;数据管理模块主要包括数据导入、导出、数据编辑更新等功能;统计分析模块主要包括生态环境要素的基本统计分析和空间分析功能,如绘制折线图、柱状图、空间插值等操作;生态评价模块是依据国标对水质、沉积物和生物等进行评价和分析,并可绘制空间分布图;专题图编制模块主要包括地图版面缩放、漫游,地图打印输出,基本制图要素编辑如比例尺、指北针、地图格网等;实时监测模块主要包括数据实时接收与存储(存入数据库)、监测数据的基本统计分析和预警报警等功能。

5.1.2　数据库设计与建设

黄河口及邻近海域的生态系统监管地理信息系统中数据库包括了8个子数据库,分别是基础地理子库、地形地貌子库、土地利用子库、遥感影像子库、社会经济子库、生态环境子库、海域使用子库和实时监测子库(见图5-3)。

该数据库既包括海域信息,也包括陆域信息,既包括地理空间数据,也包括属性数据,既包括静态数据,也包括实时或近实时监测数据。基本可以满足黄河口及邻近海域生态系统管理需求。

5.1.3　黄河口及邻近海域的生态系统监管地理信息系统

软件基于ESRI公司的Arcgis Engine 9.3GIS平台和Microsoft C#程序设计语言进行设

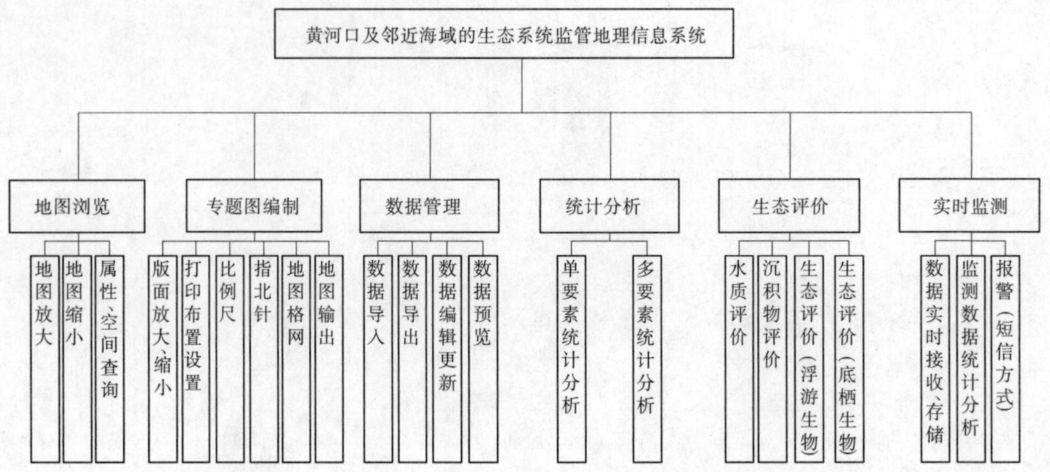

图 5-2　黄河口及邻近海域的生态系统监管地理信息系统功能模块

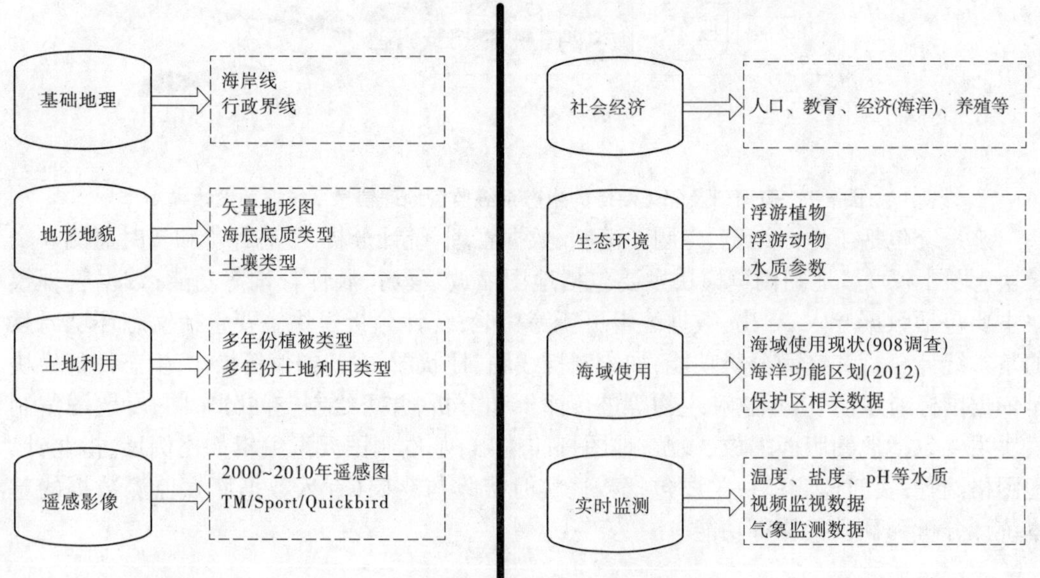

图 5-3　黄河口及邻近海域数据库结构

计和开发，实现黄河口及邻近海域的生态系统的数据管理、风险评估、养殖区划型和生态评价等功能。该软件由国家海洋局第一海洋研究所与山东省海洋水产研究所合作设计与开发。

软件运行环境：

（1）操作系统：Window 7；

（2）Arcgis Engine 10.1 运行环境或 Arcgis Desktop 10.1 或更高版本；

（3）.NET Framework 4.0 或更高版本。

5.1.3.1　软件启动

点击软件安装目录下的文件“SSA. exe”即可启动本软件，该软件启动界面如图 5-4 所示，分别输入用户名和密码，然后点击“登录”即可。

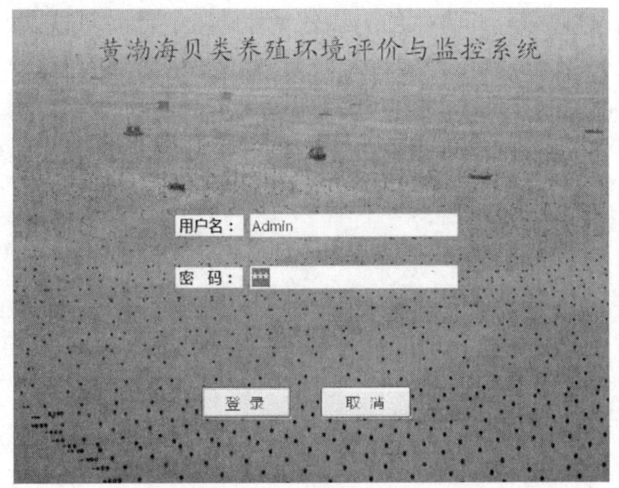

图 5-4　软件启动界面

登录后进入软件主界面，软件布局上分为四部分：工具栏、列表栏、内容栏和状态栏。工具栏主要包括“文件”“地图”“版面”“评估”“统计”“数据分析”“实时监测”“空间分析”“帮助”等 9 个工具栏，见图 5-5。

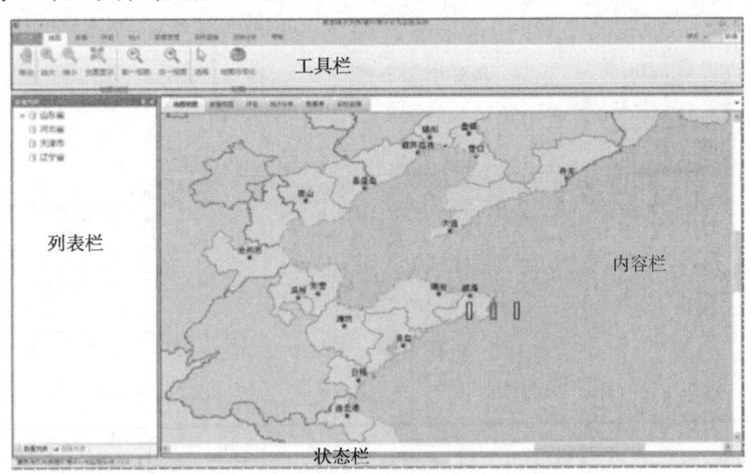

图 5-5　软件主界面

列表栏：主要包括“图层列表”和“数据列表”两部分控制列表。

(1)图层列表：主要是展示当前地图文档所包括的基本图层要素，如基础地理、养殖区分布和评估结果等，用户查看该图层类表，一般不对该部分进行操作，相关操作已封装在软件内部。

(2)数据列表：主要是以“树形结构”展示当前数据库中所存储的基础调查数据，如水质和沉积物，以及可进行的评估类型，如现状评估、风险评估和养殖区等级划分等。其层次结构为:省份—调查区域—评价类型—具体数据,其中现状评价中数据又分为表、中、底三个层次。

5.1.3.2　布局调整

为最大化利用电脑屏幕空间,软件中部分组件的显示可以动态隐藏或显示,如控制列表和工具栏。列表栏和工具栏全隐藏后效果如图 5-6 所示。

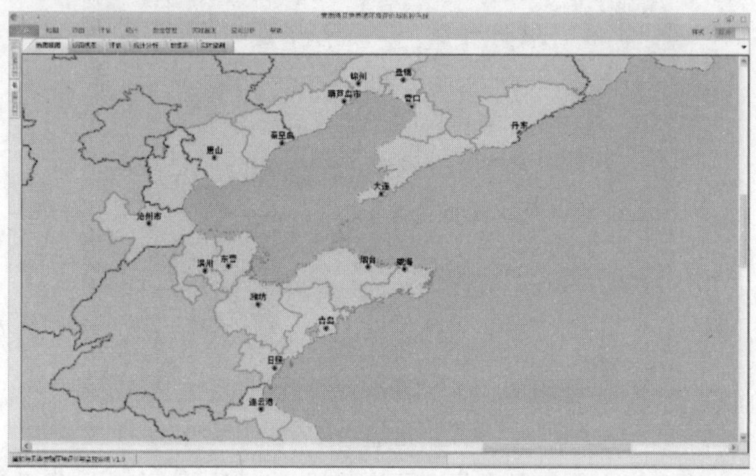

图 5-6　列表栏、工具栏隐藏后效果

5.1.3.3　地图浏览

地图视图中地图浏览工具栏和地图显示区见图 5-7。

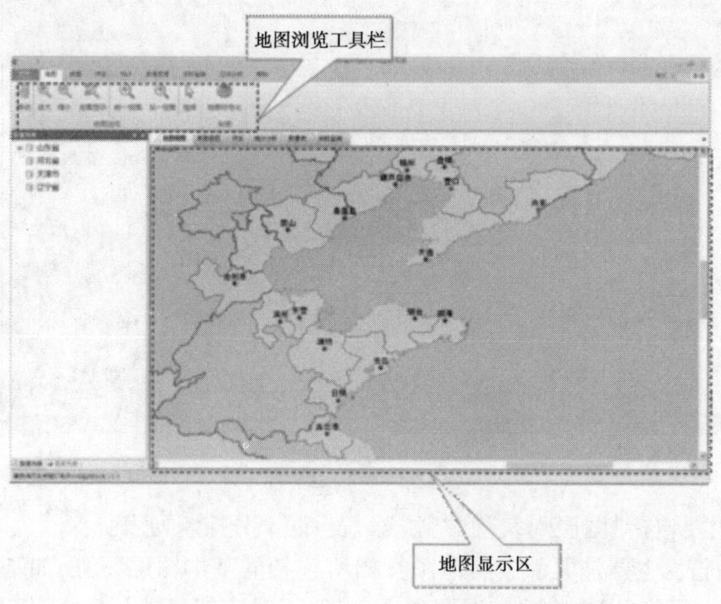

图 5-7　地图视图中地图浏览工具栏和地图显示区

5.1.3.4　数据导入

点击“数据管理”菜单下的数据导入命令,即弹出“导入数据”对话框,如图 5-8 所示。

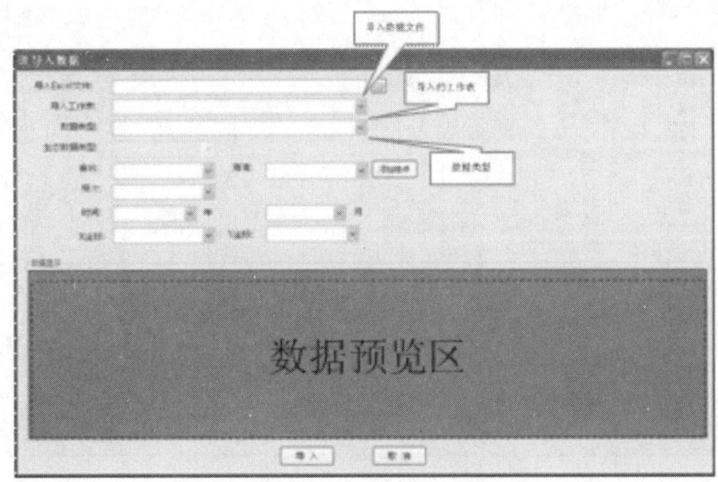

图5-8 “导入数据”对话框

可设置数据所在省份、海湾、水质数据层次、调查时间和坐标等信息，并可以添加地点信息。

5.1.3.5 查看数据

选中“水质评价”“沉积物评价”“生态评价”等分类下的终节点时，双击节点，即可查看当前选中节点对应的原始数据。以四十里湾2010年6月表层数据为例，见图5-9。

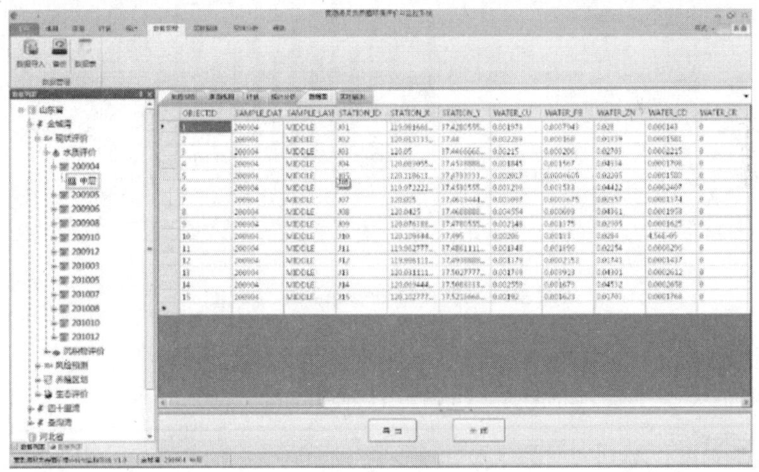

图5-9 查看数据

5.1.3.6 数值统计

选中“水质评价”“沉积物评价”等分类下的终节点时，且内容栏中“统计分析”标签区域当前状态，双击节点，则可查看当前选中数据的柱状图或折线图。当显示折线图时会对数据库中该地点、该水层的数据进行查询汇总，以形成时间序列数据，便于绘制折线图。以金城湾2009年5月水质数据为例，其折线图和柱状图如图5-10、图5-11所示。

折线图可以设置折线类型、线型、线颜色、标记颜色、标记类型、标注等属性信息。

柱状图可以显示各要素的实测值或与1类或2类标准的比值。

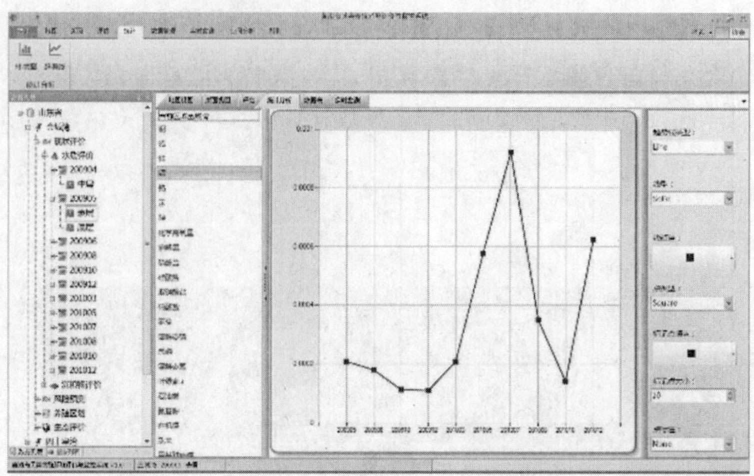

图 5-10　数据统计分析——折线图

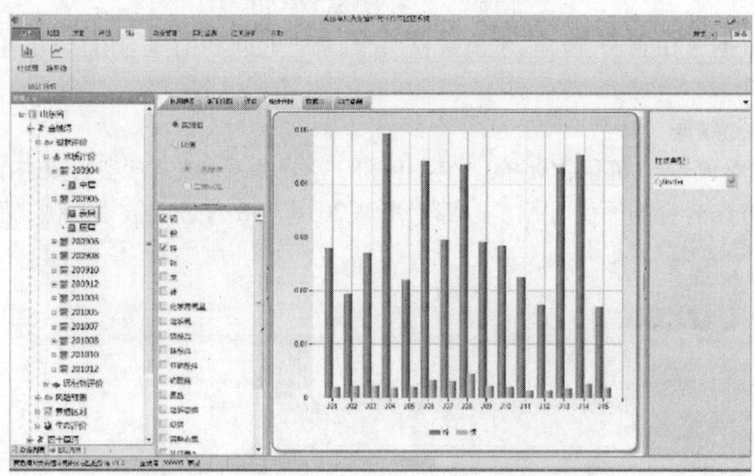

图 5-11　数据统计分析——柱状图

5.1.3.7　评估

本系统评估类型主要包括环境现状评估(水质、沉积物)、风险预测、养殖区划和生态评估分级等 4 大类型。

1. 现状评估

1) 水质评估

选中水质评估中的数据节点,以金城湾 2009 年 8 月数据为例,当选中数据节点后,评估菜单中的“水质”按钮自动激活,同时内容栏“评估”标签实现自动更新,显示水质评估界面,如图 5-12 所示。点击“运行”按钮即可进行水质评估。

评估结果主要包括两类:汇总表,即各站位水质类型类别,以及水质类型分布图,见图 5-13、图 5-14。

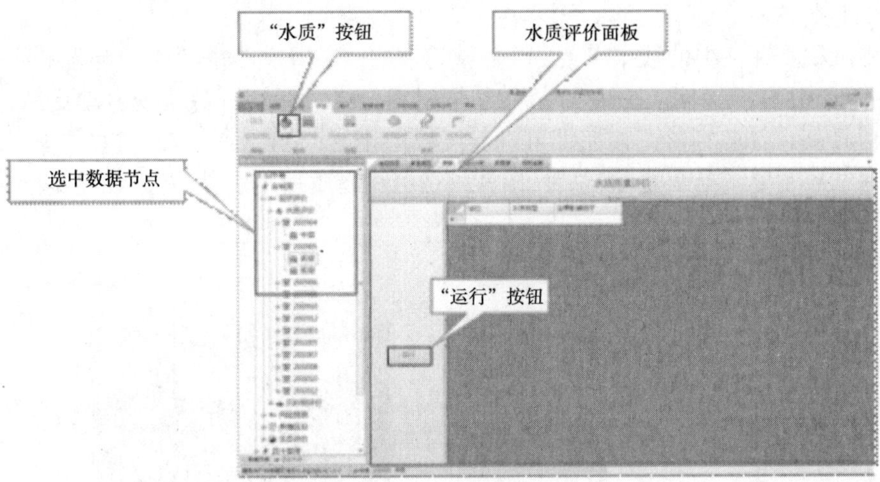

图 5-12　水质评估操作示意图

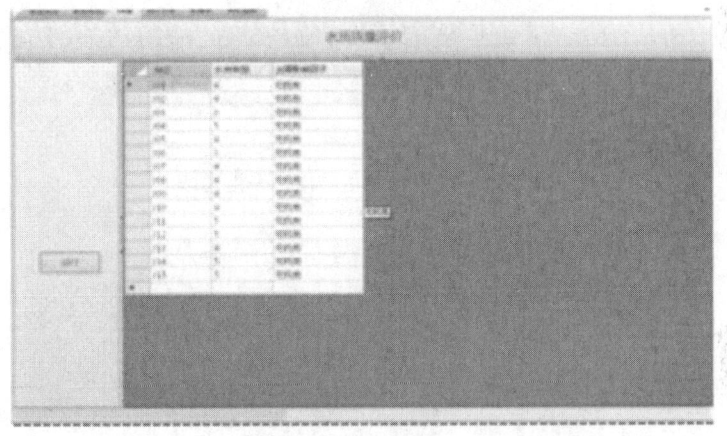

图 5-13　水质评估结果——汇总表

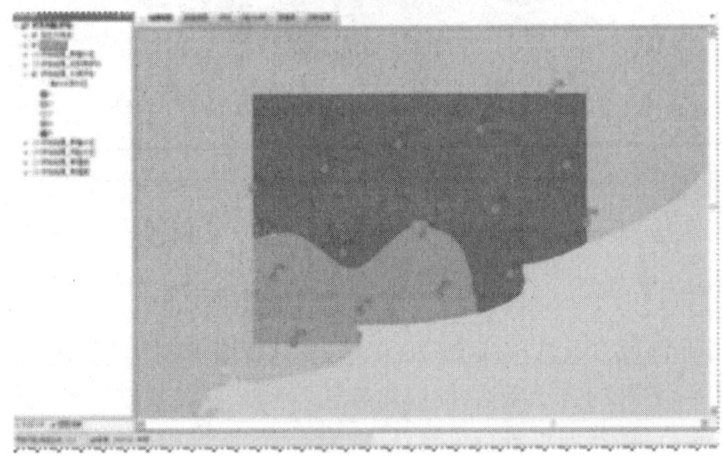

图 5-14　水质评估结果——分布图

2)沉积物评估

选中沉积物评估中的数据节点,以金城湾 2009 年 10 月数据为例,当选中数据节点后,评估菜单中的“沉积物”按钮自动激活,同时内容栏“评估”标签实现自动更新,显示沉积物评估界面。点击“运行”按钮即可进行沉积物评估。

评估结果主要包括两类:汇总表,即各站位沉积物质量类别,以及沉积物类型分布图,见图 5-15、图 5-16。

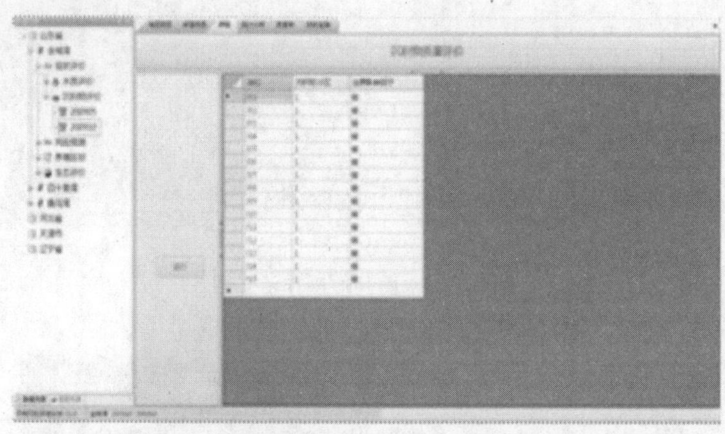

图 5-15　沉积物评估结果——汇总表

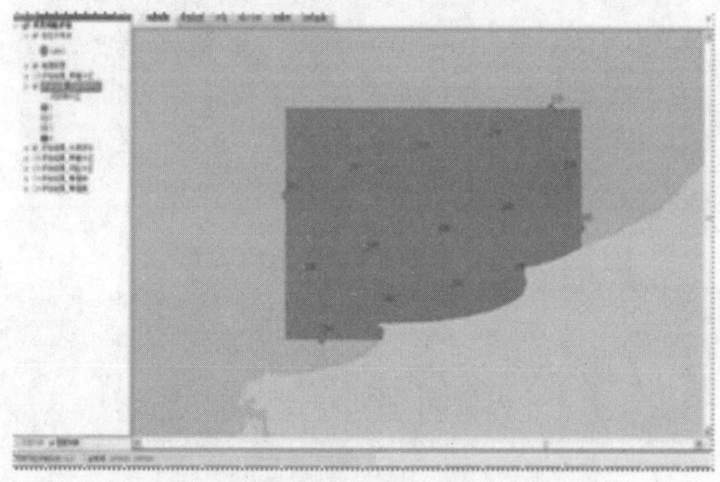

图 5-16　沉积物评估结果——分布图

2. 风险预测

选中风险评估数据节点,以金城湾 2009 年 10 月数据为例,当选中数据节点后,评估菜单中的“风险评估”按钮自动激活,同时内容栏“评估”标签实现自动更新,显示风险评估界面。点击“运行”按钮即可进行风险评估。

评估结果主要包括两类:统计表,即评估区域分区类别、面积,以及各分区内的养殖区面积和风险分布图,见图 5-17、图 5-18。

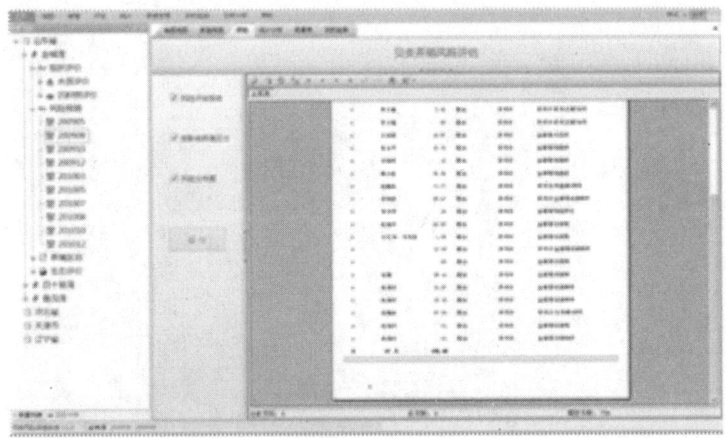

图 5-17　风险评估结果——统计表

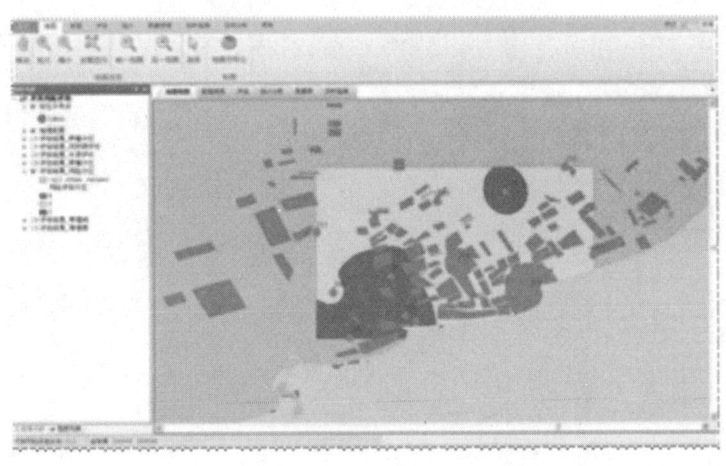

图 5-18　风险评估结果——分布图

3. 养殖区划

选中养殖区划数据节点，以金城湾 2009 年 10 月数据为例，当选中数据节点后，评估菜单中的“养殖区划”按钮自动激活，同时内容栏“评估”标签实现自动更新，显示养殖区划界面。点击“运行”按钮即可进行风险评价。

评估结果主要包括两类：统计表，即养殖区类型面积，以及风险分布图，见图 5-19、图 5-20。

4. 生态评估

1）底栖生物

选中“底栖生物”数据节点，以桑沟湾 2012 年 2 月数据为例，当选中数据节点后，评估菜单中的“底栖生物”按钮自动激活，同时内容栏“评估”标签实现自动更新，显示为“生态评估（底栖生物）”界面。点击“运行”按钮即可进行底栖生物相关生态参数的自动计算。

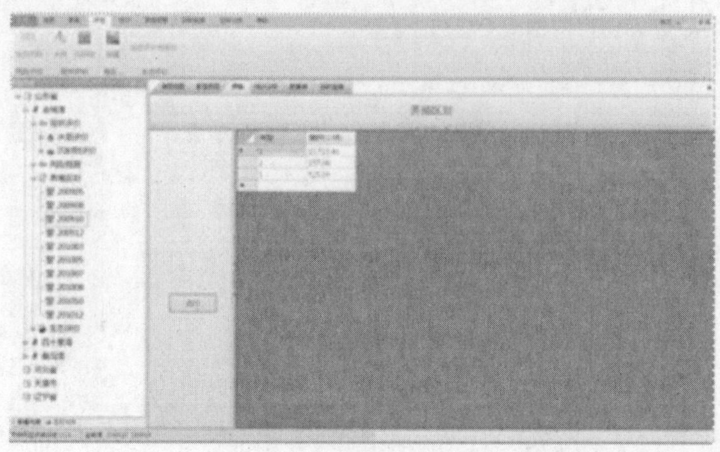

图 5-19　养殖区划评估结果——统计表

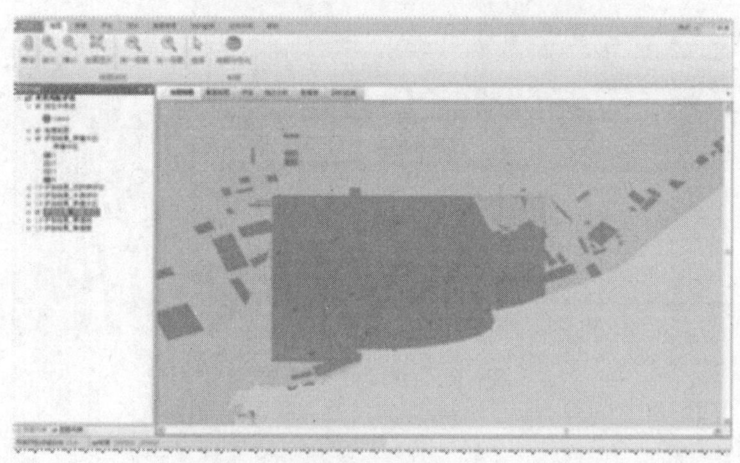

图 5-20　养殖区划评估结果——分布图

点击“导出”按钮即可实现将评估结果导出为 Excel 文件，见图 5-21。

2）浮游植物

选中“浮游植物”数据节点，以桑沟湾 2012 年 2 月数据为例，当选中数据节点后，评估菜单中的“浮游植物”按钮自动激活，同时内容栏“评估”标签实现自动更新，显示为“生态评价（浮游植物）”界面。点击“运行”按钮即可进行浮游植物相关生态参数的自动计算。

点击“导出”按钮即可实现将评估结果导出为 Excel 文件，见图 5-22。

3）浮游动物

选中“浮游动物”数据节点，以桑沟湾 2012 年 2 月数据为例，当选中数据节点后，评估菜单中的“浮游动物”按钮自动激活，同时内容栏“评估”标签实现自动更新，显示为“生态评价（浮游动物）”界面。点击“运行”按钮即可进行浮游动物相关生态参数的自动计算。

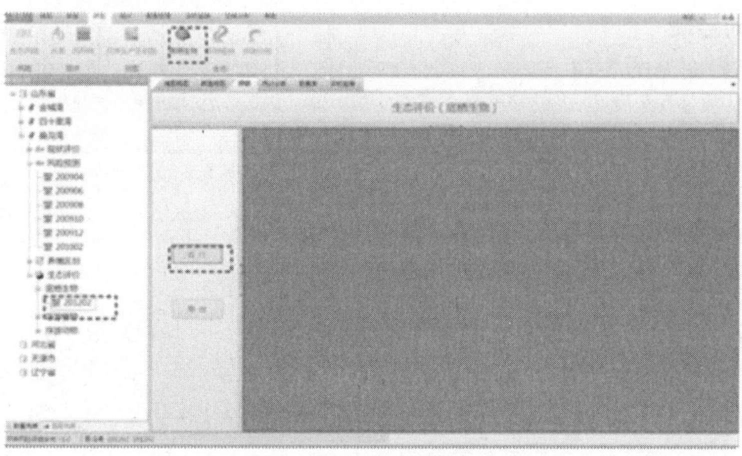

图 5-21　底栖生物评价

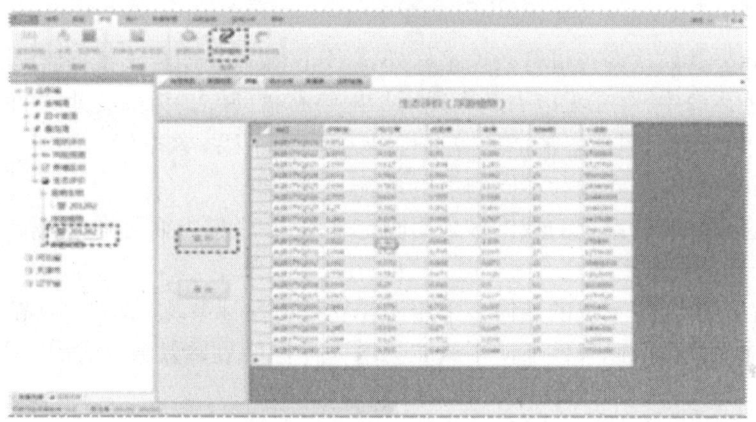

图 5-22　浮游植物生态评价

点击“导出”按钮即可实现将评估结果导出为 Excel 文件,见图 5-23。

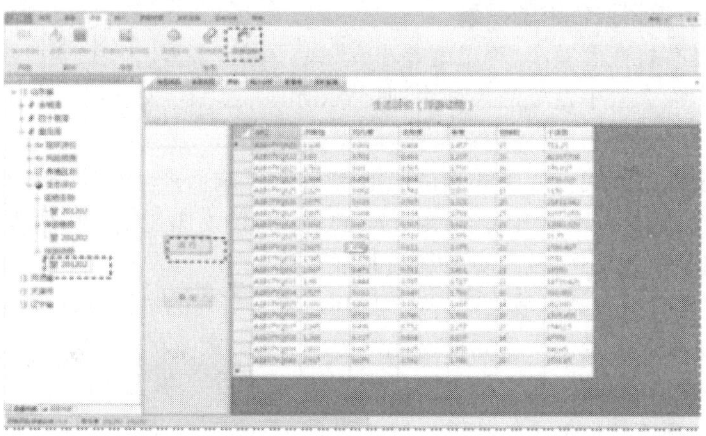

图 5-23　浮游动物生态评价

5.1.3.8　实时监测

实时监测界面见图 5-24。

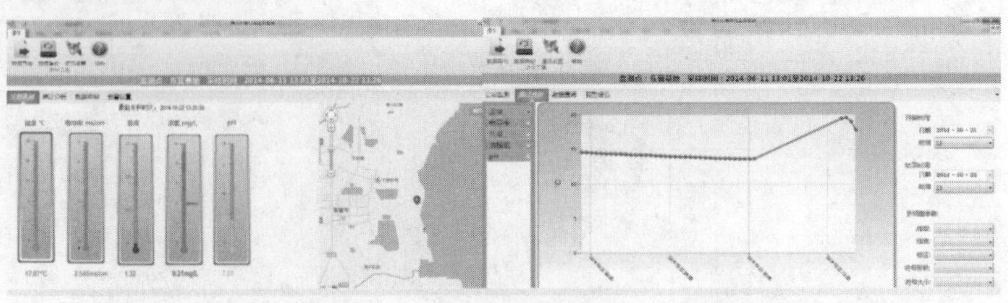

图 5-24　实时监测界面

5.2　生态系统监管数据无线传输系统

项目中除公共航次调查进行数据采样外,部分区域需长期在线数据监测,部分监测点位于海岸附近或海中,存在无电力及有线通信网络覆盖问题。为解决此类问题,需要设计制作一种使用太阳能、风能等清洁能源进行电力供应的无线数据传输系统。同时因为近岸、近海的环境区别,需要设计不同的供电系统。

近岸生态系统监管系统的载体多采用固定基座,在供电方面可采用风能或太阳能,也可采用风、光互补供电系统。

近海生态系统监管系统的载体多采用海洋立桩或浮标系统,基于成本考虑,多使用小型浮标系统作为载体。此条件下使用风能会增大浮标的旋转及偏移,所以只能采用太阳能供电系统。

对供电系统进行选型后,下面将详细介绍无线数据传输系统的设计与应用。

5.2.1　海洋无线传输的特点

5.2.1.1　影响海洋无线传输的因素

海洋环境具有昼夜温差小、年温度差小、多风、多雨、多雾、多浪、空气湿度大、空气含盐量高等特点。而大气中发生的各种物理现象,如风、云、雨、雪、雷等,都会影响到电波传输。

在雨水中传播的无线信号受雨滴的吸收和散射影响而产生的衰减叫降雨衰减,在 3 GHz 以上的频段,随着频率的升高,降雨衰减增大;在 10 GHz 以下,必须考虑中雨以上的影响;在毫米波段中,中雨引发的降雨衰减非常严重。

实测表明,密雾引发的电波衰减与中雨相似,浓雾引发的电波衰减与小雨相似。

海洋上含盐量高的潮湿空气同样对无线传输有相应的影响。

5.2.1.2　需要解决的问题

本套生态系统监管数据无线传输系统的设计,需要针对黄河口及邻近海域的水文条件特征和海洋环境特点,分析海洋生态系统监管的数据传输业务要求及管理需求,结合海上无线数据传输的难点,全面分析各项数据采集仪器对无线传输设备的软硬件要求。

综合分析各种无线传输与覆盖技术，对目前现有可用技术进行初步遴选；在适用技术的基础上筛选相关的硬件设备，确定无线传输设备海上适应性改造的实施方案。设计方案应兼容市场上所有 802.11 a/b/g 客户端，同时满足各种终端(包括嵌入式终端、移动终端等)的数据传输需要，实现高带宽、全覆盖、立体化的无线传输网络。

采用全向天线，满足全方位立体监控的需要；海洋环境下的适应性改造，全部硬件应符合 IP67 标准；针对专网的适应性改造，用户逻辑隔离、硬件可以进行集中管理维护、多 VLAN 划分，支持各种标准的加密方式等；搭建无线基站和远程接收端，并分别进行模拟测试和现场环境测试。

5.2.2　生态系统监管数据无线传输设备的研发

5.2.2.1　技术对比

1. 无线数据传输的对比

无线数据传输根据传输距离的远近主要分为近距无线传输和远距无线传输两类。

近距无线传输主要包括无线局域网 802.11(Wi－Fi)、超宽频 UWB(Ultra Wide Band)、ZigBee、短距通信(NFC)、蓝牙(Bluetooth)、红外数据传输(IrDA)、WiMedia、GPS、DECT、无线 1394 和专用无线系统等。此类传输方式受限于传输距离，无法应用于海洋生态系统监管数据的传输。

远距无线传输主要包括微波及借用公网通道的 2G、GPRS、3G 等。

1)微波传输

"微波"通常是指波长为 1 m～1 mm 的电磁波，对应的频率范围为 300 MHz～300 GHz，它介于无线电波和红外线之间，又可分为分米波、厘米波、毫米波、亚毫米波。微波与低频电磁波一样，具有电磁波的一切特性，但由于微波的波长较短、频率高，因此又具有许多独特的性质。

中国微波通信广泛应用 L、S、C、X 诸频段，K 频段的应用尚在开发之中。由于微波的频率极高，波长又很短，它在空中的传播特性与光波相近，也就是直线前进，遇到阻挡就被反射或被阻断，因此微波通信的主要方式是视距通信，超过视距以后需要中继转发。

一般来说，由于地球曲面的影响以及空间传输的损耗，每隔 50 km 左右就需要设置中继站，将电波放大转发而延伸，如图 5-25 所示。这种通信方式也称为微波中继通信或微波接力通信。长距离微波通信干线可以经过几十次中继而传至数千千米仍保持很高的通信质量。

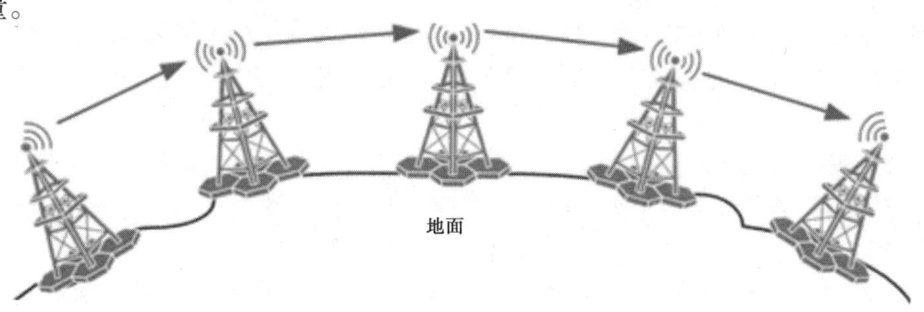

图 5-25　微波接力通信示意图

无线电波划分见表 5-1。

表 5-1 无线电波划分

频段名称	频率范围	波段名称	波长范围
甚低频(VLF)	3 ~ 30 kHz	万米波,甚长波	10 ~ 100 km
低频(LF)	30 ~ 300 kHz	千米波,长波	1 ~ 10 km
中频(MF)	300 ~ 3 000 kHz	百米波,中波	100 ~ 1 000 m
高频(HF)	3 ~ 30 MHz	十米波,短波	10 ~ 100 m
甚高频(VHF)	30 ~ 300 MHz	米波,超短波	1 ~ 10 m
特高频(UHF)	300 ~ 3 000 MHz	分米波	10 ~ 100 cm
超高频(SHF)	3 ~ 30 GHz	厘米波	1 ~ 10 cm
极高频(EHF)	30 ~ 300 GHz	毫米波	1 ~ 10 mm
	300 ~ 3 000 GHz	亚毫米波	0.1 ~ 1 mm

微波中部分频段常用代号来表示,如表 5-2 所示。

表 5-2 微波中部分频段常用代号

代号	频段(GHz)	波长(cm)
L	1 ~ 2	30 ~ 15
S	2 ~ 4	15 ~ 7.5
C	4 ~ 8	7.5 ~ 3.75
X	8 ~ 13	3.75 ~ 2.31
Ku	13 ~ 18	2.31 ~ 1.67
K	18 ~ 28	1.67 ~ 1.07
Ka	28 ~ 40	1.07 ~ 0.75

其中 L 频段以下适用于移动通信。S ~ Ku 频段适用于以地球表面为基地的通信,包括地面微波接力通信及地球站之间的卫星通信,其中 C 频段的应用最为普遍,毫米波适用于空间通信及近距离地面通信。为满足通信容量不断增长的需要,已开始采用 K 和 Ka 频段进行地球站与空间站之间的通信。60 GHz 的电波在大气中衰减较大,适宜近距离地面保密通信。94 GHz 的电波在大气中衰减很少,适合地球站与空间站之间的远距离通信。

微波的发展与无线通信的发展是分不开的。1901 年马克尼使用800 kHz 中波信号进行了从英国到北美纽芬兰的世界上第一次横跨大西洋的无线电波的通信试验,开创了人类无线通信的新纪元。无线通信初期,人们使用长波及中波来通信。20 世纪 20 年代初人们发现了短波通信,直到 20 世纪 60 年代卫星通信的兴起,它一直是国际远距离通信的主要手段,并且对目前的应急和军事通信仍然很重要。

用于空间传输的电波是一种电磁波，其传播的速度等于光速。无线电波可以按照频率或波长来分类和命名。我们把频率高于 300 MHz 的电磁波称为微波。由于各波段的传播特性各异，因此可以用于不同的通信系统。例如，中波主要沿地面传播，绕射能力强，适用于广播和海上通信，而短波具有较强的电离层反射能力，适用于环球通信。超短波和微波的绕射能力较差，可作为视距或超视距中继通信。

1931 年，在英国多佛与法国加莱之间建起世界上第一条微波通信电路。第二次世界大战后，微波接力通信得到迅速发展。1955 年对流层散射通信在北美试验成功。20 世纪 50 年代开始进行卫星通信试验，60 年代中期投入使用。由于微波波段频率资源极为丰富，而微波波段以下的频谱十分拥挤，为此移动通信等也向微波波段发展。此外，数字技术及微电子技术的发展，也促进了微波通信逐步从模拟微波通信向数字微波通信过渡。

微波通信是20 世纪50 年代的产物。由于其通信的容量大、投资费用省（约占电缆投资的20%）、建设速度快、抗灾能力强等优点而取得迅速的发展。20 世纪 40 ~ 50 年代产生了传输频带较宽、性能较稳定的微波通信，成为长距离大容量地面干线无线传输的主要手段，模拟调频传输容量高达 2 700 路，可同时传输高质量的彩色电视，而后逐步进入中容量乃至大容量数字微波传输。80 年代中期以来，随着频率选择性色散衰落对数字微波传输中断影响的发现以及一系列自适应衰落对抗技术与高状态调制与检测技术的发展，数字微波传输产生了一个革命性的变化。特别应该指出的是，80 ~ 90 年代发展起来的一整套高速多状态的自适应编码调制解调技术与信号处理及信号检测技术的迅速发展，对现今的卫星通信、移动通信、全数字 HDTV 传输、通用高速有线/无线的接入乃至高质量的磁性记录等诸多领域的信号设计和信号的处理应用，起到了重要作用。

国外发达国家的微波中继通信在长途通信网中所占的比例高达50% 以上，据统计，美国为66%、日本为50%、法国为54%。我国自1956 年从东德引进第一套微波通信设备以来，经过仿制和自发研制过程，已经取得了很大的成就，在 1976 年的唐山大地震中，在京津之间的同轴电缆全部断裂的情况下，6 个微波通道全部安然无恙。20 世纪 90 年代的长江中下游的特大洪灾中，微波通信又一次显示了它的巨大威力。在当今世界的通信革命中，微波通信仍是最有发展前景的通信手段之一。

微波通信系统由发信机、收信机、天馈线系统、用户终端设备及多路复用设备等组成。其中，发信机由调制器、上变频器、高功率放大器组成，收信机由低噪声放大器、下变频器、解调器组成；天馈线系统由馈线、双工器及天线组成，用户终端设备把各种信息变换成电信号，多路复用设备把多个用户的电信号构成共享一个传输信道的基带信号。在发信机中调制器把基带信号调制到中频再经上变频变至射频，也可直接调制到射频。在模拟微波通信系统中，常用的调制方式是调频；在数字微波通信系统中，常用多相数字调相方式，大容量数字微波则采用有效利用频谱的多进制数字调制及组合调制等调制方式。发信机中的高功率放大器用于把发送的射频信号提高到足够的电平，以满足经信道传输后的接收场强。收信机中的低噪声放大器用于提高收信机的灵敏度；下变频器用于中频信号与微波信号之间的变换以实现固定中频的高增益稳定放大；解调器的功能是进行调制的逆变换。微波通信天线一般为强方向性、高效率、高增益的反射面天线，常用的有抛物面天线、卡塞格伦天线等，馈线主要采用波导或同轴电缆。在地面接力和卫星通信系统中，还需以中继站或卫星转发器等作为中继转发装置。

多个收发信机可以共同使用一个天线而互不干扰,中国现用微波系统在同一频段同一方向可以六收六发同时工作,也可以八收八发同时工作以增加微波电路的总体容量。多路复用设备有模拟和数字之分。模拟微波系统每个收发信机可以工作于60路、960路、1 800路或2 700路通信,可用于不同容量等级的微波电路。数字微波系统应用数字复用设备以30路电话按时分复用原理组成一次群,进而可组成二次群120路、三次群480路、四次群1 920路,并经过数字调制器调制于发射机上,在接收端经数字解调器还原成多路电话。最新的微波通信设备,其数字系列标准与光纤通信的同步数字系列(SDH)完全一致,称为SDH微波。这种微波设备在一条电路上,8个束波可以同时传送30 000多路数字电话电路(2.4 Gbit/s)。

微波通信中电波所涉及的媒质有地球表面、地球大气(对流层、电离层和地磁场等)及星际空间等。按媒质分布对传播的作用可分为:连续的(均匀的或不均匀的)介质体,如对流层、电离层等,以及离散的散射体,如雨滴、冰雷、飞机和其他飞行物等。微波通信中的电波传播可分为视距传播和超视距传播两大类。

视距传播时,发射点和接收点双方都在无线电视线范围内,利用视距传播的有地面微波接力通信、卫星通信、空间通信及微波移动通信。其特点是信号沿直线或视线路径传播,信号的传播受自由空间的衰耗和媒质信道参数的影响。如地—地传播的影响包括地面、地物对电波的绕射、反射和折射,特别是近地对流层对电波的折射、吸收和散射;大气层中水汽、凝结体和悬浮物对电波的吸收和散射。它们会引起信号幅度的衰减,多径时延,传播角的起伏和去极化(交叉极化率的降低)等效应。在地—空和空—空视距传播中,主要考虑大气和大气层中沉降物的影响,而地面、地物和近地对流层对地—空、空—空传播的影响则比对地面视距传播的影响小,有时可以忽略不计。

对流层超视距前向散射传播是利用对流层近地折射率梯度及介质的随机不连续性对入射无线电波的再辐射将部分无线电波前向散射到超视距接收点的一种传播方式。前向散射衰耗很大,且衰落深度远大于地面视距微波通信,从而使可用频带受到限制,但站距则可远大于地面视距通信。

微波存在一个缺陷,信号沿直线或视线路径传播,发射端和接收端必须具有特定的方向性。而在近海环境下,除安装于人工渔礁或海洋立桩外,无法保持发射端的朝向,所以不适用于海洋生态系统监管数据的传输。

2)2G

2G是第二代手机通信技术规格,以数字语音传输技术为核心。其一般定义为无法直接传送如电子邮件、软件等信息,只具有通话和一些如时间、日期等传送的手机通信技术规格。2G技术基本可分为两种:一种是基于TDMA所发展出来的,以GSM为代表;另一种则是基于CDMA规格所发展出来的CDMA One,复用(Multiplexing)形式的一种。

GSM通信系统主要由移动交换子系统(MSS)、基站子系统(BSS)和移动台(MS)三大部分组成。其中MSS与BSS之间的接口为A接口,BSS与MS之间的接口为Um接口。GSM规范对系统的A接口和Um接口都有明确的规定,也就是说,A接口和Um接口是开放的接口。

此制式传输速率极低,仅为每秒 9.6 K 字节,相关数据的传输只能使用短信等方式进行,不适用于海洋生态系统监管数据的传输。

3)GPRS

GPRS 是通用分组无线业务(General Packet RadioService)的简称,它突破了 GSM 网只能提供电路交换的思维方式,只通过增加相应的功能实体和对现有的基站系统进行部分改造来实现分组交换,这种改造的投入相对来说并不大,但得到的用户数据速率却相当可观。GPRS 是一种以全球手机系统(GSM)为基础的数据传输技术,可说是 GSM 的延续。GPRS 和以往连续在频道传输的方式不同,以封包(Packet)式来传输,因此使用者所负担的费用是以其传输资料单位计算的,并非使用其整个频道,理论上较为便宜。

GPRS 的传输速率可提升至 56 ~ 115 kbps,而且,因为不再需要现行无线应用所需要的中介转换器,所以连接及传输都会更方便、容易。如此,使用者不仅可联机上网,参加视讯会议等互动传播,而且在同一个视讯网络上(VRN)的使用者,甚至可以无须通过拨号上网,而持续与网络连接。

GPRS 具备以下特点:

高速数据传输:速度 10 倍于 GSM,还可以稳定地传送大容量的高质量音频与视频文件,可谓巨大进步。

永远在线:由于建立新的连接几乎无须任何时间(无须为每次数据的访问建立呼叫连接),因而用户随时都可与网络保持联系。举个例子,若无 GPRS 的支持,当用户正在网上漫游,而此时恰有电话接入,大部分情况下用户不得不断线后接通来电,通话完毕后重新拨号上网。这对大多数人来说,的确是件非常令人恼火的事。而有了 GPRS,就能轻而易举地解决这个冲突。

由于使用了“分组”的技术,用户上网可以免受断线的痛苦(情形大概就和使用了下载软件 NetAnts 差不多)。此外,使用 GPRS 上网的方法与 WAP 并不同,用 WAP 上网就如在家中上网,先“拨号连接”,而上网后便不能同时使用该电话线,但 GPRS 就较为优越,下载资料和通话是可以同时进行的。从技术上来说,声音的传送(通话)继续使用 GSM,而数据的传送便可使用 GPRS,这样的话,就把移动电话的应用提升到一个更高的层次。而且发展 GPRS 技术也十分“经济”,因为只须沿用现有的 GSM 网络来发展即可。GPRS 的用途十分广泛,包括通过手机发送及接收电子邮件、在互联网上浏览等。

GPRS 的最大优势在于它的数据传输速度不是 WAP 所能比拟的。目前的 GSM 移动通信网的传输速度为每秒 9.6 K 字节,GPRS 手机在推出时已达到 56 kbps 的传输速度,到现在更是达到了 115 kbps。

但与本项目的要求相比,其传输速度无法达到“满足有效传输带宽优于 4 Mbps”的需求。所以,不适用于海洋生态系统监管数据的传输。

4)3G

3G,全称为 3rd Generation,中文含义就是指第三代数字通信。1995 年问世的第一代模拟制式手机(1G)只能进行语音通话;1996 ~ 1997 年出现的第二代 GSM、TDMA 等数字制式手机(2G)便增加了接收数据的功能,如接收电子邮件或浏览网页;第三代与前两代的主要区别是在传输声音和数据的速度上的提升,它能够在全球范围内更好地实现无缝漫游，并处理图像、音乐、视频流等多种媒体形式，提供包括网页浏览、电话会议、电子商务等多种信息服务，同时也考虑与已有第二代系统的良好兼容性。为了提供这种服务，无线网络必须支持不同的数据传输速度，也就是说，在室内、室外和行车的环境中能够分别支持至少 2 Mbps（兆比特/秒）、384 kbps（千比特/秒）以及 144 kbps 的传输速度（此数值根据网络环境会发生变化）。

国际电信联盟（ITU）在 2000 年 5 月确定 W－CDMA、CDMA2000、TD－SCDMA 以及 WiMAX 四大主流无线接口标准，将其写入 3G 技术指导性文件《2000 年国际移动通讯计划》（简称 IMT—2000）。CDMA 是 Code Division Multiple Access（码分多址）的缩写，是第三代移动通信系统的技术基础。第一代移动通信系统采用频分多址（FDMA）的模拟调制方式，这种系统的主要缺点是频谱利用率低，信令干扰话音业务。第二代移动通信系统主要采用时分多址（TDMA）的数字调制方式，提高了系统容量，并采用独立信道传送信令，使系统性能大为改善，但 TDMA 的系统容量仍然有限，越区切换性能仍不完善。CDMA 系统以其频率规划简单、系统容量大、频率复用系数高、抗多径能力强、通信质量好、软容量、软切换等特点显示出巨大的发展潜力。

（1）W－CDMA。也称为 WCDMA，全称为 Wideband CDMA，也称为 CDMA Direct Spread，意为宽频分码多重存取，这是基于 GSM 网发展出来的 3G 技术规范，是欧洲提出的宽带 CDMA 技术，它与日本提出的宽带 CDMA 技术基本相同，目前正在进一步融合。其支持者主要是以 GSM 系统为主的欧洲厂商，日本公司也或多或少参与其中，包括欧美的爱立信、阿尔卡特、诺基亚、朗讯、北电，以及日本的 NTT、富士通、夏普等厂商。这套系统能够架设在现有的 GSM 网络上，对于系统提供商而言可以较轻易地过渡，而 GSM 系统相当普及的亚洲对这套新技术的接受度预料会相当高。因此，W－CDMA 具有先天的市场优势。该标准提出了 GSM（2G）－GPRS－EDGE－WCDMA（3G）的演进策略。GPRS 是 General Packet Radio Service（通用分组无线业务）的简称，EDGE 是 Enhanced Data rate for GSM Evolution（增强数据速率的 GSM 演进）的简称，这两种技术被称为 2.5 代移动通信技术。

（2）CDMA2000。CDMA2000 是由窄带 CDMA（CDMA IS95）技术发展而来的宽带 CDMA技术，也称为 CDMA Multi－Carrier，由美国高通北美公司为主导提出，摩托罗拉、Lucent 和后来加入的韩国三星都有参与，韩国现在成为该标准的主导者。这套系统是从窄频 CDMA One 数字标准衍生出来的，可以从原有的 CDMA One 结构直接升级到 3G，建设成本低廉。但目前使用 CDMA 的地区只有日本、韩国和北美国家，所以 CDMA2000 的支持者不如 W－CDMA 多。不过 CDMA2000 的研发技术却是目前各标准中进度最快的，许多 3G 手机已经率先面世。该标准提出了从 CDMA IS95（2G）—CDMA20001x—CDMA20003x（3G）的演进策略。CDMA20001x 被称为 2.5 代移动通信技术。CDMA20003x 与 CDMA20001x 的主要区别在于应用了多路载波技术，通过采用三载波使带宽提高。目前，中国联通正在采用这一方案向 3G 过渡，并已建成了 CDMA IS95 网络。

（3）TD－SCDMA。全称为 Time Division-Synchronous CDMA（时分同步 CDMA），该标准是由中国独自制定的 3G 标准，1999 年 6 月 29 日，由中国邮电部电信科学技术研究院（大唐电信）向 ITU 提出。该标准将智能无线、同步 CDMA 和软件无线电等当今国际领先技术融于其中，在频谱利用率、对业务支持具有灵活性、频率灵活性及成本等方面的独特优势。另外,由于国内庞大的市场,该标准受到各大主要电信设备厂商的重视,全球一半以上的设备厂商都宣布可以支持TD-SCDMA标准。该标准提出不经过2.5代的中间环节,直接向3G过渡,非常适用于GSM系统向3G升级。

(4)WiMAX。WiMAX的全名是微波存取全球互通(Worldwide Interoperability for Microwave Access),又称为802.16无线城域网,是又一种为企业和家庭用户提供"最后一英里"的宽带无线连接方案。将此技术与需要授权或免授权的微波设备相结合之后,由于成本较低,将扩大宽带无线市场,改善企业与服务供应商的认知度。2007年10月19日,国际电信联盟在日内瓦举行的无线通信全体会议上,经过多数国家投票通过,WiMAX正式被批准成为继WCDMA、CDMA2000和TD-SCDMA之后的第四个全球3G标准。

3G无线传输方式具体以下优点:

(1)速度快,最高可达16 Mbps,满足有效传输带宽优于4 Mbps的需求;

(2)覆盖面广,实测距海岸15 km处有3G网络覆盖。

2.组网方式的对比

3G网络具有组网便捷的特点,可以满足兼容市场上所有802.11 a/b/g客户端,同时满足各种终端(包括嵌入式终端、移动终端等)的数据传输需要。

基于3G网络有以下几种可行组网方案:

(1)数据中心公网动态IP+DNS解析服务;

(2)数据中心具有公网固定IP;

(3)无线VPDN方式。

以下将分别对此三种方式进行说明:

(1)采用数据中心公网动态IP+DNS解析服务方式时,数据中心通过3G无线上网卡接入Internet网络,各站位的传感器与3G无线DTU相连接入Internet。由于这种方式获取的都是公网动态IP,其IP地址随着每一次的重新连接而发生改变,所以站位与数据中心无法直接建立连接。因此,我们必须先申请域名,并与DNS服务商联系开通动态域名解析服务,在数据中心电脑上运行动态域名解析客户端程序,然后各站位先采用域名寻址方式连接到DNS服务器,再由DNS服务器找到数据中心的公网动态IP并建立连接,最后完成海洋数据的传输。这种传输方式不需要固定IP,适用性较强,但其通过公网传输数据安全性不是很高。同时,其传输稳定性受制于动态域名解析服务商的DNS服务器的稳定性,所以寻找可靠的DNS服务商是关键。

其网络结构图见图5-26。

(2)采用数据中心具有公网固定IP方式时需要数据中心的服务器具有公网固定IP,各站位可以直接向数据中心发起连接。这种方式组网运行更加稳定可靠。

其网络结构见图5-27。

(3)采用无线VPDN方式进行连接。VPDN是虚拟拨号专用网络的缩写,它基于拨号用户的虚拟专用拨号网业务,利用IP和其他网络的承载功能,结合相应的认证和授权机制,可以建立安全的虚拟专用网络。用户可以自行对所属拨号用户进行开户、销户、设置用户权限等操作。VPDN具有保密性好、可有效防止非法访问、不易受攻击等优点。

其网络结构见图5-28。

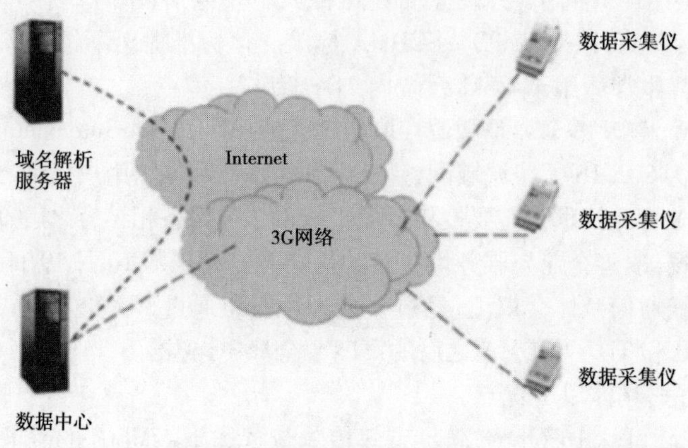

图 5-26　组网方案:数据中心公网动态 IP + DNS 解析服务

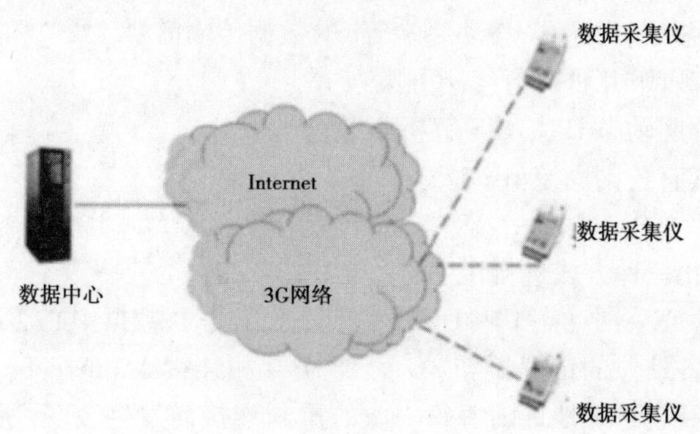

图 5-27　组网方案:数据中心具有公网固定 IP

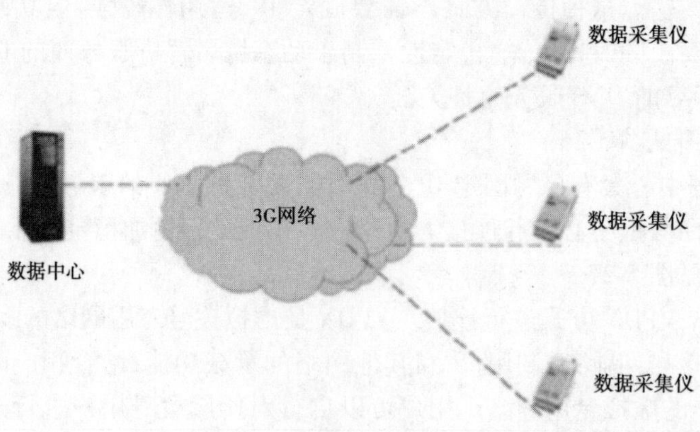

图 5-28　组网方案:无线 VPDN 方式

5.2.2.2　技术选型

1.3G 无线传输模块

SIM5218 是一款 WCDMA/HSDPA/GSM/GPRS/EDGE 模块解决方案，支持下行速率达 7.2 Mbps 和上行速率为 5.76 Mbps 的数据传输服务，见图 5-29、图 5-30。同时，它还具有丰富的接口，包括 UART、USB2.0、GPIO、I2C、GPIO、GPS、摄像头传感器和内嵌 SIM 卡等。

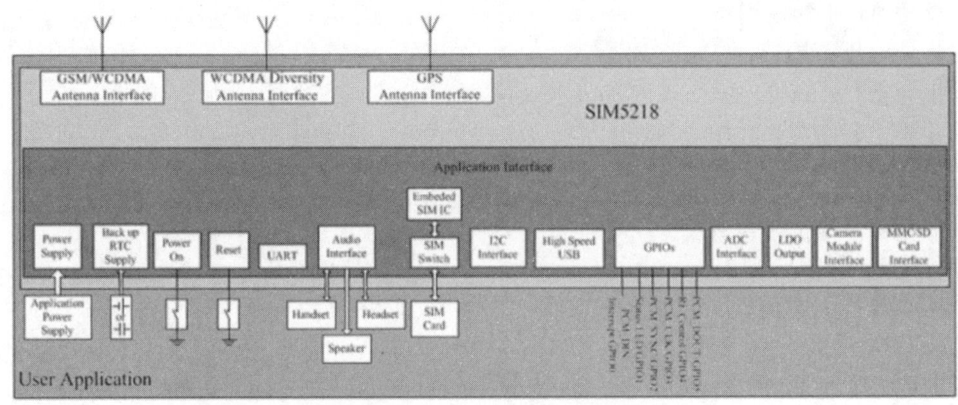

图 5-29　SIM5218 系统框架图

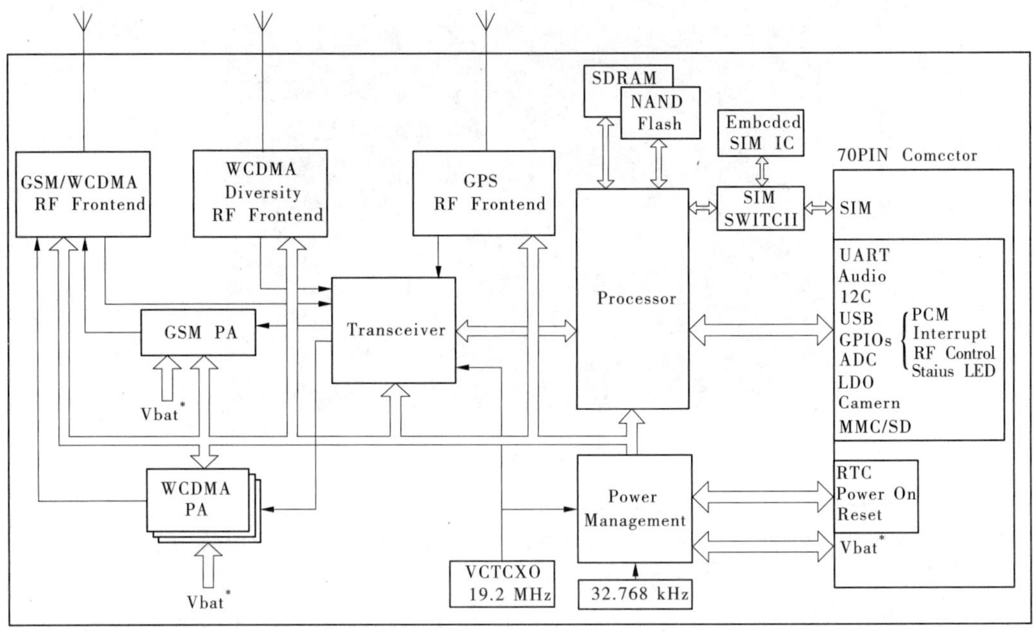

图 5-30　SIM5218 模块框架图

其具体参数如下：

三频 WCDMA/HSDPA850/1900/2100 MHz；

四频 GSM850/900/1800/1900 MHz；

GPRSmulti－slotClass12 标准；

EDGEmulti - slotClass12 标准。

最大输出功率：

UMTS2100：0.25 W；

GSM850/GSM900：2 W；

DCS1800/PCS1900：1 W。

支持 AT 命令控制：

支持电压范围：3.4 ~ 4.2 V；

尺寸：58 mm × 26 mm × 4.5 mm(长 × 宽 × 高)；

正常工作温度：-20 ~ +65 ℃；

存储温度：-40 ~ +85 ℃。

内嵌 SIM 卡(可选)：

全速 USB2.0；

HSDPA7.2 Mbps(下行速率)；

HSUPA 最大 5.76 Mbps(上行速率)；

EDGE 最大 236.8 kbps；

GPRS 最大 85.6 kbps。

与其他模块集成后，电路板如图 5-31 所示。

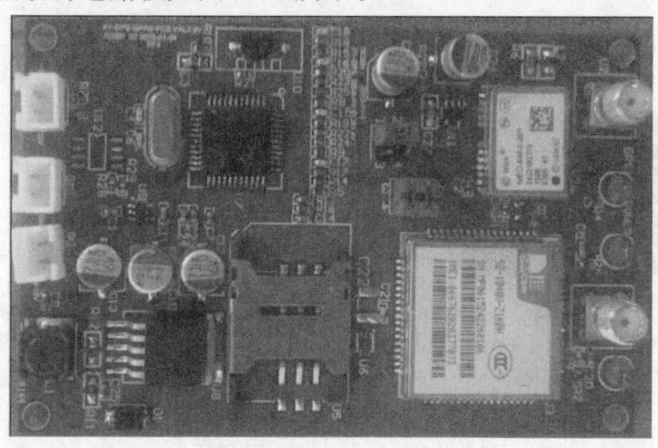

图 5-31　海洋无线传输系统电路板

2. 供电设备

采用白天太阳能电池充电和晚上蓄电池放电相结合的电源管理设计方法，以 12 V 锂电池作为系统电源，白天利用太阳能电池板对锂电池进行充电。

根据历年天气变化规律，阴雨天气持续时间最多不超过 7 d，本项目供电系统以满足 7 d 阴雨天气为标准，本设计方案主要由锂电池、梯形太阳能电池板、工程塑料支架及电池箱等部分组成。

为避免蓄电池对太阳能电池板反向充电及避免向阳面太阳能电池板对背阴面太阳电池板实施充电，在太阳能电池板的输出端接一防反二极管 IN5817，正向导通压降 0.2 V。电池箱内置一光伏发电专用锂电池，开路电压 4.2 V。电池箱外安装一只防水电源开关，使用时将开关拨到开的位置，储存时应将开关拨到关的位置，见图 5-32。

图 5-32　海洋无线传输系统的供电设备

3. 天线

全向天线发展至今,目前在结构形式上产生了多样化的成果,从最初的单极子、偶极子、双锥、螺旋天线发展到对数周期天线、微带、智能天线等,对一些自身很难达到全向辐射的单元天线,可将其组成阵列,就能形成全向辐射的方向图。

天线在空间各点的辐射强度是不同的,把天线置于球坐标中,在各点的辐射强度可用角坐标(θ,φ)的函数来表示,可写为方程 $E=Af(\theta,\varphi)$。其中,A 为比例常数,$f(\theta,\varphi)$称为天线的方向图函数。为了使用方便,一般取方向性函数的最大值为 1,得到归一化方向性函数,记为 $F(\theta,\varphi)=f(\theta,\varphi)/f_{max}$。其中,$f_{max}$是方向性函数$f(\theta,\varphi)$的最大值。

根据方向性函数$f(\theta,\varphi)$和 $F(\theta,\varphi)$绘制的图形称为天线的方向图,天线的辐射方向图是用图形来表示天线远区的辐射特性,一般是一个三维空间的曲面图形,但工程上为了方便采用两个互相正交主平面上的抛面图来描述天线的方向性,通常取 E 面(电场矢量与传播方向构成的平面)和 H 面(磁场矢量与传播方向构成的平面)内的方向图。电场分量在 E 面上,是包含 z 轴的平面,E 面上的坐标不变化,E 面方向图反映场矢量随坐标 θ 变化的情况,磁场分量在 H 面上,是包含 x、y 轴的坐标平面,H 面上的 $\theta=90°$,H 面方向图反映场矢量随 φ 坐标变化的情况,E 面方向图和 H 面方向图主平面方向图。例如偶极子的 E 面方向图是一个双圆环,H 面方向图是一个圆,称 H 面方向图是全向的,如图 5-33 所示。

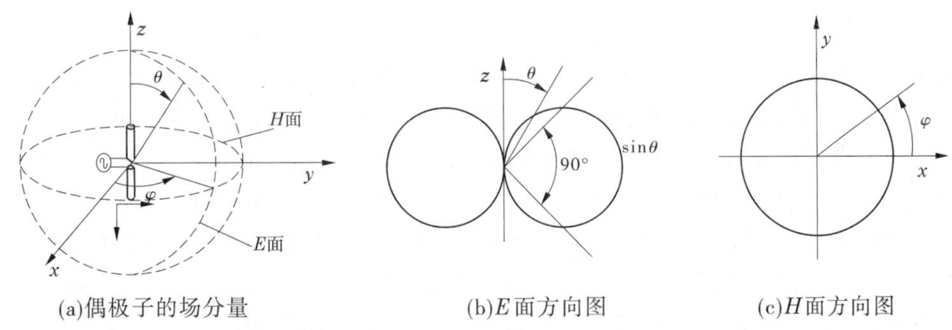

图 5-33　天线的方向图

在考虑天线的能量转换效率时,为了能完整地描述天线性能,引入增益的概念,通常用天线输入功率为基点来定义天线增益,即在输入功率相同条件下,天线在某方向某点产

生的场强平方与点源天线在同方向同一点产生场强平方的比值,用方程式表示为

$$G(\theta,\varphi) = E^2(\theta,\varphi)/E_0^2$$

也可定义为某方向某点产生相同场强的情况下,点源天线的输入功率与该天线的输入功率的比值,表示为

$$G(\theta,\varphi) = P_{0\mathrm{in}}/P_{\mathrm{in}}(\theta,\varphi)$$

全向天线,在水平方向图上表现为360°都均匀辐射,也就是平常所说的无方向性,即水平面方向图为圆形或只有弱方向性(相对电平变化不超过3 dB),在垂直方向图上表现为有一定宽度的波束,即垂直面内有一定方向性以提高天线的增益,通常要求赤道面内辐射最强,增益最大,一般情况下波瓣宽度越小,增益越大。

1)微带馈电的单极子

平面单极子天线结构简单,有接近全向的辐射方向图,在通信中被广泛地应用。如图5-34所示的单极子天线。该天线的最大不同之处在于地面的变形,常规天线的地面经常是整个介质的尺寸,而该单极子的地面只有介质的一半还小,且一边改为椭圆形与三角形组成,椭圆形长短半轴之比为1.8,单极子也为椭圆形,长短半轴之比为1.2,整个天线有微带馈电,地面宽度 W 和馈电缝隙处的长度 h 是影响天线性能的主要参数。

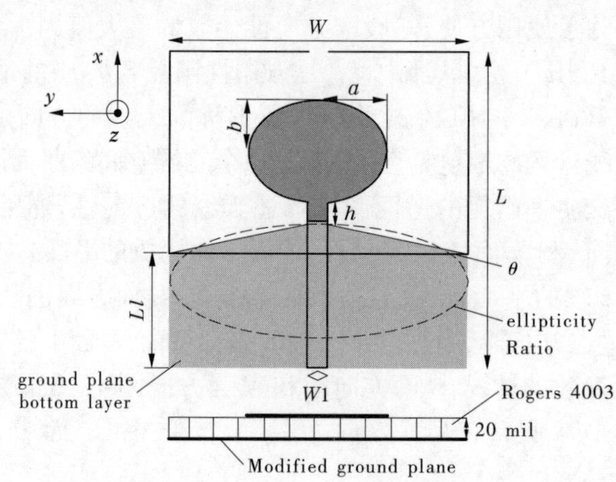

图5-34　单极子天线(顶视图)

2)偶极子

极子和偶极子虽然理论上具有全向的辐射模式,但实际上因馈线的影响,垂直面上电场下倾,使得水平方向上的辐射特性受到影响,因此很难得到完美的全向方向图。图5-35所示的天线由偶极子组成,通过合理安排偶极子辐射单元与馈线的隔离,屏蔽了馈线的影响,使水平方向上达到全向辐射,天线通过采用另一偶极子作为寄生单元,使得整个天线工作在两个频段0.9 GHz和2.0 GHz,且天线增益很高,两个频段分别达到10 dBi和12 dBi。整个天线结构为:中间为一金属管,围绕金属管有四片介质,每一片介质上有两个带有寄生单元的偶极子,偶极子长度为137 mm,工作频率为0.9 GHz,寄生单元长度为47 mm,工作频率为2.0 GHz,同一基片上两个偶极子的中心距离为150 mm,整个天线用一直径为110 mm的柱形天线罩包起。天线的馈电部分用到四路工分器和巴仑。

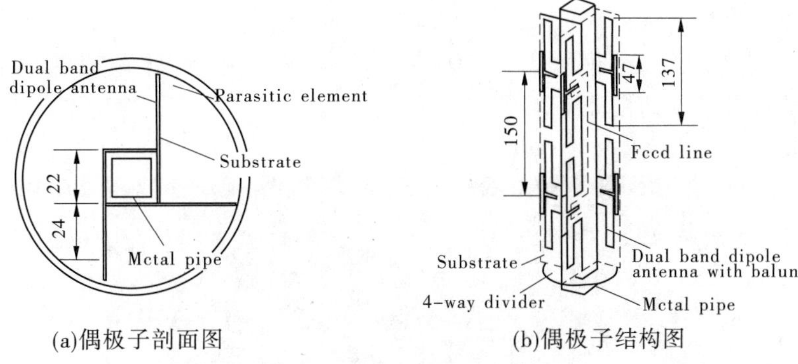

(a)偶极子剖面图　　(b)偶极子结构图

图 5-35　偶极子天线

3）螺旋天线

螺旋天线也是全向天线的一种形式，由于其直径小而方便使用。如图 5-36 所示，为一双线螺旋天线，整个天线由 2 根平行线围绕 1 个圆柱组成，用巴仑和同轴电缆馈电，一般情况下，天线长度 L 由所需要的增益来决定，垂直面上的辐射方向角 θ 由方程

$$\theta \approx \sin^{-1}\left\{\left[\left(\frac{\lambda}{\pi D}\right)\cos\alpha - 1\right]/\sin\alpha\right\}$$

决定，其中 λ 为不同频点的波长。由方程可看出，对于一个带宽较宽的螺旋天线，频段上下限固有的主辐射方向角 θ 有较大偏差，这样会造成天线的增益在不同频点时不能同时达到最大增益。为解决这个问题，可以用组阵的方法。如图 5-36（a）所示为一线阵双线螺旋天线，跟单元螺旋天线（见图 5-36（b））相比，同一工作频段下，阵列天线的增益较为均匀。

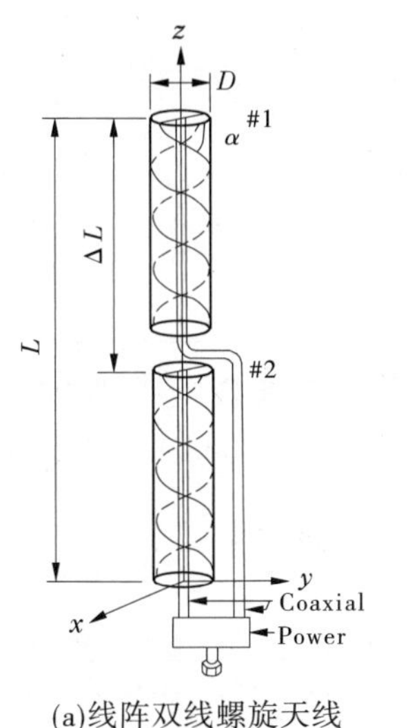

(a)线阵双线螺旋天线

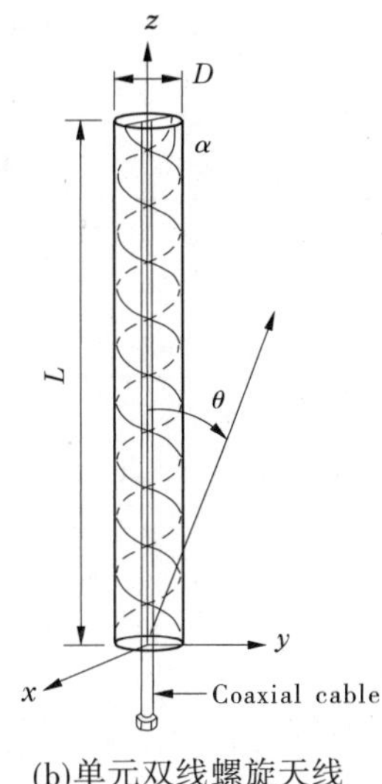

(b)单元双线螺旋天线

图 5-36　螺旋天线

5.2.2.3 设备测试

1. 数据传输距离测试

测试方式:选择三组分别距海岸线 10 km、15 km 的点,进行 GPS 数据的采集与传输,测试服务器是否可接收到相关 GPS 数据。

点选择如图 5-37 所示。

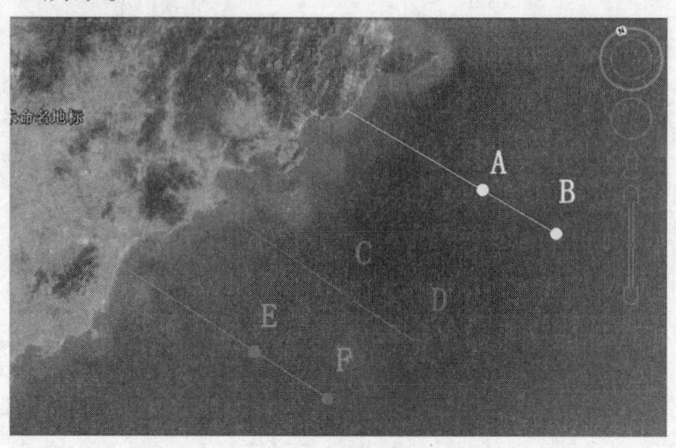

图 5-37 数据传输测试站位图

测试结果见表 5-3。

表 5-3 数据传输距离测试结果

编号	距离(km)	纬度	经度	备注
A	10	36°03′10.33″	120°42′43.77″	正常
B	15	36°01′07.78″	120°44′48.45″	正常
C	10	36°01′24.35″	120°35′58.15″	正常
D	15	35°59′15.50″	120°37′58.29″	正常
E	10	36°00′51.82″	120°31′37.22″	正常
F	15	35°58′41.60″	120°33′39.58″	正常

测试结论:15 km 处数据传输正常,符合方案要求。

2. 供电时间及系统稳定性测试

测试方式:一次性为蓄电池充电 100%,设定每 20 s 向服务器上的数据库传输一条 GPS 模块获取的位置数据,每 4 h 检查一次数据库数据。

测试结果见表 5-4。

表 5-4 供电时间及系统稳定性测试结果

检查时间 (年-月-日 T时:分:秒)	数据	数据接收时间 (年-月-日 T时:分:秒)
2014-08-12T10:00	…1,460,01;3.30;0;28;PA6J201500;0;G;G;N;24;Y89TFJ4C96	2014-08-12T10:00:40
2014-08-12T14:00	…1,460,01;3.30;0;27;PA6J201500;0;G;G;N;24;Y89TFJ4C96	2014-08-12T13:59:41
2014-08-12T18:00	…1,460,01;3.30;0;26;PA6J201500;0;G;G;N;24;Y89TFJ4C96	2014-08-12T17:59:38

续表 5-4

检查时间 (年-月-日 T 时:分:秒)	数据	数据接收时间 (年-月-日 T 时:分:秒)
2014-08-12T22:00:01	…1,460,01;3.30;1;25;PA6J201500;0;G;G;N;18;Y89TFJ4C96	2014-08-12T21:59:41
2014-08-13T01:59:58	…1,460,01;3.30;0;28;PA6J201500;0;G;G;N;24;Y89TFJ4C96	2014-08-13T01:59:38
2014-08-13T05:59:59	…1,460,01;3.30;0;23;PA6J201500;0;G;G;N;24;Y89TFJ4C96	2014-08-13T05:59:40
2014-08-13T10:00:02	…1,460,01;3.30;2;24;PA6J201500;0;G;G;N;26;Y89TFJ4C96	2014-08-13T09:59:42
2014-08-13T14:00:01	…1,460,01;3.30;0;27;PA6J201500;0;G;G;N;24;Y89TFJ4C96	2014-08-13T13:59:41
2014-08-13T18:00:01	…1,460,01;3.30;0;27;PA6J201500;0;G;G;N;24;Y89TFJ4C96	2014-08-13T17:59:41
2014-08-13T21:59:59	…1,460,01;3.30;0;23;PA6J201500;0;G;G;N;24;Y89TFJ4C96	2014-08-13T21:59:42
2014-08-14T02:00:00	…1,460,01;3.30;0;27;PA6J201500;0;G;G;N;24;Y89TFJ4C96	2014-08-14T01:59:42
2014-08-14T06:00:01	…2,460,01;3.30;0;27;PA6J201500;0;G;G;N;24;Y89TFJ4C96	2014-08-14T05:59:42
2014-08-14T09:59:59	…1,460,01;3.30;0;27;PA6J201500;0;G;G;N;24;Y89TFJ4C96	2014-08-14T09:59:39
2014-08-14T13:59:59	…2,460,01;3.30;0;28;PA6J201500;0;G;G;N;24;Y89TFJ4C96	2014-08-14T13:59:36
2014-08-14T18:00:01	…1,460,01;3.30;2;23;PA6J201500;0;G;G;N;26;Y89TFJ4C96	2014-08-14T17:59:42
2014-08-14T21:59:59	…1,460,01;3.30;2;26;PA6J201500;0;G;G;N;26;Y89TFJ4C96	2014-08-14T21:59:39
2014-08-15T02:00:01	…2,460,01;3.30;2;26;PA6J201500;0;G;G;N;26;Y89TFJ4C96	2014-08-15T01:59:41
2014-08-15T06:00:02	…1,460,01;3.30;0;28;PA6J201500;0;G;G;N;19;Y89TFJ4C96	2014-08-15T05:59:44
2014-08-15T10:00:03	…1,460,01;3.30;0;19;PA6J201500;0;G;G;N;23;Y89TFJ4C96	2014-08-15T09:59:44
2014-08-15T14:00:02	…1,460,01;3.30;0;27;PA6J201500;0;G;G;N;24;Y89TFJ4C96	2014-08-15T13:59:42
2014-08-15T18:00:03	…1,460,01;3.30;0;27;PA6J201500;0;G;G;N;24;Y89TFJ4C96	2014-08-15T17:59:42
2014-08-15T22:00:01	…2,460,01;3.30;0;27;PA6J201500;0;G;G;N;24;Y89TFJ4C96	2014-08-15T21:59:38
2014-08-16T02:00:02	…1,460,01;3.30;0;26;PA6J201500;0;G;G;N;19;Y89TFJ4C96	2014-08-16T01:59:39
2014-08-16T05:59:59	…1,460,01;3.30;0;28;PA6J201500;0;G;G;N;19;Y89TFJ4C96	2014-08-16T05:59:37
2014-08-16T09:59:59	…1,460,01;3.30;0;27;PA6J201500;0;G;G;N;24;Y89TFJ4C96	2014-08-16T09:59:37
2014-08-16T13:59:58	…,460,01;3.30;10;24;PA6J201500;0;G;G;N;27;Y89TFJ4C96	2014-08-16T13:59:37
2014-08-16T18:00:01	…1,460,01;3.30;0;28;PA6J201500;0;G;G;N;19;Y89TFJ4C96	2014-08-16T17:59:41
2014-08-16T22:00:01	…1,460,01;3.30;2;23;PA6J201500;0;G;G;N;26;Y89TFJ4C96	2014-08-16T21:59:39
2014-08-17T02:00:00	…,460,01;3.30;10;23;PA6J201500;0;G;G;N;27;Y89TFJ4C96	2014-08-17T01:59:37
2014-08-17T05:59:58	…,460,01;3.30;27;23;PA6J201500;0;G;G;N;27;Y89TFJ4C96	2014-08-17T05:59:39
2014-08-17T10:00:01	…1,460,01;3.30;0;27;PA6J201500;0;G;G;N;24;Y89TFJ4C96	2014-08-17T09:59:40
2014-08-17T14:00:03	…,460,01;3.29;27;14;PA6J201500;0;G;G;N;27;Y89TFJ4C96	2014-08-17T13:59:42
2014-08-17T18:00:02	…1,460,01;3.30;0;19;PA6J201500;0;G;G;N;23;Y89TFJ4C96	2014-08-17T17:59:43
2014-08-17T22:00:02	…1,460,01;3.30;0;24;PA6J201500;0;G;G;N;23;Y89TFJ4C96	2014-08-17T21:59:41
2014-08-18T02:00:01	…1,460,01;3.30;0;22;PA6J201500;0;G;G;N;23;Y89TFJ4C96	2014-08-18T01:59:38
2014-08-18T06:00:02	…1,460,01;3.30;0;27;PA6J201500;0;G;G;N;24;Y89TFJ4C96	2014-08-18T05:59:39
2014-08-18T10:00:02	…1,460,01;3.30;5;23;PA6J201500;0;G;G;N;18;Y89TFJ4C96	2014-08-18T09:59:41

续表 5-4

检查时间 (年-月-日 T 时:分:秒)	数据	数据接收时间 (年-月-日 T 时:分:秒)
2014-08-18T14:00:03	…2,460,01;3.30;0;27;PA6J201500;0;G;G;N;24;Y89TFJ4C96	2014-08-18T13:59:42
2014-08-18T18:00:04	…1,460,01;3.30;0;27;PA6J201500;0;G;G;N;24;Y89TFJ4C96	2014-08-18T17:59:44
2014-08-18T22:00:03	…1,460,01;3.30;0;27;PA6J201500;0;G;G;N;24;Y89TFJ4C96	2014-08-18T21:59:44
2014-08-19T02:00:02	…1,460,01;3.30;5;27;PA6J201500;0;G;G;N;18;Y89TFJ4C96	2014-08-19T01:59:39
2014-08-19T06:00:01	…2,460,01;3.30;2;26;PA6J201500;0;G;G;N;26;Y89TFJ4C96	2014-08-19T05:59:42
2014-08-19T10:00:02	…2,460,01;3.30;0;23;PA6J201500;0;G;G;N;23;Y89TFJ4C96	2014-08-19T09:59:41
2014-08-19T14:00:03	…1,460,01;3.30;0;25;PA6J201500;0;G;G;N;24;Y89TFJ4C96	2014-08-19T13:59:42
2014-08-19T18:00:02	…1,460,01;3.30;2;24;PA6J201500;0;G;G;N;26;Y89TFJ4C96	2014-08-19T17:59:44
2014-08-19T22:00:01	…2,460,01;3.30;1;29;PA6J201500;0;G;G;N;18;Y89TFJ4C96	2014-08-19T21:59:41
2014-08-20T02:00:02	…1,460,01;3.30;5;31;PA6J201500;0;G;G;N;18;Y89TFJ4C96	2014-08-20T01:59:40
2014-08-20T06:00:03	…1,460,01;3.30;2;22;PA6J201500;0;G;G;N;26;Y89TFJ4C96	2014-08-20T05:59:43
2014-08-20T10:00:02	…,460,01;3.30;10;23;PA6J201500;0;G;G;N;27;Y89TFJ4C96	2014-08-20T09:59:40
2014-08-20T14:00:03	…,460,01;3.30;15;20;PA6J201500;0;G;G;N;27;Y89TFJ4C96	2014-08-20T13:59:44
2014-08-20T18:00:02	…1,460,01;3.30;2;26;PA6J201500;0;G;G;N;26;Y89TFJ4C96	2014-08-20T17:59:44
2014-08-20T22:00:04	…,460,01;3.30;15;25;PA6J201500;0;G;G;N;27;Y89TFJ4C96	2014-08-20T21:59:42
2014-08-21T02:00:03	…1,460,01;3.30;0;28;PA6J201500;0;G;G;N;24;Y89TFJ4C96	2014-08-21T01:59:47
2014-08-21T06:00:02	…1,460,01;3.30;0;13;PA6J201500;0;G;G;N;23;Y89TFJ4C96	2014-08-21T05:59:44
2014-08-21T10:00:02	…1,460,01;3.30;2;26;PA6J201500;0;G;G;N;26;Y89TFJ4C96	2014-08-21T09:59:40

测试结论:以 20 s 频率向服务器发送数据,系统在无光条件下可正常工作 200 h 以上,约合 8.5 d,符合方案要求。

3. 数据传输速度测试

1)测试方法

利用 USB 接口向无线数据传输模块发送 66.5 MB 的视频,由无线数据传输模块向服务器发送,在服务器上利用 Netpersec 软件进行速度统计。

2)测试结果

测试结果如图 5-38 所示。

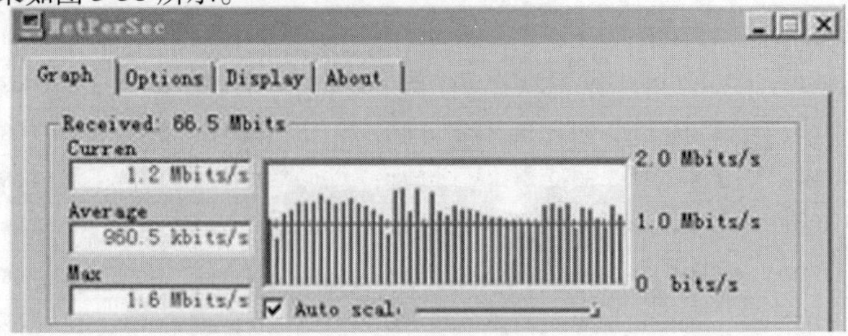

图 5-38　测试结果

3)测试结论

平均速度为0.96 Mbps,根据公式1 Mbits = 8 Mbyte计算,0.96 × 8 = 7.68,所以平均速度为7.68 Mbps,达到了方案4 Mbps的需求。

5.2.3 生态系统监管数据无线传输设备的应用

5.2.3.1 近海智能浮标管理平台

在近海环境,生态系统监管数据无线传输设备应用到了保护区界址浮标的管理系统中,作为GPS位置数据、警示灯工作状态数据、太阳能电池板运行数据、蓄电池电压数据等几种数据的回传载体。相关数据定时发送到具有固定IP地址的保护区管理部门公网服务器的数据库中,并能通过保护区界址浮标管理系统进行相关内容的查看。保护区界址浮标管理系统由承载了相关设备的界址浮标及配套管理软件组成。界址浮标主要由漂浮部分和设备部分组成。

1. 漂浮部分

漂浮部分就是指浮体、塔架、避雷针和雷达反射器,其作用就是用于白天的警示和搭建一个海上平台以及增强回波信号,避免和过往船只相撞,保证浮标自身安全。

1)浮体和塔架

浮体和塔架喷涂了特定颜色,起到了白天的警示作用,浮体借助液体对它的浮力,让塔架能够在浮体表面作业,塔架有用于放置设备的法兰盘和设备舱;顶端安装航标灯用于夜间警示,告知过往船只防止误闯,避免碰撞,减少意外事故。

2)避雷针

避雷针是用来保护浮标避免雷击的装置。避雷针规格符合国家标准,每一个防雷类别需要的避雷针高度规格都不一样。当雷云放电接近地面时它使地面电场发生畸变。在避雷针的顶端,形成局部电场集中的空间,以影响雷电先导放电的发展方向,引导雷电向避雷针放电,再通过接地引下线和接地装置将雷电流引入大地,从而使浮标免遭雷击。

3)雷达反射器

它是通过金属板材根据不同用途做成的不同规格的雷达波反射器。当雷达电磁波扫描到角反射后,电磁波会在金属角上产生折射放大,产生很强的回波信号,在雷达的屏幕上出现很强的回波目标。角反射器有极强的反射回波特性,被广泛用于海上遇险救生和航道船舶航行安全。浮标放置雷达反射器,可提高大型船舶的雷达回波显示效果,避免碰撞,减少意外事故,避免船舶误入特定保护区域造成不必要的损失,适用于主要航道、保护区域和意外事故海域。

2. 设备部分

设备部分涉及数据采集、无线传输、持续供电和警示四个组成部分。

1)数据采集

分别采集设备ID、温度值、移动速度值、航标灯情况、蓄电池电压、纬度、经度、定位卫星个数、当前时间、太阳能输出电压,电路板上集成了定位芯片,外接卫星天线,可以获取到卫星信息。卫星基本信息一般包含UTC时间、纬度、经度、地面速率、地面航向、UTC日期、磁偏角、磁偏角方向和定位卫星个数。温度数据由温度传感器获得,电压由电路本身测出。

2) 无线传输

通过生态系统监管数据无线传输设备进行,见图 5-39。

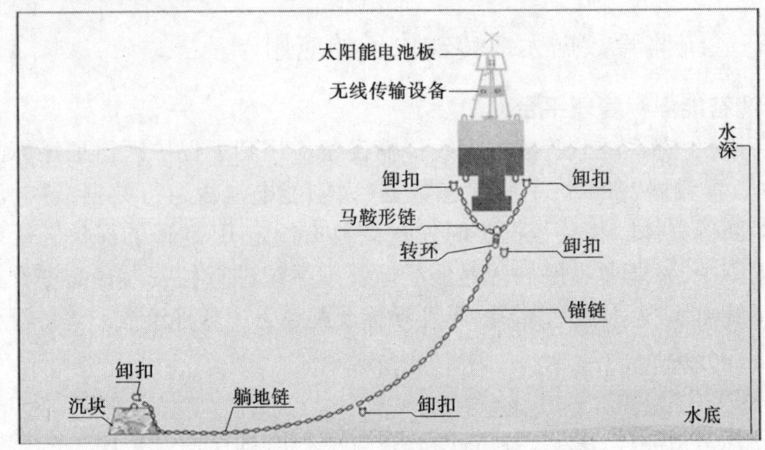

图 5-39 结构示意图

3) 持续供电

由蓄电池和太阳能电池板组成,平时太阳能电池板将光能转化为电能保存在蓄电池中,由蓄电池供给设备。蓄电池采用胶体绿色免维护电池,这种电池寿命长、效果好、故障率低。

界址浮标管理系统主要包括用户信息管理、界标投放管理、界标位置管理、监测数据分析等。用户信息管理主要管理使用本系统的用户的权限;界标投放及界标位置管理结合 GIS(地理信息系统),对投放方案、界标即时位置等在地图上进行展示;监测数据分析则根据要求对传输回来的数据进行分析。

5.2.3.2 岸基视频无线监控系统

在近岸环境,生态系统监管数据无线传输设备应用到排污口无线视频监控系统中,作为视频数据的回传载体。监控视频可通过排污口无线视频监控系统实时查看。

排污口无线视频监控系统集合现有的监视监测系统平台技术优势,实现了与 GIS 的完美结合,通过生态系统监管数据无线传输设备将采集的信息、数据传输到保护区(站)的监控指挥中心,利用 GIS 对发生的情况区域实现定位,并实时做出分析判断,确定方案,对相关部门起到了一定辅助决策的作用。同时,系统将对大量资料和数据进行储存、处理、分析,对今后保护区突发情况的预防工作起到指导和参考决策价值。

排污口无线视频监控系统避免了原始人工巡视监察的局限,实现了保护区实时监控的数字化、科学化、全时化、智能化,极大减少了保护区日常维护所带来的高成本和多难题的问题。该系统具备的优势点如下:

(1) 所有硬件设备高度集成在海洋特别保护区管理信息系统中,实现了硬件控制与保护区管理考核等软件的完美结合。

(2) IP 数字信号传输,与传统的模拟信号相比,实现了流媒体数据无损传输;海洋保护区专用高清的视频采集设备以及精确解析算法,保证了图像的清晰稳定。

(3)智能太阳能风能互补型混合供电模块设计,满足了充足的电源消耗需求以及相关整套系统的环保设计。

(4)3G模式实现了与原有网络的无缝融合,降低了重新布网带来的高成本问题;高集成度的网络监控系统,避免了信息孤岛问题的产生。

(5)智能的分析模块,保证了报警系统对保护区进行准确的监控和预警;智能的存储阵列保证了监控数据的安全性和时效性。

(6)与GIS系统的完美结合,实现了集"取、看、管、查、计"于一体的网络监控平台。

大型的电视显示系统可以保证对每个监控点进行同时显示,真正做到实时无死角的监控,见图5-40。

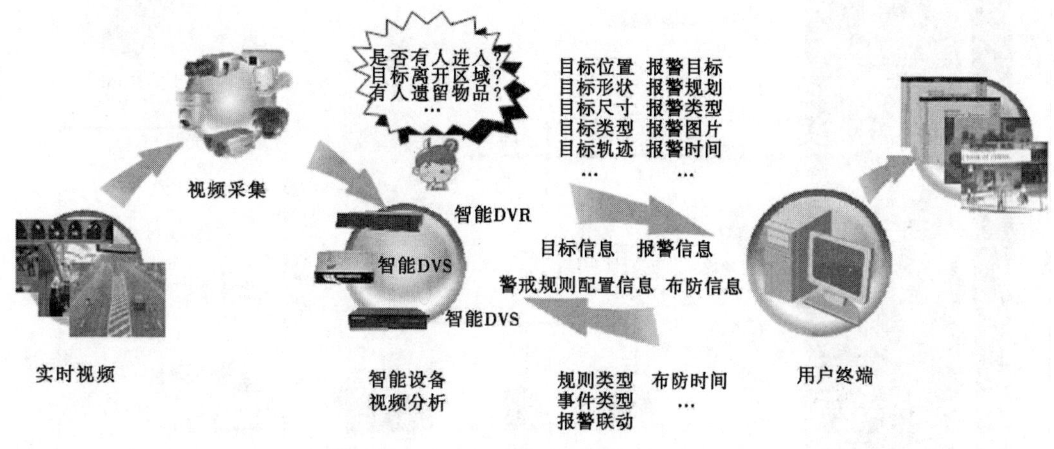

图5-40　大型电视显示系统

排污口无线视频监控系统在视频采集及显示方面采用国家海洋局规定的无线3G传输架构,具有布线少、操作简单、维护方便、模块化组装、环保设计等特点;供电方面采用先进的垂直轴式风光互补发电架构进行供电,具有宽风速适应、模块化组装维护、风力发电与光伏电互补、稳压保护等特点。监控系统平台总体架构如图5-41所示。

其系统主要包括高解析度摄像机、激光夜视辅助设备、室外变速重型云台、3G网络编码视频服务器、无线数据传输、风光互补系统、立杆、防雷器、NVM。

国家级海洋特别保护区无线监视监测系统及地理信息系统平台的总体架构设计,是以国家海洋局文件为基本要求,并以地理信息系统为主体平台,以国家级海洋特别保护区管理业务为核心,综合集成生态环境无线监视监测设备、地图管理、业务管理、生态环境管理、数据管理与系统后台管理等多个模块的全方位软硬件一体化解决方案。

地理信息系统作为主体平台,将与前端的监控设备进行完整集成与整合,整个地理信息系统的功能模块要求既能满足保护区日常管理基本所需,又能满足前端设备的统一控制,从而保证地理信息系统平台能与监控平台进行完整的统一,从而实现联动的效果。系统总体架构如图5-42所示。

建立保护区地理信息空间数据库,包括基础地理信息(行政区划图、地形图、遥感影像等)、生态环境调查数据、社会经济调查数据;开发B/S和C/S结构的保护区地理信息服务平台,支持按空间或属性信息的检索、交互式浏览、分析评估、历史数据的动态展示和

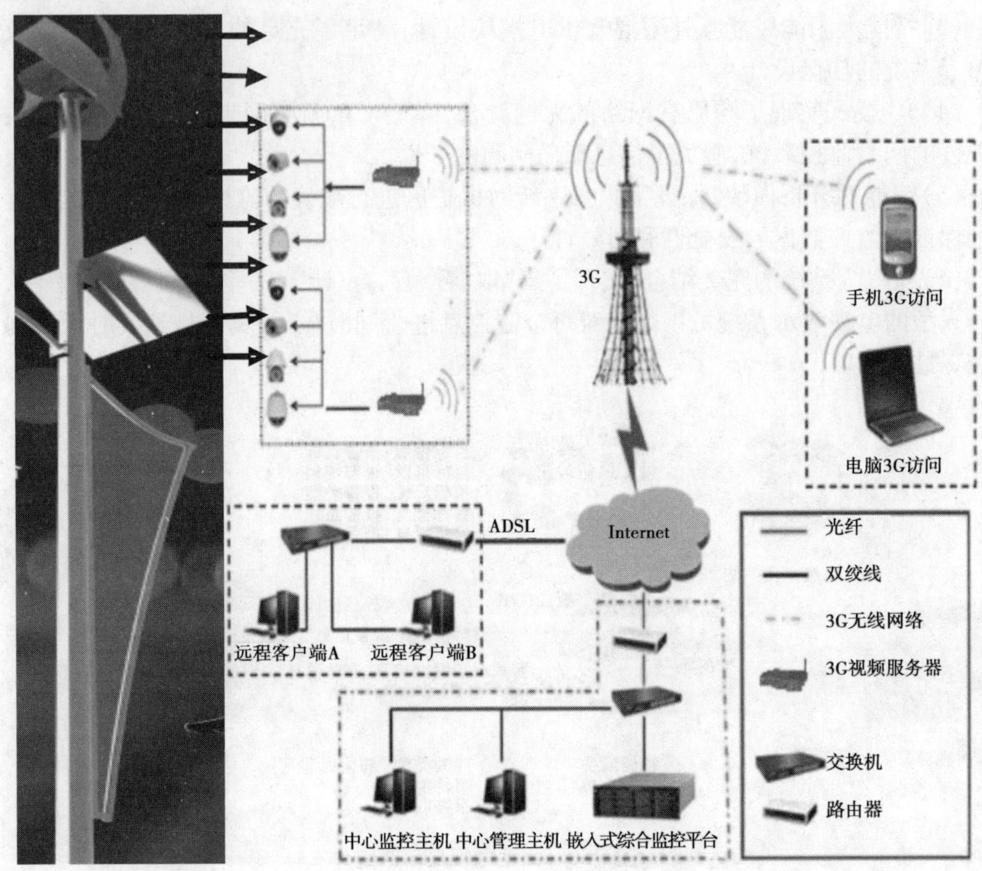

图 5-41　监控平台总体架构图

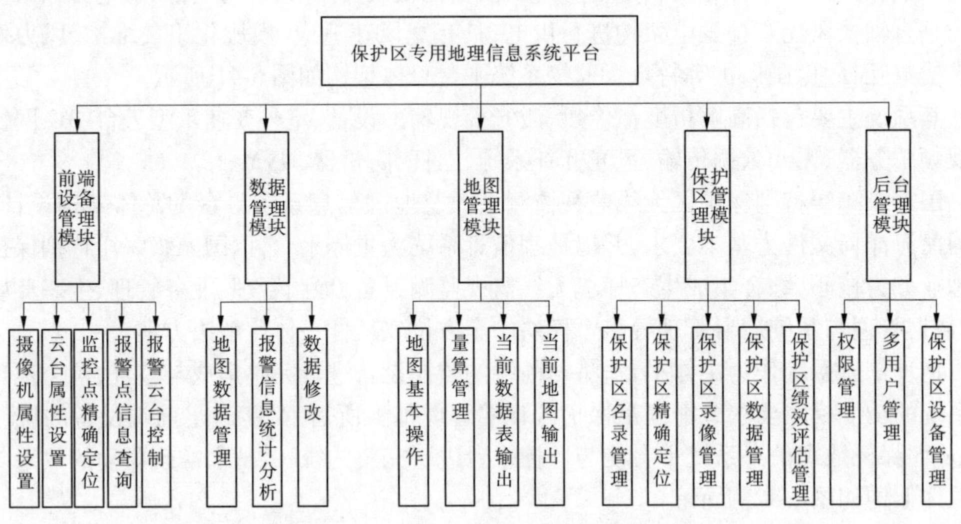

图 5-42　保护区专用地理信息系统平台架构

专题图制作及输出；与保护区监测监视设备集成，实现监视监测信息与地理空间信息的高度整合与深化应用。海洋保护区专用地理信息与控制系统主要包括以下部分：

（1）地理信息系统平台。

型号：超图海洋专用 Supermap 地理信息平台

（2）前端设备管理模块。

型号：GH 保护区监控系统平台软件

- 支持实时视频监控功能
- 支持录像管理及回放功能
- 支持多画面管理功能
- 支持设备管理功能
- 支持用户管理功能
- 报警设置、响应及联动处理功能
- 支持云台、镜头、护罩和摄像机模式控制功能
- 支持亮度、对比度、饱和度等图像参数调节功能

（3）数据管理模块。

型号：GH 保护区监控系统平台软件

- 导入地图数据
- 导出地图数据
- 报警时间统计分析
- 报警地点统计分析
- 报警次数统计分析
- 报警类型统计分析
- 数据修改

（4）地图管理模块。

型号：GH 保护区监控系统平台软件

- 地图基本操作（放大、缩小、平移、全图等）
- 距离量算
- 面积量算
- 当前地图打印输出
- 图表打印输出

（5）保护区管理模块。

型号：GH 保护区监控系统平台软件

- 保护区名录管理
- 保护区精确定位
- 保护区录像查询管理
- 保护区数据查询管理
- 保护区绩效评估管理

（6）后台管理模块。

型号:GH 保护区监控系统平台软件

- 多级海洋保护区权限管理
- 多用户管理
- 保护区专用系统设置

监控系统施工位置如图 5-43 所示。

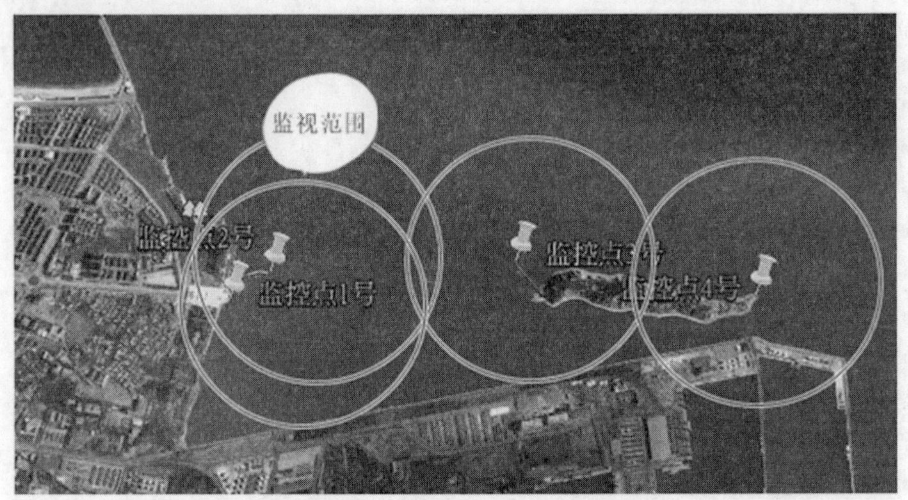

图 5-43　监控系统施工位置示意图

5.3　海上油气开采对底栖生态系统的影响以及监管技术研究

5.3.1　海上油气开采全过程跟踪调查研究

项目根据油气开采规划选定跟踪监测目标区域(见图 5-44),同时选择自然条件(基质、水文、底栖生物类群)与目标区域相似的区域作为对照区域。通过对该水域生态环境变化与水生生物状况的外业调查与采样分析,初步查清油气开采水域生态环境与生物资源现状,确定水域生态系统的主要特征。

根据油气开采规划选定跟踪监测目标区域(A1 ~ C5),同时选择自然条件(基质、水文、底栖生物类群)与目标区域相似的区域作为对照区域(对 1 ~ 对 3)。设置 CA 的目的在于消除其他因素(如季节、水文等)变化导致的底栖生物类群组成和数量波动,以避免"假阳性"结果。

5.3.1.1　非生物环境因子的变化

根据监测结果,监测区域水体中悬浮物、溶解性无机氮(DIN)与活性磷酸盐浓度在海上石油平台开采后均显著升高(见图 5-45)。

水体中石油烃含量显著升高,沉积物中石油烃含量在勘探阶段显著升高(见图 5-46)。

沉积物中重金属含量与对照组差异不显著,见图 5-47。

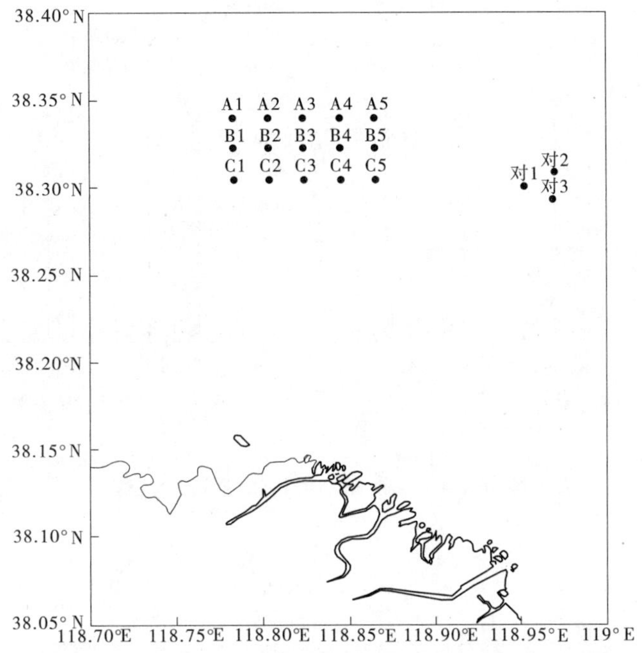

图5-44 油气开采跟踪监测目标区域

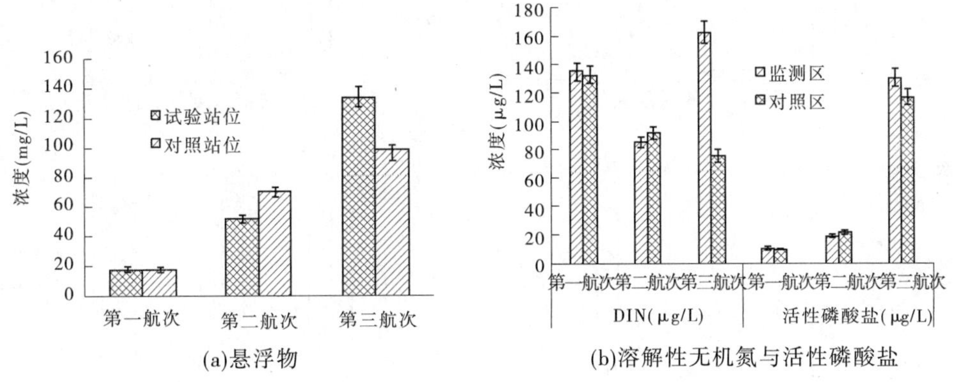

图5-45 水体中悬浮物、溶解性无机氮与活性磷酸盐浓度变化

5.3.1.2 底栖生物类群变化

从种类数来看,勘探前航次的大型底栖生物种数比勘探过程航次和开采过程航次高约30%。多毛类和甲壳类在各航次中均为主要类群(见图5-48)。

对照站位的大型底栖生物丰富度在调查的时间阶段内,一直保持增长的趋势;而试验站位丰富度在钻井平台开始石油勘探的阶段出现了明显的下降,在随后的采油阶段,两个区域呈现出同样的变化趋势(见图5-49)。

两个不同区域大型底栖生物的生物量表现出完全不同的变化趋势,试验站位在勘探航次出现了生物量的明显下降,而随后与丰富度表现出同样的变化趋势。对照站位的生

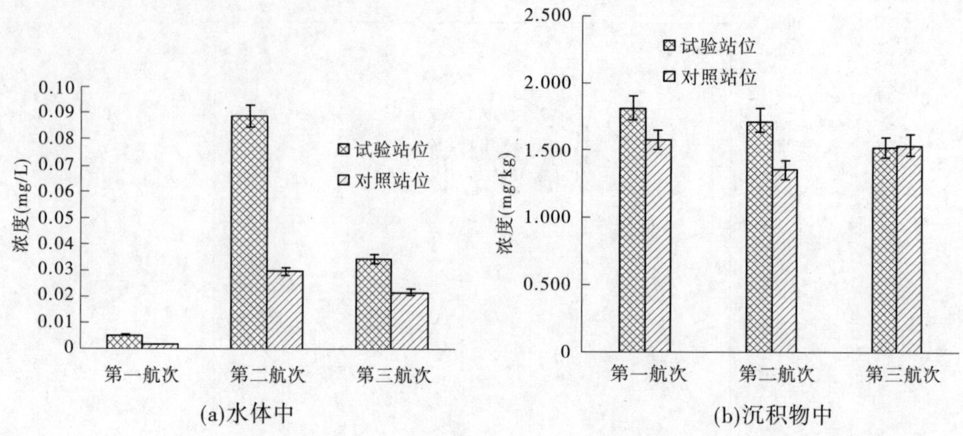

(a)水体中

(b)沉积物中

图 5-46　水体中和沉积物中石油烃浓度的变化

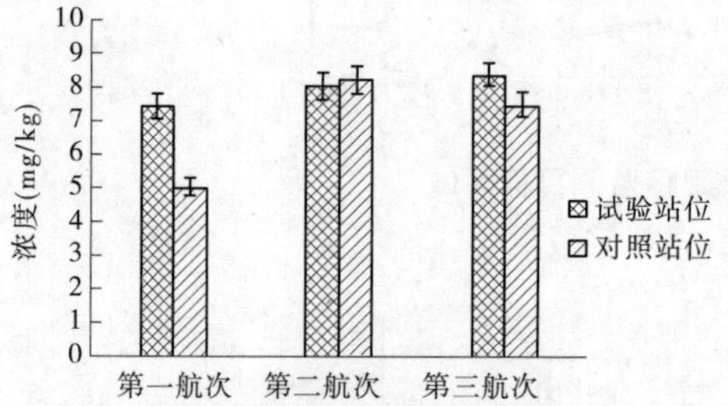

(a)重金属铜浓度的时间变化

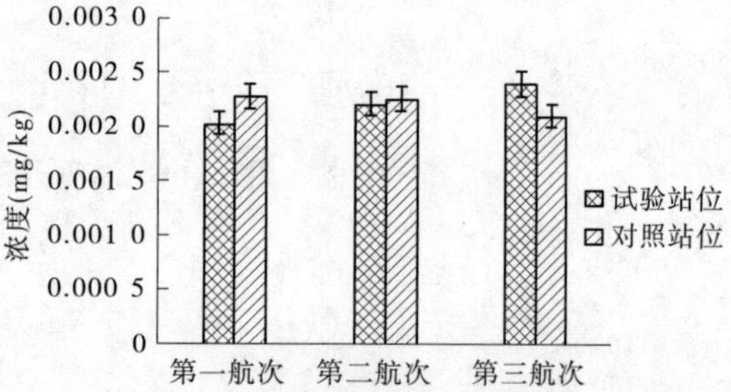

(b)重金属镉浓度的时间变化

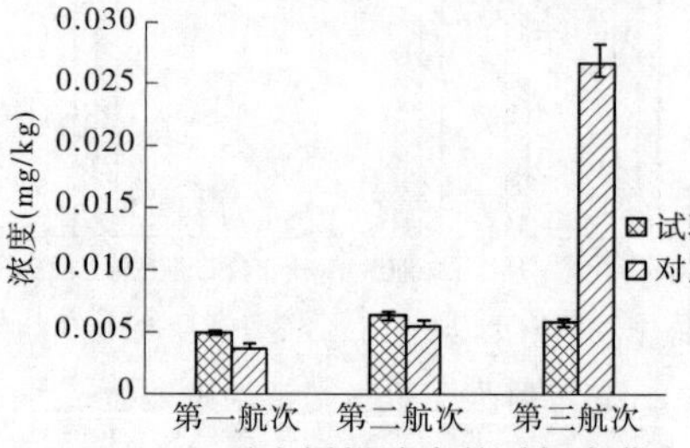

(c)重金属铅浓度的时间变化

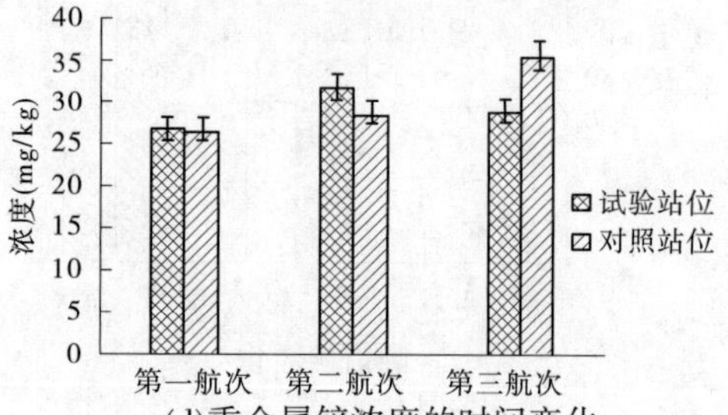

(d)重金属锌浓度的时间变化

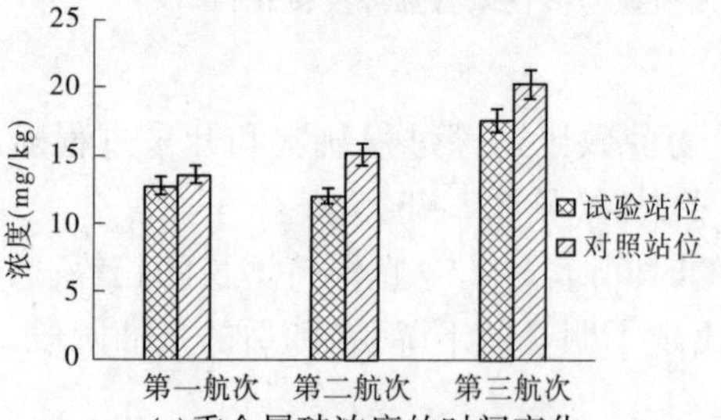

(e)重金属砷浓度的时间变化

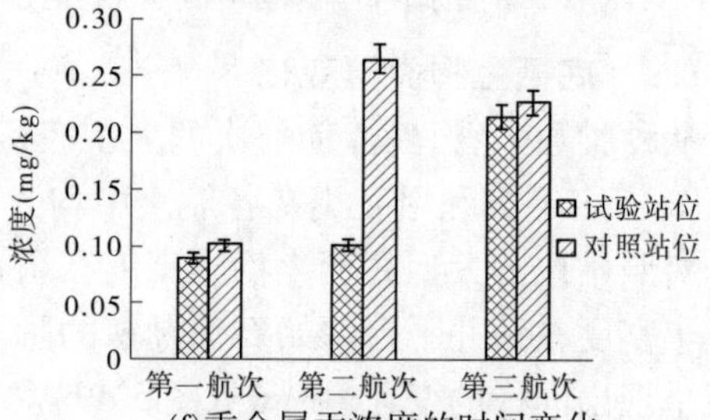

(f)重金属汞浓度的时间变化

图 5-47　沉积物中重金属含量

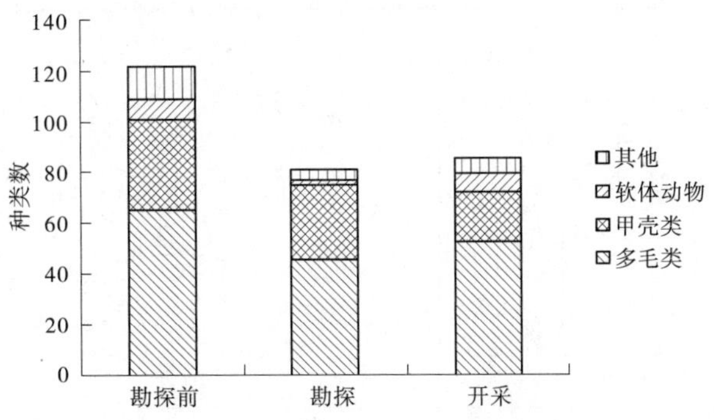

图 5-48　大型底栖生物种类组成变化

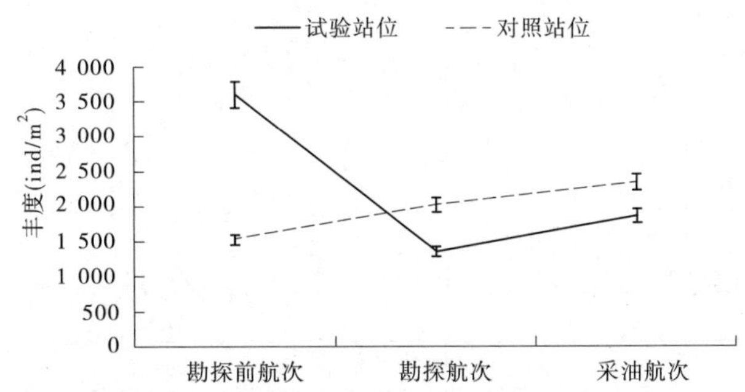

图 5-49　大型底栖生物丰富度变化

物量呈现出先降低后增高趋势(见图 5-50)。

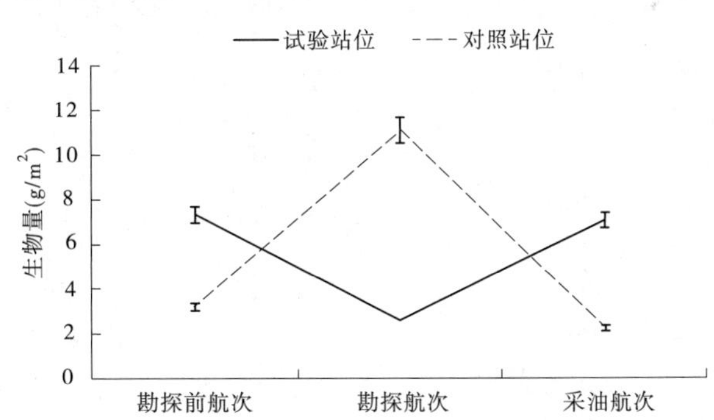

图 5-50　大型底栖生物生物量变化

开采前后钻井平台周边底栖生物群落类群划分发生了显著变化(见图 5-51)。

从油气开采不同阶段典型站位的 ABC 曲线的情况(见图 5-52)来看,A2 站位的丰富度曲线与生物量曲线出现交叉,表明该站位的底栖生物群落受到接近中等程度的干扰;C4 站位生物量曲线起点低,生物量优势度不明显,表明该站位的底栖生物群落受到中等程度的干扰。

结果表明,除勘探前航次,底栖生物矩阵与环境变量的相关性显著(见表 5-5)。

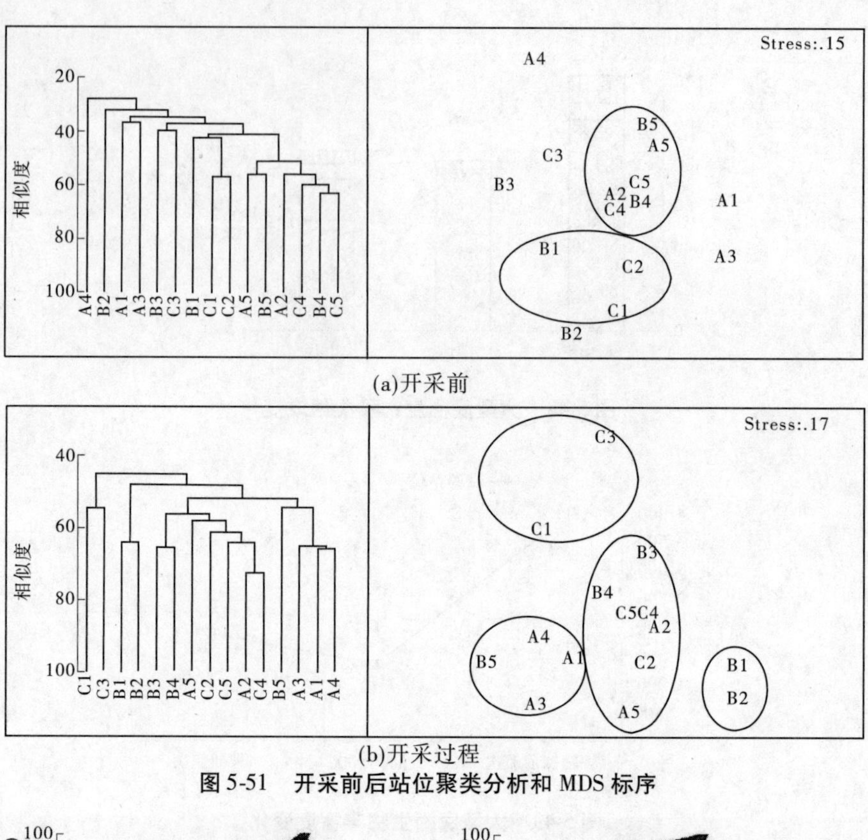

(a)开采前

(b)开采过程

图 5-51 开采前后站位聚类分析和 MDS 标序

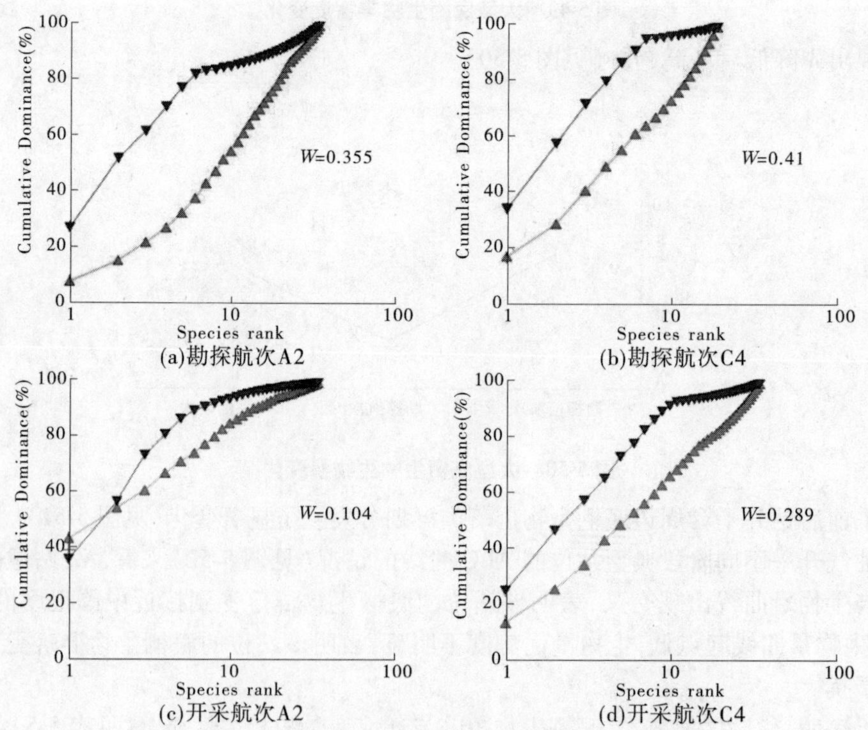

(a)勘探航次A2 (b)勘探航次C4

(c)开采航次A2 (d)开采航次C4

图 5-52 油气开采不同阶段典型站位的 ABC 曲线

表 5-5　环境变量矩阵和底栖生物丰富度矩阵的相关性(Spearman)

项目	勘探前航次	勘探过程航次	开采过程航次
R	0.106	0.222	0.304
P	0.214	0.040	0.040

在此基础上,采用 BIOENV 程序来分析底栖生物群落与被监测环境变量之间的关系。结果表明,勘探过程航次 9 个环境变量(底层总磷、底层 Cu、底层 Cd、底层 Zn、沉积物 Cu 等)与底栖生物群落结构配合最好,相关系数为 0.374;开采过程航次 3 个环境变量(沉积物 Cd、沉积物 As 和沉积物油类)与底栖生物群落结构配合最好,相关系数为 0.404。

5.3.2　油气开采全过程主要污染物观测及扩散模拟

利用流体动力学基本方程组计算东营近岸海域的流场,明确其潮流的运动特性(见图 5-53)。根据海上石油平台建设工程的实际情况考虑,建设中主要的污染物为钻井期所产生的泥浆,泥浆在海洋水动力作用下扩散、输运和沉降,形成浓度场,对海域环境产生影响,通过对海水悬浮物扩散的数值模拟,得到悬浮泥沙的浓度场,就可以依据海水水质标准,评价其对于周围海洋环境的影响程度。

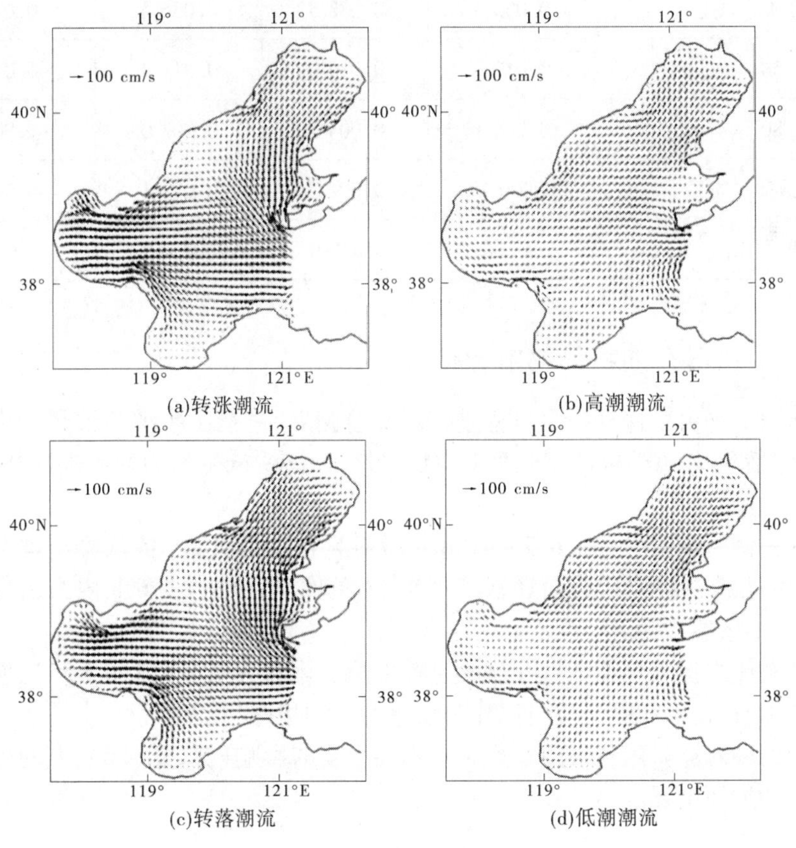

(a)转涨潮流　(b)高潮潮流　(c)转落潮流　(d)低潮潮流

图 5-53　模拟海域流场图

表5-6与表5-7为不同浓度值外缘等值线影响的距离和面积,图5-54为钻井泥浆在四个不同时刻扩散影响的最大范围。

表5-6 泥浆扩散影响距离 (单位:m)

悬浮泥沙浓度(mg/L)	落急	涨急	高潮	低潮
10(Ⅱ类水质)	432	452	426	453
50	156	168	151	176
80	97	103	99	110
100(Ⅲ类水质)	40	43	38	41
150(Ⅳ类水质)	<35	<35	<35	<35

表5-7 泥浆扩散影响面积 (单位:km^2)

悬浮泥沙浓度(mg/L)	落急	涨急	高潮	低潮
10(Ⅱ类水质)	0.035 3	0.038 5	0.036 5	0.041 8
50	0.012 0	0.014 0	0.011 2	0.011 2
80	0.004 1	0.004 7	0.003 0	0.003 3
100(Ⅲ类水质)	0.000 12	0.001 7	0.001 1	0.001 8
150(Ⅳ类水质)	<0.001	<0.001	<0.001	<0.001

5.3.3 海洋生物对石油污染物响应研究

在对海洋石油平台勘探开发全过程进行跟踪监测后,进行了主要石油烃污染室内毒性试验,主要包括96 h急性毒性试验和亚急性毒性试验,受试生物为双齿围沙蚕、青岛大扁藻和球等鞭金藻。

双齿围沙蚕试验在24 h、48 h、72 h、96 h后对死亡个体计数,各试验组均无个体死亡。因此,在本试验中与饱和石油烃水溶液1/64条件下,沙蚕在96 h内为出现致死情况,其存活率为不敏感指标。

双齿围沙蚕体内抗氧化酶活性在试验过程中的变化较为明显(见图5-55),所以对污染区域进行监测时,抗氧化酶活性可以作为敏感的监测指标。

石油烃对两种海洋微藻种群生长产生了不同程度的影响(见图5-56),其胁迫作用随时间和浓度的增加而增强。

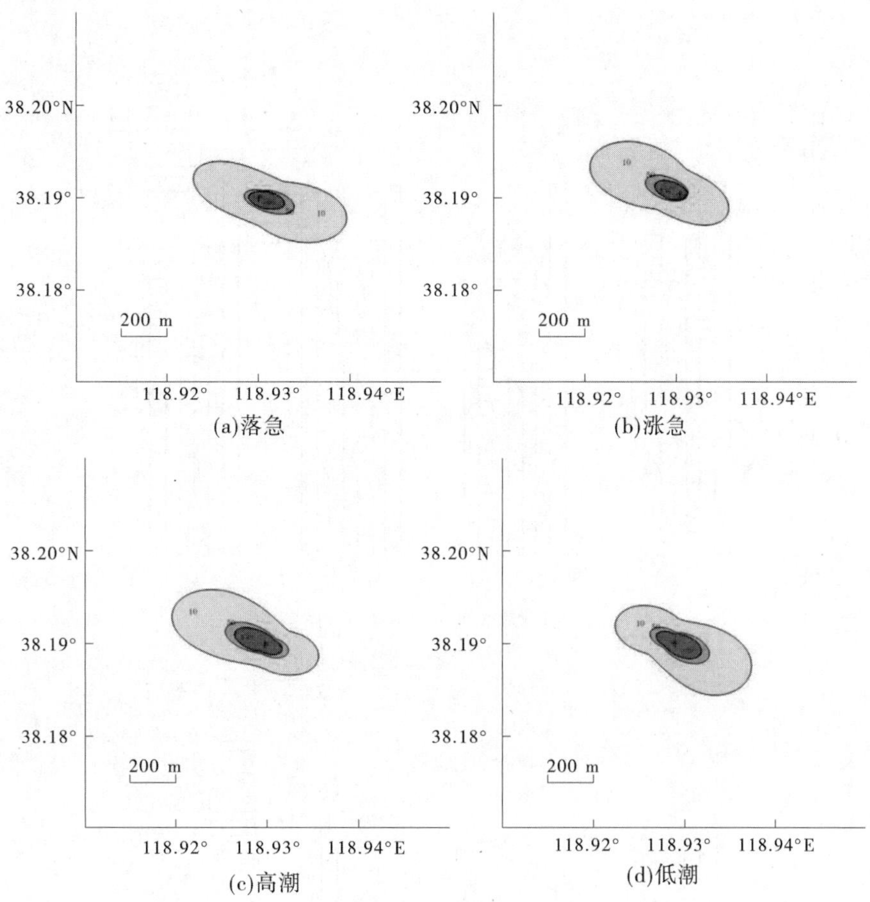

(a)落急　(b)涨急　(c)高潮　(d)低潮

图5-54　钻井泥浆最大影响范围

5.3.4　海洋油气开采全过程监管技术

5.3.4.1　根据钻井平台污染物扩散模型确定监管范围

根据本研究中建立的钻井平台污染物扩散模型,科学估计海洋油气开采过程中污染物的干扰范围。根据研究结果,钻井平台1.5 km内为重点监控区域,该区域内环境与生物指标变化剧烈;2.5 km以内为常规监控区,该环境与生物同样受到海上石油开采活动的影响;2.5 km以外的区域在进行监测时要注意避免重复估计不同钻井平台的叠加影响,因为该区域通常受到多个钻井平台的共同影响。

5.3.4.2　根据生物毒性试验确定敏感生物标志物

根据试验结果与相关文献,海洋底栖生物对石油污染具有较高的耐受限度,但是其生理代谢受到钻井平台污染物的显著影响,尤其是一些抗逆代谢途径的响应尤为敏感。根据本研究的室内试验实测结果,拟选用东营广泛分布的底气经济生物双齿围沙蚕为岗哨生物,以其抗氧化酶系统活性为监测指标,进行后续生物监测。

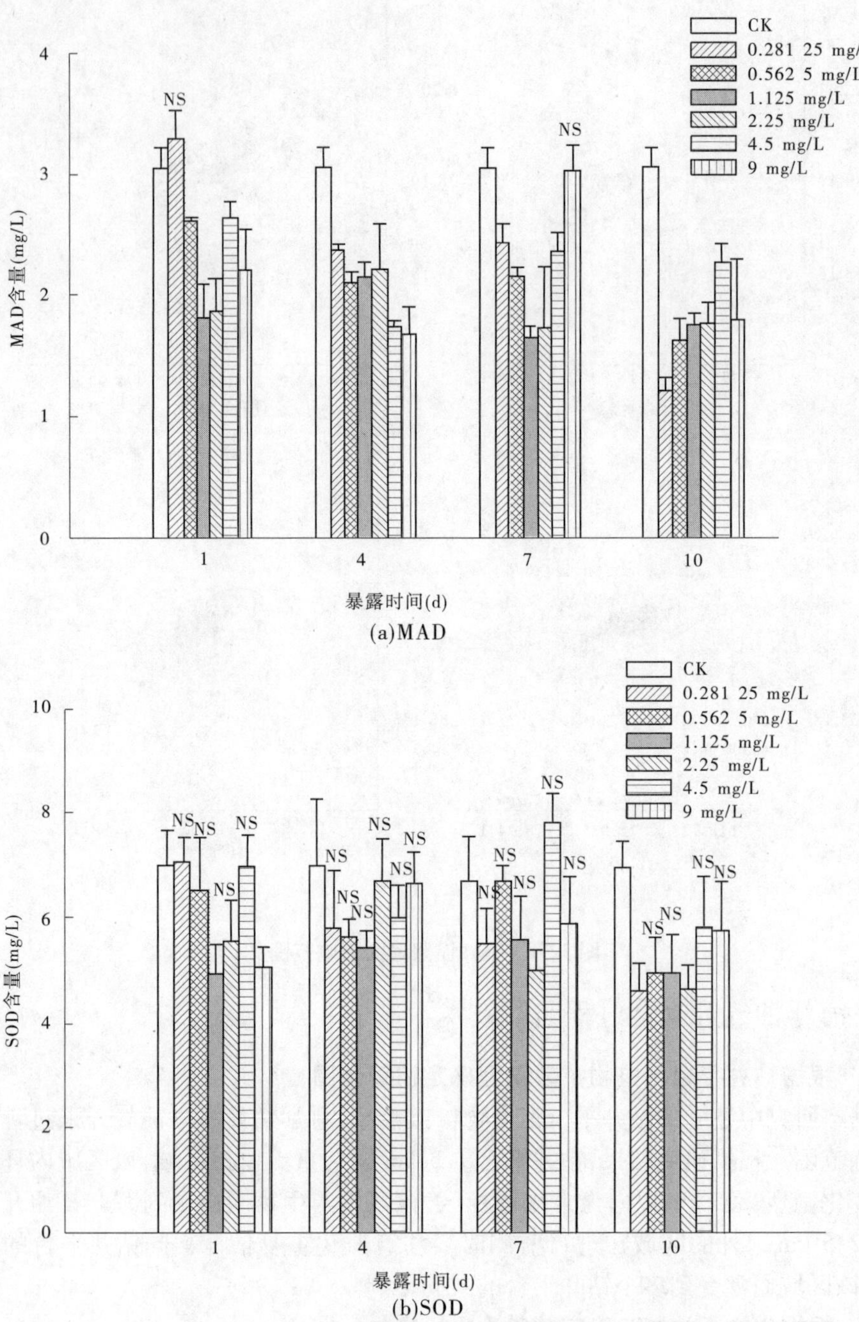

图 5-55　石油烃对双齿围沙蚕抗氧化酶活性的影响

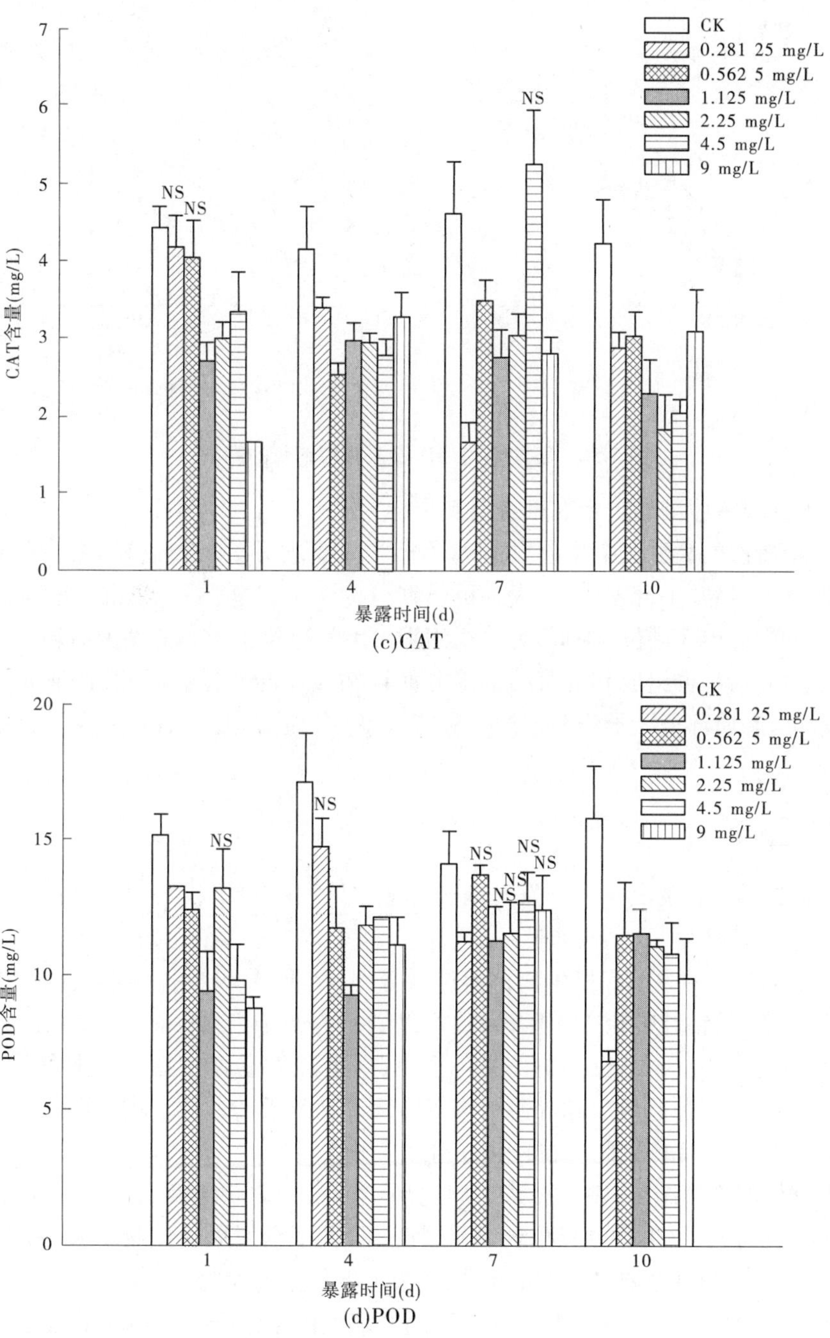

(c)CAT

(d)POD

续图 5-55

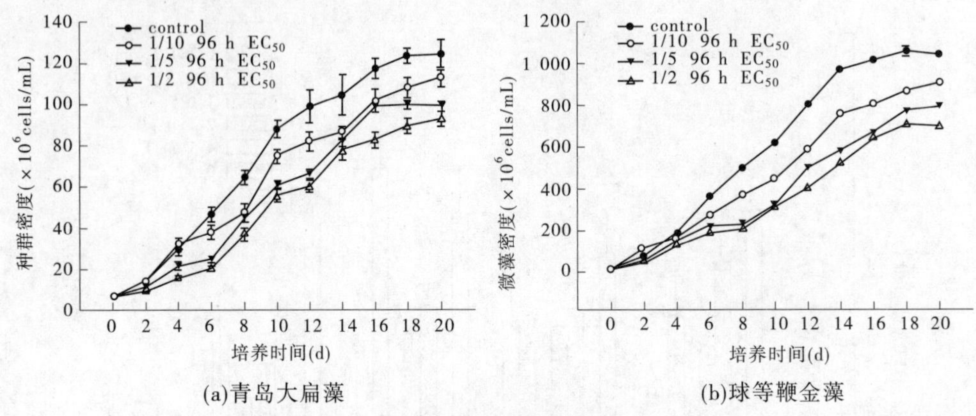

图 5-56 石油烃对海洋微藻种群增长的影响

5.3.4.3 根据跟踪监测确定生态系统监测指标

根据跟踪航次的大型底栖生物群落进行分组,结果显示,勘探前群落结构差异较大的底栖生物群落,在钻井平台工作后,大致可以划分为两个组群:一个组群(组群 1)基本位于钻井平台的中心(B3 站位)附近,另一个组群(组群 2)位于中心的外围海域。两个组群在丰富度、生物量、种群组成和群落结构等方面存在显著的差异。因此,选取底栖生物群落组成与水体、底质环境因子作为监测指标能够有效反映海上石油开采对生态系统的影响。

5.3.5 结论

(1)海上石油平台的勘探和开发对周边海域水体和(或)沉积物中的悬浮物、石油烃、重金属和营养盐均产生了显著影响。

(2)对 3 个航次的大型底栖生物群落进行分组,结果显示,勘探前群落结构差异较大的底栖生物群落,在钻井平台工作后,大致可以划分为两个组群:一个组群(组群 1)基本位于钻井平台的中心(B3 站位)附近,另一个组群(组群 2)位于中心的外围海域。两个组群在丰富度、生物量、种群组成和群落结构等方面存在显著的差异。这表明海上石油平台的勘探和开发对周边底栖生物类群产生了显著影响。

(3)根据模型模拟结果,钻井泥浆对周边环境的最大影响距离为 453 m,影响面积为 0.041 8 km^2。根据底栖生物差异分析结果,海上石油平台对周边生物影响距离约为 1.5 km。这表明在本研究中底栖生物监测结果比模型模拟更为敏感。

(4)海上石油平台在勘探开发过程中不同的环境因子组合与底栖生物群落结构存在显著的相关性。室内试验表明海上石油平台勘探开发产生的污染物对底栖和浮游生物的种群和个体均产生了显著影响。

(5)海上石油平台在勘探开发过程中会向周围海域释放各种污染物质,在钻井平台工作的不同阶段,排放的污染物质也不尽相同,对海洋底栖生物群落具有重要的影响。因此,在海上石油开采的不同阶段均需要进行侧重点不同的监测管理。

综上所述,海上石油平台开发对周边海域水体和(或)沉积物环境及底栖生物群落均产生显著影响;底栖生物群落的变化与海上石油平台开发引起的环境变化存在显著相关;海上石油平台对环境的显著影响距离约为1.5 km;海上石油平台在勘探开发的不同阶段,排放的污染物质也不尽相同,对海洋底栖生物群落具有重要的影响,在海上石油勘探开采的不同阶段均需要进行侧重点不同的监测管理。

5.4　黄河口及邻近海域的生态系统监管方案研究

近几年来,随着沿黄地区经济社会快速发展,黄河入海水沙量的减少导致海水盐度上升和入海营养盐来源缺失,陆源排污造成大量污染物质进入河口地区,加之石油等海洋资源的开发活动和渔业资源的过度开发,黄河口生态环境已经受到了严重的影响。

为改善和治理黄河口及邻近海域海洋生态环境,近年来东营市做了较大的工作,编制了《东营市海洋环境资源保护与修复规划》,起草了《东营市海洋生态损害赔偿和海域使用补偿暂行办法》,加大海洋资源修复资金投入,开展海洋执法监察专项活动等,初步扭转了恶化的态势,但形势仍较为严峻。这既与海洋生态环境建设的艰巨性、复杂性、长期性有关,也与体制机制缺陷等密切相关。

由于海洋开发具有较强的外部效应,完全依靠开发单位来实现开发与保护并重是不可能的,也是不现实的,在实际的工作中,开发容易开展,保护则很难真正落实,保护的责任就不可避免地落到了政府的肩上以及社会多元治理主体的身上。随着社会加强海洋生态环境保护意识的增加,“加快长效监管机制建立”“海洋生态损害补偿融资渠道的拓宽”等呼声越来越强,要有效地推进近岸海域污染防治、海洋生态修复和保护工作,必须加强对海洋生态环境的科学、有效的监管,只有严密科学的监管才能实现真正的有效保护,也才能达到开发与保护并重,使海洋经济真正地实现科学发展,能够造福于社会和人民。

东营市的海洋生态环境保护是东营市“生态市”建设与实现可持续发展战略的重要组成部分。在海洋生态环境保护工作中,坚持政府引导、市场运作和全社会共同参与的方式进行,在规划实施阶段应积极引导和鼓励、支持单位及个人参与海洋生态环境保护工作和与之相关的项目建设。本研究在该主题上开展对黄河口及邻近海域不同海洋功能区、不同点源污染排放及不同人类活动的监管技术方案研究尤其必要,对阐明研究海域生态环境状况及未来的变化趋势具有重要的意义,能够为改善和保护黄河口及邻近近岸海域生态环境提供科学合理的依据。

5.4.1　海洋生态监管工作现状

海洋生态环境保护是一个世界性问题,国内外都在不断探索和完善海洋生态环境监管的模式和经验,如何有效地将监测与管理相结合,行成一套成熟的监管方案体系是海洋工作者面临的一项较重的任务。

目前,国内外通过污染源防控、海洋资源修复等形式针对海洋开发活动开展了一系列的监控工作,取得了一定的成效。但是,海洋生态监管工作依然存在不少的问题。

5.4.1.1 配套法规严重滞后

目前,我国《海洋环境保护法》于 1982 年出台、1999 年修订实施至今,对于防治海洋环境污染、保护海洋自然生态、促进我国海洋资源的可持续利用、有效地维护中国的海洋主权,起了非常重要的作用。

但近年来,随着我国沿海的发展和海上资源开发的不断深入,各种形式的海洋环境保护问题也不断出现。从向大海排污,到个别外国商船将商业垃圾倾倒在我国领海,再到原油泄漏这样造成海洋环境大面积污染的事件,我国的海洋环境保护问题不时进入公众视野。

缺少区域性立法,《海洋环境保护法》在内容结构上注重普遍的、共性的、一般的海洋性环境问题,无法针对具体的渤海环境问题进行特殊制度安排。近年来,不断有专家提出,亟须在国家层面上出台专门针对渤海区域环境问题的特别法,以区域环境立法为上位法统筹陆海环境综合整治,整合地方法规资源,提高立法效力,满足缓解和解决渤海环境问题的迫切需求,对《海洋环境保护法》的修改与其配套的地方法规的制定,是在立法层面拯救渤海的必由之路。

围绕渤海的区域立法工作,许多部门和学者做了大量的工作。2000 年,国家海洋局向国家提出了《渤海综合整治规划及"十五"计划实施方案》,并与渤海区域的三省一市共同签署了《渤海环境保护宣言》;环渤海地方人民政府对渤海实施区域海洋立法的呼声也一直很高。

5.4.1.2 监管实施主体多在基层,监管工作独立性差

目前,海洋生态环境监管最突出问题是基层政府的利益取向与生态管理的总体目标存在差异,上级部门倾向于强调全局的经济社会发展和生态环境的协调,而基层政府则具有更为复杂的利益考量,投入与产出的衡量是基层监管部门思考的重点。

目前,监管实施主体在资金、人员上受地方政府支配,监管、治理工作有受基层地方政府牵制的情况,独立性较差,海洋生态监管工作若脱离这种行政隶属和直接利害关系,直接由国家在财政预算划拨出专门的环保监管资金,监管工作开展起来会更有一定的效果和作用。

5.4.1.3 监管工作相关部门缺乏有效的协调机制,监管工作合力不强

我国目前海洋生态监管涉及相关部门较多,多个部门同时存在工作交叉的情况,管理主体权属不明、多头治理,责任机制缺失问题成为必然。海洋污染主要源于陆源水污染,更加剧了管理矛盾,住建部负责城市生活污染物的排放、海洋局负责海域养殖污染、水利部负责江河流域污染、农业部负责农业的面源污染,这种条块混合的分工方式人为地将水环境污染问题割裂开来,由于缺乏真正对环境保护管理的权威部门,污染物排放管理处于职能交叉、责权不清的混乱状况,监管工作合力不强。

5.4.1.4 监测与管理结合到位程度不高

目前,我国的海洋环境监测工作从国家层面上每年出台全国海洋环境监测工作方案,然后按照国家方案,分局、省(直辖市)厅编制各自辖区监测工作方案,具体任务由海区中心站、地方市(县)级站等海洋环境监测机构完成监测任务。不同层次的监测数据汇总后,大多用于公报编制,然后存档,数据共享公开、接受社会监督等程度不够,大经费投入得到的监测数

据使用率较低,尚未能更好地为管理做服务决策,造成监测与管理脱节的现象。

5.4.1.5　监管方案设计难度较大

从本质来看,海洋生态监管工作的难点主要由生态监管工作的特性和海域环境的特征所决定:

(1)水体流动性导致海域生态环境的不稳定性与持续演化,造成环境和生态问题的产生根源和负面影响难以明确界定。

(2)海域生态环境具有典型的公共物品属性,难以通过市场机制有效地调节供求,过度使用海域环境资源的现象普遍存在。

(3)海域生态环境的整治是一个系统工程,存在多层面的因果关系,涉及不同的利害相关者,制定能兼顾各方的政策体系的难度大。

另外,从体制来看,我国的生态管理体制也存在诸多的弊端,都对监管方案的设计与开展带来了较大难度。

5.4.2　生态监管方案的编制

本研究方案重点对以下三部分内容:黄河口及邻近海域的海洋功能区、点源污染排放及不同人类活动进行了监管方案的设计。

(1)黄河口及邻近海域的海洋功能区调查及监管技术研究。调查海域内的各不同类型功能区,如油气开采区、港口航运区、滨海旅游区、渔业增养殖区等,分析各功能区的生态环境特点、生态系统监管的要点和各功能区监管技术需求,设计出了针对不同功能区类型的生态系统监管方案(见附录 1)。

(2)黄河口及邻近海域的点源污染排放调查及监管技术研究。调查海域内的点源污染排放区域,如入海河流、城镇排污口、企业排污口等,分析这些污染排放区域的生态环境特点、生态系统监管的要点和监管技术需求,设计出了针对点源污染排放为主的污染监管方案(见附录 2)。

(3)黄河口及邻近海域不同海洋开发活动的调查及监管技术研究。调查海域内的不同生产活动,如油气开采、渔业生产、海洋工程建设等,分析不同人为活动会产生的生态环境影响、实施生态系统监管的要点和监管技术需求,设计出了针对海上生产活动的生态系统监管方案(见附录 3)。

5.4.3　监管方案试运行和修订

黄河口及邻近海域的生态系统监管方案主要包括不同海洋功能区监管、点源污染排放调查及监管和不同海洋开发活动监管。本项目研究对象及因素较多,方案试运行工作量较大,由于海洋功能区监管在生态系统监管方案中较具有代表性和可操作性,故选取黄河口及邻近海域不同海洋功能区监管方案作为监管代表来试运行方案。

近年来,东营市海洋石油勘探开发活动日趋频繁,油气田开发活动存在着巨大的环境潜在风险,对海域生态系统有一定影响,所以将试运行对象确定为矿产与能源区,即埕北油气区(B4-1),以及时掌握海洋环境状况及其周围海洋环境的影响程度。

5.4.3.1 监管方案试运行

按照监管方案的监管内容,从环境监测、作业状况监视、溢油事故的预防与处置等方面进行了监管试运行,本次监管方案各项试运行工作落实到位,较好地对该油气区的石油勘探开发活动进行了监管,获取了大量海洋环境实测数据,较好地反映了石油勘探活动周边的海洋生态情况,执行结果基本能够满足监管方案的要求。

(1)所监测的4个区块油田海域化学需氧量和镉的监测结果均符合Ⅰ类水质标准;石油类和汞均出现不同程度的超标现象,其中汞超标情况严重,超标率为81.25%,最大超标率为84%,出现在埕岛油田的CD03站;石油类只出现一个超站位,超标率为6.25%,超标14%,超标站位出现在埕岛西A区块的CDX03站。

(2)由4个区块监测站位和对照站监测结果的比较可见,石油勘探开发活动对周围海域的石油类、汞和镉含量存在一定的影响。

(3)由3个控制站监测结果可见,汞含量全部超过Ⅰ类水质标准(低于Ⅱ类水质标准),化学需氧量、石油类和镉均符合Ⅰ类水质标准。

(4)所有水质结果都符合监管方案的Ⅳ类水质标准要求,甚至比方案要求的水质结果更好。

5.4.3.2 监管方案修订

通过方案试运行我们根据油气开发活动的实际情况,重新调整了监测内容及监测频率,能够更好地对油气开发活动起到监管作用,具体如下。

1. 监测项目

海水:石油类、COD、悬浮物、汞、镉。

沉积物:粒度、石油类、汞、镉。

贝类生物质量:石油烃、汞、镉。

生态环境:底栖生物种类和数量。

遥感监测:遥感监控频率为1次/24 h,在确保对溢油事故及时发现和掌握的前提下,卫星遥感监测频次可根据实际情况进行适当调整,准确掌握溢油位置、覆盖范围、面积等信息。

2. 监测频率

对油气区每年至少开展1次水质监测;其中生产水排海量大于5 000 m^3/d的油气区和上一年度不符合“维持现状”的功能区环境保护要求的油田水质监测频率3次/年,监测时间为5月、8月、10月;其他油气区在8月开展1次水质监测。沉积物、生态环境状况和贝类生物质量在8月监测1次。

方案的试运行中,监测队伍与海监队伍进行了良好的沟通与合作,对各平台起到强有力的监管作用,但也存在一些不足,比如:方案完全落实到位需要资金支持;需要技术支持来满足方案的需要;作业状况巡视如何保证到位;上级管理部门的沟通到位等。

结果显示,监管方案的试运行效果较好,对方案进行了一定修改,达到了预期的目的。

参考文献

[1] Armsworthy S L, Cranford P J, Lee K, et al. Chronic Effects of Synthetic Drilling Mud on Sea Scallops(*Placopecten magellanicus*). Offshore Oil and Gas Environmental Effects Monitoring: Approaches and Technologies[M]. Battelle Press, 2003.

[2] Breuer E, Stevenson A G, Howe J A, et al. Drill cutting accumulations in the Northern and Central North Sea: a review of environmental interactions and chemical fate[J]. Marine Pollution Bulletin, 2004, 48(1): 12-25.

[3] Casillas E, Misitano D, Johnson L L, et al. Inducibility of spawning and reproductive success of female english sole (*Parophry svetulus*) from urban and nonurban areas of puget sound, Washington[J]. Marine environmental research, 1991, 31(2): 99-122.

[4] Cranford P J, Gordon Jr D C, Lee K, et al. Chronic toxicity and physical disturbance effects of water-and oil-based drilling fluids and some major constituents on adult sea scallops (*Placopecten magellanicus*)[J]. Marine Environmental Research, 1999, 48(3): 225-256.

[5] Evanson M, Van Der Kraak G J. Stimulatory effects of selected PAHs on testosterone production in goldfish and rainbow trout and possible mechanisms of action[J]. Comparative Biochemistry and Physiology Part C: Toxicology & Pharmacology, 2001, 130(2): 249-258.

[6] Pacheco M, Santos M A. Tissue distribution and temperature-dependence of Anguilla anguilla L. EROD activity following exposure to model inducers and relationship with plasma cortisol, lactate and glucose levels[J]. Environment international, 2001, 26(3): 149-155.

[7] Schaanning M T, Trannum H C, øxnevad S, et al. Effects of drill cuttings on biogeochemical fluxes and macrobenthos of marine sediments[J]. Journal of Experimental Marine Biology and Ecology, 2008, 361(1): 49-57.

[8] Stebbing A R D. Hormesis-the stimulation of growth by low levels of inhibitons[J]. Science of the Total Environment, 1982, 22: 213-234.

[9] 陈燕林,阮成礼. 全向天线技术[D]. 成都:电子科技大学.

[10] 崔毅,林庆礼. 石油地震勘探对海洋生物及海洋环境的影响研究[J]. 海洋学报, 1996, 18(4): 125-130.

[11] 董宏,张飘. 通信用光伏与风力发电系统[M]. 北京:人民邮电出版社,2008.

[12] 何艺,陈欢,杨剑,等. 荧蒽对披针舟形藻生长及叶绿素荧光特性的影响[J]. 环境科学与技术, 2011,34(4):10-13.

[13] 林昌禄. 天线工程手册[M]. 北京:电子工业出版社,2002.

[14] 孟紫强. 环境毒理学[M]. 北京:中国环境科学出版社, 2000.

[15] 王晓伟,李纯厚,沈南南. 石油污染对海洋生物的影响[J]. 南方水产科学, 2006, 2(2): 76-80.

[16] 王修林,杨茹君,祝陈坚. 石油烃污染物存在下旋链角毛藻生长的粒度效应初步研究[J]. 中国海洋大学学报,2004,34(5):849-853.

[17] 王悠,唐学玺,李永祺,等. 低浓度蒽对两种海洋微藻生长的兴奋效应[J]. 应用生态学报,2002,13(3).

[18] 谢永红,苏荣国,张丽笑,等. 三丁基锡对中国近海常见海洋微藻的毒性效应[J]. 生态环境学报, 2011,20(6-7):1075-1080.

[19] 郑榕辉,王重刚. 多环芳烃对鱼类生殖机能的影响[J]. 台湾海峡, 2004, 23(2): 245-252.

附录1　黄河口及邻近海域不同海洋功能区监管技术实施方案

1　调查监管对象

黄河口及邻近海域不同海洋功能区。

2　监管要求

通过调查海域内的不同类型功能区,如油气开采区、港口航运区、滨海旅游区、渔业增养殖区等,掌握各功能区的生态环境特点、生态系统监管的要点和各功能区监管技术需求,实现不同功能区类型对生态系统影响的监管。

3　监管方案

通过对东营市海洋功能区的深入调研,依据《东营市海洋功能区划》(2010 年 11 月),确定了监管区域为东营市近岸海域的不同海洋功能区,其中包括 7 个海洋保护区、3 个农渔业区、1 个倾废区、2 个工业与城镇建设区、1 个保留区、2 个港口航运区、1 个矿产与能源区。

3.1　海洋保护区

该区域海洋保护区共 7 个,分别为东营河口浅海贝类生态国家级海洋特别保护区(A6 - 1)、东营利津底栖鱼类生态国家级海洋特别保护区(A6 - 2)、黄河三角洲国家级自然保护区(北部)(A6 - 3)、黄河三角洲国家级自然保护区(南部)(A6 - 4)、东营广饶沙蚕类生态国家级海洋特别保护区(A6 - 5)、东营黄河口生态国家级海洋特别保护区农渔业区(B6 - 1)、东营莱州湾蛏类生态国家级海洋特别保护区(B6 - 2)。

3.1.1　生态环境特点

东营河口浅海贝类生态国家级海洋特别保护区位于渤海湾南岸黄河三角洲近岸海域,位于东经 118°07′30″ ~ 118°25′00″、北纬 38°02′49″ ~ 38°16′44″的滩涂及浅海海域,面积396.23 km^2,划分为生态保护区、资源恢复区、环境整治区和开发利用区 4 个功能区,主要保护对象以文蛤、四角蛤蜊、青蛤、毛蚶等为主的经济贝类及其栖息生态环境。

东营利津底栖鱼类生态国家级海洋特别保护区位于东营市利津县境内,处于挑河与四河之间,东经 118°32′43.68″ ~ 118°44′20.40″、北纬 38°12′50.00″ ~ 38°15′50.00″从 - 3 m 到水下 - 10 m 浅海水域,以半滑舌鳎及近岸海洋生态系统为主要保护对象。保护区以黄河口海域生态环境保护为基础、生物多样性保护为核心、生物资源修复与合理利用为重点,以期通过科学、严格的保护和合理、适度的利用,使黄河口海区生态环境恶化状况得以遏制,生态系统退行性演替进程得以缓解,生物多样性与生态结构功能有所恢复,渔业生物产出在品质上有所改善,为海洋生态系统的长期整治与修复奠定基础。

黄河三角洲国家级自然保护区是 1992 年 10 月由国务院批准建立的,位于东营市东北部,地理坐标为北纬 37°35′ ~ 38°12′、东经 110°33′ ~ 119°20′。北临渤海,东靠莱州湾,总面积 15.3 万 hm^2，是以保护新生湿地生态系统和珍稀濒危鸟类为主的湿地类型自然保护区。

东营广饶沙蚕类生态国家级海洋特别保护区位于东经 118°51′14.20″～119°06′12.91″、北纬 37°17′37.39″～37°20′43.47″的滩涂及 -5 m 浅海海域，面积 8 281.76 hm^2，以沙蚕等底栖生物及其栖息环境为主要保护对象。

东营黄河口生态国家级海洋特别保护区位于黄河入海口 -3 m 等深线以东 12 n mile 附近海域，面积 9.26 万 hm^2，于 2008 年底由国家海洋局批准建立。该保护区分为生态保护区、资源恢复区、环境整治区和预留开发区四部分，主要是以保护和恢复渔业资源为主的海洋特别保护区。

东营莱州湾蛏类生态国家级海洋特别保护区为多种贝类的栖息和繁衍地，其中蛏类资源尤为丰富，包括小刀蛏、大竹蛏和缢蛏等，位于莱州湾西岸广利河以北、青坨河以南海域，为东经 119°03′06.50″～119°19′10.00″、北纬 37°22′55.00″～37°29′21.96″的梯形海域，面积 21 024 hm^2。主要保护对象为蛏类及其栖息地生态环境。

3.1.2　生态系统监管的要点

黄河三角洲国家级自然保护区的生态保护重点目标为原生性湿地生态系统及珍禽。东营黄河口生态国家级海洋特别保护区农渔业区的生态保护重点目标为刀鲚、大银鱼等经济鱼类及栖息生态环境。东营 4 个（河口浅海贝类、利津底栖鱼类、广饶沙蚕类、莱州湾蛏类）生态国家级海洋特别保护区的生态保护重点目标为：黄河口文蛤、浅海贝类及其物种多样性；半滑舌鳎及近岸海洋生态系统；沙蚕、蛏类等底栖生物及其栖息地生态环境。

保护区监管应严格执行国家关于海洋环境保护的法律法规和标准，加强海洋环境质量监测。维持、恢复、改善海洋生态环境和生物多样性，保护自然景观。海水水质、海洋沉积物质量和海洋生物质量均执行一类标准。

3.1.3　监管技术需求

以现场调查为主，结合卫星遥感及其他资料收集整合。

（1）明确每个保护区保护对象和重点目标，分析每个特别保护区内各分区，保护管理要求，以及自然保护区内各分区保护管理要求。

（2）准确把握可能对研究区域内的海洋保护区生态系统造成影响的生物和非生物因素。

（3）根据生态系统监管的主要对象和内容，进一步明确可能存在的监管主体及其监管职责。

3.1.4　监管方案

3.1.4.1　海洋保护区监视监测

1）监测范围与站位布设

国家级海洋自然保护区：核心区和缓冲区各在典型区域设 1～2 个监测断面，试验区在典型区域设 1 个断面，每个断面监测站位 3～6 个。

国家级海洋特别保护区：生态敏感脆弱区域设 1～2 个监测断面，监测站位 3～6 个。

2）监测项目与监测频率

水质：水温、透明度、悬浮物、盐度、pH、溶解氧、COD、亚硝酸盐、硝酸盐、氨、活性磷酸盐、石油类等。每年监测 2 ~ 3 次(5 月、8 月、10 月)。

沉积物:石油类、汞、镉、铅、砷、六六六、DDT、PCB、粒度、有机碳、硫化物等 11 项指标。每年监测 1 次(8 ~ 10 月)。

生物生态:水体内浮游植物、浮游动物、底栖生物和潮间带生物的种类组成与数量、生物量、密度和优势种,外来物种种类、数量及分布范围。每年监测 1 次(8 ~ 10 月)。

3.1.4.2 保护对象监管

河口海区海洋生物资源:主要保护对象的数量、分布范围及栖息状况的变化动态。核心区、缓冲区典型断面底栖生物和潮间带生物种类组成与数量、生物量、密度和优势种;黄河口水域生态环境(黄河入海泥沙的变化区域)和原生性湿地生态系统(盐地碱蓬群落、芦苇群落分布)的变化;刀鲚、大银鱼、半滑舌鳎等经济鱼类,文蛤、沙蚕、小刀蛏、大竹蛏、缢蛏等底栖生物和天鹅等珍禽分布范围、种群数量、生物量和生物多样性。

3.1.4.3 卫星遥感监测

及时购买更新各保护区所在区域的高、低分辨率监视监测卫星图片,获取海域使用状况,更新监管系统底图,核查有无疑点疑区,并及时制定应对措施。

3.1.4.4 保护区定期监视

加强各保护区的日常监视工作,包括相关主管部门的用海项目日常巡航监视、海域动态监管中心重点海域远程视频动态监视监测、卫星遥感监视监测等,发现问题应立即向相关部门报告处理。

3.2 农渔业区

该区域共有 4 个农渔业区:东营北农渔业区(A1 - 1)、河口 - 利津农渔业区(A1 - 2)、东营北近海农渔业区(A1 - 1、B1 - 1)、莱州湾近海农渔业区(B1 - 2)。

3.2.1 生态环境特点

本区域位于渤海湾海域内,渔业资源较为丰富,水质较好,主要经济物种如浅海贝类、对虾、梭子蟹、海蜇等;主要进行贝类的底播养殖、海水养殖业和捕捞业,5 m 以深水域适宜开发筏式养殖。

东营北农渔业区近岸部分主要开发为盐田与养殖一体化池塘,包含黄河口半滑舌鳎国家级水产种质资源保护区,主导功能为渔业功能,可开发凡纳滨对虾、缢蛏、卤虫的池塘养殖和浅海贝类、黄河口鱼类的底播增养殖。可兼容开发盐业、风电、石油开采等矿产和能源产业。

河口 - 利津农渔业区主要开发为浅海贝类底播增养殖,东营中心渔港位于本区域,确定主导功能为渔业功能,可兼容开发风电、石油开采等矿产和能源产业,禁止开发港口、重化工业。可依托中心渔港发展休闲渔业。浅海和潮间带海域可开发围海和开放式增养殖。禁止大规模填海,允许小规模以透水构筑物或非透水构筑物形式用海建设风电及石油平台基座。

东营北近海农渔业区位于渤海湾南部海域,适宜开发贝类的底播养殖,主导功能为农渔业区,允许发展海水养殖业和捕捞业,可兼容发展油气和风电等矿产和能源产业。鼓励开发开放式用海进行贝类底播养殖,禁止大规模填海,允许小规模以透水构筑物或非透水构筑物形式用海建设采油平台和风电基座。

莱州湾近海农渔业区位于莱州湾海域,适宜开发贝类底播增养殖,5 m 以深水域适宜开发筏式养殖,允许发展海水养殖业和捕捞业,可兼容发展油气和风电等矿产和能源产业。鼓励开发开放式用海进行贝类底播养殖和筏式养殖,禁止大规模填海,允许小规模以透水构筑物或非透水构筑物形式用海建设采油平台和风电基座。

3.2.2 生态系统监管的要点

加强海洋水产种质资源保护,严格控制重要水产种质资源产卵场、索饵场、越冬场及洄游通道内各类用海活动,禁止建闸、筑坝以及妨碍鱼类洄游的其他活动。防止海水养殖污染,防范外来物种侵害,保持海洋生态系统结构与功能的稳定。防止溢油,避免对毗邻海洋功能区产生影响。渔港和渔业设施建设区海水水质执行Ⅲ类标准、海洋沉积物质量和海洋生物质量均执行二类标准,水产种质资源保护区海水水质、海洋沉积物质量和海洋生物质量均执行一类标准,本区其余海域海水水质执行Ⅱ类标准、海洋沉积物质量和海洋生物质量均执行一类标准。

3.2.3 监管技术需求

定期开展渔业资源调查,掌握农渔业区的环境质量现状及变化趋势。定期巡航监视,严格控制重要水产种质资源产卵场、索饵场、越冬场及洄游通道内各类用海活动,加强休渔期的监管。

3.2.4 监管方案

3.2.4.1 农渔业区海洋环境监测

监测项目及频率如下:

(1)水质:风向、风速、简易天气现象、水温、水色、水深、透明度、海况、pH、盐度、溶解氧、化学需氧量、磷酸盐、亚硝酸盐氮、硝酸盐氮、氨氮、石油类、叶绿素 a、铜、锌、铬、汞、镉、铅、砷、总氮、总磷、酞酸酯类(二乙酯、二丁酯、二乙基己基酯)、有机磷农药(马拉硫磷、对硫磷、甲基对硫磷)、酚类化合物(壬基酚、辛基酚、双酚 A)、细菌总数、粪大肠菌群、麻痹性贝毒(PSP)、腹泻性贝毒(DSP)等 40 项指标。每年监测 2 ~ 3 次(5 月、8 月、10 月)。

(2)贻贝:石油烃、总汞、镉、铅、砷、六六六、DDT、PCB 等 8 项指标。每年监测 1 次(生物成熟期 8 ~ 10 月)。

(3)沉积物:石油类、汞、镉、铅、砷、六六六、DDT、PCB、粒度、有机碳、硫化物等 11 项指标。每年监测 1 次(8 ~ 10 月)。

(4)生物生态:水体内浮游植物、浮游动物、底栖生物和潮间带生物的种类组成与数量、生物量、密度和优势种;主要经济物种如浅海贝类、对虾、梭子蟹、海蜇等种群数量、分布区域的变化动态;外来物种种类、数量及分布范围。每年监测 1 次(8 ~ 10 月)。

3.2.4.2 农渔业区巡航监视

1)监视内容

定期巡航监视,严格控制重要水产种质资源产卵场、索饵场、越冬场及洄游通道内各类用海活动,加强休渔期的监管。

2)监视手段

(1)利用车、船在岸边或海上定期对农渔业区进行现场监视,严厉查处各类破坏重要水产种质资源产卵场、索饵场、越冬场及洄游通道的用海活动，并及时调查取证。

(2)开展农渔业区的船舶巡航监视，并在休渔期加密监视。

3.3 特殊利用区

该区域的特殊利用区主要有东营港倾废区(B7-1)。

3.3.1 生态环境特点

该区域倾废区的水质、底质、生物环境状况良好，水体交换能力强，环境容量大，符合倾废区的环境要求。对倾废活动要加强监视、监测，当不宜继续倾倒时应及时予以封闭。严格限制改变海域自然属性；改变时需严格进行专家论证。

3.3.2 生态系统监管的要点

禁止倾倒超过规定标准的有毒、有害物质。避免对毗邻养殖区产生影响。倾废区的海水水质不劣于Ⅳ类水质标准，沉积物不劣于三类标准，海洋生物质量不劣于三类标准。关注倾倒区环境变化及倾倒物质的输移、扩散状况，掌握倾倒活动对倾倒区周边环境的扰动范围和对海洋功能区的影响程度以及倾倒活动产生的生物效应。具体包括以下几方面：

(1)根据倾废区的环境容量和倾倒物容纳能力，进行倾倒活动对周边环境的影响是否危及周边海洋功能区的使用，监管该倾倒区是否继续使用、严格控制使用、间歇使用、临时关闭或永久关闭。

(2)根据倾废区跟踪监测监视结果，改进和优化倾倒的位置、潮况、倾倒方式、倾倒频率和倾倒数量等，以使得倾倒活动对海洋环境的影响降低到最小程度。

(3)对无证倾倒、倾倒不到位、倾倒数量超标等方面的监管。

3.3.3 监管技术需求

主要开展海洋倾废区监视监控、海洋倾废区的监测评价和水深底质变化监测等。

3.3.4 监管方案

3.3.4.1 海洋倾废区监视监控

1)监视内容

建设远程实时监控中心，开展海洋倾废作业船的远程实时监控，同时开展海洋倾倒区航空遥感监视；开展倾倒物质成分毒性定期抽检，掌握倾倒的潜在环境风险。

疏浚地点监视：验证疏浚位置、疏浚船号、疏浚船型号、预估疏浚量和疏浚时间段等。

倾倒过程监视：倾倒船舶航行时间、航行轨迹、倾倒位置、倾倒方式、倾倒时间、倾倒量、倾倒频率及其他违规情况等。

2)监视手段

(1)人员现场监视：①主动走访工程业主、倾倒单位，力争与工程业主、倾倒单位建立沟通、联系渠道，了解疏浚和倾倒的具体细节，以便进行有效监视，并督促其按照有关规定进行疏浚施工。②利用车、船在岸边或海上定期对疏浚地点进行现场监视，并记录，发现问题后要及时调查取证，并加密监视。③开展倾倒活动的船舶巡航监视。

(2)倾废船舶动态监视监控系统。利用倾废船舶动态监视监控系统，对倾倒作业船舶实施全过程监视。

3.3.4.2 海洋倾废监测评价

1)监测范围与站位布设

(1)监测范围:根据选划报告书中倾倒物的迁移预测和影响范围预测的结果确定,监测范围应大于原倾倒区选划时的监测调查范围。

(2)站位布设:根据倾倒区面积及其影响海域范围设置,并应设置对照点和敏感区控制点。倾倒区及其影响区内的监测站位布设3~5个断面,每个断面2~3个站位,沉积物站位按照水质站位数的50%布设,底栖环境站位按照水质站位数的40%布设,原则上应满足倾倒区现状及其环境影响评价需要。

2)监测项目

(1)倾倒物检验:每次倾倒前需对倾倒物质进行石油类、汞、镉、铅、铜、砷、锌、有机碳检验。

(2)水深项目:开展倾倒区内水深地形测量,监测倾倒区内水深地形变化情况,绘制倾倒区海底地形等值线及三维示意图。

(3)海水项目:透明度、水温、盐度、COD、悬浮物、石油类、汞、铅、镉。

(4)沉积物项目:粒度、石油类、汞、镉、铅、铜、砷、锌、有机碳。

(5)生物项目:浮游植物、浮游动物、底栖生物的种类组成与数量、生物量、密度和优势种,鱼卵与仔稚鱼。

3)监测频率

倾倒区年度有倾倒量的必须开展监测:年倾倒量500万m^3以上的倾倒区不少于3次/年(倾倒前、倾倒中、倾倒后);年倾倒量500万m^3以下的倾倒区不少于2次/年;倾倒量小且使用时间不超过3个月的倾倒区不少于1次/年;水深地形、底栖生物、沉积物项目不少于1次/年。

3.4 工业与城镇建设区

主要有2个工业与城镇建设区:东营港经济技术开发区工业与城镇建设(A3-1)、东营滨海新城(A3-2)。

3.4.1 生态环境特点

适合拓展工业与城镇发展空间,可供临海企业、工业园区和城镇建设的海域。没有特殊资源需要保护,海洋环境状况适合填海造地发展经济。

3.4.2 生态系统监管的要点

生态保护重点目标为近岸湿地生态系统。工业与城镇建设应减少对海洋水动力环境、岸滩及海底地形地貌的影响,防止海岸侵蚀,避免工业和城镇用海对毗邻海洋生态敏感区、亚敏感区产生影响。定期巡查监视,严禁开展违反功能区划的海洋开发活动;年度填海规模和填海总规划超过功能区划规定等行为。加强海洋环境质量监测。河口实行陆源污染物入海总量控制,进行减排防治。海域开发前基本保持所在海域环境质量现状水平。开发利用期执行海水水质不劣于Ⅲ类标准,海洋沉积物质量、海洋生物质量不劣于二类标准。

3.4.3 监管技术需求

陆岸巡视,工程监督管理,工业、城镇入海排污口达标监测,围(填)海项目的海洋环境跟踪监测。

3.4.4 监管方案

3.4.4.1 海域科学使用、监督

加强对工业与城镇建设区的陆岸巡视，保证海岸不被恶意破坏，杜绝违规围（填）海活动的发生。

对一些项目工程进行严格监督管理，使得用海项目能够科学合理建设。

区内的临海、临港工业和城镇开发建设用海应体现规模化、集约化、现代化，充分保障国家和地方重大建设项目的用海需求，优化产业结构，提高海域空间资源的使用效能。填海造地等改变海域自然属性的开发活动应在科学论证和用海规划指导下进行，加强功能区环境监测与评价，注重对毗邻功能区的保护，防止海岸工程、海洋工程污染海域环境。

3.4.4.2 项目定期跟踪监测

定期对工业、城镇入海排污口进行达标监测，确保工业城镇废水排海的无害化。对围（填）海项目进行海洋环境跟踪监测，降低工程活动对周边海域的影响。

1）监测站位布设

入海排污口进行扇形布站，确定影响范围，每年汛期和非汛期监测 2 次。

2）监测项目

（1）水文监测项目：水色、透明度及根据建设项目所处海域的自然环境特征和建设项目的特点选定的特征参数。

（2）水质监测项目：悬浮物、COD、铜、铅、镉、石油类以及根据建设项目所处海域的自然环境特征和建设项目各阶段排放的污染物特征选定的特征参数。

（3）沉积物监测项目。

铜、铅、镉、石油类以及依据建设项目所处海域的自然环境特征和建设项目各阶段排放的污染物特征选定的特征参数。

（4）生物监测项目：叶绿素 a、浮游动物、浮游植物、底栖生物以及依据建设项目所处海域的自然环境特征和建设项目各阶段排放的污染物特征选定的特征参数。

3.5 保留区

该区域有保留区 1 个：东营双义河 - 永丰河保留区（A8 - 1）。

3.5.1 生态环境特点

保留区是属于维持现状的海域。目前功能尚未明确，有待通过科学论证确定具体用途的海域。

3.5.2 生态系统监管的要点

保留区应加强管理，严禁随意开发。维持现状，不能造成任何对该区域现状的破坏。确需改变海域自然属性进行开发利用的，应首先修改省级海洋功能区划，调整保留区的功能，并按程序报批。保留区执行不劣于现状海水水质标准。

3.5.3 监管技术需求

定期进行海洋环境监测，陆岸巡视，卫星遥感监视监测。

3.5.4 监管方案

区内随着对自然条件的认识和沿海经济的发展可安排包括海洋保护在内的各种功能

类型用海项目,大力推进海洋可再生能源、科学研究、公益性等试验性用海活动,加强海域论证与海洋环境影响评价控制,确保不影响毗邻海域功能区的环境质量,避免海域使用矛盾冲突,严格限制改变海域自然属性的大规模围(填)海活动。加强功能区运行质量管理,修复受损的海洋生态系统。

对保留区每年进行随机性海洋环境监测,保证海域水质不受周边海域开发活动的影响。监测项目为常规项目,布点采取零散布点。

加强陆岸巡视,保证没有违规用海项目活动。

利用卫星遥感技术确保该区域维持现状,从而为以后的开发利用打下基础。

3.6　港口航运区

该区域共包含 2 个港口航运区:东营港航区(A2 - 1、B2 - 1)、广利港航区(A2 - 2、B2 - 2)。

3.6.1　生态环境特点

除港口、航道外其他港口水域兼容养殖用海。允许适度改变海域自然属性,港口内工程鼓励采用多突堤式透水构筑物用海方式。适合开发利用港口航运资源,可供港口、航道和锚地建设的海域。海洋水动力条件良好,水深适宜,海底地质地貌较好,航道疏浚方便,能够保证泄洪需要。

3.6.2　生态系统监管的要点

生态保护重点目标:港口水深地形条件。

港口航运活动应减少对海洋水动力环境、岸滩及海底地形地貌的影响,防止海岸侵蚀,不应对毗邻海洋生态敏感区、亚敏感区产生影响,无船舶倾废、漏油或其他对水质和环境造成严重损害的安全事故;区内禁止在港区、锚地、航道、通航密集区以及规定的航路内进行与航运无关、有碍航行安全的活动,避免其他工程占用深水岸线资源,锚地、航道应优先在港口航运区内选划。海岸基本功能区主要用于近岸港口陆域、码头、港池等航运设施建设,近海基本功能区主要用于港外航道、锚地等航运用海。逐步调整区内不符合功能区管理要求的海域使用项目,整治环境质量不达标海域。

加强海洋环境质量监测,防止溢油等污染事故发生。港口区海域海水水质不劣于Ⅳ类标准,海洋沉积物质量和海洋生物质量均不劣于三类标准。航道及锚地海域海水水质不劣于Ⅲ类标准,海洋沉积物质量和海洋生物质量均不劣于二类标准。

3.6.3　监管技术需求

港口航运区环境监测,港口船舶监督,航道通行状况监控,针对溢油等情况的应急措施。

3.6.4　监管方案

加强对港口船舶的监督管理,对航道通行状况进行监控,可以在码头上设置摄像头,掌握港口船舶情况。制定针对溢油等一些突发情况的应急措施,这方面可以联合港航局定期执法监管。

3.6.4.1　港口航运区环境监测

每年定期对港口航运区进行海洋环境监视,保证其海水环境质量符合功能区的环境要求。监测项目为常规项目,重点关注港口水深地形条件的变化动态。

3.6.4.2　港口航运区监视

对港口航运区定期进行巡查监视，及时发现船舶倾废、漏油或其他对水质和环境造成严重损害的安全事故，并及时调查处理。

3.6.4.3　溢油事故的预防与处置

1）溢油事故的预防

严格执行资源准入审核制度，船况不佳、船舶内部管理混乱等不合要求的船舶不得进场。加强船机的维修保养，防止船机“跑、滴、漏”油。油水分离器等油污处理装置正常运行，船舶须备有消油剂等清油污材料以及围油栏等初级油污扩散控制设施。油污或废油料须由专业资格回收机构进行回收，不得将报废油料和油污排入海中。

2）溢油事故的应急处置措施

作业过程中发生溢油事故，船长应立即向全体船员发生船舶溢油应急反应部署命令，全体船员按“溢油应急反应部署表”的规定迅速到达自己的岗位。

船舶按有关规定立即向海上/港航安全监督部门报告，并根据情况向港口有关部门以及与本船有关的部门通报。

在确定漏泄和原因的同时，立即采取控制措施，用吸油材料等油污清除设备和材料把已溢流在甲板上的油围住、收集在一起，将排泄到船外的溢油限制在最小程度。

尽快用围油栏或代替物等将溢入海面的油围住防止扩散，同时用吸附材料等回收溢油。

最后可用消油剂将油污清除，但使用前必须得到海上/港航安全监督部门的许可，而且必须使用符合技术标准要求的物品。

在做最后处理之前，船上应精心地保管回收的污油和清洁使用过的材料。

当本船无力清除海面溢油时，应立即请求有关单位援助。

3.7　矿产与能源区

该区域共包含1个矿产与能源区：埕北油气区（B4－1）。

3.7.1　生态环境特点

允许适度改变自然属性，适合油气勘探与开发的海域。具有丰富的油气资源，开采便利、高效，生态环境单一，生物资源较为匮乏。

3.7.2　生态系统监管的要点

生态保护重点目标：尽量避免对毗邻生态敏感区和亚敏感区产生影响。

油气开采活动应减少对海洋水动力环境及海底地形地貌的影响，不应对毗邻海洋生态敏感区、亚敏感区产生影响，无船舶倾废、漏油或其他对水质和环境造成严重损害的安全事故；加强对石油平台和管线的安全检查，防止溢油事故发生。海域海水水质执行Ⅳ类标准、海洋沉积物质量和海洋生物质量均执行三类标准。

3.7.3　监管技术需求

油气开采区环境监测，作业状况监控，针对溢油等情况的应急措施。

3.7.4　监管方案

制定针对溢油等一些突发情况的应急措施，这方面可以联合主管部门定期执法监管。

3.7.4.1　矿产能源区环境监测

每年定期对油气区进行海洋环境监视，保证其海水环境质量符合功能区的环境要求。

1）监测项目

海水：石油类、COD、悬浮物、汞、镉。

沉积物：粒度、石油类、汞、镉。

贝类生物质量：石油烃、汞、镉。

生态环境：底栖生物种类和数量。

遥感监测：遥感监控频率为 1 次/24 h，在确保对溢油事故及时发现和掌握的前提下，卫星遥感监测频次可根据实际情况进行适当调整，准确掌握溢油位置、覆盖范围、面积等信息。

2）监测频率

对油气区每年至少开展 1 次水质监测；其中生产水排海量大于 5 000 m^3/d 的油气区和上一年度不符合“维持现状”的功能区环境保护要求的油田水质监测频率为 3 次/年，监测时间为 5 月、8 月、10 月；其他油气区在 8 月开展 1 次水质监测。沉积物、生态环境状况和贝类生物质量在 8 月监测 1 次。

3.7.4.2　作业状况监视

对油气区定期进行巡查监视，及时了解油气区开采状况、进度、作业方式等，尤其加强对石油平台和管线的安全检查。

3.7.4.3　溢油事故的预防与处置

制订详细的溢油事故应急预案，加强巡逻监督，对石油平台和管线作业要按时检查，逐级备案。当溢油事故发生时，及时确定漏泄原因，按照应急预案有条不紊地沉着处理应对。采取控制措施，尽快用围油栏或代替物等将溢入海面的油围住防止扩散，同时用吸附材料等回收溢油。最后可用消油剂将油污清除，但使用前必须得到海上/港航安全监督部门的许可，而且必须使用符合技术标准要求的物品。同时，要责令相关单位对泄漏事故进行处理，必要时做出赔偿。

附录 2　黄河口及邻近海域点源污染排放监管技术实施方案

1　调查监管对象

黄河口及邻近海域点源污染排放。

2　监管要求

调查海域内的点源污染排放区域，如入海河流、城镇排污口、企业排污口等，掌握这些污染排放区域的生态环境特点、生态系统监管的要点和监管技术需求，实现点源污染排放对生态系统影响的监管。

3 监管方案

通过深入调研,确定了监管区域为东营市近岸海域的点源污染排放区域,其中重点包括入海河流 3 条、入海排污口 2 个。

3.1 入海河流

监管对象包括黄河、挑河、潮河 3 条河流。

3.1.1 生态环境特点

通过资料收集与现场调查相结合的方式,获得入海河流、流经区域及邻近海域的生态环境特点。主要内容包括:入海河流流经区域和面积、河流水深;河流沿岸主要污染源及分布,污染物种类、浓度和流量;入海河口区域地理位置和自然条件;河流感潮段和监测断面;邻近海域功能区类型;河流与邻近海域主要生态要素及代表性生物种类特征。

3.1.2 生态系统监管要点

掌握入海河流及邻近海域环境质量现状,按照河流及邻近海域功能区的管理要求对河流及邻近海域的环境质量进行监管,保护生态环境和自然景观,保护生物多样性。

3.1.3 监管技术需求

定期进行入海河流及邻近海域环境质量的监测工作,分析存在的问题,提出相应的解决对策,结合相关职能部门的监督管理与保护,维护流域的生态环境。

3.1.4 监管方案

3.1.4.1 定期监测

1)监测站位布设

(1)入海河流。站位布设方法:①监测断面应尽量与历史水文监测断面相一致,监测断面确定后,记录断面经纬度,在后续的监测中不得改变。②在监测断面上布设采样垂线,垂线布设应符合表1 的规定。③在垂线上布设采样点,采样点的布设应符合表2 的规定。

表1 采样垂线布设

水面宽(m)	采样垂线布设	相对范围
≤50	1 条(中泓线)	中泓处
50~100	左、中、右 3 条	左右设在距湿岸 5~10 m 处
100~1 000	5 条	左右设在距湿岸 5~10 m 处
≥1 000	7 条	左右设在距湿岸 5~10 m 处

表2 垂线采样点布设

水深(m)	采样点数	位置
≤5	1	水面下 0.5 m
5~10	2	水面下 0.5 m,河底上 0.5 m
≥10	3	水面下 0.5 m,1/2 水深,河底上 0.5 m
河流冰封期,采样点应布设在冰下 0.5 m;水深小于 0.5 m 时,在 1/2 水深处采样		

(2)邻近海域。监测站位布设应能够反映出入海河流邻近海域的环境质量状况,尽可能沿用历史测站,监测站位一经确定,不应轻易更改。

2)监测项目及频率

(1)入海河流。油类、COD、亚硝酸盐氮、硝酸盐氮、氨氮、磷酸盐、总氮、总磷、铜、铅、砷、锌、镉、汞、硫化物、有机氯农药、粪大肠菌群、细菌总数、PAHs、PCBs、pH、盐度、悬浮物含量。每年实施监测 4 次,分别于 3 月、5 月、8 月、10 月进行,丰水期可酌情增加监测频率。

(2)邻近海域。水质监测项目包括盐度、溶解氧、pH、透明度、总悬浮颗粒物、叶绿素 a、活性磷酸盐、亚硝酸盐氮、硝酸盐氮、氨氮、总磷、总氮、活性硅酸盐、化学需氧量(COD)、生物需氧量(BOD_5)、油类、重金属(总汞、镉、铅、砷、铜)。

表层沉积物监测项目包括粒度、石油类、总汞、镉、铅、砷、铜、六六六、DDT、PCB、硫化物、有机碳、总磷、总氮。

生物要素监测项目包括初级生产力及浮游植物、浮游动物、底栖生物群落结构。

水质监测每年 4 次,分别于 3 月、5 月、8 月、10 月实施;表层沉积物每年监测 1 次,于 8 月实施;生态要素监测每年 4 次,分别于 3 月、5 月、8 月、10 月实施。

3.1.4.2　监督与管理

(1)建立各入海河流及邻近海域的信息管理系统,包括入海河流流域、入海口位置、河流沿岸生态环境特点、邻近海域的功能区类型等基本信息。

(2)通过卫星遥感及航拍动态监管河流及邻近海域生态环境质量。

(3)日常监视监测主要包括海监部门巡查、海洋环境监测等,监管资料及时输入信息管理系统,定期对新旧信息进行比对分析,对河流及邻近海域环境质量的演化趋势和重大变动情况进行监控。

3.2　入海排污口

监管区域内排污口共 2 个:神仙沟、广利河。

3.2.1　生态环境特点

通过现场监测,了解排污口排放海域的水质、底质及生物要素质量状况,海域水动力环境特点,需要保护的物种或资源,海域使用状况及功能类型,掌握排污口排放海域的生态环境特点。

3.2.2　生态系统监管要点

根据排污口排放海域的功能区类型及管理要求,明确各排放海域的监管要素及控制指标。禁止私设排污口、超标排放等违法排放行为。

3.2.3　监管技术要求

定期开展对排污口及邻近海域环境质量的监测工作,定期对排污口及排污单位进行执法检查,建立排污口的监督管理档案,完善排污口信息及排污数据等资料,做到排污口的规范化、污染物排放的定量化管理。

3.2.4　监管方案

3.2.4.1　定期监测

1)监测站位布设

(1)入海排污口。站位布设原则:①直排入海排污口的采样点位一律设在该排污口的入海口处,采样时采样点位不能受到潮水的影响。②直排入海的污水河(沟、渠)的采样点位设在该排污河(渠、溪)不受潮水影响的入海口监测断面。③水下排污口采样点位应保证所采污水不与海水混合。④监测点位确定后,记录站位经纬度,在后续的监测中不得改变。监测站位数量要求:①一般在入海口的污水主流道的中心点布设1个采样点位;②水面宽度≤50 m的排污河(渠、溪)在中泓线布设1个采样点位;水面宽度50~100 m的排污河(渠、溪)在近左、右岸有明显水流处各布设1个采样点位;水面宽度>100 m的排污河(渠、溪)在左、中、右有明显水流处各布设1个采样点位。

(2)邻近海域。监测站位布设应能够反映出排污口及邻近海域的环境质量状况、污水排放对海域水环境的影响、污染物的空间分布及稀释扩散状况。尽可能沿用历史测站,监测站位一经确定,不应轻易更改。

2)监测项目与频率

(1)入海排污口。根据不同污染源类型,在下述范围内选择监测项目:pH、盐度、COD、BOD_5、亚硝酸盐氮、硝酸盐氮、氨氮、磷酸盐、总氮、总磷、六价铬、氰化物、粪大肠菌群、悬浮物、油类、挥发酚、砷、汞、铅、镉、有机氯农药、有机磷农药、PAHs、PCBs。每年监测4次,分别在3月、5月、8月、10月进行。

(2)邻近海域。水质监测项目包括盐度、溶解氧、pH、透明度、总悬浮颗粒物、叶绿素a、活性磷酸盐、亚硝酸盐氮、硝酸盐氮、氨氮、总磷、总氮、活性硅酸盐、化学需氧量(COD)、生物需氧量(BOD_5)、油类、重金属(总汞、镉、铅、砷、铜)。

表层沉积物监测项目包括粒度、石油类、总汞、镉、铅、砷、铜、六六六、DDT、PCB、硫化物、有机碳、总磷、总氮。

生物要素监测项目包括初级生产力及浮游植物、浮游动物、底栖生物群落结构。

水质监测每年4次,分别于3月、5月、8月、10月实施;表层沉积物每年监测1次,于8月实施;生态要素监测每年4次,分别于3月、5月、8月、10月实施。

3.2.4.2 监管方案

(1)对排污口及排污河进行GPS坐标定位、拍照,建立排污口管理信息档案,如排污单位或排污河名称,排污口性质及编号,排污口地理位置,排放主要污染物种类、数量、浓度、排放去向,邻近海域功能区类型,周围敏感目标等。

(2)定期进行执法检查,对向排污河排放的非法污染源及违法排放行为进行查处,对相关排放单位进行整治。

(3)在排污口附近设置安装环境保护图形标志,不得擅自拆除、移动和涂改。

(4)对排污口及邻近海域环境质量进行定期监测,及时补充监测资料,分析存在的问题,向行政执法部门反馈监测结果,对需要改正的排污行为提出对策和建议。

(5)形成监测与管理联动机制,实现排污口规范化管理、邻近海域环境质量满足功能区环保要求。

附录3　黄河口及邻近海域不同海洋开发活动监管技术实施方案

1　调查监管对象

黄河口及邻近海域不同海洋开发活动。

2　监管要求

调查海域内的不同生产活动,如油气开采、渔业生产、海洋工程建设等,掌握不同人为活动会产生的生态环境影响、实施生态系统监管的要点和监管技术需求,实现不同海上生产活动对生态系统影响的监管。

3　监管方案

通过组织相关部门对东营市周边海域不同生产活动进行全面调查。确定监管的生产活动类型,其中包括油气开采、渔业生产、海洋工程建设。不同海洋开发活动的监管应分为监管和监测两个方面的内容。监管应以监测为基础手段、以动态监视系统进行全程实时监管。监测应根据不同海洋开发活动的特点及建设项目的性质、施工和生产工艺等情况来制定海洋环境监测的重点。具体实施过程中应按照《海洋调查规范》、《海洋监测规范》以及《建设项目跟踪监测技术规程》等相关规范规程来进行。

3.1　现状调查及评估

3.1.1　海域使用现状调查

联合海事、海洋、海洋与渔业及环保等部门展开全面的海域使用现状调查。调查项目根据不同生产活动有所区别,总体包括用海面积、位置、时间及方式,生产活动的施工期、运营期及使用结束后采用的处理工艺、方式及可能对海洋生态环境产生影响的其他行为。

3.1.2　海洋生态环境质量现状调查

3.1.2.1　监测时间

生产活动实施之前。

3.1.2.2　监测站位

根据不同生产活动工艺特点及可能影响范围,根据如下原则合理布设站位:

(1)布设的站位应具有代表性。

(2)在监测范围内,以最少的测站所获取的监测数据能够满足监测的要求。

(3)尽可能结合使用历史资料。

(4)如果监测范围内存在生态敏感区,应适当增加生态敏感区的测站数。

3.1.2.3　监测项目

(1)水文:水温、盐度、潮流、流向、流速、波浪、潮位、悬浮物、泥沙冲淤、水深、气压、气温、降水、湿度、风速、风向、灾害性天气等。

(2)水质监测项目:pH、溶解氧、盐度、悬浮物、化学耗氧量、硝酸盐、亚硝酸盐、铵盐、磷酸盐、石油类、硫化物、铜、铅、镉、汞、砷、多环芳烃、阴离子洗涤剂。

(3)沉积物监测项目:含水率、有机碳、石油类、硫化物、铜、铅、锌、镉、汞、砷。

(4)生物调查项目:叶绿素 a、浮游植物、浮游动物、底栖生物、游泳动物、潮间带生物、粪大肠杆菌。

(5)生物质量:石油烃、铜、铅、锌、镉、汞、砷。

3.1.3 海洋生态环境质量后评估调查

3.1.3.1 监测时间

生产活动终止或结束后。

3.1.3.2 监测站位

根据不同生产活动工艺特点及可能影响范围,根据如下原则合理布设站位:

(1)布设的站位应具有代表性。

(2)在监测范围内,以最少的测站所获取的监测数据能够满足监测的要求。

(3)尽可能结合使用历史资料。

(4)如果监测范围内存在生态敏感区,应适当增加生态敏感区的测站数。

3.1.3.3 监测项目

(1)水文:水温、盐度、潮流、流向、流速、波浪、潮位、悬浮物、泥沙冲淤、水深、气压、气温、降水、湿度、风速、风向、灾害性天气等。

(2)水质监测项目:pH、溶解氧、盐度、悬浮物、化学耗氧量、硝酸盐、亚硝酸盐、铵盐、磷酸盐、石油类、硫化物、铜、铅、镉、汞、砷、多环芳烃、阴离子洗涤剂。

(3)沉积物监测项目:含水率、有机碳、石油类、硫化物、铜、铅、锌、镉、汞、砷。

(4)生物调查项目:叶绿素 a、浮游植物、浮游动物、底栖生物、游泳动物、潮间带生物、粪大肠杆菌。

(5)生物质量:石油烃、铜、铅、锌、镉、汞、砷。

3.2 跟踪监测

3.2.1 特征参数及监测项目确定

在进行跟踪监测前,应根据建设项目的规模、施工方式、生产工艺流程、施工期和运营期排放的污染物的种类、建设项目所处海域的自然环境特征等情况确定施工期和运营期跟踪监测的特征参数。

3.2.1.1 施工期

该时期跟踪监测的特征参数为项目施工排放的污染物,主要是悬浮物和油类等。

3.2.1.2 运营期

特征参数为项目生产运营所排放的主要污染物,其中:

(1)油气开采在平台建设期主要是悬浮物和油类,在营运期则主要是生活污水、含油废水、油类等。

(2)渔业生产主要是养殖及投放饵料所产生的对海水营养盐、COD 的影响。

(3)海洋工程主要是悬浮物和油类。

另外,对于明显改变岸线和海底地形的建设项目还应将水文动力要素(如海流、水深)作为跟踪监测的特征参数。对于建设项目附近海域存在生态敏感区的应将生物项目作为跟踪监测的特征参数。

3.2.2　实施方案

3.2.2.1　特征参数的监测频率

建设项目施工初期对特征参数进行高密度的跟踪监测。

3.2.2.2　监测范围

纵向:距离建设项目所处海域外缘两侧分别不小于 1 个潮程。

$$L = v \times 3\ 600 \times 6 \tag{1}$$

$$L = v \times 3\ 600 \times 12 \tag{2}$$

式中:L 为潮程,m;v 为一个潮周期内的平均流速,m/s。

式(1)适用于半日潮流海区,式(2)适用于全日潮流海区。

横向:距离建设项目所处海域外缘两侧(海岸建设项目为向海一侧)分别不小于 1 km。

实际监测范围还应参照项目的环评报告中预测的最大影响范围。

3.2.2.3　站位布设

1)断面布设

(1)水文监测项目:横向不少于 3 个断面,其中经过建设项目所处海域中心点为主断面,两侧分别不少于 1 个。

(2)水质监测项目:垂直于纵向设 3 ~5 个断面,其中经过建设项目所处海域中心点为主断面,其他断面在主断面两侧各设 1 ~2 个。

2)布设方案

(1)站位布设原则,可参考下述方法布设:

①布设的站位应具有代表性。

②在监测范围内,以最少的测站所获取的监测数据能够满足监测的要求。

③尽可能结合使用历史资料。

④如果监测范围内存在生态敏感区,应适当增加生态敏感区的测站数。

(2)水文监测项目站位布设:主断面上设连续测站 1 ~3 个,其他断面设连续测站 1 个,大面测站 1 ~3 个。其中,连续测站兼大面测站(下同)。站的间距不小于监测范围的 1/3。

(3)水质监测项目的站位布设:主断面上设连续测站 1 个,其他断面是否设连续测站视具体情况而定;每个断面设大面测站不少于 3 个。站的间距,应自建设项目所处海域中心点向外由密到疏。

(4)沉积物和生物监测项目的站位布设:可在每个水质断面中选取 1 ~3 个测站。

3.2.2.4　监测项目

首先,根据建设项目的规模、施工方式、施工和生产工艺、海域的自然环境特征、施工期和运营期排放的污染物种类等情况确定该建设项目施工期和运营期跟踪监测的重点项目。下述监测项目可根据具体情况适当增加或减少。

(1)水文监测项目:水色、透明度、悬浮物及根据建设项目所处海域的自然环境特征和建设项目的特点选定的特征参数。

(2)水质监测项目:铜、铅、镉、石油类以及根据建设项目所处海域的自然环境特征和建设项目各阶段排放的污染物特征选定的特征参数。

(3)沉积物监测项目:铜、铅、镉、石油类以及依据建设项目所处海域的自然环境特征和建设项目各阶段排放的污染物特征选定的特征参数。

(4)生物监测项目:叶绿素 a、浮游动物、浮游植物、底栖生物以及依据建设项目所处海域的自然环境特征和建设项目各阶段排放的污染物特征选定的特征参数。

3.2.2.5 监测时间与频率

(1)水文项目:建设项目施工开始后的大潮期和小潮期进行,施工期每个季节选择大、小潮各进行 1 次。施工结束后进行 1 次后评估监测,以后的跟踪监测视后评估监测结果而定。

(2)水质项目:施工期大于 1 年的建设项目至少在施工期内的每个潮汐年的丰水期、平水期和枯水期进行大、小潮期的监测。施工结束后进行 1 次后评估监测。施工初期,可根据工程规模、工程所处海域的自然环境状况、污染物排放量、污染物的复杂程度等情况,适当加大特征参数的监测频率。运营期至少在一个潮汐年的丰水期、平水期和枯水期进行 1 次大、小潮期的监测。以后可根据前几次的监测结果适当加大和减小监测频率。

(3)沉积物项目:沉积物项目在施工开始时进行 1 次,施工期每年监测 1 次,运营期每 2 年监测 1 次。对于明显改变海底地形的建设项目应适当加大监测频率。

(4)生物项目:可参照水质项目适当减小监测频率。对监测范围内存在生态敏感区的建设项目应加大生态敏感区内各测站的监测频率。

(5)特征污染物监测:如遇建设项目施工或生产的特殊情况(如施工进度加快等),须在这一段时期内加密监测对海洋环境主要产生影响的特征污染物。

3.3 管理意见及对策措施

3.3.1 油气开采

3.3.1.1 主管部门现场监管

海洋主管部门登临平台对油气开采活动进行全面调查和监管,内容包括:

(1)对环保设施进行“三同时”检查。

(2)钻井液体系是否为国家海洋局有关规定所认可的种类。建设期、运营期及废弃期所产生的泥浆、钻屑、机舱污水、生活污水、生活垃圾、生产污水、伴生气体以及固体废弃物等是否按照相关规定进行处理、处置和排放。

(3)是否具有完善的环境保护规章制度、相应的溢油应急设备和必要的溢油应急计划。

3.3.1.2 卫星遥感及定期巡视检查

及时更新油气开采设施所在海域的高、低分辨率监视监测卫星图片,获取海域使用状况,更新监管系统底图,核查有无污染及用海的疑点疑区,并及时制定应对措施。

加强油气开采设施所在海域的日常监视和检查工作,包括海监部门用海项目巡检查、海洋主管部门不定期地抽样检测等,发现问题应立即向相关部门报告处理。

3.3.2 渔业生产及海洋工程建设

3.3.2.1 现场监管

对渔业生产及海洋工程建设施工期和运营期,在规范施工方法、水环境污染防治措施及生态环境保护措施等方面的落实状况进行核查。渔业生产方面尤其要注重外来物种入侵的筛查。

3.3.2.2 卫星遥感及定期巡视检查

及时更新高、低分辨率监视监测卫星图片,获取工程使用海域使用状况,更新监管系统底图,核查有无污染及用海疑点疑区,并及时制定应对措施。

加强工程所在海域的日常监视和检查工作,包括相关主管部门用海项目巡检、海洋主管部门不定期地抽查等,发现问题应立即向相关部门报告处理。

第 6 章　黄河口及邻近海域生态系统压力调控模式与技术研究

生态调控技术是利用水生生物之间的生态关系，将水生生物数量控制在一定范围之内。这种技术可避免其他强力技术副作用和高成本，具有长期持久的自然力效果。黄河口及邻近海域生态系统压力调控模式与技术主要从黄河冲淡水调控、人为活动压力调控、排污口及增养殖区优化调控、重要物种保护技术等四种生态系统调控技术研究，来缓解甚至解除生态系统压力的负面影响，用自然的顺势力量来恢复遭到破坏的自然力生态系统，以求达到萎缩的渔业资源恢复的目标。

6.1　黄河调水调沙的工程优化模式及优化调控方案关键技术

本章主要是在明确黄河来水来沙对底栖生物群落和主要生物产卵场的影响的基础上，阐明黄河冲淡水资源对海洋生态的重要正面影响以及海洋生态对淡水资源的巨大需求，从而通过研究黄河调水调沙的工程优化模式技术，提出淡水资源对海洋生态系统的调控技术和方案。

6.1.1　黄河调水调沙对河口区生态系统的影响

6.1.1.1　黄河调水调沙对入海水沙的影响

1.黄河概况

黄河是中国的第二大河，发源于青藏高原巴颜喀拉山北麓约古宗列盆地，蜿蜒东流，穿越黄土高原及黄淮海大平原，注入渤海。干流全长 5 464 km，流域总面积 79.5 万 km^2。据地质演变历史的考证，黄河是一条相对年轻的河流。到距今 10 万至 1 万年间的晚更新世，黄河才逐步演变成为从河源到入海口上下贯通的大河。河源至内蒙古自治区托克托县的河口镇为上游，河道长 3 471.6 km，流域面积 42.8 万 km^2。黄河自河口镇至河南郑州市的桃花峪为中游，河道长 1 206.4 km，流域面积 34.4 万 km^2。黄河桃花峪至入海口为下游，流域面积 2.3 万 km^2，河道长 785.6 km，下游河道横贯华北平原，是世界上著名的“地上悬河”，成为淮河、海河水系的分水岭。黄河干流共设 20 个基本水文站，用以控制各区间水量变化。黄河流域干流基本水文站分布见图 6-1。

黄河流域年径流量主要由大气降水补给。因受大气环流的影响，降水量较少，而蒸发能力很强，黄河是我国第二大河，但天然年径流量仅占全国河川径流量的 2.1%，居全国七大江河的第四位，主要有以下年径流特性：黄河流域水资源的地区分布很不均匀，由南向北呈递减趋势；因受季风影响，黄河流域河川径流的季节性变化很大；黄河流域水资源年际变化也很悬殊（见图 6-2），花园口站多年平均天然年径流量 580 m^3，最大年径流可达

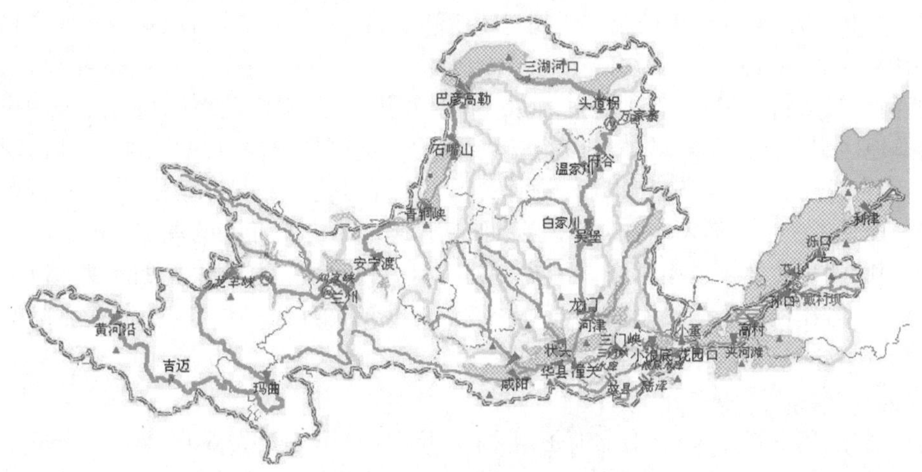

图 6-1　黄河流域干流基本水文站分布

938.66 亿 m³(1964 年 7 月至 1965 年 6 月),最小年径流仅 273.52 亿 m³(1928 年 7 月至 1929 年 6 月),最大与最小年径流的比值为 3.4;从多年的实测资料来分析,黄河流域年径流还存在连续枯水段持续时间长的特点。自 1919 年有实测资料以来,出现过两次连续 5 年以上的枯水段,即 1922～1932 年长达 11 年的枯水段和 1969～1974 年长达 6 年的枯水段;黄河挟带泥沙数量之多,居世界首位。平均每年输入黄河下游的泥沙达 16 亿 t,年平均含沙量 37.8 kg/m³,并且 60%的水量和 80%的泥沙都集中在汛期。

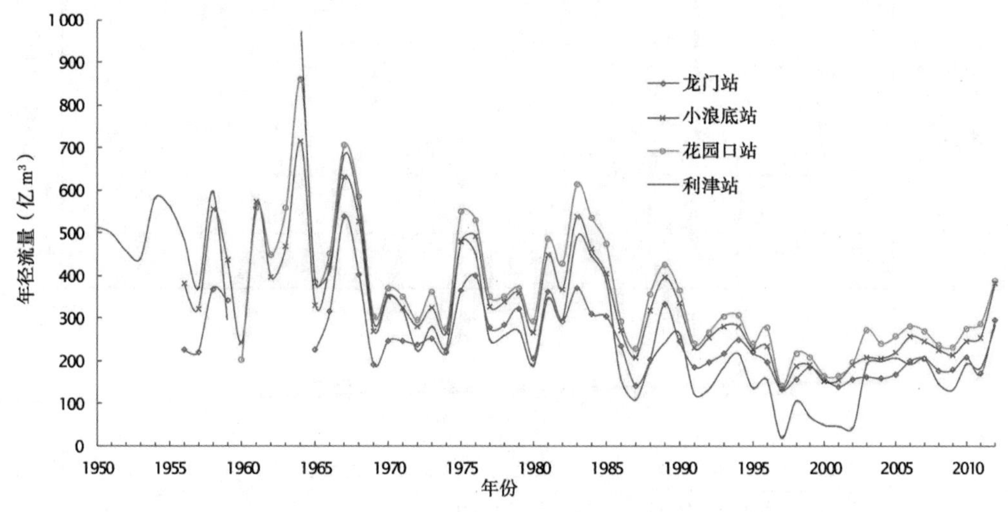

图 6-2　1950～2012 年黄河干流四站年径流量年际变化

2.黄河多年入海水沙特征

黄河利津站多年平均年径流量为 310.1 亿 m³,最大年径流量为 973.1 亿 m³(1964 年),最小年径流量为 18.61 亿 m³(1997 年)。中华人民共和国成立以来,黄河下游及河口曾出现 6 次丰水时段(1949～1950 年、1954～1955 年、1963～1964 年、1967～1968 年、1975～

1976 年、1983～1984 年），年径流量均超过了 500 亿 m³。同时也曾出现了四次连续枯水时段（1969～1974 年、1977～1980 年、1986～1990 年、1997～2002 年）。自 1986 年以来，黄河下游及河口来水持续偏枯，特别是进入 20 世纪 90 年代，随着沿黄地区社会经济的快速发展，沿黄地区引黄水量急剧增加，进入利津断面的水量更是偏少，1997 年利津站出现了长达 226 d 的断流现象。1999 年以后，黄河实行了水资源统一调度管理和 2002 年开始的调水调沙，保证了黄河下游不断流，但是来水偏枯仍是一个客观存在的现实。

黄河的泥沙主要来自中游河口镇至潼关区间，来沙量占全流域总量的 90% 以上。在时空分布上有比径流更为集中的特点。一年中 85% 的泥沙来自汛期，输沙量年际变化也很大。利津站多年平均年输沙量为 7.46 亿 t，最大年输沙量为 21.0 亿 t（1958 年），最小年输沙量为 0.164 亿 t（1997 年）。

纵观有观测资料以来黄河河口的实际来水情况（见图 6-3，表 6-1），20 世纪 90 年代是黄河河口最为不利的时段，不仅来水来沙偏少，用水量增加，而且断流严重，严重影响了沿黄社会经济的持续发展，严重破坏了沿黄地区特别是黄河口三角洲生态自然环境。为限制超计划用水需求，促进水资源的有效利用，缓解黄河水资源供需矛盾，1999 年黄河水资源实行统一调度，黄河终于遏制住了持续 27 年的河口断流现象，以黄河水资源的可持续利用支撑沿黄及河口经济社会的可持续发展。为恢复黄河的健康新生命，2002 年后黄河实施调水调沙，河口入海水量逐渐增加。

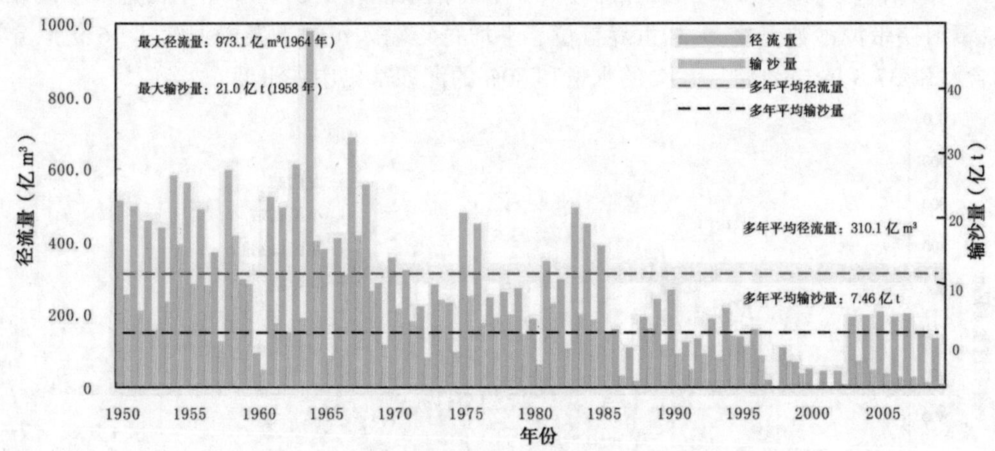

图 6-3　黄河利津站逐年径流量、输沙量变化

表 6-1　黄河山东利津站历年径流量、输沙量统计

时段	径流量（亿 m³）	占多年（%）	输沙量（亿 t）	占多年（%）
1950～1959 年	4 291	144	120.0	168
1960～1969 年	5 012	168	108.9	150
1970～1979 年	3 112	102	89.81	126
1980～1989 年	2 860	96	63.86	90
1990～1999 年	1 407	48	38.99	54
2000～2009 年	1 409	48	13.44	18

3.黄河调水调沙对入海水沙的影响

黄河调水调沙目标:利用小浪底水库调水调沙,减缓黄河下游河道淤积,能够在较长的时期内稳定黄河的现行河道,实现河床不抬高。基本原则:根据黄河下游河道的输沙能力,利用水库的调节库容,有计划地控制水库的蓄、泄水时间和数量,调整天然水沙过程,使不平衡的水沙过程尽可能协调。

1)2002 年黄河首次调水调沙试验

黄河下游河道净冲刷量为 0.362 亿 t,其中艾山以上冲刷 0.137 亿 t,艾山至河口河段冲刷 0.225 亿 t。下游河槽全程发生明显冲刷,主槽沿程冲刷 1.063 亿 t,滩地淤积 0.701 亿 t。其中,高村以上主槽冲刷 0.592 亿 t, 平均冲深 0.19 m;高村以下主槽冲刷 0.471 亿 t,平均冲深 0.15 m。下游平滩流量均有一定程度的增加,以漫滩最为严重的夹河滩至孙口河段平滩流量增大幅度最大,平均增加 300~500 m^3/s,夹河滩以上河段增加 240~300 m^3/s,孙口至利津河段增加 80~90 m^3/s,利津以下试验过后流路归顺,平滩流量平均增大约 200 m^3,见图 6-4。

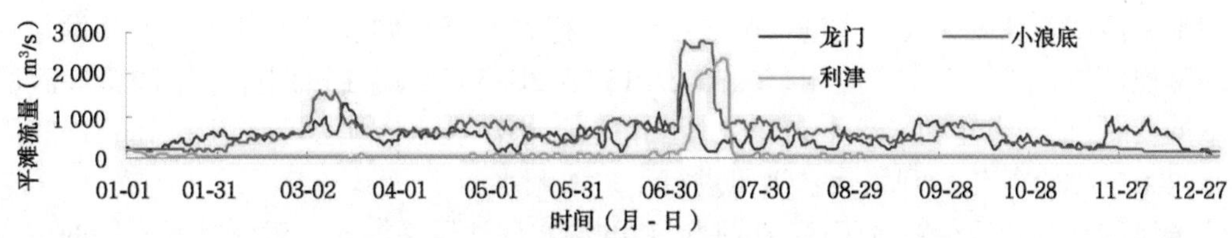

图 6-4　2002 年黄河首次调水调沙试验行水过程

2)2003 年黄河第二次调水调沙试验

9 月 17 日小浪底水库浑水层已经全部泄完,坝前淤积面降低至 179 m 左右,9 月 18 日小浪底出库含沙量只有 7 kg/m^3,达到了小浪底水库尽量多排泥沙的预定目标。下游河道总冲刷量 0.456 亿 t,全河段基本上发生了冲刷,达到了下游河道减淤的目的。下游主要测验断面同流量水位降低,主槽过洪能力增加,调水调沙试验前后同流量 2 500 m^3/s 时降低 0.1~0.3 m。主槽过洪能力(平滩流量)均有不同程度增加,增幅一般在 100~400 m^3/s,见图 6-5。

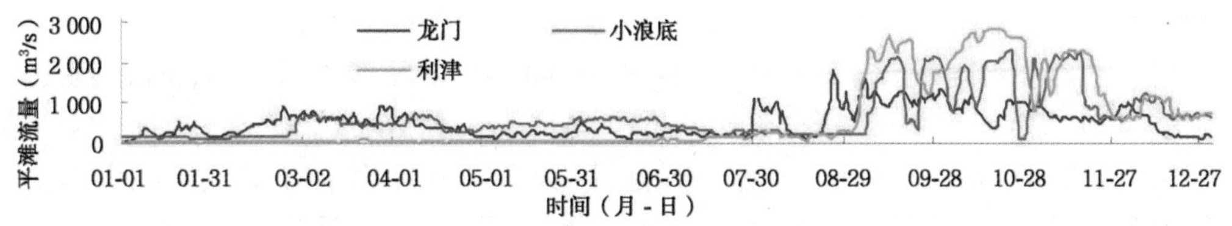

图 6-5　2003 年黄河第二次调水调沙试验行水过程

3)2004 年黄河第三次调水调沙试验

小浪底水库出库沙量 0.057 2 亿 t,利津站输沙量 0.711 3 亿 t,小浪底至利津河段冲刷 0.654 1 亿 t,各河段均发生冲刷,主槽过洪能力进一步提高。对黄河水库、河道水沙运动规律的认识进一步深化,本次试验中在水库群水沙调度、异重流运行状态、人工扰动泥沙的效果等方面取得了大量原始数据，为以后多方面研究运用黄河水沙运行规律提供了丰富的基础资料。2004 年黄河第三次调水调沙试验行水过程见图 6-6。

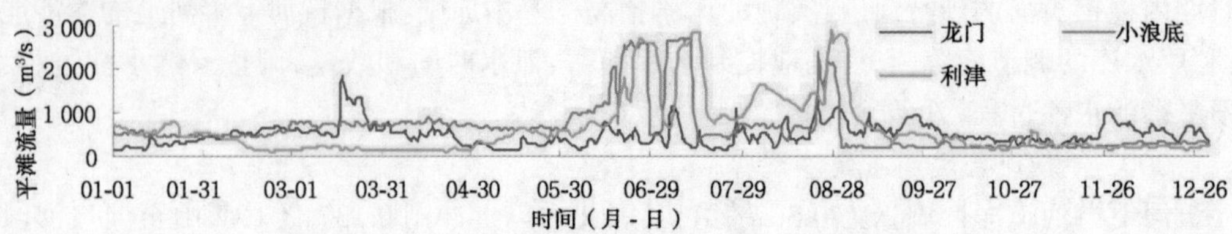

图 6-6　2004 年黄河第三次调水调沙试验行水过程

从 2002 年起，黄河已连续进行了 3 次调水调沙试验，实现了黄河下游河道全线冲刷，把 2.6 亿 t 泥沙送入大海，使黄河下游河道过流能力提高近 1 000 亿 m^3/s。

4）2005 年后黄河转入调水调沙生产运行

2005 年 6 月 16 日，黄河小浪底水库首次正式调水调沙开始。这是小浪底水库连续 3 年调水调沙试验后第一次正式进行调水调沙，这标志着调水调沙作为黄河治理开发与管理的常规措施正式转入生产应用。2006～2013 年，小浪底水库在汛期前腾空防汛库容的防汛调度时机，于每年的 6 月下旬至 7 月上旬进行小浪底水库调水调沙生产运行。其中 2005、2007、2010 等年份利用伏秋洪汛进行了多次调水调沙，见图 6-7。

黄河调水调沙运行践行了已经试验成功的调水调沙运用模式。黄河已经开展的三次调水调沙试验，水沙条件各不相同，目标及其采用措施也不相同，但基本涵盖了黄河调水调沙的不同类型，为以后调水调沙由试验转向生产实践提供了坚实基础。首次试验是针对小浪底上游中小洪水进行的，将不协调的水沙关系由小浪底水库调节为协调的水沙关系进入下游河道；第二次试验是针对小浪底上游浑水和小浪底以下清水，通过以小浪底、陆浑、故县水库水沙联合调度，在花园口实现协调水沙的空间“对接”，以清水和浑水掺混后形成“和谐”关系的水沙过程在下游河道演进；第三次试验黄河干流没有发生洪水，主要依靠水库上年汛末蓄水，通过调度万家寨、三门峡、小浪底水库，在小浪底库区塑造人工异重流，并辅以库区淤积三角洲和下游卡口处人工扰沙措施，使水库弃水变为输沙水流，以水库泄水加载异重流泥沙和河床扰动泥沙入海黄河调水调沙运行基本在此试验的调水调沙模式进行。

黄河 12 年调水调沙运行显著扩大了主槽过洪能力，2002 年 7 月，黄河首次调水调沙试验前，黄河下游河道主河槽过流能力只有 1 800 m^3/s，到 2012 年黄河下游河道主河槽过流能力已增加至 4 200 m^3/s。调水调沙是维持黄河健康生命最有效的措施，黄河治理的终极目标是维持黄河健康生命。由于近十几年黄河下游河道萎缩严重，主槽过洪能力日渐衰减，而通过调水调沙塑造“和谐”的流量、含沙量和泥沙颗粒级配的水沙过程，则可以遏制黄河下游河道形态持续恶化的趋势，进而逐渐使其恢复健康生命形态，并最终得以良性维持。

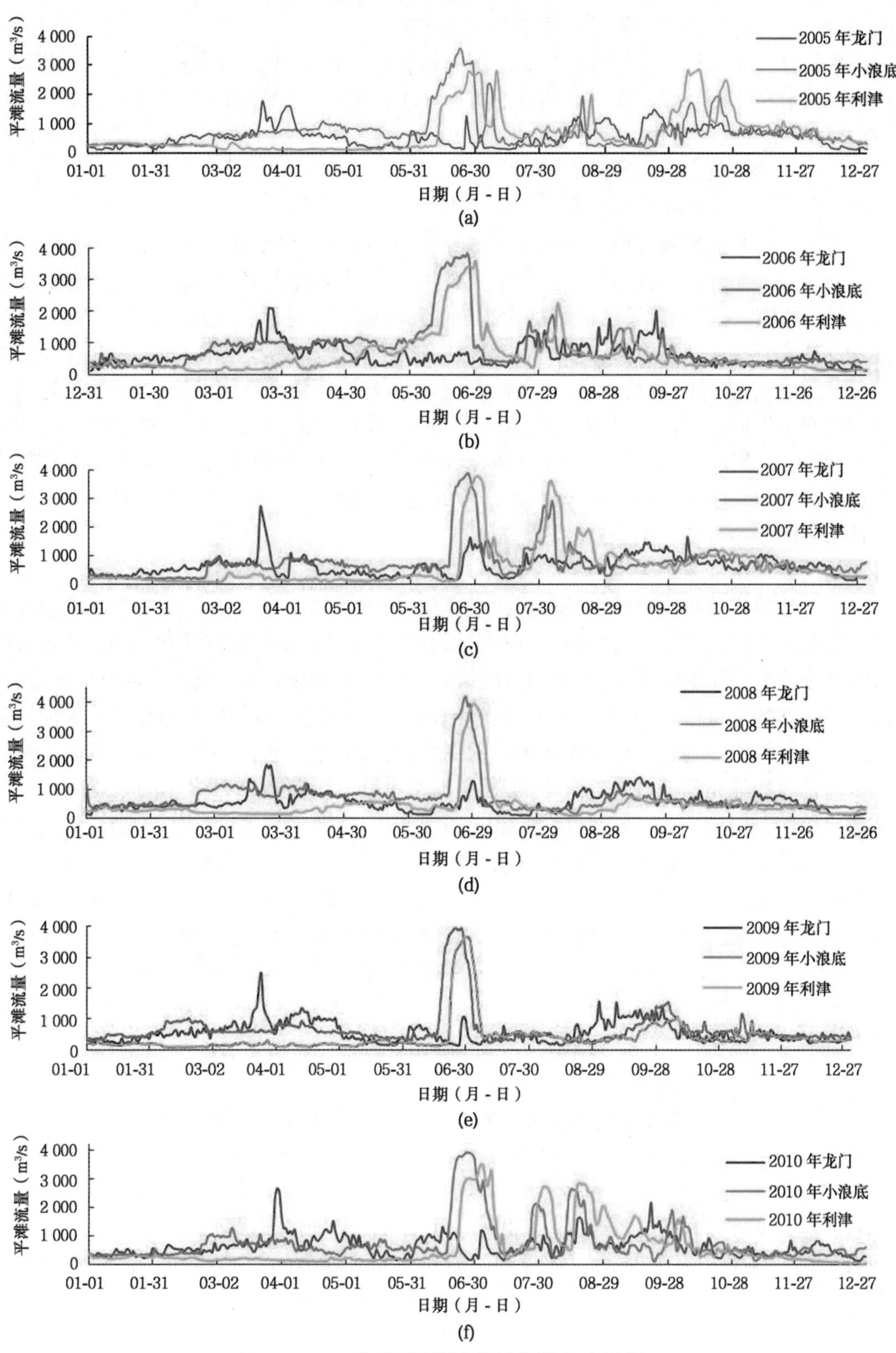

图 6-7 2005 年后黄河转入调水调沙生产运行

6.1.1.2 河口海洋生物对黄河入海冲淡水的需求

河流冲淡水对近岸盐度时空分布的影响是最直接的，盐度是海水中重要的物理因子，同时也是分析水团、跃层、锋面等物理现象的基本要素；它也是海洋生态系统中重要的环境因子，海水的盐度直接影响着海洋生物的生长、繁殖等各个过程。下面着重介绍黄河冲淡水对海洋藻类及水生动物的影响。

1.冲淡水对浮游植物的影响

浮游植物是一类具有色素或色素体，能进行光合作用，并制造有机物的自养性浮游生物。浮游植物作为海洋食物链的初级生产者，吸收海水中的营养物质，通过光能合成有机质，是海洋中将无机元素转变成有机能量的主要载体。浮游植物是海洋动物尤其是海洋生物幼体的直接或间接饵料，是海洋食物链的基础，在海洋渔业上具有重要意义。浮游植物的种类与数量分布，除与水温、海水盐度、水动力环境等物理性因子密切相关外，还明显受到海水中营养盐含量水平等化学因子的制约。有些浮游植物具有富集污染物质的能力，可作为污染的指示生物，在海洋环境评价研究中具有一定的意义。过量的浮游植物对海洋生态环境具有极大的破坏作用，海洋中的赤潮现象，绝大多数是由浮游植物暴发性繁殖所引起的。

1）冲淡水对硅藻的影响

硅藻是组成黄河口海域浮游植物的主要种类，黄河口海域夏季出现的浮游植物种类数明显多于春季。浮游植物的数量分布和季节变化与水域中被其直接利用的营养盐浓度分布和变化有密切的关系，渤海诸河口区来自河川的营养盐类的补充比非河口区大，河口区营养盐类的大量增加，促进了浮游植物的繁殖，经常成为浮游植物的密集区。黄河口附近海域浮游植物细胞数量状况正体现了这一特征，8 月黄河处于丰水期，大量黄河水挟带丰富的营养盐补充到河口附近海域，造成了浮游植物的大量繁殖。多年的水质同步监测结果也表明，8 月调查海域表层海水 SiO_3-Si 和 PO_4-P 的平均浓度均高于 5 月，这可能是导致 8 月浮游植物大量繁殖并且数量高于 5 月的重要因素。经相关性分析，多数航次的浮游植物细胞数量与表层海水中 SiO_3-Si 和 PO_4-P 浓度呈显著的正相关性（$P<0.05$），但与海水表层水温、盐度、溶解氧、无机氮和浮游动物的个体数量的相关性不显著，表明 SiO_3-Si 和 PO_4-P 是影响黄河口附近海域浮游植物细胞数量的重要因子。黄河口附近海域浮游植物在细胞数量组成上，硅藻占绝对优势，这也与历次调查与研究结果基本一致，符合渤海浮游植物种类以硅藻数量组成为主的特征。

2）冲淡水对微藻的影响

冲淡水影响海水盐度的变化，盐度变化对微藻的影响是多方面的，它不仅影响微藻的生长，而且影响微藻细胞内脂肪的积累。

为了获得高生物量和高油脂含量的海洋产能微藻，研究了盐度对盐藻生物量和脂肪积累的影响，以期为海洋微藻生物质能源的研究与开发提供理论依据。韦芳三等（2011）的研究表明，盐度变化对盐藻生物量和脂肪积累均有显著的影响：盐度 20～100 的范围内，盐藻均能正常生长，且在盐度 40 时，能够获得最高生物量和最高的脂肪含量，分别达到 1.19 g/L 和 33.84%。据此可以推断出，冲淡水不利于盐藻生物量和脂肪的积累，对盐藻的生长产生不利影响。但有试验结果显示，牟氏角毛藻细胞生长的适宜盐度范围是

18.5~23.5,最适宜的盐度为 21.0,低盐度下藻细胞生长缓慢,达到稳定期的时间长;高盐度下藻细胞生长较快,生长周期较短(张平,2008),可见冲淡水能够促进牟氏角毛藻细胞的生长。盐度对绿色巴夫藻生长无影响,盐度 25 最适合等鞭金藻 3011 的生长(华雪铭,1998)。可见,冲淡水对藻类的影响因藻种的不同而不同。

2.冲淡水对水生动物的影响

盐度是反映水中无机离子含量的指标,水生动物对环境的适应一般围绕其等渗点进行渗透压调节,而渗透压调节是一需要耗费能量的生理过程。

1)冲淡水对浮游动物的影响

浮游动物是一类运动能力微弱、只能随波逐流而且自己不能制造有机物的异养性生物。它们是海洋中的次级生产力,对海洋中的物质循环和能量流动起着重要的调控作用。浮游动物数量大、分布广、种类组成复杂,包括了无脊椎动物的大部分门类,从原生动物到尾索动物几乎都有其代表。浮游动物中还包括一些阶段性浮游动物,如许多底栖动物的浮游幼虫以及鱼卵、仔稚鱼等。浮游动物是大多数渔业生物的饵料基础,在海洋食物链中占有重要一环,其生物量和生产力的大小通常影响着渔业资源的波动。另外,有些浮游动物,例如毛虾和海蜇,本身就是可供食用的捕捞对象。同时,浮游动物随波逐流的特性决定了它与海洋环境的密切依存关系,许多种类可以作为海流、水团的指示种,浮游动物多样性还可以作为海洋气候变化的指标。

2)对休眠卵的影响

褶皱臂尾轮虫 *Brachionus plicatilis* 被认为是广泛分布于内陆和沿海咸水水体的单一物种(Walker K F,1981),包括 S 型和 L 型两种类型。目前,相关的研究基本集中在食物密度对休眠卵大小的影响上(Kirk K L,1997;Sarma S S S,1987;Walz N,1991;胡好远,2002;耿红,2003),而关于轮虫休眠卵的体积随周围环境的变化而发生改变的研究未见报道。王珊等(王珊,2012)在新分类标准的基础上,研究了不同盐度对褶皱臂尾轮虫复合类群中 3 种同胞物种轮虫 *Brachionus plicatilis Müller*、*B. plicatilis Yamamoto* 和 B. *rotundiformis Tschugunoff* 休眠卵体积变化的影响,结果发现最大的平均休眠卵体积出现在低温、低盐(15 ℃、5)条件下,而在此条件下 Bm 和 By 休眠卵的体积偏大。由此可以推断,冲淡水使得盐度降低,进而使得轮虫的休眠卵体积偏大。Serrano L et al(1989)研究了不同盐度条件下轮虫休眠卵的变化,结果表明,在极端的盐度条件下,褶皱臂尾轮虫的休眠卵体积会较大。由此可以推断,冲淡水使得盐度降低,进而对轮虫的休眠卵体积产生影响。

3)对呼吸代谢的影响

耗氧率和窒息点是水生动物代谢强度和呼吸机能的重要标志。冲淡水对水生动物耗氧率和窒息率的影响可能因物种的种类、试验方法不同而不同。有研究表明,盐度变化对海洋浮游动物呼吸代谢的影响大致有三种情况。第一种情况是两者成反比,如陈丽华等(2001)对真刺唇角水蚤和太平洋纺锤水蚤的测定表明,两种桡足类的耗氧率均随盐度的上升而下降;Lance 等(1996)发现,汤氏纺锤水蚤的耗氧率随盐度的降低而增加。第二种情况是两者成正比,如 Marshall 等(1958)研究发现,飞马哲水蚤的耗氧率随盐度的下降而下降。第三种情况是耗氧率随盐度的升高而升高,达到峰值后再下降,如桂远明等(1988)研究发现,蒙古裸腹溞的个体耗氧量在盐度 20 时最高,20 以下时随盐度的升高而升高,20 以上时则随盐度的升高而降低。刘青(1999)的试验结果表明,盐度为15时,近亲真宽水蚤的耗氧率最高,窒息点最低,表明盐度为15是近亲真宽水蚤最适的生活盐度,也是近亲真宽水蚤渗透调节的最适盐度;而盐度为35~40时,虽然近亲真宽水蚤的耗氧率没有变化,但窒息点却急剧上升,表明在较高盐度下,近亲真宽水蚤的呼吸强度明显受到了抑制。

3.冲淡水对游泳生物的影响

1)对鱼类生长的影响

冲淡水较海水盐度低,盐度变化是影响海水鱼类生存、生长的重要环境因子,也是海水鱼类种苗培育所需要的关键因子之一(Chen S B,2004),不同鱼类对盐度的适应范围有较大差异。

海水盐度与水温一样是直接影响鱼类胚胎发育的主要因素(张培军,1999)。盐度变化对斜带石斑鱼受精卵孵化的影响最大的是孵化周期,其次是培育周期,而对孵化率的影响并不十分显著,随着盐度的增加培育周期和孵化周期都有逐渐缩短的趋势(张海发,2006)。从受精卵的培育周期、孵化周期、孵化率和畸形率来看,斜带石斑鱼受精卵孵化的适宜盐度是15~45,而最适盐度是20~30,在10~35盐度范围内,仔鱼活力都较理想(张海发,2006)。冲淡水盐度低,对斜带石斑鱼的生殖发育产生有利影响。但有文献报道,高体鰤受精卵孵化的最适盐度为32~35(陈昌生,1997);真鲷为30~33(王涵生,2002);赤点石斑鱼的适宜盐度为24~38,最适盐度为27~35(王涵生、方琼珊,2002),低盐度的冲淡水不利于上述鱼类的生长。与以上文献报道的几种海水鱼类相比,斜带石斑鱼受精卵孵化的适盐范围较宽且对低盐度适应能力较强。为此,冲淡水对鱼类的生长可能与鱼类的种类有关。

2)对鱼类耗氧率和排氨率的影响

John等(1997)研究发现,莫桑比克罗非鱼(Mozambique tilapia)耗氧率随盐度的升高而下降;丁彦文和李加儿(2000)报道了1.0~2.5 g平鲷(Rhabdosargus sarba)的耗氧率随着海水盐度的增加而降低;王广军等(2005)发现,日本鳗鲡(Anguilla japonica)仔鱼在低盐度环境下耗氧率较高,随着盐度的升高,其耗氧率逐渐降低。因此推断,冲淡水会使鱼类的耗氧率升高。有些研究学者发现,鱼类因盐度变化而引起的呼吸代谢变化与调节渗透压耗能并不一致(Fang L S, 1982; Farmer G J, 1969; FurspAN P, 1984; Nordhe F G, 1978)。闫茂仓等(2008)的研究表明,盐度为15~25时,条石鲷幼鱼耗氧率随着盐度的增加而升高,并在盐度25时达到峰值,然后逐步下降。这可能是因为渗透压调节耗能并不能与因盐度引起的代谢变化相吻合,只能占代谢耗能的较小部分,而用于生长活动代谢的能量消耗占主导地位;同时也可能与鱼类的种类有关,狭盐性鱼类因盐度的改变而引起的渗透压调节耗能变化幅度相对较大,雷思佳(Lei S J,2002)对台湾红罗非鱼(Oreochromis niloticus×Oreochromis mossambicus)的研究也证实了耗氧率随盐度的变化不能完全与渗透压调节耗能相吻合,与渗透压调节耗能占代谢率的比例有关。

3)对鱼类抗氧化酶活性的影响

环境条件(如水温、盐度、溶解氧等)可引起鱼体抗氧化酶活性的变化。冲淡水使得海水盐度降低,对鱼类体内的抗氧化酶具有显著的诱导作用。研究表明,鲈鱼由自然海水(盐度37)缓慢过渡至盐度为5的水体中,12 h后其血液中超氧化物歧化酶(SOD)比活力显著升高(Helene R,1996)。王晓杰等(2005)对许氏平鲉的研究表明,许氏平鲉血液中超氧化物歧化酶(SOD)、过氧化氢酶(CAT)的比活力随海水盐度降低呈逐渐上升趋势,可能是长期的低盐胁迫导致鱼体内产生大量活性氧自由基,诱导了抗氧化酶比活力的升高。因为当盐度低于 23 时,军曹鱼幼鱼的耗氧率会显著增加(陈刚,2005),产生的过多活性氧自由基,而抗氧化酶活力升高有助于清除这些氧自由基,保护体内细胞免受氧化损伤,即抗氧化酶活力随代谢率和耗氧率的增加而升高(Filho D W,1996),这可能是低盐度下军曹鱼肌肉中 SOD、CAT 和 GPX 比活力上升的主要原因。

4.冲淡水对底栖生物的影响

海洋底栖生物是栖息在潮间带、浅海及深海海底的生物,它是海洋生物中种类最多的一个生态类群,包括了大多数海洋动物门类、大型海藻和海洋种子植物。海洋底栖生物按营养方式可划分为海洋底栖植物与海洋底栖动物。其中,底栖植物种数较少,底栖动物种类繁多、组成多样。海洋底栖动物是海洋生物中种类最多、生态关系最复杂的类群,在海洋生态系统能量流动和物质循环中有举足轻重的作用,大型底栖动物在海洋生态系统中属于消费者亚系统,是该生态系统中物质循环、能量流动中积极的消费和转移者。

1)对贝类生长的影响

温度和盐度是最重要的海洋生态因子, 对一些双壳贝类的单一和组合影响, 已进行了较多的研究(Doroudi M S, 1999;Lough R G, 1976;Tettelbach S T,1980;林笔水,1984;何义朝,1990), 但尚未见到有关对栉孔扇贝胚胎和幼虫影响的研究报道。梁玉波等(2008)的研究结果表明,盐度是影响栉孔扇贝生长的主要因素, 栉孔扇贝胚胎发育适宜盐度为 27.5~32.5,最佳盐度为 30.0~32.5,幼虫培育适宜盐度为 27.0~39.0,最佳盐度为 27.0~32.0,这主要是因为栉孔扇贝属于广温狭盐双壳类, 对温度适应性较宽, 而对盐度适应性较窄。冲淡水盐度降低可能会对栉孔扇贝胚胎发育及幼虫的生长产生不利的影响。而对于狭温广盐双壳贝类, 如海湾扇贝(Tettelbach S T,1980)和天翼蛤(Gustafson R G,1991), 温度是其幼虫生长的主要限制因子,可推断冲淡水对其幼虫的生长影响不大。

2)对滤水率和摄食率的影响

对栉孔扇贝滤水率的研究是贝类基础生理生态学研究的重要内容,也是贝类能量学研究中的重要的基本参数。贝类是变渗透压动物,在不同盐度环境下生长的贝类,其渗透压是不同的,和其他广盐性水生生物一样要消耗大量的能量用于维持渗透压调节机制(陈政强,2000)。不适的盐度影响贝类的附着力,影响鳃纤毛的运动及心脏的跳动等(王如才,1993),说明渗透压机制的维持要消耗生物能量,影响能量的分配。冲淡水引起的盐度的变化会在一定程度上影响贝类的滤水率和摄食率。

杜美荣等(2009)的研究结果表明,栉孔扇贝稚贝的滤水率在试验设定的盐度范围内呈抛物线变化,盐度为 27.8 时滤水率达到最大值。这与有关蛤仔成贝(40.70~44.80 mm)的摄食率在盐度 25 时达到最大(吴桂汉,2002)和 Kyoung(2007)关于魁蚶稚贝的滤水率随着盐度的升高是增大的,在盐度 40 时有最大的滤水率结果相一致,而与盐度影响缢蛏摄食的结果不同,盐度在 6~30 时,随着盐度的升高,缢蛏的滤水率亦逐渐增加(潘鲁青,2002)。为此推断,冲淡水对贝类滤水率及摄食率的影响可能与冲淡水引起的海水盐度变化幅度有关。

5.黄河入海冲淡水形成了著名的黄河口产卵场与仔稚鱼栖息地

产卵场(产卵渔场),是指鱼类和虾类等群集生殖的水域。亲体在性成熟后,按其遗传特性和生理要求,在生殖季节,常选择自然环境和水文状况适合排卵、受精、孵化和幼体成长的水域进行产卵的场所。海洋生物产卵的时间不统一,从春季到冬季都有生物产卵的报道,但大多数温带海洋生物在水温较为温暖的夏秋季节进行繁殖。

产卵场形成分布的决定因素可以概括为非生物因素和生物因素两个方面。非生物因素又可分为物理因素(海流、水深、光照、温度、透明度等)、化学因素(有机质、营养盐、重金属等)和地理因素(掩埋作用、底质改变等),生物因素包括主要生物因素(饵料生物的种类与数量)和次要生物因素(用于卵附着与仔稚体隐蔽的大型藻类生长分布、捕食生物等)(周学家等,2001,有改动)。产卵场的形成是综合了各种因素的最优选择,其形成需要漫长的时间,种群中的一代代个体本能地在此发育、繁殖。在不利环境中,鱼类可能会推迟产卵时间,甚至直接在体内将卵吸收而不产卵。因此,一旦某处产卵场遭到破坏,会对在该区域内繁殖和育幼的生物造成重大影响。

黄河口是海陆交汇的地带,海洋生物丰富,是海洋生态系统中富有生产力的海域。黄河口也是鱼、虾等产卵、洄游、索饵、育幼和贝类栖息、繁衍的重要场所(孙雪梅,2012)。黄、渤海渔业资源群系的主要种类具有低盐河口近岸产卵的特性,渤海区特别是黄河冲淡水的堆积区,水质肥沃,构成了黄、渤海区渔业资源生物最重要的产卵场和育肥场。约有39种鱼类在黄河口海域产卵(杨纪明,1995;Yang J M, 1993),并且大多数为洄游性鱼类。黄河口海域鱼卵、仔稚鱼的种类和数量将影响整个黄渤海海域鱼类资源的补充(朱鑫华,2001)。

黄河调水调沙试验是人类治黄史上开展的大规模、系统的、有计划的调水调沙试验,通过水库联合调度、泥沙扰动和引水控制等手段,把不同来源区、不同量级、不同泥沙颗粒级配的不平衡的水沙关系塑造成协调的水沙过程,从而实现下游河道的减淤甚至全线冲刷(水利部黄河水利委员会,2003)。通过调水调沙工程,黄河断流现象消失,河岸地下水位得到抬升(范晓梅,2009),三角洲湿地急剧萎缩现象得到遏制(郝付勤,2006),河口水体盐度过高现象也得以缓解,调水调沙为水生生物生存与越冬等提供了必要的栖息和生存空间(张爱静,2013)。

海水盐度变化对海洋生物的影响主要表现在渗透压和比重上的作用,有关盐度变化对微藻脂类组成的影响只在少数藻类中做过研究报道,因此研究资料非常缺乏。海洋藻类是海洋生态系统的主要初级生产者,在海洋生态系统的物质循环和能量流动中起着重要作用,为此加强冲淡水引起的盐度变化对海洋藻类的研究显得极为重要。另外,今后应加强冲淡水对海洋生物的作用机制的研究。

6.1.1.3 黄河入海水沙量变化对河口海洋生态系统的影响

1.黄河口渔业资源群系对黄河春季入海淡水的重大需求

(1)历史上充足的黄河口春季入海水量为各种海洋生物提供了适宜的生存环境,孕育了丰富的生物资源,成为大量经济生物的产卵场、索饵场和育幼场。黄、渤海入海河流众多,渔业资源群系的主要种类具有低盐河口近岸产卵的特性(卞晓东,2010;赵传絪,1990;陈大刚,1991;刘效舜,1990),渤海区特别是黄河冲淡水的堆积区,水质肥沃构成了黄、渤海区渔业资源生物最重要的产卵场和育肥场。黄河口海域已观测到约有39种鱼类在黄河口海域产卵(卞晓东,2010;杨纪明,1995;Yang J M,1993),并且大多数为洄游性鱼类。产卵期主要在升温季节,5 月平均水温上升到 15.5 ℃以上时,一些鱼类便开始产卵,随着水温的上升,产卵种类增加,8 月种类最多,并且有超过 40 种的幼鱼在此育肥。黄河口海域鱼卵、仔稚鱼的种类和数量取决于整个黄渤海水域的渔业资源状况,同时它将影响整个黄渤海海域鱼类资源的补充(卞晓东,2010;朱鑫华,2001)。

河口海域的高生产力蕴育了大量的生物有机体,为鱼类幼体的生长育肥提供了丰足的食物;低盐水使生活在该水域的广盐性鱼类用于渗透调节的能量降低,这对鱼类幼体存活意义重大(Potter I C,1990);季节性存在的跃层如坚实的"底"面,表层淡水很难向下层混合,跃层下面的水层维持一定的高盐度,流速远远低于表层,成为一些在河口栖息的底层鱼类的庇护所(Potter I C,1999)。上述有利条件使许多鱼类以其幼体阶段为代表生活在这一生态系统中,从而使世界范围内的河口海区成为大量海洋鱼类重要的产卵、育幼场,孕育着种类不断更替的鱼类资源(Faria A,2006;Bonecker A C T,2007;Strydom N A,2003)。

(2)渤海中国对虾等重要物种产卵、育肥季的低盐淡水生境属性。

①中国对虾的生物学特性。

对虾是中国北方的主要渔业资源,渤海是对虾交尾产卵、索饵生长的主要场所,其产量占全国对虾的 80%。每年 6~7 月,幼虾在渤海各海湾和在 5 m 水深以内咸淡水交汇低盐高温区(盐度为 22~28,温度为 26~28 ℃)觅食,7 月底长成 8~10 cm 开始向深水高盐(30~31)低温(20~23 ℃)区洄游,8~9 月到达渤海深水区域及黄海形成渔场(刘永昌,1986)。翌年 3 月洄游到产卵场。

对虾产卵场集中分布在河口附近海区有河水注入的地方(邓景耀,1980)。水深在 10 m 以下,软泥底质,透明度很小,多在 1 m 以下,尤其是在大风过后,风浪搅起海底沉积物海水呈泥黄色,极其浑浊。整个产卵期间,底层温度为 13~23 ℃。产卵盛期水温为 13~18 ℃,产卵场底层盐度为 23~30,60 年代调查渤海湾产卵场对虾开始产卵的时间最早为 5 月 2 日,最迟为 5 月 18 日。整个产卵期持续时间较长,一个月左右。对虾选择河口附近海区产卵,但卵子一定要在盐度较高的海水中孵化变态,幼体分布的最低盐度为 17.90;仔虾有溯河习性,可以上溯到离河口 50 余 km 的地方,所见仔虾的最低盐度为 0.86。

②黄河口刀鱼的生物学特性(郭成秀,2009)。

黄河口刀鱼为洄游性鱼类,于每年早春进入渤海湾,清明前到达黄河口附近作短期停留, 就地摄食,清明前后入河口上溯,大部分进入东平湖,少数上溯至开封附近。黄河口刀鱼上溯期间是停止摄食的,入东平湖后,又重新摄食。至 6 月初(芒种前后)产卵,等卵孵化为幼鱼后,又顺着黄河来到入海口,在渤海生长和越冬。除食浮游动物外,还开始吃昆虫幼虫、小虾、糠虾、鱼苗等。当体长达到 120 mm 以上时,吃小型鱼虾的比例越来越大,成鱼则完全以小鱼、虾等为食。繁殖习性:黄河口刀鱼的性腺在洄游途中逐渐发育成熟,繁殖期为 4~10 月。1~2 龄达性成熟,属一次性产卵鱼,怀卵量一般在 3 万~ 4 万粒。成熟卵粒具有油球,受精卵粒漂浮于上层水体孵化发育。

③黄河口梭鱼生物学特性(李明德,1993)。

梭鱼属于鲻形目鲻科梭鱼属,主要分布于中国、日本和朝鲜半岛沿海,是温热带浅海区重要的经济鱼类之一。渤海雌梭鱼 4 龄性成熟,产卵期渤海梭鱼在 5~6 月,绝对生殖力为 22.6 万~31.1 万粒。渤海中的梭鱼中心产卵场环境条件是水深 1~10 m,底质泥或软泥,pH 为 8.04~8.3,水温为 15~22°C,盐度在海区是 27~29,在河流是 22 左右,产卵主要生态条件是潮流,不论大潮、中潮、小潮均能产卵。李文志(1982)还观察到亲梭在池塘自然繁殖,还发现在内陆淡水与低盐咸淡水并存的水库内梭鱼生长良好,而置于盐度为 0.4以下一些水域内的梭鱼会出现死亡,但仍然有一定数量的存活个体,从经济效益的角度分析,梭鱼移植盐度 1 以上的水域较为合适。

另外,半滑舌鳎、贝类、底栖生物春季幼体繁殖、生长都需要低盐淡水环境,不一一论述。

2.人类活动导致黄河春季入海水量锐减

(1)历史上宁蒙桃花汛每年 4 月入海为春季河口注入了丰沛淡水。

黄河上游的凌汛又称桃花汛,是因为每年 3~4 月,黄河上游的宁夏、内蒙古河段随着气温逐渐回升,河道冻开河,流域内冰雪全部融化,水量也逐渐增加,此汛流经陕山峡谷进入黄河下游都出现一个小洪峰,此时正逢黄河中下游沿岸桃花盛开季节,因此被称作桃汛或桃花汛。桃花汛流经下游的时机往往是紧接下游凌汛而来,一般每年黄河下游凌汛期结束后,就迎来上游桃花汛期,桃花汛水量数倍于下游凌汛,此时机对下游农田春灌以及创造河口春季低盐淡水生境十分有利。

龙门水文站为桃花汛完整水量最后的控制站,从龙门控制站实测水文资料分析上游桃花汛水量 60 余年来一直稳定存在。桃花汛洪峰流量一般为 2 000~3 000 m^3/s,时间从每年的 3 月底至 4 月上旬持续半个多月,水量为 20 亿~30 亿 m^3,相当于近 10 年来每年调水调沙的流量与水量。1972 年以前从龙门到利津桃花汛洪峰一直上下贯通入海,中间过程基本上没有任何拦截引蓄,为春季河口海洋注入了丰沛的淡水资源,见图 6-8。

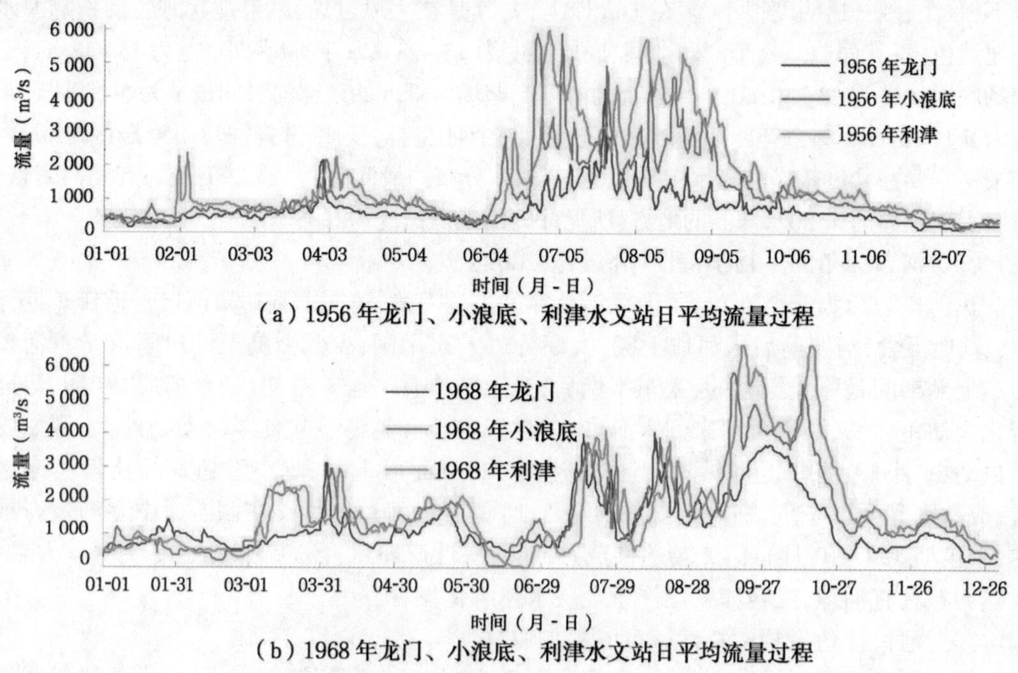

(a) 1956 年龙门、小浪底、利津水文站日平均流量过程

(b) 1968 年龙门、小浪底、利津水文站日平均流量过程

图 6-8 三门峡水库蓄清排浑(1973 年)以前阶段黄河桃花汛入海沿程变化图

(2)三门峡水库的修建运用截住了桃花汛。

几千年来桃花汛入海向河口海洋输送了丰富营养物质于产卵与幼仔春季成长依赖的淡水环境。黄河自贯通入海时就有了桃花汛,经过漫长的岁月适应,远在 1 500 km 之外的入海口海域不知何年就形成了适应性的莱州湾中国对虾、黄河刀鱼等一系列适宜春季淡水环境产卵成长的孵育生物。然而几千年过去,终于有一天,曾经年年入海的桃花汛不见了。人们在庆祝肆虐洪水被大坝拦住或引流春灌的喜悦时,不知不觉远在几千里之外的大海里几千年适应性形成的大河的恩赐就慢慢消失了。

河口及其邻近海域春季低盐淡水环境的改变是从 20 世纪 70 年代才开始出现的,到了 90 年代,依赖淡水生境的著名的黄河刀鱼就基本绝迹,著名的莱州湾中国对虾产量也开始显著减少,这显然不是 2002 年才开始的调水调沙的功劳,因此一定是黄河上早已存在的曾经一直影响河口的某种东西不见了,才影响到河口的海洋生境。追根溯源,黄河春季能提供河口大面积淡水生境的只有中上游宁蒙峡谷的桃花汛,而人类大规模干预黄河的历史比较简单,一下子几乎就可以锁定三门峡水库之源头。20 世纪 60 年代以后随着三门峡水库的修建以及后来的蓄清排浑运用,后来黄河中下游引水加剧,再后来小浪底水库、万家寨水库的修建,一系列越来越严重的人工干预能力强烈地调节了河道自然行水过程。

三门峡水利枢纽位于中国河南省三门峡市和山西省平陆县交界、黄河中游下段。现在的工程任务是防洪、防凌、灌溉、发电和供水。工程于 1957 年 4 月开工,水库自 1960 年 9 月蓄水以来,由于库区泥沙淤积,经历了两次改建,运用方式经过了“蓄水排沙”(1960 年 9 月至 1962 年 3 月)、“滞洪排沙”(1962 年 4 月至 1973 年 10 月)、“蓄清排浑”(1973 年 11 月至今)三个探索阶段。“蓄清排浑”运用方式的成功探索,为小浪底、三峡等大型水利枢纽工程建设提供了宝贵的经验,其反作用是彻底截断了宁蒙峡谷桃花汛春季水量的入海。图 6-9 反映了 1973 年首次被三门峡水库截住,图 6-10 反映了断流最严重的 1997 年上游桃花汛一直存在但无法入海,图 6-11 反映了黄河调水调沙时期上游桃花汛一直存在亦无法入海。

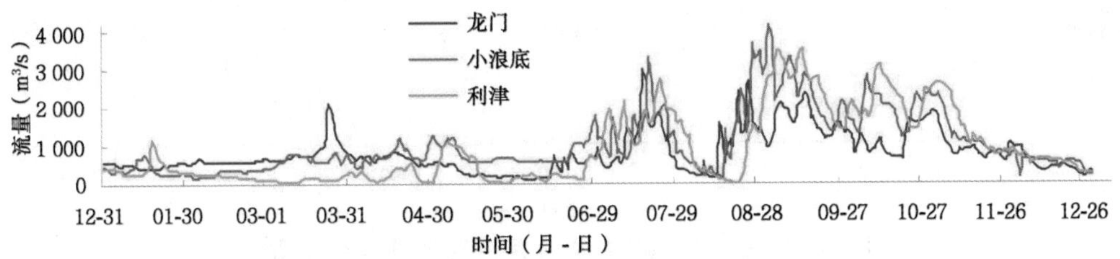

图 6-9　1973 年龙门、小浪底、利津水文站日平均流量过程

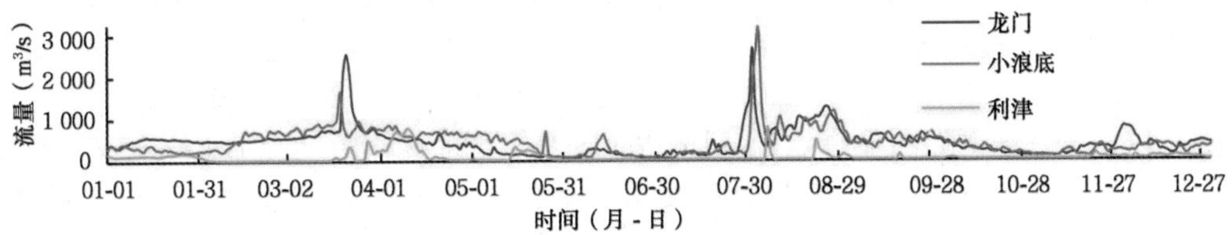

图 6-10　1997 年龙门、小浪底、利津水文站日平均流量过程

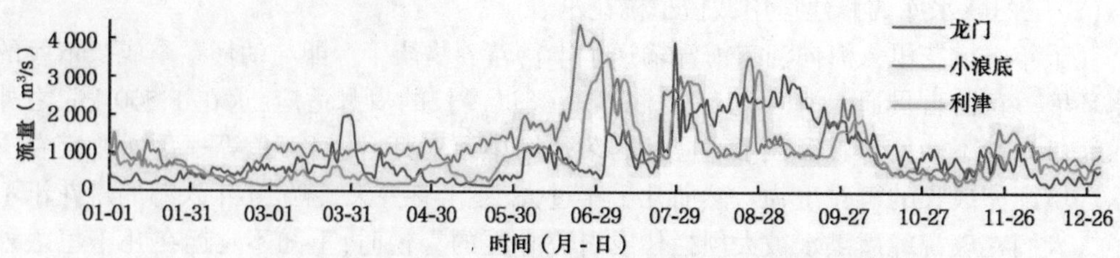

图 6-11　2012 年龙门、小浪底、利津水文站日平均流量过程

(3)水库截流与引黄灌溉致使春季入海流量从 20 世纪 70 年代后锐减。

分析 4~6 月黄河口海域产卵季节各月水量年际变化,分别绘制三门峡站与利津站 3~6 月的月径流量年际变化图(见图 6-12~图 6-15)。

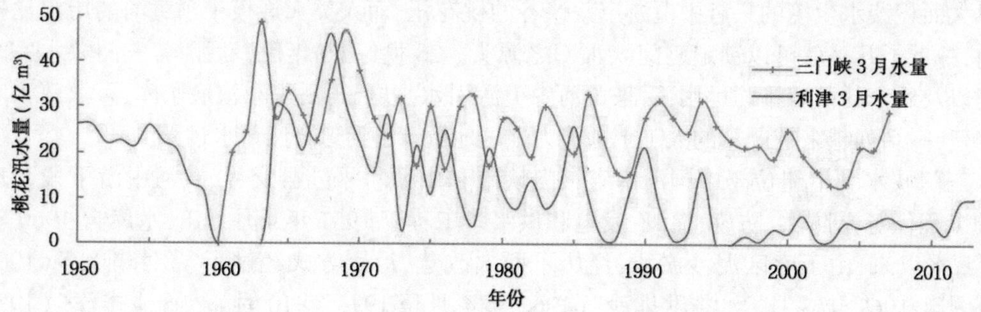

图 6-12　三门峡、利津春季(3 月)径流量多年变化图

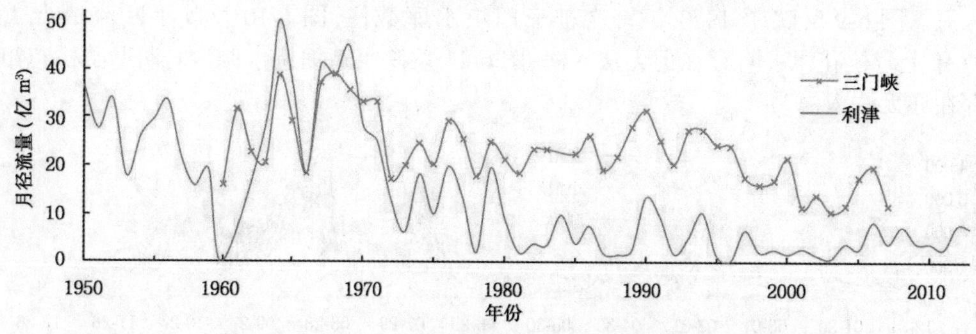

图 6-13　三门峡、利津春季(4 月)径流量多年变化图

初春季节由于 3 月末到 4 月初的桃花汛水量支撑,三门峡 3 月、4 月径流量 60 年来变化幅度较稳定,而利津站流量 1972 年以前基本与三门峡一致,每月平均水量达 22 亿~30 亿 m^3。但 1973 年以后显著下降(见图 6-12、图 6-13)。

从末春季节 5~6 月三门峡过程线看出,代表黄河中上游水量 4 月 50 年来变化不大,1993 年以后来水量开始明显降低,水量减少主要受宁蒙灌区引黄能力加大影响。

整个利津站 3~6 月月径流量过程线基本上分 4 个时期变化:1972 年以前、1973~1992 年、1993~2003 年与 2004~2013 年。1972 年以前除 1961~1962 年三门峡截流影响外,利津入海水量与三门峡水量曲线基本一致,桃花汛入海时间在 3 月下旬至 4 月初,4

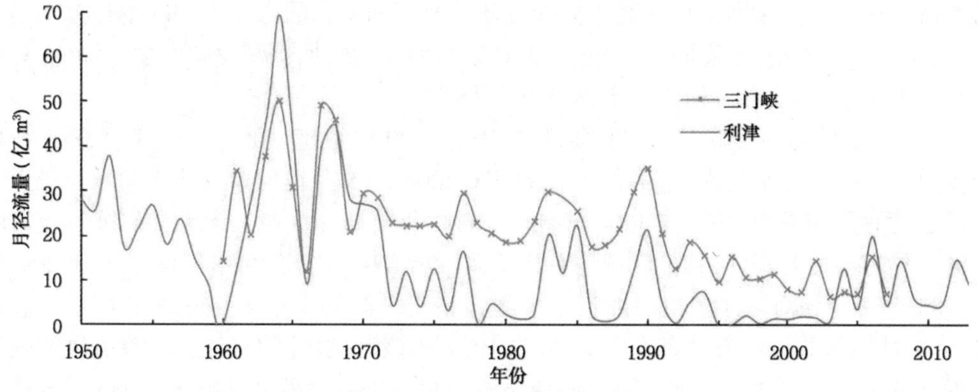

图6-14　三门峡、利津春季(5月)径流量多年变化图

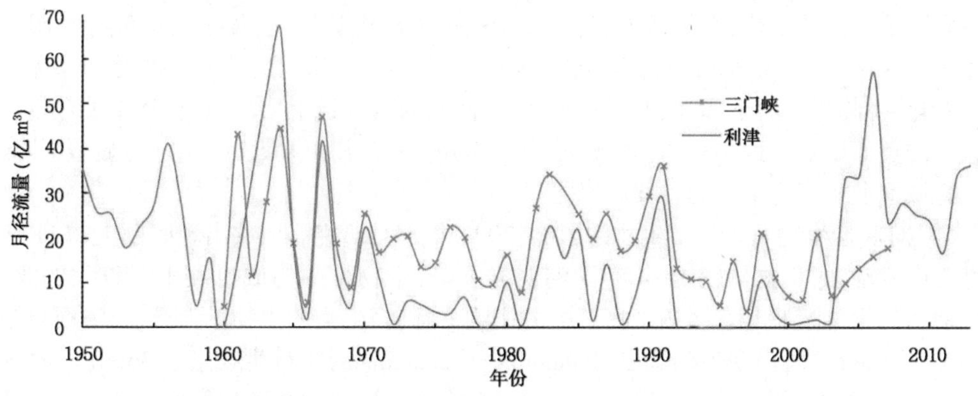

图6-15　三门峡、利津春季(6月)径流量多年变化图

月水量反映了桃花汛入海水量平均达28.67亿m^3;1973~1992年三门峡蓄清排浑截断了桃花汛,这时黄河下游开始引黄灌溉,因此从1973年始利津水量开始减少,不足1972年以前平均月水量的1/3;1993~2003年阶段黄河入海水量最少、断流最严重时期,因2002~2003年调水调沙时间在7月以后,整个春季水量也很少,这时期6月竟然有1992年、1994~1997年共5个年全月断流,4~6月月径流量仅只有3.2亿~1.8亿m^3,不足1972年以前的11%~7%;从2004年起黄河调水调沙时间固定在6月19日开始,加上从1999年黄河统一实行水量调度已具初步成果,黄河入海水量4~5月也开始增多起来,6月因调水调沙人力改变了洪水运移时间,水量达到平均31多亿m^3,超过了1972年以前6月水量。

3.黄河春季入海径流量减少对河口海洋生态环境的影响

由于强烈的人类活动(水库修建、引水灌溉等),黄河春季径流量显著减少,桃花汛基本消失,这对河口海洋生态环境产生总有影响。

1)对海洋生物、浮游植物、浮游动物、底栖生物及潮间带生物的影响

(1)对海洋生物的影响:由于黄河口区域海水表层盐度不断增加,生存在这里的鱼卵种类、密度呈逐年下降趋势。近年来,入海径流量的减少,淡水输入量锐减,导致黄河口区

域海水盐度增加。盐度增加促使适宜低盐度环境发育和生长的海洋生物的生存范围呈缩减趋势,鱼卵种类减少,密度降低。同时,也导致底栖动物的栖息密度和生物量降低,海洋初级生产力水平下降,浮游植物的生物量下降大半。

(2)对浮游植物的影响:据近 20 年的监测资料,20 世纪 80 年代前黄河口及邻近海域初级生产力高于渤海平均水平(高振会,2003)。2002 年 5 月黄河口及邻近海域初级生产力略低于渤海同期平均水平,与 1984 年相比,2002 年同期叶绿素 a 含量及初级生产力除小清河口外有明显升高外,其他区域均有所下降,初级生产力比 1984 年同期下降 20%左右。1984 年春季该海域浮游植物细胞数量明显高于渤海和山东半岛沿海平均水平。而 2002 年 5 月细胞数量低于渤海平均水平,与 1984 年该海域的同期相比,浮游植物细胞数量下降了近 1 个数量级。黄河口附近海域浮游植物细胞数量的显著降低,与黄河径流量锐减、该海域磷缺乏有一定的关系。

(3)对浮游动物的影响:与 1984 年同期相比,2002 年浮游动物生物量下降近 50%,优势种发生了一定的变化,中华哲水蚤、强壮箭虫仍占居优势地位,传统的优势种类墨氏胸刺水蚤(Centropages Mcmurrichi)等数量下降为稀有种。莱州湾西部海域浮游动物优势种发生变化,生物量显著下降,改变了饵料生物环境,对食物链上层的鱼类、虾蟹类数量分布有较大的负面影响。近年来,本海域渔产量大幅度下降,海域初、次级生产力显著下降,是导致海域渔业生产力下降的主要原因之一。

(4)对底栖生物及潮间带生物的影响:2002 年 5 月研究海域共出现底栖生物 117 种,全部为底栖动物,生物量较 1984 年同期明显下降,生物量的构成也发生了较大的改变。棘皮动物的生物量及其在底栖生物量中的比重下降,多毛类的生物量上升,小清河口附近多毛类生物量最高,出现尖刺缨虫(Potamilla cf. acuminata)单种生物量达 36.50 g/m^2 的极值,出现明显污染群落特征。黄河断流期间,会有利于底栖生物种类的增加和分布。该地区潮间带生物在水平分布上差异较大,共检出潮间带动物 74 种,黄河径流量大,滩涂处于不稳定状态,断流期间,将有利于潮间带生物的分布,黄河复流,生态环境又发生变化,同样影响潮间带生物的生存。

2)对海洋渔业的影响

20 世纪 90 年代以来,渔业生产力下降较为明显。1982 年 5 月鱼资源密度为 200~300 kg/h,1992 年同期降至 10~50 kg/h,无脊椎动物密度也由 1982 年 5 月的 30~50 kg/h 降至小于 10 kg/h。资源明显减少的有黄姑鱼、银鲳、牙鲆、对虾、蓝点马鲛、鹰爪虾等(朱鑫华,2001)。据金显仕等(2000)的调查结果,1998 年莱州湾平均渔获量大幅度下降,分别仅为 1959 年、1982 年和 1992 年的 3.3%、7.3%和 11.0%。渔业资源群落结构也随时间发生了较大的变化,多样性 1959~1982 年增加,然后呈下降趋势。中国对虾等重要的经济鱼类已经形成不了资源。此外,刀鲚、中华绒毛蟹等溯河性经济鱼类,日本鳗鲡、达氏鲟等洄游性种类已基本绝迹。

经济鱼类营养等级结构的衰退虽然与过度捕捞和海水污染等人为因素关系十分密切,但与入海水、沙、营养盐类等物质通量的急剧减少也有密切关系。首先,断流使河口海域初级生产力降低,饵料生物减少,对在该海域产卵的种群十分不利;其次,盐度升高、水温下降,将改变部分物种竞争力,打破种间平衡,直接影响多种经济生物的数量分布。研究表明，春季温度、盐度的变化与梭鱼、鲈鱼的数量分布密切相关，其中温度对这两种鱼数量分布影响程度更大。黄河入海径流量锐减乃至断流，在一定程度上改变了经济鱼类及部分物种的生存环境，使其面临灭绝的威胁。

3）对三角洲湿地的影响

黄河三角洲地区湿地是我国最大的沿海湿地，自然保护区面积1 500 km^2，拥有丰富的水生生物资源，是东北亚内陆和环西太鸟类迁徙的重要中转站，越冬栖息地和繁殖地。20世纪黄河三角洲湿地生态系统经常受到因为断流、改道引起的输水输沙量减少，岸线变化，海水入侵等自然因素的影响，再加上这几年对三角洲开发力度的加大，认识和规划管理滞后等人为因素影响，已经造成湿地面积正逐年减少；生物物种减少，有些甚至已经永远消失。据有关资料（钱意颖，1993；乔清举，2007），1938年黄河三角洲滨海区曾有大片沼泽湿地，如原民丰至黄河农场附近的沼泽地面积可达600 km^2左右，随着尾闾摆动，来水、来沙量减少，目前这里的沼泽已经变为耕地或建筑。1976年黄河由刁口河流路南移至清水沟流路注入莱州湾以后，原刁口河流路附近的湿地自然保护区因无黄河水、沙补给，生态环境日益退化，土地沙化，鸟类明显减少，同时受风暴潮和海水入侵的影响也日益严重，由于黄河三角洲区沉积物中70%以上为粉沙粒级，土壤孔隙度大，含水量小，利于蒸发，因此随着入海径流量的大幅度减少，水、沙补量锐减，原有湿地逐渐向碱漠化方向发展。

黄河调水调沙已经被证明是黄河治理的有效方法之一，但调水调沙对河口海洋生物产卵场的影响目前还没有相关研究报道。根据国内外相关文献，结合国内关于调水调沙的研究成果，推测调水调沙将通过影响黄河入海径流时空分布和大量泥沙入海在非生物因素和生物因素两方面对海洋生物及其产卵场产生不利影响，但其不利影响范围仅局限于口门几十千米最多几百千米的泥沙剧烈淤积区，而且是季节性的。但正是因为黄河水沙入海扩散造就了黄河口广阔的外海几千千米甚至上万千米的产卵场与栖息地。黄河入海就像太阳一样，太阳本身不能存在生物活动，太阳的光芒所到之处照耀万物生长，黄河入海水沙所扩散影响的整个莱州湾与大半个渤海湾都形成了产卵场与孵育栖息地。

6.1.2　黄河调水调沙入海连续遭遇两种切变锋对河口生态因子的影响模式研究

切变锋是锋面两侧水动力特征差异显著而导致的水流剪切界面，在锋面附近水流速度、含沙量以及温度、盐度等存在很强的梯度，是一种瞬时的且与河口地形和局地动力环境密切关联的动力现象，在河口沉积及演变过程中有重要作用（王厚杰，2009）。流速、盐度、温度、悬浮泥沙量、入海营养盐都存在一个对生态环境影响的锋面。本课题在调查黄河调水调沙水沙异轻流规律过程中发现黄河入海上层径流与下层海流间发生切变符合切变锋现象，运行到10 m水深处又遭遇浅水与深水潮汐涨落潮转换过程中潮汐相位差切变锋，连续两道切变锋阻挡入海冲淡水生态因子向外海扩散，是黄河口及邻近海域渔业营养因子富集的根本原因。

6.1.2.1　调水调沙径流与潮流切变锋面的形成

黄河河口海岸科学研究所于2010年5月26～31日、2011年6月3～6日调水调沙前补充航次调查了近海盐度、温度、含沙量、营养盐等生态因子，2010年5月利津站流量平均为150 m^3/s，共布置5个断面18个大面站（见图6-16）；2011年6月初航次利津流量平均为 183 m^3/s,在原断面基础上外围又增加部分断面与测点,把 2010 年带状范围修正成了矩形,扩大调查范围为 7 个断面 39 大面站。

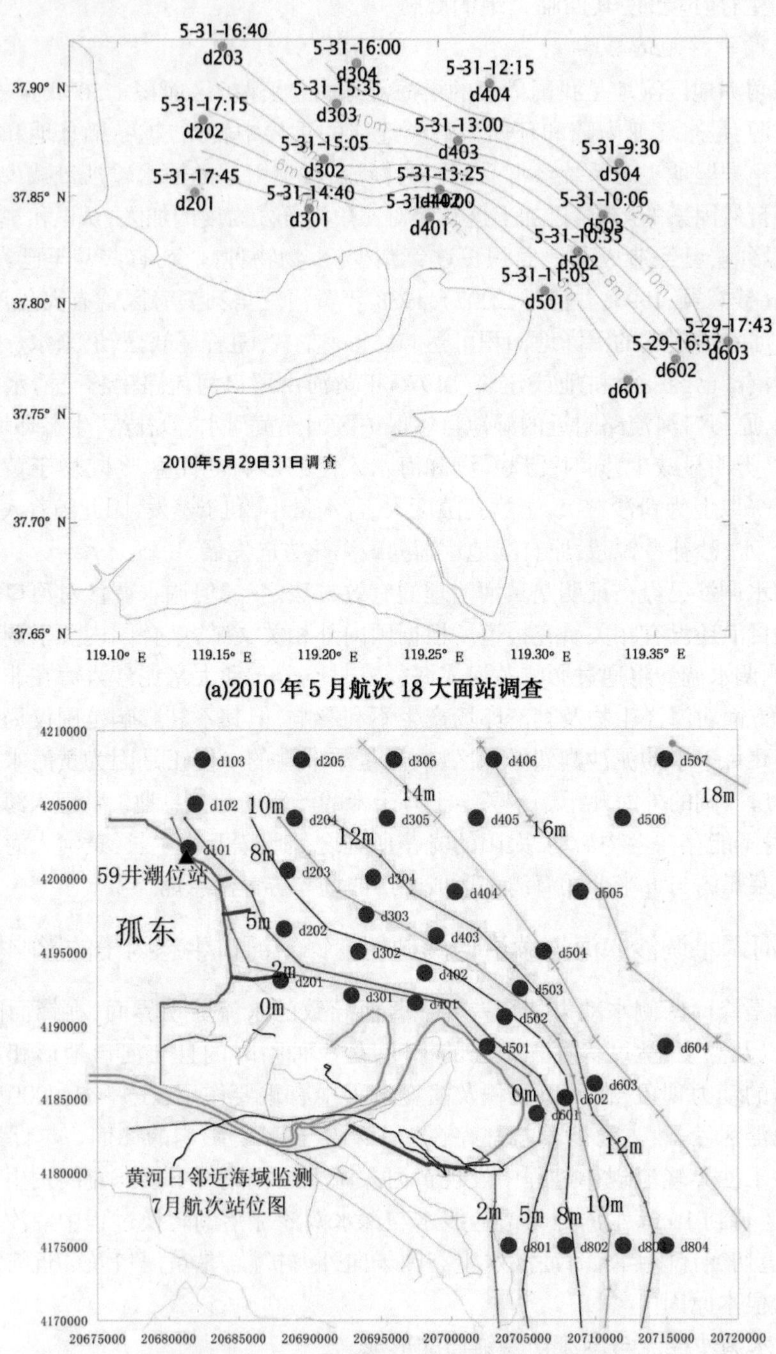

(a)2010 年 5 月航次 18 大面站调查

(b)2011 年 6 月调水调沙前 35 大面站位置图

图 6-16　调水调沙前补充航次调查

在每个大面站上使用ADCP、OBS、LISST、CTD实测流速与温度、盐度、水深、含沙量垂线,从垂线变化中发现了明显的切边现象。

1.河口主流中心线各测站盐度、温度、含沙量垂线存在明显的切变点

黄河入海主流断面径流势能最强,最能充分反映入海径流与潮流作用过程。选取7月航次河口主流中心线纵断面的Hk09、Hk10、Hk11、Hk24四站垂线数据,绘制调水调沙期间河口主流中心线盐度、温度、含沙量纵剖面图(见图6-17)。

发现盐度、温度、含沙量各垂线都存在一个淡水向海水切变点,口门外拦门沙坎位置的Hk09站温度、盐度、含沙量垂线梯度整体呈抛物线形变化,在5.2 m水深近海底处才有垂线收缩切变趋势;Hk10站至14.8 km远的外海Hk24站,都大于10 m水深,温盐垂线具有明显的切变点,切变点水深从3.8~2.4 m依次变小,切变点以下垂线竖直恒定,切变点以上垂线呈规则的抛物线状。

2.河口横向断面各测站盐度、温度、含沙量垂线也存在明显的切变点

横向断面垂线揭示入海淡水从主流向两侧扩散过程,选取平行海岸方向的横断面的Hh02、Hh05、Hh09、Hh13、Hh17、Hh28站绘制调水调沙期间温度、盐度、含沙量垂线横向断面变化分布图(见图6-18)。盐度、温度、含沙量各垂线均存在一个明显的淡水向海水切变点,从主流向两侧横断面各站切变点水深依次变小,说明了冲淡水距离河口两侧越远,淡水性质越弱,位于孤东的Hk20站已完全是海水,因此没有切变点,位于河口南23.27 km的Hk28站切变点水深为2.0 m,说明仍有淡水层存在。盐度垂线切变点以上盐淡水逐级向上掺混,跃层以下盐度垂线竖直;温度垂线切变点以上表层水温迅速递减,跃层以下基本恒定;含沙量垂线切变点处含沙量最小,切变点以下的含沙量变化是因上层泥沙落淤引起的,与咸淡水性质无关。

3.入海径流切变锋锋面特性

现行河口黄河径流入海流的方向为东北，惯性入海流涨潮时受涨潮流的顶托强力切变,被迫转向南,径流偏南入海;落潮时径流方向与潮流存在一个60°夹角微小切变,径流向北入海。

径流与海流两大动量各自保持着巨大水体动能,切变锋面以下保持着海流的流动。切变点以上为淡水层,切变点以下为海水层,淡水不能透过切变点向下传递,海水却可以透过切变点向上入侵。分析各垂线发现,上层淡水不能向下透过切变点,致使切变点以下保持海水的特性,切变点以上存在一个淡水层;下层海水能由下透过切变点向上入侵,导致切变点以上淡水性质由海面以下淡水性质逐渐降低,至切变点降为海水性质。

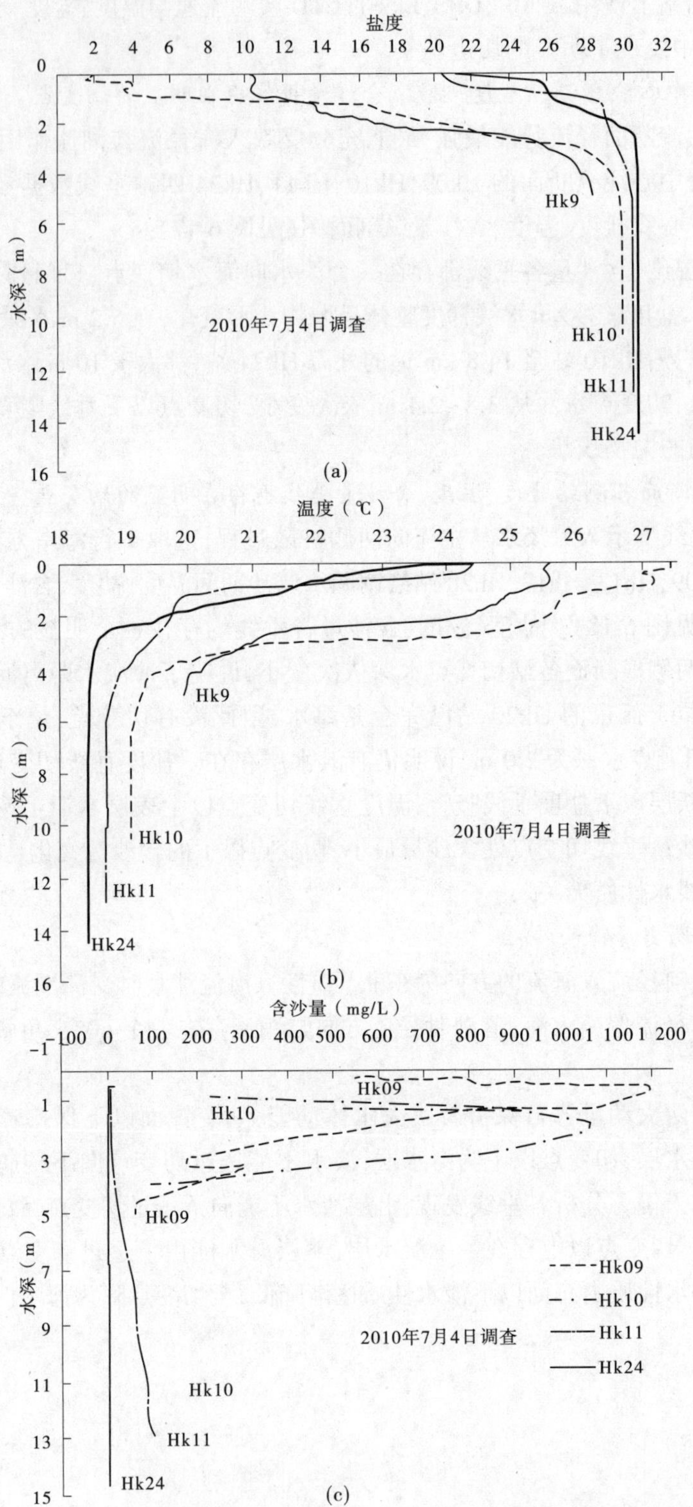

图 6-17　河口主流中心线黄河入海径流切变锋垂线切变现象

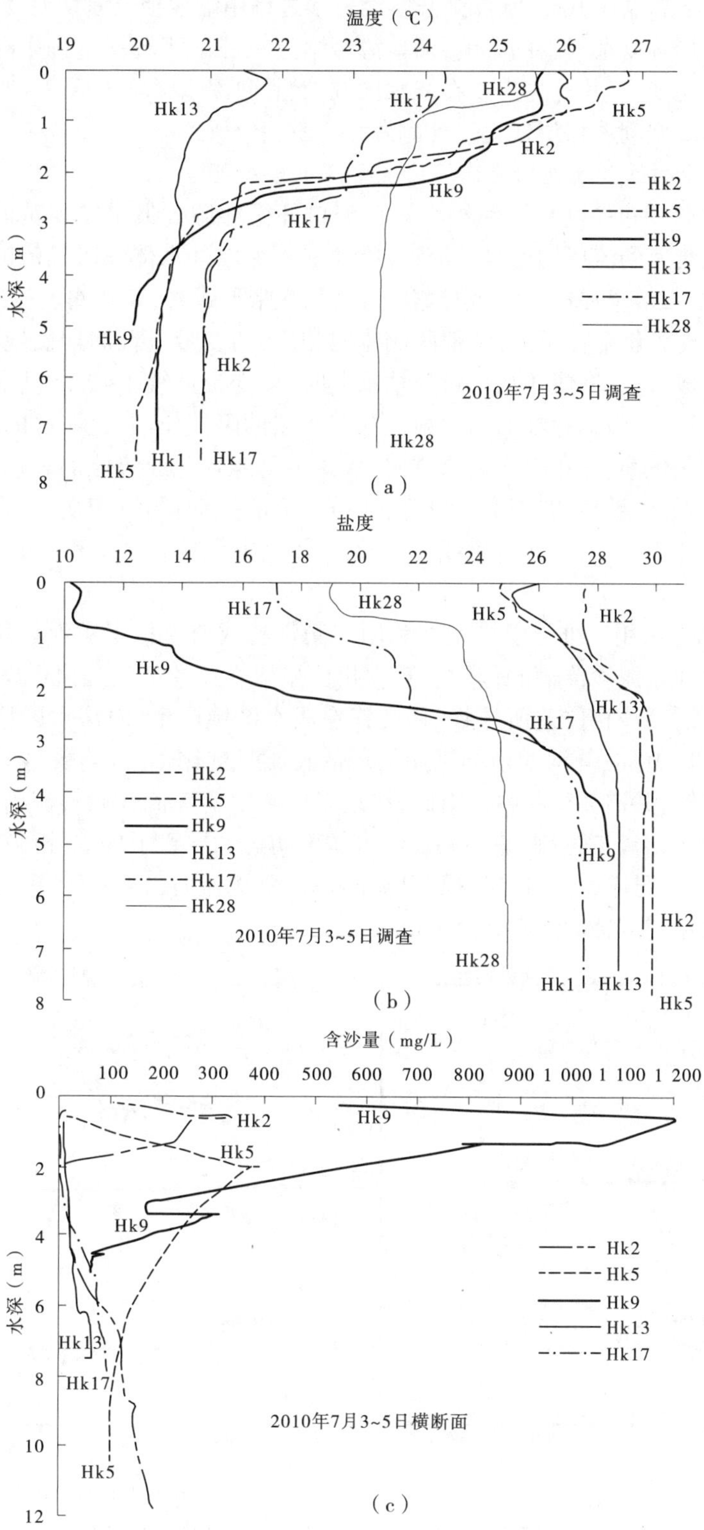

图6-18 河口横断面黄河入海径流切变锋垂线切变现象

6.1.2.2 浅水深水潮汐在 10 m 水深处涨落潮转换过程中潮汐相位差切变锋

由于浅水地形等复杂因素的影响,河口海域附近在涨落潮转换过程中存在内涨外落型和内落外涨型切变锋,其首先出现在浅水区域,然后向深水区域传播,1~2 h 后消失,它的产生是由近岸海域潮汐相位领先于外海海域潮汐相位所致。

1.黄河口潮汐相位差潮流切变锋带的主要认识与发现

李广雪(1994)通过黄河口沉积动力学单船口外循环调查最早发现黄河口活动三角洲前缘存在一低流速的流场切变带。河口区 10 m 水深以外水体涨落潮流的发生超前于河口浅水区,切变带最早在约 12 m 水深处形成;切变带形成时,其外侧表现为涨或落潮流初期, 内侧为落或涨潮流后期;切变带两侧流向相反,切变带呈现周期性规律,切变带在涨落潮流初期形成,一日形成 4 次。黄河枯水期时,切变带持续 1~2 h,洪水期持续 2~3 h。黄河口区流场切变带的存在对河口射流起着水墙的阻挡作用,是明显的流体界面,河口射流在此形成三角浪,三角浪无传播方向,水体由动能转化成势能的表现形式,河流动能由此消耗,河口射流被剪切转移, 实现向河口两侧的摆动;同时切变带为低流速带,对河口悬沙有富集作用,实测切变带垂线含沙量,向海侧逐渐降低,切变带可造成悬沙大量堆积。

王厚杰(2006)采用三维数学模型并利用实测资料数值模拟了黄河口切变锋的时空运动过程及其对河口泥沙传输的作用。潮汐相位差切变锋的产生是由近岸区域与 10 m 等深线以外区域的潮汐相位差所导致,切变锋在浅水区域产生,向深水区移动,经历 2 h 左右消失。黄河口 10 m 等深线内即近岸区域的转流时刻比 10 m 等深线外转流时刻要早,至全区完全转流共需 2 h 左右。因此,在近岸区域由落潮流开始转流为涨潮流时,10 m 等深线外依然为落潮流控制,流向相反的水体剪切运动导致了内涨外落型切变锋的产生(见图 6-19(a));同样地,当近岸区域开始转流为落潮流时,10 m 等深线外为涨潮流,产生了内落外涨型切变锋(见图 6-19(b))。

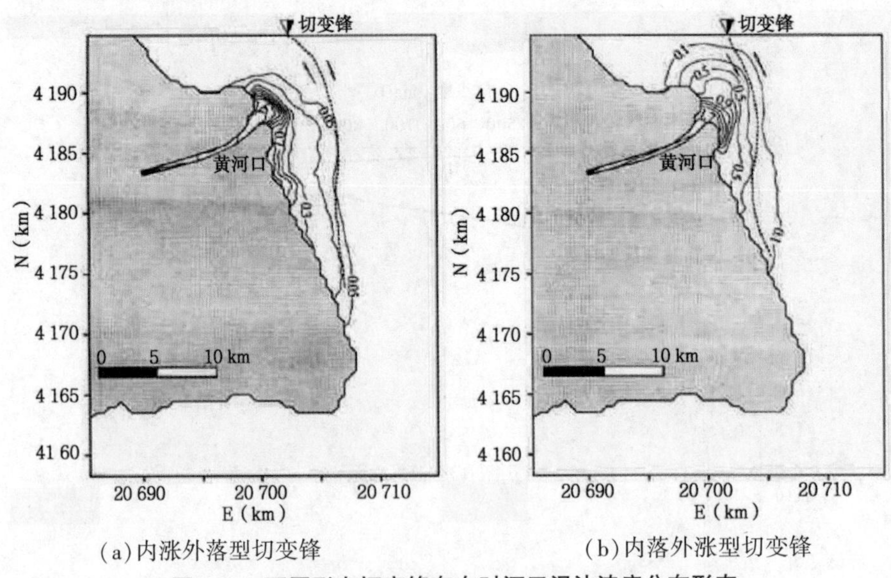

(a)内涨外落型切变锋　　(b)内落外涨型切变锋

图 6-19 不同形态切变锋存在时河口泥沙浓度分布形态

图 6-20 显示河口泥沙主要在落潮与无潮时段向海排放,受切变锋影响泥沙通量的高值区集中在近岸的区域。断面 A—B 上瞬时泥沙通量表明,落潮时段河口泥沙通量明显高于涨潮时段,这是由于落潮时河口外部水位降低,有利于河口泥沙向海排放,泥沙随落潮流向北输送,切变锋从水体表层到底层有效地阻挡了泥沙的向海传输,是河口泥沙向海传输的外边界。

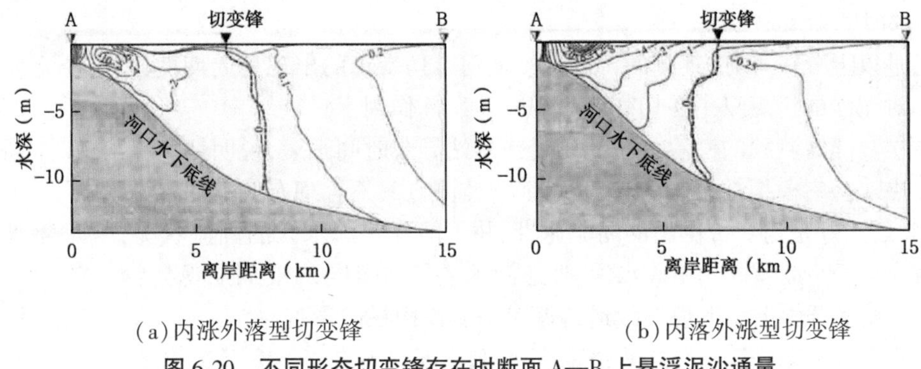

(a)内涨外落型切变锋　　(b)内落外涨型切变锋

图 6-20　不同形态切变锋存在时断面 A—B 上悬浮泥沙通量

2.黄河调水调沙期间多次实际观测到的黄河口 10 m 水深潮汐相位差切变锋

黄河实施调水调沙,对黄河口潮汐相位差切变锋观测研究日益增多,根据切变锋是浅海与深海潮汐相位差造成的原理,在近海与深海设站同步观测潮流及温度、盐度、深度因子的垂线 25 h 逐时变化过程,就可以微观地揭示切变锋的形成与作用过程。

2009 年 7 月 2 日 13:00 至 7 月 3 日 14:00 调水调沙期间河口所配合华师大在黄河河口 A1 站(5 m 等深线处)和 A2 站(10 m 等深线处),进行 25 h 连续同步水文泥沙观测,很好地观测到了河口切变锋现象(刘锋,2010),如图 6-21 所示。

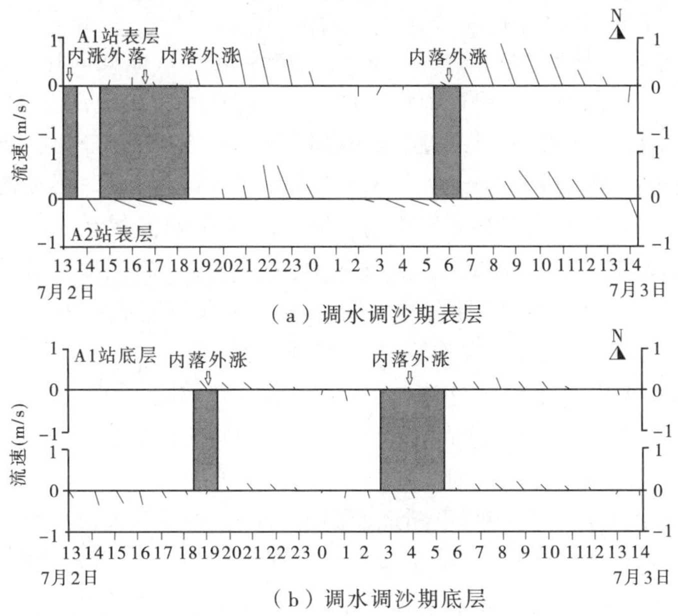

图 6-21　调水调沙期间 A1、A2 表层及底层潮流矢量图

调水调沙期,黄河口表层、底层均出现了切变锋,其中在河口表层存在两种切变锋类型,即内涨外落型(如图 6-22(a)7 月 2 日 13:00)、内落外涨型(如图 6-22(a)7 月 2 日 15:00~18:00、7 月 3 日 06:00),出现时间达到 6 h;底层只存在内落外涨型切变锋(如图 6-22(b)7 月 2 日 19:00、7 月 3 日 03:00~05:00),出现时间为 4 h,由此可见调水调沙期间河口切变锋以内落外涨型为主,出现时间为 4~6 h,并且底层与表层切变锋的出现存在 2 h 的时间差。

通过以上分析可见,观测的调水调沙期河口切变锋的出现呈周期性,其对径流水流的剪切和对泥沙的拦阻只是在切变锋出现时才发挥作用。

本次实际观测到的潮汐相位差切变锋两站异步时间很短,说明切变锋出现时间很短,与王厚杰实验室模拟结果出入较大,可能与监测方案不合理有关。深水站设在了 10 m 水深处,此处正好是切变带作用的弱流速带,并不能反映深水区的潮流状况,因此合理的布站位置应该至少是浅水、10 m 水深、外海深水区三站同步 25 h 周期观测。

6.1.2.3　黄河调水调沙入海连续遭遇两道切变锋面拦阻影响

1.径流切变锋对径流动能的快速减弱,使表层淡水与海水分层形成界面

黄河入海后上层洪峰径流遭遇底层海流发生切变,此种切变锋是黄河入海遭遇的第一个最强劲的动力作用过程,切变锋面自近岸源起拦门沙底坎,向外海逐渐抬升至海面,锋面处流速较弱,像一张外斜的大网一样对入海泥沙进行第一道拦阻过筛,是强势的径流穿向外海必经之地。入海水沙穿越此斜锋面位置时由于切变作用流速顿时降低,泥沙在锋面以下失去原有的径流动能,仅受到重力与底层海流作用,因潮流挟沙能力远小于径流,导致泥沙落淤在口门区并使河口不断延伸推进。2010 年 7 月 3~5 日调水调沙期间观测到了黄河入海径流出口门发生切变后流速快速减弱的变化过程(见图 6-22,注箭头尾巴处表示测站位置)。

29 个大面站调查期间表、中、底三层海流分布如图 6-22 所示,表层中间断面表现为强劲的北向径流入海方向性质(至最外站已减弱到海流量值),而此时中、底层海流方向为沿岸潮流性质;口门两侧断面由于径流作用减弱,表、中、底三层流向基本呈现海流性质。表层流速极值分布在 8~138 cm/s,中层流速极值分布在 2~57 cm/s,底层流速极值分布在4~40 cm/s;最小流速出现在口门两侧小海湾内小于 3 m 浅水区,最大流速为口门前方径流入海主流区,都远小于同期利津水文站实测黄河流速 230~330 cm/s。

2.两道切变锋对泥沙扩散的拦阻效应是河口拦门沙形成的主要机制

河口所于 2011 年 6 月 1~27 日在调水调沙淡水入海前完成黄河口及邻近海域水下地形地貌测绘,与 2001 年 6 月测次构筑 10 年计算体系。

由于水流剪切作用,切变锋附近是一个低流速带,有效阻挡了河口物质向海传输,是河口泥沙的“捕获器”,导致河口泥沙传输局限在第一道切边锋面以下与第二道切变锋墙向陆一侧,泥沙淤积主体部分形成河口拦门沙。

黄河入海水沙出海后首先持续不断地遭遇第一道斜切变锋面失去径流动能由粗到细落淤,运行到外海的较细泥沙在 10 m 水深处又遭遇第二道切变锋墙捕捉,致使泥沙又一次大规模落淤,形成 12 m 水深节点线。从图 6-23(a)完全可以看出,整个 2 m 以上厚度线保卫范围全部在第一张斜切变锋面覆盖之下,即调水调沙 10 年第一道拦阻网使大颗粒

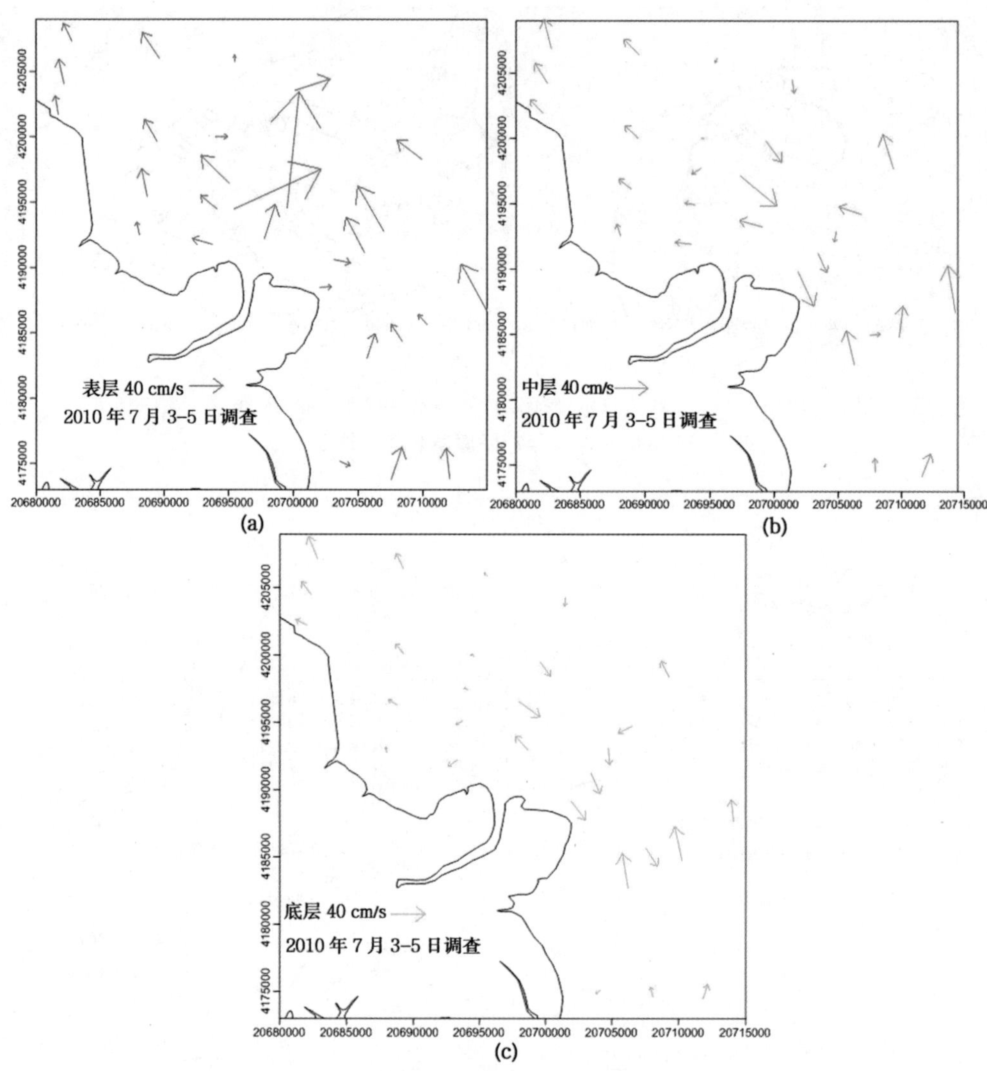

图 6-22　调水调沙期间表、中、底层流速流向分布

泥沙由粗到细沿程淤积，使 66% 的泥沙淤积在口门区，形成 2 m 以上淤积厚度 110 km^2 范围；而 1 m 厚度等值线外缘基本与 10 m 切变锋墙位置一致，那么就可以认为第二道切变锋墙又使冲到深水区的细颗粒泥沙在低流速带落淤形成 1 m 厚度等值线，其拦阻效应反映在剖面形态图上以 12 m 水深比降节点的形成，如图 6-24 所示。

cs41 与 cs46 都横跨 2011 年河嘴，cs51 与 cs64 都位于 2011 年河嘴东南侧。由于 2001～2011 年 10 年间河口多次改变方向，前 3 个断面都有年份直接受河口出海泥沙影响，仅 cs61 断面已远离口门，海动力侵蚀作用相对较大。但不管是行河年份的强烈塑造导致陡坡比降大，还是不行河年份的侵蚀蚀退导致坡降平缓，从各断面形态都能看出以 12 m 水深为节点的浅水区比降陡峭、深水区比降缓慢的形态特征。

图 6-23(a) 中的 1 m 冲淤厚度等值线基本与图 6-23(b) 中 10～12 m 等深线走向一

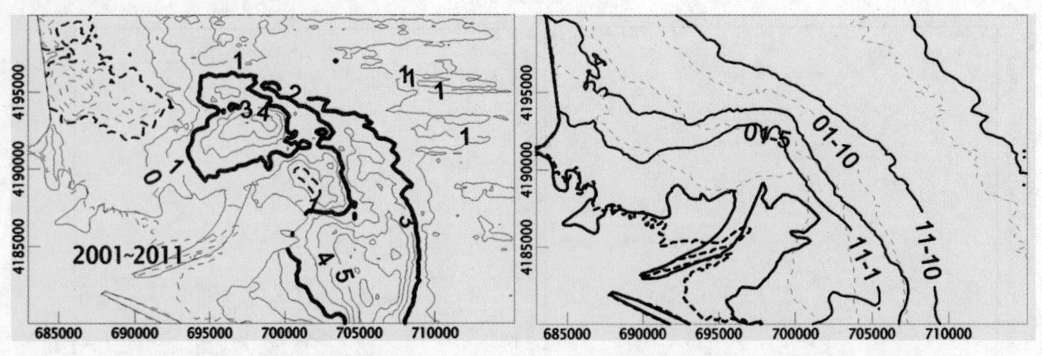

(a)2001~2011 年冲淤厚度等值线图　(b)2001~2011 年等深线套绘图

注:图(b)中 01-5 表示 2001 年 5 m 等深线,11-1 表示 2011 年 1 m 等深线,其他类同。

图 6-23　2001~2011 年冲淤厚度和等深线套绘图

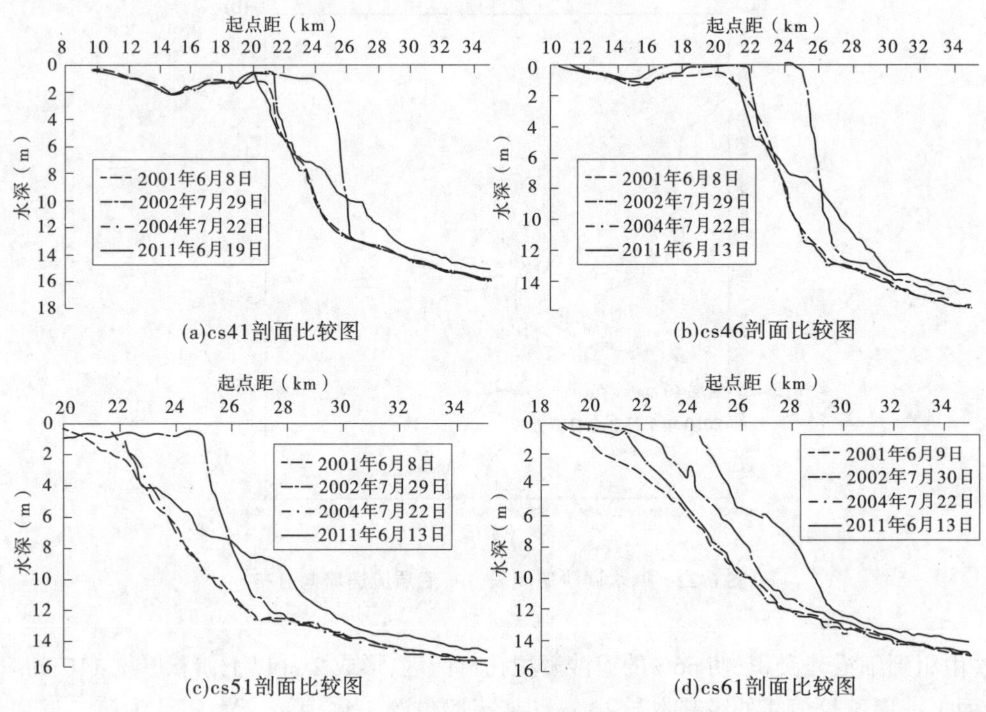

(a)cs41剖面比较图　(b)cs46剖面比较图

(c)cs51剖面比较图　(d)cs61剖面比较图

图 6-24　切变锋拦阻效应剖面形态图

致,也说明了淤积厚度分布受此切变锋墙的影响趋势一致。由于涨落潮差的影响,再加上泥沙落淤的惯性效应,从而在剖面形态变化上形成 12 m 水深节点。

黄河的多沙特性致使每次洪峰入海都形成拦门沙,但由于图 6-23(a)反映的是河口 10 年泥沙总的宏观变化,是 10 年来多次拦门沙的累积覆盖结果,无法精确描绘每一次洪水拦门沙的位置形态。因此,分析拦门沙形成机制依赖于微观测次数据,需要每次洪水前后两次水下地形测量数据,辅助于随不同涨落潮而影响的两道切变锋面位置的调查数据,才能精确描绘拦门沙形成过程以及形态变化(徐丛亮,2013)。

3.两道切变锋对入海淡水生态因子的拦阻是河口近海高生产力的原因

黄河入海径流与海流切变锋的拦截,致使入海淡水及其营养盐在河口富集,不易向外海扩散,因此由于河口区特殊的水文条件和生态环境,国际上一些重要的河口,如尼罗河、亚马孙河、密西西比河等,这些河口及其毗邻的海域为许多海洋生物提供了"三场一通道"(产卵场、索饵场、越冬场和洄游通道)等关键栖息场所。

洪水期存在的跃层塑造了坚实的"底"面,过低盐度的淡水不能向锋面下渗透,成为一些在河口栖息的底层鱼类的庇护所。

10 m 水深潮汐相位差切变锋又有效地阻止了近岸营养物质向深海的扩散,使近岸营养物质大部分位置在近岸。

上述有利条件使许多鱼类以其幼体阶段为代表生活在这一生态系统中,从而使世界范围内的河口海区成为大量海洋鱼类重要的产卵、育幼场,孕育着种类不断更替的鱼类资源。

两道切变锋的持续作用是河口近岸海域赋予高生产力的主要原因。较高的初级生产力为海洋生物幼体的生长育肥提供了丰足的食物与适宜产卵孵育的生长环境,低盐环境使生活在该水域的广盐性生物用于渗透调节的能量降低,这对该类生物幼体存活意义重大(卞晓东,2007;PotterI C,1990)。

6.1.2.4　基于河口生境的黄河水沙入海优化监测方案,确保优化综合调控模式的实现

1.两道切变锋原实施监测方案存在巨大缺陷,不能准确描述其机制

(1)调查范围偏小,没有调查到切变锋外围边界,还需要增加断面、延长断面长度、增加测站观测。

(2)调查年份没有形成系列,需要长系列年份调查数据来排除偶然性,严密科学性。

(3)调查仅租用一套仪器设备,由一条测船逐站施测各海洋水文因子垂线,除流量一直维持在 3 000 m^3/s 外,各站位调查气象、海流、潮汐、时间都不同,整体分析受到限制。因此,切变锋的观测要求极高,需要在每个断面各测站多套仪器同步观测。

(4)调查时机对切变锋具有重要影响,要研究不同涨落潮,最好一个潮周期多站同断面同步观测,要研究不同流量、不同洪水观测,要开展不同季节研究。

(5)调查因子单一,需要水文地质、水化学、生物多船同步观测。

本项目在认识上是一个不断发展的过程,项目立项编写方案时期,由于认识与财力、仪器设备不足,冲淡水补充航次采用了单套仪器单船循环的模式,没有余力考虑潮流相位,海上测验也没有在河道同期进行,造成海上调查数据不理想,仅论述发现了冲淡水切变锋(目前还有争议),其他数据基本没用处,公共航次测验到时做到河海同步,但监测站位、监测时机与黄河调水调沙关系不紧密,一是主要沿莱州湾布站,黄河口附近站位极少,不能很好地分析河流监测数据与海洋数据的良好对应关系,另外 4 个航次选择在 2 月、5 月、8 月、11 月实施,没有安排一次在调水调沙洪水入海期间进行,失去了最有力的、最需要的分析数据。

但这些是在项目研究深入的情况下才认识到的,本项目无法弥补,只能提出大量新方案与新设想,以期在以后工作中运用与实现,因此原方案取得的数据不理想,不是理想的

基于河口生境的黄河水沙入海优化监测方案。

最优的方案就是应用多台现代化海洋水文泥沙生态监测仪器,科学布设站位,努力做到同步至少 25 h 周期多年分季节长系列监测。实施仪器越现代化(数字化、信息化、智能化、远程化——四化),同步站位越多、同步小时周期越长,观测系列年份越多,就越是最好的方案,当然也越是最贵的方案。取得的数据越能分析揭示出更科学的规律机制模式,更能优化更科学的调控方案。

当然投入人力、物力毕竟有限,但只要有一个合适的度与量,取得的数据就更能完善优化数学模型的量化模拟程度,这样通过更加优化的数学模型就越能进行更大区域的更精细的模拟。这样有限的实地调查与科学的数学模型模拟,将创造无限的科学的可能。

2.基于河口生境的黄河水沙入海优化监测方案

优化目标:实施黄河口近海水文与生态监测可全面了解黄河口近海生态环境状况,主要分析黄河冲淡水入海对近海生态造成的影响,从而建立优化调水调沙生态调控方案,优化黄河冲淡水对河口近海生态的调控作用。

1)监测项目

(1)水文因子监测。监测各站位的垂线盐度、水温、含沙量,同时监测采样时的气象条件(风速、风向等)、海水流向、流速、潮汐等。

(2)水质:悬浮物、盐度、pH、溶解氧、COD、亚硝酸盐、硝酸盐、氨、活性磷酸盐、石油类、总氮、总磷、营养盐(氨氮、硝酸盐氮、亚硝酸氮、磷酸盐、硅酸盐)等。

(3)沉积物:石油类、锌、铬、汞、镉、铅、砷、多氯联苯、粒度、有机碳、硫化物等 11 项指标。

(4)海洋生物:水体内浮游植物、浮游动物、底栖生物和潮间带生物的种类组成与数量、生物量、密度和优势种,外来物种种类、数量及分布范围。

2)站位布设原则与要求

主流断面布设 9 个固定监测点。自黄河新滩浮桥(汉二浮桥)起至黄河口拦门沙沿主流每隔 3 km 布设 1 个调查站位,河内共布设 4 个站位,出河门后在 2 m、5 m、10 m、12 m、15 m 布设 5 个站位。主流断面合计 9 个站位,见图 6-25。

沿主流断面两侧各布设 3 个断面,断面间距近岸处 4~5 km,沿口门呈发散状布设,每个断面在 2 m、5 m、10 m、12 m 处布设监测站位。

这样近海水域监测共布设 7 个断面、34 个监测站位。

3)监测技术要求

(1)河口段河道主流断面全部监测项目同步通量监测。

要求:水文因子监测要采用 ADCP、OBS、LISST、CTD 等仪器。

(2)近海其他 6 个断面全部项目同步通量监测。

要求:要做到至少保持每个固定监测断面上所有大面站涨潮、落潮时刻同步测验。经费允许时保证每个断面所有测站进行 25 h 通量测验。

(3)监测时间。

拟规划每年调水调沙前中后开展 3 个航次监测,分别在 4 月(调水调沙前)、7 月(调水调沙期间)、10 月(调水调沙后)各进行一次。

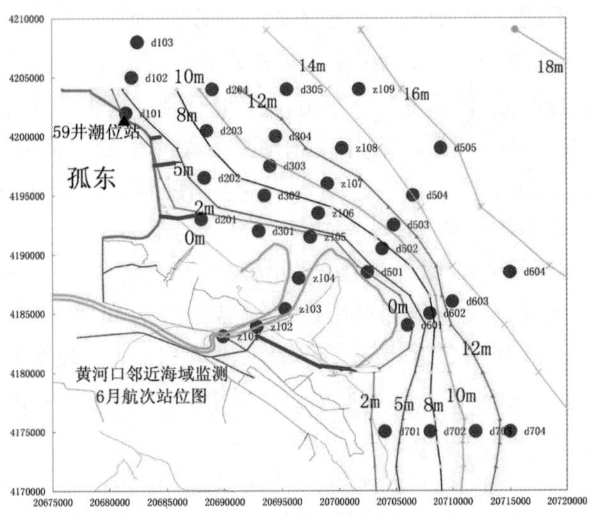

图 6-25　近海水域调查站站位布设

3.优化监测方案成果转化应用与实施

鉴于“基于河口生境的黄河水沙入海优化监测方案”实施费用巨大，黄河河口海岸科学研究所目前既缺设备，又缺经费，近期数年内不具备实施应用的条件。为了早日促使该监测方案实施，河口所联系了环保部黄河流域水资源保护局，多次积极汇报，终于设法立项了《黄河河口水生态监测规划方案》项目，成功地把“基于河口生境的黄河水沙入海优化监测方案”推出整合在黄河流域水资源保护局规划中。

2015 年 2 月 10 日，黄河水资源保护科学研究院与河口所又签署了《黄河河口水文泥沙监测及水生态站点建设》合同，要求河口所在 2015 年：①制定《黄河河口水文泥沙监测及水生态站点建设实施方案》；②开展黄河河口水文水资源调查；③开展黄河河口河道及近海泥沙调查；④开展黄河河口近海水下地形调查；⑤开展近海温度、盐度及营养盐监测；⑥进行黄河河口水生态监测站点定位标志建设；⑦进行《黄河河口水文泥沙监测及水生态站点建设》专题报告等内容的调查分析。2015 年 10 月 15 日前提交成果与验收。该项目的实施将对优化监测方案成果转化应用与实施迈出有力的一步。

6.1.3　黄河口关键环境因子在调水调沙工程影响下时空变化的三维数学模型

Delft3D 的泥沙模块是目前世界上较先进的泥沙模式，Delft3D 模式在泥沙模拟过程中同时耦合水深和地形变化，很少有其他模式具有这个功能。Dedft3D 综合了水动力、水质、生态、泥沙输运和地貌演变等模块（Lesser et al.，2004），功能强大，模式开发早，相对成熟，在国内外许多领域有广泛的应用（Martin，et al.，2005；Chen and Mynett，2006；Smitand Reiers，2008；Jeuken and Wang，2010）。

Dedft3D 通过求解三维浅水运动方程（自由表面不可压缩流体的三维 Navier-Stokes 方程）来研究河流、河口和近海区域等的流体和物质输运。模式采用正交曲线网格，能够很好地模拟弯曲的岸线，提供直角坐标和球坐标，采用交错网格布置变量，利用 ADI 方法，使用干湿动边界处理技术，同时提供前后处理可视化模块。

6.1.3.1 基于数值模拟的非调水调沙期间水文泥沙分布

非调水调沙期间(利津站流量为 200 m^3/s,含沙量为 1 g/L),黄河冲淡水表、底层均向南扩散,且无论是落潮还是涨潮期间其分布范围都很有限。落潮期间表层冲淡水有明显的向北扩散的趋势,但 29psu 分布范围仅在河口附近,距离河嘴最大距离约为 2 km,而底层无明显向北扩散的趋势,低盐水体主要沿三角洲近岸向南分布(见图 6-26)。涨潮期间,表层冲淡水沿着三角洲近岸向南扩散,29psu 等盐度线最远可达废弃清水沟流量河嘴附近,底层分布趋势与落潮基本一致,29psu 等盐度线分布范围与表层基本一致(见图 6-26)。

非调水调沙期间黄河口及三角洲近岸悬浮泥沙浓度分布主要存在 2 个高值区,分别位于北部刁口—神仙沟废弃河口近岸和废弃清水沟河口附近,表明悬浮泥沙主要源于海底泥沙再悬浮,河口区无明显的悬沙羽状锋,表明绝大部分泥沙入海后均沉积在河口附近,而很少向外海传输(见图 6-27~图 6-29)。

非调水调沙期间黄河口及其邻近海域的环流显示,在河口附近环流在表层和底层水体均显著的向南流动(见图 6-30),这是黄河冲淡水主要向南扩散的机制。

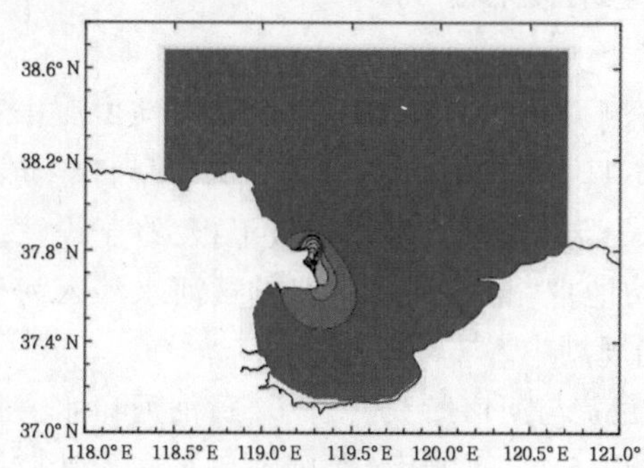

(a)表层盐度分布

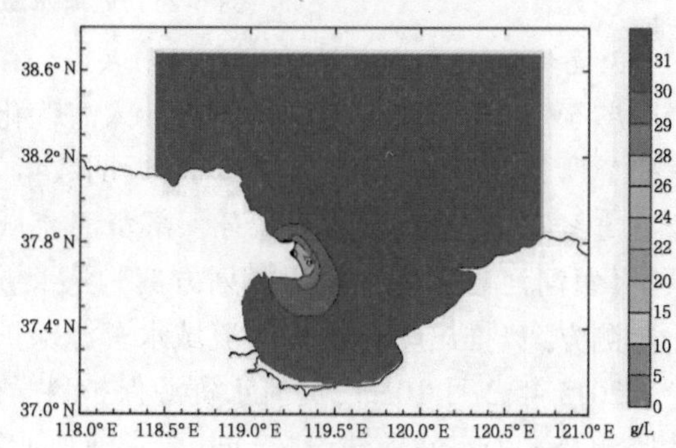

(b)底层盐度分布

图 6-26 非调水调沙期间落潮时刻盐度分布

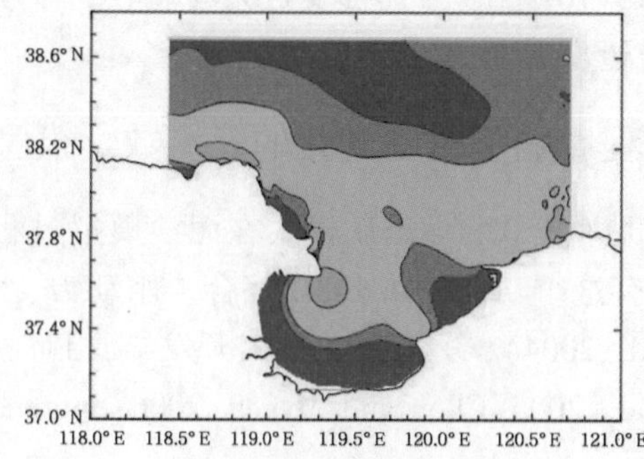

(a)表层含沙量分布

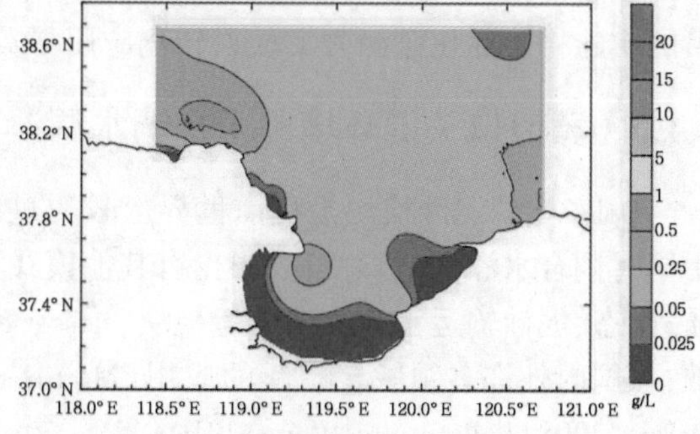

(b)底层含沙量分布

图 6-27 非调水调沙期间落潮时刻含沙量分布

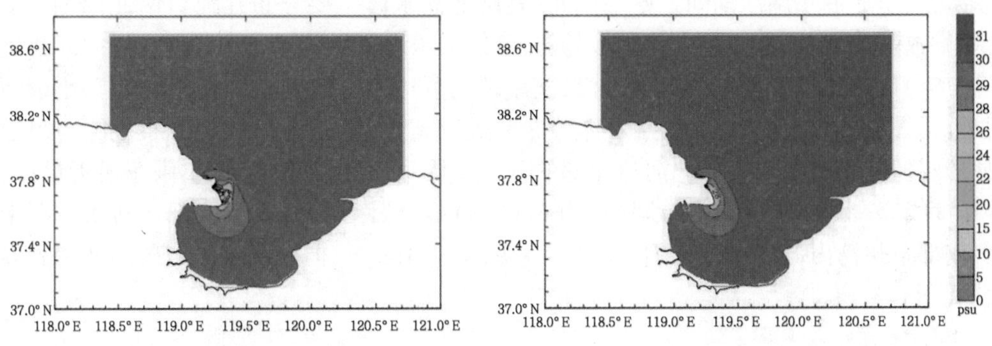

(a)表层盐度分布　　(b)底层盐度分布

图6-28　非调水调沙期间涨潮时刻盐度分布

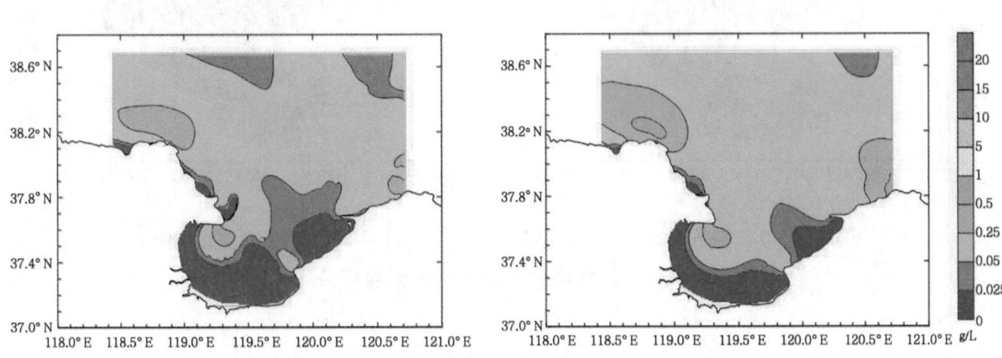

(a)表层含沙量分布　　(b)底层含沙量分布

图6-29　非调水调沙期间涨潮时刻含沙量分布

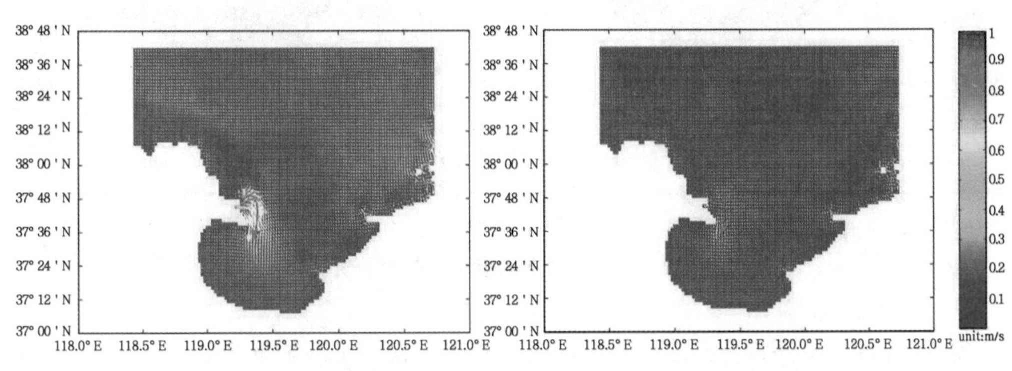

(a)表层余流分布　　(b)底层余流分布

图6-30　非调水调沙期间余流分布

6.1.3.2　基于数值模拟的调水调沙期间水文泥沙分布

黄河调水调沙期间(利津站流量3 500 m^3/s,含沙量为15 g/L),黄河冲淡水的分布范围显著大于非调水调沙期间。落潮期间，表层低盐水体主要分布在河口南北两侧。受潮流影响，表层冲淡水主要呈向北扩散趋势，且以沿深水扩散为主，29 等盐度线向北最远可达距离河口约 40 km 至东营海港外海，离岸距离可达 15~20 km，向南可分布至小清河口附近（见图 6-31(a)）。底层低盐水体分布与表层差异较大，河口南部分布范围与表层趋势一致，但范围略小于表层。河口北部的分布范围显著小于表层，且仅限于沿近岸区，29 等盐度线离岸分布范围非常有限（见图 6-32(b)）。涨潮期间，表层北部低盐水体向南退缩，南部莱州湾内低盐水体范围有所扩大（见图 6-33(a)），但底层水体与落潮期间差异不大（见图 6-33(b)）。

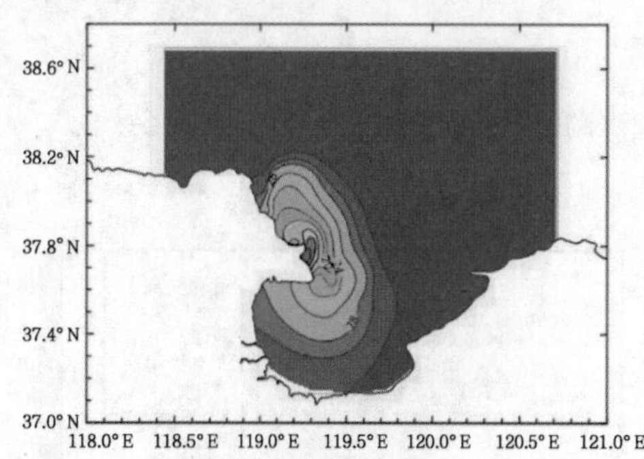

(a)表层盐度分布

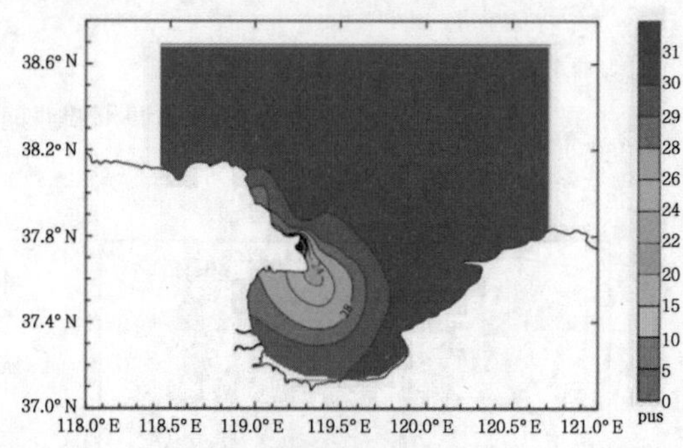

(b)底层盐度分布

图 6-31　调水调沙期间落潮时刻盐度分布

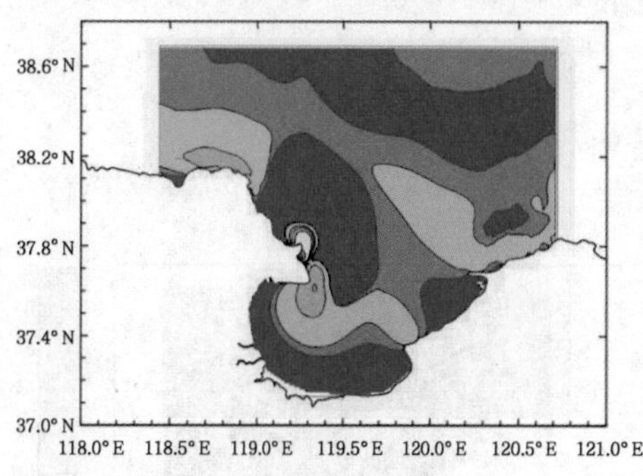

(a)表层含沙量分布

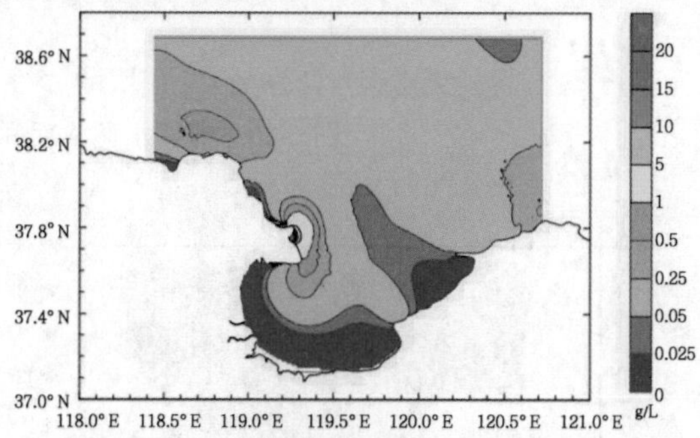

(b)底层含沙量分布

图 6-32　调水调沙期间落潮时刻含沙量分布

调水调沙期间，河口及三角洲近岸区表层水体存在三个高浓度中心，并以河口附近最高。落潮期间，表层河口悬沙羽状锋存在显著的向北扩散趋势，但是高浓度悬沙水体分布范围远小于冲淡水分布范围，仅分布在距离河嘴 10 km 以内的区域，表明河口入海泥沙发生快速沉降，绝大部分沉积在河口区近岸海域（见图 6-32(a)）。底层高浓度悬浮泥沙水体分布范围显著大于表层，可达距离河嘴 15 km 以外区域，且与表层分布格局差异显著，底层高浓度泥沙水体不仅有向北扩散的特征；也有显著的沿三角洲近岸向南扩散至莱州

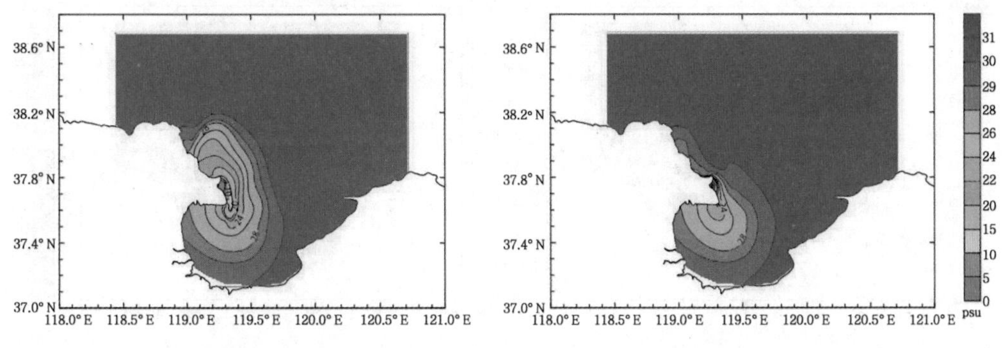

(a)表层盐度分布　　(b)底层盐度分布

图 6-33　调水调沙期间涨潮时刻盐度分布

湾的趋势(见图 6-32(b))。涨潮期间,表层高浓度泥沙水体向南扩散范围显著增大,可沿三角洲近岸绕过废弃清水沟河嘴进入莱州湾(见图 6-34(a))。底层悬浮泥沙分布格局与落潮期间基本一致(见图 6-34(b))。

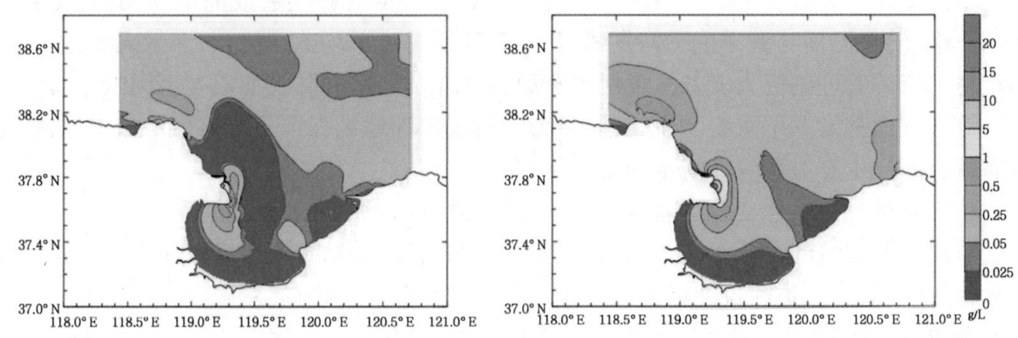

(a)表层含沙量分布　　(b)底层含沙量分布

图 6-34　调水调沙期间涨潮时刻含沙量分布

黄河调水调沙期间流量显著增大,使得河口及其邻近海域表层环流发生显著变化,在河口北部存在一个近岸区向北,至东营港附近转向,并在离岸区向南越过现行河口区进入莱州湾的顺时针环流系统。在河口南部近岸区仍然存在显著的向南的环流(见图 6-35(a))。环流的显著改变是导致表层冲淡水和悬沙分布与非调水调沙期间显著差异的主要原因。另外,底层环流仍然主要向南,但环流速度显著增加(见图 6-35(b)),这也是导致底层低盐和高悬沙水体主要分布在河口南部且分布范围显著大于非调水调沙期间的主控因素。

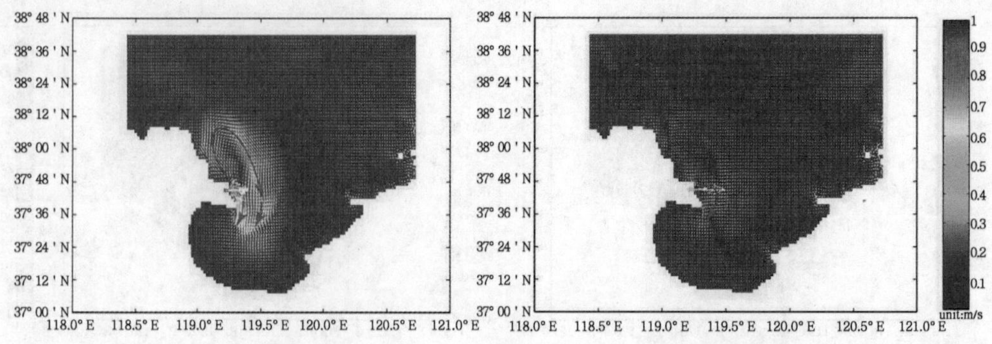

(a)表层余流分布　　(b)底层余流分布

图 6-35　非调水调沙期间余流分布

6.1.4　黄河调水调沙海洋生态调控效应研究探索及成效验证

6.1.4.1　黄河管理水利目标向海洋生态目标扩展,保持河口生境的稳定的优化调控方案

1.严格黄河水资源管理,把冲沙入海生态水量纳入红线管理

黄河 12 年调水调沙,彻底扭转了 20 世纪 90 年代黄河断流造成的被动局面,使黄河河床下降、河口湿地与海洋生态恢复的同时,保证了每年平均 200 亿 m^3 水量入海,这是黄河严格水资源管理的巨大成效。黄河水资源管理在黄河水利防洪灌溉甚至河道河口湿地生态等各方面都发挥了重要的意义,同时为黄河三角洲地区保证了可靠稳定的水源,但是没有解决海洋生态对黄河冲淡水的需求问题。

1)实施最严格的水资源管理,保证入海水量调度的意义

黄河入海大量的冲淡水注入渤海,降低了海水盐度,并给黄河口海域注入了丰富的营养盐,创造了著名的黄河口渔场,使得黄河口及近岸海域不仅拥有众多珍稀物种和丰富的渔业资源,也是许多海洋生物与鸟类的重要栖息地,是鱼类、虾、蟹等主要海洋经济物种的产卵、育幼和索饵场所。据资料统计,近海渔业资源的种类有 130 余种,其中包括重要的经济鱼类和无脊椎动物 50 余种。近海尤其适合多种贝类生长栖息,是全国著名的贝类生产区,分布于海涂的贝类资源近 40 种,其中经济价值较高的贝类有 10 余种。而且 1992 年建成的黄河口湿地保护区更是依存于一定入海淡水量的滋养,其带来的生态、旅游、社会经济价值不可估量。

2)黄河水不实施最严格的水资源管理制度的危害

黄河是中国大江大河中第一个进行流域初始水权分配的河流。早在 1987 年,国务院就批准了《黄河可供水量分配方案》。该方案采用的黄河天然径流量为 580 亿 m^3(花园口站),将其中 370 亿 m^3 的黄河可供水量分配给流域内 9 省(区)及相邻缺水的河北省、天津市,分配河道内输沙等生态用水为 210 亿 m^3,见表 6-2。

表 6-2　在南水北调工程生效前黄河可供水量分配方案　　(单位:亿 m^3)

地区	青海	四川	甘肃	宁夏	内蒙古	陕西	山西	河南	山东	河北、天津	生态用水
年耗水量	14.1	0.4	30.4	40.0	58.6	38.0	43.1	55.4	70.0	20.0	210.0

但由于没有严格的水资源管理法律法规制约，实际上各省（区、市）实际引黄水量都有逐渐增大且超指标用水的态势。罗玉丽（2010）统计，宁蒙灌区多年（1972～2006 年）平均引黄水量为 136.06 亿 m^3，占同期上游下河沿水文站径流量 286.22 亿 m^3 的 48%，年均退水量为 48.80 亿 m^3，减去退回黄河的水量，合计引水量 87.26 亿 m^3，已经接近两省（区）用水指标；近 10 年（1997～2006 年）年均引水量有所增加，年均引水量已占到同期下河沿站径流量的 60.4%，减去相应退水后净引水量为 109.8 亿 m^3，超两省（区）用水指标（98.6 亿 m^3）11%，已经超出用水指标。黄河下游河南、山东两省引黄灌区总面积 5 369 万亩，1986～1990 年均引水量为 120 亿 m^3（崔树彬，1997），1989 年引水量为 155 亿 m^3，超两省 125.4 亿 m^3 用水指标 24%。

各地超指标引水加之降水下降等的结果就是黄河入海水量持续减少，断流加剧，特别是 1987～1998 年连年发生断流，1997 年断流 226 d，断流长度 700 km，持续 10 多年的断流造成水容量减少，水环境恶化，河槽淤坏，河床淤高，小水大灾，两岸及河口生态系统退化。更为严重的是断流加剧引起水荒与下游决口威胁交加，将动摇社会稳定，其后患无穷（孔锡鲁，1997）。

3）实施最严格的水资源管理，调水调沙以来每年黄河入海水量增加到接近 200 亿 m^3

随着 20 世纪 80 年代末期尤其 90 年代河口水量的减少甚至枯竭断流，给黄河口渔场带来了近乎毁灭性的打击。但是从 2002 年调水调沙以来，12 年调水调沙期间，河口年均来水量为 221.1 亿 m^3，除 2002 年为 41.89 亿 m^3，其他各年份都在 184.2 亿 m^3 以上，彻底扭转了 90 年代河口水量锐减的趋势，黄河口物种逐渐丰富，原来频临灭绝的物种数量及产量都在恢复。

黄河入海水量增加是黄河借调水调沙时机实施最严格水资源管理制度的巨大成效，也是沿黄流域 9 省（区、市）严格水资源管理利用的巨大成效。

1999 年起黄河实行统一水量调度，彻底扭转了下游断流 20 年的断流局面。2002 年黄河实施调水调沙，正式利用水权分配水量进行调水调沙，12 年使下游河道河床平均下降 2 m 多，同时三角洲湿地与近海生态系统得以改善。

2011 年中央一号文件《中共中央 国务院关于加快水利改革发展的决定》明确提出，实行最严格的水资源管理制度，建立用水总量控制、用水效率控制和水功能区限制纳污“三项制度”，相应地划定用水总量、用水效率和水功能区限制纳污“三条红线”。2012 年初，国务院下发了《关于实行最严格水资源管理制度的意见》（国发〔2012〕13 号）。如何贯彻执行中共中央和国务院的水资源管理的精神，作为黄河水资源管理的行政主管部门，黄河水利委员会也相应提出了建立黄河水资源开发利用“红线”、黄河用水效率控制“红线”、黄河水功能区限制纳污“红线”。通过一系列的措施，着力提高黄河水资源利用效率和效益，以黄河水资源的可持续利用支撑沿黄经济社会的可持续发展。

4）严格水资源管理，必须持之以恒，力求把保证入海水量纳入第 4 条红线制度依法管理

黄河 2002 年调水调沙以来，保证了每年平均 200 亿 m^3 水量入海（见图 6-36），这是黄河严格水资源管理出来的水量，是沿黄上中游严格节约用水节约出来的水量，是黄河水权分配中用于冲沙入海的水量，同时又可以调节使用为海洋生态水量，必须持之以恒，用法律法规确定下来。

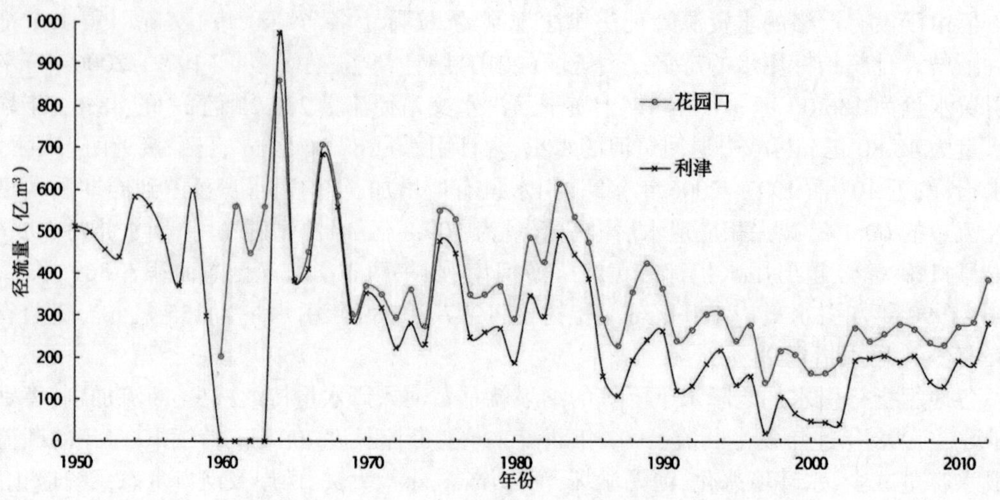

图 6-36　1950~2012 年黄河干流四站径流量年际变化

如果不严格水资源管理，黄河如 1997 年断流 227 d，断流长度 700 km 的山东各沿黄城市无水可引、无水可用、工农业生产停滞、草木凋零局面又必将呈现，黄、渤海海洋生物资源 90 年代以来剧烈下降甚至灭绝的局面将再次呈现。

严格黄河水资源管理，黄河下游尤其是黄河三角洲地区是最大的受益者，它保证了每年稳定可靠的巨量水资源进入河口，保证了东营市、胜利油田国民经济健康持续发展与河口近海生态持续恢复。因此，处于河口地区的城市更应该首先做严格黄河水资源管理制度的维护者与监督者。

保证入海水量控制既保证了冲沙水量，又保证了河流与河口近海急需的生态水量，因此严格水资源管理，必须持之以恒，不能有丝毫松懈。黄河水利委员会作为管理部门，应研究应用制度来保证入海水量控制管理，应把冲沙入海同时满足海洋生态需求的 200 亿 m^3 水量纳为严格水资源管理第 4 条红线来管理，做到有法可依、依法管理。

2.坚定实施调水调沙，调控河流与河口生态目标多赢

黄河调水调沙试验是人类治黄史上开展的大规模、系统的、有计划的调水调沙试验，通过水库联合调度、泥沙扰动和引水控制等手段，把不同来源区、不同量级、不同泥沙颗粒级配的不平衡的水沙关系塑造成协调的水沙过程，从而实现下游河道的减淤甚至全线冲刷（黄河水利委员会，2003）。2002 年开始的调水调沙在冲刷下游河床、恢复河槽输沙能力、调整小浪底库区淤积形态、改善河口湿地生态环境方面取得了明显预期成效，但是经过连续多年的调水调沙，社会上对调水调沙的成果出现了一些不同看法和质疑声音（宋宗水，1996，2005），甚至要否定、停止调水调沙。因此，需要及时对调水调沙作用及目标进行梳理、调控，排除问题，真正找到河流治理最具有生命力的举措。

1）黄河 2002 年始持续运行的调水调沙情况介绍

（1）2002~2012 年以小浪底水库为主，共进行了 14 次黄河调水调沙实践，取得了以下重要预期效果（黄河水利委员会，2003，2009；万占伟，2012）。

①黄河下游河道全线冲刷，高村以下河段冲刷明显。黄河调水调沙累计进入下游的

总水量为571.77亿m^3,总沙量为4.85亿t,入海总沙量为8.31亿t,下游河道共冲刷泥沙3.91亿t。其中,制约黄河下游河槽行洪输沙能力的高村至艾山和艾山至利津河段(简称艾利河段)分别冲刷1.08亿t、1.24亿t,分别占水库运用以来相应河段总冲刷量的40%和39%,调水调沙期间上述两河段的冲刷效率(河道冲刷量和来水量的比值)分别是其他时段的3.8倍、2.4倍。

②黄河下游河道行洪输沙能力普遍提高,河槽形态得到调整。通过小浪底水库拦沙和调水调沙运用,截至2012年,黄河下游主槽平均冲刷降低2.03 m,河道最小平滩流量由2002年汛前的1 800 m^3/s恢复到2012年的4 100 m^3/s左右,卡口河道断面形态得到有利调整,"二级悬河"不利河势得到逐步缓解,下游滩区"小水大漫滩"状况初步得到遏制。随着下游河槽抗冲性的增强,河槽断面形态变化由冲刷下切向横向展宽转变。

③人工塑造异重流加大了水库排沙比,优化了库区淤积形态。2004年,提出了利用万家寨、三门峡水库蓄水和河道来水,冲刷小浪底水库淤积三角洲形成人工异重流的技术方案,在小浪底库区塑造出了人工异重流并排沙出库,实现了库区淤积形态的优化调整,恢复了水库调节库容,为小浪底水库排沙创造了一条重要途径,延长了小浪底水库拦沙库容寿命。

④改善了河口生态,增加了湿地面积。2008年,黄河向河口三角洲湿地自然保护区补水1 356万m^3,核心区水面面积增加223 hm^2;2009年,再次向该区域补水1 508万m^3,核心区水面面积增加3 480 hm^2;2010年,实现了刁口河流路全线过水,并向现行流路南岸湿地补水2 041万m^3,湿地水面面积增加了3 247 hm^2;2011年,再次向现行流路南岸湿地补水2 248.1万m^3,湿地水面面积增加2 367 hm^2,刁口河流路再次实现全线过水。

(2)12年调水调沙,主要试验与运行了以下调水调沙模式(万占伟,2013)。

①汛前调水调沙运用模式。根据现状工程及调水调沙运用的实践经验,汛前调水调沙有以下3种模式:

一是小浪底水库单库调水调沙运用模式。该模式仅利用小浪底水库汛限水位以上蓄水进行调水调沙运用,水库下泄清水,以冲刷下游河槽、提高主槽过流能力为主要目标,同时兼顾河口生态补水。万家寨、三门峡水库按照设计运用方式,汛前库水位降至汛限水位。

二是三门峡、小浪底水库联合调水调沙运用模式。该模式是利用三门峡水库汛限水位以上蓄水,在小浪底库区人工塑造异重流,尽可能减少小浪底库区泥沙淤积,继续维持或提高下游河道主槽行洪输沙能力,兼顾河口生态补水。

三是万家寨、三门峡和小浪底水库联合调水调沙运用。该模式是通过万家寨、三门峡和小浪底水库的水沙联合调度,人工塑造异重流,尽可能多地排泄三门峡和小浪底水库的泥沙,在实现水库减淤的同时,把尽可能多的泥沙输送入海,同时实施河口生态调水,增加河口湿地面积,2004~2012年汛前调水调沙均采用该模式。

②汛期调水调沙运用模式。

汛期是小浪底水库利用洪水排沙、调水调沙,发挥防洪减淤效益的关键时期,科学选取汛期调水调沙运用模式,直接关系着水库拦沙期运用年限、中水河槽保持以及水库综合利用效益的发挥等。当前小浪底水库仍有拦沙能力,如何使有限的拦沙库容尽量发挥防洪减淤效益,是汛期调水调沙面临的关键问题。2003 年、2004 年、2007 年在汛期都成功利用洪水调水调沙。

(3)截至 2012 年 4 月,小浪底水库累计淤积泥沙已达 25.22 亿 m^3,当前水库运用已处于拦沙后期。小浪底水库水沙调控目标也由拦沙初期的蓄水拦沙、塑造洪峰、尽快恢复下游河槽过流能力,转向水库适度拦调泥沙尽可能长期维持黄河下游河道主槽 4 000 m^3/s 以上过流能力。水库调水调沙模式及运用思路应据此做出相应调整,以充分发挥小浪底水库综合效益。

2)坚定调水调沙理念与运行,坚定调水调沙模式的研究、创新

小浪底水库的修建与运行,使控制黄河下游洪水、利用中上游洪水调控河流、恢复河流健康生命有了工程手段。2002 年开始的以小浪底水库为主的黄河调水调沙,是传统治黄与现代制黄的分水岭,开启了现代治黄的新时代,是黄河历史上的伟大进步。鉴于黄河的水资源紧缺已成常态化,但发电、灌溉、冲刷河槽、河流与海洋生态等问题的解决都依赖于黄河水资源,因此我们要坚定黄河调水调沙,要坚定地认识到只有调水调沙,集中有限的黄河水资源,才能统筹解决这一系列需要解决的问题,即兵法上的集中优势兵力打歼灭战。

(1)调水调沙是冲刷下游河床的利器,是非常有效利用冲沙水量的工程措施,十余年调水调沙,黄河悬河形势减缓,为黄河防汛赢得了时间与空间,可以从容优化调水调沙频次、时机、目标,统筹调控。我们已经掌握了调水调沙这一有力冲沙手段,可以在需要时及时运用。

(2)调水调沙是最佳利用水权冲沙水量的工程措施,如果不调水调沙,就不可能最佳发挥这 200 亿 m^3 水量冲沙的作用。

(3)调水调沙保证了足量泥沙尤其是异重流细颗粒泥沙入海,给海洋输送了丰富的硅酸盐与对虾产卵场依赖的浮泥层,而硅酸盐是海洋鱼类基础饵链硅藻的食物,在大部分海岸堤化的情况下,河流输送泥沙硅酸盐几乎是唯一重要的通道。而调水调沙以来中国对虾的数量繁殖与其产卵场浮泥层的扩大有明显关系。

(4)调水调沙淡水向海输送,降低了河口近海盐度,输送了大量营养盐,在河口附近形成了依赖黄河淡水的黄河口渔场。

(5)调水调沙是小浪底水库运行的主要工程设计手段,是小浪底水库发挥发电、航运、蓄水、防洪、调水调沙等综合效益的重要一环,否定一环势必环环否定,小浪底水库将失去黄河下游唯一可控的工程管理手段。

因此,我们必须坚定调水调沙,坚定调水调沙学习、思考、宣传、提高,坚定调水调沙模式的研究、创新,研究调水调沙调控频次、调控时机,以不断适应黄河管理、大河生态、国民经济发展的需求,达到调控河流防洪与河口生态、国民经济需求共赢的目标。

3)调控长期稳定现行河口,调控三角洲海岸生态均衡,保障河口生态环境的稳定

(1)黄河河口不稳定特性。

黄河水少沙多、不协调的高含沙水入海导致黄河河口尾闾 1855 年入渤海以来三年两决口、十年一改道的局面。

黄河自 1855 年夺大清河入渤海以来,由于自然或人为因素,不断决口改道,据历史记载及实际考察的不完全统计,决口改道达 50 余次,其中较大的有 10 次。其中 1855~1938

年发生 7 次，形成了以宁海为顶点，北至徒骇河以东，南至南旺河以北约 5 400 km^2的近代三角洲；1938 年 6 月至 1947 年 3 月山东河竭，1947～1976 年发生 3 次，改道顶点下移到渔洼，形成了以渔洼为顶点，北至刁口河，南至宋春荣沟 2 200 km^2的辐射东北区的亚三角洲；1996 年清 8 出汊工程使三角洲顶点进一步下移，是在现行河道周期人工出汊的开始，其辐射范围进一步缩小。

黄河流路改变后，由于海洋、地形等条件的变化，泥沙输移出现新的特点。河口尾闾不稳定的症结在泥沙，在于水少沙多不和谐的水沙关系。黄河平均每年挟带十几亿吨泥沙进入黄河口，河口海域属弱潮浅水海域，由于遭遇潮流切边拦阻，入海泥沙在河口沿程堆积落淤致使河口延伸，其结果是河口水位壅高，从而在河口三角洲顶点附近产生决口改道，如此河口淤积、延伸、改道的过程周而复始。如何顺应河口尾闾自然演变的基本规律，加以调控引导，使河口尾闾大范围的在三角洲上频繁泛滥摆动变成相对长期稳定，是目前河口治理的目标，是黄河三角洲经济持续发展的必要保障，更是河口海域稳定的生态环境的重要保障。

随着东营建市以来黄河三角洲经济发展对长期稳定现行流路的需要，开展了河口疏浚一系列调控措施，使 1976 年以来的清水沟流路目前行河 38 年，仅在 1996 年实施了清 8 出汊调整，使整个流路河道在清 8 顶点以上保持了稳定，根据来水来沙预测整个流路在清 8 以上还将继续稳定 50 余年。因此，分析河口尾闾自然演变规律，借鉴近 20 年来调控经验，继续研究优化河口调控措施，确保河口长期稳定。

（2）河口不稳定对河口生态系统的影响。

河口位置改变意味着原河口低盐淡水生境的立刻丧失。其所长期形成的营养物质浓度、水质、低盐淡水环境等水体环境立刻改变，其所适应的生物群落结构、组成、分布特征和生产力立刻失去依赖。

通过调查东营市不同时期渔业生产报告等资料，发现 1956～1964 年神仙沟流路、1964～1976 年刁口河流路、1976～1996 年老清水沟流路三次河口的巨大调整，对曾经的河口渔场带来巨大影响（陈志娟，2008）。1964 年后原神仙沟河口失去河水补给，其渔场当年就开始退化，很多物种产量锐减，同时刁口河流路直到 2～3 年后才逐渐补回；1976 年改道神仙沟流路对刁口河海域渔场影响也是如此。过去河口渔场恢复较快，与当时黄河正处于丰水期，入海水量庞大有关，如 1964 年入海水量 940 亿 m^3，是现在的 5 倍左右。庞大的储存水量使整个黄河三角洲近海较长期地维持了原河口的淡水环境，给依存的生物物种创造了能够迁徙的路径，从而在新河口恢复建立新的生态系统。

但是现在由于整个流域黄河水资源的紧缺，入海水量只能靠严格的水资源管理制度保持在分配水量范围内，入海水量仅有过去时期的 1/4 或更少，生态系统脆弱，生态系统的路径基本断裂，因此应尽量保持河口稳定。如果要按规划对口门进行调整，调整周期也不宜频繁。

（3）调控河口长期稳定，保持河口生境的稳定的优化调控方案。

一是坚持调水调沙运行毫不动摇，保持黄河河道健康过流能力。通过调控模式分析得知大水出好河，小水错弯并淤废抬高河道。经过长期小水行河的河道平滩流量降低，悬河形势加剧，在遭遇大洪水后容易出险以致冲决河岸。而 12 年的调水调沙正是大水出好河,而且人工调控了较为和谐的水沙关系,已证明是降低河床的有效利器。因此,每年应坚持调水调沙维持河道过流能力。

二是治理大堤弯道凹岸节点,有效地增加防洪能力。黄河下游河道是弯段河流,弯段河流的特性使凹岸成为顶冲节点,治理控制好大堤弯段凹岸险工节点,可事半功倍地对大堤起到防护作用。

三是保护刁口河备用流路,坚持给刁口河湿地及其近海补水,调控三角洲海岸生态均衡。

2010 年至今已连续 4 年给刁口河湿地补水,湿地通过围堤储存当年淡水,在下一年度补水时期进行置换,置换后的微咸水排入大海。这样以年为周期地给湿地及其近海补水,湿地与近海生态效果已经显现。

首先刁口河陆地湿地调水后以湿生、水生景观为主,恢复区面积达到 500 km^2,形成了大面积的芦苇沼泽和水域生境,人工补水初步遏制了刁口河区域植被逆向演替趋势,受损的敏感生境和湿地植被结构得到修复,芦苇沼泽与芦苇草甸等水生鸟类的主要植被生境初步形成。湿地生境明显改善,在原有天鹅保护物种的适宜生境基础上,大型涉禽类的保护鸟类生境得到显著修复,水生鸟类数量显著增加。

通过近海渔业调查,刁口河 2014 年已经开始捕捞到对虾。

刁口河流路海岸位于现行河口西部 100 km,正处于现行河口影响不到的海岸区域。因此,保护刁口河备用流路,坚持给刁口河湿地及其近海补水,可以调控三角洲海岸生态均衡。

3.恢复河口春季低盐淡水生境,黄河入海水沙调控方案研究

1)目前调水调沙对海洋生态目标兼顾不足

黄河口最多需要多少淡水量,这是目前海洋与水利政府部门都非常关注的问题。首先,黄河口缺水是季节性缺水,夏秋季节并不缺水;其次,黄河入海淡水主要是支撑湿地陆上植物、湿地淡水生物与湿地近海低盐淡水物种的生长与黄河下游农业春灌需求。春季是万物生长(植物生长、生物产卵、发育生长)的季节,如果春季补充充足的淡水,在恢复河口依赖淡水生境的重要物种方面将具有事半功倍的效果,而目前的黄河调水调沙时机选择在 6 月下旬至 7 月上旬,不能提供春季万物生长急需的淡水,即使取得重大效果的河口湿地补水也存在与夏季雨季冲突的矛盾,造成目前想引又不敢引(补水后怕遭遇下雨冲决蓄水堤坝),不引又不行(不补水又怕夏季雨水不足)的窘境。

2)基于河流与海洋生态双赢的黄河调水调沙调控方案

综上所述,黄河数十年来春季入海水量减少对海洋生态环境已经造成了重大影响,因而恢复河口春季低盐淡水生境,恢复河口主要物种的数量与产量,唯有尽可能地增加入海流量,兼顾海洋需求调控黄河调水调沙时机,增加春季产卵场所依赖低盐淡水面积范围。

(1)兼顾小浪底水库蓄水发电、下游农业灌溉、保证调水调沙条件下尽量增加春季入海淡水量的优化方案。

考虑到黄河水资源紧缺,小浪底水库发电需求,如果没有足够水量在春季调水调沙,那么可以以小浪底水库发电洞最大过水能力流量整个春季持续下泄,同时留出每年 6~7 月汛前的调水调沙水量,这样将不浪费淡水资源的发电能力。而持续整个春季的中流量

放水,也能解决下游及河口春季湿地与海洋补水的问题;而且因流量增大水位升高,下游灌溉有可能部分自流引水,直接益处是灌溉成本减少,而且又留住了每年 6~7 月汛前的调水调沙水量,保证了黄河调水调沙冲刷下游河道。

同时,每年争取利用夏秋季洪水进行调水调沙,一方面运用调水调沙降低黄河下游河床利器把夏秋季洪水调控成协调的水沙关系冲刷下游河床;另一方面,此时尽量运用调水调沙多库联调异重流模式,把中上游高含沙洪水通过异重流形式排出小浪底水库入海,利用异重流带出的细颗粒泥沙入海发育对虾等产卵需要的烂泥浮泥层。

(2)储建下游两岸及海洋生态水量储备水库,最大程度兼顾海洋生境恢复的黄河调水调沙的中远期目标。

春季黄河入海水量越大,河口海洋生境恢复与渔业资源效益就越大,但显然目前黄河不可能提供无限的黄河入海水资源春季入海,但同时黄河每年夏秋季又有汛期大量洪水在下游两岸及海洋不需要水的季节白白入海。因此,中远期方案是修建中游古贤等骨干生态水量储备水库,拦蓄黄河夏秋季洪水调控到春季下泄,这时就可以做到在春季实施更大水量的调水调沙,增加下游及河口的春季生态水量。

黄河在春季进行调水调沙,把每年 6~7 月的黄河调水调沙提前到 4 月或 5 月,该时期正是海洋生物、鱼虾等的产卵季节,调水调沙时可进行湿地补水,下游农业灌溉可以高水位自流引水,同时在河口近海区低盐淡水海域进行对虾等重要物种放流,这样几年河口生态系统及相关产业将得到较大程度恢复。

总之,黄河口春季需要的淡水量多多益善,在黄河水资源短缺的前提下,只能优化调控淡水下泄入海时机、频次,同样在不再增加水量的情况下,达到恢复下游及河口生境及相关物种产量的目标。

另外,加大黄河下游农业水库蓄水能力,进行引灌储备伏汛洪水,用于来年春季农业灌溉,尽量减少春季灌溉时从黄河直接引水量,使春季更多生态水量入海。

沿黄流域诸多问题依赖于黄河水资源来解决,诸如社会上春季农田灌溉用水以及提灌成本增加、工业生产城市用水、黄河水库发电、黄河冲刷降低河床,再加上海洋生物春季产卵孵育依赖低盐淡水环境等,但黄河的水量有限,必须想一个妥善的方法把这些问题共同解决。

而春季调水调沙就可以统筹解决以上问题。因为目前只有调水调沙才能把有限的水资源集中起来,选择合适的时间调控,一股脑地统筹解决这一系列问题,这个合适的时间就是春季,合适的方法就是春季调水调沙。正如兵法中集中优势兵力打歼灭战,调水调沙就是集中有限水资源,把所有问题集中解决。

因此,我们要坚定黄河调水调沙,加强社会与政府部门对调水调沙的正面、全面认识,做到共同多赢。

6.1.4.2　2014 年、2015 年连续两年春季进行黄河调水调沙调控方案的成效验证

1.2014~2015 年春季下泄入海水量比往年明显增加

1)近年利津站春季 3~5 月逐月水量比较

由于 2014 年春季黄河下游山东、河南两省遭受大旱,为优先满足黄河下游两岸春旱抗旱需要,小浪底水库 3 月整个月份基本按 1 500 m^3/s 流量下泄(见图 6-37),这在小浪

底水库 2002 年调水调沙以来是没有的，过去最大流量控制在 9 00~1 000 m^3 以下。

图 6-37　小浪底水文站 2002 年调水调沙以来春季下泄逐日平均流量比较

在下游开足马力引水的条件下，入海流量也显著增加。图 6-38 统计了 1999 年、2000 年、2010~2014 年度春季逐日平均流量，明显看出粗红线代表的 2014 年流量明显比历史年份增大。

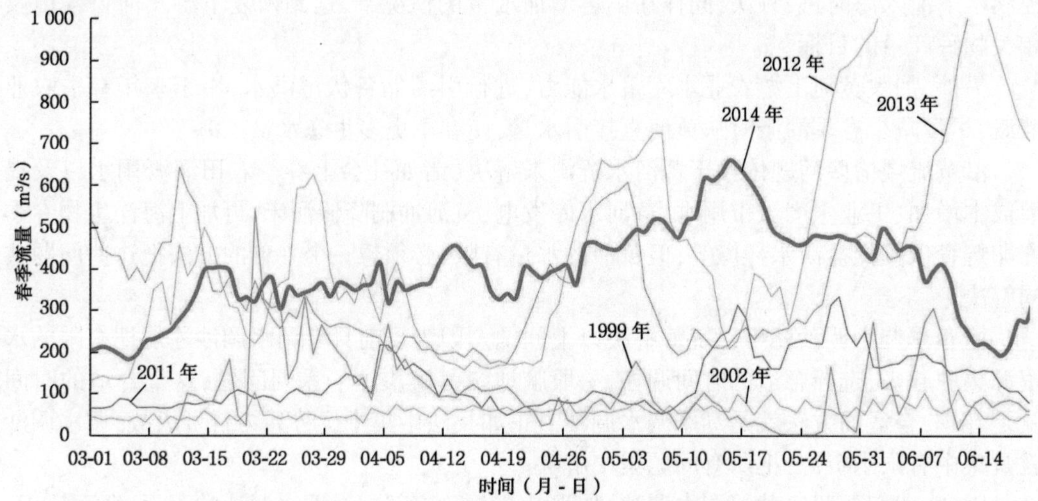

图 6-38　利津 1999 年以来春季逐日平均流量比较

利津站 2014 年净流量 114.3 亿 m^3，春季 3~5 月水量为 31.94 亿 m^3，占全年的 28%。从利津站春季 3~5 月水量变化图（见图 6-39）来看，20 世纪 90 年代以来 2014 年春季 3 个月来水量基本是最高的，尤其海洋物种开始产卵的 4 月一直是最高的，虽然跟历史上近百亿立方水不能比，但还是有所改善的。

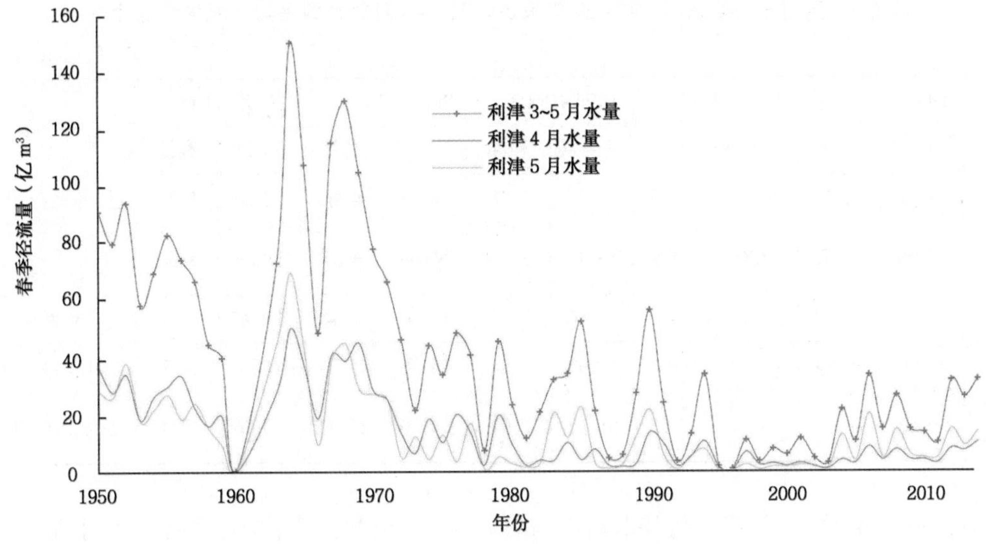

图 6-39　利津春季逐月水量比较

2）2014~2015 年春季入海流量增加与历史上春季水量恢复程度比较

每年春季 3~5 月入海水量直接影响调控着黄河口海域产卵栖息地海水盐度，三门峡站 3 月水量基本代表了上游桃花汛水量，而相应利津站 4 月水量为桃汛入海水量，海洋 5 月为产卵盛季。

三门峡 3~5 月春季径流量 60 年来除受宁蒙灌区影响外，变化幅度较稳定（见图 6-40、表 6-3），3 月桃汛水量虽从 1972 年前的 31.42 亿 m^3 到其后略有减少，但仍在 20 多亿 m^3 量级以上稳定变化。

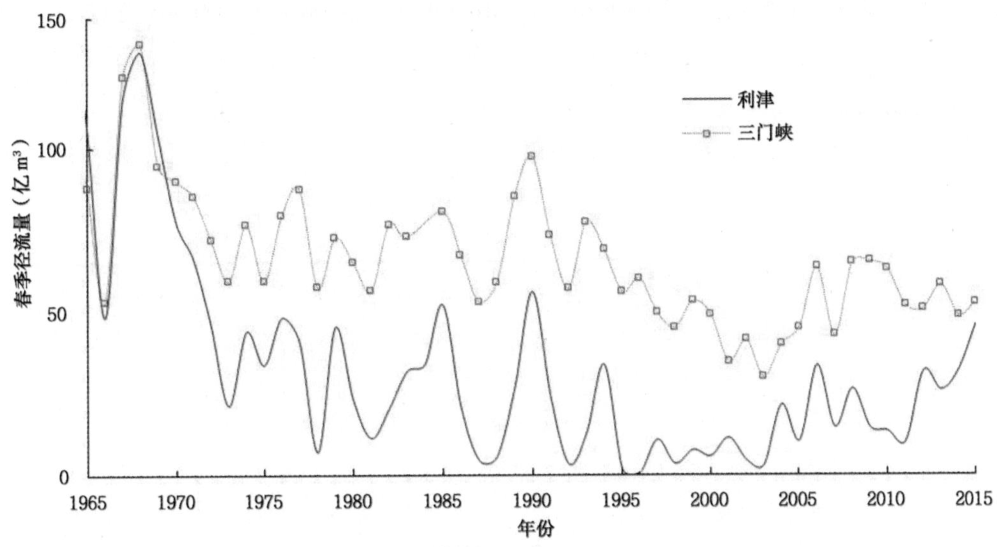

图 6-40　黄河三门峡站、利津站 60 年来春季 3~5 月每月径流量变化

表 6-3　黄河三门峡站、利津站 60 年来各时期 3~6 月每月的平均入海水量统计

（单位：亿 m^3）

月份	1950~1972 年		1973~1993 年		1994~2003 年		2004~2011 年		2012~2015 年		生物季节
	三门峡	利津	三门峡	利津	三门峡	利津	三门峡	利津	三门峡	利津	
3	31.42	22.36	24.74	11.67	20.82	3.28	24.51	4.46	22.55	8.79	上游桃花汛
4	28.68	28.68	22.88	8.03	18.45	3.23	18.89	4.61	18.04	8.56	桃花汛 产卵初季
5	30.42	27.52	22.52	7.85	10.86	2.10	11.20	4.64	11.97	10.69	产卵盛季
6	22.60	26.44	18.60	9.09	10.97	1.84	15.36	8.78	6.33	14.58	产卵末育肥季
3~5 月合计	90.52	78.56	70.14	27.55	50.13	8.61	54.60	13.71	52.56	28.04	春季万物生

而利津站流量 1972 年以前基本与三门峡站一致，相差幅度较小，其时仅 4 月桃花汛入海水量仍达 28.68 亿 m^3，但 1973 年以后显著下降，整个 3~5 月入海水量最大从 78.56 亿 m^3 下降到 1994~2003 年阶段的 8.61 亿 m^3，甚至仅为同期三门峡站 3 月桃汛水量的 1/3强。但从 2004 年起黄河入海水量开始增多，6 月因调水调沙更是达到平均 31 多亿 m^3，超过了 1972 年以前水平。2012 年起，黄河春季入海淡水量显著提升，比前期 2004~2011 年阶段提高 2.0 倍，比最枯竭的 1994~2003 年时期增加 3.3 倍。

2. 黄河口 2014 年春季成效验证调查

项目组时刻关注通报 2014 年黄河春季加大流量泄流的水情，会议决定抓住黄河口 2014 年春季入海水量增加时机进行成效验证调查。国家海洋局第一海洋研究所于 2014 年 6 月在黄河口海域开展了鱼卵仔稚鱼调查，共设计并调查了 38 个站位（调查站位布局见图 6-41），调查严格按照《海洋调查规范》（GB/T 12763—2007）中的有关规定进行。

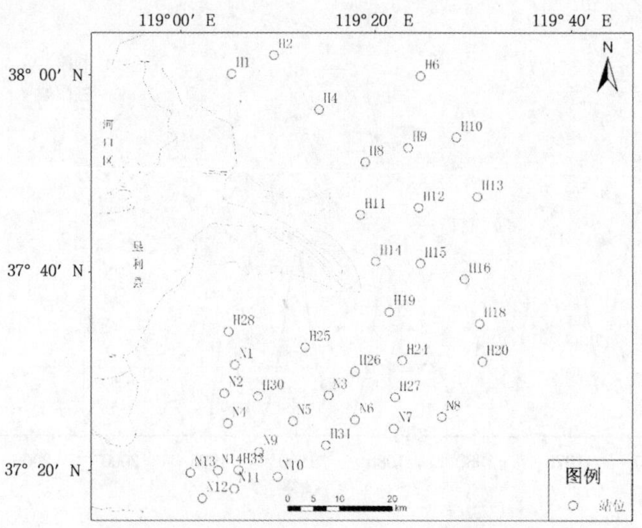

图 6-41　黄河口海域鱼卵仔稚鱼调查站位图

1）调查及分析方法

海洋鱼卵仔稚鱼样品的采集、贮存、运输、预处理及分析均按《海洋调查规范》（GB/T 12763—2007）中的有关规定进行。本调查的鱼卵仔稚鱼样品是采用浅水Ⅰ型浮游生物网水柱水平拖网采集，网长145 cm，网口内径50 cm，网口面积0.2 m^2。网口放置流量计，将网具置于海表（0~3 m），船速约为2节，水平拖网约10 min。网采样品用5%甲醛溶液固定后带回实验室，在实验室内从样品中挑取鱼卵、仔稚鱼标本，采用生物解剖镜，对各站标本进行种类鉴定、个体计数并计算密度（ind/m^3）。

相关的表达鱼卵仔稚鱼群落特征参数的计算公式如下：

（1）种类丰度指数（Margalef's species richness）：

$$D = \frac{S - 1}{\log_2 n}$$

（2）多样性指数（Shannon-Wiener diversity index）：

$$H = -\sum_{i=1}^{S} (P_i \log_2 P_i)$$

（3）均匀度指数（Pielou's evenness）：

$$J = \frac{H}{\log_2 S}$$

（4）优势度（IRI）：

$$\mathrm{IRI} = \mathrm{NF}$$

以上公式中：S为鱼卵仔稚鱼的种类数；n为鱼卵仔稚鱼个体数量；P_i为第i种鱼卵仔稚鱼的个体数量占总数量的比例；N为某一种类的尾（粒）数占总尾（粒）数的百分比；F为某一种类出现的站位次数占总站位数的百分比。

2）调查结果

（1）鱼卵。

①种类组成。本次调查中，共采集到11 803粒鱼卵，经分析鉴定共13种，隶属于7科10属。在所有鱼卵中，死卵6 578粒，占总数的55.73%。采集到的赤鼻棱鳀鱼卵数量最多，为6 892粒，占总数的58.39%；其次是青鳞小沙丁鱼，有2 254粒，占总数的19.10%。

②数量分布。调查海域的各站位鱼卵栖息密度（见图6-42）的变化范围为0.02~29.09粒/m^3，平均密度为2.34粒/m^3，调查海域南部鱼卵栖息密度较大，N7站位的栖息密度最大，N9站位次之，H8站位的鱼卵密度最小，调查海域中部和北部的大部分站位鱼卵栖息密度均小于1粒/m^3。

③重要优势种数量分布。依据优势度（IRI）≥1 000，鱼卵的优势种为赤鼻棱鳀，栖息密度的变化范围为0~25.24粒/m^3，平均密度（见图6-43）为1.31粒/m^3。赤鼻棱鳀鱼卵中死卵为4 065粒，占总卵数的58.98%。赤鼻棱鳀鱼卵主要分布于调查海域的南部，N7站位的栖息密度最大，大多数站位赤鼻棱鳀鱼卵的栖息密度都小于1粒/m^3。

④群落特点。本次调查海域各站位的种类丰度指数（D）的变化范围为0~1.84，平均为0.79；多样性指数（H）的变化范围为0~2.72，平均为1.24；均匀度指数（J）的变化范围为0.26~1，平均为0.68。调查海区鱼卵的种类多样性总体处于中等水平。

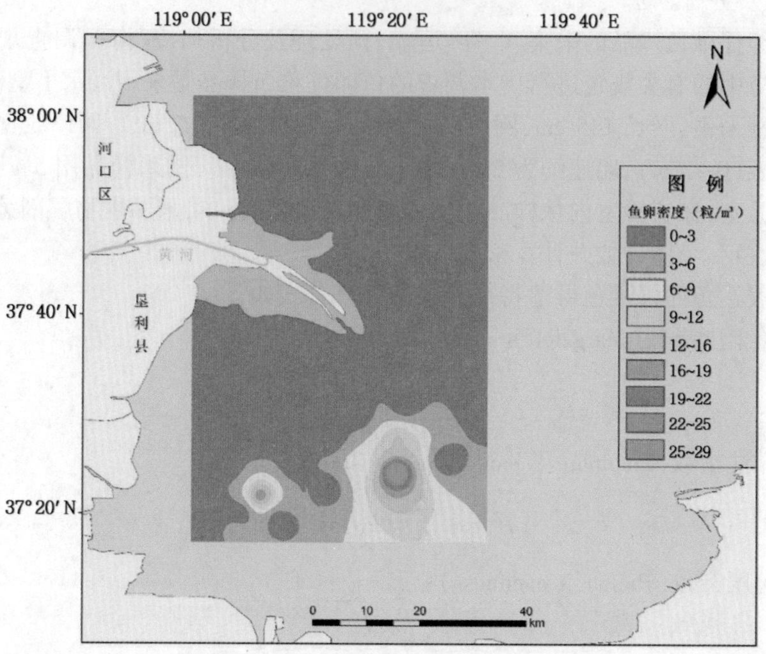

图 6-42　黄河口海域鱼卵密度分布图

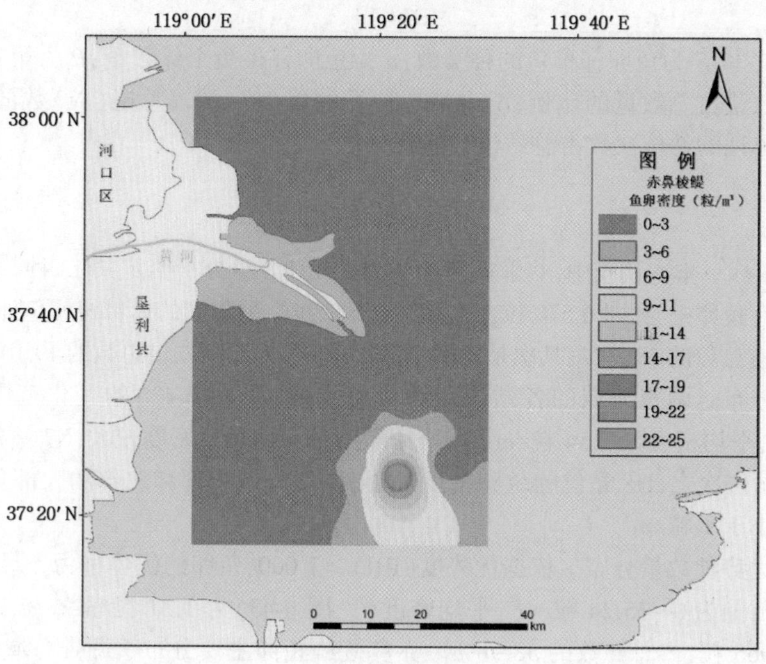

图 6-43　黄河口海域赤鼻棱鳀鱼卵密度分布

（2）仔稚鱼。

①种类组成。本次调查中，共采集到 103 尾仔稚鱼，经分析鉴定共 8 种，隶属于 6 科 8

属。38 个站位中仅 17 个站位采集到了仔稚鱼样品。仔稚鱼中以多鳞鱚数量最多,为 30 粒,占总数的 29.13%;其次是青鳞小沙丁鱼(25 尾),占总数的 24.27%。

②数量分布。调查海域的各站位仔稚鱼栖息密度(见图 6-44)的变化范围为 0~0.11 尾/m^3,平均密度为 0.02 尾/m^3,调查海域北部仔稚鱼栖息密度较小,N11 站位的栖息密度最大,N14 站位次之。由于各种类仔稚鱼的 IRI 值均小于 1 000,故不存在优势种。

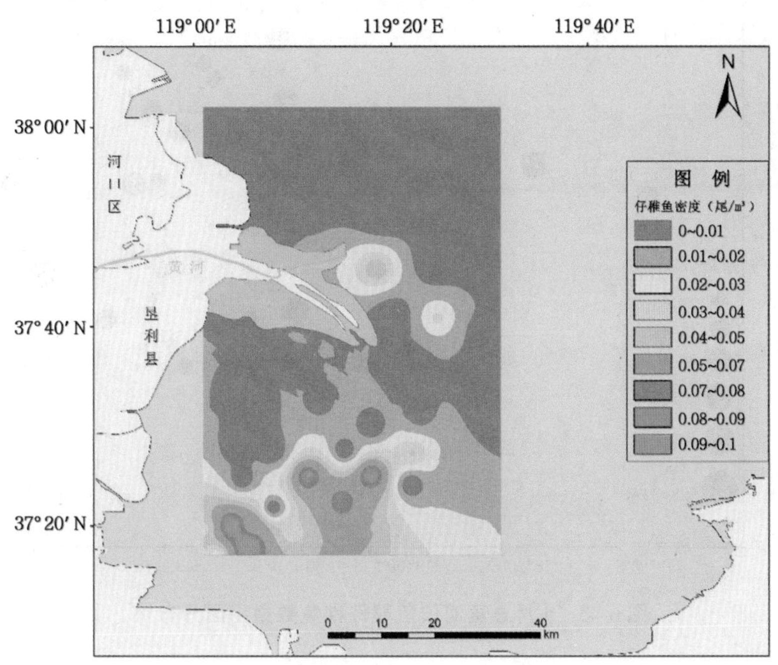

图 6-44　黄河口海域仔稚鱼密度分布

③群落特点。本次调查海域各站位的种类丰度指数(D)的变化范围为 0~1.82,平均为 0.62;多样性指数(H)的变化范围为 0~1.73,平均为 0.26;均匀度指数(J)的变化范围为 0.44~1,平均为 0.80。调查海域的仔稚鱼种类多样性较低。

3.黄河口 2015 年春季成效验证调查

2015 年分调水调沙前(5 月)、中(7 月)、后(8 月)三个航次对黄河口鱼卵仔稚鱼进行调查。

1)第一航次 5 月 22~26 日

(1)鱼卵仔稚鱼总数分布。本航次共采集到鱼卵 4 185 粒,仔稚鱼 3 815 尾,鱼卵和仔稚鱼总数的变化范围为 1~2 142 粒(尾),其中数量最多的站位为 D3。从总体分布趋势来看,近岸水域鱼卵仔稚鱼总数多于远海区域,调查区域南部鱼卵仔稚鱼数量多于北部,见图 6-45。

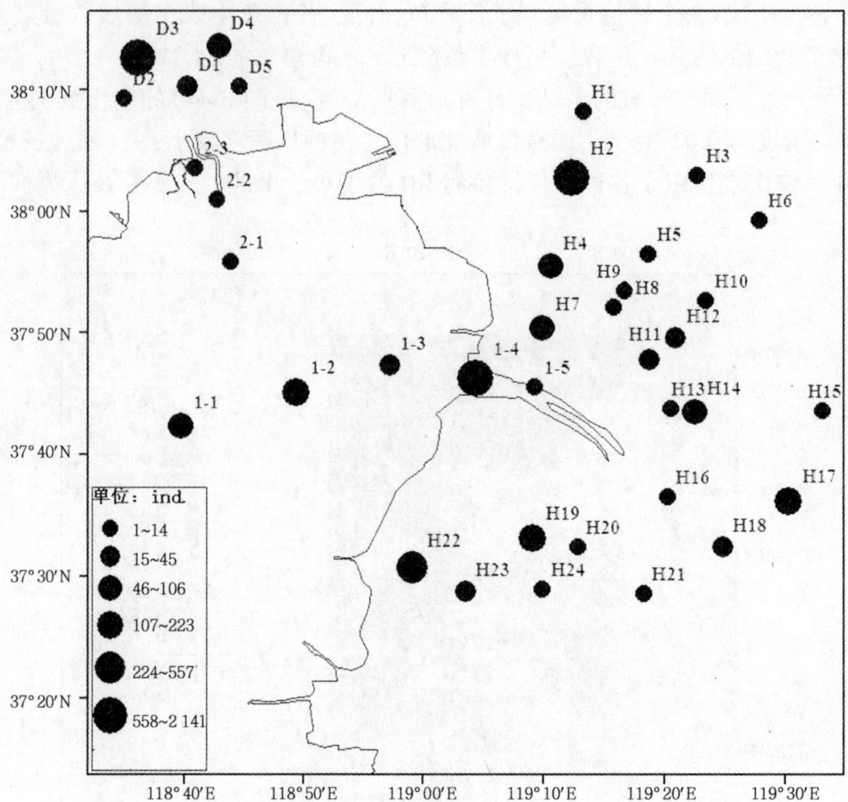

图 6-45　5 月总黄河口鱼卵仔稚鱼数量平面分布

(2) 鱼卵数量分布。本航次共采集到鱼卵 4 185 粒,鱼卵总数的变化范围为 0~2 047 粒。其中,鱼卵数量最多的站位出现在 H2 站位,见图 6-46。从总体分布趋势来看,黄河河道内鱼卵数目明显低于黄河口海水水域,近岸区域鱼卵数目多于远海区域。

(3) 仔稚鱼数量分布。本航次仔稚鱼总数为 3 815 尾,仔稚鱼总数的变化范围为 0~1 927尾。其中,仔稚鱼数量最多的站位出现在站位 1-4,见图 6-47。从总体分布趋势来看,仔稚鱼数量分布不均匀。黄河河道内仔稚鱼数量多于近岸沿海区域,远海区域的数量最少。黄河口大部分远海区域没有采集到仔稚鱼。

2) 第二航次 7 月 10~15 日

(1) 鱼卵仔稚鱼总数分布。本航次共采集到鱼卵 3 020 粒,仔稚鱼 715 尾,总数为 3 735粒(尾)。鱼卵和仔稚鱼总数的变化范围为 1~1 077 粒(尾),其中数量最多的站位为 H2 站位,见图 6-48。从总体分布趋势来看,鱼卵数量分布较为均匀。河口区域总数大于其他区域。黄河河道内数量分布和远海差异不是很大。

(2) 鱼卵数量分布。本航次共采集到鱼卵 3 020 粒,鱼卵总数的变化范围为 0~1 061 粒,其中鱼卵数量最多的站位出现在 H2 站位,见图 6-49。从总体分布趋势来看,鱼卵数量分布不均匀,黄河河道内鱼卵数目高于远海区域,河口区域呈现出中间数量少于南部和北部的趋势。

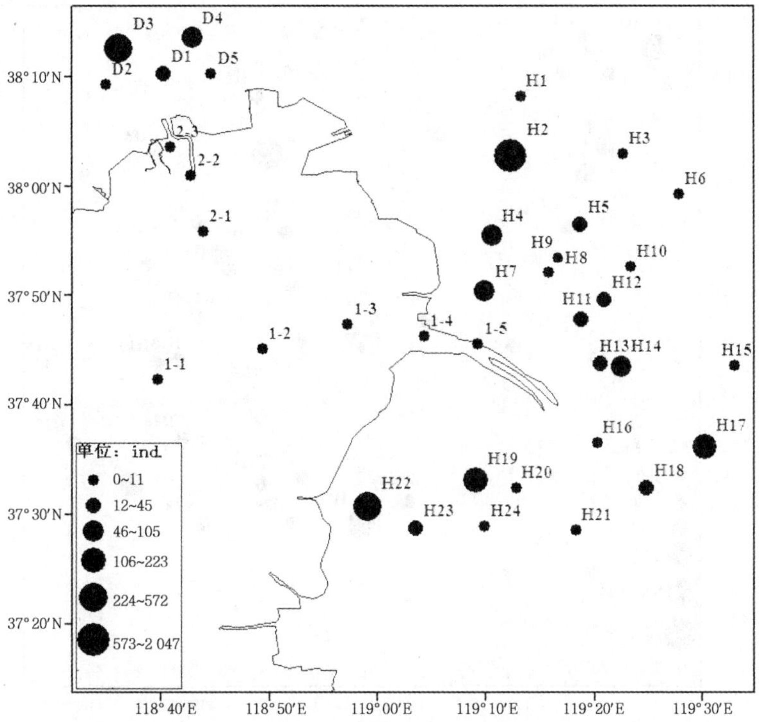

图 6-46　5 月黄河口鱼卵总数量平面分布

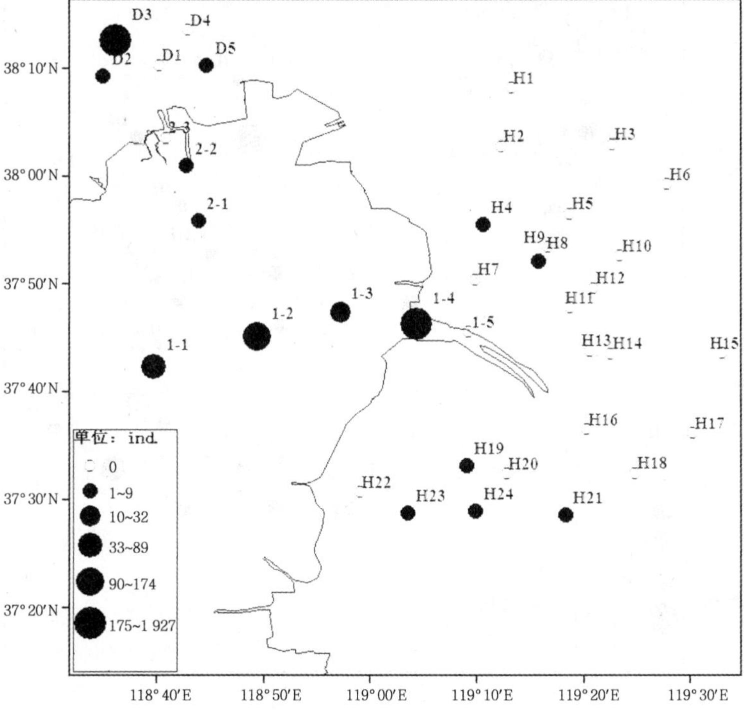

图 6-47　5 月黄河口仔稚鱼总数量平面分布

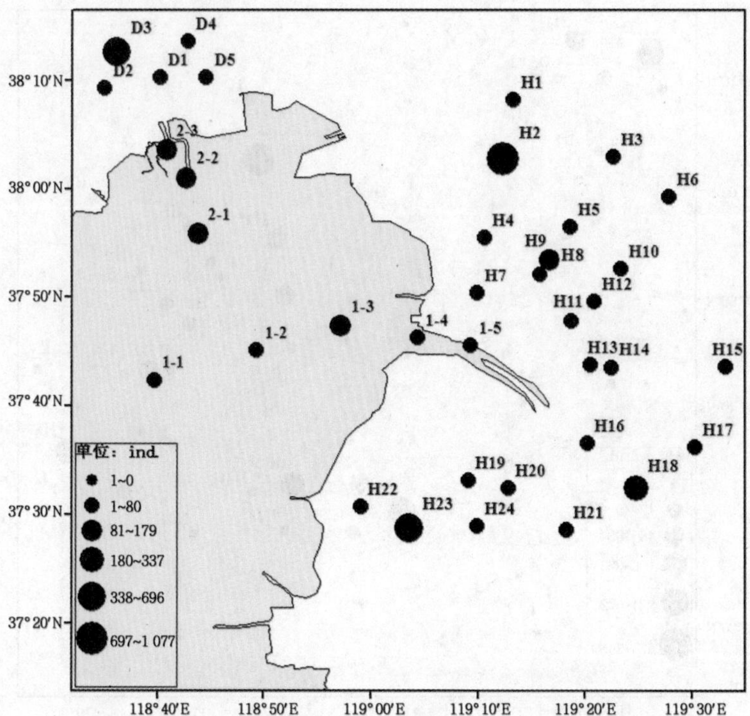

图 6-48　7 月黄河口鱼卵仔稚鱼总数量平面分布

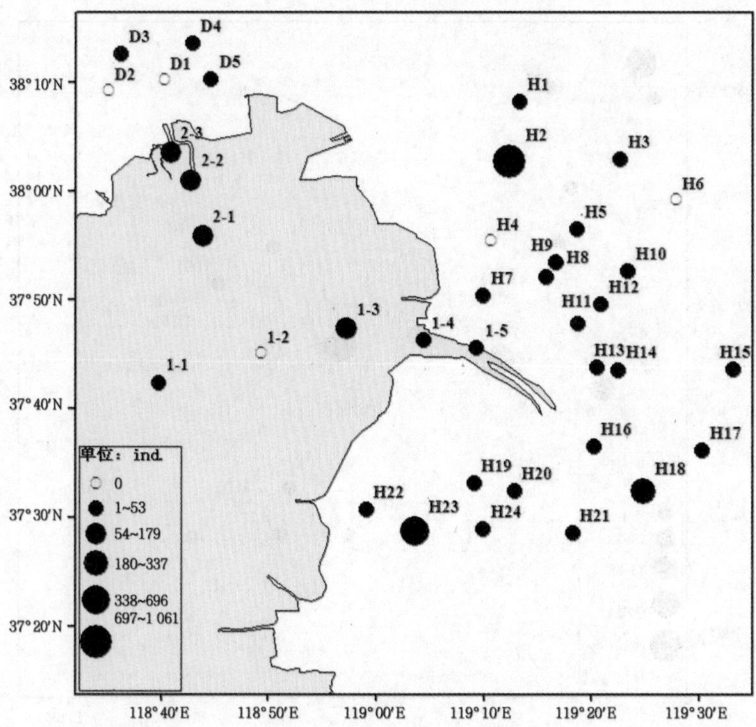

图 6-49　7 月黄河口鱼卵总数量平面分布

(3)仔稚鱼数量分布。本航次仔稚鱼总数为715尾,仔稚鱼总数的变化范围为0~562尾,其中仔稚鱼数量最多的站位出现在D3(见图6-50)。从总体分布趋势来看,仔稚鱼数量分布不均匀。刁口河的各调查站位均采集到仔稚鱼,河口调查区域的南部大多站位均未采集到仔稚鱼。

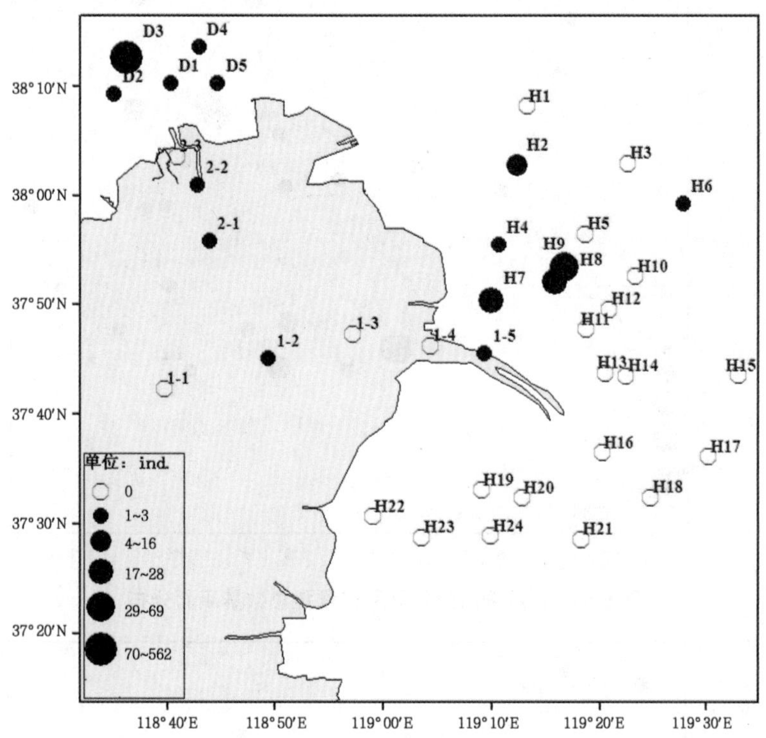

图6-50　7月黄河口仔稚鱼总数量平面分布

3)第三航次8月21~29日

(1)鱼卵和仔稚鱼总数分布。本航次共采集到鱼卵1 005粒,仔稚鱼140尾,总数为1 145粒(尾)。鱼卵和仔稚鱼总数的变化范围为1~384粒(尾)。其中数量最多的站位为H22站位,见图6-51。从总体分布趋势来看,鱼卵数量分布不均匀。调查区域呈现出中部和北部数量较多、南部数量较少的特点,而且河道内数量少于海水水域。

(2)鱼卵数量分布。本航次共采集到鱼卵1 005粒,鱼卵总数的变化范围为0~384粒,其中鱼卵数量最多的站位出现在H22,见图6-52。从总体分布趋势来看,鱼卵数量分布不均匀,黄河河道内鱼卵数目少于远海区域,而且调查区域南部和北部鱼卵数量分布多于中部水域。

(3)仔稚鱼数量分布。本航次仔稚鱼总数为140尾,仔稚鱼总数的变化范围为0~64尾,其中仔稚鱼数量最多的站位出现在H8站位,见图6-53。从总体分布趋势来看,仔稚鱼数量分布极不均匀,仔稚鱼在河道内出现频率明显高于海水区域,大多是站位未采集到仔稚鱼。

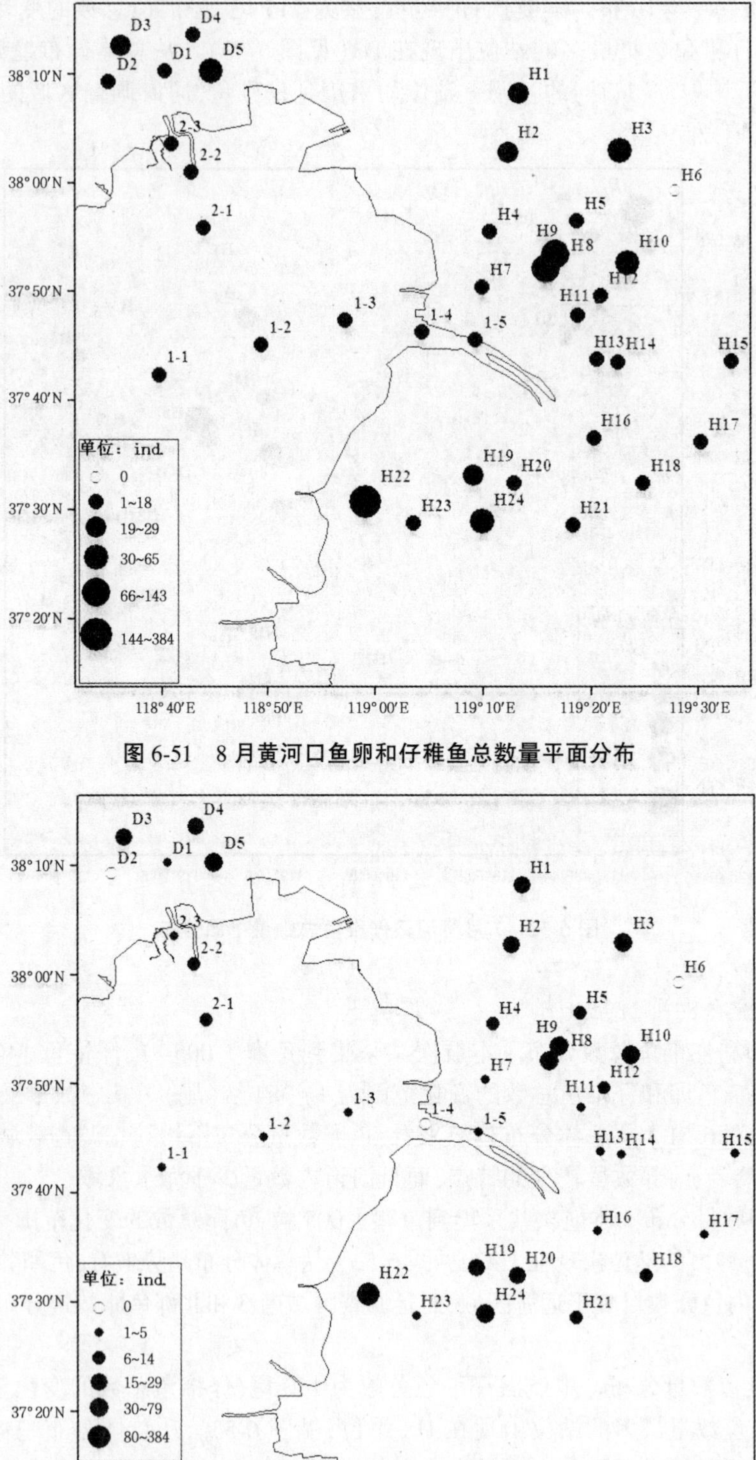

图 6-51　8 月黄河口鱼卵和仔稚鱼总数量平面分布

图 6-52　8 月黄河口鱼卵总数量平面分布

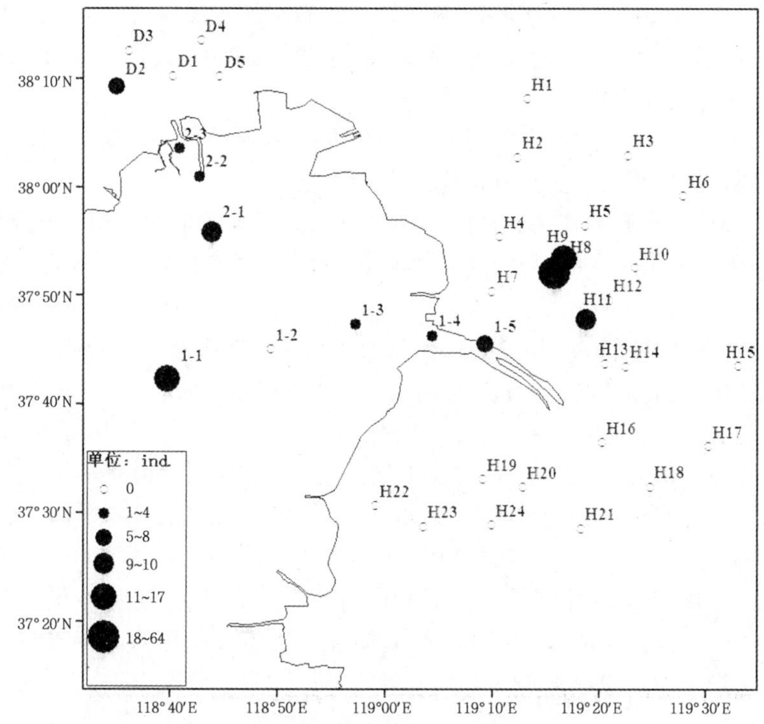

图 6-53　8 月黄河口仔稚鱼总数量平面分布

4) 成效验证结论

由于 5 月为产卵盛季，虽然 6 月鱼卵密度相对降低，但 2014 年春季黄河口鱼卵平均密度仍达 2.34 粒/m^3，最高密度达 29.09 粒/m^3；仔稚鱼平均密度为 0.02 尾/m^3，密度最高站位达 0.11 尾/m^3，鱼卵密度较往年明显增多。

2015 年 5 月鱼卵平均密度为 2.39 粒/m^3，最高密度达 35.7 粒/m^3；仔稚鱼平均密度为 2.19 尾/m^3，密度最高站位达 32.11 尾/m^3。6 月卵平均密度为 1.73 粒/m^3，最高密度达 32.11 粒/m^3；仔稚鱼平均密度为 0.41 尾/m^3，密度最高站位达 9.36 尾/m^3。7 月卵平均密度为 0.58 粒/m^3，密度最高站位达 6.4 粒/m^3；仔稚鱼平均密度为 0.08 尾/m^3，密度最高站位达 1.06 尾/m^3，鱼卵仔稚鱼数量与往年对比结果见表 6-4。

表 6-4　鱼卵仔稚鱼数量与往年对比结果

调查时间	2007 年 5 月	2007 年 7 月	2009 年 5 月	2009 年 7 月	2014 年 6 月	2015 年 5 月	2015 年 6 月
鱼卵密度 (粒/m^3)	0.34	1.85	0.74	0.493	2.34	2.39	1.73
仔稚鱼密度 (尾/m^3)		0.22	0.093	0.004	0.02	2.19	0.41

注：2007 年数据参考卞晓东（2010）等，2009 年数据参考刘霜（2011）等，其他数据为本项目调查获得。

通过与 2007 年、2009 年两次同期本底数据比较，发现 2014 年入海淡水量增加使黄河口海域的鱼卵密度与仔稚鱼密度都得到 2~8 倍的明显提升，2015 年春季入海淡水量增加使黄河口海域的鱼卵密度得到 3~10 倍提升。

该结论与本项目调查结果相符，显示盐度和温度是影响鱼卵新陈代谢的主要因素之一，其变动也对鱼类仔稚鱼的生产和形态发育产生直接影响，近海低盐水系对鱼卵的繁殖与孵化有着十分重要的影响作用。证明黄河春季入海淡水量增加有利于产卵场与仔稚鱼栖所扩大，有利于鱼卵仔稚鱼孵育，证明黄河水沙春季入海对黄、渤海渔业资源具有重大调控成效。

利津站显示 2007 年、2009 年、2014 年、2015 年 3~5 月入海水量分别为 14.63 亿 m^3、14.48 亿 m^3、31.97 亿 m^3、45.85 亿 m^3，2014 年与 2015 年水量仅比 2007 年与 2009 年增大 2~3 倍，如果与最枯的 1995~2003 年 3~5 月入海水量 1.61 亿 m^3、0.62 亿 m^3、10.73 亿 m^3、3.34 亿 m^3、7.60 亿 m^3、5.70 亿 m^3、11.31 亿 m^3、4.43 亿 m^3、2.80 亿 m^3 比较，2014 年与 2015 年 3~5 月入海水量将分别增大 3~51 倍与 4~73 倍，如果有 1995~2003 年期间的鱼卵密度调查数据比较，相信 2014 年与 2015 年春季入海水量增加对黄河口产卵场鱼卵密度倍数远不止 3~10 倍，将数以百倍计，而 2015 年春季入海水量已达 20 世纪 70 年代以前 78.56 亿 m^3 水量的 2/3，仅东营市海洋与渔业局统计当年度中国对虾渔获量已达 5 000 t 之巨，黄河口鱼米之乡盛景已初现。

6.2 黄河口及邻近海域生态系统压力的调控关键技术

针对生态系统所面临的人为活动压力，分别研究对不同压力（如油气开采、渔业活动、海岸工程等）的调控技术，并形成生态系统压力调控方案。

6.2.1 主要人为活动压力的生态效应研究

6.2.1.1 海洋油气勘探开发溢油污染

黄河口及邻近海域已经进入大规模的石油勘探开发期，已成为我国溢油事故的多发区，海上油气开发包括地质勘探期、项目建设期、投产运行期和油田衰亡期及服役期满等几个阶段。每个阶段都可能对周围海洋环境产生影响。海上油气开发对海洋环境产生的影响主要包括海洋沉积物环境污染、大气环境污染、声环境污染和水体污染等，具体如图 6-54 所示。

6.2.1.2 渔业生产

黄河口及邻近海域属海湾型内海，沿岸有黄河、小清河等众多河流入海，带有大量有机质，因而水质肥沃、饵料丰富，成为经济鱼虾贝类的主要产卵场、索饵场和育肥场。海洋捕捞除直接影响海洋鱼类、甲壳类种群的丰度及其成熟率、个体大小结构、性别比例和基因组成外，渔业捕捞通过兼捕、生境退化（尤其是底拖网对底栖动物生境的破坏）以及生物学相互作用间接地影响着海洋生物多样性和生态系统。正常的捕捞生产是从海洋中获取物质，对海洋生态系统直接产生影响，但对海洋环境一般不会产生污染问题。渔船和渔业生产的码头，以及捕捞生产所用的生产工具和设施，如管理不善，也会对局部海域造成污染。

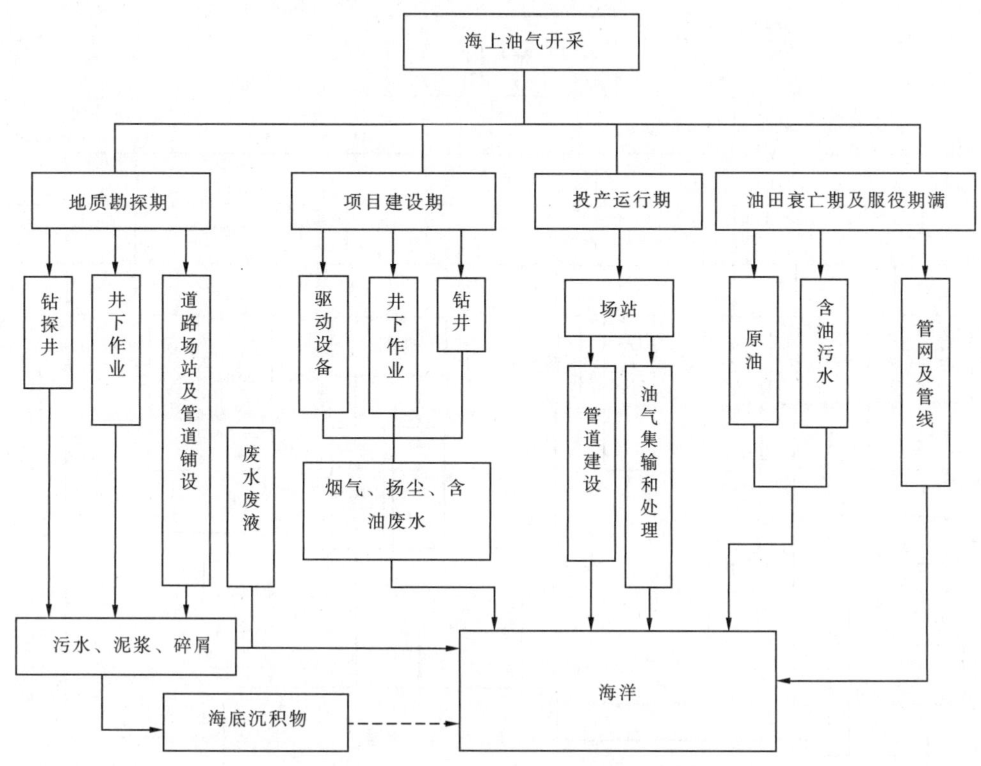

图 6-54　海上油气开发对海洋环境的污染途径

海水养殖生产的污染主要来自人工投放的过剩饵料(包括人工合成饵料和海捕小杂鱼)、动物排粪、药物、清池污水和污泥等。2000 年山东省沿海 7 个城市海水养殖饵料投放量约为 220 626.7 t,其中潍坊市饵料投放量最大,达 72 085.35 t,投放强度为 1.848 t/hm^2。据估算,黄渤海沿海仅对虾养殖排入近海海域的 COD 每年即达 2 万多 t,氮 1 000 多 t;当养殖 1 t 海洋鱼类,排入海洋环境的氮、磷和 COD 数量分别可达 14.25 kg、2.57 kg 和 34.61 kg。海中筏式养殖虽然不投饵,但它们在生长过程中的排泄物也在一定程度上造成养殖环境的富营养化。综上所述,渔业生产除对海域生态系统的结构、组分直接产生影响外,还对海洋环境产生影响,如图 6-55 所示。

6.2.2　调控技术方法

人为活动对海洋生态系统的影响具有多层次、多途径、交互影响的特点,因此分析人为活动对海洋生态系统的影响必须采取层次分析的方法,构建人为活动与生态系统指标之间的“压力—状态—响应”模型,从而明确各种人为活动对生态系统指标的定量影响和交互作用,进而确定人为活动的影响路径,在此基础上才能真正建立合理、高效的人为活动压力调控技术,见图 6-56。

6.2.2.1　海洋环境监测

海洋环境监测分为海洋环境常规监测、建设项目跟踪监测、污染事件应急监测。

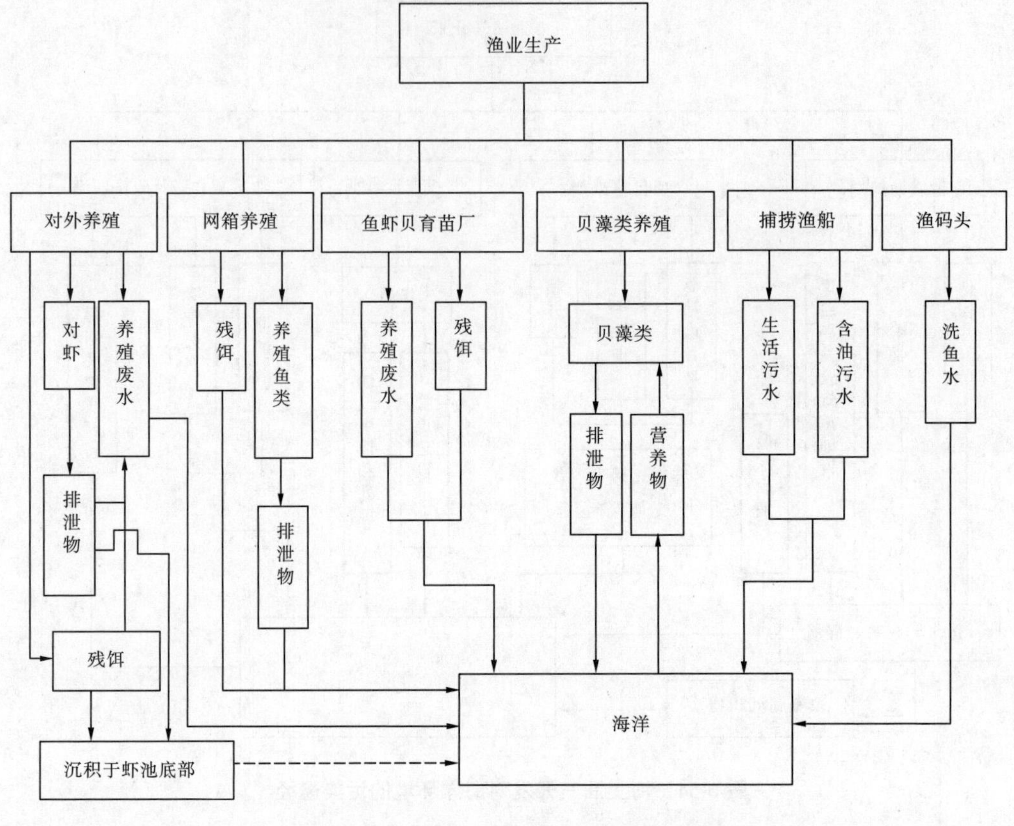

图 6-55　渔业生产对海洋环境的影响途径

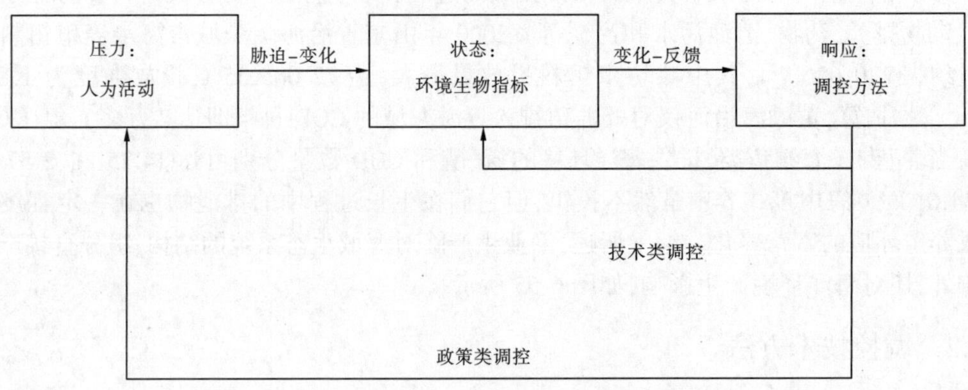

图 6-56　高效的人为活动压力调控技术

目前，渤海海洋环境监测工作已从过去较单一的海洋环境污染监测扩展到海洋生态状况、海洋功能区质量和海洋生态灾害等多种监测；监测手段已经初步形成了由海洋卫星、飞机、岸基监测站和志愿观测船组成的海洋环境立体监测系统。渤海各项海洋环境监测项目及频率见表 6-5。

表 6-5　渤海海洋环境监测项目列表

监测项目		站位布设	监测频率	监测要素
渤海污染现状与趋势性监测（含渤海专项）	海水质量	152 个	每年 5 月、8 月	水质化学要素、叶绿素 a、水文气象
	贻贝和沉积物质量	50 个	每年 8 月	石油烃、总汞、镉、铅、砷、六六六、DDT、PCB
	葫芦岛放射性	6 个	每年 8 月	水质、沉积物、生物体放射性
	江河入海污染物总量(11 条)	33 个	5 月、8 月、10 月每月监测 1 次	油类、COD、氨氮、磷酸盐、铜、铅、砷、锌、镉、汞及年径流量
海洋功能区监测	海水浴场(4 个)	12 个	6 月 24 日至 10 月 7 日	水温、浪高、涌高、天气现象、风向、风速、总云量、降水量、气温、能见度、粪大肠菌群、pH、透明度、水色、溶解氧、盐度、漂浮物质
	海水增养殖区(21 个)	147 个	养殖高峰期内水质监测每月不少于 1 次	水质(粪大肠菌群、水温、透明度、pH、溶解氧、盐度、氨氮、硝酸盐氮、亚硝酸盐氮、活性磷酸盐、叶绿素 a)；沉积物(总汞、铅、砷、硫化物、有机质、粪大肠菌群、总磷、总氮)；养殖生物质量(石油烃、总汞、镉、铅、砷、铜、DDT、PCB、粪大肠菌群、腹泻性贝毒、麻痹性贝毒)
	海洋自然保护区	11 个		自然保护区总面积、核心区面积、缓冲区面积、主要保护对象、环境状况等
	滨海旅游度假区(1 个)	6 个	4 月 24 日至 10 月 7 日	水质(粪大肠菌群、令人厌恶的生物、危险的生物、赤潮、透明度、色、臭、味、漂浮物质、化学耗氧量、无机氮、活性磷酸盐)；气象(气温，海面能见度，现在天气现象、风向、风速、总云量、降水量、气温)；景观参数(海底景观、景观要素)；沙滩地质要素(沙滩长度、涨潮线上宽度、面积、前滨坡度、滩肩坡度、沙质颗粒成分)
	海洋倾倒区(4~5 个/年)	12 个	视倾倒区具体情况确定	底栖生物数量与种类、倾倒区内水深变化情况
	海上油气开发区(2 个/年)	14 个	每年 8 月	油类、COD、悬浮物、石油烃、底栖生物种类和数量
	重点岸段海岸侵蚀区	5 个重点岸段	5~10 月间进行 1 次监测	年海岸侵蚀的长度、最大侵蚀宽度、平均侵蚀宽度、侵蚀总面积等侵蚀监测数据

续表 6-5

监测项目		站位布设	监测频率	监测要素
生态监控区监测	双台子河口生态监控区	潮间带底栖生物调查设 8 个断面,24 个调查站位;海洋生物质量设 3 个监测区域;海上设 30 个站	每年 5 月、8 月 2 次	渔业资源、湿地水禽、海洋生物、水环境(水温、透明度、溶解氧、盐度、pH、亚硝酸盐、硝酸盐、氨、无机磷、活性硅酸盐、油类、叶绿素 a)、沉积环境(硫化物、有机碳、粒度)、海洋生物质量(石油烃、总汞、砷、镉、铅、多氯联苯、多环芳烃、六六六、滴滴涕)、湿地、滩涂、油田开发
	锦州湾生态监控区	潮间带底栖生物调查设 5 个断面,15 个调查站位;海洋生物质量设 2 个监测区域;海上设 30 个站	每年 5 月、8 月 2 次	渔业资源、海洋生物、水环境(水温、透明度、溶解氧、盐度、pH、亚硝酸盐、硝酸盐、氨、无机磷、活性硅酸盐、叶绿素 a)、沉积环境(硫化物、有机碳、粒度)、生物质量(石油烃、总汞、砷、锌、铜、镉、铅、多氯联苯、多环芳烃、六六六、滴滴涕)、海岸、滩涂、海岸侵蚀
	滦河口-北戴河生态监控区	潮间带底栖生物调查设 8 个断面,30 个调查站位;海洋生物质量设 3 个监测区域;海上设 30 个站	每年 5 月、8 月 2 次	珍稀生物、海洋生物、水环境(水温、透明度、溶解氧、盐度、pH、亚硝酸盐、硝酸盐、氨、无机磷、活性硅酸盐、叶绿素 a)、沉积环境(硫化物、有机碳、粒度)、生物质量(石油烃、总汞、砷、锌、铜、镉、铅、多氯联苯、多环芳烃、六六六、滴滴涕)
	渤海湾生态监控区	潮间带底栖生物调查设 5 个断面,20 个调查站位;海洋生物质量设 3 个监测区域;海上设 30 个站	每年 5 月、8 月 2 次	渔业资源、海洋生物、水环境(水温、透明度、溶解氧、盐度、pH、亚硝酸盐、硝酸盐、氨、无机磷、活性硅酸盐、油类、叶绿素 a)、沉积环境(硫化物、有机碳、粒度)、生物质量(石油烃、总汞、砷、镉、铅、多氯联苯、多环芳烃、六六六、滴滴涕)、海岸、滩涂
	莱州湾生态监控区	潮间带底栖生物调查设 5 个断面,20 个调查站位;海洋生物质量设 3 个监测区域;海上设 30 个站	每年 5 月、8 月 2 次	渔业资源、海洋生物、水环境(水温、透明度、溶解氧、盐度、pH、亚硝酸盐、硝酸盐、氨、无机磷、活性硅酸盐、油类、叶绿素 a)、沉积环境(硫化物、有机碳、粒度)、生物质量(石油烃、总汞、砷、镉、铅、多氯联苯、多环芳烃、六六六、滴滴涕)、海岸、滩涂
	黄河口生态监控区	潮间带底栖生物调查设 10 个断面,30 个调查站位;海洋生物质量设 2 个监测区域;海上设 33 个站	每年 5 月、8 月 2 次	湿地和水下水生植物、三角洲湿地、河口淤积、海岸侵蚀、渔业资源、海洋生物、水环境(水温、透明度、溶解氧、盐度、pH、悬浮物、亚硝酸盐、硝酸盐、氨、无机磷、活性硅酸盐、叶绿素 a、输沙量)、沉积环境(硫化物、有机碳、粒度)、生物质量(石油烃、总汞、砷、镉、铅、多氯联苯、多环芳烃、六六六、滴滴涕)

续表 6-5

监测项目	站位布设	监测频率	监测要素
赤潮监控区(4 个)	24 个	5～10 月,每月监测 2 次	常规项目(色、味、臭及漂浮物、表层水温、透明度、风速、风向、气温、光照、pH、盐度、溶解氧、溶解氧饱和度、叶绿素 a、化学需氧量、磷酸盐、亚硝酸盐氮、硝酸盐氮、氨氮、硅酸盐、粪大肠菌群、弧菌总数、赤潮生物细胞总数、优势种种类与细胞数量)、贝毒(麻痹性贝毒、腹泻性贝毒);沉积物(粒度、硫化物、有机碳、总汞、铜、镉、铅、砷、石油烃、滴滴涕、多氯联苯、粪大肠菌群)、养殖生物质量(总汞、砷、铜、镉、铅、石油烃、滴滴涕、多氯联苯)
海洋断面监测(5 条)	1 条断面 10 个站	2 月、8 月每月监测 1 次	海洋水文(水深、水温、海浪、水色、透明度、海发光、海况)、海洋气象(气温、气压、湿度、风、云、能见度、天气现象)、海洋化学(盐度、溶解氧、总碱度、pH、硅酸盐、磷酸盐、硝酸盐、亚硝酸盐、氨氮)
陆源入海排污口及其邻近海域环境质量监测	112 个排污口;20 个重点排污口的邻近海域,共 140 个监测站点	3 月、5 月、6 月、7 月、9 月、10 月每月监测 1 次,邻近海域只在 9 月监测 1 次	污水: 市政及生活污水类:COD、氨氮、磷酸盐、粪大肠菌群、BOD_5、悬浮物、油类。 工业废水类:COD、氨氮、磷酸盐、粪大肠菌群、BOD_5、悬浮物、挥发酚、油类、砷、汞、铅、镉,该排污口的其他特征污染物(主要包括有毒有害物质、国际公约禁排物质等) 3~5 种。 海水: 水质(盐度、温度、pH、COD、BOD_5、悬浮物、亚硝酸盐氮、硝酸盐氮、氨氮、磷酸盐、石油类及除此之外该排污口的必测项目)、沉积物(有机质、硫化物、石油类及除此之外该排污口的必测项目)、生物质量(石油烃、粪大肠菌群及除此之外该排污口的必测项目)、大型底栖生物种类鉴定
建设项目跟踪监测	每年根据建设项目情况而定		
污染事件应急监测	视每年污染事件情况		

进一步提高渤海海洋环境质量状况、海洋环境监管、海洋环境突发事件和专项服务四大海洋环境监测工作,提高海洋环境监测与评价的覆盖率、时效性和反应能力。针对重金属污染重点防控等海域,实施重点海域环境质量的预报警报。加强对海洋工程、海岸工程、海洋倾废、船舶活动及港口环境开展跟踪监督,对海洋工程和长期倾倒区增加水动力环境和海底地形地貌动态监视,及时掌握建设项目对海洋环境的整体演变影响,为沿海地

区产业结构调整和优化布局提供决策支持。建立完善的行政管理、环境监测、行政执法及保护区管理等海洋生态监控综合机制,利用信息技术结合海洋生态系统的结构和功能,开展海洋生态监控区数据集成和分析。综合分析历史监测数据,评价近岸海域重金属等各类海洋污染的现状与趋势,全面准确掌握我国近岸海域各类污染来源、分布、主要种类及污染排放量。建立完善的海洋环境突发事件的快速监测和预警工作机制。

针对当前海洋环境保护新趋势,拓展海洋水文动力及地形地貌、海洋放射性、河口内湾贫氧区、大气沉降、持久性有机污染物、生物激素等以及严重威胁人体健康的致畸、致残、致癌污染物等新型监测领域,开展近海生态健康和生物多样性状况监测和定期评价,针对气候变化开拓二氧化碳、海水酸化等监测方向,开展气候变化海洋生态敏感区的脆弱性与适应性评价。根据沿海地区核电站的大规模建设的新形势,充实海洋放射性监测力量。深化海洋生态监控区工作,对海洋生态敏感海域实施定期定点监视监测。要结合近岸重金属等污染物高风险区域分布规律建立重金属污染风险评估体系,评估近海环境中重金属污染对生态环境和人类健康的影响和风险,分析评价重金属在不同海洋经济生物,以及食物链不同等级之间的传递和富集特点,估算人体从海洋直接和间接摄入的重金属含量,评估沿海区域重金属对生态安全和人类健康的风险特点,合理调整海水养殖产业布局。

6.2.2.2 海洋要素超标示警

当海洋要素超出合理范围时及时示警。依据国家标准《海洋功能区划技术导则》(GB/T 17108—2006),各类海洋功能区海洋环境保护要求见表 6-6。

表 6-6 海洋功能区环境保护要求

<table>
<tr><th colspan="2">一级类</th><th colspan="2">二级类</th><th rowspan="2">海水水质</th><th rowspan="2">海洋沉积物质量</th><th rowspan="2">海洋生物质量</th><th rowspan="2">生态环境</th></tr>
<tr><th>代码</th><th>名称</th><th>代码</th><th>名称</th></tr>
<tr><td rowspan="3">1</td><td rowspan="3">港口航运区</td><td>1.1</td><td>港口区</td><td>不劣于第四类</td><td>不劣于第三类</td><td>不劣于第三类</td><td rowspan="4">尽量减少对海洋水动力环境、岸滩及海底地形地貌形态的影响,防止海岸侵蚀,不得对毗邻海洋生态敏感区、亚敏感区产生影响</td></tr>
<tr><td>1.2</td><td>航道区</td><td rowspan="2">不劣于第三类</td><td rowspan="2">不劣于第二类</td><td rowspan="2">不劣于第二类</td></tr>
<tr><td>1.3</td><td>锚地</td></tr>
<tr><td rowspan="5">2</td><td rowspan="5">渔业资源利用和养护区</td><td>2.1</td><td>渔港和渔业设施基建设区</td><td>不劣于第三类</td><td>不劣于第二类</td><td>不劣于第二类</td></tr>
<tr><td>2.2</td><td>养殖区</td><td rowspan="2">不劣于第二类</td><td rowspan="2">不劣于第一类</td><td rowspan="2">不劣于第一类</td><td rowspan="4">不得造成外来物种侵害,防止养殖自身污染和水体富营养化,维持海洋生物资源可持续利用,保持海洋生态系统结构和功能的稳定,不得造成滨海湿地和红树林等栖息地的破坏</td></tr>
<tr><td>2.3</td><td>增殖区</td></tr>
<tr><td>2.4</td><td>捕捞区</td><td>不劣于第一类</td><td>不劣于第一类</td><td>不劣于第一类</td></tr>
<tr><td>2.5</td><td>重要渔业品种保护区</td><td></td><td></td><td></td></tr>
</table>

续表 6-6

一级类		二级类		海水水质	海洋沉积物质量	海洋生物质量	生态环境
代码	名称	代码	名称				
3	矿产资源利用区	3.1	油气区	维持现状	维持现状	维持现状	尽量减少对海洋水动力环境、岸滩及海底地形地貌形态的影响，防止海岸侵蚀，不得对毗邻海洋生态敏感区、亚敏感区产生影响
		3.2	固体矿产区	不劣于第四类	不劣于第三类	不劣于第三类	
		3.3	其他矿产区				
4	旅游区	4.1	风景旅游区	不劣于第三类	不劣于第二类	不劣于第二类	不得破坏自然景观，严格控制占用海岸线、沙滩和沿海防护林的建设项目和人工设施，妥善处理生活垃圾，不得对毗邻海洋生态敏感区、亚敏感区产生影响
		4.2	度假旅游区	不劣于第二类	不劣于第一类	不劣于第一类	
5	海水资源利用区	5.1	盐田区	不劣于第二类	不劣于第一类	不劣于第一类	防止造成滩涂湿地的破坏，不得对毗邻海洋生态敏感区、亚敏感区产生影响
		5.2	特殊工业用水区				
		5.3	一般工业用水区	不劣于第三类	不劣于第二类	不劣第二类	
6	海洋能利用区	6.1	潮汐能区	不劣于第二类	不劣于第一类	不劣于第一类	避免对海洋水动力环境产生影响，防止海岛、岸滩及海底地形地貌形态发生改变
		6.2	潮流能区				
		6.3	波浪能区				
		6.4	温差能区				
7	工程用海区	7.1	海底管线区	维持现状	维持现状	维持现状	尽量减少对海洋水动力环境、岸滩及海底地形地貌形态的影响，防止海岸侵蚀，加强岛、礁的保护，避免对毗邻海洋生态敏感区、亚敏感区产生影响
		7.2	石油平台区				
		7.3	围海造地区				
		7.4	海岸防护工程区				
		7.5	跨海桥梁区				
		7.6	其他工程用海区				

续表 6-6

<table>
<tr><th colspan="2">一级类</th><th colspan="2">二级类</th><th rowspan="2">海水水质</th><th rowspan="2">海洋沉积物质量</th><th rowspan="2">海洋生物质量</th><th rowspan="2">生态环境</th></tr>
<tr><th>代码</th><th>名称</th><th>代码</th><th>名称</th></tr>
<tr><td rowspan="2">8</td><td rowspan="2">海洋保护区</td><td>8.1</td><td>海洋自然保护区</td><td>不劣于第一类</td><td>不劣于第一类</td><td>不劣于第一类</td><td rowspan="2">维持、恢复、改善海洋生态环境和生物多样性,保护自然景观</td></tr>
<tr><td>8.2</td><td>海洋特别保护区</td><td>不劣于各区域使用功能的海水水质要求</td><td>不劣于各区域使用功能的沉积物质量要求</td><td>不劣于各区域使用功能的生物质量要求</td></tr>
<tr><td rowspan="4">9</td><td rowspan="4">特殊利用区</td><td>9.1</td><td>科学研究试验区</td><td rowspan="2">维持现状</td><td rowspan="2">维持现状</td><td rowspan="2">维持现状</td><td rowspan="2">维持现状</td></tr>
<tr><td>9.2</td><td>军事区</td></tr>
<tr><td>9.3</td><td>排污区</td><td>不劣于第四类</td><td>不劣于第三类</td><td>不劣于第三类</td><td rowspan="2">防止对海洋水动力环境条件改变,避免海岛、岸滩及海底地形地貌形态的影响,防止海岸侵蚀,避免对毗邻海洋生态敏感区、亚敏感区产生影响</td></tr>
<tr><td>9.4</td><td>倾倒区</td><td>不劣于第四类</td><td>不劣于第三类</td><td>不劣于第三类</td></tr>
<tr><td>10</td><td>保留区</td><td>10.1</td><td>保留区</td><td>维持现状</td><td>维持现状</td><td>维持现状</td><td>维持现状</td></tr>
</table>

依据海洋功能区环境质量保护要求,将各级海洋功能区按不同环境质量要求分类,编制形成渤海海洋功能区环境保护要求示意图。其中,要求符合水质、沉积物、生物质量第一类标准的功能区主要是海洋自然保护区、重要渔业品种保护区、捕捞区;要求符合水质质量第二类标准,沉积物、生物质量第一类标准的功能区主要是养殖区、度假旅游区、盐田区;要求符合水质质量第三类标准,沉积物、生物质量第二类标准的功能区主要是航道锚地等港口水域、渔港等;要求符合水质质量第四类标准,沉积物、生物质量第三类标准的功能区主要是港口水域、倾倒区、排污区。

6.2.2.3 监测要素变化驱动因素分析

根据监测要素变化指标及程度,分析其驱动因素,如产业发展、突发事件、建设项目、自然环境变化等,确定某种或某些驱动因素的作用。

6.2.2.4 调控技术与策略

1.优化产业发展

重点关注引起驱动环境变化的产业(养殖、石油等),防止产业发展产生的生态系统压力过大。

2.突发事件控制

目前,全国海洋环境突发事件的应急监测体系已经实现良性业务化运转。在国家海洋行政主管部门出台的《赤潮灾害应急预案》的框架下,各海区和沿海地方政府编制了本海区、地区的《海洋赤潮灾害应急执行预案》。为应对海上油气资源开发溢油事故导致的环境灾害,国家海洋局组织制定实施了《全国海洋石油勘探开发重大海上溢油应急计划》及《海洋石油勘探开发溢油应急响应执行程序》,组成了溢油应急协调机构。《海洋赤潮灾害应急预案》和《全国海洋石油勘探开发重大海上溢油应急计划》经国务院批准,纳入了国家灾害应急管理体系。沿海地区各级海洋部门据此制订了各地区的海洋灾害应急预案,初步建立了海洋灾害应急监测机制。

在各类海洋环境突发事件应急响应体系中,要建立完善的海洋环境突发事件的监测、预警和应急响应机制,提高现场数据实时自动采集能力及传输能力。在岸站、浮标、船舶、卫星遥感、航空遥感的基础上,建立多手段、高频率、高覆盖的全天候海洋灾害监测系统,实现数据采集自动化、数据传输程控化、数据处理电脑化,为准确、快速预报海洋环境灾害提供基础。要根据监测与评估结果,强化应急通报机制,建立重金属污染重点防控海域定期监测和报告制度。对海洋生态风险较大的区域、行业和污染物,建立完善生态破坏突发事故风险管理和应急响应机制。对于重金属污染排放及事故风险较大的涉海建设项目,要建立海洋生态隔离带。

3.生态补偿

依法行政、严格管理、强化监督,严格控制特殊海岸自然、人文景观及海岛生态的开发强度。对典型海洋生态系统实施统一监管,实施典型海洋生态系统监控,加大海洋生态执法力度,防止涉海工程项目侵占、破坏或污染重要海洋生态系统。在海域使用审批过程中,禁止拍卖国家公布的海洋自然保护区、重要渔业区以及生态脆弱区等水域。对于围填海和海砂开采等改变海域自然属性的行为,将严格控制和管理。在重要海洋生物的产卵场、索饵场、越冬场及栖息地禁止采砂。各类涉海工程项目均不得侵占、破坏或污染重要海洋生态系统。此外,加强对无居民海岛的保护与管理,严禁非法炸岛毁礁和开采、加工、销售珊瑚制品。在各类海洋开发活动中,将严格执行海洋环境保护管理制度,包括环境影响评价制度、海洋工程环境保护设施监管制度、海洋开发行为的环境监测监视制度等,避免海洋开发活动导致海洋环境污染和生态破坏。

选择在典型海洋生态系统集中分布区、外来物种入侵区、重金属污染严重区、气候变化影响敏感区等区域开展一批典型海洋生态修复工程,建立海洋生态建设示范区,因地制宜采取适当的人工措施,结合生态系统的自我恢复能力,在较短的时间内实现生态系统服务功能的初步恢复。制定海洋生态修复的总体规划、技术标准和评价体系,合理设计修复过程中的人为引导,规范各类生态系统修复活动的选址原则、自然条件评估方法、修复涉及的相关技术及其适宜性、对修复活动的监测与绩效评估技术等。采取以下一系列生态修复措施:滨海湿地退养还滩、植被恢复和改善水文,大型海藻底播增殖,海草床保护养护和人工种植恢复,实施海岸防护屏障建设,逐步构建我国海岸防护的立体屏障,恢复近岸海域对污染物的削减能力和生物多样性的维护能力,建设各类海洋生态屏障和生态廊道,提高防御海洋灾害以及应对气候变化的能力,增加蓝色碳汇区。通过滨海湿地种植芦苇等盐沼植被和在近岸水体中以大型海藻种植吸附治理重金属污染。通过航道疏浚物堆积建立人工滨海湿地或人工岛,将疏浚泥转化为再生资源。

6.3　排污口及渔业增养殖区的布局与优化关键技术

开展排污口及渔业增养殖区的布局与优化技术研究，提供管理建议和优化方案。

6.3.1　排污口及渔业增养殖区环境监测及评价

6.3.1.1　排污口的界定

通过对东营市各区县的陆源污染物入海口、渔业增养殖区和海上石油开采区周边环境的排污状况进行走访调查和研究，结合东营地区社会经济发展的长远规划和历史资料，了解到陆源入海污染物主要来源于各入海河流。

1.陆源入海污染物入海途径

陆源海洋污染物来自陆源排海点源和沿岸排海面源两大方面。陆源排海点源主要包括工矿企业直排口、排放工业和生物污水混合排污口、河流入海口；面源包括地面径流冲刷农田挟带化肥、农药等。陆源点源污染及沿岸面源污染大多会排入河流，通过河流排放入海。入海河流成为当前入海污染物的一大来源。

2.东营市内入海河流状况

全市境内除黄河外，共有骨干排水河道 30 条。黄河是东营市境内最大的客水河流，自西南向东北贯穿东营市全境，在垦利县东北部注入渤海，东营市境内全长 138 km，是全市工农业生产和居民生活的主要水源。此外，境内挑河等其他河流亦均属防洪、排涝河流。

3.东营市典型陆源入海排污口的选定

至 2007 年底，垦东二号排涝站与三号排涝站已停止排放。根据东营市陆源污染物排海现状，结合东营市入海河流情况，确定永丰河、小岛河、黄河、黄河故道、潮河、挑河 6 条河流作为入海排污口的监测点。入海口邻近海域目前大多为海水养殖和增养殖区（如图 6-57所示）。

图 6-57　入海污染物监测河流分布

6.3.1.2　入海污染物及河口邻近海域监测

监测断面的布设以入海江河普查结果为基础，在所选定 6 条入海河流的入海口开展入海污染物的监测。

各入海河流的主要监测指标有风向、风速、简易天气现象、水温、水色、水深、透明度、海况、盐度、pH、溶解氧、流速、流向、石油类、COD_{Cr}、亚硝酸盐氮、硝酸盐氮、氨氮、活性磷酸盐、总氮、总磷、铜、铅、锌、镉、汞、砷、六价铬、瞬时流量和年入海径流量。

监测结果表明，东营市陆源入海排污口以河流挟带污染物入海排污为主，其中潮河入海口、挑河入海口、黄河故道入海口的主要污染物为石油类、COD 和汞，永丰河、小岛河与黄河入海口的主要污染物为铜、锌和六价铬。

6.3.1.3　海水增养殖区监测与评价

选取有代表性的一个养殖区，在进、出水口各布设不少于 1 个水质站位，养殖池内布设 1 个水质站位(分别为邻近进、出水口、养殖池)，对选定养殖区的养殖生物进行生物质量监测。

水质监测项目包括亚硝酸盐氮、硝酸盐氮、氨氮、活性磷酸盐、溶解氧、COD、总磷、总氮、叶绿素 a 等。水质、养殖生物质量和沉积物监测分析方法(包括采样和现场与实验室分析)详见《海水增养殖区监测技术规程》；生物监测分析方法参见《海洋监测规范》(GB 17378.7)，分 5 月、8 月、10 月各监测 1 次。

分析监测数据发现：从养殖区进水口到养殖池，再到养殖区排水口，盐度、化学需氧量、亚硝酸盐氮、硝酸盐氮和氨氮等 5 项指标呈逐渐上升趋势；活性磷酸盐、石油类和叶绿素 a 等 3 项指标的变化小而不明显。

6.3.2　基于海洋生态动力学模型的入海污染物输运扩散模拟分析

为了研究黄河三角洲附近水域相同河流不同入海流量、不同入海物质浓度对物质输移规律，位于三角洲不同位置的河流其入海物质的输移规律，以及排污口不同的布局对物质输移范围影响，本项目进行了大量的数值模拟研究。采用选择平面二维水动力学及污染物对流扩散降解模型，模拟黄河三角洲的潮河、挑河、黄河故道(刁口河流路)、黄河(清水沟流路)、小岛河和永丰河 6 条入海河流的污染物在河口河道、河口附近海域的输移变化规律和范围，以及不同排污口布局对污染物输移范围的影响。

6.3.2.1　污染物输移变化数值模拟

1.潮汐对河口河道和口门附近水域浓度的影响

为了研究不同入海河流的河道和入海口的物质浓度变化，分别设置潮河、挑河、黄河故道、黄河、小岛河和永丰河为特定流量和浓度，分析比较各自河道和河口范围内物质浓度变化情况。

模拟结果显示，无论大河(黄河故道(刁口河流路)、黄河(清水沟流路))，还是小河(如潮河、挑河、小岛河、永丰河)，潮汐对河口河道内和口门附近海域物质浓度的影响总是存在这样的规律：河道内甚至在感潮段内，物质浓度受潮汐影响较小，但在口门以下，浓度受潮汐变化影响明显：自上而下浓度迅速减小，形成一个浓度锋面，高潮时锋面位置偏上，低潮时下移。

2.河流流量、浓度对河口附近海域物质对流扩散范围的影响

1)物质浓度的影响

为分析河流不同浓度情况下物质的传播范围,以黄河故道为例,在上断面流量为 50 m^3/s 的情况下,分别设置物质浓度为 2 mg/L 和 20 mg/L 的两种情形,进行数值模拟。

模拟结果显示,同一时刻(高潮或低潮时)河流高浓度入海后传播范围比低浓度的传播范围大。

2)河流流量的影响

为分析河流不同流量对物质传播范围的影响,以黄河故道为例,设置上断面浓度为 2 mg/L,流量分别为 50 m^3/s 和 500 m^3/s,进行数值模拟。

模拟结果:同一时刻(高潮或低潮),河流流量较大时物质传播范围较大。

小结:河流流量、浓度对口门附近海域浓度的影响规律是,河流流量或浓度越大,口门附近海域浓度对流扩散的范围越大。

3.黄河三角洲不同河流入海物质主要传输方向和范围

为了研究黄河三角洲地区不同入海流路,即不同入流位置与物质主要传播(余流)方向的关系,设置潮河、挑河、黄河故道、黄河、小岛河和永丰河为特定流量和浓度进行模拟研究,分别分析黄河三角洲北岸和黄河三角洲东岸的入海物质主要传播方向。

1)黄河三角洲北岸

将潮河上游断面流量设置为 50 m^3/s、浓度设为 2 mg/L,进行数值模拟。可以发现高、低潮时潮河物质都向前(北)、向两侧传输。从口门到 0.2 mg/L 等值线的距离看,向右侧的范围略微偏大。这是由于潮河入海口左海岸较突出,因而物质主要传播沿岸方向偏向右(东)。

将挑河上游断面流量设置为 50 m^3/s、浓度设为 2 mg/L,进行数值模拟。可以发现低潮时挑河内物质沿岸主要传播方向向左,高潮时物质沿岸主要传播方向也向左。将黄河故道上游断面流量设置为 500 m^3/s、浓度设为 2 mg/L,进行数值模拟,结果为高、低潮时故道物质沿岸主要传播方向都向左。

2)黄河三角洲东岸

将黄河(现清水沟流路)上游断面流量设置为 500 m/s、浓度设为 2 mg/L,进行数值模拟。模拟结果显示:①高、低潮时黄河入海物质向两侧输移,但以向右(南)输移较多;②由于受清水沟凸出沙嘴的影响,高潮时南下的物质流主要方向几乎正南,舌状浓度等值线(0.2 mg/L)距离沙嘴以南海岸 5~10 km,可见有较少的物质输移到清水沟沙嘴。

将小岛河、永丰河上游断面流量设置为 50 m^3/s、浓度设为 2 mg/L,进行数值模拟。结果显示,高、低潮时小岛河和永丰河口门附近海域物质主要输移都向南。

4.排污口布局对污染物输移方向和范围的影响

为了进一步研究排污口不同的布局对污染物主要输移方向和范围的影响,特选取黄河三角洲地区近海范围 5 m 等深线上 F1、F2、F3、F4、F5 各点和 10 m 等深线上 T1、T2、T3、T4、T5 各点,代表不同的排污口,数学模型处理为“源”(见图 6-58)。

将各点设置为物质浓度为 10 mg/L 的源,同时假定入海诸河流上游断面无流量和物质浓度为 0,其他设置与上节相同,为了避免多个源之间的相互影响,每次只有一个源工

作。对每个源工作情形下的物质浓度输移分别进行数值模拟。模拟结果分析如下。

1)5 m 等深线源外物质主要传播方向和范围

如图 6-59 所示,在 5 m 等深线上物质源 F1 点在低潮和高潮时主要传播方向既向西又向南,即向西南方向,输向渤海湾西南角。

源 F2 位于黄河故道(刁口河流路)口外,在高潮和低潮时物质主要传播方向既向西又向南。与源 F1 相似,源 F2 的物质既有向(渤海湾)湾顶输移的特性,又有向岸浅水区输移的特性(简称“趋浅性”)。

源 F3 位于黄河,在高潮和低潮时物质主要传播方向为向南(输向莱州湾湾顶),同时具有类似的“趋浅性”(见图 6-60)。源 F4、F5 物质输移也具有向(莱州湾)湾顶输移“趋浅性”输移的特点。

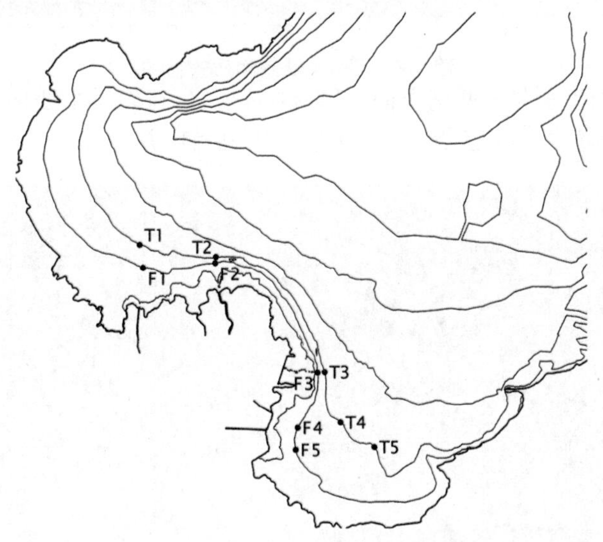

图 6-58　黄河三角洲附近海域等深线上各个源的位置示意图

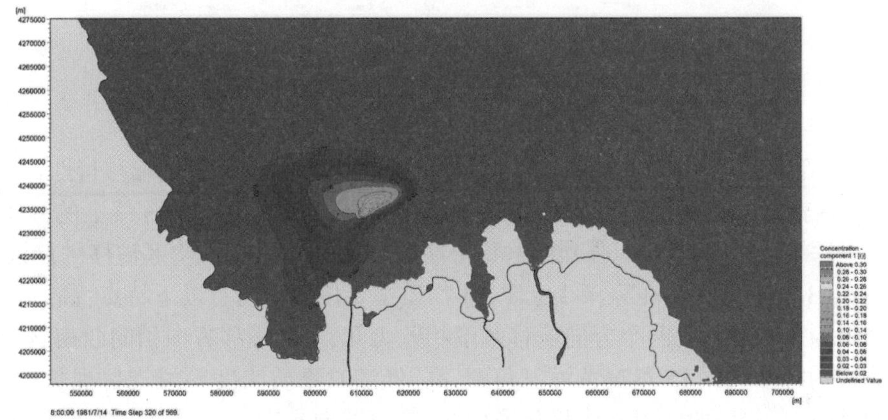

图 6-59　源 F1 低潮物质输移图

2)10 m 等深线源外物质传播方向和范围

如图 6-61 所示,在 10 m 等深线上源 T1 物质主要传播方向有以下特点:浓度等值线

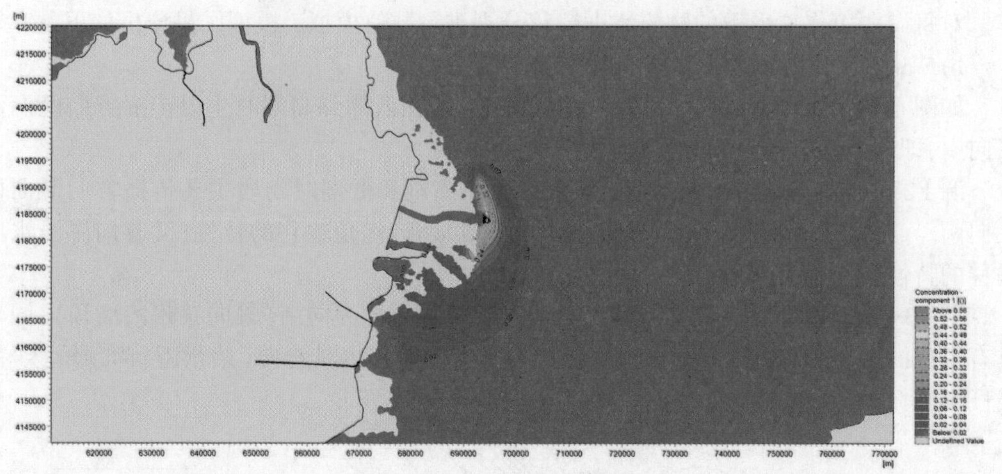

图 6-60　源 F3 低潮物质输移图

形成近似椭圆，长轴为东北—西南方向，低潮时向东北，高潮时主要向西南，但是高、低潮时向东北、向西南的范围相差无几，没有明显的主要输移方向。

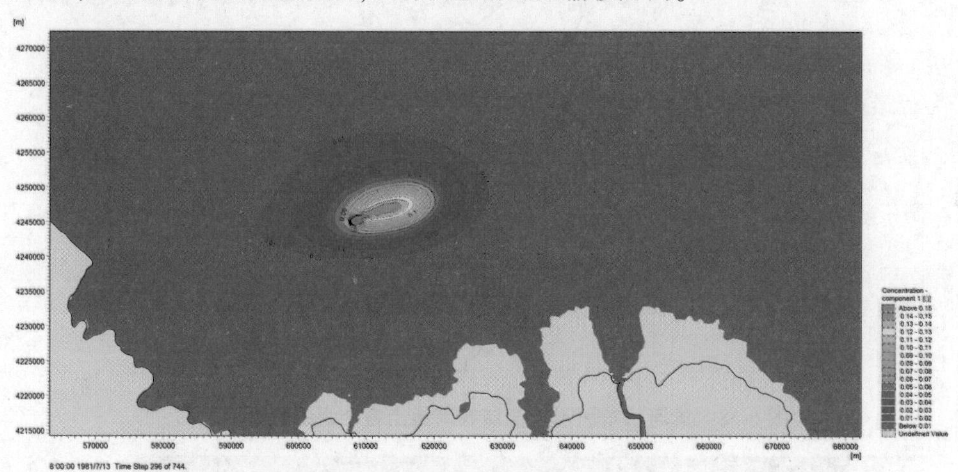

图 6-61　源 T1 低潮物质输移图

在 10 m 等深线上的源 T2 与位于 5 m 等深线上的源 F2 具有强烈的输移特性：向湾顶输移和向浅水区输移（“趋浅性”）。与此类似，如图 6-62 所示，在 10 m 等深线上的源 T3 与潮位于 5 m 等深线上的源 F3 具有强烈的输移特性：向湾顶输移和向浅水区输移（“趋浅性”）。

如图 6-63 所示，在 10 m 等深线上源 T4 物质主要传播方向有以下特点：高、低潮时输移方向分别为东北、西南，两个方向输移范围相差无几，主要输移方向稍向西南，仍可看出向湾顶输移的特性。源 T5 远离黄河三角洲，高、低潮时物质浓度等值线呈现长轴几乎对称的椭圆，即在东北—西南方向输移几乎相同，等值线向东南方向比西北方向稍偏多，即物质具有逃离湾顶的趋势。

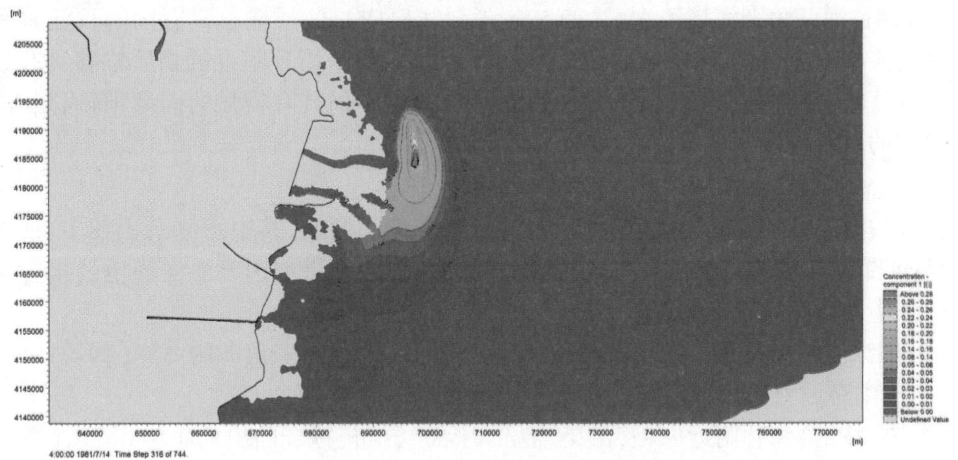

图6-62　源T3低潮物质输移图

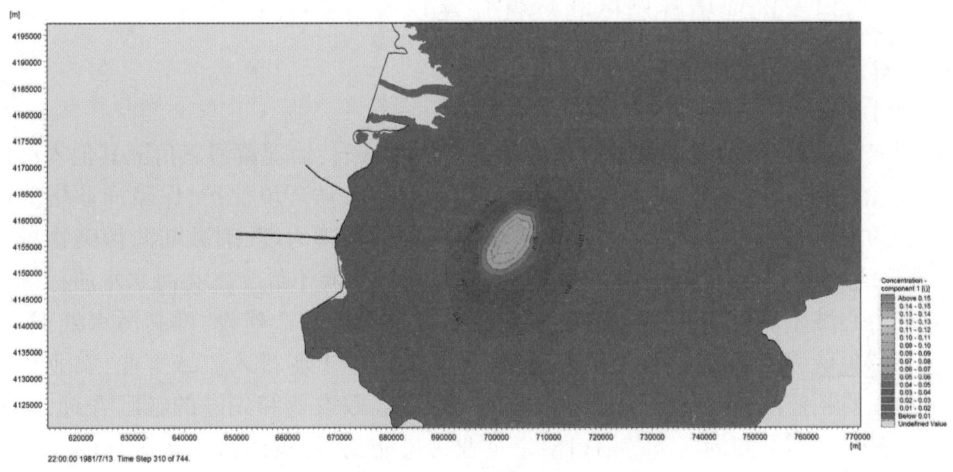

图6-63　源T4高潮物质输移图

6.3.2.2　模拟结果与分析

1.模拟结果

通过模拟分析,得出以下结果:

(1)无论是大河还是小河,潮汐对河口河道内和口门附近海域物质浓度的影响总是存在这样的规律:河道内,物质浓度受潮汐影响较小;但在口门以下,浓度受潮汐变化影响明显,自上而下浓度迅速减小,形成一个浓度锋面,高潮时锋面位置偏上,低潮时下移。

(2)同一时刻(高潮或低潮)河流高浓度入海后传播范围比低浓度的大。同一时刻(高潮或低潮),河流流量较大时比河流流量较小时物质传播范围大。

(3)入海物质输移方面,黄河三角洲附近海域物质主要输移方向是指向附近海湾的湾顶方向。

(4)在黄河三角洲海域浅水区(如 5 m 等深线以内),物质输移具有向湾顶输移和向浅水区输移的双重特性;在深水区(如 10 m 等深线),位于湾顶附近的物质输移具有较弱的向背湾顶输移的特性,而位于凸出三角洲前沿的物质仍具有较强的向湾顶输移和向浅水区输移的双重特性。

2.结果分析

清水沟流路行河期间,落淤的泥沙主要分布在口门两侧,其中南侧淤积较多、细沙较多,也证明了基于模拟结果的认识是符合实际的。模拟结果与国家海洋环境公报中渤海实测污染物分布特点基本相符。

(1)高浓度污染物集中在渤海湾顶、莱州湾湾顶,而凸出三角洲的海岸(如刁口河、神仙沟、清水沟海域)污染较轻。

(2)在莱州湾湾顶附近海域,污染物呈"片状"分布,符合凸出的黄河(清水沟流路)沙嘴向南输移的污染具有较强的向湾顶输移和向浅水区输移的特性,而黄河三角洲北岸线凸出较小,所以污染物呈现沿浅水区"带状"分布的特点。

6.3.3　排污口及渔业增养殖区布局优化建议

6.3.3.1　排污口布局优化建议

1.控制污染源

控制入海污染源,治理东营市向东部莱州湾污水排放,治理黄河三角洲其他入海河流污染排放,治理港口污染等,是做好黄河口及邻近海域海洋环境保护、保障渔业增养殖可持续发展的根本方法。建议进一步加大陆源污染源的治理力度,削减陆源污染物排放总量,使排放的水质不低于四类海水水质标准,邻近海域水质不低于二类海水水质标准。加快东营市中心城生活污水、垃圾处理和工业废水处理设施改造建设,提高污水处理率、垃圾处理率和脱磷、脱氮效率。协调毗邻地区,控制潮河中上游排入流域工业、农业和生活污水。加强监视监测,重视农业污染源的治理,发展高效农业和先进的施肥方式,降低化肥、农药使用量,抓好规划区下游河口沿岸企业污染防治,使黄河口邻近区域的海洋环境得到恢复。

2.排污口布局

在近期污染治理不能马上见效的情况下,可考虑排污口暂不布局于湾顶区域。

(1)东营市东向排污口宜在莱州湾湾顶 10 m 等深线左右(如图 6-58 的 T4 和 T5 附近)。因为在浅水区(如在 5 m 等深线)物质具有向湾顶输移和趋岸边浅水区的特性,入海污染物易聚集到沿岸浅水区,对附近的渔业增养殖造成危害。

(2)东营市向北排污口,宜在莱州湾湾顶 10 m 等深线左右(如图 6-58 的 T1 以北)。

(3)黄河三角洲区域的排污口,如黄河故道(刁口河)、黄河(清水沟),应尽量减少入海污染物的排放。因为在黄河三角洲附近的污染物,无论是在浅水区(例如 5 m 等深线),还是在较深区域(例如 10 m 等深线),都具有趋岸边浅水区的特点,易导致污染物聚集于沿岸浅水区,危害附近的渔业增养殖。

6.3.3.2　渔业增养殖区布局优化建议

1.科学规划渔业增养殖区,确保渔业资源可持续利用

加强黄河口及邻近海域的水域滩涂管理,根据国民经济和地区经济发展计划,结合考虑全面实施东营市渔业战略调整和养殖水域、滩涂可持续利用的需要,对养殖水域、滩涂进行科学规划。以发展高效生态渔业为目标,重点建设以"浅海养殖带、滩涂养殖带"为主的二带和以"浅海养殖区、海参高效生态养殖区、海水虾蟹生态养殖区、'上农下渔'综合养殖区、设施渔业区"为主体的五区,发挥产业示范和辐射带动作用,促进渔业可持续发展。重点实施渔业资源保护区建设、渔业资源人工增殖放流和人工渔礁建设工程,重点建设好黄河三角洲国家级海洋自然保护区、利津底栖鱼类生态海洋特别保护区等自然保护区(如图 6-64 所示),排污口设置避开自然保护区和增养殖区,严禁缺乏科学论证的开发现象,有效保护水域滩涂生态环境,确保渔业资源可持续利用及与其他行业间的协调发展。

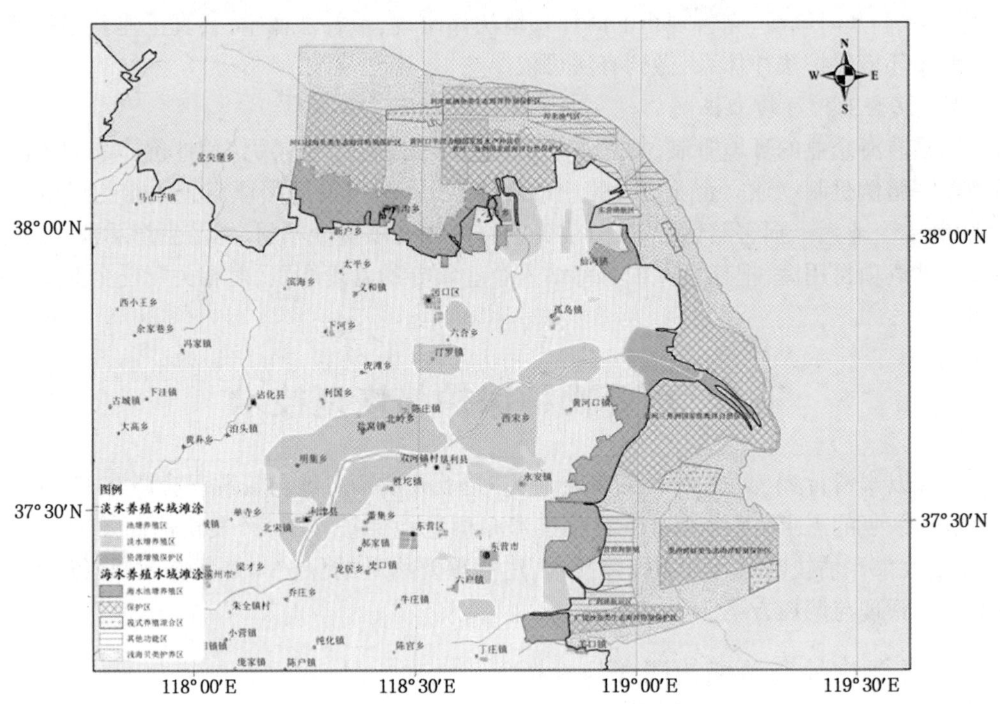

图 6-64　东营市养殖水域滩涂规划图(1∶700 000)

2.推行养殖容量控制制度,加快养殖结构和养殖方式调整

加强水域滩涂管理要妥善处理水产养殖资源利用和保护的关系,养殖生产应符合环境容量和养殖容量的要求,使养殖水域滩涂发挥可持续最佳效益。

实施养殖容量制度,控制养殖规模、密度,推广健康生态养殖模式,保护和改善养殖水域生态环境。要合理调整和规划养殖生产布局、提升渔业产业化水平、加强渔业科技推广与创新能力、加强渔业基础保障体系建设,促进水产养殖业的健康持续发展。重点发展高效生态的水产养殖业、科学合理的渔业增殖业、多元化复合型的外向型渔业等现代渔业产

业,转变传统渔业生产方式。对养殖密度过大的养殖场所进行调整,鼓励养殖区转移至水交换条件好、环境优良的水域,使养殖规模、密度符合环境容量和养殖容量的要求;养殖品种结构渐趋合理,水质达到国家标准,水域滩涂环境得到保护和改善,水产养殖病害得到有效预防和控制。

6.3.3.3　保障措施

1.强化宣传,增强国民海洋环保意识

建议利用电视、报纸、互联网、手机信息平台等媒体多渠道宣传海洋环境保护,增强国民海洋环境保护意识。通过加强海洋知识的普及,让国民有一种海洋环境保护的责任感、使命感,减少陆源污染,降低海洋污染。

2.健全海洋环境法律体系,加大执法力度

我国海洋环境保护工作始于 20 世纪 70 年代,陆续颁布了一系列法律法规,形成了较为完整的法律体系,但是海洋环境法律体系仍不健全,海洋权益主张缺乏法律的支持。因此,需要我们及时修改、完善现行的海洋环境法律法规,填补法律空白,真正建立起一套完善的海洋环境保护法律体系,做到有法可依。

3.建立企业排污约束机制

加强涉海企业的环境管制,加大责任追究力度,建立企业排污信用评价体系和相应的污染损害赔偿机制。建立企业排污信用评价体系,协调相关部门评定企业排污风险信誉等级,制定企业污染损害赔偿标准,可优先安排环保专项资金项目、清洁生产示范项目、循环经济试点项目用海,把环境保护目标纳入企业领导的管理职责,对相关责任企业实行问责制。

6.4　重要物种保护与恢复技术

本节以半滑舌鳎、文蛤、中国对虾为研究对象,开展栖息地与资源现状调查,针对其资源保护与恢复的需求,优化其增殖放流技术和栖息地保护技术,开发快速高效的标记方法、恢复效果评估技术及其种质保障技术,建立重要物种的保护与恢复技术,最终提出相应的保护管理与调控方案。

6.4.1　重要物种资源现状调查与分析

6.4.1.1　文蛤

贝类生产是黄河三角洲地区渔业生产的重要部分,不仅在产量上占主导地位,而且也是渔业经济的重要支柱,在产量上呈逐年上升的趋势,从 1995 年的 16 605 t 增加到 2003 年的 40 143 t,增加了 2 倍多。但是传统高值种类的产量却由于资源的衰退增幅甚小,甚至出现减产,增加的产量主要来源于低值种类的开发利用。如表 6-7 所示,是 1995~2003 年全市的贝类产量统计,低值的四角蛤蜊由 1995 年的 7 156 t 增加到 2003 年的 26 354 t,增加了接近 4 倍,由占全年总产量的 43.09%上升到了 65.65%,而文蛤占总产量的比例由 1995 年的 25.38%降到了 2003 年的 16.53%,出现在产量上的变化,反映了黄河三角洲贝类资源的变化。

表 6-7　1995~2003 年东营市滩涂贝类产量　（单位：t）

种类	1995 年	1996 年	1997 年	1998 年	1999 年	2000 年	2001 年	2002 年	2003 年
文蛤	4 214	5 041	4 606	4 830	4 446	4 602	4 283	4 814	6 636
青蛤	1 876	1 563	1 632	1 533	1 327	1 128	1 021	965	904
毛蚶	1 982	1 635	1 547	1 462	1 303	1 207	1 213	1 156	1 024
四角蛤蜊	7 156	12 561	15 463	19 630	15 680	17 864	21 606	24 680	26 354
光滑河蓝蛤	536	467	506	1 128	1 834	2 136	2 648	3 056	3 321
其他	841	1 108	1 337	964	1 410	1 225	2 102	2 229	1 904
合计	16 605	22 375	25 091	29 547	26 000	28 162	32 873	36 900	40 143

2011 年春、秋季在河口区，2012 年春季在利津县针对文蛤栖息地开展了潮间带调查，结果表明，文蛤虽然是潮间带大型底栖生物群落优势种，但其优势度呈现明显下降，在利津沿岸潮间带生物量仅为 5.26 g/m^2，这意味着文蛤作为该区域重要物种急需增殖保护。

6.4.1.2　半滑舌鳎

半滑舌鳎属鲽形目暖温性大型舌鳎科鱼类，黄河口曾是渤海半滑舌鳎的主要分布区，固有资源丰富，经济价值高，是舌鳎科鱼类的珍品。当前其资源已严重衰退，亟待恢复。课题组分别于 2012 年 5 月和 11 月进行了利津底栖鱼类生态国家级海洋特别保护区渔业资源调查，结果表明，鱼类占总渔获量的百分比分别为 46%和 53%（见图 6-65）。其中，春季半滑舌鳎渔获量为 0.81 kg，占鱼类总量的 20.3%；秋季未捕到半滑舌鳎。由此可见，黄河口及邻近海域半滑舌鳎资源衰退已十分严重，开展其资源的增殖放流与保护已是刻不容缓。

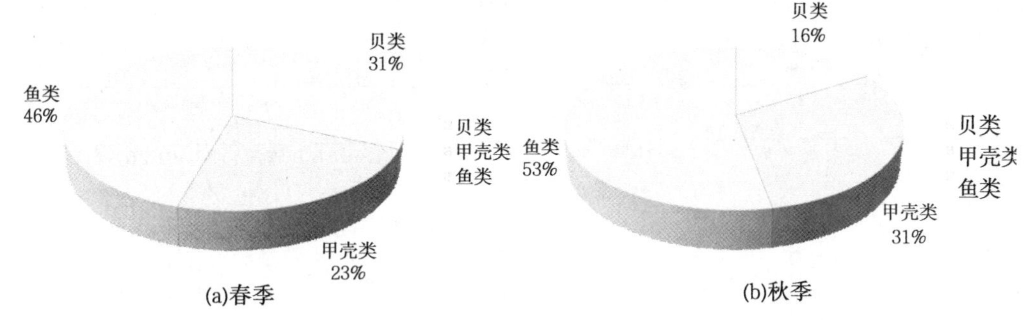

图 6-65　利津底栖鱼类保护区春、秋季航次调查渔获物组成

6.4.2　中国对虾

6.4.2.1　人工放流效果评价关键技术研究

传统的中国对虾放流评估方法采用的是挂牌标志技术结合回捕调查法，该方法由于标志牌的脱落和挂牌时造成标志对象的损伤而导致死亡率增加，从而降低效果评估的准确性。随着分子生物学技术的不断进步，分子标记技术已被广泛应用于包括人在内的哺乳动物的亲子鉴定，将此项技术应用于中国对虾放流效果评估可谓水到渠成。本课题组于 2012 年在莱州湾、乳山和海阳沿海开展了基于分子标记技术中国对虾放流效果评价关键技术的实验研究。

1.中国对虾苗种的标志放流

2012 年 5 月 20 日至 6 月 14 日,三家放流合作单位在莱州湾(昌邑)、乳山和海阳近海共放流中国对虾虾苗 31 318 万尾,其中大规格苗种 14 145 万尾,小规格苗种 17 173 万尾(见表 6-8)。

表 6-8 2012 年中国对虾标志放流情况

放流地点	苗种规格	放流时间(年-月-日)	放流数量(万尾)	平均体长(mm)	平均体重(g)
昌邑潍河	小规格	2012-05-24	3 067	12.79±1.231	0.02±0.005
	大规格	2012-06-14	8 369	32.71±2.981	0.34±0.098
乳山塔岛湾	小规格	2012-05-20~05-26	11 428	10.31±1.056	0.01±0.015
海阳丁字湾	小规格	2012-05-24	2 678	—	—
	大规格	2012-06-05~06-07	5 776	43.30±6.832	1.09±0.973

2.跟踪回捕调查

2012 年 6~9 月在潍河以及莱州湾进行了 6 次跟踪调查,捕获中国对虾共计 1 179 尾。通过对样品的生物学测定,得到了中国对虾体长分布直方图(见图 6-66)。

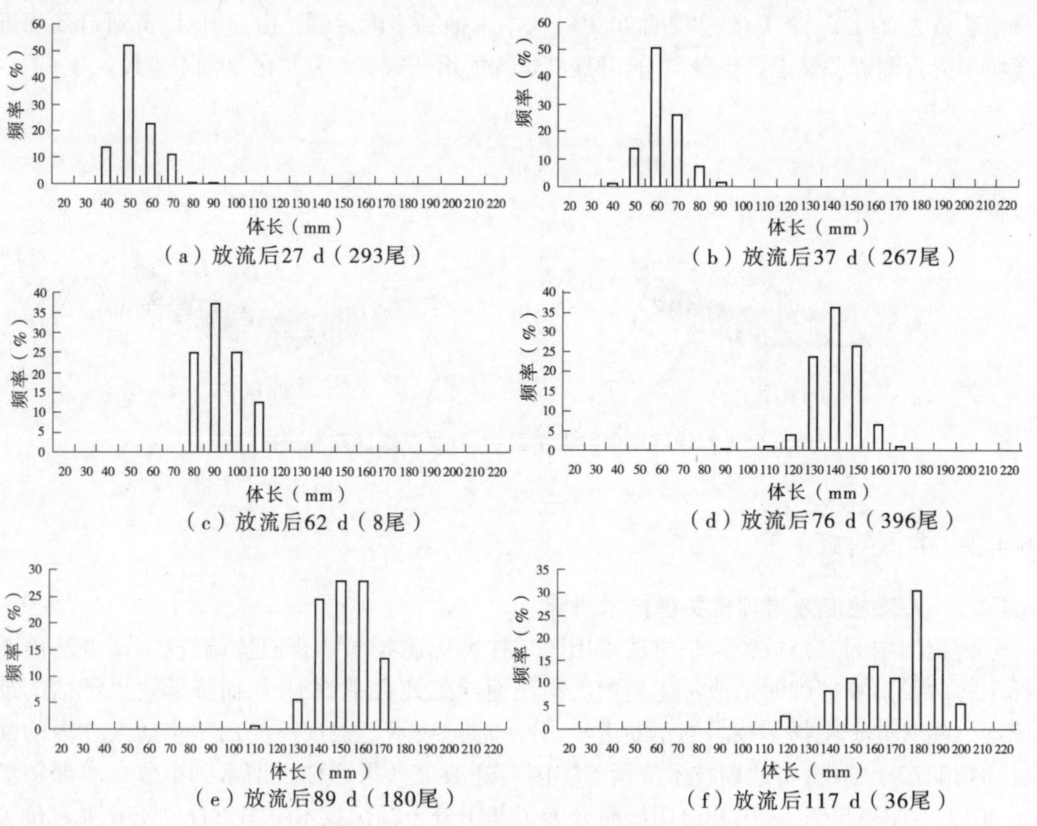

图 6-66 中国对虾体长分布直方图

通过图 6-66 可以看出：①放流后较短的时间内，大苗与小苗的生长差异不明显，从体长范围已无法将大小苗区分开来；②放流 4 个月之后，体长约增加了 3.5 倍，体重约增加了 42 倍。

2012 年 8～9 月，项目组在莱州湾进行了 4 次回捕采样，获得回捕中国对虾 630 尾（见表 6-9）。所有样品经形态学测量后取肌肉组织冷冻保存，用于分子遗传学分析。

表 6-9　2012 年秋季回捕对虾样品信息

回捕地点	回捕时间（年-月-日）	回捕数量（尾）	平均体长（mm）	平均体重（g）	备注
东营	2012-08-08	19	131.5±15.53	29.0±8.91	项目组回捕调查
莱州湾	2012-08-09	396	136.0±10.47	28.7±6.61	山东省海洋水产研究所莱州湾调查
莱州湾	2012-08-22	179	147.4±11.14	37.2±8.71	山东省海洋水产研究所莱州湾调查
莱州湾	2012-09-19	36	166.3±18.88	55.0±18.63	山东省海洋水产研究所莱州湾调查

2013 年 4 月底至 5 月初，在标志放流单位采集海捕野生亲虾 1 571 尾，其中 1 190 尾捕自海阳外海，381 尾捕自荣成外海（见表 6-10）。该部分亲虾与 2012 年秋季回捕对虾属于同一个世代，作为 2012 年秋季回捕对虾的补充群体（繁殖群体）进行后续分析。

表 6-10　2013 年春季回捕对虾样品信息

回捕地点	回捕时间（年-月-日）	回捕数量（尾）	平均体长（mm）	平均体重（g）
海阳	2013-04-25～05-19	782	185.9±8.17	78.7±11.00
海阳	2013-05-03～05-05	144	214.0±1.79	83.5±13.66
荣成	2013-04-20～05-05	381	189.3±11.38	82.3±15.18
海阳	2013-04-20～05-02	264	197.3±16.92	85.2±15.42

6.4.2.2　人工放流效果评价结果

1.线粒体 DNA 控制区序列分析

2012 年 8 月下旬至 2013 年 5 月中旬，课题组共回捕对虾样品 2 201 尾，包括 2012 年秋季在莱州湾的回捕对虾 630 尾和 2013 年春季在海阳、荣成近海的回捕对虾（繁殖群体）1 571 尾。对回捕对虾控制区序列进行扩增，共获得了 688 尾回捕对虾的控制区序列，序列比对后获得 76 个单倍型，单倍型多样度 0.944 3±0.005 2，核苷酸多样度 0.009 5±0.005 2。其中，43 个单倍型，共计 659 尾回捕对虾与亲虾单倍型相同，与亲虾单倍型相同的比例为 95.81%。

2.微卫星分析

本项目共采用 8 对微卫星荧光引物作为分子标记进行个体判别，8 对引物的等位基因数和多态信息含量均较高，分别为 40.38 和 0.894 7，表明了引物的个体识别能力高。每对引物的单亲排除率在 0.675~0.916，累积单亲排除率超过 99.99%，表明引物能够有效地区分放流个体和非放流个体。

(1)运用 8 对微卫星荧光引物对 2012 年秋季回捕对虾进行归属鉴定，结果显示：放流个体占 2012 年秋季回捕对虾总数的比例为 16.34%，其中大规格苗种所占比例为 8.01%，小规格苗种所占比例为 8.33%。

(2)运用 8 对微卫星荧光引物对 2013 年春季中国对虾繁殖群体进行归属鉴定，结果显示：放流个体占 2013 年春季回捕群体(繁殖群体)对虾总数的比例为 4.71%。按照苗种规格划分，大规格苗种所占比例为 1.71%，小规格苗种所占比例为 3.00%。按照回捕海域划分，海阳回捕对虾中，9 尾为放流的苗种，所占比例为 3.85%；荣成回捕对虾中，2 尾为放流个体，所占比例为 0.86%。

微卫星分析结果表明：

(1)微卫星作为分子标记，在对回捕对虾进行个体判别时，能够达到区分放流个体和非放流个体的效果，在以后的中国对虾增殖效果评价中可以进行广泛的应用。

(2)微卫星能够区分不同放流单位放流的苗种，从而对不同放流单位的放流效果进行评价。

(3)在自然海域中能够捕获放流的对虾苗种，证明放流苗种对于对虾资源量的补充起到了良好的效果，尤其是在次年春季繁殖群体中存在放流个体，推断增殖放流对于资源量的补充是持续的。

(4)增殖放流过程中，放流大规格苗种和小规格苗种的增殖效果没有产生明显差异，考虑到大规格苗种暂养的经济投入，建议在未来的放流活动中适当增加放流小规格苗种的数量。

6.4.3 文蛤

6.4.3.1 文蛤激光标记放流技术

本研究采用激光标志方法和电刻笔标志方法对壳长 20~30 mm 的文蛤苗种进行标志，并研究了标志对文蛤生存和生长的影响，以及标志保持率。

本研究所用文蛤(壳长 20~30 mm)采集自东营利津县潮下带及近海海域，分为 3 组，每组 300 只。将每组文蛤分成Ⅰ、Ⅱ、Ⅲ3 个处理，每个处理 100 只，其中Ⅰ号处理作为空白对照，Ⅱ号处理采用红牛牌 70006 型磨具电刻笔对试验文蛤样品进行标志(使用直径 3 mm 的磨头在文蛤壳表面打磨出约 0.2 mm 深凹槽，标志速度约 12 只/min)，Ⅲ号处理分别采用科泰 KT-40JM 型激光雕刻机进行标记(标记图案为#号，控制电流强度 160 mA，标志速度可达 30 只/min)。

激光标志组在标志过程中未出现死亡个体。72 h 内急性死亡试验中，激光标志处理的 72 h 急性死亡率为 0.67%，电刻笔处理的 72 h 急性死亡率为 0.33%(见图 6-67)。在 60 d 养殖试验中，激光标志方法死亡率为(15±1.3)%(见图 6-68)，电刻笔标志方法死亡率为(12±1.3)%(见图 6-69),对照组死亡率为(13.33±3.1)%(见图 6-70)。单因素方差分析显示对照处理和激光处理之间无显著差异($d.f.=1$,$P>0.05$),对照处理与电刻笔处理之间也无显著差异($d.f.=1$,$P>0.05$)。

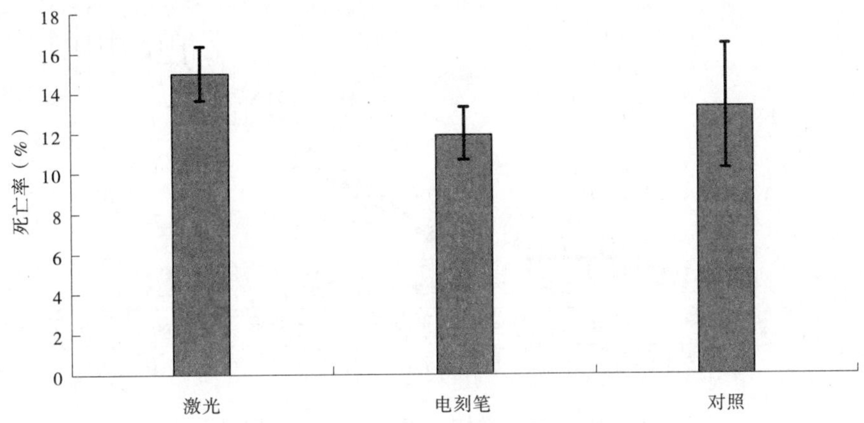

图 6-67　文蛤物理标志方法死亡率

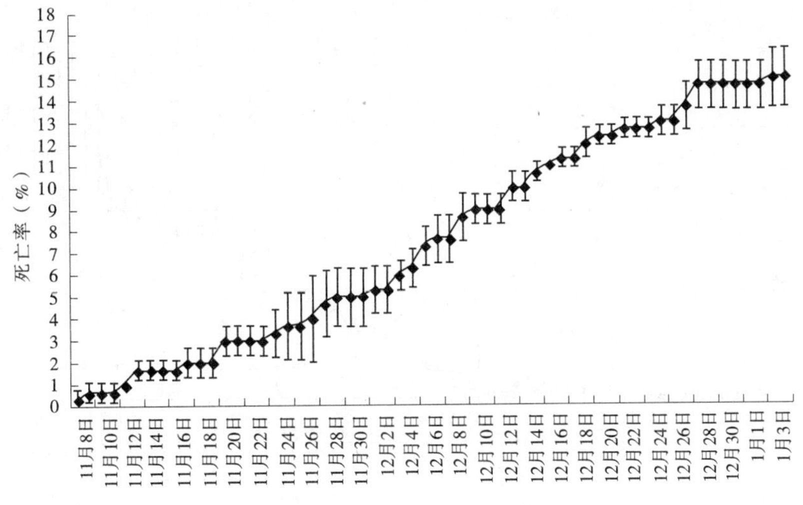

图 6-68　激光标志组死亡率—时间折线图

经 60 d 暂养,对文蛤标志质量进行检查,激光处理与电刻笔处理所有标志均肉眼清晰可见,无脱标现象。

本研究表明,采用激光标志方法和电刻笔标志方法对文蛤进行标志可以达到良好的效果(见图 6-71),两种方法均可用于文蛤的大规模增殖放流效果评估,两种方法均不需要杀死文蛤即可检验标志。此外,采用激光标志方法可以对文蛤进行信息标志,便于对文蛤标志放流信息的管理。虽然电刻笔和激光标志方法对文蛤的生存和生长均不产生显著影响,但激光标志方法因其自动化程度高更具备发展潜力。

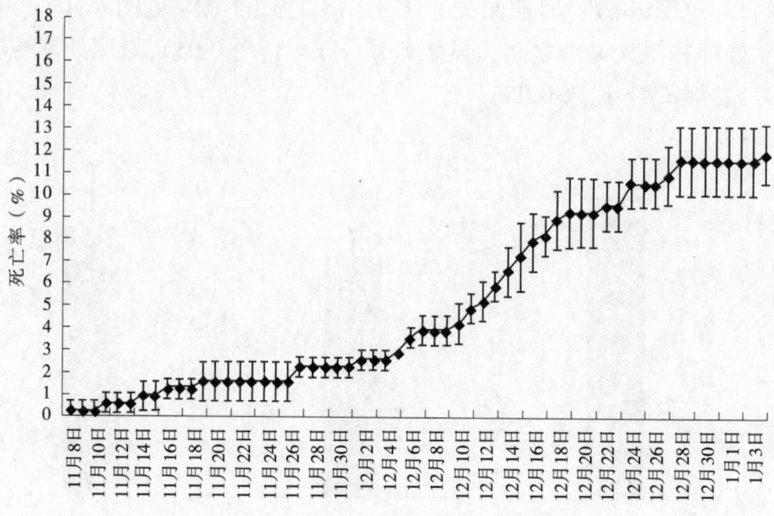

图 6-69　电刻笔标志组死亡率—时间折线图

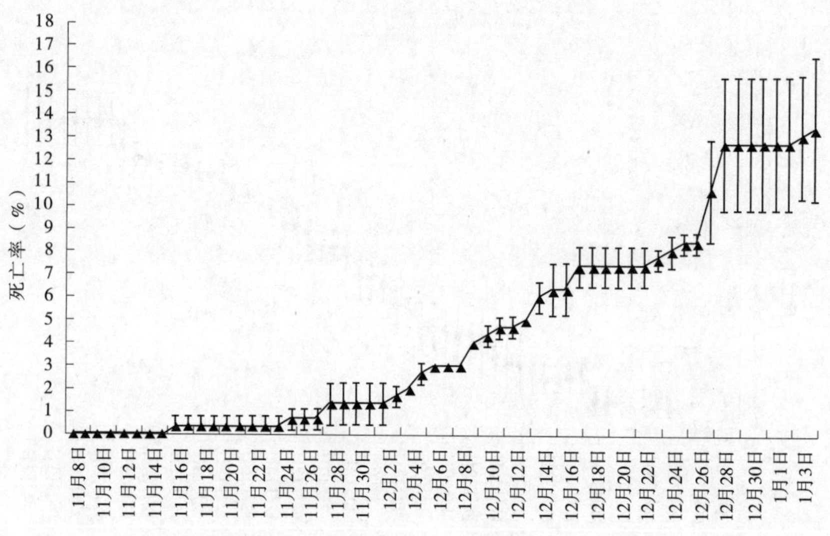

图 6-70　对照组死亡率—时间折线图

6.4.3.2　文蛤栖息地保护管理与调控方案

增殖放流是文蛤保护的主要手段之一，而且可以较快地增加其种群数量，但要达到长期稳定的保护目标则离不开其栖息地的保护。动物栖息地保护的最有效方法就是建立自然保护区，所以文蛤保护在大力开展增殖放流的同时，必须结合相关海洋特别保护区的建设进行它的栖息地保护工作，以达到我们的最终目标。

国家海洋局 2008 年 12 月批准建立了东营河口浅海贝类生态国家级海洋特别保护区，主要保护对象为以文蛤为主的底栖经济贝类及其栖息生态环境，位于渤海湾南岸黄河三角洲近岸海域。行政区域属山东省东营市河口区管辖，面积为 396.23 km^2。根据海洋

图 6-71　激光(左)、电刻笔(右)标志效果

特别保护区的指导思想与规划原则,根据保护区的性质和作用,经综合评估,确定将其划分为生态保护区、资源恢复区、环境整治区和开发利用区四个功能区(见图 6-72)。结合不同功能区特点制订调控方案如下。

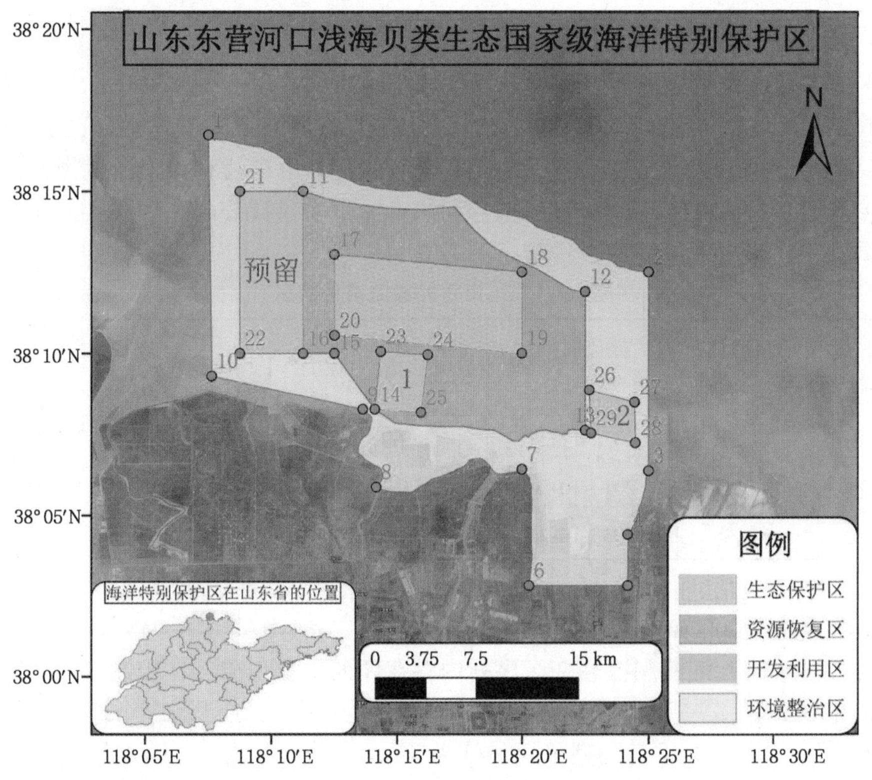

图 6-72　东营河口浅海贝类生态国家级海洋特别保护区功能分区

1.生态保护区

生态保护区位于海洋特别保护区中心位置。该区自然条件优越,生物资源条件相对较好,群落结构较完善,功能基本正常,但属于文蛤等底栖生物受威胁的海域,是设定保护区的重点,拟通过保护性管理使贝类的生境、种质在有效保护下得到保存,资源得以恢复。

2.资源恢复区

资源恢复区位于生态保护区外围。区内环境条件与生态保护区相似,但文蛤等底栖生物资源相对于生态保护区密度较低,需要进行严格管理以促进资源恢复,提高开发利用价值。

3.环境整治区

环境整治区离岸近,环境受到破坏较严重,需要通过与环保等部门协调进行保护性管理,促进区域水质及底质环境的净化和恢复,允许群众进入环境整治区适度开展渔业开发或其他相关活动,如进行大型开发利用活动,应事先呈报保护区管理机构,征得同意后方可开展。

4.开发利用区

开发利用区是已经进行贝类养护和增殖的区域,兼顾当前进行生产性开发的现状和海域使用情况,由当地企业经营滩贝增殖、养殖生产,进行文蛤等贝类的养护和增殖,为保护区文蛤等渔业资源的养护和增殖进行探索,积累经验。

6.4.4 半滑舌鳎

6.4.4.1 人工放流种群的遗传多样性及群落结构的研究

2010 年 10 月和 2012 年 7 月在东营近海采集半滑舌鳎野生群体样品,2011 年 11 月和 2013 年 10 月进行放流苗种采集,其中 2011 年的苗种由东营利津丰泽生物科技公司进行苗种繁育工作,而 2013 年的苗种由东营利津丰泽生物科技公司和利津县渔业技术研究协会共同提供。半滑舌鳎放流苗种信息见表 6-11。

表 6-11 半滑舌鳎放流苗种信息

放流地点(年-月-日)	苗种规格	放流时间(年-月-日)	放流数量(万尾)	平均体长(mm)	平均体重(g)
刁口近海	大规格	2011-11-24	60	51.07±2.353	5.23±1.708
刁口近海	大规格	2013-10-24	30	53.66±4.605	7.87±2.084
刁口近海	小规格	2013-10-24	30	36.91±2.770	0.57±0.194

1.半滑舌鳎线粒体控制区序列分析

研究发现半滑舌鳎控制区高变区序列内存在序列重复现象。在控制区的 5 端存在两种类型的串联重复,第一种串联重复类型单元长度为 32 bp,在已测序个体内重复次数发现 1~14 次;第二种串联重复类型单元长度为 49 bp,在已测序个体内重复次数发现 0~3 次。个别个体内还有 16 bp 的小片段串联重复插入。此外,串联重复序列的各单元也存在碱基变异。提示线粒体控制区串联重复现象也是半滑舌鳎多样性的体现。

半滑舌鳎放流群体与野生群体 A+T 的含量都约占 72%,显著大于 C+G 的含量。野生半滑舌鳎群体的单倍型多样度和核苷酸多样度分别为 0.878~0.985 和 0.008~0.012,养殖群体的单倍型多样度和核苷酸多样度分别为 0.561~0.831 和 0.011~0.019。放流群体和野生群体的单倍型多样度都较高,但是野生群体的单倍型多样度还是明显高于放流群体。总体上，放流群体和野生群体的遗传多样性差别不大，且都处于比较高的水平。

当将半滑舌鳎放流群体和野生群体分为两组计算分子方差时，结果显示差异主要来自于群体内且结果显著。野生群体和放流群体之间的差异仅占 7.42%且差异不显著。两两群体之间的遗传分化指数的计算结果表明野生群体之间的 F_{st} 较小，但野生群体同放流群体以及野生群体与放流群体之间的 F_{st} 值较大，表明放流群体和野生群体之间产生了一定的遗传分化。

短吻舌鳎为外群构建了半滑舌鳎单倍型的邻接关系树（见图 6-73）。邻接关系树的拓扑结构比较简单，野生群体与放流群体之间不存在差异，均混杂地分布在邻接关系树的分支上。

2.微卫星序列分析

共采用 10 对微卫星荧光引物进行群体多态性分析，10 对引物的等位基因数和多态信息含量均较高，平均等位基因数和平均多态信息含量分别为 16.20 和 0.774 5，表明了东营半滑舌鳎野生群体和放流群体的多态性较高，这与线粒体控制区的结果一致。

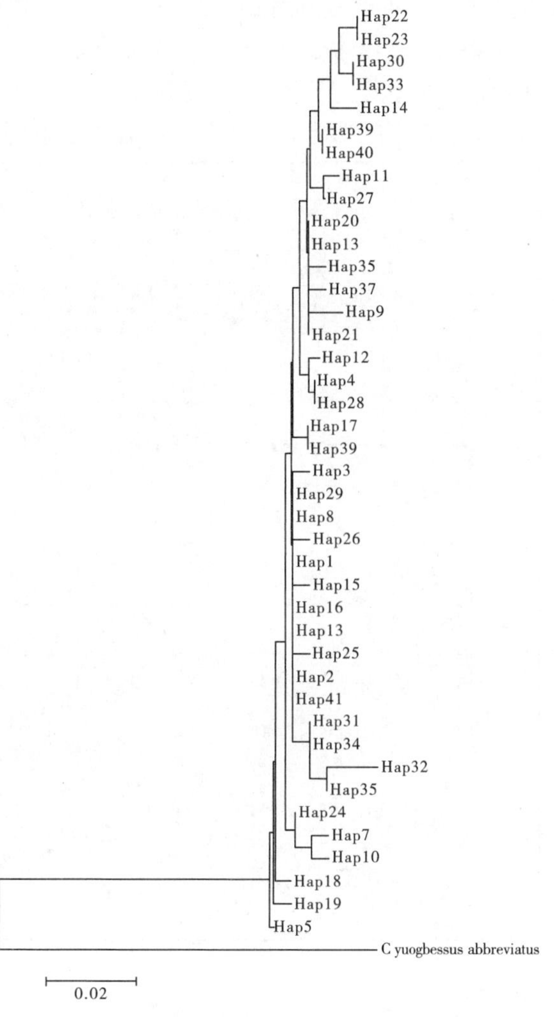

图 6-73　基于单倍型构建的 NJ 系统发育树

6.4.4.2　半滑舌鳎保护管理与调控方案

半滑舌鳎的增殖放流是其资源恢复、物种保护重要而有效的手段之一，而栖息地的保护也是十分重要、不可或缺的保护措施。半滑舌鳎栖息地保护最主要的保护管理措施就是建立相关的海洋特别保护区，而国家海洋局 2008 年 12 月批准建立的东营利津底栖鱼类生态国家级海洋特别保护区，则是以半滑舌鳎等底栖鱼类为主要保护对象的，而这恰好与我们的保护目标相吻合，同时为半滑舌鳎栖息地保护提供了特别有利的条件。

该保护区位于东营市利津县老黄河口附近-3～-10 m 等深线的浅海水域，呈长方形，面积 94.04 km²，它以底栖鱼类保护为基础，以生物多样性保护为核心，以生态修复与合理利用为重点，以期通过科学、严格的保护和合理、适度的利用，使利津海洋特别保护区海域生态环境恶化状况得以遏制，生态系统退行性演替进程得以缓解，生物多样性与生态系统结构功能有所恢复，渔业生物特别是半滑舌鳎等底栖生物产出在品质上有所改善，为保护区海域生态系统的修复和可持续开发利用奠定基础。

根据海洋特别保护区的指导思想与规划原则,根据保护区的性质和作用,经综合评估,确定将其划分为生态保护区、资源恢复区、环境整治区和开发利用区四个功能区(见图 6-74)。根据不同功能区的各自的特点,我们制订相应的管理和调控方案如下。

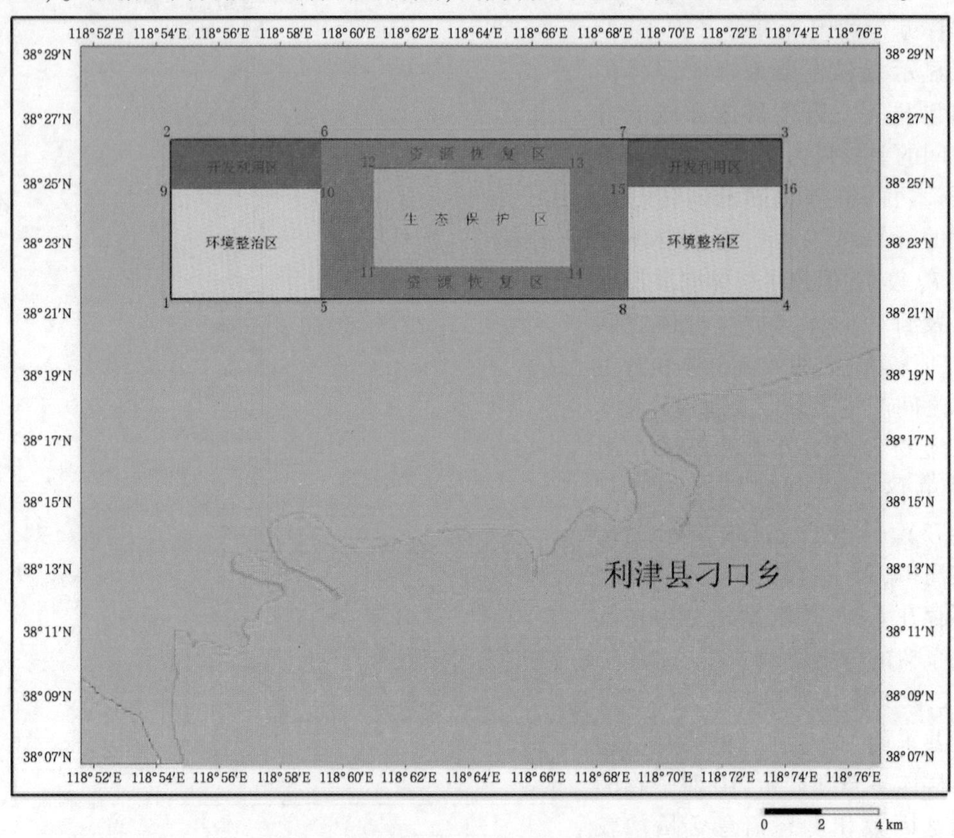

图 6-74 东营利津底栖鱼类生态国家级海洋特别保护区功能分区

1.生态保护区

生态保护区位于海洋特别保护区中心位置,也是半滑舌鳎栖息地保护的核心区。该区自然条件相对优越,生物资源条件相对较好,群落结构较完善,功能基本正常,但属于半滑舌鳎等底栖鱼类受威胁的海域,是设定保护区的核心,拟通过严禁开发生产等保护性管理使半滑舌鳎等底栖鱼、贝类的生境、种质得到有效保护,使其资源得以恢复。

2.资源恢复区

资源恢复区位于生态保护区外围。区内环境条件与生态保护区相似,但半滑舌鳎等底栖鱼类资源相对于生态保护区密度较低,需要进行严格管理以促进资源恢复,提高开发利用价值。

3.环境整治区

环境整治区离岸近,环境受到较严重破坏,需要通过与环保等部门协调进行保护性管理,促进区域水质及底质环境的净化和恢复,允许群众进入环境整治区适度开展渔业开发或其他相关活动,如进行大型开发利用活动,应事先呈报保护区管理机构,征得同意后方可开展。

4.开发利用区

开发利用区是已经进行鱼、贝类养护和增殖的区域,兼顾当前进行生产性开发的现状和海域使用情况,由当地企业经营半滑舌鳎增殖、养殖生产,进行半滑舌鳎等鱼贝类的养护和增殖,为保护区半滑舌鳎等渔业资源的养护和增殖进行探索,积累经验。

本课题通过对黄河口及邻近海域以往研究资料和成果的科学分析筛选确定半滑舌鳎、文蛤及中国对虾作为保护及恢复重要的物种生物,它们既是该水域生态系统的关键种,又是具有渔业生产价值的经济种。开发了文蛤激光标记技术,优化集成了增殖放流技术、基于分子标记技术的增殖放流效果评估技术和栖息地保护管理技术,首次将分子标记技术应用于黄河口及邻近海域中国对虾放流效果评估,首次将增殖放流技术与栖息地保护管理技术相结合应用于半滑舌鳎和文蛤的保护管理。本课题的研究成果丰富了保护生物学和渔业资源增殖学的研究资料,提供了重要物种保护和渔业经济种种群增殖保护的实践案例。

参考文献

[1] 韦芳三,李纯厚,戴明,等. 盐度变化对盐藻生物量和总脂含量的影响[J]. 湖南农业科学,2011(1):134-136.

[2] 张平,柯爱英,黄振华.盐度对牟氏角毛藻生产性培养的影响[J].现代农业科技,2008(12):245-247.

[3] 华雪铭,程鹏,周洪琪,等.盐度对微藻的生长、总脂肪含量以及脂肪酸组成的影响[J].上海水产大学学报,1998(7):338-344.

[4] Walker K F. A synopsis of ecological information on the saline lake rotifer Brachionus plicatilis Müller 1786[J].Hydrobiologia,1981,81-82: 159-167.

[5] Kirk K L. Egg size,offspring quality and food level in planktonic rotifers[J].Freshwater Biology,1997,37: 515-521.

[6] Sarma S S,Rao T R. Effect of food level on body size and egg size in a growing population of the rotifer Brachionus patulus Müller[J]. Archivfür Hydrobiologie,1987,111: 245-253.

[7] Walz N,Rothbucher F. Effect of food concentration on body size,egg size and population dynamics of Brachionus angularis (Rotato-ria)[J]. Verhandlungen des Internationalen Verein Limnologie, 1991, 24: 2750-2753.

[8] 胡好远,席贻龙,耿红. 食物浓度对角突臂尾轮虫种群增长、个体大小和卵大小的影响[J]. 应用生态学报,2002,13(7):875-878.

[9] 耿红,席贻龙,胡好远. 食物种类和浓度对红臂尾轮虫种群增长、个体大小及卵大小的影响[J]. 应用生态学报,2003,14(5):573-576.

[10] 王珊,赵文,焉鸿启. 温度和盐度对褶皱臂尾轮虫复合类群休眠卵体积的影响[J]. 大连海洋大学学报,2012,27(3).

[11] Serrano L,Serra M,Miracle M R. Size variation in Brachionus plicatilis resting eggs[J].Hydrobiologia, 1989: 186-187,381-386.

[12] 陈丽华,陈钢,李少菁,等. 温盐度对厦门港春季主要桡足类呼吸率影响的实验[J].台湾海峡,

2001,20(S0): 184-189.

[13] Lance J. Respiration and osmotic behaviour of the copepod Acartiatonsa in diluted seawater[J].Comp Biochem Physiol,1996,14(1): 155-165.

[14] Marshall S M,Nicholls A G,Orr A P. On the biology of Calanus finmarchicus.X. Seasonal changes in oxygen consumption[J].Journal of Marine Biological Association of the United Kingdom,1958,37(2):459-472.

[15] 桂远明,毛连菊,毕可敏,等. 温度和盐度对蒙古裸腹溞生长及代谢强度的影响[J]. 大连水产学院学报,1988(2):37-51.

[16] Doroudi M S, Southgate P C, Mayer R J. The combined effects of temperature and salinity on embryos and larvae of the black-lip pearl oyster, Pinctada margaritifera (L.).Aquaculture Research,1999,30(4) 271-277.

[17] 陈松波,陈伟兴,范兆廷.鱼类呼吸代谢研究进展[J].水产学杂志,2004,17(1):82-89.

[18] 张培军.海水鱼类繁殖发育和养殖生物学[M].济南:山东科学技术出版社, 1999.

[19] 张海发, 刘晓春,王云新,等.温度、盐度及 pH 对斜带石斑鱼受精卵孵化和仔鱼活力的影响[J].热带海洋学报,2006,25(2).

[20] 陈昌生,纪荣兴,黄佳鸣.高体鰤胚胎、早期仔鱼发育与盐度的关系[J].上海水产大学学报, 1997,6(1): 5-10.

[21] 王涵生.盐度对真鲷受精卵发育及仔稚鱼生长的影响[J].中国水产科学, 2002,9(1): 33-38.

[22] 王涵生,方琼珊,郑乐云.盐度对赤点石斑鱼受精卵发育的影响及仔鱼活力的判断[J].水产学报,2002,26(4):344-350.

[23] Ohn D, Sakamoto M T, Gordon G E, et al. Physiological and respiratory responses of the Mozambique Tilapia(Oreochromis mossambicus)to salinity acclimation[J].Comparative Biochemistry and Physiology Part A: Physiology, 1997,117(3): 391-398.

[24] 丁彦文,李加儿.平鲷 Rhabdosargus sarba(Forskal)幼鱼耗氧率的初步研究[J].湛江海洋大学学报,2000,20(3):8-12.

[25] 王广军,谢骏,潘德博.日本鳗鲡初孵仔鱼耗氧率的初步研究[J].海洋水产研究,2001,22(1):52-55.

[26] Fang L S. Influence of salinity acclimation on routine metabolic rate patterns in different salinities of the period fish[J]. Girella nigricans(Ayres) Bull. Inst. Zool. Acad. Sin., 1982,21: 21-26.

[27] Farmeh G J, Beamish F W H. Oxygen consumption of Tilapia niloticain relation to swimming speed and salinity [J]. J. Fish.Res. Bdcan., 1969, 26: 2807-2821.

[28] Ferspan P, Prange H D, Greenwald L. Energetics and osmoregulation in the catfish,Ictalurus nebulosus and I. punctatus[J]. Comp. Biochem. Physi., 1984, 77A: 773-778.

[29] Nordhe F G. The influence of environmental salinity on respiratory oxygen demands in the euryhaline teleost,Ambusus interrupta Bleeker[J]. Comp. Biochem. Physi., 1978, 59A: 271-274.

[30] 闫茂仓,单乐州,谢起浪,等. 温度、盐度及体重对条石鲷幼鱼耗氧率和排氨率的影响[J]. 海洋科学进展,2008,26(4).

[31] 雷思佳.盐度和体重对台湾红罗非鱼耗氧率的影响[J].应用生态学报,2002,13(6):739-742.

[32] Helene R, Grard B. Fish blood parameters as a potential tool for identification of stress caused by environmental factors and chemical intoxication [J]. Mar Environ Res,1996, 41(1):27-43.

[33] 王晓杰,张秀梅,李文涛. 盐度胁迫对许氏平鲉血液免疫酶活力的影响[J]. 海洋水产研究,2005,26(6): 137-142.

[34] 陈刚，张健东，吴灶和. 军曹鱼幼鱼耗氧率与窒息点的研究[J].水产养殖，2005,26(1)：1-4.

[35] Filho D W，Boveris A. Antioxidant defenses in marine fish-II.Elasmobranchs[J]. Comp Biochem Physiol,1993，106C:415-418.

[36] Lough R G，Gonor J J. A response-surface approach to the combined effects of temperature and salinity on the larval develop of Adula califoienisis (Pelecypoda：Mytilidae). I.Survival and growth of three and fifteen-day old larvae[J].Marine Biololgy,1973,22：295-305.

[37] Tettelbach S T，Rhodes E W. Combined effects of temperature and salinity on embryos and larvae of the Northern bay scallop，Argopecten irradians irradians[J].Marine Biology,1980,63(3)：249-256.

[38] 林笔水，吴天明.温度和盐度对缢蛏浮游幼虫发育的影响[J]. 水产学报,1984,7(1)：1-13.

[39] 何义朝，张福绥.盐度对海湾扇贝不同阶段发育的影响[J].海洋与湖沼,1990,21(3)：197-102.

[40] 梁玉波,等.温度、盐度对栉孔扇贝(Chlamys farreri)胚胎和幼虫的影响[J].海洋与湖沼,2008,39(4).

[41] Gustafson R G，Creswell R L，Jacobsen T R,et al. Larval biology and mariculture of the angelwing clam, Cyrtopleura costata[J]. Aquaculture,1991,95：257-279.

[42] 陈政强,陈昌生.盐度对中国龙虾存活、生长的影响[J].集美大学学报,2000,5(1):31-36.

[43] 王如才,王昭萍,张建中.海水贝类养殖学[M].青岛:青岛海洋大学出版社,1993.

[44] 杜美荣,方建光,葛长字,等. 盐度和饵料密度对栉孔扇贝稚贝滤水率的影响[J]. 渔业科学进展,2009,30(3).

[45] 吴桂汉,陈品健.盐度和昼夜节律对菲律宾蛤仔摄食率的影响[J].台湾海峡,2002,21(1):72-77.

[46] Kyoung Ho Kang，Hae-Joong Park,Young Hun Kim,et al.Filtration and oxygen consumption rates on various growth stages of Scapharca broughtoniispat[J].Aquaculture Research,2007:1-5.

[47] 潘鲁青,范德朋.环境因子对缢蛏滤水率的影响[J].水产学报,2002,26(3):226-230.

[48] 王厚杰,杨作升,毕乃双.黄河口泥沙输运三维数值模拟 I ——黄河口切变锋[J].泥沙研究,2006,4(2):1-9.

[49] 李广雪,成国栋. 现代黄河口区流场切变带[J].科学通报,1994,39(10):928-932.

[50] 刘锋,陈沈良,等.黄河 2009 年调水调沙期间河口水动力及悬沙输移变化特征[J].泥沙研究,2010,12(6):1-8.

[51] 徐丛亮,李金萍,谷硕.黄河调水调沙入海切变锋分析[J].人民黄河,2014,36(1):18-21.

[52] 卞晓东,张秀梅,高天翔,等.2007 年春、夏季黄河口海域鱼卵、仔稚鱼种类组成与数量分布[J].中国水产科学,2010,17(4):815-827.

[53] Potter I C,Beckley L E,Whitfield A K,et al.Comparisons between the roles played by estuaries in the life cycles of fishes in temperate Westem Australia and Southem Mrica[J].Environ Biol Fish,1990,28(1-4):143-178.

[54] 罗玉丽,王永峰,等.宁蒙灌区引水对黄河干流径流的影响[J].人民黄河,2010, 32(8)：81-86.

[55] 崔树彬,连煜,高传德.黄河下游断流情况及趋势分析[J].水资源保护,1997(2):6-10.

[56] 孔锡鲁,鄢军海.黄河断流及其解决办法[D].泰安:山东农业大学,1998.

[57] 宋宗水.黄河采取调水调沙并非最佳选择[J].林业经济,2006(9).

[58] 宋宗水.再谈黄河水资源的合理利用[J].利用林业工作研究,1996(7):28.

[59] 黄河水利委员会. 黄河首次调水调沙试验[M].2003.

[60] 黄河水利委员会.黄河调水调沙理论与实践[R].郑州:黄河水利委员会,2009.

[61] 万占伟,安催花,陶朝晖.小浪底水库对下游河道的冲刷效果及趋势预测[J].人民黄河,2012,34(5):6-8.

[62] 万占伟,罗秋实,闫朝晖,等.黄河调水调沙调控指标及运行模式研究[J]. 人民黄河,2013,35(5):1-4.
[63] 陈志娟.黄河口流路改变对三角洲演变影响的数值研究[R].北京:中国海洋大学,2008.
[64] 赵传姻.中国海洋渔业资源[M].杭州:浙江科学技术出版社,1990.
[65] 陈大刚.黄渤海渔业生态学[M].北京:海洋出版社,1991.
[66] 刘效舜,吴敬南,韩光祖,等.黄、渤海渔业资源调查和区划[M].北京:海洋出版社,1990.
[67] 杨纪明,李军.近十五年来中国海洋鱼类学的研究概况[J].海洋科学集刊,1995(36):297-310.
[68] Yang J M, Wang C X.Primary fish smwey in the Huanghe Riverestuary[J].Chin OceanolLimnol,1993,11(4):368-374.
[69] 朱鑫华,缪锋,刘栋,等.黄河口及邻近海域鱼类群落时空格局与优势种特征研究[J].海洋科学集刊,2001,43:141-150.
[70] Potter I C, Hynaesc G A.Characteristics of the ichthyofaunas of southwestern Australian estuaries, including comparisons with holarctic estuaries and estuaries elsewhere in temperate Australia: A reviewⅢ[J]. Aus J Ecol,1999,24(4):395-421.
[71] Faria A, Morais P, Alexandra M C. Ichthyoplankt On dynami cs in the Guadiana estuary and adjacent coastal area.South-East Portugal[J].Estuar Coast Shef Sci,2006,70(1-2):85-97.
[72] Bonecker A C T, Mrric S D C, C1dudia A P N, et al.Larvalfish composition of atropical estuaryin northern Brazil(2。18-2。47S/44。20-44。25 W) during the dry season 叭 Pan-American J Aquat Sci,2007,2(3):235-241.
[73] Strydom N A, Whifield A K, Wooldridge T H.The role of estuarine type in characterizing early stage fish assemblages in walTn temperate estuaries, SouthAfricaⅢ.MrZool,2003,38(1):29-43.
[74] 刘永昌.渤海对虾洄游和分布的研究[J].水产学报,1986,10(2):125-136.
[75] 邓景耀.渤海湾对虾(Penaeus orientalis)卵子、幼体数量分布及其与外界环境的关系[J].海洋水产研究,1980(1):17-24.
[76] 郭成秀,张士华,刘志国.黄河口刀鱼的生物学特性及资源保护对策[J].齐鲁渔业,2009,26(10).
[77] 李明德.中国梭鱼42年来的研究概况[J].海洋通报,1993,12(6):81-86.
[78] 高振会,杨建强,崔文林.黄河入海径流量减少对河口海洋生态环境的影响及对策[C]. 2003年中国法学会环境资源法学研究会年会论文集,2003.
[79] 朱鑫华,缪锋,刘栋,等.黄河口及邻近海域鱼类群落时空格局与优势种特征研究[J].海洋科学集刊,2001,43:141-151.
[80] 金显仕,邓景耀. 莱州湾渔业资源群落结构和生物多样性的变化[J].生物多样性,2000,8(1):65-72.
[81] 钱意颖,叶青超,周文浩.黄河干流水沙变化与河床演变[M].北京:中国建材工业出版社,1993.
[82] 乔清举.河流的文化生命[M].郑州: 黄河水利出版社,2007.
[83] 刘霜,张继民,冷宇.黄河口及附近海域鱼卵和仔鱼种类组成及分布特征[J].海洋通报,2011,30(6):662-667.

第 7 章　管理决策辅助系统

本章综合应用和集成前 4 个子任务的研究成果,开展与海洋生态管理相关的监测数据库、评估模式库、管理方案和决策库的建设;研究大容量数据的筛选计算与快速分析技术,研究多源数据的集成与整合技术,在此基础上开发监管集成控制软件;开发并构建了海洋生态系统监管平台与决策平台。该平台主要包括基础设置、任务管理子系统、现状调查子系统、诊断评估子系统、生态系统监管子系统、压力调控子系统等。

7.1　海洋生态系统监管平台与决策平台的业务需求

7.1.1　业务特点

"黄河口及邻近海域生态系统管理关键技术研究与应用"项目参与单位众多,存在大量多源异构的监测数据、分析数据、管理数据及为进行数据分析而建设的不同软件系统,为保证各类数据的统一管理,需要建立一套统一的管理平台。此平台应该具备以下特性:

(1)具备统一权限管理中心,使不同单位的人员可以通过各自的权限完成所担负的研究任务。

(2)可以实现多数据库的集成并能对多源异构数据进行整合,可以对大容量数据进行筛选计算与快速分析。

(3)具备数据管理、任务管理、知识管理、决策管理、信息共享等功能,为整个项目的管理提供支撑。

7.1.2　业务需求

7.1.2.1　业务概述

海洋生态系统监管平台与决策平台需要做到以下几个方面:

(1)生态系统监管平台功能模块的搭建。基于已有技术成果,并扩展定义相关系统模块,实现各类应用的动态注册及统一管理;提供用户中心,统一提供用户组织机构的建设与管理,以资源为中心,设计统一权限中心,以实现各种类型的授权方案;并提供完全自定义的信息发布系统,实现信息管理、知识管理等多重任务。

(2)多系统集成。以监测数据库、评估模式库、管理方案和决策库等已有数据库为基础,结合"3S"(遥感、地理信息系统、全球定位系统)技术,并集成环境监测、监视监控、无线传输等硬件设备,将管理所需的多种数据进行汇总,并通过评估软件、控制软件、决策模拟软件等进行分析和处理。

(3)调试与试运行。对整个系统进行调试与测试,通过应用框架服务提供强大的底层支持,保证在多用户并发、高访问压力的情况下,实现海洋生态系统监管平台与决策平台的正常运转与快速响应。

系统分成三层:数据层、应用层、表现层。数据层主要对数据库数据进行操作,包括增加数据、修改数据和删除数据。应用层基于数据层之上,它主要针对业务流程来实现系统的功能。表现层把业务逻辑表现在 Web 页面上,以完成系统所要完成的功能。其结构见图 7-1。

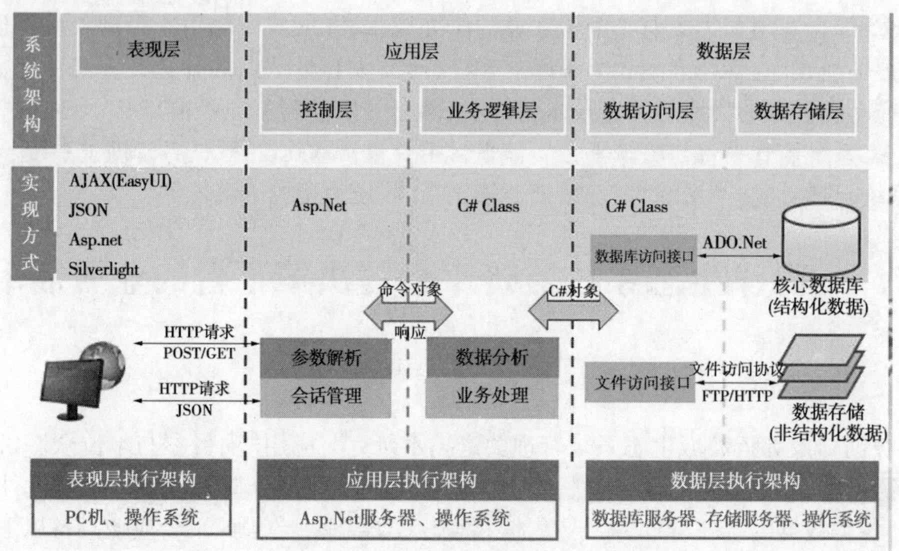

图 7-1 系统框架图

软件主要模块框架见图 7-2。

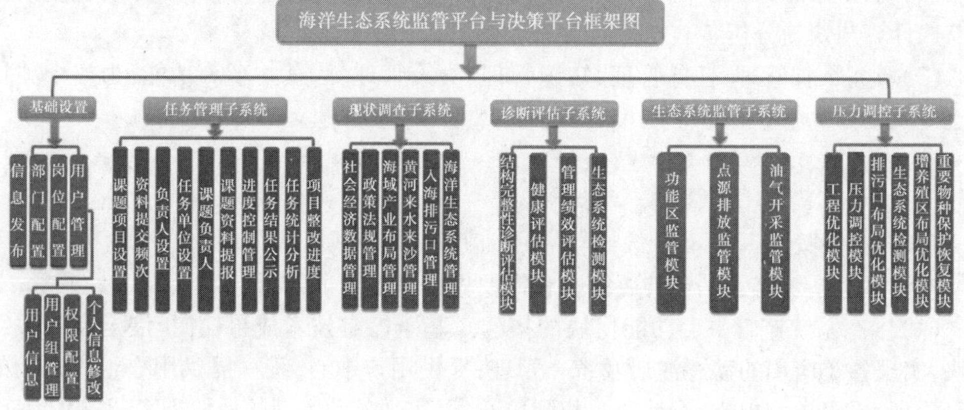

图 7-2 模块框架图

7.1.2.2 系统设置子系统

1. 组织架构管理

1) 部门管理

对部门信息进行管理,包括增、删、查、改等操作。管理内容主要包括部门编号、部门名称、上级部门等。可通过部门名称进行查询。部门列表以树状表或树状菜单显示。

2)岗位管理

对岗位信息进行管理,包括增、删、查、改等操作。管理内容主要包括岗位编号、岗位名称、上级岗位等。可通过岗位名称进行查询。岗位列表以树状表或树状菜单显示。

2. 用户信息管理

1)用户管理

对用户的基本信息进行管理,包括增、删、查、改等操作。管理内容主要包括姓名、用户名、密码、岗位、部门、联系方式等基本信息。可通过岗位、部门、姓名或用户名进行查询。可设置用户名登录的生效或失效状态。

2)角色管理

对角色进行管理,包括增、删、查、改等操作。管理内容主要包括角色编号、角色名称等。

对角色下的用户进行管理,包括在角色下添加或删除用户,可进行批量操作。

3)权限管理

为角色分配菜单的权限,管理内容主要包括菜单编号、菜单名称、角色编号、是否具备权限等。具备权限的角色下的用户拥有相关菜单关联界面的使用权限。

3. 信息发布管理

1)信息管理员

设置信息管理员,从用户管理模块维护的用户名中选择。选择界面应可通过部门、岗位、姓名或用户名进行用户的查找。信息管理员具有进行信息删除、置顶等操作的权限。信息管理员可以查看各种信息的浏览记录。

2)信息类别管理

对信息的类别进行管理,包括增、删、查、改等操作。信息类别主要包括类别编号、类别名称等。

3)信息发布管理

对信息的发布进行管理,包括类别、标题、内容、发布人、发布时间、附件等。使用在线文本编辑器作为信息内容的输入接收容器,可对内容进行格式编辑,并上传图、影、音等作为信息内容的一部分。只有发布人有权限编辑自己发布的信息,信息管理员只有删除权限。可通过类别、标题、发布人等进行信息检索,检索结果以列表显示,可查看信息的详细内容。

查看信息内容时自动记录查看者的用户名及查看时间。

7.1.2.3　航次调查数据管理子系统

1. 航次调查管理

对航次信息进行管理,包括增、删、查、改等操作。航次信息主要包括航次名称、时间、目的、人员、主持单位、船只类型、规模、类别及其他重要信息。可根据名称、人员、类别等进行检索。检索内容以航次名称、时间列表显示,可查看详细信息。

2. 航次调查数据管理

对航次调查的数据进行管理,包括增、删、查、改、导入等操作。航次调查的数据主要包括航次、采样时间、采样站位、调查数据等。

可根据用户选择对单一要素形成同一站位的趋势图或不同站位间的对比图。

7.1.2.4 知识共享子系统

1. 专家组管理

对专家组进行管理,包括增、删、查、改等操作。管理的信息主要包括专家组编号、专家组名称、专家组成员等。维护的信息将用于知识共享。

2. 知识共享

1) 知识管理员

设置知识管理员,从用户管理模块维护的用户名中选择。选择界面应可通过部门、岗位、姓名或用户名进行用户的查找。知识管理员具有进行知识删除、置顶等操作的权限。知识管理员可以查看各种知识的浏览记录。

2) 知识类别管理

对知识的类别进行管理,包括增、删、查、改等操作。知识类别主要包括类别编号、类别名称等。

3) 知识共享管理

对知识信息进行管理,包括增、删、查、改等操作。管理内容包括类别、标题、内容、共享时间、共享人、附件、有权限查看的专家组等。使用在线文本编辑器作为信息内容的输入接收容器,可对内容进行格式编辑,并上传图、影、音等作为信息内容的一部分。附件上传可以一次选择多个附件同时上传。默认所有登录用户可查看,选择专家组时,则只有被选中的专家组内的成员可以查看。专家组可多选。

4) 知识浏览

显示知识列表时只显示当前用户有权限查看的知识,可查看知识的详细内容并下载其中的附件。浏览知识时自动记录浏览时间及用户名作为当前知识的浏览记录。

5) 数据统计

根据时间进行知识共享个数的趋势分析,根据部门内人员共享的知识数量进行部门贡献对比,根据浏览量进行知识受欢迎程度的排名。

7.1.2.5 任务管理子系统

1. 任务管理

1) 任务类别管理

对任务的类别进行管理,包括增、删、查、改等操作。任务类别主要包括任务类别编号、类别名称、类别说明等。

2) 任务内容管理

对任务的内容进行管理,包括增、删、查、改等操作。任务内容主要包括任务编号、任务名称、任务类别、任务等级、内容概述、详细内容、任务文件电子版附件、开始时间、预计结束时间、责任人等。可设定任务完成时需要提交的资料及文件。

2. 任务分配管理

1) 子任务划分

将任务划分成子任务并制订进度计划,可以对子任务进行增、删、查、改等操作。主要包括任务编号、任务名称、子任务编号、子任务名称、开始时间、预计结束时间等。可设定子任务完成时需要提交的资料及文件。可通过任务名称、子任务名称进行检索。

2)子任务责任人

为每个子任务分配责任人,只有责任人可以进行任务进度的提报及资料的提报。管理内容主要包括子任务编号、子任务名称、责任人等。可通过任务名称、子任务名称、责任人等进行检索。

3. 任务进度管理

1)管理内容

对任务及子任务的进度进行管理,子任务责任人及任务责任人可以提交进度报告,自动记录进度报告的提交时间。责任人负责报告的有效性和及时性。管理内容主要包括子任务编号、子任务名称、提交时间、提交的内容、作为资料提交的附件、是否已完成等。

2)任务进度公告及通知

任务责任人可以下发任务进度公告及催交通知。

进度公告可以选择查看人员是只有该任务参与者或所有使用本系统的人。催交通知可以选择参与此任务的所有人员或某子任务的负责人。公告或通知会显示在每个人登录后的第一个界面下的"个人任务"栏内,内容主要包括任务编号、任务名称、子任务编号及名称(可不包括)、标题、内容、时间等。

7.1.2.6　个人管理子系统

1. 个人信息修改

已登录用户可以对除用户名之外的所有个人信息进行修改,密码需要进行两次录入的对比验证以防止密码误输入。

2. 安全退出

安全地退出本系统,退出时清空 COOKIE、SESSION 等所有可能记录个人信息的数据。

7.1.2.7　现状调查子系统

1. 社会经济数据管理

对社会经济数据进行管理,包括增、删、查、改等操作。社会经济数据偏重于海洋产值,主要包括海洋渔业、海洋油气业、海洋矿业、海洋船舶业、海洋生物医药业、海洋工程建筑业、海洋电力业、海水利用业、海洋交通运输业、海洋旅游业、海洋石油加工和装备业。

社会经济数据按年统计,需要记录统计数据的区域、每样产业的产值(一般采用亿元作单位)、统计时间等。可根据统计年份、产业类型进行查询,并根据产业值进行排序。

社会经济数据汇总可以根据年份形成柱状图,每个年份的数据可以根据产值占比形成饼状图。

2. 政策法规管理

对政策法规的信息进行管理,包括增、删、查、改等操作。政策法规主要包括法规名称、编号、类别、内容摘要、颁布时间、颁布部门、政策法规电子版附件。电子版附件可以下载。

可以通过政策法规的类别、名称、内容摘要等进行模糊查询。查询结果以列表显示,通过列表可以进入内容查看及下载界面。

3. 海域产业布局管理

对海域产业布局的信息进行管理，包括增、删、查、改等操作，可以通过 GIS 功能在电子地图上显示各类产业的布局情况。海域产业布局主要包括产业类型、具体名称、所在区域（包括关键点的坐标或顶点坐标）、批准时间、批准部门、期限（以年计）、面积、使用者、用途、主管部门等。

可以根据产业类型、具体名称、用途等进行查询。

根据顶点坐标在电子地图上生成产业分布图，不同类型的产业使用不同颜色表示，并能显示图例及比例尺；点击相关产业图斑时能显示当前区域的基本信息。

4. 黄河来水来沙管理

对黄河来水来沙的统计数据进行管理，包括增、删、查、改等操作。来水来沙的统计数据主要包括时间（年、月）、水位（m）、流量（m^3/s）、含沙量（kg/m^3）、统计地点、统计单位等。

可以根据地点、单位、时间等进行数据的查询。

可以根据同一地点的不同时间的数据形成折线图，可以根据同一时间段不同地点的数据形成柱状图。

5. 入海排污口管理

对入海排污口的信息进行管理，包括增、删、查、改等操作。排污口数据主要包括排污类型、位置、责任人（单位）、排污量、统计时间、主管部门等。

可以根据排污类型、位置、主管部门、责任人等进行查询。

可对同一时间段内的信息根据不同排污类型的排污量汇总值占比形成饼状图；对同一时间段内的不同责任人（单位）根据排污量生成柱状对比图；对同一主管部门负责的排污点根据不同时间的排污量汇总值形成趋势图（折线）。

6. 海洋生态系统管理

对海洋生态系统的信息进行管理，包括增、删、查、改等操作。海洋生态系统的信息主要包括采样地点、采样时间、责任部门、水温、盐度、营养盐水平、营养盐结构、叶绿素 a 含量、浮游植物细胞数量、浮游生物量、大型底栖生物量、生物栖息密度等。

可根据责任部门、采样地点、采样时间等进行数据的查询。

对同一采样地点不同采样时间的营养盐水平、营养盐结构、叶绿素 a 含量、浮游植物细胞数量形成变化趋势图（折线）。

7.1.2.8 诊断评估子系统

1. 结构完整性诊断模块

(1) 对不同站位的生物群落数据进行管理，包括增、删、查、改等操作。生物群落的数据主要包括站位名称、站位经度、站位纬度、生物类型、生物密度、采样时间（年、月）等。

可以根据站位名称、生物类型、采样时间等进行数据查询。

根据采样时间、站位名称对不同的生物群落进行密度趋势分析，形成折线图。

(2) 生态系统完整性评价体系管理。对评价指标体系中的关键因子进行管理，包括增、删、查、改等操作。指标体系主要包括目标层、系统层、系统层指标权重、指标、指标权重、指标代表的意义、标准化取值范围等。

(3)生态系统完整性评价。依据生态系统完整性评价体系对不同采样点的生态系统完整性进行评价,维护评价指标体系中的关键因子的现状值,根据标准化取值范围得分值,然后根据与评估等级划分对应的等级范围自动进行生态系统完整性评价。

站位可通过GIS功能进行地图标注。

2.健康评估模块

1)沉积污染元素含量及分布特征

对不同站位的沉积污染元素含量数据进行管理,包括增、删、查、改等操作。可以通过GIS功能在电子地图上显示各站位的沉积污染元素含量情况。沉积污染元素含量的数据主要包括站位名称、站位经度、站位纬度、元素类型、元素含量、采样时间(年、月)等。

可以根据站位名称、元素类型、采样时间等进行数据查询。

根据采样时间、站位名称对不同的元素类型进行含量趋势分析,形成折线图,以及同一采样时间不同站位间沉积污染元素含量的对比图(柱状)。

2)黄河河道及河口沉积物石油烃含量及分布特征

对不同站位的油烃含量数据进行管理,包括增、删、查、改等操作。可以通过GIS功能在电子地图上显示各站位的石油烃含量情况。石油烃含量的数据主要包括站位名称、站位经度、站位纬度、石油烃类型、石油烃含量、采样时间(年、月)等。

可以根据站位名称、石油烃类型、采样时间等进行数据查询。

根据采样时间、站位名称对不同的石油烃类型进行含量趋势分析,形成折线图,以及同一采样时间不同站位间石油烃含量的对比图(柱状)。

3)黄河口近海沉积物重金属含量及分布特征

对不同站位的重金属含量数据进行管理,包括增、删、查、改等操作。可以通过GIS功能在电子地图上显示各站位的重金属含量情况。重金属含量的数据主要包括站位名称、站位经度、站位纬度、重金属类型、重金属含量、采样时间(年、月)等。

可以根据站位名称、重金属类型、采样时间等进行数据查询。

根据采样时间、站位名称对不同的重金属类型进行含量趋势分析,形成折线图,以及同一采样时间不同站位间重金属含量的对比图(柱状)。

3.管理绩效评估模块

(1)对绩效评估使用的指标因子及权重进行管理,包括增、删、查、改等操作。主要包括绩效管理质量、社会经济指标、生物物理指标、管治指标、权重、指标等级等。

(2)分别对社会经济指标、生物物理指标、管治指标进行总体目标和具体目标的管理,包括增、删、查、改等操作。

4.生态系统检测模块

对生态系统检测的方案进行管理,包括增、删、查、改等操作。主要包括方案编号、方案名称、方案类型、针对的情况、方案简述、方案电子版附件等。可以通过方案名称或编号、方案类型、针对的情况等条件进行模糊检索。检索结果以列表显示,可以进行方案详情的查看。

7.1.2.9 生态系统监管子系统

1. 功能区监管模块

1) 海洋保护区监视监测

对海洋保护区的监测数据进行管理,包括增、删、查、改等操作。主要包括监测时间、监测项目(水质:水温、透明度、悬浮物、盐度、pH、溶解氧、COD、亚硝酸盐、硝酸盐、氨、活性磷酸盐、石油类等;沉积物:石油类、汞、镉、铅、砷、六六六、DDT、PCB、粒度、有机碳、硫化物;生物生态:水体内浮游植物、浮游动物、底栖生物和潮间带生物的种类组成与数量、生物量、密度和优势物种)、站位等。

可以根据采样时间形成单一监测项目的趋势图,以及同一采样时间不同站位间的单一监测项目对比图。

2) 农渔业区环境监测

对农渔业区环境的监测数据进行管理,包括增、删、查、改等操作。主要包括监测时间、监测项目(水质:风向、风速、简易天气现象、水温、水色、水深、透明度、海况、pH、盐度、溶解氧、化学需氧量、磷酸盐、亚硝酸盐氮、硝酸盐氮、氨氮,石油类、叶绿素 a、铜、锌、镉、汞、铬、铅、砷、总氮、总磷、酞酸酯类(二乙酯、二丁酯、二乙基己基酯)、有机磷农药(马拉硫磷、对硫磷、甲基对硫磷)、酚类化合物(壬基酚、辛基酚、双酚 A)、细菌总数、类大肠菌群、麻痹性贝毒(PSP)、腹泻性贝毒(DSP);贻贝:石油烃、总汞、镉、铅、砷、六六六、DDT、PCB;沉积物:石油类、汞、镉、铅、砷、六六六、DDT、PCB、粒度、有机碳、硫化物;生物生态:水体内浮游植物、浮游动物、底栖生物和潮间带生物的种类组成与数量、生物量、密度和优势物种)、站位等。

可以根据采样时间形成单一监测项目的趋势图,以及同一采样时间不同站位间的单一监测项目对比图。

3) 海洋倾废区监视监控

对海洋倾废区的监测数据进行管理,包括增、删、查、改等操作。主要包括监测时间、监测项目(水质:水温、透明度、pH、COD、悬浮物、石油类、铜、锌、镉、汞、铅、砷、盐度、溶解氧、磷酸盐、亚硝酸盐、硝酸盐、氨盐、叶绿素 a;沉积物:石油类、汞、镉、有机质、铅;生物生态:浮游植物、浮游动物、底栖生物数量与种类,包括生物种类、生物量、生物密度)、站位等。

可以根据采样时间形成单一监测项目的趋势图,以及同一采样时间不同站位间的单一监测项目对比图。

4) 监管方案管理

对监管方案进行管理,包括增、删、查、改等操作。主要包括方案编号、方案名称、方案类型、针对的情况、方案简述、方案电子版附件等。可以通过方案名称或编号、方案类型、针对的情况等条件进行模糊检索。检索结果以列表显示,可以进行方案详情的查看。

5) 监管对象管理

对点源排放监管的监管对象进行管理,包括增、删、查、改等操作。主要包括监管对象的类型、名称、位置、主管单位等。

6) 监管方案管理

对监管方案进行管理,包括增、删、查、改等操作。主要包括方案编号、方案名称、方案类型、针对的情况、方案简述、方案电子版附件等。可以通过方案名称或编号、方案类型、针对的情况等条件进行模糊检索。检索结果以列表显示,可以进行方案详情的查看。

7) 监管数据管理

对监管数据进行管理,包括增、删、查、改等操作。主要包括功能区类型、功能区名称、功能区位置、主管单位、站位、监测时间、监测数据(作为附件上传)。可根据功能区类型、功能区名称、监测时间、站位等进行查询。查询结果以列表显示,可浏览、下载监测数据信息。

2. 点源排放监管模块

1) 监管对象管理

对点源排放监管的对象进行管理,包括增、删、查、改等操作。主要包括监管对象(点源)的类型、名称、位置、主管单位等。

2) 监管方案管理

对监管方案进行管理,包括增、删、查、改等操作。主要包括方案编号、方案名称、方案类型、针对的情况、方案简述、方案电子版附件等。可以通过方案名称或编号、方案类型、针对的情况等条件进行模糊检索。检索结果以列表显示,可以进行方案详情的查看。

3) 监管数据管理

对监管数据进行管理,包括增、删、查、改等操作。主要包括点源类型、点源名称、点源位置、主管单位、站位、监测时间、监测数据(作为附件上传)。可根据功能区类型、功能区名称、监测时间、站位等进行查询。查询结果以列表显示,可浏览、下载监测数据信息。

3. 油气开采监管模块

1) 监管对象管理

对油气开采的监管对象(开采区)进行管理,包括增、删、查、改等操作。主要包括监管对象的类型、名称、位置、主管单位等。

2) 监管方案管理

对监管方案进行管理,包括增、删、查、改等操作。主要包括方案编号、方案名称、方案类型、针对的情况、方案简述、方案电子版附件等。可以通过方案名称或编号、方案类型、针对的情况等条件进行模糊检索。检索结果以列表显示,可以进行方案详情的查看。

3) 监管数据管理

对监管数据进行管理,包括增、删、查、改等操作。主要包括开采区类型、开采区名称、开采区位置、主管单位、站位、监测时间、监测数据(作为附件上传)。可根据功能区类型、功能区名称、监测时间、站位等进行查询。查询结果以列表显示,可浏览、下载监测数据信息。

7.1.2.10　压力调控子系统

1. 工程优化模块

1) 工程类型管理

对工程的类型进行管理,包括增、删、查、改等操作。主要包括工程类型、描述等。

2）工程优化方案管理

对优化方案进行管理，包括增、删、查、改等操作。主要包括方案编号、方案名称、方案类型、针对的情况、方案简述、方案电子版附件等。可以通过方案名称或编号、方案类型、针对的情况等条件进行模糊检索。检索结果以列表显示，可以进行方案详情的查看。

3）工程优化实施管理

对工程优化的实施过程进行管理，主要包括以下流程：

（1）工程基本信息维护。包括工程类型、工程名称、工程简述、主管单位、开始时间等。

（2）现状。包括现状调查的时间、调查单位、调查内容（可填写、可从现状调查内子系统维护的数据内进行选择、可上传附件）。现状可以根据调查时间多次添加，以时间顺序显示。

（3）评估。包括评估的时间、评估单位、评估依据（可填写、可从诊断评估子系统维护的数据内进行选择、可上传附件）、评估结果（可填写、可上传附件）。评估可以多次添加。

（4）优化方案。选择优化方案（可填写、可从工程优化方案管理模块维护的数据内进行选择、可上传附件，填写或上传附件的填写内容或上传的附件自动归档为优化方案并可在工程优化方案管理模块内进行查询）。

（5）实施进度。针对本项目中每一个优化方案实施进度的管理，并可对项目的整体进度进行管理。可针对每个优化方案或整体项目维护进度信息（时间、进度情况、作为证明材料的附件）。

（6）评价。针对本项目中每一个实施进度进行评价，并可对项目的整体进度进行评价。可针对每个实施进度或整体项目维护评价信息（时间、评价内容等）。

2. 压力调控模块

1）压力类型管理

对压力的类型进行管理，包括增、删、查、改等操作。主要包括压力类型、描述等。

2）压力调控方案管理

对压力调控方案进行管理，包括增、删、查、改等操作。主要包括方案编号、方案名称、方案类型、针对的情况、方案简述、方案电子版附件等。可以通过方案名称或编号、方案类型、针对的情况等条件进行模糊检索。检索结果以列表显示，可以进行方案详情的查看。

3）压力调控实施管理

对压力调控的实施过程进行管理，主要包括以下流程：

（1）项目基本信息维护。包括压力类型、项目名称、项目简述、主管单位、开始时间等。

（2）现状。包括现状调查的时间、调查单位、调查内容（可填写、可从现状调查内子系统维护的数据内进行选择、可上传附件）。现状可以根据调查时间多次添加，显示时以时间顺序显示。

（3）评估。包括评估的时间、评估单位、评估依据（可填写、可从诊断评估子系统维护的数据内进行选择、可上传附件）、评估结果（可填写、可上传附件）。评估可以多次添加。

（4）调控方案。选择调控方案（可填写、可从压力调控方案管理模块维护的数据内进行选择、可上传附件,填写或上传附件的填写内容或上传的附件自动归档为调控方案并可在压力调控方案管理模块内进行查询)。

(5)实施进度。针对本项目中每一个压力调控方案实施进度的管理,并可对项目的整体进度进行管理。可针对每个压力调控方案或整体项目维护进度信息(时间、进度情况、作为证明材料的附件)。

(6)评价。针对本项目中每一个实施进度进行评价,并可对项目的整体进度进行评价。可针对每个实施进度或整体项目维护评价信息(时间、评价内容等)。

3. 排污口布局优化模块

1)布局优化类型管理

对布局优化的类型进行管理,包括增、删、查、改等操作。主要包括布局优化类型、描述等。

2)布局优化方案管理

对布局优化方案进行管理,包括增、删、查、改等操作。主要包括方案编号、方案名称、方案类型、针对的情况、方案简述、方案电子版附件等。可以通过方案名称或编号、方案类型、针对的情况等条件进行模糊检索。检索结果以列表显示,可以进行方案详情的查看。

3)布局优化实施管理

对布局优化的实施过程进行管理,主要包括以下流程:

(1)项目基本信息维护。包括布局优化类型、项目名称、项目简述、主管单位、开始时间等。

(2)现状。包括现状调查的时间、调查单位、调查内容(可填写、可从现状调查内子系统维护的数据内进行选择、可上传附件)。现状可以根据调查时间多次添加,显示时以时间顺序显示。

(3)评估。包括评估的时间、评估单位、评估依据(可填写、可从诊断评估子系统维护的数据内进行选择、可上传附件)、评估结果(可填写、可上传附件)。评估可以多次添加。

(4)优化方案。选择优化方案(可填写、可从布局优化方案管理模块维护的数据内进行选择、可上传附件,填写或上传附件的填写内容或上传的附件自动归档为布局优化方案,并可在布局优化方案管理模块内进行查询)。

(5)实施进度。针对本项目中每一个布局优化方案实施进度的管理,并可对项目的整体进度进行管理。可针对每个布局优化方案或整体项目维护进度信息(时间、进度情况、作为证明材料的附件)。

(6)评价。针对本项目中每一个实施进度进行评价,并可对项目的整体进度进行评价。可针对每个实施进度或整体项目维护评价信息(时间、评价内容等)。

4. 增养殖区布局优化模块

1)布局优化类型管理

对布局优化的类型进行管理,包括增、删、查、改等操作。主要包括布局优化类型、描述等。

2)布局优化方案管理

对布局优化方案进行管理,包括增、删、查、改等操作。主要包括方案编号、方案名称、方案类型、针对的情况、方案简述、方案电子版附件等。可以通过方案名称或编号、方案类型、针对的情况等条件进行模糊检索。检索结果以列表显示,可以进行方案详情的查看。

3)布局优化实施管理

对布局优化的实施过程进行管理,主要包括以下流程:

(1)项目基本信息维护。包括布局优化类型、项目名称、项目简述、主管单位、开始时间等。

(2)现状。包括现状调查的时间、调查单位、调查内容(可填写、可从现状调查内子系统维护的数据内进行选择、可上传附件)。现状可以根据调查时间多次添加,显示时以时间顺序显示。

(3)评估。包括评估的时间、评估单位、评估依据(可填写、可从诊断评估子系统维护的数据内进行选择、可上传附件)、评估结果(可填写、可上传附件)。评估可以多次添加。

(4)优化方案。选择优化方案(可填写、可从布局优化方案管理模块维护的数据内进行选择、可上传附件,填写或上传附件的填写内容或上传的附件自动归档为布局优化方案并可在布局优化方案管理模块内进行查询)。

(5)实施进度。针对本项目中每一个布局优化方案实施进度的管理,并可对项目的整体进度进行管理。可针对每个布局优化方案或整体项目维护进度信息(时间、进度情况、作为证明材料的附件)。

(6)评价。针对本项目中每一个实施进度进行评价,并可对项目的整体进度进行评价。可针对每个实施进度或整体项目维护评价信息(时间、评价内容等)。

5.重要物种保护恢复模块

1)物种类型管理

对物种的类型进行管理,包括增、删、查、改等操作。主要包括物种类型、描述等。

2)物种保护恢复方案管理

对物种保护恢复进行管理,包括增、删、查、改等操作。主要包括方案编号、方案名称、物种类型、针对的情况、方案简述、方案电子版附件等。可以通过方案名称或编号、物种类型、针对的情况等条件进行模糊检索。检索结果以列表显示,可以进行方案详情的查看。

3)物种保护恢复方案实施管理

对物种保护恢复方案的实施过程进行管理,主要包括以下流程:

(1)项目基本信息维护。包括物种类型、项目名称、项目简述、主管单位、开始时间等。

(2)现状。包括现状调查的时间、调查单位、调查内容(可填写、可从现状调查内子系统维护的数据内进行选择、可上传附件)。现状可以根据调查时间多次添加,显示时以时间顺序显示。

(3)评估。包括评估的时间、评估单位、评估依据(可填写、可从诊断评估子系统维护的数据内进行选择、可上传附件)、评估结果(可填写、可上传附件)。评估可以多次添加。

(4)物种保护恢复方案。选择物种保护恢复方案(可填写、可从物种保护恢复方案管理模块维护的数据内进行选择、可上传附件,填写或上传附件的填写内容或上传的附件自动归档为物种保护恢复方案并可在物种保护恢复方案管理模块内进行查询)。

(5)实施进度。针对本项目中每一个物种保护恢复方案实施进度的管理,并可对项目的整体进度进行管理。可针对每个物种保护恢复方案或整体项目维护进度信息(时间、进度情况、作为证明材料的附件)。

(6)评价。针对本项目中每一个实施进度进行评价,并可对项目的整体进度进行评价。可针对每个实施进度或整体项目维护评价信息(时间、评价内容等)。

7.1.2.11　监管决策子系统

1.航次调查数据现状

(1)能够对航次调查数据进行管理,主要包括站位名称、调查时间、描述等。

(2)可对数据进行增、删、查、改等操作。

2.调查数据现状分析

(1)能够对现状调查数据进行分析,自动根据水质标准进行分类,并判断是否超标。

(2)采用国家水质标准进行判别。

3.监管决策

(1)能够根据现状分析结果提供合适的现有的监管方案。

(2)能够查看监管方案。

7.2　海洋生态系统监管平台与决策平台的业务实现

海洋生态系统监管平台与决策平台具备以下三种特性:

(1)具备统一权限管理中心,使不同单位的人员可以通过各自的权限完成所担负的研究任务。

(2)可以实现多数据库的集成并能对多源异构数据进行整合,可以对大容量数据进行筛选计算与快速分析。

(3)具备数据管理、任务管理、知识管理、决策管理、信息共享等功能,为整个项目的管理提供支撑。

所谓的多系统集成,主要体现在统一权限中心及数据共享方面。那么,我们需要解决的重点技术问题有两个:统一权限中心和多源异构数据整合。

本节的以下内容将对这两个问题的解决方式及具体功能的实现进行详细介绍。

7.2.1　关键技术问题

7.2.1.1　统一权限中心

统一权限中心主要通过SSO(Single Sign On)来实现,SSO中文名称为单点登录,是目前比较流行的业务整合的解决方案之一。

因为业务部门的不同,使用的系统多种多样。通常来说,每个单独的系统都会有自己的安全体系和身份认证系统。整合以前,进入每个系统都需要进行登录,这样不仅给管理带来了很大的困难,在安全方面也埋下了重大的隐患。下面是一些著名的调查公司显示的统计数据:

(1)用户每天平均花16 min在身份验证任务上——资料来源:IDS。

(2)频繁的IT用户平均有21个密码——资料来源:NTA Monitor Password Survey。

(3)49%的人写下了其密码,而67%的人很少改变它们,每79 s出现一起身份被窃事件——资料来源:National Small Business Travel Assoc。

(4)全球欺骗损失每年约12B——资料来源:Comm Fraud Control Assoc。

使用“单点登录”整合后,只需要登录一次就可以进入多个系统,而不需要重新登录,这不仅带来了更好的用户体验,而且降低了安全的风险和管理的消耗。

其实现机制主要通过统一权限中心反馈的认证凭据——ticket,当使用者登录系统时,系统自动连接统一权限中心,验证是否已存在有效认证凭据。不存在有效认证凭据时,引导至认证系统中进行登录并在统一权限中心生成一个有效认证;若已存在有效认证凭据,则自动通过验证,如图7-3所示。

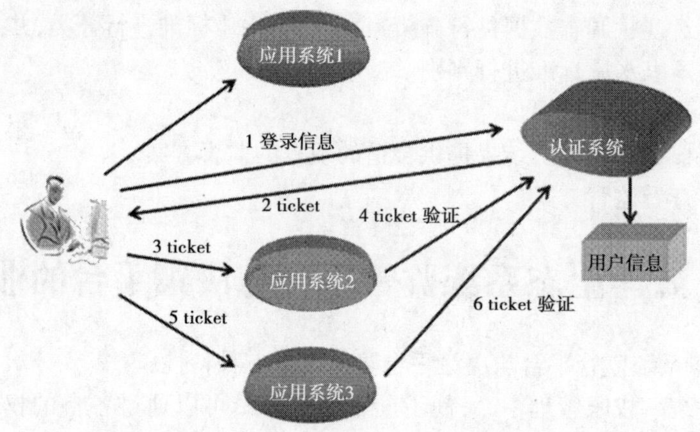

图7-3　统一认证

图7-3中,当用户第一次访问应用系统1的时候,因为还没有登录,会被引导到认证系统中进行登录(1);根据用户提供的登录信息,认证系统进行身份校验,如果通过校验,应该返回给用户一个认证的凭据——ticket(2);用户再访问别的应用的时候(3,5)就会将这个ticket带上,作为自己认证的凭据,应用系统接收到请求之后会把ticket送到认证系统进行校验,检查ticket的合法性(4,6)。如果通过校验,用户就可以在不用再次登录的情况下访问应用系统2和应用系统3了。

统一权限中心并非单一的用户信息数据库,有许多系统不能将所有的用户信息都集中存储,应该允许用户信息放置在不同的存储中,如图7-4所示。

事实上,只要统一认证系统,统一ticket的产生和校验,无论用户信息存储在什么地方,都能实现单点登录。

统一权限中心也不一定只有单个的认证服务器,整个系统可以存在2个以上的认证服务器,这些服务器甚至可以是不同的产品。认证服务器之间要通过标准的通信协议,互相交换认证信息,就能完成更高级别的单点登录,如图7-5所示。

当用户在访问应用系统1时,由第一个认证服务器进行认证后,得到由此服务器产生的ticket。当用户访问应用系统4的时候,认证服务器2能够识别此ticket是由第一个认证服务器产生的,通过认证服务器之间标准的通信协议(例如SAML)来交换认证信息,

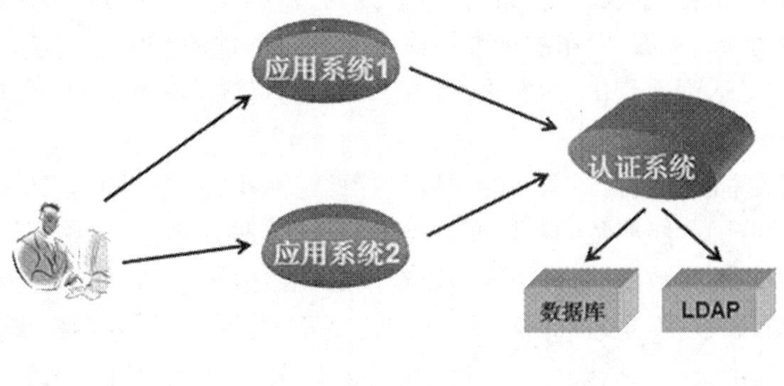

图 7-4　分布存储

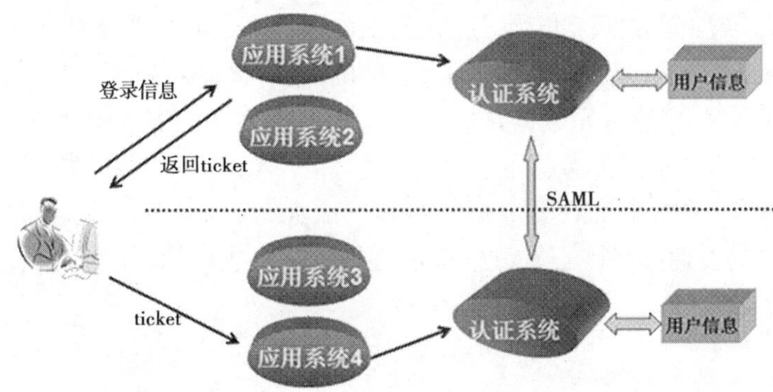

图 7-5　认证系统同步

仍然能够完成 SSO 的功能。

7.2.1.2　多源异构数据整合

1. 元数据

多源异构数据的集成与整合,其基础在于数据的标准化。黄河口及邻近海域生态系统管理数据库建设是一个复杂而庞大的工程,涉及海洋、渔业、资源、环境、生态、化学、地质、气象、测绘、经济等众多领域,因此基础数据涉及众多的领域和众多的数据类型。面对如此复杂的基础数据,我们需要依据领域、数据类型的不同,建立多个元数据标准,从而规范基础数据的元数据,以便于基础数据的发现、管理、交换等。

元数据是对信息资源的规范化描述,它是按照一定标准,从信息资源中抽取出相应的特征,组成的一个特征元素集合。这种规范化描述可以准确和完备地说明信息资源的各项特征。不同类型的数据资源可能会有不同的元数据标准。元数据内容标准一般包括了描述一个具体对象时所需要的数据项集合、各数据项语义定义、著录规则和计算机应用时的语法规定等,通常包括标识信息、数据质量信息、内容信息、发行信息、元数据参考信息和联系信息等元数据内容。元数据内容标准是从功能、数据结构、格式、语义、语法等角度制定的。

元数据为信息的管理、发现和获取提供了一种实际而简便的方法。通过元数据,人们能够对信息资源进行详细、深入的了解,包括信息资源的格式、质量、处理方法和获取方法等各方面细节,对于数据生产者来说可以利用元数据进行数据维护、历史资料维护。元数据标准可适用于资料共享、数据发布、数据集编目、数据交换、网络查询服务等，也是数据集元数据整理、建库、汇编、发布的标准格式。元数据标准的制定是为了提高数据库建库质量，使数据加工达到规范化、标准化，促进基础数据资源的标准化，从而加强数据交流与共享。

基础数据共享工程包含了众多的领域，如海洋、渔业、资源、环境、生态、化学、地质、气象、测绘、经济等，因此所涉及的数据亦是类型复杂、多种多样，对这些不同的数据进行描述，我们需要不同的元数据，因此需要制定不同的元数据标准，从而规范它们。

根据不同的领域、不同的数据特征，我们需要不同的元数据内容标准，众多的元数据内容标准需要一个统一的框架，共享元数据标准正是出于该原因而产生的。

基础数据共享工程中主要包含三个层次的元数据内容标准：共享元数据标准、领域元数据标准、领域专用元数据标准。三层元数据内容标准之间的关系如图 7-6 所示。

共享元数据标准包含三个元数据集合：基础数据共享核心元数据、基础数据共享公共元数据、基础数据共享参考元数据。这三个元数据集合在内容上有着密切的关系。共享参考元数据包含共享公共元数据的元数据实体和元素，共享公共元数据包含共享核心元数据的元数据实体和元素。在元数据的内容层次上，共享参考元数据和共享公共元数据有共同的层次结构，而共享核心元数据有自己的内容层次结构。图 7-7 表示的是三个元数据集合之间的关系。

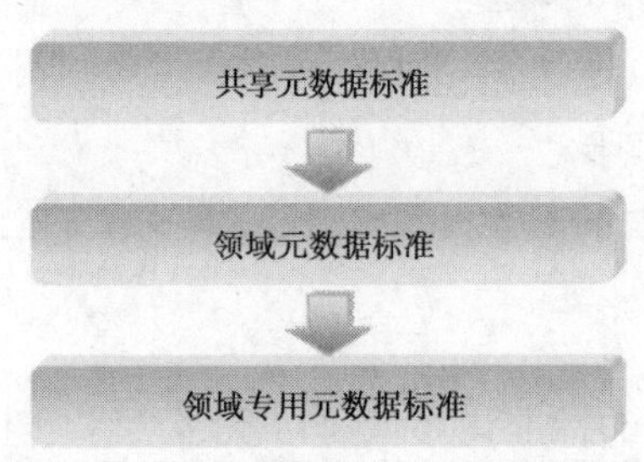

图 7-6　基础数据共享工程中元数据内容标准的三个层次

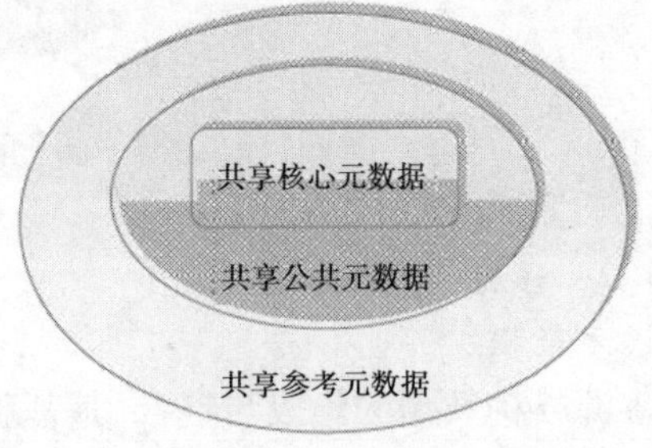

图 7-7　共享元数据标准的三个元数据集合在内容上的包含关系

基础数据共享核心元数据提供了简洁的、不涉及任何具体数据特征的元数据元素，以便在基础数据共享层面对基础数据进行跨领域的统一检索；基础数据共享公共元数据含有适用于各个领域、不含具体数据特征、较为丰富的元数据内容，是各个领域制定元数据内容标准的基础和起点，各个领域可以直接在共享公共元数据之上进行扩充，从而形成各自领域的元数据标准；基础数据共享参考元数据确定了基础数据共享工程内，所有元数据内容标准的元数据框架，提供了数量庞大、内容丰富的元数据元素，是各个领域制定元数据内容标准时的参考内容。

领域元数据标准是在基础数据共享元数据内容标准的基础上制定出来的。它在共享元数据标准的基础上确定了领域元数据的内容框架，包含了基础数据共享核心元数据，扩展元数据时参考基础数据共享参考元数据，并根据各自领域数据资源的特点新建各个领域特有的元数据，从而制定出领域元数据内容标准。领域元数据标准的制定如图 7-8 所示。

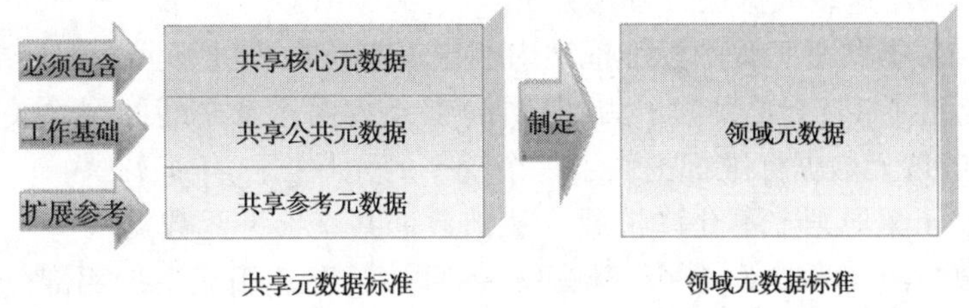

图 7-8　领域元数据标准的制定

在标准的实际应用中需要根据具体项目、具体应用系统的特点制定出领域专用元数据标准,方便实际项目的实施。领域专用元数据标准是在满足具体需要的前提下,仅在领域元数据的基础上进行扩展,从而大大方便了应用。

领域专用元数据标准的工作依据是各个领域制定出的领域元数据标准,在必须包含共享核心元数据的前提下,从共享参考元数据中选取自己需要的元数据,扩展共享参考元数据以外的元数据,从而制定出领域专用元数据标准。领域专用元数据标准的制定如图 7-9所示。

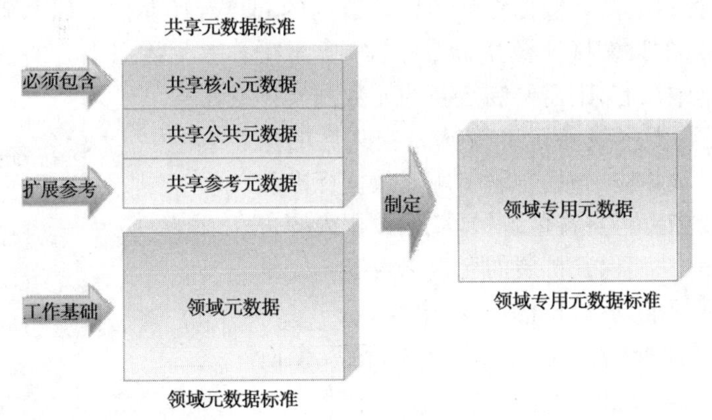

图 7-9　领域专用元数据标准的制定

在制定基础数据共享三个层次的元数据标准时,有一些通用的原则应该注意。本节对这些原则进行了简要描述:

(1)需求导向、务求实效。在制定基础数据共享各层元数据内容标准,确定元数据内容时,既要考虑数据资源单位的数据资源特点以及工作的复杂、难易程度,不能选取太多的元数据元素,过于复杂,不便实际使用;又要充分满足工程建设以及用户的查询、提取数据的需要,不能过于简单。只有在复杂与简单之间取得平衡,才能真正满足各种用户的需求,同时实现共享系统的最大效益。

(2)前瞻性、基础性。标准不但要满足现阶段基础数据共享建设的标准化需求,而且应该考虑将来一定时间内由于科技快速发展等原因可能产生的标准化需求,这样制定出的标准才更有生命力。制标过程中,可以积极采用国内和国外先进标准。

(3)大量收集、特征分析。各领域在制定领域元数据标准时,首先要对这些领域的已有元数据标准及其进展进行调查,同时要了解本领域共享的数据资源有哪些,大量收集所涉及的数据类型,对这些数据进行特征分析。

(4)在基础数据共享工程的标准框架内制定。基础数据共享元数据标准定义了元数据内容框架,给出了 11 个元数据子集,并明确了元数据元素之间的层次关系,为基础数据共享工程的各层元数据标准都提供了一个统一的元数据内容框架。

(5)元数据子集原则上不允许扩展。基础数据共享参考元数据所确定的 11 个元数据子集不允许改名、重新定义,各个领域可根据具体情况选用或不选用部分元数据子集。由于这 11 个元数据子集已经能够全面地描述数据资源,因此尽可能地使用已有元数据子集而不要扩充新的元数据子集。只有在特殊情况下,才增加新的元数据子集。

(6)明确工作重点。领域元数据标准直接在公共元数据和参考元数据所确定的元数据子集内进行选取和扩充内容即可。工作主要集中在对“数据表现信息”“参照系信息”“图示表达目录信息”的选取和对“内容信息”等少数几个元数据子集的内容扩充上,像“分发信息”“维护信息”等几个元数据子集的内容已经比较丰富,而且和具体的数据资源特点没有关系,因此一般不需要进行改动,或只需要非常少的改动。

(7)以参考元数据为扩展参考。领域元数据内容标准的制定要基于基础数据共享公共元数据,可直接将公共元数据作为领域元数据的起点开始制定。以基础数据共享参考元数据作为参考,如果领域元数据标准中需要,而在参考元数据中有的,可以直接选用;如果参考元数据中没有,则需要制定新的元数据实体或元素。

(8)领域元数据尽量涵盖本领域具有共性的全部元数据内容。具体应用时,领域专用元数据标准和应用系统仅需要依据自身特色,对领域元数据内容进行扩展即可获得,从而保证扩展的元数据内容一定是领域专用元数据标准具有自身特色的内容。

领域元数据标准的制定主要分为如下 7 个阶段,见图 7-10。

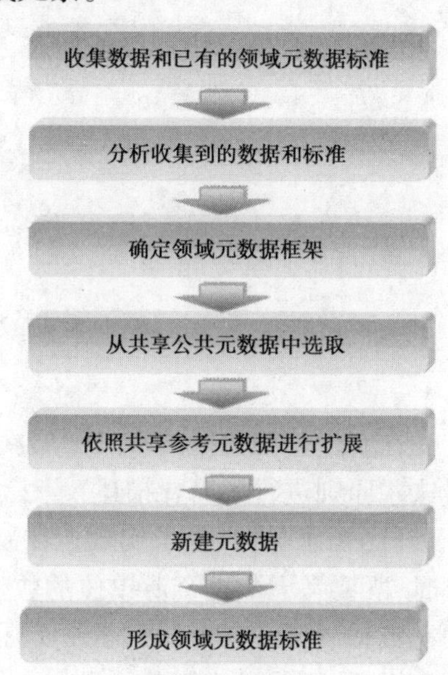

图 7-10　领域元数据和领域专用元数据制定的工作流程

(1)收集数据和已有的领域元数据标准。本阶段重点放在收集本领域的各种数据集的样例数据,这些数据可能来自运行业务系统或其他共享系统;同时要收集本领域的或数据特征类似的其他领域的元数据相关标准。

(2)分析收集到的数据和标准。对广泛收集到的本领域数据进行特征分析,捕捉相关的信息;考查收集到的元数据标准,分析其中的元数据内容,判断是否可以借鉴。

(3)确定领域元数据框架。确定本领域的元数据框架,主要工作体现在确定元数据子集。各领域元数据标准必须依照共享元数据标准,从该框架中的 11 个元数据子集中的可选子集里进行选择。

(4)从共享公共元数据中选取。在制定领域元数据标准时,共享元数据标准定义的共享公共元数据是工作的起点。但要注意的是,领域元数据标准首先必须包含共享核心元数据。

(5)依照共享参考元数据进行扩展。在前 4 个阶段的工作基础上，在这一阶段应根据本领域数据特征的需要，从参考元数据中选取在公共元数据中没有但是领域中需要的元数据。

(6)新建元数据。如果共享公共元数据和参考元数据中给出的元数据仍不能满足各个领域的需求，则各个领域需要建立自己的相关元数据(包括元数据子集、实体、元素、代码表等)。

(7)形成领域元数据标准。通过前面的工作，最后把确定领域元数据标准形成标准文档。

2. 异构数据源的同构化处理

SSIS 是 SQL Server 2005 新增的一个服务，全称是 SQL Server Integration Service。中文一般翻译为集成服务或者整合服务，定位是 ETL 解决方案。包括：用于生成和调试包的图形工具和向导；用于执行工作流函数(如 SQL 命令执行、FTP 操作和电子邮件消息处理)的任务；用于提取和加载数据的数据源和目标；用于清除、聚合、合并和复制数据的转换；用于管理 Integration Services 的管理服务；用于对 Integration Services 对象模型进行编程的应用程序编程接口(API)。

因为在做数据集成的时候，数据源系统可能没有办法让我们直接访问数据库，但是它可以公开一些服务，这样我们就可以通过 Web Service 来对这些数据进行读取和整合。

异构数据源的同构化处理需要通过 ETL(数据抽取、转换和加载)技术整合工具，以增量方式将业务数据源抽取转换至 SRC(标准资源中心)数据层。

首先，我们需要在发布 Web Service 时来实现数据的发布，如图 7-11 所示。

图 7-11　Web Service 服务界面

然后,创建一个 SSIS 包,准备使用 Web Service 任务项去调用该服务,见图 7-12。

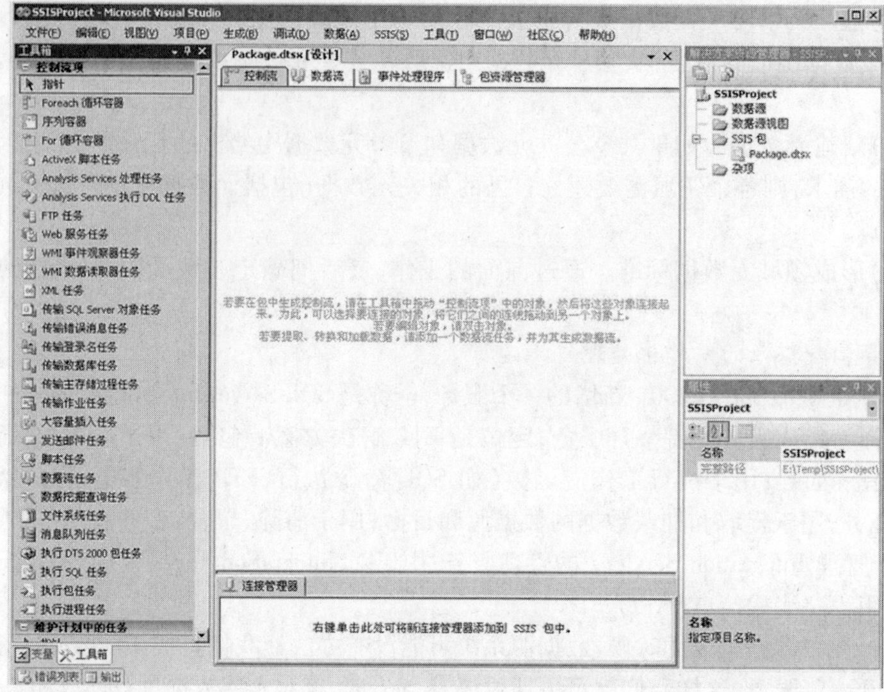

图 7-12　创建 SSIS 包

接着,拖拽一个“Web 服务任务”到“控制流”的空白区域,见图 7-13。

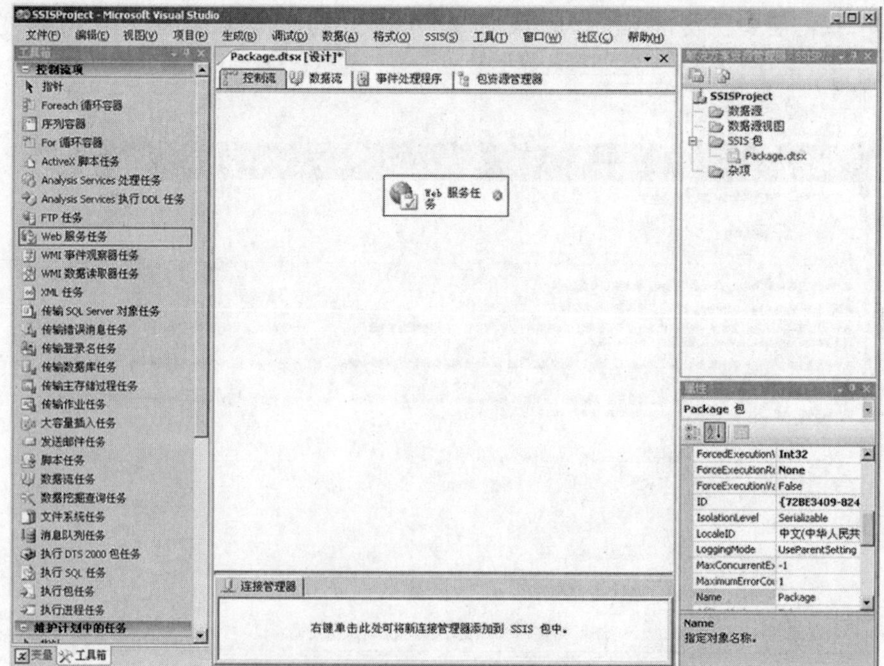

图 7-13　Web 服务任务

完成此步操作后，对其任务进行“Http Connection”，并在“WSDLFile”里面输入一个临时路径，以获取WSDL文件。

根据WSDL文件内容在输入界面（见图7-14）进行Service和Method的参数设置，完成Web Service的连接以实现数据的抽取。

图7-14　Service和Method的参数设置（一）

抽取出来的数据，通过输出界面（见图7-15）的设置可以保存为XML文件或是直接作为变量使用。

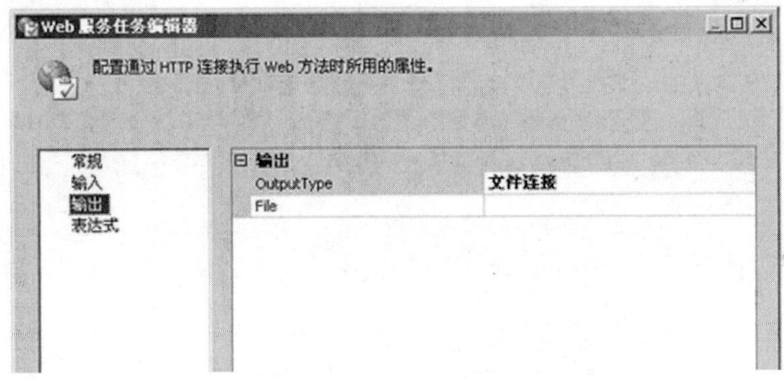

图7-15　Service和Method的参数设置（二）

以对XML进行转换和加载为例，我们需要进行将“XML任务”添加到控制流中，并且设置好它与“Web服务任务”的有限约束，见图7-16。

通过右键的编辑，打开如图7-17所示的界面。

红线框中的五类参数分别对应验证文档、比较文档、合并文档、转换文档、查找数据或者运算。

需要进行数据转换时需要选择XSLT，准备相关XSLT文件，见图7-18。

其内容按照需要获取的数据表结构进行，如下所示：

```
<? xml version = "1.0" encoding = "utf - 8"? >
<xsl:stylesheet version = "1.0" xmlns:xsl = "http://www. w3. org/1999/XSL/Trans-
form"
xmlns:msxsl = "urn:schemas - microsoft - com:xslt" exclude - result - prefixes = "msxsl"
xmlns:diffgr = "urn:schemas - microsoft - com:xml - diffgram - v1" >
<! - -这里添加一个特殊的命名空间，因为来源XML文件中有这个名称 - - >
```

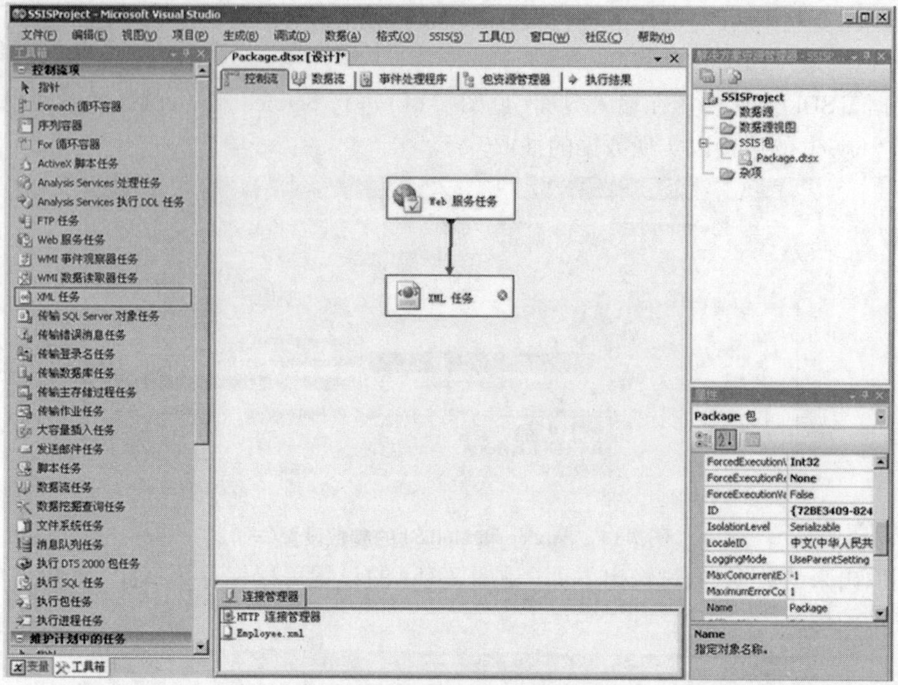

图 7-16　Web 服务任务有限约束设置(一)

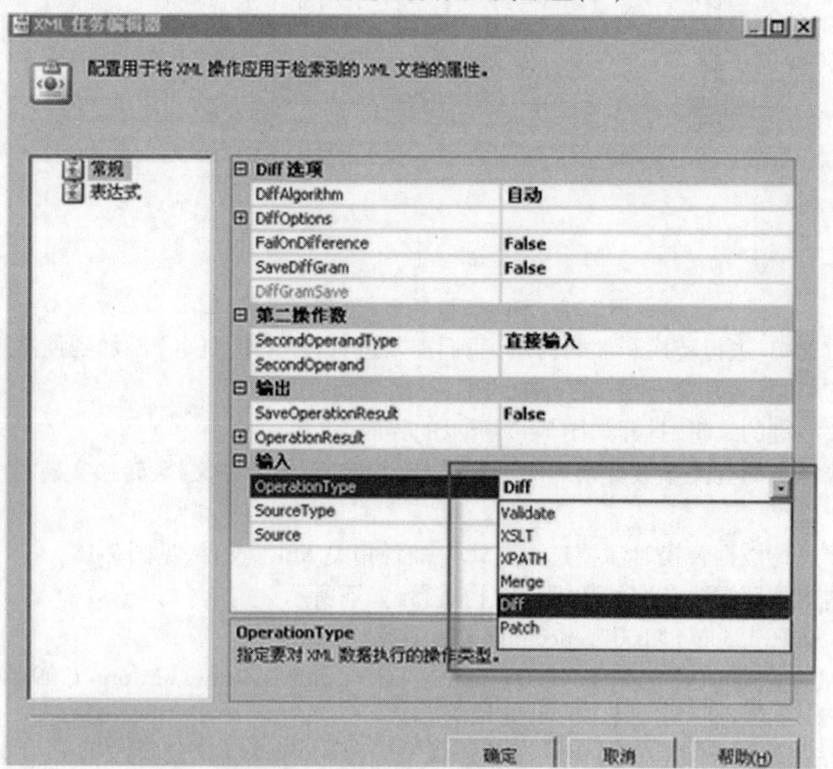

图 7-17　Web 服务任务有限约束设置(二)

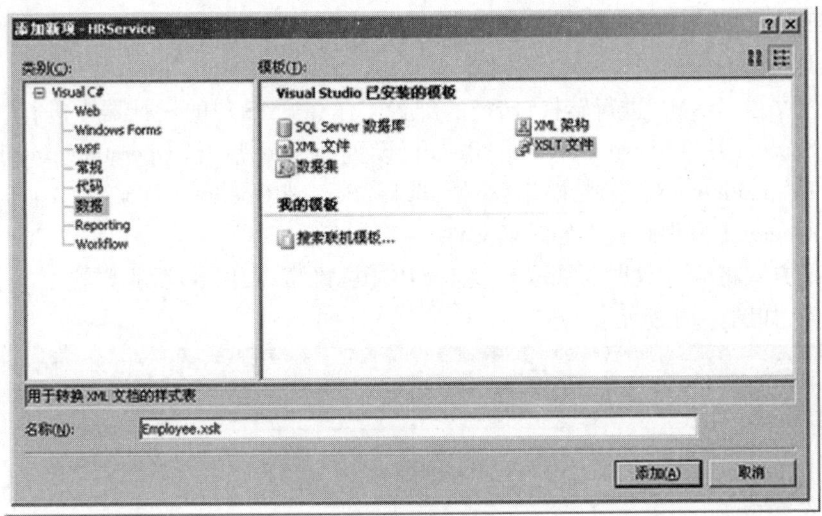

图 7-18　添加 XSLT 文件

```
<xsl:output method="xml" indent="yes"/> <!--我们仍然输出为 XML-->
<xsl:template match="/DataSet/diffgr:diffgram/NewDataSet">
<Employees> <!--这是我们自定义输出文档里面的根元素-->
<xsl:for-each select="Employees">
<!--循环/DataSet/diffgr:diffgram/NewDataSet 下面所有的 Employees 元素-->
<Employee>
<ID>
<xsl:value-of select="ID"/>
</ID>
<Name>
<xsl:value-of select="Name"/>
</Name>
<Gender>
<xsl:value-of select="Gender"/>
</Gender>
<WorkYears>
<xsl:value-of select="WorkYears"/>
</WorkYears>
<Group>
<xsl:value-of select="Group"/>
</Group>
</Employee>
</xsl:for-each>
</Employees>
```

</xsl:template>

</xsl:stylesheet>

使用该文件对 XML 进行转换,转换的配置工作在 SSIS 包的设计器中进行,设置数据来源文件 Source,并将“Save Operation Result”设置为 true,展开“Operation Result”这个节点并设置 Destination。在“第二操作数”处,选择“Second Operated Type”为文件连接,并选择 Second Operand 为我们建立的转换文件。

以增量方式将业务数据源抽取转换至 SRC(标准资源中心)数据层需要再添加一个数据流任务,如图 7-19 所示。

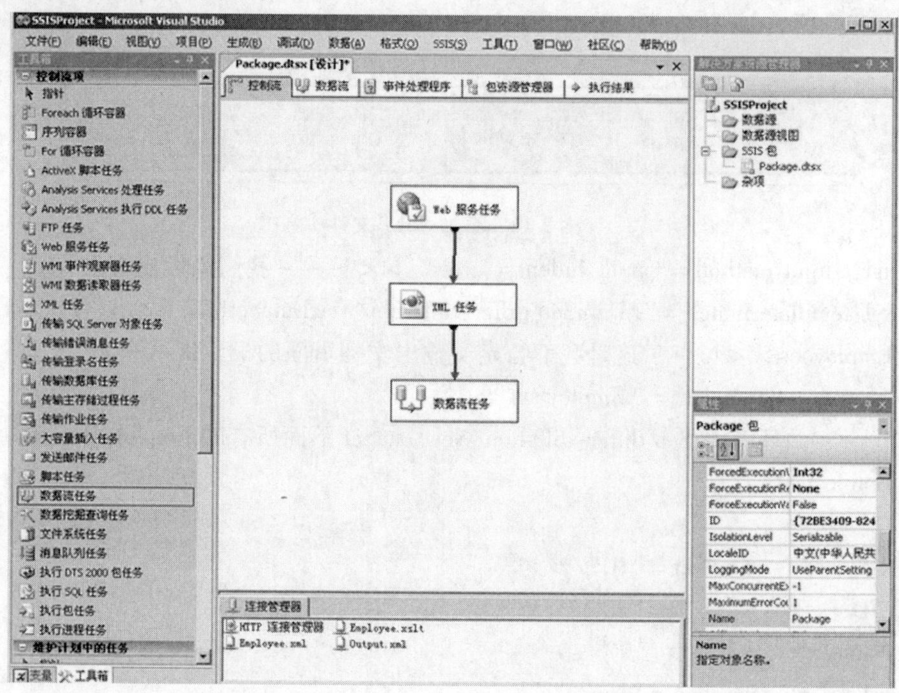

图 7-19　添加数据流任务

双击数据流任务后,在打开的界面内添加 XML 源,如图 7-20 所示。

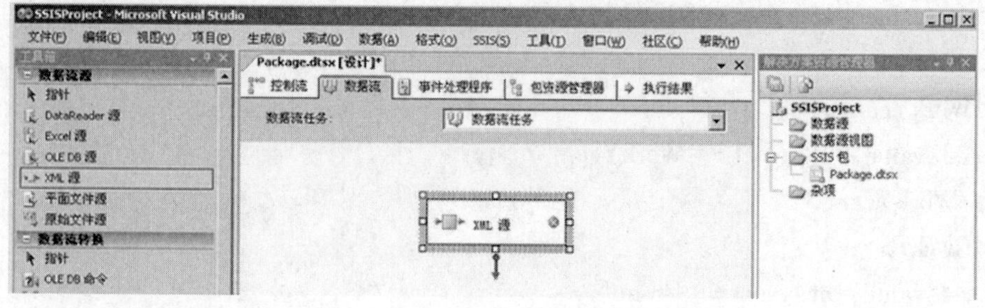

图 7-20　添加 XML 源

编辑此组件并生成 XSD,选择需要的列并与需要添加数据的表进行映射。最终选择执行数据流任务即可将数据以增量方式添加至 SRC(标准资源中心)数据层,完成异构数据源的同构化处理。

3. 多维数据的集成与整合

多维数据的集成与整合主要通过 SQL Server 2005 的 SSAS(SQL Server 2005 Analysis Services)组件中的统一维度模型 UDM(Unified Dimensional Model)来实现。

数据库的建设一般基于关系型数据,数据源的内容通常很难理解,因为它们是面向系统和开发者设计的,而没有考虑到一般用户,并且多数数据源包含大量的事务级细节,而许多情况下那些为决策服务的查询需要包含总结性的、聚合的信息。随着数据量的不断增大,查询这些聚合信息所需的时间越来越不能被交互式的用户分析所承受。统一维度模型的作用就是在用户和数据源之间提供一个桥梁,如图 7-21 所示。

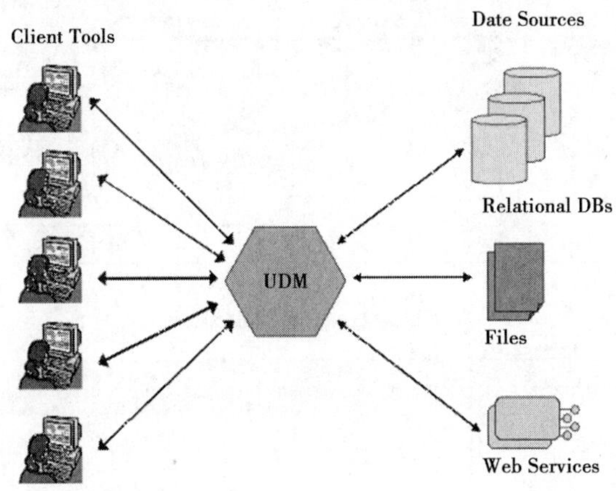

图 7-21　统一维度模型

统一维度模型构建在一个或多个物理数据源之上,可以展示给最终用户一个更简单、更易理解的数据模型,屏蔽底层异构数据源,实现高效的聚合型查询。

在关系型数据库中,我们查找一个实体的数据时会发现相关的数据会分布在许多个表内,而应用程序逻辑为了保证引用完整性,这些表之间没有定义关系。如一个样品的基本信息可能会被列入监测数据库,而其采样地点的信息会被纳入空间数据库进行管理。为了得到一个关于此样品的全部信息,我们可能需要通过示例工具按图 7-22 所示的方式来直接检索数据源。

对一般用户来讲,这是难以理解的。

为解决以上问题,我们需要使用 UDM 来进行相关数据的集成与整合。下面举一个用户使用简单的统一维度模型访问数据源时如何创建查询的例子。这里展示的用户界面是从微软 SQL Server 提供的开发工具中截取的。其他一些客户端工具,比如 Excel 或者 Office 网络组件(Office Web Components),以及任何支持 UDM 的报表和分析工具都能提供这种展示(见图 7-23)。

UDM 下访问数据源和创建查询时仅仅显示了面向用户的、与用户相关的条目。那些“系统列”,比如行唯一编号(rowguid)、最后修改日期等不可见,而且命名是用户友好的,而不是来自那些应用于底层数据库的面向开发人员的命名习惯。每一个样品的属性都集

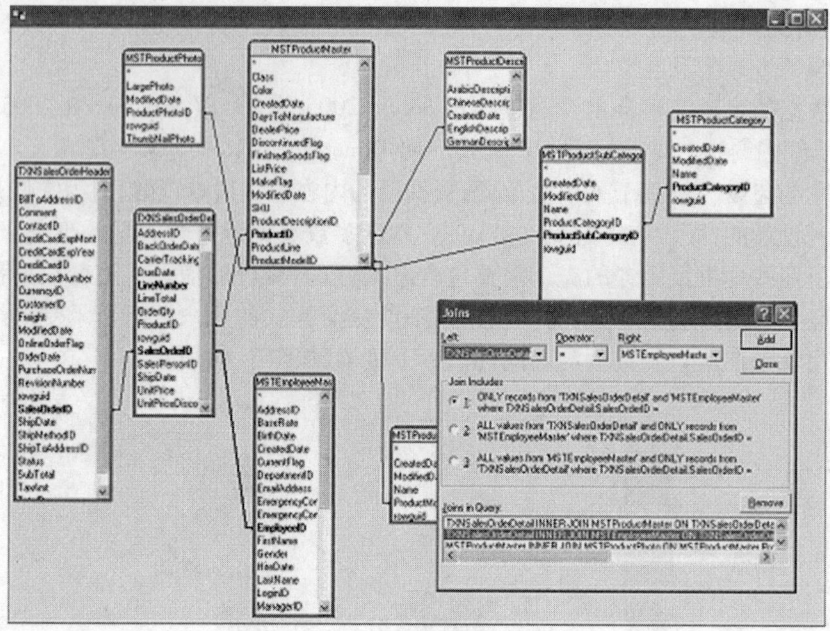

图 7-22 检索数据源

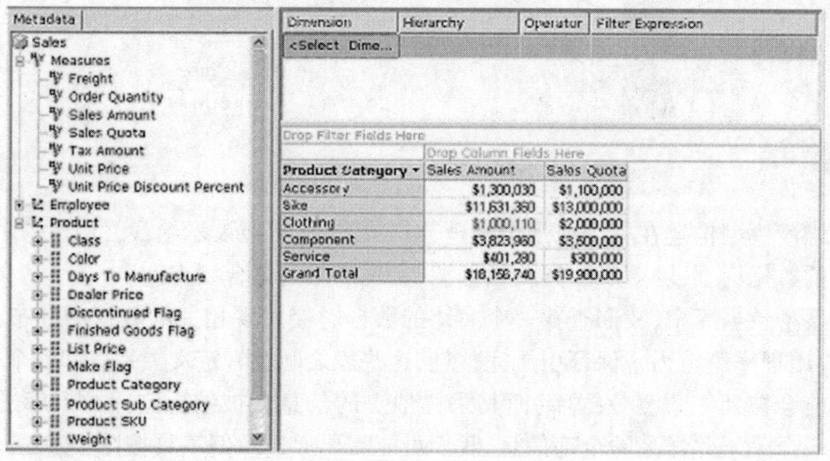

图 7-23 SQL Server 数据库

中到一个单独的“维度”,不需要显式地进行表连接。

分析展现层一般通过报表或图表来展示,SSRS(SQL Server Reporting Services)是一种基于服务器的解决方案,用于生成从多种关系数据源和多维数据源提取内容的企业报表,发布能以各种格式查看的报表,以及集中管理安全性和订阅,创建的报表可以通过基于 Web 的连接进行查看。

其架构关系见图 7-24。

SSRS 核心组件包括一整套工具(可以用来创建、管理和查看报表),一个用于承载和处理各种格式报表的报表服务器组件,一个开发人员可以在自定义应用程序中集成或扩

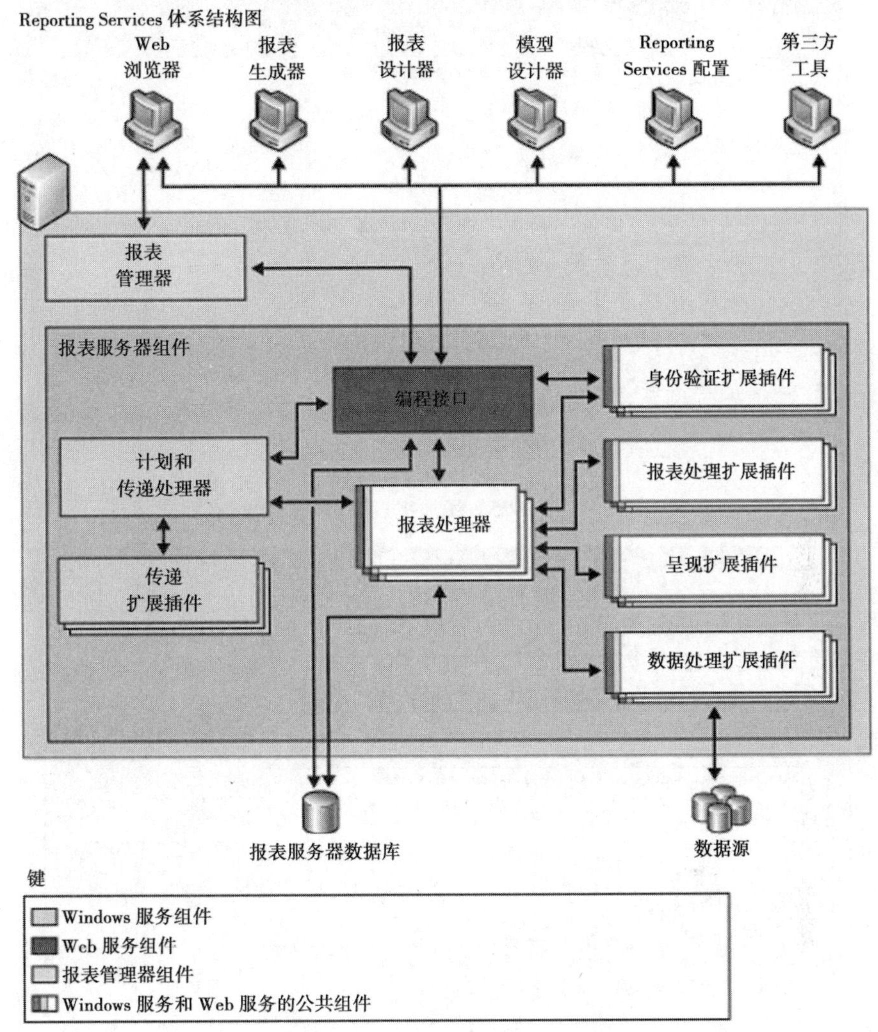

图 7-24　Reporting Services 体系结构

展数据和报表处理或者创建自定义工具来生成和管理报表的 API。

生成的报表包括交互功能和基于 Web 的功能，在外观和功能上超越了传统的报表。报表的生成一般包括五个步骤：创建报表服务器项目、设置连接信息、定义报表查询、添加表数据区域、通过 Web 应用程序的 UI 查看基本报表。

在“文件”菜单上，指向“新建”，再单击“项目”；在“项目类型”列表中，单击“商业智能项目”；在“模板”列表中，单击“报表服务器项目”。通过上述步骤可以创建一个新的报表，见图 7-25。

报表设计器是运行在 Business Intelligence Development Studio 中的 Reporting Services 组件。它包含三个视图：“数据”“布局”“预览”。单击各个选项卡可更改视图。

通过输入连接字符串 Data source(=“服务器地址”)、initial catalog(=“有权限的数据库”)连接到数据服务器，见图 7-26。

图 7-25　添加报表项目

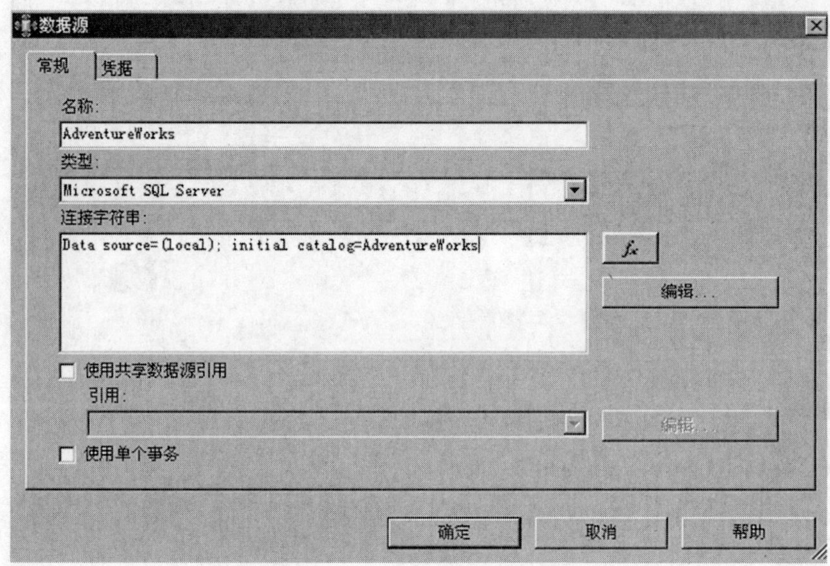

图 7-26　选择数据源

通过执行报表相关的 SQL 语句,在通用查询设计器中进行数据的检索,结果见图 7-27。

根据报表要求,可以此数据为基础生成各类报表,见图 7-28。或通过 MSCHART 生成更加直观的图表,见图 7-29。

7.2.2　技术选型

"黄河口及邻近海域生态系统管理关键技术研究与应用"项目参与单位众多,参与者分布在山东沿海各地,为让使用者可以方便、快捷地登录系统,我们采用了 B/S 架构。以在服务器上搭建 Web 应用,使用者通过浏览器访问的方式构建"海洋生态系统监管平台

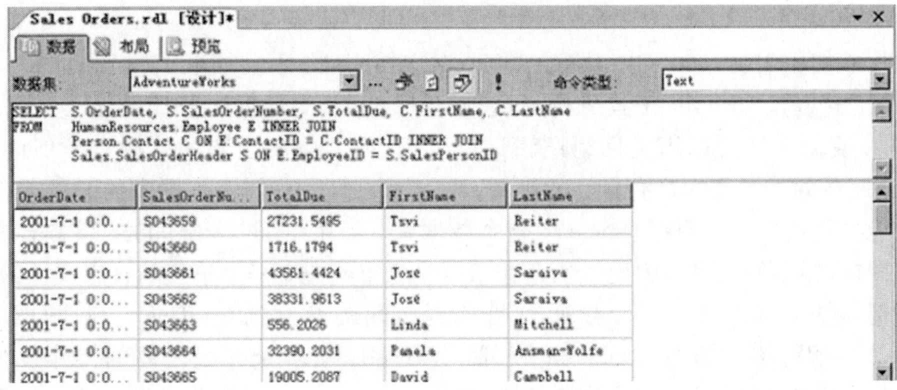

图 7-27　SQL Server 数据检索界面

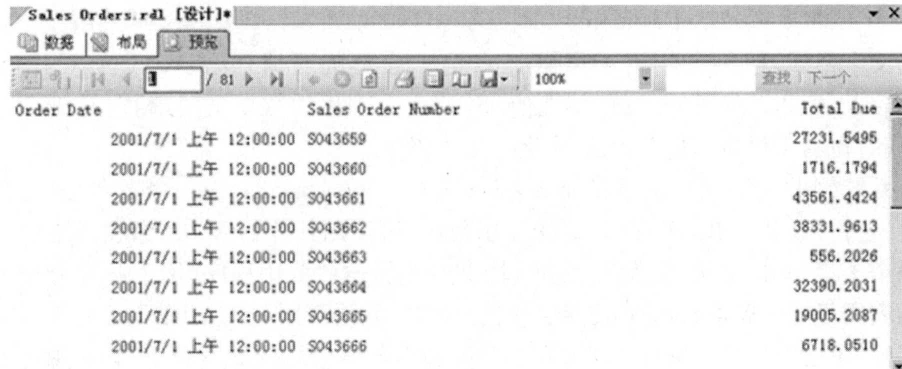

图 7-28　报表

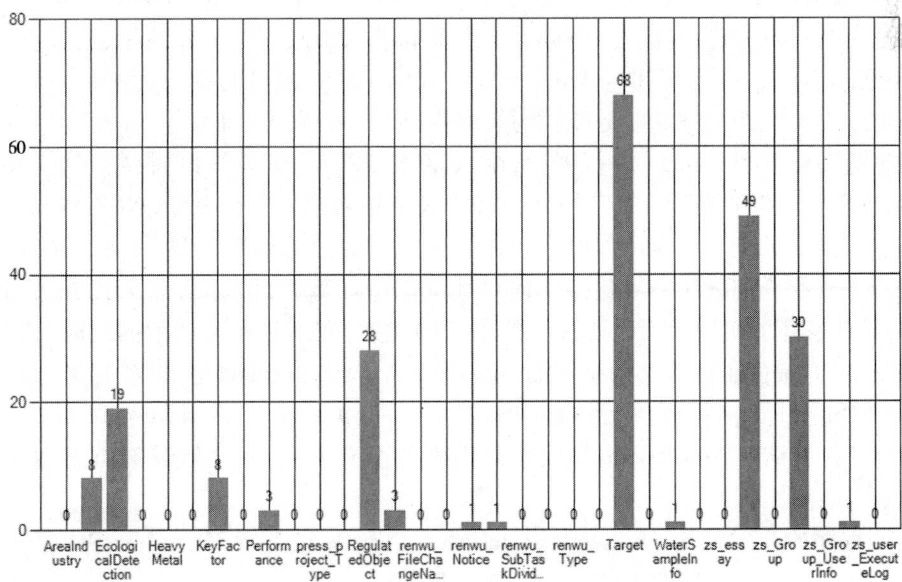

图 7-29　MSCHART 生成的图表

与决策平台”。

数据库使用 Microsoft SQL Server 2008，它支持 ETL（数据抽取、转换和加载）、UDM（统一维度模型）、Analyzer 工具分析、报表服务等功能，为数据服务提供强大支撑。SQL Server 中，数据文件可以用文件组逻辑进行分组，而 Oracle 表空间就没有类似的概念。SQL Server 的每个数据库都有自己的事务日志文件，而且在创建数据库的时候就要指定这些日志文件的属性。而在 Oracle 中整个数据库（意为所有的表空间）的事务日志都是记录在同样的重做日志中，因此也不存在给每个表空间建立一个单独的日志文件的说法。

为提供更好的用户体验，数据与展示页面间的交互通过 JQuery 与 JSON 进行。JQuery 是一套跨浏览器的 JavaScript 库，简化 HTML 与 JavaScript 之间的操作。全球前10 000个访问量最高的网站中，有 59% 使用了 JQuery，是目前最受欢迎的 JavaScript 库。JSON（JavaScript Object Notation）是一种轻量级的数据交换格式。它是基于 JavaScript（Standard ECMA - 262 3rd Edition - December 1999）的一个子集。JSON 采用完全独立于语言的文本格式，但是也使用了类似于 C 语言家族的习惯（包括 C、C + +、C#、Java、JavaScript、Perl、Python 等）。这些特性使 JSON 成为理想的数据交换语言，易于人阅读和编写，同时也易于机器解析和生成（网络传输速度）。

各系统间的数据交互使用 Web Service 进行。Web Service 是一个平台独立的、低耦合的、自包含的、基于可编程的 Web 的应用程序，可使用开放的 XML（标准通用标记语言下的一个子集）标准来描述、发布、发现、协调和配置这些应用程序，用于开发分布式的互操作的应用程序。Web Service 技术，能使运行在不同机器上的不同应用无须借助附加的、专门的第三方软件或硬件，就可相互交换数据或集成。依据 Web Service 规范实施的应用之间，无论它们所使用的语言、平台或内部协议是什么，都可以相互交换数据。Web Service 是自描述、自包含的可用网络模块，可以执行具体的业务功能。Web Service 也很容易部署，因为它们基于一些常规的产业标准以及已有的一些技术，诸如标准通用标记语言下的子集 XML、HTTP。Web Service 减少了应用接口的花费。Web Service 为整个企业甚至多个组织之间的业务流程的集成提供了一个通用机制。

GIS 模块基于 Silverlight 进行展示，由 ArcGIS API for Silverlight 提供支持。Microsoft Silverlight 是一个跨浏览器的、跨平台的插件，为网络带来下一代基于. NET Framework 的媒体体验和丰富的交互式应用程序。Silverlight 提供灵活的编程模型，并可以很方便地集成到现有的网络应用程序中。支持任何尺寸图像的无缝整合，对基于 asp . net、AJAX 在内的 Web 开发环境实现了无缝连接。其小巧的框架，在满足业务展示的同时，也减轻了客户端的压力，提高了浏览器效率。而 ArcGIS API for Silverlight 是由美国 Esri 公司推出的，用于在 Silverlight 平台上开发 WebGIS 应用的一套编程接口。ArcGIS API for Silverlight 通过 REST 接口访问 ArcGIS Server 发布的地图服务、影像服务、几何服务、地理处理服务、要素服务、网络服务等。

应用程序的开发使用 Microsoft Visual Studio 2010，它支持 Microsoft . Net Framework 3.5，并且提供了简单易用的 MSChart 等图表工具。

7.2.3　业务实现

7.2.3.1　事务处理

```
public static int ExecuteSqlTran(System.Collections.ArrayList Sql)
    {
        if (Sql.Count != 0)
        {
         SqlConnection conn = new SqlConnection(SqlHelper.GetConnectionString());
         SqlCommand comm = new SqlCommand();
         conn.Open();
         comm.Connection = conn;
         SqlTransaction trans = conn.BeginTransaction();
         comm.Transaction = trans;

         try
         {
             for (int i = 0; i < Sql.Count; i++)
             {
                 comm.CommandText = Sql[i].ToString();
                 comm.ExecuteNonQuery();
                                     }
             trans.Commit();
             return 1;
         }
         catch (SqlException e)
         {
             trans.Rollback();
             return 0;
         }
         finally
         {
             conn.Close();
         }
    }
    else
    {
         return 0;
    }
```

```
}
```

7.2.3.2 JSON 表格数据转换

```
//程式 1
public static string CreateJson(DataTable table)
    {
        string jsname = "total";
        StringBuilder json = new StringBuilder("{\"" + jsname + "\":[");
        if (table.Rows.Count > 0)
        {
            foreach (DataRow row in table.Rows)
            {
                json.Append("{");
                foreach (DataColumn column in table.Columns)
                {
                    json.Append("\"" + column.ColumnName + "\":\"" + row
[column.ColumnName].ToString() + "\",");
                }
                json.Remove(json.Length - 1, 1);
                json.Append("},");
            }
            json.Remove(json.Length - 1, 1);
        }
        json.Append("]}");
        return json.ToString();
    }
//程式 2
public static string CreateJsonParameters(DataTable dt, bool displayCount, int totalcount)
    {
        StringBuilder JsonString = new StringBuilder();
        //Exception Handling
        if (dt != null)
        {
            JsonString.Append("{ ");
            if (displayCount)
            {
                JsonString.Append("\"total\":");
                JsonString.Append(totalcount);
                JsonString.Append(",");
```

```
        }
            JsonString. Append( " \" rows\" :[ " ) ;
            for (int i = 0; i < dt. Rows. Count; i + + )
            {
                JsonString. Append( " { " ) ;
                for (int j = 0; j < dt. Columns. Count; j + + )
                {
                    if (j < dt. Columns. Count - 1)
                    {
                        //if (dt. Rows[ i ] [ j ] = = DBNull. Value) continue;
                        if (dt. Columns[ j ]. DataType = = typeof( bool) )
                        {
                            JsonString. Append ( " \" JSON_" + dt. Columns [ j ].
ColumnName. ToLower( ) + "\" :" +
                                dt. Rows[ i ] [ j ]. ToString( ). ToLower
( ) + "," ) ;
                        }
                        else if (dt. Columns[ j ]. DataType = = typeof( string) )
                        {
                            JsonString. Append( " \" JSON_" + dt. Columns[ j ].
ColumnName. ToLower( ) + "\" :" + "\"" +
                                dt. Rows[ i ] [ j ]. ToString( ). Re-
place( "\"", "\\\"") + "\"," ) ;
                        }
                        else
                        {
                            if ( ( dt. Columns [ j ]. ColumnName. ToLower ( ) = =
"dpurchase" && dt. Rows[ i ] [ j ] ! = null) || (dt. Columns[ j ]. ColumnName. ToLower( )
= = "dbiddate" && dt. Rows[ i ] [ j ] ! = null) || (dt. Columns[ j ]. ColumnName. ToLower
( ) = = "ddatetime" && dt. Rows [ i ] [ j ] ! = null) || (dt. Columns[ j ]. ColumnName.
ToLower( ) = = "dsigndatetime" && dt. Rows[ i ] [ j ] ! = null) )
                            {
                                DateTime date = new DateTime( ) ;
                                date = DateTime. Parse ( dt. Rows [ i ] [ j ].
ToString( ) ) ;
                                string[ ] a = date. ToShortDateString( ). Split('/') ;
                                string b = "" ;
                                for (int k = 0; k < a. Length; k + + )
```

```
                                {
                                    if (a[k].Length == 1)
                                    {
                                        a[k] = "0" + a[k];
                                    }
                                    a[k] += "-";
                                    b += a[k];
                                }
                                b = b.Remove(b.Length - 1);
                                JsonString.Append("\"JSON_" + dt.Columns
[j].ColumnName.ToLower() + "\":" + "\"" + b + "\",");
                            }
                            else
                            {
                                JsonString.Append("\"JSON_" + dt.Columns
[j].ColumnName.ToLower() + "\":" + "\"" + dt.Rows[i][j] + "\",");

                            }
                        }
                    }
                    else if (j == dt.Columns.Count - 1)
                    {
                        //if (dt.Rows[i][j] == DBNull.Value) continue;
                        if (dt.Columns[j].DataType == typeof(bool))
                        {
                            JsonString.Append ("\"JSON_" + dt.Columns[j].
ColumnName.ToLower() + "\":" +
                                                    dt.Rows[i][j].ToString().
ToLower());
                        }
                        else if (dt.Columns[j].DataType == typeof(string))
                        {
                            JsonString.Append ("\"JSON_" + dt.Columns[j].
ColumnName.ToLower() + "\":" + "\"" +
                                                 dt.Rows[i][j].ToString().Re-
place("\"", "\\\"") + "\"");
                        }
                        else
```

```
                    {
                        JsonString. Append(" \"JSON_" + dt. Columns[j].
ColumnName. ToLower() + "\":" + "\"" + dt. Rows[i][j] + "\"");
                    }
                }
            }
            /* end Of String */
            if (i == dt. Rows. Count - 1)
            {
                JsonString. Append("} ");
            }
            else
            {
                JsonString. Append("}, ");
            }
        }
        JsonString. Append("]");
        JsonString. Append("}");
        return JsonString. ToString(). Replace("\n", "");
    }
    else
    {
        return null;
    }
}
```

7.2.3.3　**权限分配**

```
#region 权限
        //A 添加 D 删除 S 审核 E 编辑
        public static bool getPower(string muneCode,string usercode,string cFlag)
        {
            string sql = "";
            if(cFlag =="A")
            {
                sql = "select * from sys_Purview where cNodeCode ='" + muneCode
+ "' and iGroupCode in (select iGroupCode from sys_UserGroup where cUserCode ='" +
                    usercode + "') and bPurAdd =1";
            }
            if(cFlag =="E")
```

```
        {
            sql = "select * from sys_Purview where cNodeCode = '" + muneCode
+ "'and iGroupCode in (select iGroupCode from sys_UserGroup where cUserCode = '" +
                    usercode + "') and bPurEdit = 1";
        }
        if(cFlag = = "D")
        {
            sql = "select * from sys_Purview where cNodeCode = '" + muneCode
+ "' and iGroupCode in (select iGroupCode from sys_UserGroup where cUserCode = "' +
                    usercode + "') and bPurDel = 1";
        }
        if(cFlag = = "S")
        {
            sql = "select * from sys_Purview where cNodeCode = '" + muneCode
+ "' and iGroupCode in (select iGroupCode from sys_UserGroup where cUserCode = "' +
                    usercode + "') and bPurAudit = 1";
        }
        DataTable tbl = SqlHelper. ExecuteDataTable(null,CommandType. Text,sql);
        if(tbl = = null)
        {
            return false;
        }
        else
        {
            return true;
        }
    }
    #endregion
```

7.2.3.4 数据导入

```
public static void ImportDataTable(DataTable dt, string tableName, Dictionary<string, string>
dic)
    {
        string sqlServerString = GetConnectionString();
        //创建数据库连接
        //SqlConnection sqlConnection = new SqlConnection("Data Source = 119. 167.
223. 71;Initial Catalog = HHK;User ID = wjm;Password = wjm");
            SqlConnection sqlConnection = new SqlConnection(sqlServerString);
```

```
//打开数据库连接
sqlConnection. Open( );

//声明 SqlBulkCopy ,using 释放非托管资源
using (SqlBulkCopy bulkCopy = new SqlBulkCopy(sqlConnection))
{
    //一次批量的插入的数据量
    bulkCopy. BatchSize = 100;

    //超时之前操作完成所允许的秒数,如果超时则事务不会提交 ,
数据将回滚,所有已复制的行都会从目标表中移除
    bulkCopy. BulkCopyTimeout = 5;

    // NotifyAfter 属性,以便在每插入 10000 条数据时,呼叫相应事件
    bulkCopy. NotifyAfter = 10000;
     //bulkCopy. SqlRowsCopied + = new SqlRowsCopiedEventHandler
(OnSqlRowsCopied);

    //设置要批量写入的表
    bulkCopy. DestinationTableName = tableName;

    //自定义的 datatable 和数据库的字段进行对应,格式:数据源列,
目标数据表列

    foreach (KeyValuePair<string, string> pair in dic)
    {
        bulkCopy. ColumnMappings. Add(pair. Key, pair. Value);
    }

    //批量写入
    bulkCopy. WriteToServer(dt);
}
}
```

7.2.3.5　导出文件

```
public static void File_Download(System. Web. HttpResponse Response, string FilePath, string
FileName)
    {
        FileInfo downloadfile = new FileInfo(FilePath);
```

```
            Response. Clear( );
            Response. ClearHeaders( );
            Response. Buffer = false;
            Response. ContentType = "application/octet - stream";
            Response. AppendHeader( "content - disposition", "attachment;filename
=" + HttpUtility. UrlEncode( FileName, System. Text. Encoding. UTF8) );
            Response. AppendHeader( "content - length", downloadfile. Length. ToS-
tring( ) );
            Response. WriteFile( downloadfile. FullName);
            Response. Flush( );
            Response. End( );
        }
```

7.2.3.6 折线图创建

```
public static string CreateXML( string ProjectName, string XName, string YName, string unit,
DataTable dt, string CodeNameA, string CodeNameB)
        {
            string str1 = "";
            str1 = "<chart caption ='" + ProjectName + "' xAxisName ='" +
XName + "' rotateYAxisName ='0'  yAxisName ='" + YName + "' numberSuffix ='"
+ unit + "' baseFontSize ='10' >";
            DataTable dtXml = dt;
            for (int i = 0; i < dtXml. Rows. Count; i + +)  //循 - 环 i ¤ 创 äiä 建 i §

            {
            str1 + = "<set label ='H" + dtXml. Rows[ i] ["" + CodeNameB +
""]. ToString( ) + "' value ='" + float. Parse( dtXml. Rows[ i] ["" + CodeNameA +
""]. ToString( )). ToString( "#0. 00") + "'> </set >";
            }
            str1 + = "</chart >";
            return str1;
        }
```

7.3 业务化应用

7.3.1 系统总体介绍

系统首页如图 7-30 所示,按如下提示操作完成系统登录。

模块的任务信息和当前知识共享信息列表,并且通过点击任务名称或知识标题,可以

图 7-30　登录界面

进入相应的模块进行具体信息查看。

7.3.2　用户信息管理

实现对单位、岗位、用户信息等添加、修改、删除等操作进行管理，见图 7-31 ~ 图 7-33。

图 7-31　岗位管理

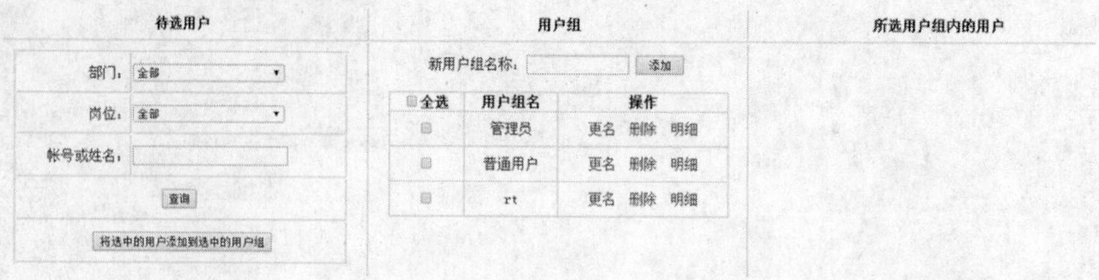

图 7-32　用户组管理

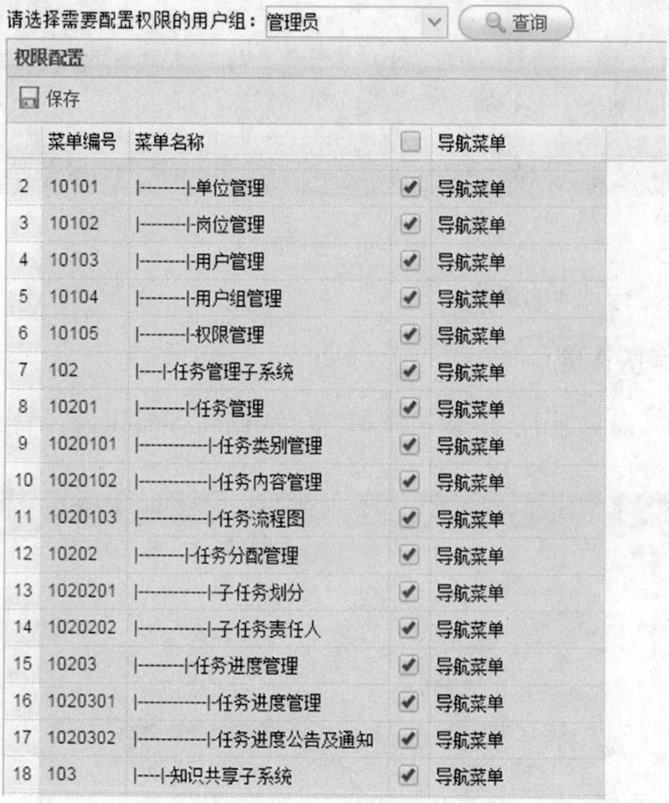

图 7-33　权限管理

7.3.3　航次调查数据管理

对航次信息进行管理，包括增、删、查、改等操作。航次信息主要包括航次名称、时间、目的、人员、主持单位、船只类型、规模、类别及其他重要信息。可根据名称、人员、类别等进行检索。检索内容以航次名称、时间列表显示，可查看详细信息，各信息页面见图 7-34 ~ 图 7-41。

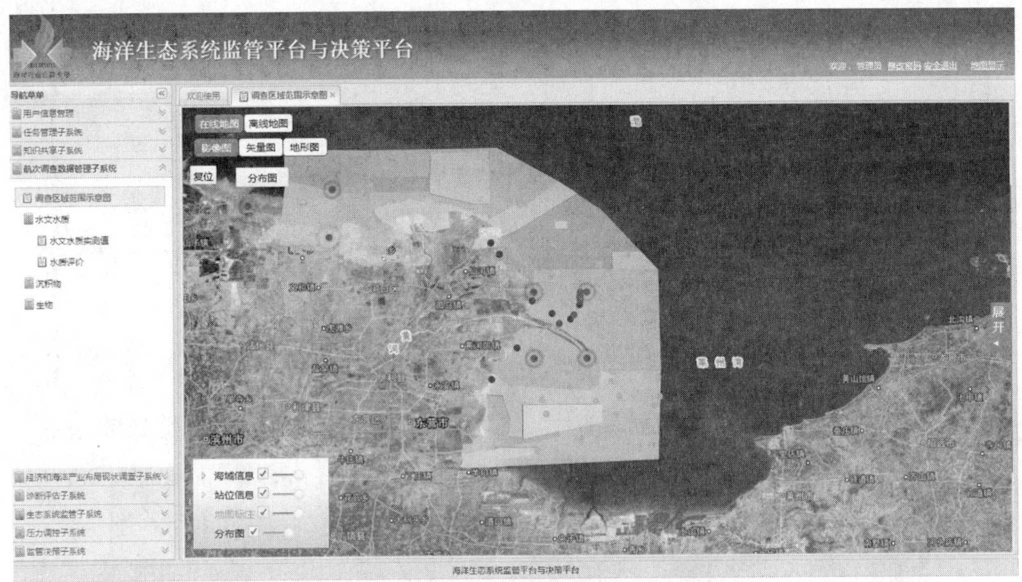

图 7-34　航次调查首页

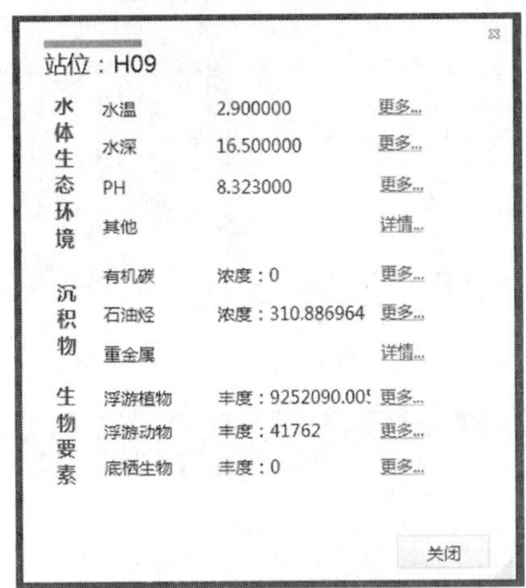

图 7-35　H09 站点信息

H09 其他

站位名称	调查时间	水温	水深	ph	盐度	悬浮物	化学耗氧量	溶解氧	石油类	铜
H09	2011-05	17.1000	15.7000	8.24000	30.2928	1.32407	1.104000	10.9413	0.04600	0.0058
H09	2011-05	13.9000	15.7000	8.12000	31.1823	12.6574	0.800000	9.14911	0.04800	0.0134
H09	2011-08	25.2000	15.3000	8.10000	26.7094	3.13023	1.360000	9.22051	0.02300	0.0058
H09	2011-08	24.8000	15.3000	8.08000	29.7872	0.13023	1.120000	7.13272	0.02900	0.0167
H09	2011-11	14.0200	11.7000	8.32500	28.5306	118.487	1.080000	10.8354	0.02100	0.0167
H09	2011-11	15.0400	16.4000	8.02800	29.4434	17.1538	0.960000	10.0782	0.03000	0.0120
H09	2012-02	2.90000	16.5000	8.32300	27.9480	619.200	0.880000	12.9268	0.02900	0.0048
H09	2012-02	2.90000	16.5000	8.22500	28.8080	639.200	0.960000	12.2816	0.02900	0.0067

关闭

图 7-36　H09 站点水文和化学数据

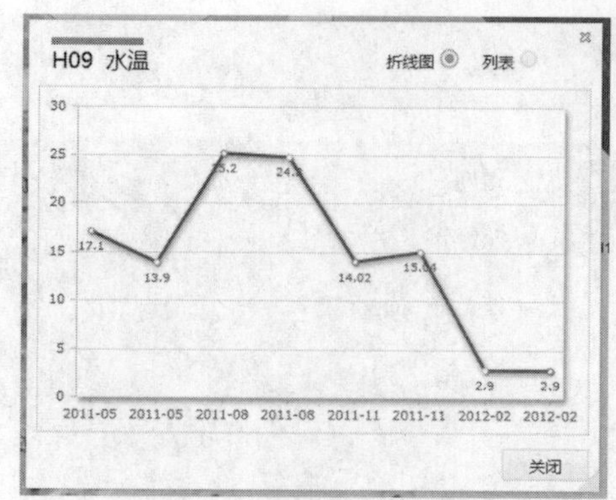

图 7-37　H09 站点水温变化折线图

H09 水温

站位名称	调查时间	水温
H09	2011-05	17.100000
H09	2011-05	13.900000
H09	2011-08	25.200000
H09	2011-08	24.800000
H09	2011-11	14.020000
H09	2011-11	15.040000
H09	2012-02	2.900000
H09	2012-02	2.900000

图 7-38　H09 站点水温数据

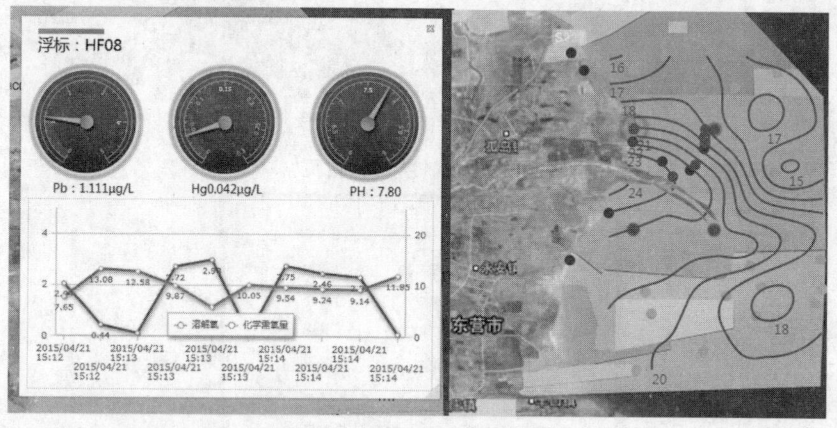

图 7-39　HF08 站点浮标实测图　　　图 7-40　要素空间分布图

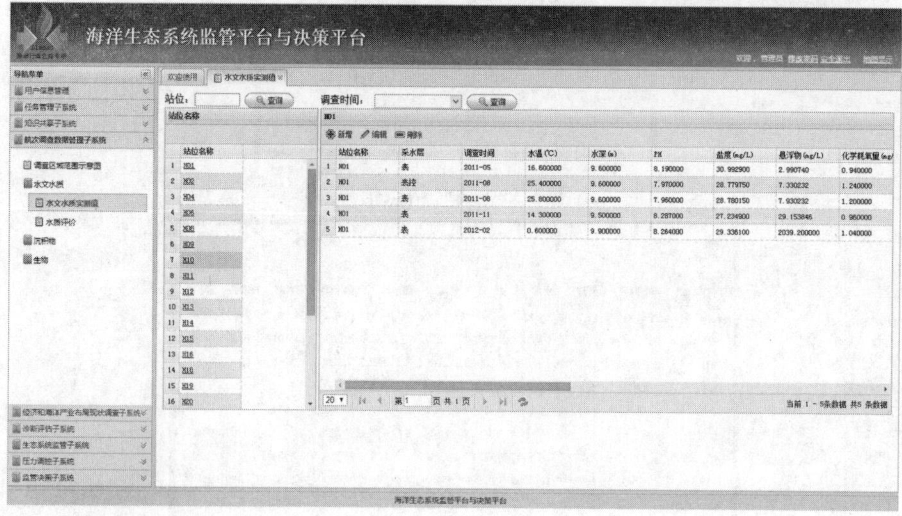

	站位名称	采水层	调查时间	水温(℃)	水深(m)	PH	盐度(mg/L)	悬浮物(mg/L)	化学耗氧量(mg/
1	M01	表	2011-05	16.600000	9.600000	8.190000	30.992900	2.990740	0.940000
2	M01	表控	2011-08	25.400000	9.600000	7.970000	28.779750	7.330232	1.240000
3	M01	表	2011-08	25.800000	9.600000	7.960000	28.780150	7.930232	1.200000
4	M01	表	2011-11	14.300000	9.500000	8.287000	27.234900	29.153846	0.960000
5	M01	表	2012-02	0.600000	9.900000	8.264000	29.336100	2039.200000	1.040000

图 7-41　水文水质实测值

7.3.4　知识共享

系统人员登录系统，以文档的形式上传自己的知识，并规定能够查看的人员，发表到系统中，供其他需要的人员使用及查看，见图 7-42、图 7-43。

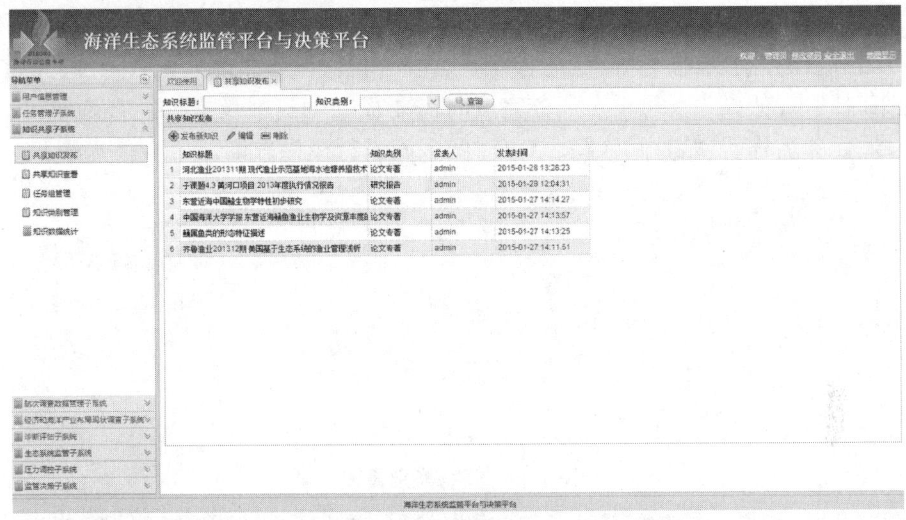

图 7-42　知识共享主页

编辑知识信息

标题: iii

类别: 子任务一　类别

权限:　权限

内容: 时光老了，心也老了，搬一张椅子，坐在古树之下，泡一壶闲茶，晒晒太阳。把自己想象成一朵梅花，开在古瘦的枝头，只等一场雪，来把我静静覆盖。也许我就是一块老墨，在时光的纸上反复涂抹，写了一些苍老而遒劲的画意。不要人懂，不要人赏，只要自己看看，就

附件:

若需更改附件，请重新上传所有附件

BROWSE

完成　取消

图 7-43　知识编辑

7.3.5　任务管理

对任务类别、任务分配、任务进度进行管理，见图7-44、图7-45。系统人员登录系统查看任务进度，有分配权限的人员可以对任务进行权限的分配，由分配人员查看具体的任务进度情况。对任务的内容进行管理，包括增、删、查、改等操作。任务内容主要包括任务编号、任务名称、任务类别、任务等级、内容概述、详细内容、任务文件电子版附件、开始时间、预计结束时间、责任人等。可设定任务完成时需要提交的资料及文件。查询时可以通过任务编号、任务名称、开始时间区间、结束时间区间进行模糊查询。

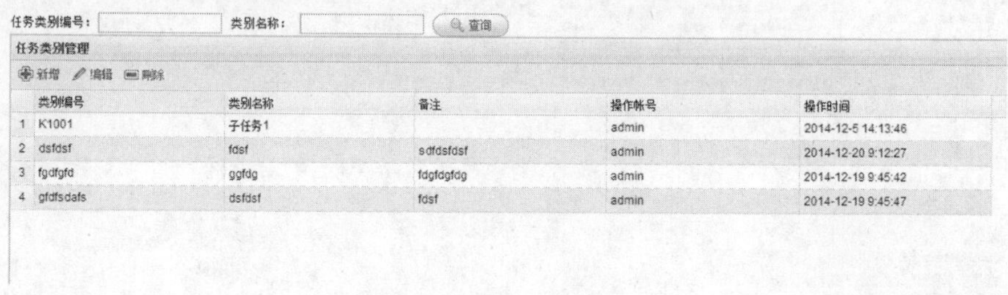

	类别编号	类别名称	备注	操作帐号	操作时间
1	K1001	子任务1		admin	2014-12-5 14:13:46
2	dsfdsf	fdsf	sdfdsfdsf	admin	2014-12-20 9:12:27
3	fgdfgfd	ggfdg	fdgfdgfdg	admin	2014-12-19 9:45:42
4	gfdfsdafs	dsfdsf	fdsf	admin	2014-12-19 9:45:47

图7-44　任务类别管理

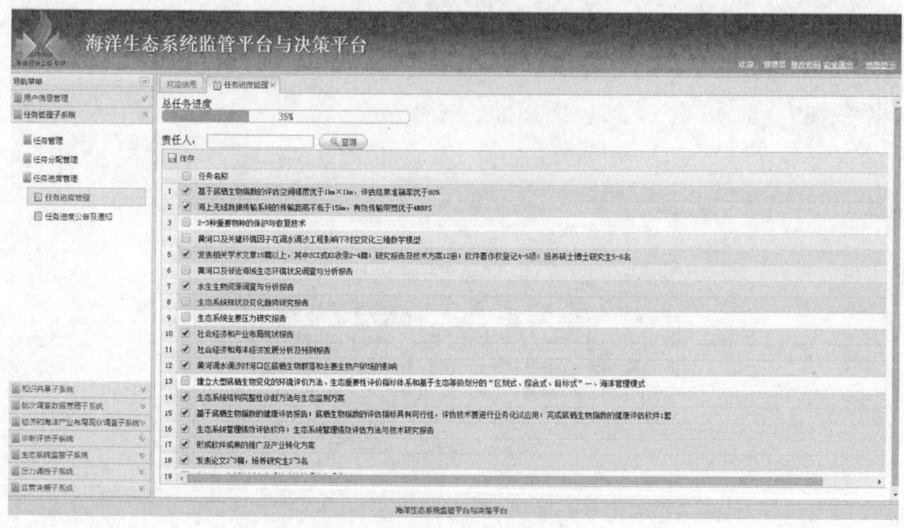

图7-45　任务进度管理

7.3.6　现状调查

(1)对社会经济数据实现添加、修改、删除、查询等基本操作，通过输入的社会经济数据实现对社会经济数据进行汇总，并对每年不同行业的产值进行比较。

(2)对政策法规进行添加、修改、删除和查询等操作，见图7-46。

(3)对海洋产业布局实现添加、修改、删除、查询等操作，通过海域产业分布图查看海域产业的布局情况，见图7-47～图7-49。

(4)对黄河来水来沙进行添加、修改、删除、查询等基本操作，通过选择统计地点查看

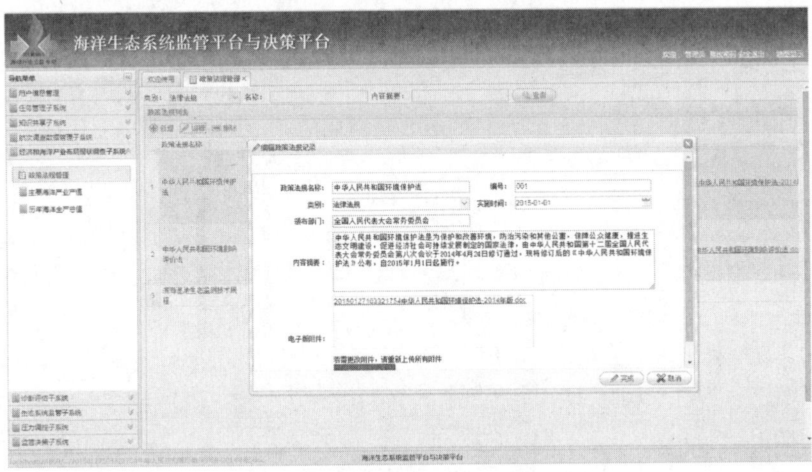

图 7-46　政策法规管理

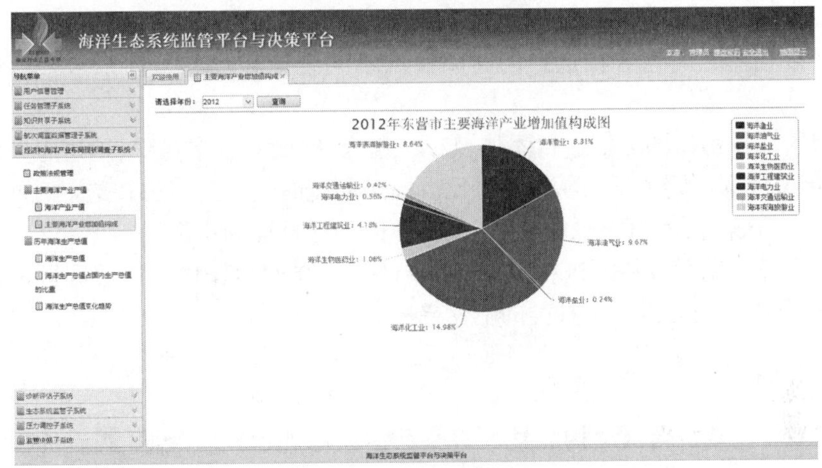

图 7-47　历年海洋产值饼状图

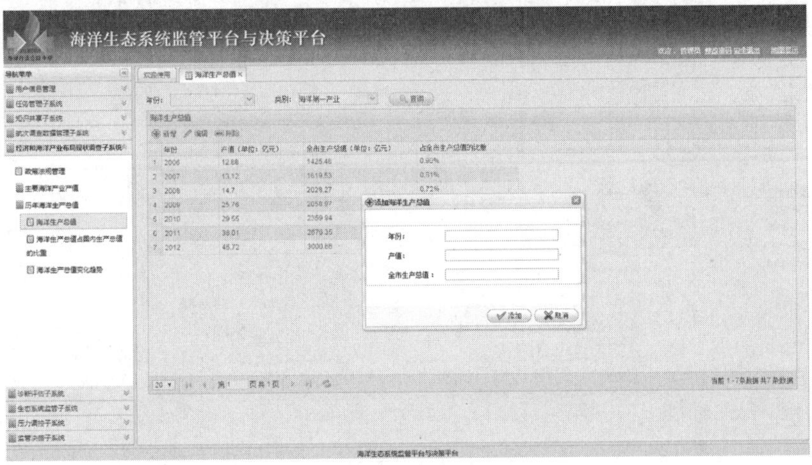

图 7-48　历年海洋产值数据

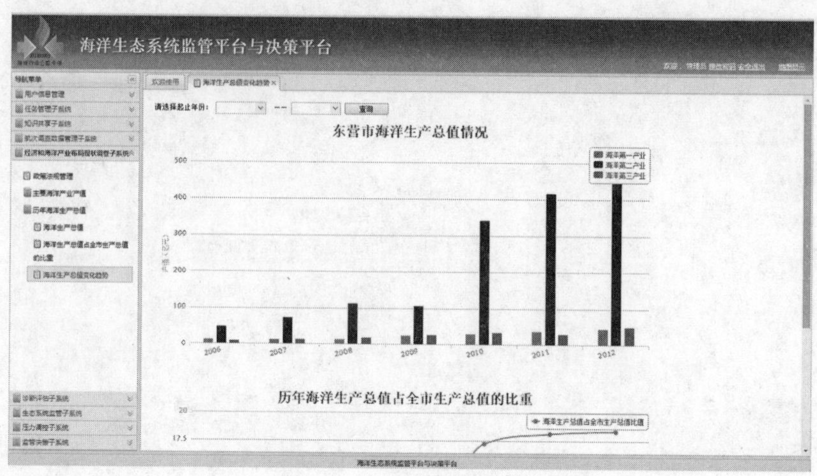

图 7-49 海洋生产总值变化趋势

已统计的黄河来水来沙的趋势情况。

(5)通过选择时间查看在选择的时间段内不同统计地点的黄河来水来沙情况统计表。

(6)对入海排污口的数据进行添加、修改、删除、查询等基本操作,通过起止年份查看在选择的年份范围不同类型的污染物占比。通过起止时间查询单位在选定时间内的排污量的比较图。根据主管部门和排污点查询在不同采样日期的排污量。

(7)对海洋生态系统数据进行添加、修改、删除、查询等操作。通过选择采样地点查询在不同日期内不同海洋生态种类的变化趋势。

7.3.7 诊断评估

(1)对海洋生物群落的结构完整性进行数据的添加、修改、删除、查看等操作。通过选择站位名称、年份显示在选定时间年份内的生物密度趋势分析图,见图 7-50 ~ 图 7-53。

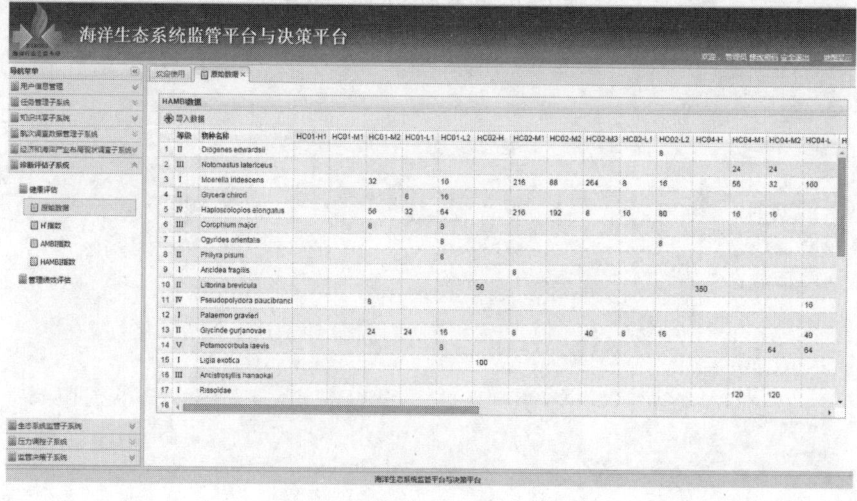

图 7-50 原始数据

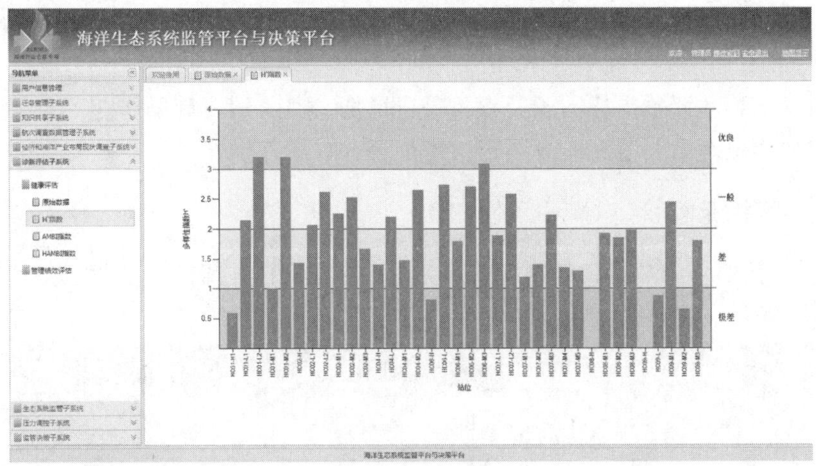

图 7-51　H′指数

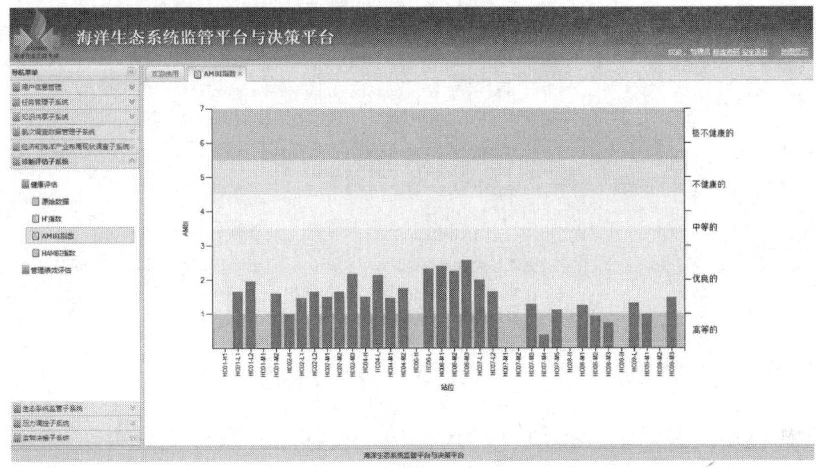

图 7-52　AMBI 指数

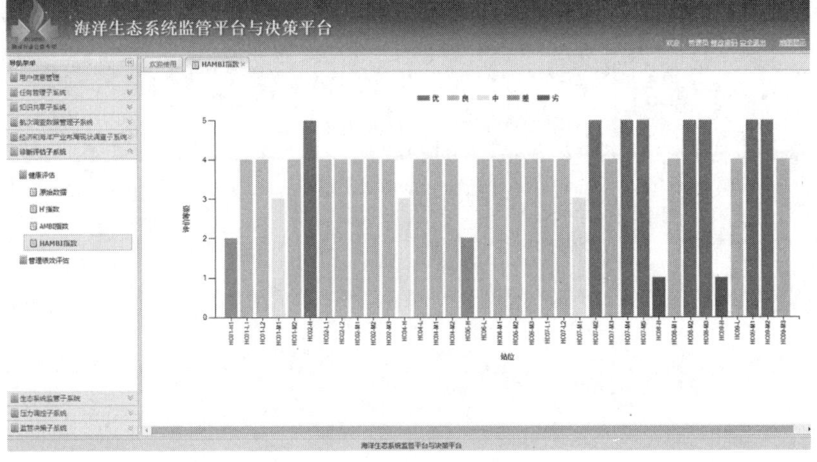

图 7-53　HAMBI 指数

(2)对海洋生物群落的沉积物的不同元素含量及变化趋势进行分析、统计、地图标注等操作。

(3)对管理绩效评估指标因子及权重进行增加、删除、编辑等操作。

(4)对海洋生态系统监测的方案进行增加、修改、删除操作。

7.3.8 生态系统监管

对功能区数据、方案、对象等进行管理,对生态系统的点源排放数据、方案、对象等进行管理,对油气开采的数据、方案、对象等进行管理,见图7-54。

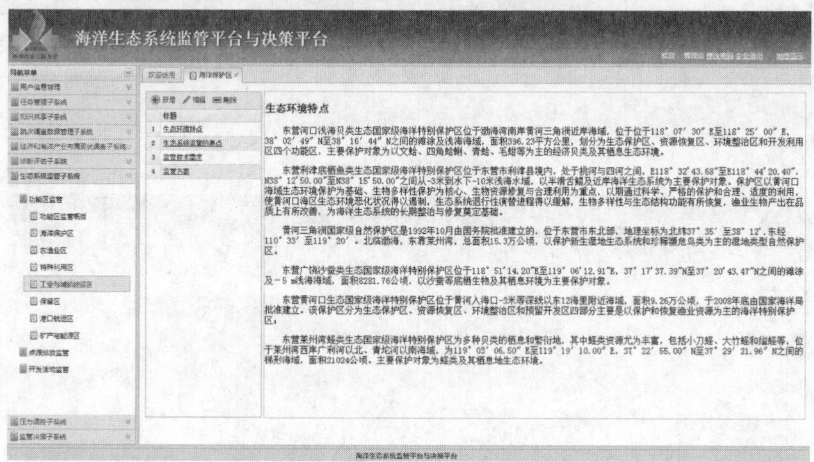

图7-54 功能区监管

7.3.9 压力调控

压力调控模块实现对工程模块、压力调控模块、排污口布局优化模块、增养殖区布局优化模块、重要物种保护恢复模块,进行优化方案、优化实施、工程类型等的管理,见图7-55、图7-56。

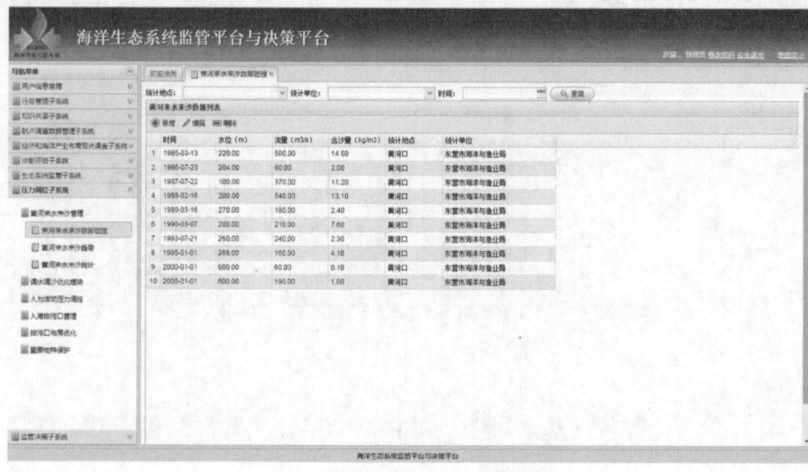

图7-55 黄河来水来沙数据管理

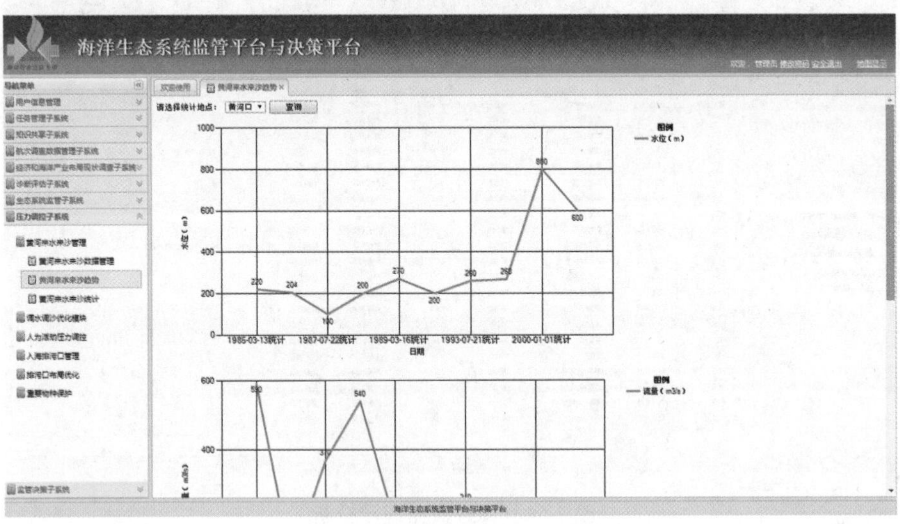

图 7-56　黄河来水来沙趋势

7.3.10　监管决策

结合航次调查，对水文水质进行检测，并自动判别是否符合标准，并给出相应的解决方案，见图 7-57、图 7-58。

海洋生态系统监管平台与决策平台

站位名称：　　调查时间：　　查询

现状

	站位名称	调查时间	所在功能区	功能区水质标准	内梅罗指数
1	H01	2011-05	农渔业区	第1类	4.34
2	H01	2011-08	农渔业区	第1类	2.32
3	H01	2011-11	农渔业区	第1类	8.34
4	H01	2012-02	农渔业区	第1类	3.41
5	H02	2011-05	农渔业区	第1类	8.63
6	H02	2011-08	农渔业区	第1类	3.65
7	H02	2011-11	农渔业区	第1类	4.42
8	H02	2012-02	农渔业区	第1类	4.39
9	H04	2011-05	海洋保护区	第1类	7.41
10	H04	2011-08	海洋保护区	第1类	4.72
11	H04	2011-11	海洋保护区	第1类	5.74
12	H04	2012-02	海洋保护区	第1类	3.57
13	H06	2011-05	保留区	第2类	1.56
14	H06	2011-08	保留区	第2类	1.19
15	H06	2011-11	保留区	第2类	1.83
16	H06	2012-02	保留区	第2类	1.98
17	H08	2011-05	海洋保护区	第1类	5.24
18	H08	2011-08	海洋保护区	第1类	4.40
19	H08	2011-11	海洋保护区	第1类	5.35
20	H08	2012-02	海洋保护区	第1类	4.25

图 7-57　航次调查数据现状

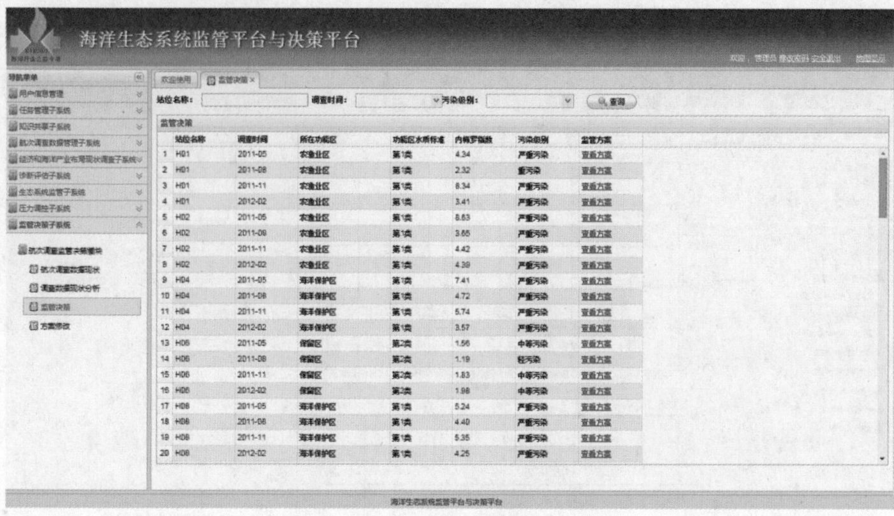

图 7-58　调查数据现状分析

第 8 章　管理应用与绩效评估

近年来,随着社会经济的发展以及人类对海洋资源不合理的利用和掠夺,黄河口及邻近海域的生态环境面临着巨大挑战,亟待研发并运用生态系统管理关键技术来加强海洋综合管理。专项通过“黄河口及邻近海域生态系统管理关键技术研究”,在明确黄河口及邻近海域生态系统的现状、主要特征和主要压力的基础上,开展了有关生态系统诊断与评估技术研究、基于生态系统的监管技术研究、生态系统压力调控模式与技术研究,形成了多种关键技术,包括基于底栖生物指数的海洋生态系统健康评估技术、基于平衡计分卡方法的海洋生态系统管理绩效评估技术、海洋生态系统监管方案、中国对虾增殖放流效果评价技术、基于生态系统的海洋适应性管理模式,并将上述研究成果在东营市海洋综合管理工作中进行了试应用,发挥了重要的作用。

8.1　成果试应用

8.1.1　基于底栖生物指数的海洋生态系统健康评估技术试应用

8.1.1.1　试应用的对象及内容

本研究在 2011 年海洋公益性项目“黄河口及邻近海域生态系统管理关键技术研究与应用”课题的支持下建立了基于 Shannon - Wiener 多样性指数 H' 和海洋生物指数 AMBI 建立了基于底栖生物指数的黄河口及邻近海域生态环境质量评估的 H′ - AMBI 方法,并将该方法对 2013 年 10 月黄河口及邻近海域的生态环境质量状况进行了评估,同时将该方法的评价结果与传统的“综合指数法”的评价结果进行了对比分析。两种评价方法使用的数据均来自于 2013 年 10 月对黄河口及邻近海域的水质、沉积环境和生物调查数据(见图 8-1)。

8.1.1.2　基于底栖生物指数 H′ - AMBI 的生态环境质量评估

经鉴定,2013 年 10 月航次调查中共采集到大型底栖动物 27 种,分属 5 个类群,分别为软体动物 10 种、多毛类动物 9 种、甲壳类 5 种、棘皮动物 2 种以及纽形动物 1 种(见图 8-2)。从该图可以看出,远离河口的站位的物种数整体上多于河口附近站位的物种数,在 11 个采样站位中,有 2 个站位的物种数小于等于 3,分别为站位 H04 和 H10,其余 9 个站位的物种数均大于 3。

经计算,Shannon - Wiener 多样性指数 H'(见图 8-3)的范围为 1.00 ~ 3.25,其中有 3 个站位的多样性指数值大于等于 3,所处的生态质量状况等级为优,底栖生境未受扰动;有 3 个站位的多样性指数值为 2 ~ 3,所处的生态质量状况等级为良,底栖生境受到轻微扰动;其余 5 个站位的多样性指数值为 1 ~ 2,所处的生态质量状况等级为中等,底栖生境受到中度扰动。

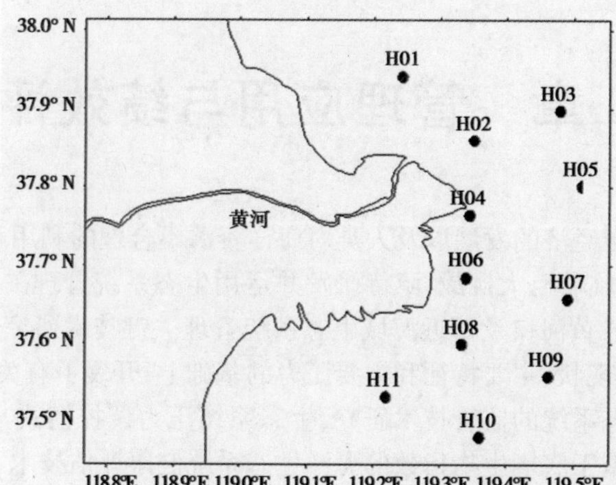

图 8-1　黄河口及邻近海域沉积采样站位

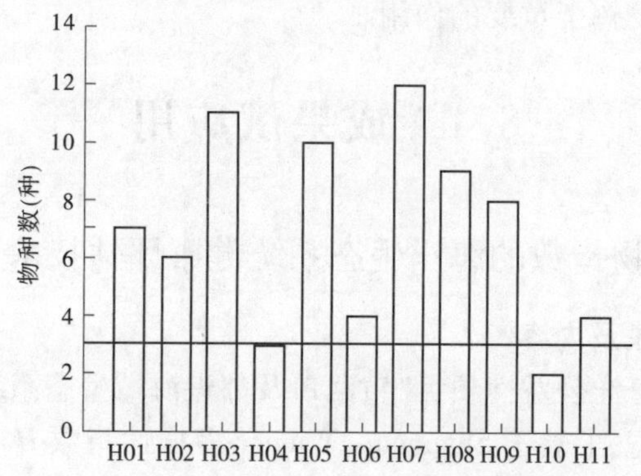

图 8-2　黄河口及邻近海域大型底栖动物的物种数

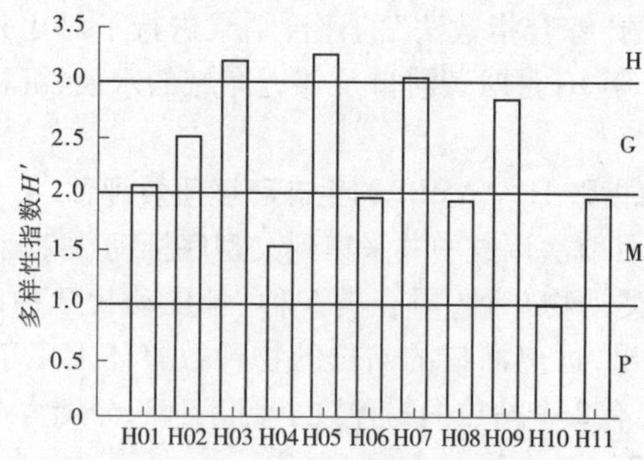

图 8-3　多样性指数 H'值及生态质量等级图

经计算,AMBI 指数值(见图 8-4)的范围为 0.42～2.34,AMBI 的评价结果显示,有 4 个站位的 AMBI 指数值小于 1.2,其所处站位的底栖生境生态质量等级为优,其他 7 个站位的 AMBI 指数值为 1.2～3.3,站位的生态质量等级为良,结果表明底栖生境未受扰动或受到轻微扰动,基本处于无影响状态。

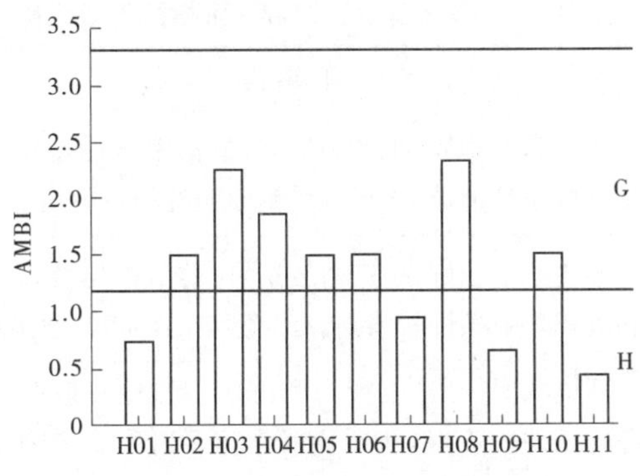

图 8-4　AMBI 值及生态质量等级

AMBI 指数评价的生态质量等级完全依赖底栖生物生态群落等级的高低和各等级的相对丰富度，当物种数小于等于 3 时，AMBI 指数评价结果的可靠性会较差。而当物种数较多时，由物种生态等级比例构成的 AMBI 指数能更客观地反映底栖生物生境状况。因此，按照 H′ – AMBI 方法进行评价。结果表明，在 H04 和 H10 站位，物种数小于等于 3，这 2 个站位的 AMBI 值所处的等级均为良，而其多样性指数值所处的等级均为中等。过低的物种数本身就反映出环境已经受到了不同程度的扰动或污染，在这种情况下，AMBI 指数过高地评价了底栖生境质量等级。因此，在这 2 个站位使用多样性指数 H' 进行评价，其余 9 个站位使用 AMBI 指数进行评价，基于生物指数的黄河口及邻近海域生态环境质量状况如图 8-5 所示。其中，有 4 个站位的生态质量等级处于优，底栖生境未受扰动；有 5 个站位的生态质量等级处于良，底栖生境受到轻微扰动；其余 2 个站位的生态质量等级处于中等，底栖生境受到中度扰动。

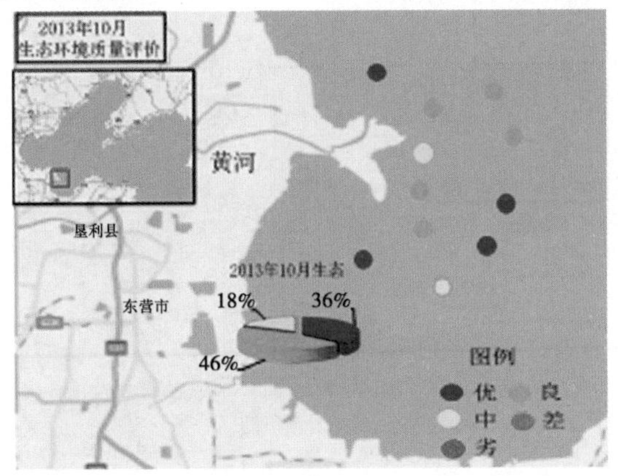

图 8-5　基于底栖生物指数 H′ – AMBI 的生态环境质量评价

8.1.1.3　基于综合指数法的生态环境质量状况评估

综合指数法源于本课题组在“北海区海洋环境质量综合评价方法”课题研究中的成果，是根据北海区不同河口的生态系统特征、环境压力与环境问题等共性因素和个性因素，在筛选普适性指标体系和确定评价标准的基础上构建的。根据水环境、沉积环境和生物学因子等生态环境质量综合评价指数的计算结果，对质量状况分级判别，见表 8-1。

表 8-1　生态环境质量综合评价指数等级判别

序号	评价指数	环境状况	评价等级
1	$0.8 < P \leqslant 1.0$	环境状况优秀;生产力适宜,群落多样性丰富;水和沉积环境条件清洁,未出现受到影响的环境因素	优
2	$0.6 < P \leqslant 0.8$	环境状况较好;生产力较适宜,群落多样性较丰富;水和沉积环境条件较清洁,有受影响的环境因素出现	良
3	$0.4 < P \leqslant 0.6$	环境状况一般;生产力和群落多样性一般;水和沉积环境条件一般,单种环境因素较多出现受影响的现象,个别指标出现被污染状态	中
4	$0.2 < P \leqslant 0.4$	环境状况较差;生产力和群落多样性较差;水和沉积环境条件较差,单种环境因素较多出现受影响和被污染状态	差
5	$0 < P \leqslant 0.2$	环境状况恶劣;生产力和群落多样性差;水和沉积环境条件恶劣,单种环境因素较多出现污染现象	劣

注:该指标体系和权重引自《北海区河口环境质量监测与评价技术操作手册》。

黄河口及邻近海域水环境因子指数计算结果见图 8-6。2013 年 10 月黄河口水质等级为优或良,无中、差、劣等级。其中,水质等级为优的站位占 64%,水质条件清洁,未出现受到影响的环境因素;水质等级为良的站位占 36%,水质条件较清洁,有受影响的环境因素出现。水质等级为优的站位所占的比例约为水质等级为良的站位所占的比例的 1.8 倍,且黄河口及邻近海域未出现中、差、劣水质等级,说明 2013 年黄河口水环境质量较好。

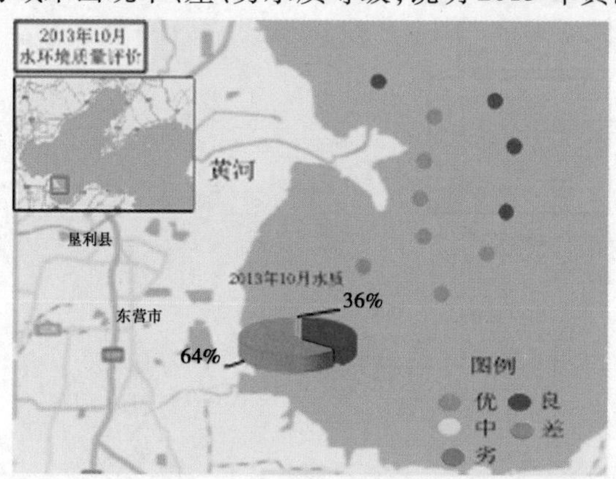

图 8-6　黄河口及邻近海域水环境质量状况

黄河口及邻近海域沉积环境因子指数计算结果见图 8-7。2013 年 10 月航次中,沉积环境指数平均值为 0.99,虽然重金属砷、铜、铬均有一个站位的含量超过国家标准《海洋沉积物质量标准》(GB 18668—2002)一类标准,但黄河口所有站位的沉积环境等级仍均为优,黄河口区域的沉积环境清洁,未出现受到影响的环境因素,黄河口及邻近海域沉积环境质量总体优秀。

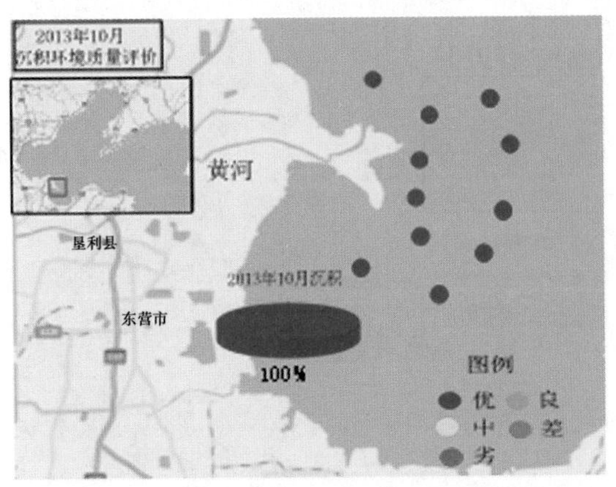

图 8-7　黄河口及邻近海域沉积环境质量状况

生物因子指数评价结果见图 8-8。2013 年 10 月黄河口的生物学指数平均值为 0.70，生物学因子状况等级为良，生产力较适宜，生物群落多样性指数中，物种丰富度较高。2013 年 10 月中有 18.2% 的站位生物学因子等级处于优水平，36.4% 为良，其余的 45.4% 为中，表明黄河口生产力较适宜，生物群落多样性指数中，物种丰富度较高，区域环境污染状况处于低污染程度。

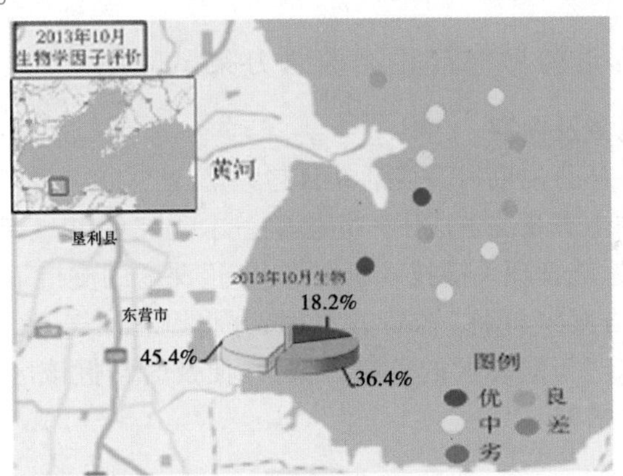

图 8-8　黄河口及邻近海域生物环境质量状况

根据水环境、沉积环境和生物学因子评价结果，我们得到了 2013 年 10 月黄河口及邻近海域生态环境质量综合指数评价结果状况，如图 8-9 所示。有 4 个站位的状态指数值大于 0.8，环境状况等级为优，生产力适宜，群落多样性丰富；水和沉积环境条件清洁，未出现受到影响的环境因素。其余 7 个站位的状态指数值为 0.6 ~ 0.8，环境状况等级为良，生产力较适宜，群落多样性较丰富；水和沉积环境条件较清洁，生态环境受到轻微扰动。

8.1.1.4　两种评价方法评价结果的对比

生物指数法和综合指数法在黄河口及邻近海域生态质量评价的结果对比发现，两种方法的评价结果基本一致。综合指数法的评价结果得到的研究区生态质量略优于生物指数法得到的结果。两种方法评价结果中均有 36% 的站位生态环境质量评价等级为优，综合指数评价结果得到的其余 64% 站位生态环境质量评价等级为良，而生物指数评价的剩

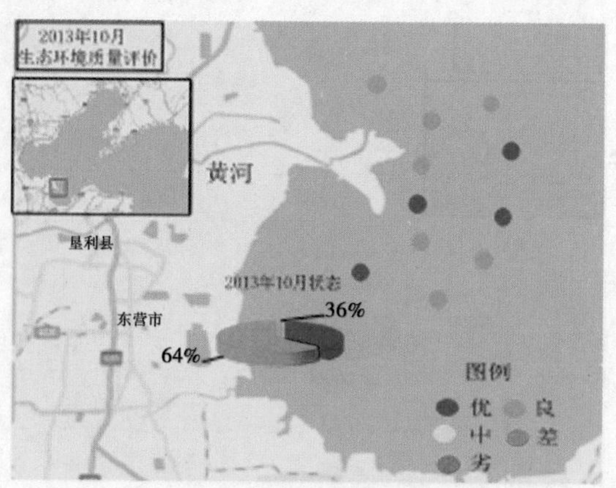

图 8-9 基于综合指数的生态环境质量评价

余站位中有46%为良,有2个站位(18%)的评价等级为中等。生物指数法评价结果处于中等的站位为H04和H10站位,这2个站位的物种数小于3,过低的物种数本身就说明所在站位环境受到了一定的污染或扰动。因为海域受到污染或扰动后,敏感种类消失,耐污种繁殖,种类单一,多样性下降。因此,通过对比分析显示基于底栖生物指数 H′-AMBI 的黄河口及邻近海域生态环境质量评价更客观,而且利用生物指数进行评价更经济、简便。

8.1.2 黄河口及邻近海域海洋生态监管方案试应用

8.1.2.1 试应用的对象及内容

近年来,东营市海洋石油勘探开发活动日趋频繁,油气田开发活动存在着巨大的环境潜在风险,对该海域的生态系统造成了一定影响。本研究在2011年海洋公益性项目“黄河口及邻近海域生态系统管理关键技术研究与应用”课题的支持下,编写了《不同海洋功能区的监管技术实施方案》(简称“监管方案”),并将埕北油气区(B4-1)确定为试运行对象,对其实施针对矿产与能源区的监管方案,以便及时掌握该区域周围的海洋环境状况,并采取合适的监管措施。

8.1.2.2 试运行情况

监管方案对矿产与能源区的监管技术需求为:定期开展环境监测和作业状况监控,并针对溢油等可能出现情况的应急情况采取必要的应对措施。

1. 环境监测

2013年6月对黄河口及邻近海域的埕北油气区进行了水质监测。在油气田1 km范围内均匀布设3个站位,并在混合区外设置参照点,在油气田邻近海域的敏感保护目标处设置控制点。监测站位分布见图8-10。监测的水质项目包括悬浮物、化学需氧量、石油类、汞、镉。

根据所编制的《不同海洋功能区的监管技术实施方案》,要求本海域海水水质执行Ⅳ类标准、海洋沉积物质量和海洋生物质量均执行三类标准。

水质监测结果如下:

(1)所监测4个区块油田海域化学需氧量和镉的监测结果均符合Ⅰ类水质标准;石油类和汞均出现不同程度的超标现象,其中汞超标情况严重,超标率为81.25%,最大超

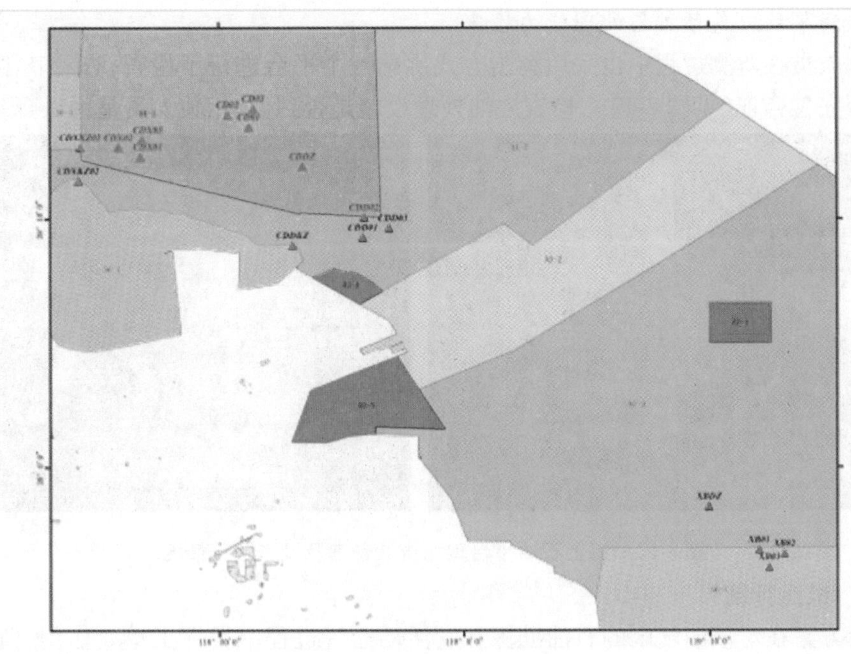

图 8-10　监测站位分布

标 84%，出现在埕岛油气田的 CD03 站；石油类只出现 1 个超站位，超标率为 6.25%，超标 14%，超标站位出现在埕岛西 A 区块的 CDX03 站。

（2）由 4 个区块监测站位和对照站监测结果的比较可见，石油勘探开发活动对周围海域的石油类、汞和镉含量存在一定的影响。

（3）由 3 个控制站监测结果可见，汞含量全部超过Ⅰ类水质标准（低于Ⅱ类水质标准），化学需氧量、石油类和镉均符合Ⅰ类水质标准。

（4）所有水质监测结果均符合《不同海洋功能区的监管技术实施方案》的Ⅳ类水质标准要求，个别站位比方案要求的水质结果更好。

2. 作业状况巡视

2013 年度按照海监执法队伍的东营近海定巡计划，对该油气区的所有油田均进行了平台例行巡视（见图 8-11），掌握近期油气区开采状况、进度、作业方式等，并对石油平台和管线的安全进行检查。

图 8-11　海上石油平台询问巡视

3. 溢油事故应急预案与处理能力检查

监测人员在监测过程中也采用突击方式挑选一个平台进行了检查，查看其溢油应急预案是否完善合理（见图 8-12），检查溢油处理设施是否到位，相关人员是否认真落实。

图 8-12　海上石油平台现场查看管理及设备运行情况

8.1.2.3　试运行结果

监管方案在对该油气区的石油勘探开发活动监管过程中发挥了重要作用，监管方案的试运行使当地海洋行政主管部门能够及时掌握监管区域油气开发活动的实际情况，并根据试运行结果重新调整了监测内容及监测频率，以便更好地指导今后的监管工作。调整后的监测内容为：①水质：石油类、COD、悬浮物、汞、镉；②沉积物：粒度、石油类、汞、镉；③贝类生物质量：石油烃、汞、镉；④生态环境：底栖生物种类和数量；⑤遥感监测：在确保对溢油事故及时发现和掌握前提下，卫星遥感监测频次可根据实际情况进行适当调整，准确掌握溢油位置、覆盖范围、面积等信息。调整后的监测频率为：对油气区每年至少开展 1 次水质监测；其中生产水排海量大于 5 000 m^3/d 的油气区和上一年度不符合“维持现状”的功能区环境保护要求的油田水质监测频率为 3 次/年，监测时间为 5 月、8 月、10 月；其他油气区在 8 月开展 1 次水质监测。沉积物、生态环境状况和贝类生物质量在 8 月监测 1 次。

8.1.3　中国对虾增殖放流效果评价技术试应用

传统的中国对虾放流评估方法采用的是挂牌标志技术结合回捕调查法，该方法由于标志牌的脱落和挂牌时造成标志对象的损伤，死亡率增加，从而降低了效果评估的准确性。随着分子生物学技术的不断进步，分子标记技术已被广泛应用于包括人在内的哺乳动物的亲子鉴定，将此项技术应用于中国对虾放流效果评估可谓水到渠成。本研究在 2012 年原有标志放流点的基础上结合山东省 2013 年放流计划，在莱州湾沿岸新增 5 个标志放流点（见图 8-13）。根据育苗场的具体情况，确定了分子标记亲虾的数量及亲虾样品采集方式等。

8.1.3.1　亲虾、苗种与标志放流

在 2013 年中国对虾标志放流的苗种繁育工作中，昌邑市海丰水产养殖有限责任公司、无棣县渤海水产资源增殖站负责为所有标志放流单位培育中国对虾幼体。2013 年

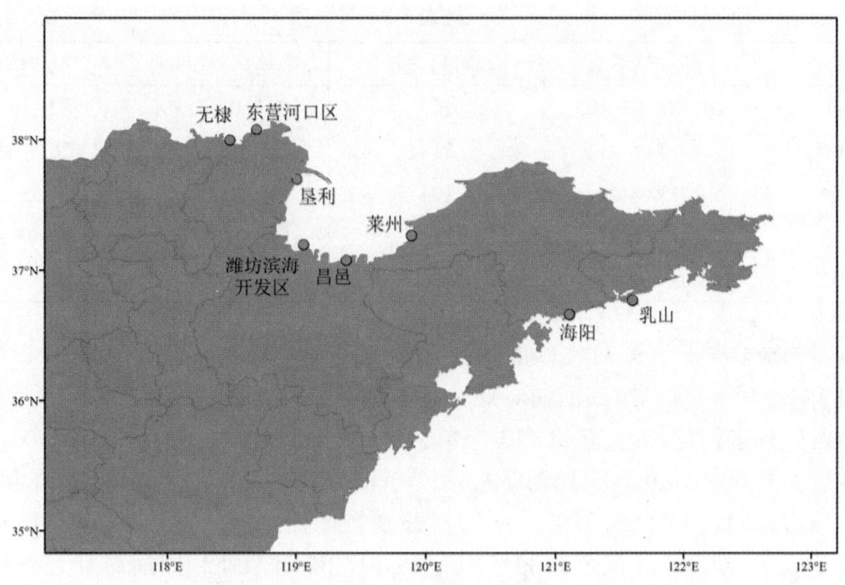

图 8-13　2013 年中国对虾标志放流点分布

4～5 月，项目组在以上 2 个标志放流单位共采集中国对虾亲虾 1 209 尾。

2013 年 5 月 18 日至 6 月 30 日，在无棣、东营河口区和垦利沿岸放流中国对虾大规格苗种 20 913 万尾。放流信息见表 8-2。

表 8-2　2013 年中国对虾标志放流情况

放流地点	苗种规格	放流时间（年-月-日）	放流数量（万尾）	平均体长（mm）	平均体重（g）
无棣套儿河	大规格	2013-06-12	6 464	34.07 ±2.353	0.38 ±0.083
东营河口区	大规格	2013-06-30	6 136	53.66 ±4.605	1.57 ±0.399
垦利小岛河	大规格	2013-06-12～15	8 313	23.91 ±2.770	0.11 ±0.051

8.1.3.2　跟踪与回捕调查

2012～2013 年分别在莱州湾和海洋沿海进行了 9 次跟踪调查（见表 8-3），捕获中国对虾共计 2 824 尾。

表 8-3　2012～2013 年中国对虾跟踪调查情况

调查地点	时间（年-月-日）	数量（尾）	平均体长（mm）	平均体重（g）
莱州湾	2012-08-09	396	135.79	28.50
莱州湾	2012-08-22	179	147.34	37.35
莱州湾	2012-09-19	36	166.97	55.11
海阳	2013-04-25～05-19	969	185.9 ±8.17	78.7 ±11.00

续表 8-3

调查地点	时间(年-月-日)	数量(尾)	平均体长(mm)	平均体重(g)
海阳	2013-05-03 ~ 05	240	214.0 ±1.79	83.5 ±13.66
莱州湾	2013-08-21	318	132.8 ±73.62	26.1 ±18.60
东营	2013-08-27	194	146.7 ±20.99	33.65 ±10.57
东营	2013-08-31	216	153.2 ±15.02	38.25 ±9.80
莱州湾	2013-09-12	276	163.4 ±15.38	48.2 ±11.39

1. 莱州湾海域回捕对虾的线粒体 DNA 控制区序列分析

2013 年 8 ~9 月,课题组共回捕对虾样品 1 004 尾,对回捕样品扩增后获得 598 尾对虾的控制区序列进行比对后,获得 113 个单倍型,单倍型多样度为 0.921 1 ±0.014 5,核苷酸多样度为 0.009 2 ±0.005 1。其中,88 个单倍型共计 558 尾个体与亲虾单倍型相同,与亲虾单倍型相同比例为 93.31%。中国对虾线粒体控制区分析结果表明,线粒体控制区作为分子标记,排除非放流个体的作用有限,但能够对亲虾和回捕对虾起到分组的作用,为后续的微卫星分析奠定了良好的基础。

2. 莱州湾海域回捕对虾的微卫星分析

运用 8 对微卫星荧光引物对 2013 年秋季回捕对虾进行归属鉴定,结果显示有 176 尾为放流对虾个体,占回捕对虾总数的比例为 29.44%。其中,70 尾为潍坊 2 家放流单位(海丰水产养殖有限责任公司和潍坊市滨海经济开发区光辉渔业资源增殖站)的放流个体,比例为 11.70%;88 尾为东营 2 家放流单位(东营市河口华春水产技术开发有限责任公司和垦利县惠鲁水产养殖有限公司)的放流个体,比例为 14.74%;18 尾为无棣渤海水产资源增殖站放流的个体,比例为 3.00%。

微卫星分析结果表明:

(1)微卫星作为分子标记,在对回捕对虾进行个体判别时,能够达到区分放流个体和非放流个体的效果,在以后的中国对虾增殖效果评价中可以进行广泛的应用。

(2)微卫星能够区分不同放流单位放流的苗种,从而对不同放流单位的放流效果进行评价。

(3)在自然海域中能够捕获放流的对虾苗种,证明放流苗种对于对虾资源量的补充起到了良好的效果,尤其是在次年春季繁殖群体中存在放流个体,推断增殖放流对于资源量的补充是持续的。

(4)增殖放流过程中,放流大规格苗种和小规格苗种的增殖效果没有产生明显差异,考虑到大规格苗种暂养的经济投入,建议在未来的放流活动中适当增加放流小规格苗种的数量。

8.2　绩效评估

生态系统管理绩效评估是衡量生态系统管理水平和投入 - 产出水平的重要方法,不仅能够对现有管理水平进行客观评价,而且能够对管理方法和措施的有效性进行评估,进而提出改进措施。本研究在2011年海洋公益性项目“黄河口及邻近海域生态系统管理关键技术研究与应用”课题的支持下建立了“基于平衡积分卡方法的海洋生态系统管理绩效评估技术”,并将该评估方法应用于东营市及其管辖区县的海洋管理部门,对其海洋生态系统管理绩效水平进行了评估。

8.2.1　基于平衡积分卡方法的海洋生态系统管理绩效评估指标体系

基于平衡积分卡方法的海洋生态系统管理绩效评估指标体系包括4个方面:海洋生态系统指标、政府管理成本指标、内部管理流程指标、学习与发展指标。

8.2.1.1　海洋生态系统指标

海洋生态系统指标分析采用国家海洋局发布的《近岸海洋生态健康评价指南》(HY/T 087—2005)中的河口与海湾生态系统健康评价指标及评价方法(见表8-4)。

表 8-4　海洋生态系统评价各指标要素一览

水环境	沉积环境	生物残毒	栖息地	生物
溶解氧(mg/L)	有机碳含量(%)	Hg(μg/g)	5年内滨海湿地生境减少(%)	浮游植物密度($\times 10^5$ cells/m^3)
盐度年际变化	硫化物含量(μg/g)	Cd(μg/g)	沉积物主要组分含量年度变化(%)	浮游动物密度($\times 10^3$ inds/m^3)
pH		Pb(μg/g)	5年内滨海湿地生境减少(%)	浮游动物生物量(mg/m^3)
活性磷酸盐(μg/L)		As(μg/g)		鱼卵及仔鱼密度(cells/m^3)
无机氮(μg/L)		油类(μg/g)		底栖动物密度(cells/m^2)
石油类(μg/L)				底栖动物生物量(g/m^2)

8.2.1.2　政府管理成本指标

政府管理成本指标主要包括三大类:办公经费、管理经费和公共投资。各种指标要素的具体值由海洋管理部门的财务部门提供(见表8-5)。

表 8-5　政府管理成本评价各指标要素一览

办公经费	管理经费	公共投资
海洋管理部门办公经费总额(元)	海域与海岸带使用监管费用(元)	重大海洋科研攻关费用(元)
各类海洋管理机构在岗职工年工资总额(元)	海域与海岸带生态状况监管费用(元)	投资公共涉海设施费用(元)
其他涉海办公经费(元)	海洋灾害预警与防灾减灾费用(元)	涉海法律法规及政策宣传实施费用(元)
		涉海信息发布费用(元)
		其他涉海公用投资费用(元)

8.2.1.3　内部管理流程指标

内部管理流程指标主要包括三大类：管理规范、管理及时和管理协调（见表 8-6）。

表 8-6　内部管理流程评价各指标要素一览

管理规范	管理及时	管理协调
涉海管理处罚准确程度	危害海洋生态系统行为处理及时程度	因海洋生态管理问题接到投诉次数（次，负值）
海洋生态状况公布正确程度	海洋灾害公布及时程度	需协调的管理部门内部职能冲突次数（次，负值）
海洋灾害预警、公布正确程度	海洋生态状况公布及时程度	

8.2.1.4　学习与发展指标

学习与发展指标是构建制约其潜在绩效水平和价值创造能力的指标，主要包括员工学习与发展和组织学习与发展两方面（见表 8-7）。

表 8-7　学习与发展评价各指标要素一览

员工学习与发展	组织学习与发展
人均专业知识和技能培训时间（d/人）	设备更新频率（次/年）
人均培训费用（元）	海洋科研项目立项次数（项）
专业技能提高程度	国际交流与合作次数（次）

8.2.2　基于平衡积分卡方法的海洋生态系统管理绩效评估结果

根据评估结果（见表 8-8），2010 ~ 2011 年东营市海洋生态系统管理绩效评估结果总体均为良好。其中，海洋管理部门的政府管理成本与内部管理流程得分较高，处于优秀水平，说明海洋管理部门在预算控制方面严格按照相关制度执行，内部管理流程畅通；海洋生态系统指标处于良好水平，说明海洋生态系统健康状况处于可控的范围内，但是仍有进一步上升的空间；而学习发展指标显著较低，处于较差水平，说明海洋管理部门的学习与发展工作需要加大力度，促进发展。

表 8-8　东营市 2010 ~ 2011 年海洋生态系统管理绩效评估结果

项目		评分年度	得分	评价等级
一级指标	海洋生态系统	2010	71.50	良
		2011	73.00	良
	政府管理成本	2010	91.00	优
		2011	97.50	优
	内部管理流程	2010	87.25	优
		2011	88.63	优
	学习与发展	2010	53.18	差
		2011	53.62	差

续表 8-8

项目		评分年度	得分	评价等级
海洋生态系统管理绩效	综合得分	2010	76.84	良
	综合得分	2011	79.60	良

对东营市所辖各区县海洋生态系统管理绩效评估的结果进行对比分析,进行排序并具体分析各区县各单项得分的组成及工作优劣(见表 8-9)。根据海洋生态系统管理绩效评估结果,2013 年东营市下属区县管理绩效排序为垦利县 > 广饶县 > 东营区和利津县 > 河口区。

表 8-9　东营市各区县 2013 年海洋生态系统管理绩效评估结果

区域	生态系统管理绩效		海洋生态系统		政府管理成本		内部管理流程		学习与发展	
	得分	评价	得分	评价	得分	评价	得分	评价	得分	评价
东营区	79.1	良	73.0	良	100	优	88.6	优	47.4	差
河口区	76.7	良	67.0	良	100	优	87.9	优	45.0	差
广饶县	79.4	优	73.0	良	98.5	优	92.5	优	47.3	差
垦利县	80.4	优	73.5	良	100	优	92.4	优	49.4	差
利津县	79.1	良	73.5	良	100	优	93.0	优	42.2	差

8.2.3　绩效评估软件

8.2.3.1　软件基本原理

本软件主要针对某一行政区域所管辖的海洋生态系统,通过层次分析法分析计算海洋生态系统指标、政府管理成本指标、内部管理流程指标、学习与发展指标的赋值,最后加权计算该行政区域管辖的海洋生态系统的绩效得分。

8.2.3.2　软件部分功能说明

指标打分:主要进行系统中各个子项的分值的设置。

权重管理:主要包括对系统中各个子项的相对于父级项的分值权重的设置。

权限管理:包括系统中各个用户的访问权限的设置。

统计分析:包括对系统中各个年度得分的统计。

结果评价:对每年的得分进行优、良、差三级的评价。

8.2.3.3　软件登录

输入用户名和密码,点击登录进入系统。登录界面见图 8-14。

系统根据用户所拥有的权限只显示该用户权限内的模块。管理员登录后的界面见图 8-15。

图 8-14　软件登录界面

图 8-15　登录后界面

8.2.3.4　指标打分

(1)点击二级指标前的下拉箭头展开二级指标下的三级指标,见图 8-16。

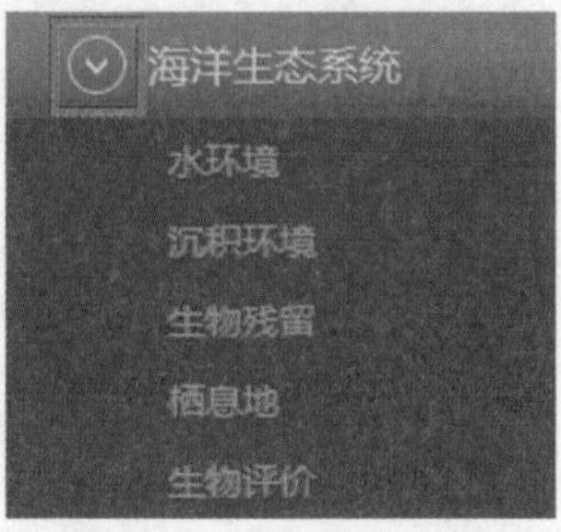

图 8-16　三级指标页面

(2)点击指标名称,系统打开一个新页面,展示该指标和下级指标所有年份的得分情况,见图 8-17。

图 8-17　各级指标得分情况

8.2.3.5　统计分析

点击"统计分析"按钮,打开统计分析界面,见图 8-18。

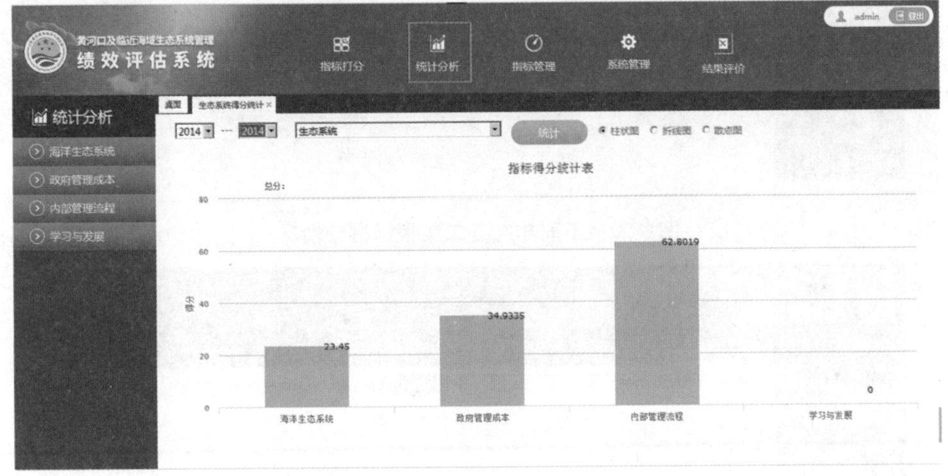

图 8-18　统计分析页面

(1)如果时间下拉列表选择相同的年度,点击"统计"按钮,统计的结果为指标下拉列表中当前选择指标的下级指标在这个年度的得分情况,见图 8-19。

(2)如果想统计不同年度的指标变化情况,第一个选择的年度要小于第二个选择的年度,选择指标后,点击"统计",见图 8-20。

(3)分别选择柱状图、折线图、散点图,可以进行不同类型的统计。折线图见图 8-21。

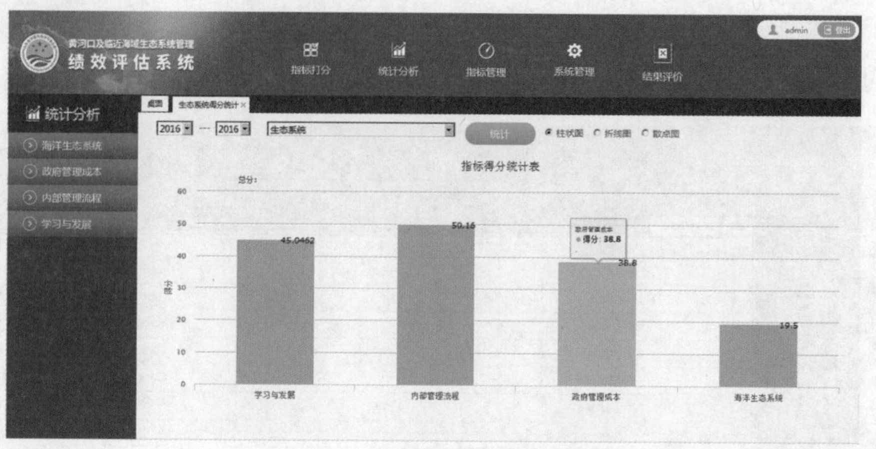

图 8-19　同一年度各二级指标得分情况

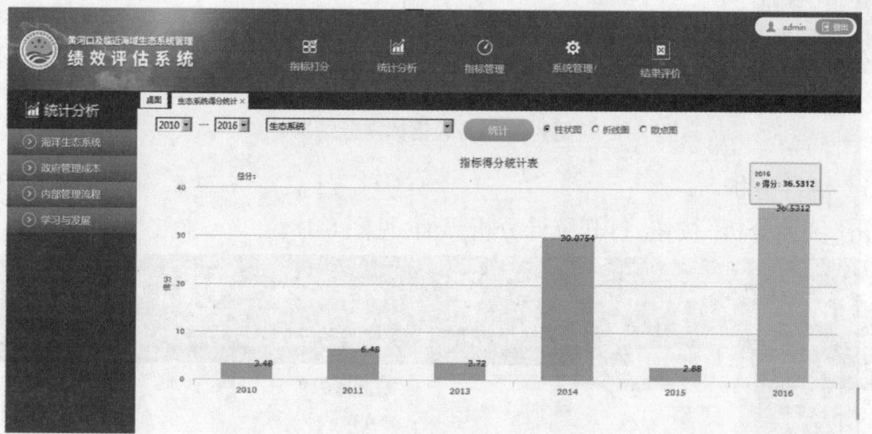

图 8-20　不同年度各二级指标得分情况

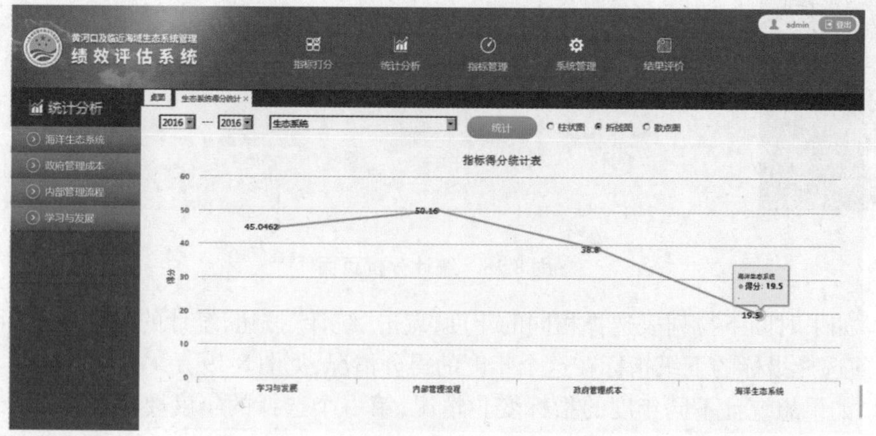

图 8-21　利用统计类型图展示指标得分情况

8.2.3.6　结果评价

点击“结果评价”按钮，打开结果评价界面，见图 8-22。

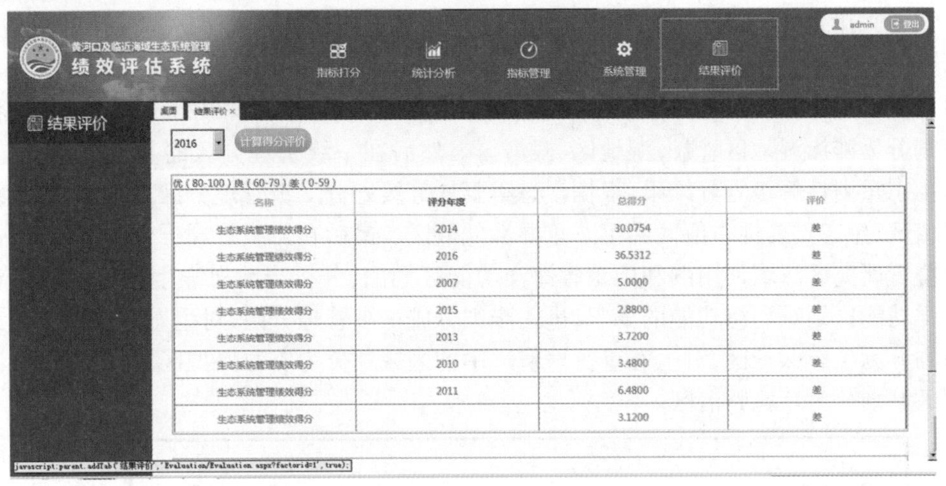

图 8-22　结果评价界面

8.3　管理分区及管理模式

8.3.1　基于生态系统的黄河口及邻近海域管理分区

8.3.1.1　分区原则

基于生态系统的海洋管理分区以景观生态学理论、自然－社会－经济复合系统理论为指导，遵循以下原则（王传辉等，2013）：

(1)可持续发展原则。管理分区的目的是促进资源的合理利用与开发，增强区域社会经济发展的生态环境支撑能力，促进区域的可持续发展。对基于生态系统的海洋管理而言，可持续性是前提，也是贯穿始终的目标。

(2)整体性原则。按照系统论中的“结构－功能”原理，一定的系统结构决定其功能，功能的完整性必须由结构的完整性作保证。基于生态系统的海洋管理分区应遵循景观生态单元以及景观生态单元组合结构的完整性原则，分区单元应是个体的、不重复出现的和在空间上连续的。

(3)相似性与差异性原则。主要体现在一定范围内区域间环境要素（包括生物和非生物要素）的相似性及区域环境分区间的差异性。

(4)发生学原则。决定某一区域海洋管理分区生态功能分异的因素中，有些是起主导作用，在进行管理分区划分时应根据区域生态环境问题与生态系统结构、过程、格局、功能的关系，确定分区划分的主导因子及划分依据。

(5)综合性原则。人类社会经济活动对海洋生态系统已经产生了深刻的影响。因此，在进行管理分区划分时，应在自然分区的基础上，结合考虑社会经济因素。

(6)可调整性原则。管理分区是不断发展变化的，管理分区具有时效性，应结合历史演变过程随时间调整分区以适应生态与环境的变化。

8.3.1.2 各级管理分区划分

主要采用定性分析与定量分析相结合的方法对黄河口及邻近海域进行管理分区划分（见图8-23）。首先，根据研究区域海底的地形地貌、海陆相互作用的强度等指标划分一级管理分区，利用地理信息系统技术在空间上叠置岸线、0 m等深线和6 m等深线，将研究区划分为滩涂湿地区、浅海湿地区、浅海区。然后在一级管理分区的基础上，在空间上叠置生态重要性等级划分结果，根据生态重要性等级划分二级管理分区，划分为生态重要性高值区、生态重要性中值区和生态重要性低值区。最后在二级管理分区的基础上，在空间上叠置研究区海域使用图和山东省海洋功能区划图，分析当前海洋生态环境质量状况及海洋功能区划对用海功能的要求，进一步细分成三级管理分区，对生态重要性值较大的区域划分为生态保护区，对生态重要性值适中的区域划分为资源保护区，对生态重要性值小的区域划分为环境整治区。

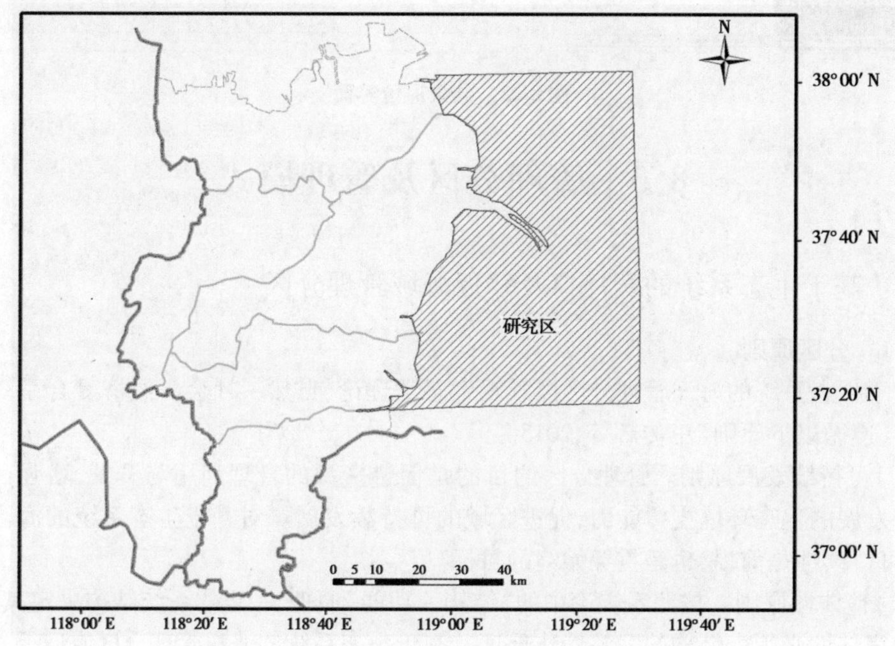

图8-23 黄河口及邻近海域管理分区范围示意图

1. 一级管理分区划分

根据上述的分区原则和划分方法，将黄河口及邻近海域划分为3个一级管理分区（见图8-24），其中滩涂湿地区面积约占整个管理区的12.87%，浅海湿地区约占29.61%，浅海区约占57.52%。

2. 二级管理分区划分

二级管理分区划分是将黄河口及邻近海域和潮间带生态重要性等级划分结果分别进行等权重空间叠置，将生态重要性等级为4和5的空间区域确定为生态重要性高值区，将生态重要性等级为2和3的空间区域确定为生态重要性中值区，将生态重要性等级为1的空间区域确定为生态重要性低值区。最后得到黄河口及邻近海域在Ⅰ滩涂湿地区、Ⅱ

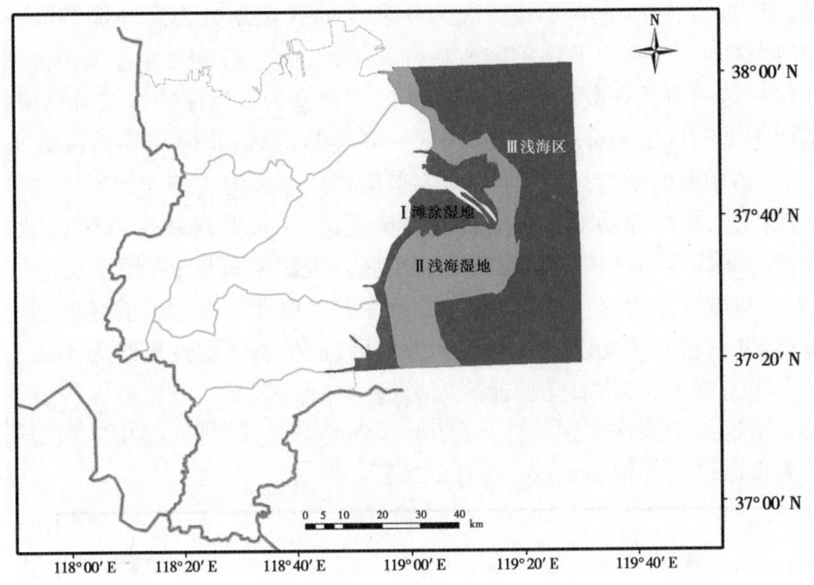

图 8-24　一级管理分区结果

浅海湿地区和Ⅲ浅海区的生态重要性识别结果，即二级管理分区结果（见图 8-25）。

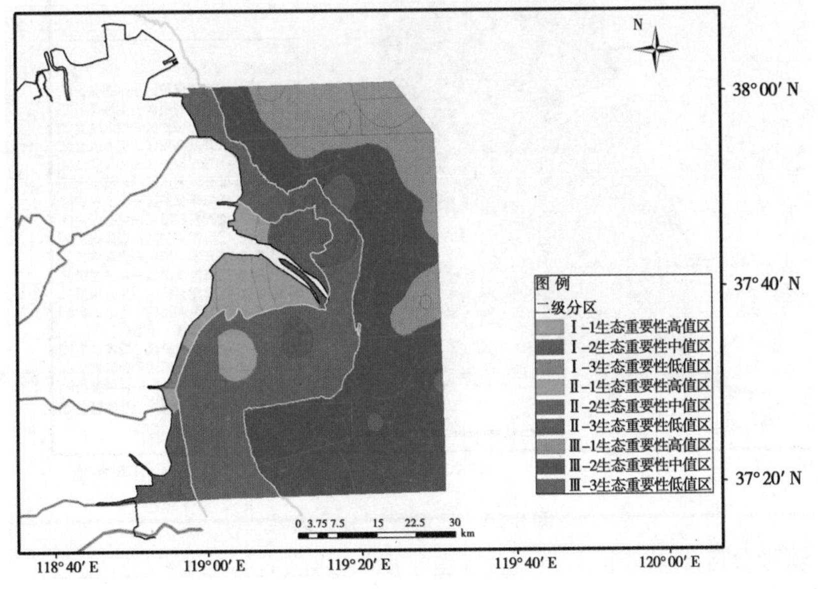

图 8-25　二级管理分区结果

3. 三级管理分区划分

在二级管理分区划分的基础上，综合考虑当前海域使用现状和海洋功能区划对海域功能的要求，分析当前用海类型和将来用海类型对海域的主要压力与影响，从管理和保护的角度出发，划分三级管理分区。

将二级管理分区结果分别与海洋功能区划图、海域使用类型图和渤海海洋生态红线划定范围和类型进行空间叠置，在进行空间叠置两两分析时，将海洋功能区划类型为自然保护区或特别保护区，而生态重要性等级为 4 和 5 的区域划分为海洋保护区—生态保护区；将海洋功能区划类型为自然保护区或特别保护区，而生态重要性等级为 2 和 3 的区域划分为海洋保护区—资源恢复区；将海洋功能区划类型为自然保护区或特别保护区，而生态重要性等级为 1 的区域划分为海洋保护区—环境整治区；将海洋功能区划类型为农渔业区、工业与城镇用海区或港口航运区，而生态重要性等级为 4 和 5 的区域划分为开发利用区—生态保护区；将海洋功能区划类型为农渔业区、工业与城镇用海区或港口航运区，而生态重要性等级为 3 的区域划分为开发利用区—资源恢复区；将海洋功能区划类型为农渔业区、工业与城镇用海区或港口航运区，而生态重要性等级为 1 的区域划分为开发利用区—环境整治区；将海洋功能区划类型为保留区，而生态重要性等级为 4 和 5 的区域划分为保留区—生态保护区；将海洋功能区划类型为保留区，而生态重要性等级为 2 和 3 的区域划分为保留区—资源恢复区，将海洋功能区划类型为保留区，但生态重要性等级为 1 的区域划分为保留区—环境整治区（见图 8-26）。

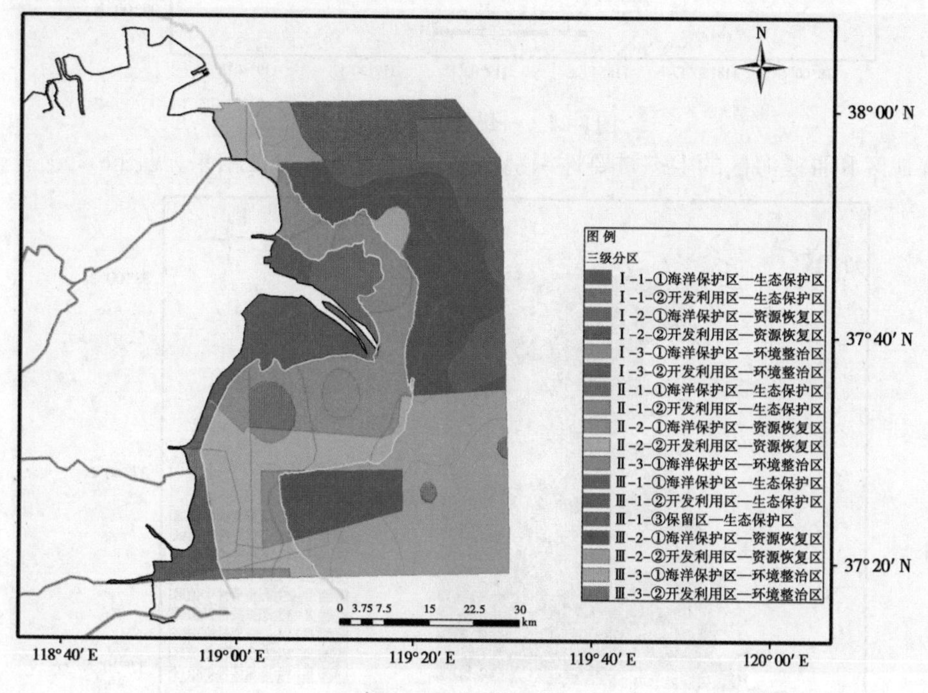

图 8-26　三级管理分区结果

8.3.1.3　管理分区结果分析

遵循上述分区原则和处理流程，将研究区划分为 3 个一级管理区、9 个二级管理区和 18 个三级管理区。

表 8-10 的分区结果显示：研究区生态重要性中值区面积约 2 534.451 3 km^2，所占比重最大，达 71.10%；生态重要性高值区，面积约 761.593 5 km^2，占总面积的 21.37%；生态重要性低值区面积最小约 268.444 2 km^2，占总面积的 7.53%。

表 8-10　黄河口及邻近海域生态管理分区

一级分区名称	二级分区名称	三级分区名称	面积(km^2)	所占比例(%)
Ⅰ滩涂湿地区	Ⅰ-1 生态重要性高值区	Ⅰ-1-①海洋保护区—生态保护区	229.066 7	6.43
		Ⅰ-1-②开发利用区—生态保护区	11.974 6	0.34
	Ⅰ-2 生态重要性中值区	Ⅰ-2-①海洋保护区—资源恢复区	122.615 0	3.44
		Ⅰ-2-②开发利用区—资源恢复区	86.351 9	2.42
	Ⅰ-3 生态重要性低值区	Ⅰ-3-①海洋保护区—环境整治区	0.608 9	0.02
		Ⅰ-3-②开发利用区—环境整治区	15.224 1	0.43
Ⅱ浅海湿地区	Ⅱ-1 生态重要性高值区	Ⅱ-1-①海洋保护区—生态保护区	50.607 7	1.42
		Ⅱ-1-②开发利用区—生态保护区	11.466 2	0.32
	Ⅱ-2 生态重要性中值区	Ⅱ-2-①海洋保护区—资源恢复区	442.302 6	12.41
		Ⅱ-2-②开发利用区—资源恢复区	434.625 8	12.19
	Ⅱ-3 生态重要性低值区	Ⅱ-3-①海洋保护区—环境整治区	132.188 5	3.71
Ⅲ浅海区	Ⅲ-1 生态重要性高值区	Ⅲ-1-①海洋保护区—生态保护区	246.551 9	6.92
		Ⅲ-1-②开发利用区—生态保护区	211.926 4	5.95
		Ⅲ-1-③保留区—生态保护区	76.742 8	2.15
	Ⅲ-2 生态重要性中值区	Ⅲ-2-①海洋保护区—资源恢复区	708.061 2	19.86
		Ⅲ-2-②开发利用区—资源恢复区	740.494 8	20.77
	Ⅲ-3 生态重要性低值区	Ⅲ-3-①海洋保护区—环境整治区	31.986 4	0.90
		Ⅲ-3-②开发利用区—环境整治区	11.693 5	0.33

生态重要性高值区主要分布在浅海区，约占总面积的 15.02%，在空间上可概括为 3 个区域(见图 8-27)，分别是：①现行黄河入海流路北侧，主要集中在 12 m 等深线以深的浅海区域；②现行黄河入海流路向海一侧，主要集中在 17 m 等深线以深的浅海区域；③现行黄河入海流路北侧和南侧，主要集中在 12 m 等深线以深的浅海区域。生态重要性低值区主要集中在现行黄河入海口附近 13 m 等深线以浅海域，这个结果与徐丛亮等学者在 2014 年发表的《2001—2011 年黄河入海泥沙分布及其扩散机制》中论述的“12 m 等深线是黄河入海泥沙落淤的向海第二道切变锋，泥沙淤积总量约占总淤积量的 83%”不谋而合，这个结果再次表明：黄河入海泥沙对海洋生物及其生存的环境有重要影响。

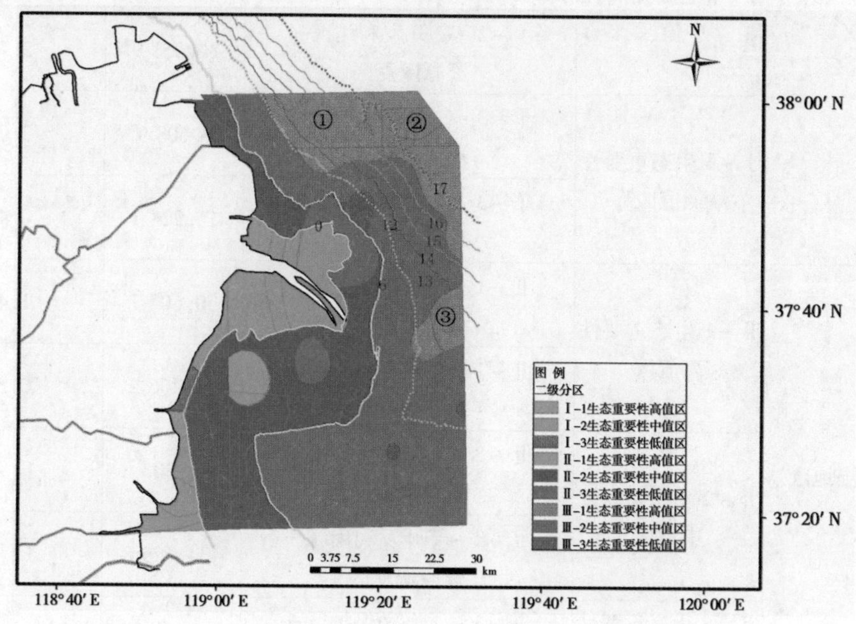

图 8-27　黄河口及邻近海域浅海区生态重要性高值区分布

将二级管理分区结果分别与海洋功能区划图、海域使用类型图和渤海海洋生态红线划定范围进行空间叠置，进行综合分析后划定为 18 个三级管理分区，如表 8-10 所示。其中，生态重要性值较大，生态环境质量状况优良的海洋保护区面积约 526.475 0 km^2，占研究区总面积的 14.77%，占研究区海洋保护区总面积的 26.81%。生态重要性值小，需要加强环境综合整治的海洋保护区面积约 165.035 8 km^2，约占研究区总面积的4.63%，占研究区海洋保护区总面积的 8.40%，在研究区的分布大致集中在 4 个区域(见图 8-28)，分别是：①永丰河至小岛河之间的潮间带区域；②黄河现行入海口 6 m 等深线以浅区域，是黄河入海泥沙的主要落淤区；③原清水沟流路以南海域；④黄河现行入海口 6 m 等深线至 13 m 等深线区域，是黄河入海泥沙的主要落淤区。

8.3.1.4　各分区管理目标及管控措施

1. 各分区管理目标

1) 海洋保护区—生态保护区

本研究中的海洋保护区—生态保护区主要指的是海洋自然保护区和海洋特别保护区

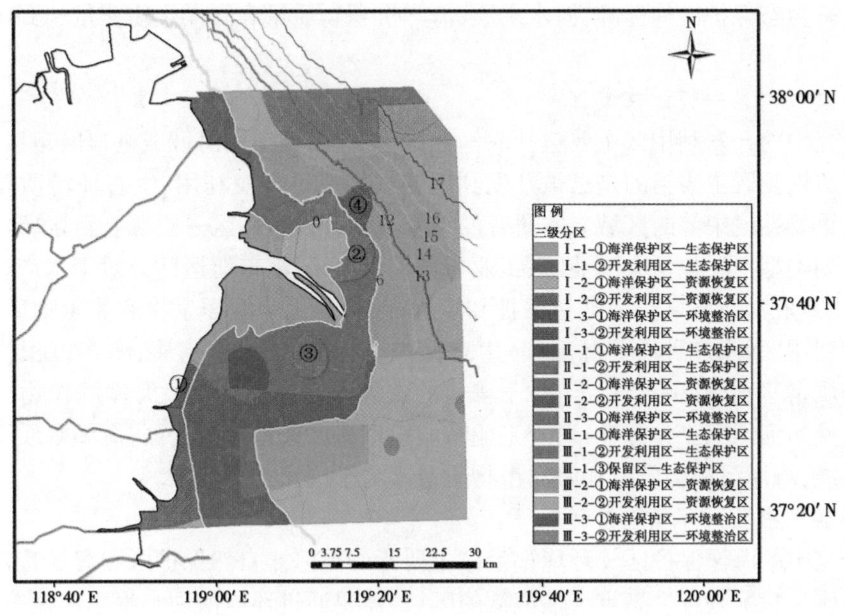

图8-28　黄河口及邻近海域海洋保护区生态重要性低值区分布

生态环境质量状况优良且生态重要性值较高的区域。前者的重点保护内容为原生性湿地生态系统及珍禽,后者重点保护内容为保护区内特有的海洋经济种类产卵场、育幼场为主的海洋生态环境。通过保护和管理,继续保持并优化保护区良好的生态环境质量,使生态保护区内生物资源的密度和生物量得到增长并保持相对稳定,海洋生物的栖息环境得到恢复和改善,海水水质、海洋沉积物质量和海洋生物质量达到国家一类标准。

2)开发利用区—生态保护区

本研究中的开发利用区主要包括农渔业区、工业与城镇用海区或港口航运区,研究结果显示本研究中的开发利用区—生态保护区主要是那些生态环境质量状况优良且生态重要性值较高的农渔业区域,区内生物和非生物环境质量与海洋保护区—生态保护区相似。通过保护和管理,继续保持并优化开发利用区良好的生态环境质量,使生态保护区内生物资源的密度和生物量得到增长并保持相对稳定,海洋生物的栖息环境得到恢复和改善。对于水产种质资源保护区(重点农渔业水域),海水水质、海洋沉积物质量和海洋生物质量达到国家一类标准;对于普通的农渔业区,海水水质、海洋沉积物质量和海洋生物质量达到国家二类标准。

3)保留区—生态保护区

本研究中的保留区—生态保护区主要指的是保留区内生态环境质量状况优良且生态重要性值较高的区域。通过保护和管理,继续维持当前海洋自然生态系统的状况。

4)海洋保护区—资源恢复区

本研究中的海洋保护区—资源恢复区主要指的是海洋自然保护区和海洋特别保护区生态环境质量状况一般且生态重要性值中等的区域,需要通过保护和管理,使资源保护区内的水质环境、生物资源量逐步得到恢复,最终使区域内的生物和非生物环境质量达到海洋保护区—生态保护区的标准,海水水质、海洋沉积物质量和海洋生物质量达到国家一类标准。

5)开发利用区—资源恢复区

本研究中的开发利用区主要包括农渔业区、工业与城镇用海区或港口航运区,开发利用区—资源恢复区主要指的是已被开发利用或规划成可开发利用、生态环境质量状况一般且生态重要性值中等的区域。本研究的结果显示开发利用区—资源恢复区所对应的海洋功能区划类型主要包括农渔业区、工业与城镇用海区、港口航运区。对于水产种质资源保护区(重点农渔业水域),应通过保护和管理,改善和优化海洋生物和非生物环境质量,达到开发利用区(水产种质资源区)—生态保护区标准,使海水水质、海洋沉积物质量和海洋生物质量达到国家一类标准;对于普通的农渔业区,海水水质、海洋沉积物质量和海洋生物质量达到国家二类标准;对于工业与城镇用海区或港口航运区,海洋水质不劣于国家Ⅲ类标准,海洋沉积物质量和海洋生物质量不劣于国家二类标准。

6)海洋保护区—环境整治区

本研究中的海洋保护区—环境整治区主要指的是海洋自然保护区和海洋特别保护区生态环境质量状况差且生态重要性值低的区域,需要通过环境治理和生态修复等措施,改善区域内水质环境量,使生物资源量逐步得到恢复,最终使区域内的生物和非生物环境质量达到海洋保护区—生态保护区的标准,海水水质、海洋沉积物质量和海洋生物质量力争达到国家一类标准。

7)开发利用区—环境整治区

本研究中的开发利用区主要包括农渔业区、工业与城镇用海区或港口航运区,本研究中的开发利用区—环境整治区主要指的是已被开发利用或规划成可开发利用、生态环境质量状况差且生态重要性值低的区域。本研究的结果显示开发利用区—环境整治区所对应的海洋功能区划类型是普通的农渔业区,需要通过环境治理和生态修复等措施,改善区域内水质环境量,使生物资源量逐步得到恢复,使海水水质、海洋沉积物质量和海洋生物质量力争达到国家二类标准。

2. 管控措施

(1)建立用海工程项目的事前、事中和事后环境影响评估工作制度,纳入动态监管体系。当前我国已将一些用海工程项目特别是重大项目的海域使用论证和海洋环境影响评价工作纳入正常的海域使用申请审批程序,但对于项目建设过程中,以及项目建设完毕后的跟踪监测工作却有些滞后。我国已建立集国家、省、市、县四级为一体的海域动态监视监测体系,各级海洋主管部门应将用海工程项目特别是重大项目的事前、事中和事后环境影响评估工作纳入该监管体系,科学评估各个阶段用海工程项目对区域海洋生物环境和非生物环境的影响,分析用海项目对区域海洋生态系统及邻近生态敏感区的影响,提出合理的管理措施,真正做到“以陆定海”。

(2)严格红线区用海管控,坚持集中集约用海。《山东省渤海海洋生态红线划定方案》(简称《划定方案》)将保护区、重要的河口生态系统、重要的滨海湿地等纳入到保护范畴,应严格执行《划定方案》对各类型红线区的管控要求,禁止在红线区内进行不符合管控要求的项目建设,严格执行红线区内的项目限批政策,严控开发强度,重点加强已批项目的跟踪监测,做好事中、事后环境影响评价工作。优化海洋开发利用布局,注重海域资源的优化配置和集中集约利用。

(3)严格控制陆源污染物排海总量,实施生态整治修复。实施近岸海域、陆域和流域环境协同综合整治,以主要入海河流及沿岸直排口为主控对象,设立入海污染物排放总量监测断面,实施动态监控,密切监控入海口水质,对于不符合污染物排海总量的或者非法的陆源入海排污口,要及时、全面清理。根据生态重要性等级和管理分区划分结果,确定研究区需要修复整治的重点区域。加强自然岸线保护,保证黄河入海的最小生态水量,从海岸至浅海处,采用阶梯式的修复方法,通过河口清淤、植被恢复、生物种群补充等有效措施,修复受损生境和自然景观,逐步恢复海洋生态系统功能。

8.3.2　基于生态系统的黄河口及邻近海域适应性管理模式

河口生态系统位于河流与海洋生态系统的交汇处,是流域与海洋物质交换的主要通道,兼有河流与海洋生态系统特征。由于特殊的水文条件和地理位置,河口区在孕育了较高的生物多样性的同时,又是生态敏感区和脆弱区。由于优越的地理与环境条件,河口也是人口密集、经济发达地区(陈吉余和陈沈良,2002)。随着经济的发展和非理性的人类活动,河口普遍出现了资源退化、环境恶化与灾害加剧的趋势,生态环境遭受严重破坏。河口生态系统健康问题已成为制约河口地区社会经济可持续发展的重要因素之一。如何维持和恢复一个健康的且供可持续利用的生态系统已成为政府和科学家的共识,也成为近年来海洋管理的重要目标。

黄河口及邻近海域生态系统,作为渤海湾和莱州湾海洋生态系统的一个重要子系统,发挥着海洋生态系固有的和黄河口特色的生态功能。几千年以来,黄河入海径流丰富的营养源驱动着黄河口及邻近海域生物群落的生产,提供了巨大的渔业生产力,在造福周边人民的同时,也为黄河的海洋生物生产输送了源头补充。此外,黄河巨量的泥沙落于滨海,塑造了世界最大、最年轻的河口三角洲,造就了极其稀缺的后备土地资源,这更是其他海洋河口系统所不具有的重要生态功能。20 世纪 70 年代以来,由于环境污染、黄河断流、捕捞过度等多重压力,黄河口及其邻近海域环境质量下降,部分海洋经济生物产卵场和索饵场消失,渔业资源日益衰退,资源的营养级不断向低级发展,生态系统一直处于亚健康状态。然而,一方面我国目前的海洋管理往往是"先开发、后规范,重发展、轻管理",海洋管理大大滞后于海洋开发活动;另一方面海洋管理以地方行政管理和行业管理为主,行业管理部门各自为政、协调困难,且海洋与陆域的分割管理模式,使得流域与陆源污染的管理与控制活动,往往与海洋污染的管理与控制活动缺少必要的联系,甚至相冲突。在目前的情况下,采取基于生态系统的适应性管理模式对改善或解决上述问题,具有重要的意义。本研究基于生态系统管理的理念,构建河口区海洋生态系统的适应性管理模式,并以黄河口及邻近海域为研究对象,为河口区海洋管理工作提供参考。

8.3.2.1　我国海洋管理的现状与管理模式

1. 我国海洋管理体制现状

当前我国海洋管理实行的是基于行政区划的综合管理和行业管理相结合的管理体制,是一种分散型的管理体制,这种管理方式从 20 世纪 60 年代沿用至今。除国家海洋局代表政府行使管理海洋事务的职能外，其他涉海行业部门也具有管理本行业开发利用海洋活动的职能。这一体制中既有垂直管理分部门，如公安部下属的边防海警、交通部下辖的中国海事局、农业部下辖的渔政渔港监督、海关总署下辖的缉私警察、国家海洋局下辖的海洋监督队伍等；又有横向管理分部门，如沿海地方人民政府下辖的公安、交通、渔业、环保、海洋等各部门，分别担负着海上治安、交通安全、船舶污染、海上缉私、维护海洋权益、海域使用监督、海上环境保护等任务。这种体制条块分割、机构众多、互不统属。此外，与这种体制相关的法律也多达30余部，如海上交通安全法、渔业法、海洋环境保护法、海关法、矿产资源法、出入境管理办法、海域使用管理法等。

行业化的海洋管理，对于组织海洋特定资源的勘探和开发利用活动、提高专业管理的水平，有积极意义。但这种分散型行业管理体制存在的问题也是显而易见的：一是条块分割，各项海洋管理职能和职责的分散、交叉与重叠，导致管理成本增加且效率降低，如在海洋工程环境评价管理工作中，存在着海洋部门与环保部门的“一事两管”问题。二是各行业主管部门容易只考虑本行业存在的管理问题，造成海洋管理其他目标的丢失，突出的表现就是个别生产性行业部门对海洋环境污染的轻视。三是海上执法队伍不统一，执法力量分散于海监、渔政、港监等多个部门，这种执法格局大大削弱了海洋管理能力，使海洋管理职能部门难以履行好国家赋予的海域协调管理职责。四是国家海洋局管理部门行政级别偏低，又没有海洋综合性的基本法律制度支撑，无法满足海洋管理的统一和协调要求。

2. 当前我国的海洋管理模式

20世纪90年代以前，我国的海洋管理主要是部门管理和资源环境管理，海洋与海岸带管理的目标从原来的单一资源管理走向了资源利用和环境保护并重的管理。

20世纪90年代中期，人们已经意识到随着海洋与海岸带资源利用冲突、环境退化等问题越来越严重，传统的以部门管理为主的海洋与海岸带管理模式已经完全不能解决海洋与海岸带地区面临的问题，综合管理逐渐成为海洋与海岸带管理的主流模式，但从我国海洋与海岸带开发与管理的研究状况来看，关于海洋与海岸带可持续利用与综合管理的研究起步较晚，有关方面的研究和发表的论文还限于对海洋与海岸带开发利用与综合管理这一重要性的认识，提出了一些应研究的问题，如海洋与海岸带开发的环境影响评估、生态综合评估，缺少对海洋与海岸带开发利用与综合管理的理论方法进一步系统和深入的研究。1994年我国政府和东亚海域环境管理组织等机构合作在厦门市建立的海岸带综合管理示范区，综合管理成效显著，是成功的范例。

尽管海岸带综合管理已经将生态系统纳入管理范畴，但它强调的重点是建立综合管理的体制和运行机制，且从实践来看，海岸带综合管理大都在一个具体的行政区域范围内实施，这一管理模式无法解决跨行政区域的资源环境问题。在这个背景下，基于生态系统管理（EBM）的理念开始形成，并受到管理者、科学家以及各国政府和国际组织的高度重视。我国在EBM中的实践主要包括：①大海洋生态系统，如由全球环境基金资助的黄海大海洋生态系项目；②海洋保护区；③流域管理和区域海洋管理，如淮河流域综合整治、海河流域综合整治计划、渤海蓝天碧海计划。

尽管EBM在我国的海洋管理中有了初步的实践，但总体上来说当前我国海洋管理实行的是基于行政区划的综合管理和行业管理相结合的管理体制，行业主管部门多重视海洋开发忽视环境保护,且因管理部门多导致职能和职责分散、多是被动式管理、管理效能低,不能有效解决海洋经济发展同海洋资源可持续利用与海洋生态保护之间的矛盾。

8.3.2.2 生态系统适应性管理的内涵及其在海洋/海岸带的应用现状

1. 适应性管理的概念

适应性管理产生于20世纪60年代,它是基于学习决策的一种资源管理框架(Williams B K,2011),是通过实施可操作性的资源管理计划,从中获得新知,进而用来不断改进管理政策,推进管理实践的系统化过程(Nyberg J B,1998),广泛应用于自然资源与生态系统管理等领域。Walters(1986)认为适应性管理是通过精心设计和严格执行的管理措施,尤其是试验,来探究系统对管理措施的响应,以提高对资源管理认识的确定性水平。Vogt等(1997)认为,适应性管理是在生态系统功能和社会需要方面建立可测定的目标,通过控制性的科学管理、监测和调控管理活动来提高当前数据收集水平,以满足生态系统容量和社会需求的变化。加拿大不列颠—哥伦比亚省森林部认为适应性管理的本质是从对自然资源管理的结果中学习和获取信息,逐步降低管理中的不确定性,进而推动管理政策和实践不断调整的过程(Habron G,2003)。美国森林生态系统管理评价小组(FEMAT)认为适应性管理是将决策的执行作为科学的管理试验,以试验结果来检验管理计划中的假设与预测真伪的过程(US Forest Ecosystem Management Assessment Team,1993)。Lee在《环境适应性管理:科学与政治综合管理》(Compass and Gyroscope:Integrating Science and Politics for the Environment)中进一步描述了适应性管理的内涵及基本管理框架,他认为,适应性管理是生态系统管理方法之一,要强调系统存在不确定性,并把生态系统的利用与管理视为试验过程,从试验中不断学习。管理的具体过程为,管理者首先要明确管理目标、设计假设试验并执行;然后,在实施过程中不断收集分析各类数据信息,将执行结果与预先设计目标进行比较;最后,在比较中学习,发现错误、丰富知识,以调整、改变项目计划(Lee,1993)。由于适应性管理应用领域广阔,其概念和步骤也因目的、制度背景以及研究者的学科背景相异而不尽相同,但研究者们无不强调“从实践中学习,以学习指导实践”这一重要循环过程(杨璐等,2014)。

综上所述,本研究认为生态系统适应性管理的概念可以简单地表述为:通过对系统已有的知识和前期管理的实践,预先设定可测定的管理目标,制订管理策略和计划,进行连续调查、监测、评估,分析预期目标与监测目标的差异,提高对系统功能的认识,再调整管理手段和方法,以应对生态系统所面临的复杂性、动态性而形成的一系列螺旋上升式循环管理行动。

2. 适应性管理的模式

与适应性管理相区别的传统管理模式本质上是反复试验(Trial and error)的管理方法(Parkes J P, et al.,2006),又称为反应性学习(Reactive learning)(Hilborn R,1992)或危机管理(Crisis management)(Halbert C L, 1993),通常采取一种措施实施管理,直至有新理论和实践推动产生新的管理方式和方法。反复试验法对于自然界众多的偶然性事件缺乏可重复性的试验,统计学基础相对不足,影响了其结论的可靠性,故常被看作单一方案下的对危机或突发事件的管理策略。到目前,反复试验法仍是自然资源管理的主导模式(Aldridge C L, et al.,2004)。

适应性管理一般分为主动适应性管理(Active Adaptive Management,简称AAM)和被动适应性管理(Passive Adaptive Management,简称PAM)。其中,PAM每次只针对一项管理措施。在一定阶段,采取一种措施开展自然资源管理试验,通过执行、监测和评估,验证假设的准确性,对管理措施等进行调整,进而推进其他管理措施的执行,也被称为连续型适应性管理(Ringold P L, et al. ,1999),主要应用于动态变化比较强烈的资源系统。PAM的缺点在于试验集中于较窄的范围,通过学习获取知识,降低系统不确定性的过程较为缓慢,且缺乏对比试验,难以弄清试验结果偏离预期的原因;其优势在于简化且短期成本较低(Salafsky N, et al. , 2001),但从长远来看并不一定是经济的。AAM同步开展多项管理措施的对比研究。基于假设的各种情况,分别设计试验方案,平行开展对比试验,根据结果比较各种可选方案,形成最优管理策略。如在森林的不同地区,同步试验多种不同采伐策略(Salafsky N, et al. , 2001)。AAM将实现目标的多种方案同时开展,虽然短期经济压力较大,但试验进展相对较快,对资源管理的机制以及系统响应可以获取充分的了解;其缺点在于大尺度的试验易受到区域环境变化的影响,成本相对较高(Van Wilgen B W, et al. , 2011)。自然资源管理方法示意图如图8-29所示。

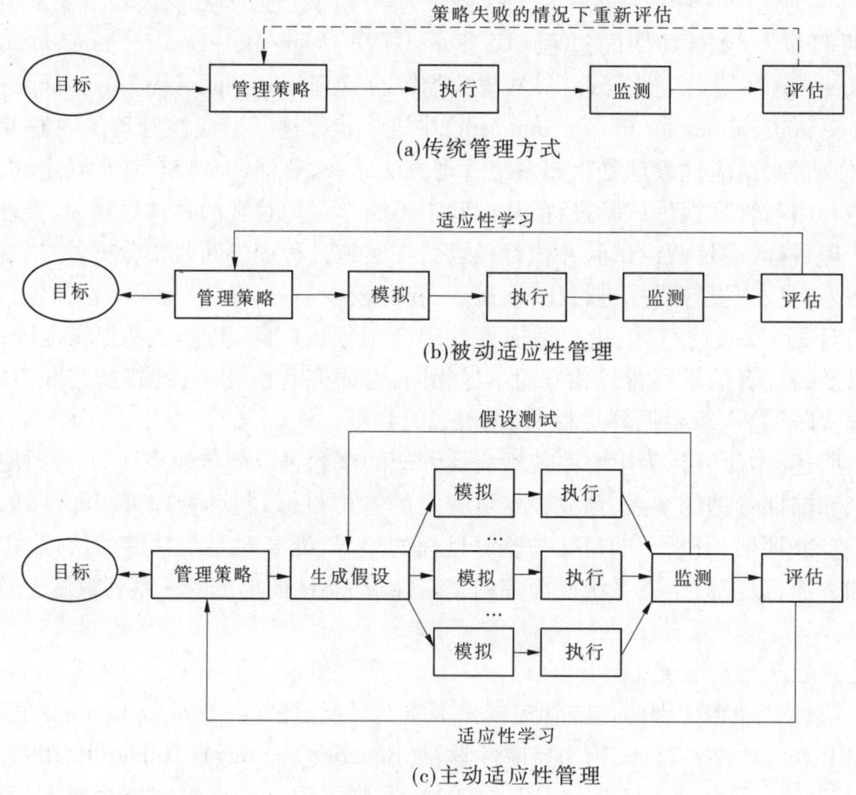

图8-29　自然资源管理方法示意图

3. 生态系统适应性管理在海洋/海岸带的应用现状

适应性管理不同于传统的管理模式,传统的管理模式一般采用行政指令,对不确定问题的考虑甚少,管理滞后现象突出(佟金萍,2006),而适应性管理则是从试错角度出发,随环境条件变化,不断调整策略以适应管理需求。适应性管理是建立在生态系统管理基础上的一种管理策略,目前已成为生态系统管理的一个重要原则和实践途径。据统计,全球至今已有100个以上采用适应性管理方法的研究案例(Walters,2007)。适应性管理方法已被广泛应用于自然资源管理、流域水资源管理、森林管理、草原管理以及自然保护区管理等领域。

国外在海洋/海岸带的适应性管理实践主要集中在自然保护区管理领域。美国野生动物保护区系统(National Wildlife Refuge System, 简称NWRS)在鱼类、野生动物等种群的管理中采用"制定可量化的管理目标—设计结果预测模型用于管理决策—开展管理工作—监测评估—基于评估结果对预测模型进行调整—新一轮的管理目标制定"的循环式适应性管理策略,通过管理中积累的新认知提高对单个或多个保护区网络的管理成效(Moore C T, et al., 2011)。澳大利亚大堡礁海洋公园适应性管理项目(Day J, 2002)于1997年试验并监测了禁捕区的作用,并于2004年根据监测成果调整了禁渔区比例,使禁渔区比例从5%增加到33%,并形成了一个10年的多机制和社区水平的管理计划,极大地增强了管理系统的功能。由IUCN世界保护区委员会(WCPA)、WWF(世界自然基金会)和NOAA－NOS(美国国家海洋与大气局－国家海洋服务局)资助的海洋保护区成效行动计划(MPAMEI),从2001年开始花费近3年的时间,组织世界各地的专家开展了海洋自然保护区的适应性管理研究,编写专著《海洋自然保护区绩效评估指南》,该书成为设立在国家海洋局第三海洋研究所的中国海洋生物多样性保护和生态系统管理培训与教育中心教材(周秋麟等,2006)。

国内开展适应性管理的研究起步较晚,自2000年以来,我国已有一些学者开始探索适应性管理的理论和应用,其中多见于流域水资源管理和森林管理等领域(杨璐等,2014)。在海洋/海岸带实践上,UNDP/GEF/SOA南部沿海生物多样性管理项目,率先在我国海洋自然保护区的建设与管理上引入了适应性管理的理念,围绕海岛管理建立了生物多样性保护模式,具有宝贵的借鉴意义(俞永跃,2011)。杨琳等将海岸线作为生态系统一个相对独立的区域,将基于海陆统筹的理念纳入海岸线综合管理(杨琳,2014)。战祥伦等结合生态系统管理思想和传统的海岸带管理,提出了基于生态系统方式的海岸带综合管理(EBICM)模式(战祥伦,2006)。李荣欣等从福建省海湾生态系统的特征和管理需求出发,开展了海湾生态系统综合管理的策略或途径研究(李荣欣,2011)。

8.3.2.3　基于生态系统的黄河口及邻近海域适应性管理研究

基于生态系统的海洋/海岸带适应性管理就是围绕海岸带管理过程中出现的各种问题展开的一系列螺旋上升式循环管理行动(见图8-30),包括关键问题识别、基于生态系统的管理目标设定、管理策略与计划的制订、管理策略和计划的执行、监测系统反应、监测目标与预期目标的差异、生态系统管理绩效评估、调整和改善管理策略与计划。可归纳为两个阶段,即建立阶段和反馈阶段。

1. 关键问题识别

关键问题识别是开展适应性管理的前提条件。问题识别包括两个方面:一是在资料收集和补充调查的基础上识别出主要的生态问题以及压力;二是对管理现状进行评估,揭示保护和管理过程中存在的不足。

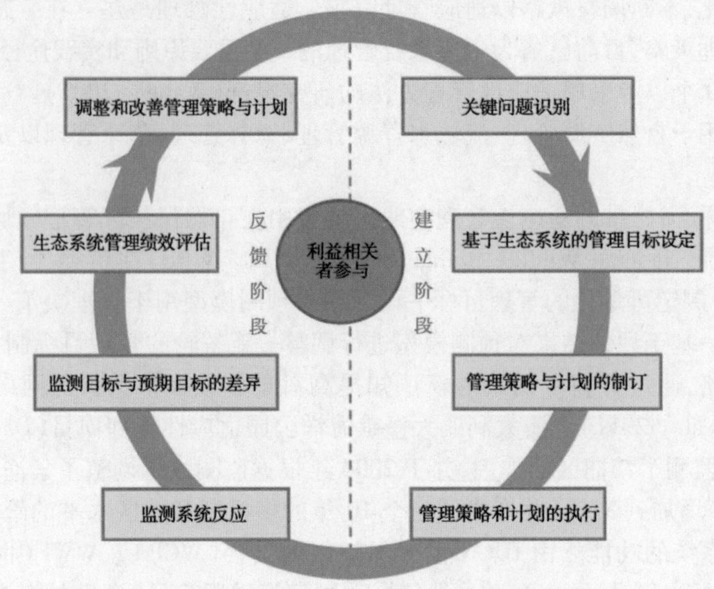

图 8-30　海洋/海岸带适应性管理模式

20 世纪 70 年代以来，由于环境污染、黄河断流、石油开采和捕捞过度等多重压力，黄河口及其邻近海域环境质量下降，营养盐浓度升高，海洋生态系统一直处于亚健康状态。存在的主要生态问题包括：①入海径流量锐减，低盐区面积萎缩；②陆源排污控制乏力，近岸海域富营养化严重；③近岸及邻近海域开发力度加强，滨海天然湿地面积缩减；④外来物种入侵导致局部生物群落结构改变。

2. 基于生态系统的管理目标设定

针对造成生态系统影响的人为压力因子，从海洋管理能力建设、海洋整体保护压力削减、海洋环境与资源得到恢复等方面制定管理与保护指标，并提出各个指标近期、中期、远期的目标值，提出可量化的目标，以便将来对管理规划或计划的实施成效进行检查和考核。

近期目标：初步摸清海洋环境暴露出的突出环境问题；海洋保护区规范化建设工作起步；重点海域水质、海洋沉积物和生物质量达标，初步实现重点海域生态系统良性循环。

中期目标：海洋保护区规范化建设和管理试点初步完成，试点保护区机构健全，工作有序开展；海洋生态环境恶化的趋势得到初步控制，近岸海域水质基本稳定，河口、海湾海域水质开始好转，海洋渔业资源初步恢复，区域海洋生态体系初步修复。

远期目标：试点保护区规范化建设成效显著，示范带动作用明显；形成比较完善的海洋生物资源增殖、防灾减灾、海洋与渔业执法和海洋开发服务保障体系，海洋综合管理体系和法律法规保障体系建设完善。近岸海域水质稳定，河口、海湾海域水质有效好转，海洋渔业资源有效恢复，区域海洋生态体系进一步修复。

3. 管理策略与计划的制订

管理策略与计划的制订是实现预期的管理目标的重要保障。决策者综合考虑生态、经济、社会等三方面的因素，为实现海洋生态系统功能的恢复而制定的管理策略和措施，主要包括以下几个方面:①海洋污染防治;②海洋渔业资源修复;③海洋保护区建设;④海洋生态灾害防治;⑤海洋资源保护与修复。

4. 管理策略和计划的执行

管理策略和计划的执行是指决策者根据前述制订的管理策略与计划而开展的保护及管理工作。研究区所在的海洋主管部门——东营市海洋与渔业局近年来开展的海洋综合管理工作主要包括:①法制建设;②保护区网络建设;③环境监测网络体系建设;④海洋环境保护(环境监测、执法、科研、生态建设和修复)。

5. 监测系统反应

对研究区海洋生态系统进行专门的监测和研究,为制定和调整管理措施、评估管理效果提供科学依据。监测应是一个长期的、持续的过程,根据研究区域的具体情况,筛选出能够有效反映海洋生态系统变化的监测指标,构建能快速评价生态系质量状况的评估技术。

海洋公益专项“黄河口及邻近海域生态系统管理关键技术研究及应用”针对黄河口区域于 2011 ~2014 年开展了生态环境调查、生态诊断和评估技术、监管和调控技术的研究。

6. 监测目标与预期目标的差异

通过连续跟踪监测和评估,结合历史资料,评估当前生态系统的环境质量现状,分析其与预期管理目标之间的差异。

项目在生态环境调查的基础上,结合历史数据资料及其他调查资料,从海水水质、浮游生物、大型底栖生物、渔业资源 4 个方面对研究区的生态环境质量状况进行了评价分析,研究了生态系统变化的趋势。

7. 生态系统管理绩效评估

构建一套较为科学、合理的绩效评估通用指标体系,每年开展一次自评估和每 3 ~5 年的综合评估,总结管理绩效与经验,使所有决策者和相关利益者获得对海洋生态系统现状、生态问题、主要压力,以及先进的保护和管理技术的新认知。

参 考 文 献

[1] 刘国华,傅伯杰. 生态区划的原则及特征[J]. 环境科学进展,1998,6(6):67-72.

[2] 孟伟,张远,郑丙辉. 辽河流域水生态分区研究[J]. 环境科学学报,2007,27(6):911-918.

[3] WRI(2000) World Resources 2000—2001. People and Ecosystems:The Fraying Web of Life. World Resources Institute,Washington,2000.

[4] 国家海洋局. 2001—2007 中国海洋环境质量公报[R]. 北京:国家海洋局.

[5] FAO. World fisheries and aquaculture atlas[R]. Rome:Food and Agriculture Organization of the United Nations,2001.

[6] Biliana Cicin-Sain, Robert W. Knecht. Integrated Coastal and Ocean Management:Concepts and Practices [M]. Washington,D. C. :Island Press,1998.

[7] United Nations Development Program(UNDP),Benguela Current Large Marine Ecosystem Programme,

Tmnsboundary Diagnostic Analysis[R]. Windhoek, Namibia: UNDP, 1999.
[8] 任海,邬建国,彭少麟,等.生态系统管理概念及其要素[J].应用生态学报,2001,11(3):455-458.
[9] 赵云龙,唐海萍,陈海,等.生态系统管理的内涵与应用[J].地理与地理信息科学,2004,11(6):94-98.
[10] 汪思龙,赵士洞.生态系统途径——生态系统管理的一种新理念[J].应用生态学报,2004,15(12):2364-2368.
[11] Crober A. The ecosystem approach to ecosystem management[R]. Waterloo: Department of Geography, Faculty of Environmental Studies, University of Waterloo, 1999.
[12] Garcia S M, Zerbi A, Aliaume C, et al. The ecosystem approach to fisheries[R]. Rome: Food and Agriculture Organization, 2003.
[13] Grumbine R E. What is ecosystem management[J]. Conservation Biology, 1994, 8(1): 27-38.
[14] Grumbine R E. Reflection on what is ecosystem management[J]. Conservation Biology, 1997, 11(1): 41-47.
[15] Lackey R T. Seven pillars of ecosystem management[J]. Landscape and Urban Planning, 1998, 40: 21-30.
[16] Scientific consensus statement on marine ecosystem-based management 2005. Available at http://compassonline. org/files/inline/EBM%20Consensus%20Statement FINAL_July%2012_v12. pdf.
[17] Lawrence Juda. Obstacles to Ecosystem Based Management. Proceedings of Global conference on Oceans. Coasts and Island. UNESCO, 2003: 67-72. Available at http://www. globaloceans. org/globalconferences/2003/pdf/Pre-ConferenceProceedings Volume. pdf
[18] Maltby E, Hoidgate M, Acreman M, et al. Ecosystem management: questions for science and society[M]. Virginia Water: Royal Hooloway Institute for Environmental Research, 1999.
[19] Witherell D, Pautzke C, Fluharty D. An ecosystem-based approach for Alaska ground fish fisheries[J]. Journal of Marine Science, 2000, 57: 771-777.
[20] Jamieson G. The new PICES working group on ecosystem-based management[EB/OL]. http://www. pices. int/publications/pices_press/Volume 13/Jan_2005/pp_28_29_EBM. pdf, 2005-11-17.
[21] Danish E U Presidency. Presidency conclusions of the meeting "Towards a strategy to protect and conserve the marine environment" [EB/OL]. http://www. eu2002. Dk/news/news_read. Asp? iInformationID = 25706, 2005-12-22.
[22] U. S. Commission on Ocean Policy. 2004. An ocean blueprint for the 21 century: final report of the U. S. Commission on Ocean Policy. available at http://www. oceancommission. gov/documents/full_color_rpt/000_ocean_full_report. pdf.
[23] Slocombe D S. Lessons from experience with ecosystem-based management[J]. Landscape and Urban Planning, 1998, 40: 31-39.
[24] Lamare K W. Marine ecosystem-based management as a hierarchical control system[J]. Marine Policy, 2005, 29: 57-68.
[25] CBD. Ecosystem approach principles[EB/OL]. http://www. biodivorg/programmes/cross-cutting/ecosystem/principles. Asp, 2005-11-10.
[26] 鹿守本.海洋管理通论[M].北京:海洋出版社,1997.
[27] 陈国强,王颖.海岸带综合管理的若干问题[J].海洋通报,2003,22(3):39-44.
[28] 陈尚,朱明远,马艳.世界海洋生态系统研究及其国际计划[J].黄渤海海洋,1999,17(4):103-109.

[29] 王传辉,吴立,王心源,等. 基于遥感和 GIS 的巢湖流域生态功能分区研究[J]. 生态学报,2013,33(18):5808-5817.

[30] Williams B K. Adaptive management of natural resources-Framework and issues[J]. Journal of Environmental anagement, 2011, 92(5): 1346-1353.

[31] Nyberg J B. Statistics and the practice of adaptive management[M]//Sit V, Taylor B. Statistical Methods for daptive Management Studies. B. C. Ministry of Forests, Victoria B C, 1998.

[32] Habron G. Role of adaptive management for watershed councils[J]. Environmental Management, 2003, 31(1): 29-41.

[33] Forest Ecosystem Management Assessment Team. Forest ecosystem management: An ecological, economic, and social assessment[R]. US Government Printing Office: Washington D C, 1993.

[34] Kai N Lee. Integrating science and politics for the environment[M]. Washington D C:Island Press,1993.

[35] 杨璐,等. 水产种质资源保护区适应性管理研究[J]. 海洋环境科学,2014,33(1):122-129.

[36] 佟金萍,王慧敏. 流域水资源适应性管理研究[J]. 软科学,2006(2):59-61.

[37] Walters C. 适应性管理能帮助解决渔业问题吗? [J]. Ambio, 2007, 36(4):286-289.

[38] Moore C T, Lonsdorf E V, Wknutson M G, et al. Adaptive management in the U. S. National Wildlife Refuge System: Science-management partnerships for conservation delivery[J]. Journal of Environmental Management, 2011, 92(5):1395-1402.

[39] Day J. Marine park management and monitoring: lessons for adaptive management from Great Barrier Reef[J]. Science and Management of Protected Area Assoc. , 2002, 19: 1258-1282.

[40] 罗伯特·波默罗伊,等. 海洋自然保护区管理绩效评估指南[M]. 周秋麟,牛文生,尹卫平,译. 北京:海洋出版社,2006.

[41] 俞永跃. 基于海岛管理的南麂列岛生物多样性保护实践与经验[M]. 北京: 海洋出版社,2011.

[42] 杨琳. 基于海陆统筹的海岸线管理研究[D]. 厦门:厦门大学,2014.

[43] 战祥伦. 基于生态系统方式的海湾综合管理研究[D]. 青岛:中国海洋大学,2006.

[44] 李荣欣. 基于生态系统的海湾综合管理研究——以福建省泉州湾为例[D]. 厦门:国家海洋局第三海洋研究所,2011.

[45] Parkes J P, Robley A, Forsyth D M, et al. In my opinion: Adaptive management experiments in vertebrate pest control in New Zealand and Australia[J]. Wildlife Society Bulletin, 2006, 34(1): 229-236.

[46] Hilborn R. Can fisheries agencies learn from experience? [J]. Fisheries, 1992, 17(4): 6-14.

[47] Halbert C L. How adaptive is adaptive management? Implementing adaptive management in Washington State and British Columbia[J]. Reviews in Fisheries Science, 1993, 1(3): 261-283.

[48] Aldridge C L, Boyce M S, Baydack R K. Adaptive management of prairie grouse: How do we get there? [J]. Wildlife Society Bulletin, 2004, 32(1): 92-103.

[49] Ringold P L, Mulder B, Alegria J, et al. Establishing a regional monitoring strategy: The Pacific Northwest forest plan[J]. Environmental Management, 1999, 23(2): 179-192.

[50] Salafsky N, Margoluis R, Redford K. Adaptive management: A tool for conservation practitioners[EB/OL]. http://www. rmportal. net/library/content/tools/biodiversity-conservation-tools/putting-conservation-in-context-cd/adaptivema-nagement-resources/5-5-a. pdf, 2001.

[51] Van Wilgen B W, Biggs H C. A critical assessment of adaptive ecosystem management in a large savanna protected area in South Africa[J]. Biological Conservation, 2011, 144(4): 1179-1187.

第9章 陆海联动探索实践，再现黄河口莱州湾鱼米之乡

黄河入海冲淡水为海洋生物提供了低盐、高生产力的栖息环境，黄河入海冲淡水入海影响着黄河口－渤黄海大生态系统。陆海联动、河海统筹，再创黄河口鱼米之乡，分别用两期《海洋专报》，提出了基于河流与海洋生态双赢的黄河调水调沙调控方案，为黄河调水调沙在海洋又增加了新的生命力，不仅完整地诠释了本书精华，而且黄河口生态系统管理关键技术成果入选海洋专报国家汇报名单，也标志着黄河口水文水环境水生态观测研究技术逐步走向成熟。

9.1 黄河口生态管理关键技术探索与实践

9.1.1 "黄河口海洋公益专项入选海洋专报国家汇报名单"

2015年10月23日，国家海洋局下发《各项目提供编写海洋公益性行业科研专项海洋专报素材的通知》，黄河口海岸科学研究所牵头承担的海洋公益性行业科研专项（201105005）"黄河口及邻近海域生态系统管理关键技术研究与应用"在"海洋宏观调控管理领域"入选"海洋公益性行业科研专项海洋专报素材的项目名单"。

该名单从6个领域137项海洋公益性行业科研专项中遴选出18个亮点项目，以《海洋专报》形式，向党和国家领导及有关部委汇报，以展示海洋公益性行业科研专项设立以来取得的科技创新成果，以及这些成果在海洋经济发展、生态环境保护、综合管理、公益服务等方面所发挥的重要作用。

"黄河口及邻近海域生态系统管理关键技术研究与应用"项目由黄河口海岸科学研究所牵头，中国海洋大学、国家海洋局第一海洋研究所等8家单位共同承担，项目总负责人为黄委水文局谷源泽教授，项目联系人为黄河口海岸科学研究所徐丛亮教授，项目共分为5个子任务和19个子课题，于2010年立项，2011～2014年实施，2015年5月8日通过山东省海洋与渔业厅自验收。

黄河口海岸科学研究所成立于1992年，"黄河口及邻近海域生态系统管理关键技术研究与应用"项目是研究所成立以来承担的第一个国家课题。本次黄河口海洋公益专项入选《海洋专报》国家汇报名单，不仅为总项目验收增强了信心，更为后续二期项目立项与实施奠定了良好基础。同时，项目的实施也培养和锻炼了一批科研人员，充实了科研设施设备，增强了自主科研能力。

9.1.2 黄河口生态管理关键技术探索与实践

（黄河口及邻近海域生态系统管理关键技术研究与应用（201105005），《海洋专报》第

1 期）

黄河口及邻近海域是渤海的重要生态功能区，是许多海洋生物与鸟类的重要栖息地，是鱼、虾、蟹等主要海洋经济物种产卵、育幼和索饵的场所。这里也是东营市与胜利滩海油田所在地，国家“黄蓝战略”在此交汇，在面临重大发展机遇的同时，生态环境也面临着巨大挑战，亟待研发并运用基于生态系统的管理手段来加强海洋综合管控。因此，国家海洋局通过海洋公益性行业科研专项组织黄河水利与海洋单位，在黄河口及邻近海域生态系统现状及压力调查基础上，从生态系统诊断与管理绩效评估、生态监管、调控技术等层面开展了联合攻关，研发了一系列用于海洋生态系统管理的软硬件产品和服务，并有效地进行了黄河口生态系统陆海联动的成果探索与实践。

（1）初步明确黄河口及邻近海域生态系统现状及主要生态压力。①目前该区域主要受汇入淡水质量影响，主要呈现水体营养盐含量较高以及部分重金属含量超标问题，当前黄河口及邻近海域生态环境质量较 20 世纪早期调查时的生态环境质量有显著下降；②近 30 多年来的渔业资源调查表明，黄河口及邻近海域渔业生产力显著下降，于 1998 年后逐渐稳定并稍有改善趋势；③黄河口及邻近海域生态系统主要压力包括捕捞过度、陆源污染物排放、海上石油勘探开采、外来物种入侵、围填海等方面。

（2）专项形成了一批适用于海洋生态系统管理的软硬件产品和服务。这些产品和服务经过相关企业及园区的培育孵化，可以形成较为完善的产业化产品及方案，形成具有明显技术优势与经济价值的新兴海洋产业，促进“科技兴海”成果转化。①构建了生态系统快速诊断与评估技术、生态系统结构完整性诊断方法与技术、基于底栖生物指数的生态系统健康评估方法和技术、生态系统管理绩效评估方法与技术；②围绕黄河口及邻近海域生态环境监管所需要的基础技术与方案，研发近海智能浮标管理平台、无线数据传输、水质在线监测系统等 3 套系统，编制不同海洋功能区、点源污染排放、不同海洋开发活动、海上油气开采全过程的生态监管方案 4 套，搭建生态系统监管地理信息系统平台 1 套；③在生态系统压力调控模式与技术研究方面形成黄河调水调沙陆海联动调控方案、排污口及渔业增养殖区的布局与优化技术和重要物种的保护与恢复技术；④本项目最后集成研发的多种应用技术，为海洋生态系统管理构建了实用的海洋生态系统监管平台与决策平台。

（3）黄河调水调沙陆海联动的海洋生态修复调控成果不仅对渤海以及黄海大生态系有益，甚至对解决全球海洋资源问题做了一个示范与积极的探索。①通过调查与实验室受控试验，发现黄河水沙营养盐入海造就了黄河口近海海洋生物的产卵场与栖息地，黄河口渔业资源群系对春季入海淡水有重大需求；②发现黄河调水调沙入海连续遭遇两种切变锋对河口生态因子的影响模式，是黄河口近海渔业资源和生产力富集的机制与成因；③发现黄河中上游的宁蒙峡谷“桃花汛”入海对海洋生物的春季繁殖具有重要的作用，三门峡水库对“桃花汛”的拦截是导致黄河口春季产卵场退化的主要原因，影响了黄河口海域及渤海的渔业资源补充；④针对河口海洋生态环境对淡水资源的依赖，提出了严格水资源管理、黄河调水调沙、河口治理目标应从水利向海洋生境修复扩展的黄河管理转变，并提出了《黄河调水调沙陆海联动河口生境修复方案》，即建议在保障小浪底防洪蓄水兼顾水力发电、沿黄两岸工农业关键用水期的需求前提下，增加春季入海淡水量以修复黄河口海洋生物的春季产卵需求，并同时采取改善周边海域生态环境，产卵场 5 月产卵季禁渔等措施,提高海洋生物多样性;⑤2014 年和 2015 年利用黄委加大春季入海水量的契机对上述方案和建议进行了初步成效验证,发现黄河口及邻近海域的鱼卵及仔稚鱼密度比 2009 年增加了 2 ~ 10 倍。

(4)今后打算。

①进一步完善和研究《黄河调水调沙陆海联动的海洋生态修复调控模式与方案》,开展陆海同步多学科长周期的水文、水环境、生物、渔业资源变化的合作调查与研究,对黄河入海切变锋对水文、水环境、水生态的影响模式进一步分析验证。

②填补历史河流海洋水文水环境水生态监控调查数据的不足,通过多方面协作每年安排春夏秋航次进行水文、水环境、水生态调查监测,同时运用好本项目形成的一系列关键技术和产品,进行黄河调水调沙海洋生态诊断、监管、调控、修复效果评估,推动基于陆海兼顾共赢的黄河调水调沙运行模式,为“陆海统筹、陆海联动”管理模式提供技术和决策支撑。

9.2　陆海联动统筹,再现黄河口莱州湾鱼米之乡

9.2.1　关于上报第 2 期《海洋专报》的报告

在 2015 年 2 月结题检查会及 2015 年 5 月省厅自验收会议上专家反复指出:河流海洋生态调控成效调查 2 ~ 8 倍只是 2014 年一次的调查结果,但仅一年验证数据不够,依据还不充分,今年、明年应当抓紧,至少需要 3 年。现在世界对海洋的认识仅 5%,一次不能下结论。由此,项目组在项目结题后又自筹经费开展了连续 3 年的水文水环境水生态同步调查,不仅连续验证了黄河冲淡水对海洋生态显著调控效应,而且在 2016 年调查范围扩大到整个莱州湾后,又发现整个莱州湾盐度处于低盐水区,确定整个莱州湾都是低盐产卵场,项目取得了重大工作进展。

于是,河口所项目成果继 2016 年向黄委汇报后,在 2017 年 3 月 9 日又向来视察河口的黄委领导作了整体汇报,4 月 10 日形成《海洋专报》初稿,并在 4 月 12 日黄委河口生态需水量调研座谈会上,向以黄河水利科学研究院、山东黄河河务局等黄委各院局领导专家汇报了《海洋专报》第 2 稿内容,着重对两个严格红线指标征求了意见,专家指示 50 亿 m^3 春季入海淡水量的指标还是要凭研究得出,不能凑数。为此又几经课题组成员修改,并于 5 月 14 日经总项目负责人黄委水文局局长谷源泽教授审阅后,5 月 15 日核心组集成最终稿。两个生态红线趋势见图 9-1。

本专报是在项目周期 4 年研究基础上,又后续 2 ~ 3 年坚持不懈继续研究的结晶。成果通过河流冲淡水对海洋生态的调控时机效果、调控范围与时长的研究调查,拓展了河流与海洋生态研究的两项重要新的领域,又为河流与海洋一体化管理、管控落地明确了管控区划及指标。此种陆海联动统筹调控修复海洋生态的模式,不仅对渤海以及黄海大生态系有益,甚至为解决全球海洋资源问题做了一个示范与积极的探索。前 4 年的研究以 2015 年 10 月第 1 期《海洋专报》向省厅汇报,因此项目组决定通过第 2 期《海洋专报》向省厅反映总项目最新研究。

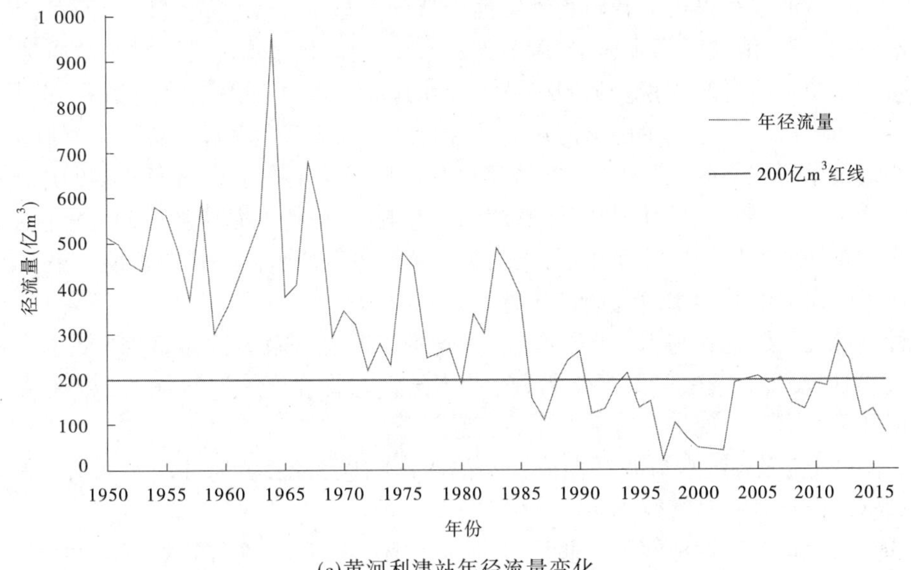

(a)黄河利津站年径流量变化

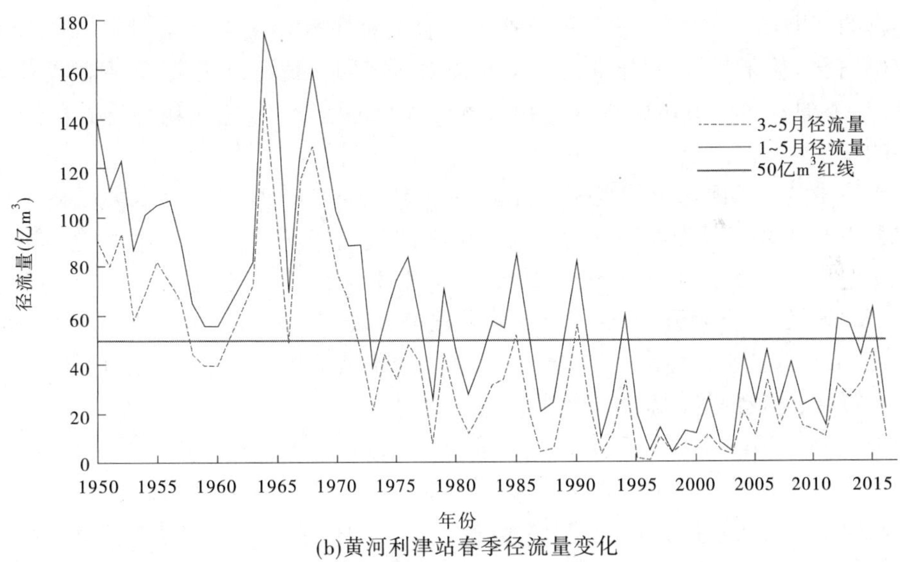

(b)黄河利津站春季径流量变化

图 9-1　两个生态红线趋势

9.2.2　陆海联动统筹,再现黄河口莱州湾鱼米之乡

(黄河口及邻近海域生态系统管理关键技术研究与应用(201105005),《海洋专报》第 2 期)

黄河作为联系陆地和渤海海洋生物地球化学循环的重要纽带,每年向渤海注入大量营养物质与淡水,对莱州湾渔场的形成起到了重要的作用。但从 20 世纪 90 年代以来,黄河入海径流量明显降低,断流频仍,黄河口及莱州湾地区生态系统恶化,海域生物量锐减。

自 2002 年 7 月,黄河水利委员会开始利用黄河干流的大型水库实施调水调沙工程,有计划地控制水库的蓄存、泄放时间和通量,调节天然水沙过程,显著增加了入海水沙通量,黄河口海域生态系统功能有所改善。为明确黄河调水调沙与海洋生态系统间的关系,由黄河口海岸科学研究所牵头实施了国家海洋公益性行业科研专项"黄河口及邻近海域生态系统管理关键技术研究与应用"项目。在黄河口及近海海域生态系统陆海联动的成果探索与应用实践中,首先揭示了河流与海洋密切的生态响应关系,入海淡水量的变化直接影响着海洋产卵育幼场的生物资源变化;其次揭示了黄河入海淡水向莱州湾长期汇集存储,并由此形成了莱州湾的低盐水生物栖息环境。

这两种响应关系研究和揭示,对于河流流量管理方案制订及海洋生境修复改善具有重要意义,也为探索"河海联动、陆海统筹"的一体化生态管理模式及具体落地管控提供了科学依据和重要实践。现将一些重要结论汇总如下:

(1)揭示了河流入海淡水与海洋构成密切的生态响应关系,黄河冲淡水入海对海洋生态环境和资源恢复具有显著效果。

盐度是海水中重要的物理因子,同时也是形成水团、跃层、锋面等物理现象的重要因素,直接影响着海洋生物的分布、生存、繁殖和生长等各个过程。河流冲淡水对近岸盐度时空分布具有最直接的影响,正是由于黄河淡水提供的低盐水环境,黄河口海域成为大量海洋生物的产卵场、索饵场和育幼场。产量占全国对虾 80% 的莱州湾对虾、半滑舌鳎、蓝点马鲛(鲅鱼)、梭子蟹等,每年 5 月在莱州湾海区产卵。黄河口梭鱼、大闸蟹是黄河口优势物种,5 ~6 月在黄河口产卵孵育生长。黄河入海冲淡水,对这些物种产卵栖息场起到了重要的调控作用。

随着春季黄河入海水量的锐减,海洋中的产卵场逐渐萎缩、生物资源量下降。历史上宁蒙"桃花汛"每年 4 月为春季的海洋注入了丰沛淡水,形成了著名的莱州湾渔场。但三门峡水库建成后截断了"桃花汛",受其影响,春季 3 ~5 月入海水量从 1950 ~1972 年阶段年平均 78.56 亿 m^3 下降到 1993 ~2003 年阶段的 8.61 亿 m^3。而同期著名的莱州湾对虾产量锐减,依赖低盐水生境的刀鲚(黄河刀鱼)、中华绒螯蟹(大闸蟹)等溯河性经济水产品和日本鳗鲡、达氏鲟等洄游性鱼类也已基本绝迹。

利用 2014 ~2015 年连续 2 次黄河春季入海水量增加的有利时机,项目组在项目结题后又自筹经费开展了连续 3 年的水文水环境水生态同步调查,发现黄河冲淡水对海洋生态调控效应十分显著。调查发现:2014 年春季(3 ~5 月)利津站入海水量为 31.97 亿 m^3,6 月莱州湾及黄河口鱼卵密度为 2.34 粒/m^3,仔稚鱼密度为 0.02 尾/m^3;2015 年春季入海水量为 45.85 亿 m^3,5 月鱼卵密度为 2.39 粒/m^3,仔稚鱼密度为 2.19 尾/m^3。与 2007 年、2009 年本底生态数据(2007 年春季入海水量为 14.63 亿 m^3、5 月鱼卵密度为 0.34 粒/m^3;2009 年春季水量为 14.48 亿 m^3,5 月鱼卵密度为 0.74 粒/m^3、仔稚鱼密度为 0.093 尾/m^3)相比,2014 年入海淡水量增加 2 倍,使黄河口海域的鱼卵仔稚鱼密度得到 2 ~8 倍的明显提升;2015 年春季入海淡水量增加 3 倍,又使黄河口海域的鱼卵仔稚鱼密度得到 3 ~10 倍提升。但 2016 年春季入海水量减少到 10.60 亿 m^3,调查鱼卵密度为 0.69 粒/m^3、仔稚鱼密度为 0.16 尾/m^3,春季黄河入海水量减少使海洋生态立刻锐减到本底年水平。

因此,通过初步调查确定,黄河春季入海水量和海洋生态直接相关,黄河春季入海淡水量的变化直接影响到河口海洋生物资源的变化。

(2)揭示黄河入海淡水向莱州湾汇集并有 1.7 年水龄,形成了整个莱州湾著名的低盐产卵场与栖息地。

调查发现,黄河入海冲淡水大部分储存在莱州湾,莱州湾海水整体保持较低盐度,形成了整个莱州湾低盐水产卵场环境,可以确定整个莱州湾都是产卵场孵育场范围。通过 2016 年 5 月、8 月两个生态调查航次范围扩大到整个莱州湾海域,调查发现 5 月黄河口北嘴至莱州港外弧线以南的整个莱州湾海域盐度较低,盐度等值线呈舌状向东偏南方向伸展,幅度在 29.8‰~30.5‰,面积达到 2 900 km^2;而弧线以北紧邻黄河口的孤东海域盐度迅速升至 31‰以上。8 月黄河入海径流量增加,在莱州湾西南部受沿岸入海淡水的补给,河口海域及整个莱州湾西南部 1 400 km^2 盐度低于 29‰,30.5‰外弧线控制范围在河口附近加大,但在东部缩小到莱州湾刁龙嘴海岸处,面积仍达到 3 500 km^2。此次调查是在 2016 年全年利津水文站只有 88.18 亿 m^3 极枯入海水量下的反应表现,丰水期莱州湾储存淡水浓度将更加优势。

余流是去除实测海流中的周期性流动剩余的流动,黄河口余流受控于黄河径流、风、潮汐、密度(热盐)等多重因素的影响,夏季整体表现为东南向。受余流的影响,黄河入海冲淡水总体向莱州湾汇集,并受到莱州湾地形的限制,淡水扩散范围受阻,湾内冲淡水不断累积,导致湾内盐度整体降低,致使整个莱州湾因储存大量淡水形成适宜生物产卵孵育的相对低盐环境。

水龄是定量描述海洋水动力过程的环境效应的辅助变量,对深入理解陆源物质在海洋中的输运具有重要的参考意义。已有研究表明,黄河入海淡水从河口经莱州湾西岸向东出莱州湾为 1.7 年水龄,在渤海海峡处增至 3.4 年。一是使莱州湾有 1.7 年的淡水储存延缓时间,若上一年度入海水量大,即使遭遇入海水沙偏少年份,因 1.7 年水龄的原因,也能够使莱州湾多保持 0.7 年的低盐淡水环境;二是黄河河水在莱州湾中水龄虽然仅为 1.7 年,而辽河水在辽东湾中水龄为 3.9 年,在各季节内,黄河水在莱州湾水龄都要低于其他海区,说明莱州湾中水体交换速度快,有利于莱州湾水质环境净化。

(3)基于海洋生态的"河海联动、陆海统筹" 河流调控方案探索与实践。

海洋生态产卵季(春季)需要的淡水量多多益善,在黄河水资源短缺的前提下,只有河海统筹、陆海联动,才能在不影响黄河水利情况下,达到恢复下游及河口生境及相关物种产量的目标。

方案 1——兼顾小浪底水库蓄水发电、下游农业灌溉,保证现行调水调沙条件下尽量增加春季入海淡水量的优化方案。

考虑到黄河水资源紧缺、小浪底水库发电需求,以小浪底水库发电洞最大过流能力在整个春季持续下泄,同时预留出每年 6~7 月汛前的调水调沙水量。这样既不浪费淡水资源的发电能力,又能解决下游及河口春季湿地与海洋补水的问题;而且因流量增大水位升高,下游灌溉有可能部分自流引水,直接益处是灌溉成本减少。而且又预留了每年 6~7 月汛前的调水调沙水量,保证了黄河调水调沙冲刷下游河道。

方案 2——坚定实施调水调沙,实现调控河流水利与河口生态双赢、多赢。

黄河的水资源紧缺已成常态化，但发电、灌溉、冲刷河槽、河流与海洋生态等问题的解决都依赖于黄河水资源。因此，要坚定黄河调水调沙，选定在诸多问题的最大公约数时机，集中有限的黄河水资源，才能统筹解决这一系列的问题，集中优势兵力打歼灭战，实现调控河流水利与河口生态双赢、多赢。

这个最大公约数就是探讨优化黄河调水调沙时机在春季进行的可行性，恢复"桃花汛"，在春季直接进行海洋生态补水，即把每年 6 ~ 7 月的黄河调水调沙提前到 5 月产卵季前进行，该时期正是海洋生物产卵季节，调水调沙时可进行湿地补水，下游农业灌溉可以高水位自流引水，同时在河口近海区低盐淡水海域配合对虾等重要物种放流，促使河口海洋生态系统以及相关产业有效恢复。

方案 3——储建海洋生态水量储备水库（古贤），兼顾优化调控黄河调水调沙时机的海洋生境恢复的中远期方案。

春季黄河入海水量越大，河口海洋生境恢复与渔业资源效益就越大，但显然目前黄河不可能提供无限的入海水资源春季入海。另外，黄河每年夏秋季又有大量汛期洪水在对下游两岸及海洋生物发挥作用较小的季节入海。

因此，中远期方案是修建黄河中游古贤等骨干海洋生态水量储备水库，拦蓄黄河夏秋季与丰水年洪水，调控到每年春季下泄，这时甚至可以做到在春季实施更大水量的调水调沙，既增加了调水调沙的调控河床效果，又增加了下游及河口的春季生态水量。

方案 4——严格 200 亿 m^3、50 亿 m^3 黄河入海年径流量与春季径流量两个海洋生态需水量红线指标管控。

严格黄河水资源管理，把黄河水资源分配方案中的冲沙入海 200 亿 m^3 水量同时纳入海洋生态水量红线管理，这样即使遇上极其干旱入海水沙少年份，也可因 1.7 年淡水滞留期使莱州湾下年度春季仍然保持适宜产卵场环境，不至于产卵场生境因淡水缺乏而断裂甚至破坏。

在水量不是极枯的年份，研究海洋生态春季入海水量红线指标，初步设定在每年 1 ~ 5 月实施海洋生态水量 50 亿 m^3 红线指标调度调控入海，在海洋生物产卵之前营造好产卵场低盐水环境。该指标达到效果参考 2015 年春季入海水量设定，该年利津水量 134 亿 m^3，春季 3 ~ 4 月有 45 亿 m^3、1 ~ 5 月有 63 亿 m^3 水入海，仅东营海洋渔业调查当年对虾捕获量超 5 000 t，即已显示可观的海洋渔业效益。通过统计，1950 ~ 2016 年 3 ~ 5 月入海水量平均值为 40 亿 m^3，1 ~ 5 月入海水量平均值为 60 亿 m^3，2012 ~ 2015 年期间 1 ~ 5 月水量分别达到 58 亿 m^3、56 亿 m^3、43 亿 m^3、63 亿 m^3，因此以 1 ~ 5 月入海 50 亿 m^3 水量具有很强的调控可行性，其间入海可以对海洋生态发挥直接作用，可以作为海洋生态春季需淡水量红线指标。

（4）未来计划及建议。

①国家海洋局继续支持经费，加强陆海联动技术深入探索。

本项目通过河流冲淡水对海洋生态的调控时机效果、调控范围与时长的研究调查，拓展了河流与海洋生态研究的两项重要新的领域，又为河流与海洋一体化管理、管控落地明确了管控区划及指标。但河流与海洋生态调查本底与验证数据尚不丰富，黄河入海冲淡水储存在莱州湾盐度调查仅有最近 1 ~ 2 年序列验证，入海淡水水龄浓度全是模拟数据，余流及冲淡水水龄等影响机制探索技术尚不成熟等问题，因此需要持续加强包含整个莱州湾的海洋水文、水环境、水生态及其机制调查，以取得充分的数据支撑。建议国家继续支持以上调查专项经费，加强陆海联动统筹技术深入探索。

②黄河严格水资源“200 亿 m^3”、“50 亿 m^3”两个海洋生态需水量红线管理，两个严格红线达到一个即可保证莱州湾生境不断裂与长期维持，研究春季实施调水调沙的可行性。

严格水资源“200 亿 m^3”管理，即可充分利用 1.7 年淡水水龄滞留期缓冲第 2 年枯水年入海水量减少影响；严格“50 亿 m^3”春季入海水量海洋生态红线指标初期目标，可直接营造营养物丰富的低盐水产卵孵育场；开展基于海洋生态的黄河管理优化方案研究与实践。

同时海洋部门积极联动，在河口近海区低盐水海域配合对虾等重要物种放流，并严格海洋渔业管理，改善海洋水环境，采取 5 月产卵季产卵场禁渔等措施，黄河口海洋生态系统以及相关产业有望得到较大程度恢复，陆海联动使黄河口莱州湾再现鱼米之乡不是梦。

③陆海联动统筹调控修复海洋生态的模式，不仅对渤海以及黄海大生态系有益，而且对解决全球海洋资源问题做了一个示范与积极的探索。

在摸清整个渤海所有河口产卵场生态机制的基础上，将黄河口莱州湾生态调查的经验运用到长江、珠江入海冲淡水调查中，揭示中国三大河口冲淡水集聚地与产卵场之间的关系，进而还可以比较探索世界 64 大河口海洋生态系统，前路广阔，任重道远。

9.3　两期《海洋专报》对于黄河口生态系统关键技术管理亟待加强解决的问题

(1)本书形成一批适用于海洋生态系统管理的软硬件产品和服务，在产业化应用方面存在缺乏继续深入研发与应用的问题。

本项目做生态系统管理，形成的一系列诊断监管调控技术、监管平台、浮标与数据传输设施，为海洋部门、政府部门提供一系列软件、硬件的支撑，这是非常重要的一系列成果，成果用得上、有影响，为海洋管理服务。

由于后续缺乏经费支撑、研发成本高、研发进度不同等，本系列技术产品成果应用转化还不足，11 项技术产品平台仅有 6 项各自在不同海域、不同时间试应用，整套关键技术没有在黄河口及邻近海域体系性、统一性应用，还没有形成生产力合力。

(2)陆海联动统筹黄河调水调沙的海洋生态修复调控技术成果。

2015 年 2 月结题检查会上专家指出：成效调查 2 ~ 8 倍只是一次调查结果，但仅一年验证数据不够，依据还不充分，今年、明年应当抓紧，至少需要 3 年。现在世界对海洋的认识仅 5%，一次不能下结论。

虽然 2015 年项目组密切配合筹集调查经费，2015 年 5 月、7 月、8 月 3 个航次成效验证调查取得了理想的数据，但 2016 年调查时黄河水量整年极枯，只能从反方面取得论证。

遗憾的是，由于认识不足，再加上过去国力匮乏，缺乏历史调查数据支撑，尤其关键的丰水期 20 世纪五六十年代、水量开始锐减的七八十年代、断面严重的 90 年代都缺乏相应的水文水生态数据。

黄河调水调沙陆海联动成果还仅仅是 1 500 m^3/s 的成效验证,距离调水调沙 4 000 m^3/s 洪峰入海真正的应用试验还有很大距离。因此,建议责成专业部门开展常规年度监测。

要尽快统一共识,在春季实施调水调沙或春季实施海洋生态调度,同时进行海洋生境修复,开展体系化监测、诊断、分析,但需要巨额经费投入。

(3)黄河水资源紧缺,近海水域的生态恢复淡水量计算还需要深入研究。

①第 1 期专报把很多问题归结于三门峡水库修建运用是采用了拟人化的手法,文中黄河口 3 ~5 月径流量大幅度减少,对同期下游灌溉用水大幅度增加数据调查不够。

下游引黄灌溉始于 20 世纪 50 年代,60 年代因灌区盐碱化严重纷纷停灌;70 年代,下游引黄灌溉逐渐恢复,其中 1972 年引黄 70 亿 ~80 亿 m^3;近 10 年引黄水量基本维持在 100 亿 ~110 亿 m^3。而未来,为了国家的粮食安全,这 100 亿 m^3 的引黄水量是需要优先保障的。

②近海水域的生态恢复目标需要客观定量。只要黄河下游 100 亿 m^3 的引黄水量必须保障,黄河近海水域的生态健康状况就很难恢复到 1972 年前水平。

综合考虑水量和水质两方面因素,能够恢复到 20 世纪 80 年代水平可以作为调控目标。近 10 年来,黄河上中游降雨偏丰,加上陕西、山西和河南的分水指标没有全部用掉,因此入海水量较大,相应地,近海水域的生态状况很不错。但未来这个局面很难长期保持,陕西、山西和河南 3 省的剩余水指标(约 40 亿 m^3)在未来 10 年内可能会全部用掉,上中游降水也不会一直这样丰沛。

③分析沿黄生态单元对黄河水的需求(生态需水),应该有明确的"生态保护目标"概念。然后,还必须建立该生态单元健康状况与黄河补给水量的定量响应关系,而建立这样的关系恐怕两三年的数据是不够的。

有了生态保护目标,再有生态状况与黄河水的定量关系,生态需水量自然就出来了,包括水量和最优补给时间。

此外,在黄河水资源供需矛盾非常尖锐的形势下,生态需水还需要考虑"低限"的概念,即黄河入海水量不得少于多少,否则近海生态系统就会崩溃。这样考虑问题,实在是迫不得已——黄河水太少了(已经由 1919 ~1975 年系列的 580 亿 m^3 降低至 460 亿 m^3),需要黄河水的用户太多了。

总之,黄河口春季需要的淡水量多多益善,在黄河水资源短缺的前提下,只有优化调控淡水下泄或调水调沙入海时机、频次,同样在不再增加水量的情况下,达到恢复下游及河口生境及相关物种产量的目标。

长久解决黄河口海洋生态恢复,必须严格水资源管理,严格海洋管理,5 月产卵季禁渔,改善海洋水环境,陆海联动,建立河海补偿机制,才能再现黄河口鱼米之乡。

参考文献

[1] 谷源泽,徐丛亮,等.海洋公益性行业科研专项(201105005)"黄河口及邻近海域生态系统管理关键

技术研究与应用”海洋专报(第一期),黄河水文网,2015-10-29.
[2] 徐丛亮,刘艳芬,赵林林,等. 黄河调水调沙对河口海洋生态的调控效应分析. 2016 海洋湖沼学会学术交流会,2016.
[3] 徐丛亮,张朝晖,毕乃双. “海洋专报 2 期 - 陆海联动统筹,再创黄河口莱州湾鱼米之乡 - 20170516 上报稿”.

后记　生命起航，沧桑鱼歌

上阕·桃花汛，养育我千年万年的母亲，你何时归来

2013年9月10～17日，温泉老师带我阅历黄河，从河口到河源溯源逐美，这是我肾病股骨头10年愈后第一次远行，心情激荡。10月11～14日烟台项目中期检查李永祺先生与温泉老师对我成果包容期望甚深，心中感愧。一夜醒来，忽成此篇。虽然工科文笔粗糙，亦道尽胸中块垒，项目骨架跃然而出，项目生命力就此成矣！

桃花汛，养育我千年万年的母亲，你何时归来

——一只黄河口对虾族长对母亲的万世泣血呼唤

在黄河口，
目前生活着仅存的一千对对虾，
这是一只不知几余龄的对虾族长告诉我的。
每年春季他们的幼崽产卵的时候，
他都会率领他仅存的族众，
举行盛大的仪式，
围绕着越来越短的黄蓝分界线行进九圈，
祭奠他们早逝的孩子、零落的家族、陷入困境的家园；
怀念那远隔千里万里的桃花汛母亲，
共同对着曾经养育他们千年万年的母亲呼唤：
桃花汛母亲啊，你在哪里？何时回还？

（一）

他说，他小的时候，他就知道，
自亘古到横荒，自黄河由河源到大海贯通之日起，
在那千年万年永远流传亘古不变的年代啊，
在每一个万物复苏、桃花盛开、大海幼卵嗷嗷待哺的春天，
桃花汛母亲啊，
携带着黄河冬天结冰封河封存在宁蒙峡谷的20亿立方米水量，
都会一路畅行无阻，
都会在一路桃花盛开、万冰融化的春天入海，

浇灌营建黄河口对虾的产床与家园，
孵育他们幼卵成长繁衍。

自亘古演变,即使到二十世纪五六十年代,那时啊!
整个黄河口,因为有桃花汛母亲的关爱，
春天黄蓝分界线可以影响到远离海岸方圆几十至上百公里，
在那都是他们的幼卵孵育的产床啊，
孵育着千千万万只幼卵。
在桃花还没落尽的时候，
幼苗不断长大成虾，
仅一个月啊,长大的幼苗,不再依赖淡水的润养，
长大成不再需要桃花的覆盖,就可以离开产床，
可以畅游盐海的黄河口虾之大婉。
那时候啊,从渤海湾到莱州湾，
对虾的家族是何等壮大、威名何等非凡!

(二)

他说,可是到了那个激荡的年代啊，
母亲每一次来都表现出了深深的忧伤抑冤。
母亲告诉我,要修建三门峡水库了，
听说要蓄清排浑,就是要在冬春季蓄水运用，
春季的洪水要被拦截在大坝里头，
再也无法在你们需要照看的时候来孵育你们了，
我的可怜的孩子们啊就要面临苦难。
母亲的忧伤使那一年的春季特别的漫长，
那一年的记忆刻骨铭心，
那一年母亲渐渐瘦弱了下去。
终于在那一年,第一次不见了桃花汛母亲的笑脸。

因为那一年黄河三门峡正式蓄清排浑调度运用，
母亲被一道大坝囚在了峡谷高山。
可怜在河口嗷嗷待哺的幼卵们啊，
从桃花刚开始萌芽的时候就开始等啊等，
一直到桃花落尽，
母亲再也没能来，
只有几瓣瓣飘零的桃花在口门几平方公里的地方散漫。

没有了桃花汛，
曾经数千上万平方公里的桃花覆盖的产床崩塌了，
孩子们的家园被毁了，
被汹涌而来的难以承受的高盐海水霸占。
成千上万幼小的孩子啊，
因为没有了桃花的泽被，
就这样眼睁睁夭折了；
曾经千万对的家族啊，
终于风吹落去雨飘散。
只剩下不足千只老弱病残。
而且，他们的孩子，
只能生活在黄河口门那几股桃花飘落，
不足几平方公里的缩水的家园。

（三）

他说，又过了不知多少年啊，
看着不断减少的桃花，又传来了不好的消息，
零落的桃花告诉他们，在他们一路来的沿岸啊
裂开了许多不知名的口子，
竖起了许多不知名的机器轰鸣的闸关，
这些闸关旁边，激陷起了可怕的漩涡，
经过旁边的姐妹，都被无情地卷进，
带出大河，瞬间失去了踪影，
一去不返，永远地消逝消散。

终于母亲的音讯越来越弱，
桃花姐妹数量更越来越少，
终于在那一个可怕的一九七二年，
永远不能忘记的那一年啊，
终于第一次断绝了母亲的讯息，
也不见了一片桃花的踪影。
所有在河口大海的家族啊，
知道了一个可怕的消息：
黄河水流被断。

那一年，整整不见了桃花的芬香十九天，
那是怎样度日如年的日子啊，

瘦弱的孩子没有吃的，
仅靠残春下游开河微不足道的一点残温，
一天天继续凋残。
过了一年有所好转，忽然又是噩梦的一年，
这样的日子竟有廿十余载，
大河残破不成模样，
桃花忽残忽断，孩子飘凌枯散。

比这还有更可怕的一天，
那是一九九二年，还是一九九六年 ，甚或一九九七年，
黄河河口断流忽然变成九十六天、一百三十二天、二百二十六天。
大河颓然失去尊严，
母亲彻底失去余温，
大海冰凉齁咸，
世界末日的可怕呈现眼前，
首先黄河刀鱼兄弟全家族壮烈赴难，
黄河口对虾灭族亦不遥远。

（四）

正义总要伸张，
苦难不能无边；
五十位院士签名呼吁，
那是永远的一九九九年。
黄河终于不断流，
末日终于被末日，
虽然桃花还是几朵朵，
但已能为残存的家族残喘苟延，
又听到了桃花汛母亲的讯息，
虽然她还是被阻隔在高山那边。

母亲的涌动似乎引起一位睿者的思考，
他站在高山把目光投向海边。
黄河要恢复健康生命，
大河大海首先必须澎湃相连。
于是他大手一挥，
小浪底发出怒吼，
沉寂萎缩十几年的大河终于震颤，

抖落积存的残疾尘埃，
封存了几十年的苍老容颜桃花汛母亲着急冲向大海，
才十年，整个大河已焕发出崭新容颜。

大河恢复了健康，可大海里的孩子们啊还在残喘，
听说啊黄河以后要固定在每年的六月底调水调沙，
亲眼看到被天涯分隔大海边的孩子们灭尽凋零，
起初还激动万分的慈母心中更加煎熬备受摧残。
在每个春季都在坚固的大坝里无望涌动，
她想早一点冲出去挽救她的孩子们，
早日重建那破败的一个个产床、一个个孩子们的家园。
可是她苍老的声音被大坝阻隔大海听不到啊，
因为每次她来时都已经快是炎炎夏天，
因为已肝肠寸断，谁也认不出她昔日容颜。

她的可怜的孩子们啊，
命运还是无法改变，
每年的春天要调度蓄水，
原来只隔一道坝的母亲，
又被加上了小浪底一道锁链。
孩子们还是不能在桃花一路开放的时候，
重温母亲温暖的乳汁甘甜。

对虾家族的苦难还远远没有结束，
似乎是从一个困境走向另一个困境无返，
救世主远还没有出现，
期望睿者要做的，还远远没有做完。
这位对虾族长痛苦失声，
他的可怜的孩子啊，他的衰落的家族啊，
难道将永远不能恢复家园?

而且因为那里是大河走向大海的唯一通道，
开发旅游啊、油田采油啊、渔民打鱼啊，
每天船只出出进进，
他们仅存的可怜的孩子啊，
每天都在战战兢兢的惊恐中度过。
他们家族的苦难，还要持续到苦海何边，
母亲的手还要等何时能来把儿女拥牵。

（五）

大海对着高山喊，孩子在这头，
高山对着大海喊，母亲在那头。
大海啊，高山，
是什么，使我们远隔重洋，母子不能相见，
使孩子脆弱凋零，母亲衷肠哀断？
大海啊，高山，
是什么，使我们千年关联阻断，难道不能再次挥手相接，
使孩子茁壮成长，母亲祥和平安？
大海啊，高山，
什么时候才能，
孩子在这头，母亲也能及时来到这边？

历史的车轮滚滚撵动，
终于有一位愚者，他在黄河二十年，
了解了对虾家族的故事，
听熟了夜夜春季他们家族仪式的号喊；
更有一位长者，他在大海四十年，
领着愚者走过了小浪底，越过了三门峡，
探到了壶口，后又登上黄河之巅，
共同听见了一位澎湃的母亲被一坝阻隔的呼喊。

长者对愚者说，我们此行是溯源逐美，
你要交一份答卷。
愚者说，我不会写诗，
能否把心中听到的呼喊相连，
可否作为一份答卷？
长者笑了，愚者笑了，
四六一〇米可以作为新起点。

可是孩子与母亲还在呼喊，
要等到孩子和母亲牵手共同大笑，
终点还是那么地遥远。
要使母亲从高山走向大海，
使母与子在春天在河与海澎湃动连，
还需要更多长者与愚者共同呼唤；

从高山到大海，从海洋到大河，
还需要更多睿者一起挥手，
才能共同再续那曾经美丽古老的神话与壮丽诗篇。

——徐丛亮 2013 年 10 月 30 日于山东东营

忽如一夜春风来，千树万树梨花开。22 年了，又一次写长诗。22 年前只是惊叹当年初见星星草（红地毯）的壮美，今天当为实现新诗意境而努力。

本意境把河口海洋对虾与几千里外的黄河中上游的桃花汛对建起来，又告诉了人们一个人类干预活动如大坝修建等对河流河口原自然生态系统的关联与影响的故事。

著名水利工程学家黄万里 20 世纪 60 年代在反对修建三门峡水库时说过一句话："黄河本无事，人类自扰之。"我们今天所做的事情其实很简单，其实只是一个改错的过程，把人类曾经做错的事情再尽可能地改正，在统筹考虑现在的制约条件下，把过去对黄河的扰动影响降到最低，最大限度地恢复大自然曾经给予我们的恩赐，再现黄河口鱼米之乡。

2014 年与 2015 年春季，黄河连续两年春季入海水量比 20 世纪初增大数倍，2014 年黄河口莱州湾监测到鱼卵仔稚鱼密度增大 2 ~ 8 倍，2015 年 3 ~ 5 月下泄水量已经远超过上年同期水量，2015 年中旬项目组又将安排生物调查，古贤生态水库又将修建在即。

……

黄河高山峡谷震震，大海潮水涌动，
好像又涌传着一个声音，好像是桃花汛母亲回来了。
虽然她瘦弱了许多，不像记忆中那么高大。
但脉脉温情的手抚摸，依稀透露出母亲昔日的慈祥容颜。
母亲，是你吗?
我是否已回到你怀中。

……

但是，2016 年春季入海水量又极枯，黄河调水调沙首次中断，利津 3 ~ 5 月水量仅 10.7亿 m^3，只有 2015 年春季 45.854 亿 m^3 水量的不足 1/4，根据项目监理专家提出的需要连续 3 年资料意见，项目组于 2016 年 5 月 13 ~ 23 日监测了水量减小下莱州湾鱼卵仔稚鱼密度为 0.69 粒/m^3，鱼卵仔稚鱼密度比 2015 年下降近 2/3，显示春季黄河入海水量减少，海洋生态即遭受严重影响。因此，长久解决黄河口海洋生态恢复，必须严格水资源管理，把冲沙入海 200 亿 m^3 生态水量纳入红线管理，并在春季时机优化实施调水调沙，同时严格海洋管理，改善海洋水环境，采取 5 月产卵季产卵场禁渔等措施，陆海联动，再现黄河口鱼米之乡。

要摸清开展上述目标，必须开展大量的多年度监测，只有建立在大数据的分析上，研究出有说服力的结论与方案，再采取行动坚决实施，目标才会实现。

要实现大数据的监测，我们的软件与硬件差距很大，但是大江大河水文监测系统项目终于迎来了曙光，无人机监测河口海岸，无人船施测潮间带区域，剖面式系统、三脚架系统、浮标观测系统全面集成 ADCP、ATD、OBS 等过去靠租借的仪器设备，将分别建设6 套，我们黄河口海岸科学研究所终于有了6大面站同步监测的能力,切变锋的运动轨迹将在图纸上闪现,黄河入海泥沙在计算机模拟的波流中跃动。黄河口物理模型的实体边界终于与原型吻合起来,黄河口水文、水环境大系统有了清晰的模拟标书,包括黄河口大生态系统也完善起来,黄河调水调沙对海洋生态系统的调控影响科技专项终于可以有了基础申请立项,一切美好展现在未来之中……只要坚持不懈地努力。

是的,只要我们坚持努力,大海与大河的梦一定会实现。

下阙·我看见一座淡水水库隐匿在莱州湾的海水间

黄河口古来就是鱼米之乡,人们常说黄河口大闸蟹、莱州湾大对虾、莱州湾梭子蟹、黄河刀鱼等一系列著名的鱼种。这里鱼虾肥美,产量巨大,但是其产卵孵育场往往众说不一,到底是黄河口,还是莱州湾,其边界在哪,什么时间是盛季,形成影响因素都不确定,管理更是无的放矢,缺乏针对性。看着项目结题后续第三年拓展调查勾画的一个个图表,沉思间总觉得有一种情绪时刻在喷涌,像有一首从高原而下的鱼歌向大海扑面嘹亮而来。

(一)

有一首歌,
我看见,
我看见一座座山,
我看见一座座高山平川相连。
我越过高山,越过相连的平原,
我看见一座巨大的淡水水库,
隐形在黄河入海的莱州湾。

千年万年的黄河水啊,
穿过岁月,穿越高山平川,
向大海奔涌,
无论潮涨潮落,
大部队总是转身向南,向南,
一天又一天,一年又一年,
汇集储存在莱州湾的海水间。

噢,原来如此,
为什么黄河偶尔干旱之年,
莱州湾却总不是想象的那么齁咸,

像骆驼的驼峰,又如母亲的乳汁,
一直用储存的积蓄营养莱州湾,
天际如此的奇妙啊!
半敞的海湾,
原来是如此成为鱼类产房繁衍。

寻雾弥漫,
大海终于揭开面纱,
似一道闪电划过,
星空一片璀璨,
真是幸运的拥抱啊,
霎时像回到了散漫无际的童年。

喧嚣顿时静止,
天地间一切洞然皆现,
这个巨大的水库影像,
竟是解答生态之谜的谜面,
河与海相拥,
蓦然回首,竟有了一个小发现。

(二)

可为了这个小发现,
竟是三年之难。
桃花汛后的每一天,
我们全力求证,
攀登那河海休戚与共的桃花梦想之巅,
曾多少个日夜为那显露的曙光激动啊,
多少个日夜曾经不眠,
不敢负那二〇一三年的黄河源。

是啊,
是那先前黄河源之巅的誓言,
一直激荡着痛苦与荣光的二〇一四年,
那一年,多少个日夜,
我们苦苦期盼、煎熬、等待,

喜悦在那个春天。

那个二〇一四年的春天,
调水调沙已整整一轮十二年,黄河啊!
突然在春天焕发出生命的新颜,
曾经零落的桃花层层叠叠开始蔚为壮观,
是四十年,还是四十三年,
桃花汛容颜好似再现。

虽然相比记忆中的桃花汛母亲那么的弱小,
弱小的像是母亲的幼小的孩子,
从硖石高坝间一路向前,
涌动间已宛然桃花儿童,
这不正是天际间的小天使吗!
欢呼雀跃间来到黄河口莱州湾。

天使的笑声响彻,
天使的泪水涌向大海间。
我等凡夫俗子啊,
日等夜盼,
竟然有幸目睹了桃花天使的容颜。
为了赶上天使的脚步,
青春学子努力划着船。

在天使驻留经过的蓝色沃野,
撒出一张张小网感应天地万物跳动,
ADCP、CTD、LISST、OBS,
这些冰冷的字母,
竟然探测出桃花汛天使的眼泪,
滋养黄河口莱州湾曾经喘喘待熄的生灵啊,
一个春天竟然多了二到八倍间。

(三)

多么巨大而喜悦啊,
终于等来了这一天,

黄河源的牛头碑啊，
在大海已然矗立起巍峨高山。
心情是多么的奇妙啊，
快讯感染长着的笑颜。

那是二〇一四年底的结题，
亦或二〇一五年初春的感念，
年过八旬的更长者，
他在大海已是六十年，
原是鹤发童颜厚足驻留人间的神仙，
一年，二年，五年，
不辞劳苦与我们一直相伴。
更长者欣慰的赞许间，
突然又露出期许深远，
一次只能算偶然，
至少三次以上才能算功成小满。

大海四十年相伴的长者，
闻询策马深夜换盏，
羹筹在烧烤啤酒间，
似是回到了滁州千年前，
环顾群山矗立，
一览众山小啊，
共同庆祝我们已登临桃花汛高山。

长夜当歌，啤酒当欢，
酒酣耳热，长者清晨回还。
盛会已经开始啊，
更长者深远的期许又响彻耳边。
偶然多次累积才是必然，
他说我们就干，
我们深信，
更大的喜悦，相约在二〇一五年。

(四)

因为黄河啊,
仅仅一年,
曾经的天使孩童已卓然成美丽绰约少年,
她的身量虽还不及母亲盛世风采一半,
可美丽绰约间,
风姿已显现。

大海追逐的欢乐啊,
吾等心怡醉满,
昔日盛景在大海再现,
桃花公主的笑语音婉,
又扩展到三到十倍啊,
大海的生灵,在二〇一五年春天,
悄然壮大在天籁间。

多么醉心的美景啊,
喜悦的心在庆祝,
风涛浪波间,
我们终于感觉登临桃花汛之巅。
高山巍峨啊,
喜讯天下传。

首先是莱州湾生态红线,
虾曰长歌酣。
太守聚宾客,
文章竟作宴。
四区三指标,
黄河桃花竞列前。

东莱烟台府,
有座科学院,
秦时明月照,
指标渐丰满,
上天入海朋,
奋战在人间。

（五）

时光宛然间，
来到二〇一六年。
黄河桃花公主原是昙花只一现，
桃花锐减七成半，
已经无法再去描绘大海的黄蓝分界线。
这一年的春天，
大海呈现一片深谷幽兰。

曾经登临高山之上啊，
释然的心又突然揪紧，
物极必反，阴阳恒定，
大自然的脉动啊，
连续三年的期冀，
难道就此中断？

西去省城，
提案来自大海间；
东去青岛，
又见到两位长者飘然。
深谷幽兰与高山之巅，
一反一正，一低一高，
悄不构成完整的画卷？

理想丰满，
峡谷中可以是无边幽蓝。
吾等弄潮儿扯起风帆，
为探测天籁寂语，
从黄河口跨越整个莱州湾，
在大海画了一个更大的圆。

顺着五月的航迹线，
深谷幽蓝探寻间，
果然桃花入海作用显。
春天河水不到十亿间，
万物生灵顿时减，

大海苍生仅存三。

可怜连续两年的改善，
一朝回到十年前，
但是桃花海洋之桥已构建，
虽是偶有桥断，
但河流春天不再是无解，
大海生命相托可以解难。

（六）

目光灵动云彩间，
看过高山看过蔚蓝，
莱州湾，仅是表面蔚蓝，
蔚蓝的表衣下，
旧时桃花静静闪。
似一道流星划过天际，
把天际间的迷藏看穿。

大河海水奔涌，
潮汐北涌南突间，
总是不能撼动，
黄河口的水体总是转身向南，
蓝色的外衣下面，
竟是长期汇集形成的淡水湾，

这是多大的捉迷藏啊，
谜底尽处是如此大的盛宴！
莱州湾凭借天穹尽处，
竟汇集成了襁褓所依赖的低盐水湾，
世世代代相传的鱼米之乡，
竟隐匿在蔚蓝外表下万年。

入海的澎湃逐渐平复，
休戚与共的河海，
狂涛万丈最后总归于静静交融，
难舍的脚步声又响起啊，
辗转千回的水龄驻足间，

竟有一点七年。

时间从前三年跨过后三年，
在莱州湾，走过路程千万里之难，
好像揭开了一个河与海的小发现。
大河入海转身向南，
蓄积的河水竟隐藏滞留在莱州湾，
海水间如此蓄积着产房栖息有界边。

（七）

啊，目光抬起，
无边的憧憬回响，
黄河如此造就莱州湾，
那长江又该是舟山列岛还是澎湖湾？
珠江口的泥沙又总是在西边，
是不是每一位老船长呆过的海，
都是河与海共同营造的家园？

无尽的猜想弥漫，
顿觉仅凭莱州湾的小船，
时光已不能看远，
多想乘云去，高处凌霄寒，
多想架大船，冲出莱州湾，
四海朋友聚，
共把谜底现。

桃花汛的故事，
在春天直接营造产房繁衍；
海水间的淡水水库，
鱼类家园有了保护圈；
水龄驻足如同骆驼的驼峰，
帮助度过下一个干涸之年，

二〇一七年，
注定一个不平凡之年，
这年的五月，
历史在这里见证，

产卵季的莱州湾，
从此开始不见打鱼船。

洄游归来产卵的母亲，
再也不用似往昔的惊恐，
莱州湾产卵场的生灵，
再也没有无妄之灾的捕捉，
在二〇一七年的春夏，
在产房安心繁衍，
生命起航，鱼歌从此唱晚。

写于2017年1月17日凌晨3时27分

由于项目现场审计于2016年12月23日开始，总验收的压力紧随其后，而2016年的鱼卵数据结论还没看到，数日惊疑沉思间，2013年10月游历黄河后曾经写的一篇桃花汛上阙又涌上心头，此阙畅想并论证了桃花汛的前世今生，并作为整个项目的骨架构思，发现了黄河冲淡水对海洋生态的巨大作用。上阙已过去三年，下阙如何补全一直遥遥无期。近2日围绕2016年监测的整个莱州湾盐度等值线图连续失眠，此图上显示一座巨型的淡水水库隐匿在莱州湾的海水间，下阙就是它了。于是下床拿起纸和笔，不知从几点开始，写完最后一行竟是深夜3时27分。

2017年1月17日3时44分补序并谨志。5月15日第2期《海洋专报》上报后修正后半段。（徐丛亮）

7月10日后记寄华东师范大学陈沈良教授，蒙点评指正。古人云一字为师，后记改字，字字恰吉，陈师心血，良多感益，当书之记之。

注：往年6~9月的禁渔期首次在2017年扩大到5月产卵季禁渔，渔业管理开创了新的纪元。

行动：河海联动、陆海统筹，从河源到河口陆海一体化管理

一、“河海联动、陆海统筹”陆海一体化管理基础条件具备

更多的陆海对淡水资源依赖问题：在黄河水资源短缺的前提下，如何使有限的水资源实现水利枢纽发电、沿黄工农业生产用水、维持黄河下游有利于行洪的中水河槽、河口及其邻近海域生态修复等综合效益最大化，就成为亟需研究的课题。

另外，自2002年开始的黄河调水调沙连续实施14年，赢得了空间与时间。下游河道悬河形势极大缓解，如同2016年、2017年连续两年水量调度情况，调水调沙已不需要非常迫切的每年都要进行，对调水调沙的频次、时机、目标可以进行优化研究。

黄河调水调沙的目标可以从初期的冲刷河床向陆海联动统筹解决应对紧缺黄河水资

源的一系列需求转变,走向"河海联动、陆海统筹"从河源到河口实现陆(防洪、冲沙、发电、灌溉、河流生态)海(海洋生态、河口治理)一体化生态管理(谷源泽,2017)。

二、行动方案

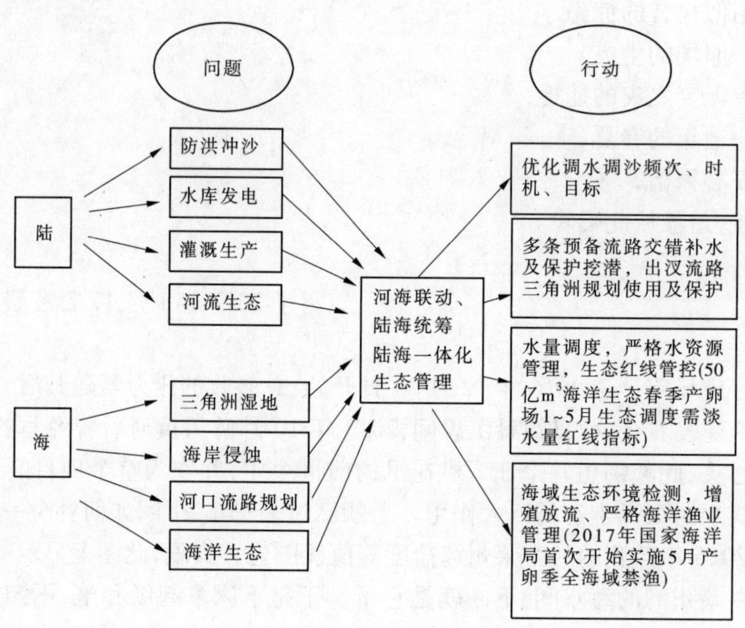

三、我们在行动

为更好地有利于黄河口项目陆海联动统筹成果转化落地,项目组抓住机会多次向黄河水利委员会汇报,黄河水利委员会对黄河口项目陆海联动统筹尤其是第 2 期《海洋专报》成果极其重视。为积极向黄河部门交流项目成果,2017 年 9 月 13 ~16 日项目组一行 10 人参加了第 20 届海峡两岸多沙河川整治与管理研讨会,并调查河源与河口的水量生态相应,总项目负责人谷源泽在大会作"黄河入海水沙与黄河口莱州湾生态响应关系研究"的主旨演讲。

2017 年 9 月 19 ~22 日,在黄河水利委员会国家合作与科技局承办下,黄河研究会、全球水伙伴(中国·黄河)在东营召开了"黄河河口综合治理现状问题及对策研究会",总项目联系人徐丛亮作了"黄河河口延伸、流路改道出汊摆动与三角洲近海湿地演化响应"大会第三个主题报告,在全面介绍黄河河口延伸、流路改道出汊摆动与三角洲近海湿地响应关系后,激情庄严地向黄河源的高山大湖发出了"河海联动、陆海统筹"行动誓言。千言万语汇成一句话,一首诗,正可谓:

"河海联动、陆海统筹,我们在行动"
生态红线基本盘,调水调沙过大年;
海域管理跟得上,鱼米之乡又可盼。
——2017 年 9 月于东营

即常规年份（小浪底等干流水库蓄水不足年份）开展黄河春季海洋生态调度，严格50亿m^3海洋生态春季（1～5月）需淡水量红线；丰水年份（小浪底等干流水库蓄水充足年份）春季4～5月进行调水调沙，同时满足发电、防洪冲沙、自流灌溉、湿地自流补水、海洋生态等一些列问题需求；同时严格海域管理，治理改善产卵场水质，持续实施5月产卵季禁渔等措施；20世纪80年代以前的黄河口莱州湾鱼米之乡盛景必将再现（徐丛亮，2017）。

2017年9月16日项目组成员把"河海联动、陆海统筹"的旗帜插上黄河之巅，让巍峨的措日尕则山见证我们的理想与誓言，让澄澈的鄂陵湖水倾听大海的声音，倾听大海的万物生灵对黄河源头湖水的期盼与呼喊。

在书稿最后一遍校稿即将付梓之时，听闻黄河海洋生态调度即将在新时代新一年的春季实施。冬阳升起中，似乎看到：

桃花激荡，
关闸阵阵，大河咆哮，
桃花天使涌动间，

出峡谷，越平原，进沧海，
鱼腾虾跃，大海欢歌，
五十年，六十年，似越千年的阻隔啊。
桃花汛母亲，
终于又来哺育她大海间的幼儿！
这是高山峡谷与大海间的母与子的团聚啊！
鱼歌响彻在黄河口莱州湾。

参考文献

[1] 谷源泽，徐丛亮，张朝晖，等. 黄河入海水沙与黄河口莱州湾生态响应关系研究[C]. 第20届海峡两岸多沙河川整治与管理研讨会论文集，2017：106-118.

[2] 徐丛亮. 黄河河口延伸、尾闾改道出汊摆动与三角洲近海湿地演化响应[R]. 黄河河口综合治理现状问题及对策研讨会大会主题报告. 东营. 2017.9.